Olfert/Reichel · Finanzierung

**Kompendium der praktischen Betriebswirtschaft**

Herausgeber Prof. Dipl.-Kfm. Klaus Olfert

---

# Finanzierung

von

Prof. Dipl.-Kfm. Klaus Olfert
Prof. Dr. Christopher Reichel

14., verbesserte und aktualisierte Auflage

kiehl

Herausgeber:

Prof. Dipl.-Kfm. Klaus Olfert
Postfach 13 26
69141 Neckargemünd

Verantwortlicher Redakteur:

Dr. Torsten Hahn
Friedrich Kiehl Verlag GmbH
Postfach 14 01 08
67021 Ludwigshafen
t.hahn@kiehl.de

ISBN 978 3 470 **53494** 7 · 14. Auflage · 2008


Druck: Druck Partner Rübelmann, Hemsbach - mü

# Kompendium der praktischen Betriebswirtschaft

Das Kompendium der praktischen Betriebswirtschaft soll dazu dienen, das allgemein anerkannte und praktisch verwertbare Grundlagenwissen der modernen Betriebswirtschaftslehre praxisgerecht, übersichtlich und einprägsam zu vermitteln.

Dieser Zielsetzung gerecht zu werden, ist gemeinsames Anliegen des Herausgebers und der Autoren, die durch ihr Wirken an Hochschulen, als leitende Mitarbeiter von Unternehmen und in der betriebswirtschaftlichen Unternehmensberatung vielfältige Kenntnisse und Erfahrungen sammeln konnten.

Das Kompendium der praktischen Betriebswirtschaft umfasst mehrere Bände, die einheitlich gestaltet sind und jeweils aus zwei Teilen bestehen:

- Dem **Textteil**, der systematisch gegliedert sowie mit vielen Beispielen und Abbildungen versehen ist, welche die Wissensvermittlung erleichtern. Zahlreiche Kontrollfragen mit Lösungshinweisen dienen der Wissensüberprüfung. Umfassende Literaturverzeichnisse zu jedem Kapitel verweisen auf die verwendete und weiterführende Literatur.

- Dem **Übungsteil**, der eine Vielzahl von Aufgaben und Fällen enthält, denen sich ausführliche Lösungen anschließen, die schrittweise und in verständlicher Form in die betriebswirtschaftlichen Fragestellungen einführen.

Als praxisorientierte Fachbuchreihe wendet sich das Kompendium der praktischen Betriebswirtschaft vor allem an:

- **Studierende** der Fachhochschulen und Universitäten, Akademien und sonstigen Institutionen, denen eine systematische Einführung in die betriebswirtschaftlichen Teilgebiete vermittelt werden soll, die eine praktische Umsetzbarkeit gewährleistet

- **Praktiker** in den Unternehmen, die sich innerhalb ihres Tätigkeitsfeldes weiterbilden, sich einen fundierten Einblick in benachbarte Bereiche verschaffen oder sich eines umfassenden betrieblichen Handbuches bedienen wollen.

Für Anregungen, die der weiteren Verbesserung der Fachbuchreihe dienen, bin ich dankbar.

Prof. Klaus Olfert
Herausgeber

# Vorwort zur 14. Auflage

Um ihre Leistungsprozesse zielgerichtet gestalten zu können, bedürfen Unternehmen einer angemessenen Ausstattung mit finanziellen Mitteln. Sie erfolgt mithilfe der Finanzierung, die zur Aufgabe hat, das erforderliche Kapital zu beschaffen. Dies ist in den vergangenen Jahren immer schwieriger geworden.

Hierfür gibt es vielfältige Gründe. Sie sind einerseits in den veränderten Finanzmärkten und Finanzinstrumenten zu sehen, andererseits im erheblich angewachsenen Bedarf an finanziellen Mitteln, z. B. wegen kürzerer Produktlebenszyklen, rasch fortschreitenden technologischen Entwicklungen und erschwerter Wettbewerbsbedingungen.

Das vorliegende Buch will einen fundierten, praxisbezogenen Gesamtüberblick über die Möglichkeiten der Kapitalbeschaffung und Kapitalkontrolle geben. In der 14. Auflage sind zahlreiche Verbesserungen, Veränderungen und Aktualisierungen vorgenommen worden.

- Im Kapitel »A. Grundlagen« wurden Aktualisierungen beim Barzahlungsverkehr vorgenommen, im Kapitel »B. Finanzplanung« Ergänzungen beim Preis als Einflussfaktor des Kapitalbedarfes sowie bei der Trendrechnung, im Kapitel »C. Zahlungsverkehr« Verbesserungen beim Clean Payment.
- Das Kapitel »D. Beteiligungsfinanzierung« weist Aktualisierungen und Verbesserungen bezüglich der GmbH (vorgesehene Neuregelungen), der Europäischen sowie der »kleinen« AG, der ab 2009 gültigen Abgeltungssteuer, der Namensaktien sowie eigenen Aktien, des börslichen Handels und Kassamarktes, der Marktsegmente, des Indexkonzeptes, des Computerhandels, des Going Public, der Kurszeichen und der Genossenschaft auf.

  Neu aufgenommen wurde das Private-Equity, wobei grundlegend auf Venture Capital, Buy Outs und Mezzanine eingegangen wird.
- Im Kapitel »E. Fremdfinanzierung« wurden Verbesserungen bei der Kreditwürdigkeitsprüfung und den AKA-Krediten vorgenommen, im Kapitel »F. Innenfinanzierung« erfolgten verschiedene Aktualisierungen. Der Übungsteil wurde überarbeitet und angepasst.

Ergänzend zu der vorliegenden Neuauflage liegt ein *»Lexikon der Finanzierung & Investition«* vor, das u. a. auf diesem Buch aufbaut. Es umfasst in komprimierter Form 200 Hauptstichworte und weit über 1.200 Einzelstichworte.

Für Anregungen aus der Leserschaft, die sich als wertvoll erwiesen haben, danken wir herzlich.

Neckargemünd/Fürth, im Mai 2008

Prof. Klaus Olfert
Prof. Dr. Christopher Reichel

# Benutzungshinweis

### Kontrollfragen

Die Kontrollfragen dienen der Wissenskontrolle. Sie finden sich am Ende eines jeden Kapitels. Zur Wissenskontrolle wird folgende Vorgehensweise vorgeschlagen:

- Beantwortung der Kontrollfragen und Vermerk in der Spalte »bearbeitet«.
- Vergleich der beantworteten Kontrollfragen mit den in der Spalte »Lösungshinweis« gegebenen Textstellen.
- Vermerk in der Spalte »Lösung«, ob die beantworteten Kontrollfragen befriedigend (+) oder unbefriedigend (-) gelöst wurden.

### Aufgaben/Fälle

Die Aufgaben/Fälle im Übungsteil dienen der Wissens- und Verständniskontrolle. Auf sie wird jeweils im Textteil hingewiesen:

01 Seite ...

02 Seite ...

03 Seite ...

04 Seite ...

05 Seite ...

.
.
.

Der Übungsteil befindet sich als »blauer Teil« am Ende des Buches. Es wird empfohlen, die Aufgaben/Fälle unmittelbar nach Bearbeitung der entsprechenden Textstellen zu lösen.

# Inhaltsverzeichnis

# Übungsteil (Aufgaben/Fälle)

# A. GRUNDLAGEN

Unternehmen werden zu dem Zwecke betrieben, Leistungen zu erstellen. Dies geschieht durch die Kombination der Produktionsfaktoren

- Arbeit
- Betriebsmittel
- Werkstoffe

im Rahmen eines **güterwirtschaftlichen Prozesses**, der es notwendig macht, dass die Produktionsfaktoren beschafft und planvoll eingesetzt werden, um die betrieblichen Leistungen zu bewirken und zu verwerten. Die Zeitdauer dieses Prozesses kann erheblichen Umfanges sein.

Die Beschaffung der Produktionsfaktoren auf der einen Seite und der Absatz der betrieblichen Leistungen auf der anderen Seite sind aber nicht nur Elemente eines güterwirtschaftlichen Prozesses, sondern erfordern ebenso einen **finanzwirtschaftlichen Prozess**, denn für die zu beschaffenden Produktionsfaktoren fallen Auszahlungen an, die betrieblichen Leistungen führen zu Einzahlungen.

Der güterwirtschaftliche Prozess steht damit in wechselseitiger Beziehung zu dem finanzwirtschaftlichen Prozess, die Leistungsströme fließen den Zahlungsströmen entgegen und umgekehrt. Beide Prozesse sind aber nicht völlig deckungsgleich, denn es gibt auch **Zahlungsströme**, denen **keine Leistungsströme** gegenüberstehen:

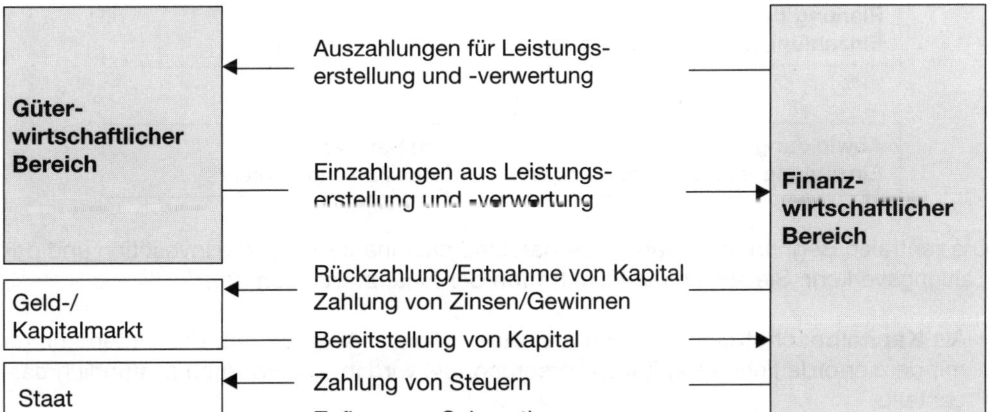


Der **Finanzwirtschaft** obliegt die Planung, Steuerung und Kontrolle der Einzahlungen und Auszahlungen des Unternehmens. Ein typischer finanzwirtschaftlicher **Prozess** kann in folgender Weise ablaufen:

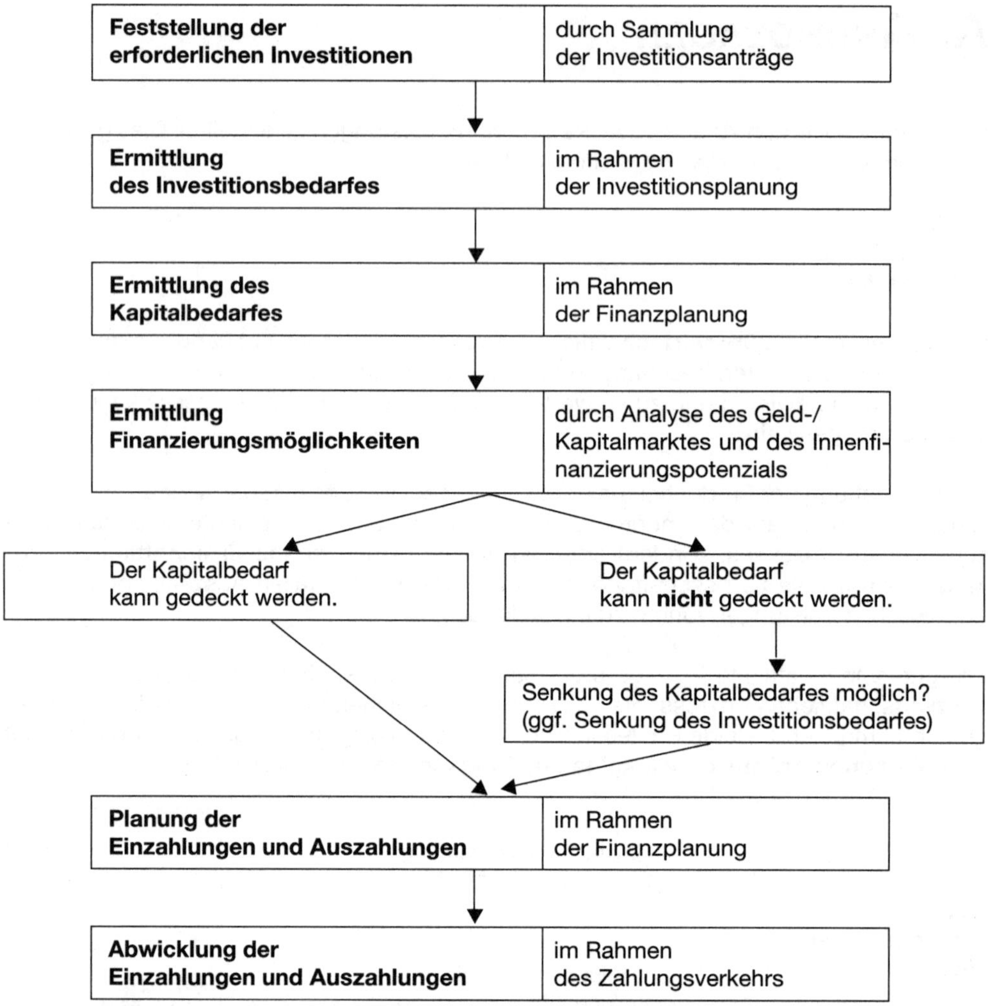


Die zentralen Begriffe der Finanzwirtschaft sind die Finanzierung, die Investition und der Zahlungsverkehr. Sie stellen die **Funktionen** der Finanzwirtschaft dar:

- Als **Kapitalbeschaffung** oder **Finanzierung**, die zur Aufgabe hat, das Unternehmen mit dem erforderlichen Kapital zu versorgen. Sie wird in diesem Buch ausführlich dargestellt.

- Als **Kapitalverwendung** oder **Investition**, die dazu dient, das beschaffte Kapital im Unternehmen einzusetzen. Auf sie wird nachfolgend eingegangen, soweit es dem finanzwirtschaftlichen Verständnis dient – siehe ausführlich *Olfert/Reichel*.

- Als **Kapitalverwaltung**, welche die Abwicklung der Einzahlungen und Auszahlungen des Unternehmens ermöglicht, die im Rahmen des **Zahlungsverkehrs** erfolgt. Sie wird in Kapitel C beschrieben.

Kapitalbeschaffung, Kapitalverwendung und Kapitalverwaltung sind nicht nur **Funktionen** der Finanzwirtschaft, sie müssen auch geplant, gesteuert und kontrolliert werden. Das geschieht im Rahmen der **finanzwirtschaftlichen Führung**.

Die Finanzwirtschaft bzw. das Finanzwesen ist **organisatorisch** auf unterschiedliche Weise in das Unternehmen eingegliedert, wobei vor allem folgende Kriterien die Organisation beeinflussen:

- ▶ Unternehmensgröße
- ▶ Rechtsform
- ▶ Branche
- ▶ Einbindung in Konzern

Als Organisationsstrukturen ergeben sich z. B. aufgrund der Unternehmensgröße:

- In **kleineren** und auch **mittleren Unternehmen** befinden sich die Unternehmensleitung und die finanzwirtschaftliche Führung zumeist in einer Hand, häufig auch noch in Verbindung mit dem Rechnungswesen.

  Finanzielle Entscheidungen werden oft durch die Unternehmensleitung getroffen und nur routineartige Tätigkeiten delegiert. Dies kann, falls die finanzwirtschaftliche Führung einen Engpassfaktor darstellt, zu Existenz bedrohenden Situationen für das Unternehmen führen.

  In ihrer Größe wachsende Unternehmen trennen dann oft die Führungsaufgaben in einen technischen und einen kaufmännischen Leitungsbereich, wobei letzterer die finanzwirtschaftliche Führung übernimmt.

- **Große Unternehmen** weisen üblicherweise bereits im oberen Organisationsbereich eine eigenständige finanzwirtschaftliche Abteilung aus.

Die Finanzwirtschaft bzw. das Finanzwesen kann grundsätzlich funktional bzw. divisional in die Organisationsstruktur der Unternehmen eingeordnet sein:

- Die **funktionale Organisation** fasst gleichartige Verrichtungen und Arbeitsvorgänge in Abteilungen oder Ressorts zusammen. Ziel hierbei ist die Erreichung von Spezialisierungsvorteilen und die Degression der Kosten. Insbesondere kleinere und mittlere Unternehmen nutzen diese Organisationsform.

  **Beispiel** der Organisation nach dem Verrichtungsprinzip:

| Ressort Einkauf | Ressort Technik | Ressort Vertrieb | Ressort Finanzen und Betriebswirtschaft |
|---|---|---|---|
| | | | ▶ Controlling<br>▶ Rechnungswesen<br>▶ Finanzwesen: Disposition, Kredit, Ausland<br>▶ Beteiligungen |

**Nachteilig** ist, dass diese funktionale Organisationsform bei wachsender Unternehmensgröße zu Koordinationsproblemen führen kann.

- Die **divisionale Organisation** der finanzwirtschaftlichen Führung ist vor allem bei größeren Unternehmen zu finden. Es erfolgt eine Aufgabengliederung nach **Objekten** und **Sparten**, die sein können:

  - ▸ Produkte oder Produktgruppen
  - ▸ Kunden oder Kundengruppen
  - ▸ Regionen oder Länder

  **Beispiel** für die divisionale Organisation:

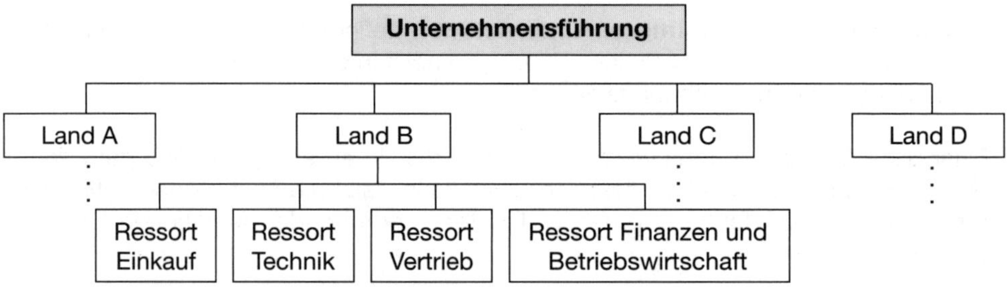


  **Vorteile** bestehen hier in der Verknüpfung von Zielgerichtetheit der Organisation, beispielsweise auf verschiedene Kundengruppen, und der Nutzung von funktionellen Spezialisierungsvorteilen.

  In Großkonzernen gilt allerdings des Öfteren, dass die finanzwirtschaftliche Führung zusätzlich als eine zentrale Querschnittsabteilung unterhalb der Unternehmensführung angesiedelt ist.

Die im Rahmen der Finanzwirtschaft zu lösenden Aufgaben sind vielfältig und komplex. Je größer ein Unternehmen ist, das gegebenenfalls noch konzernmäßige und/oder internationale Verflechtungen aufweist, umso schwieriger sind die Aufgaben optimal zu gestalten.

In diesem Falle wurde in der Vergangenheit mitunter eine **Funktionsteilung** im finanzwirtschaftlichen Bereich vorgenommen:

- Der **Controller** nimmt Aufgaben eines Gewinn-Managers wahr.

- Der **Treasurer** wirkt als Finanz-Manager.

Dabei ergaben sich zwischen Controller und Treasurer häufig beispielsweise folgende **Unterschiede** (*Eilenberger*):

| | Controller | Treasurer |
|---|---|---|
| **Funktion** | Gewinn-Manager | Finanz-Manager |
| **Position** | Leiter des Rechnungswesens | Leiter der Finanzwirtschaft |
| **Aufgabe** | Sicherung der Gewinnerzielung | Sicherung jederzeitiger Zahlungsfähigkeit |
| **Steuerungsgröße** | Gewinn | Liquidität und Rentabilität |
| **Bezugsgrößen** | Aufwand/Ertrag<br>Kosten/Erlöse | Einnahmen/Ausgaben<br>Einzahlungen/Auszahlungen |
| **Ebenen** | operativ | operativ |
| | taktisch | dispositiv |
| **Aufgaben** | ▶ Allgemeine Unternehmensplanung und -steuerung sowie Kontrolle des Geschäftsablaufes<br>▶ Berichterstattung und Interpretation des Unternehmensergebnisses<br>▶ Unterstützung des Management zur Erreichung der vorgegebenen Ziele<br>▶ Bereitstellung von Unterlagen für das Finanzamt und andere staatliche Stellen<br>▶ Sicherung des Vermögens durch innerbetriebliche Kontrollen | ▶ Kapitalbeschaffung in Ausführung der Unternehmenspläne<br>▶ Liquiditätssicherung durch kurzfristige Finanzierungsmaßnahmen<br>▶ Pflege der Beziehungen zu den Kreditgebern und Aktionären<br>▶ Überwachung der Gewährung von Kundenkrediten einschließlich Forderungseinzug<br>▶ Regelung und Koordination von Kapitalanlagen außerhalb des Unternehmens |

Die **Merkmale** und **Aufgaben** des Controllers und Treasurers können in der betrieblichen Praxis jedoch – entsprechend unterschiedlicher Gegebenheiten in den Unternehmen – von den oben dargestellten Regelungen abweichen.

Im Folgenden werden beschrieben:

| | |
|---|---|
| **Grundlagen** | Kapital |
| | Finanzwirtschaftliche Funktionen |
| | Finanzwirtschaftliche Führung |

# 1. KAPITAL

Der Kapitalbegriff wird in der Betriebswirtschaftslehre unterschiedlich weit gefasst, beispielsweise gilt:

- Kapital ist die abstrakte Wertsumme in der Bilanz.
- Kapital ist Geld für Investitionszwecke.
- Kapital ist gleich Geld.

Grundsätzlich lassen sich unterscheiden:

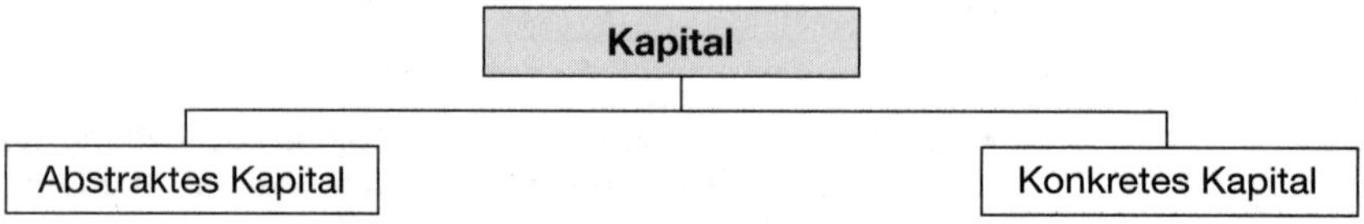


Beide Arten des Kapitals sollen anhand der Bilanzgliederung für Kapitalgesellschaften nach § 266 HGB erläutert werden, die auf Seite 444 im Anhang dargestellt ist.

## 1.1 ABSTRAKTES KAPITAL

Das abstrakte Kapital umfasst die Gesamtheit der Positionen, die sich auf der Passiv-Seite der Bilanz befinden. Dem abstrakten Kapital steht – als Gegenposten – auf der Aktiv-Seite das Vermögen als konkretes Kapital gegenüber:

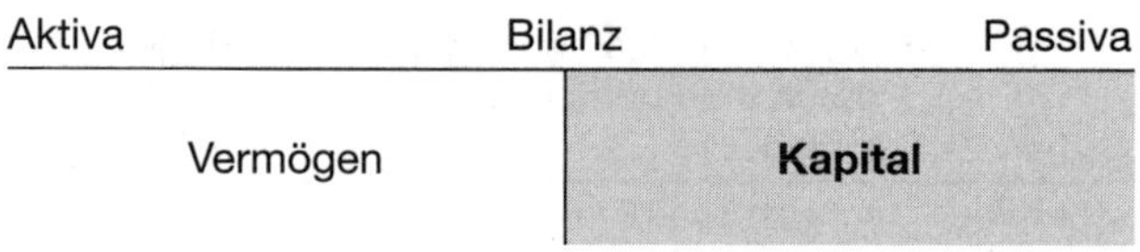


Der Ausweis des abstrakten Kapitals in der Bilanz dient mehreren **Zwecken**. So kann:

- Die Kapitalherkunft offen gelegt werden
- Eine Kapitalbewertung vorgenommen werden
- Die Kapitalerhaltung überprüft werden.

Nach der Kapitalart lässt sich das abstrakte Kapital unter rechtlichen Gesichtspunkten untergliedern in:

- **Eigenkapital**
- **Fremdkapital**.

Damit kann die Passiv-Seite der Bilanz unterteilt werden in:

| Aktiva | Bilanz | Passiva |
|---|---|---|
| Vermögen | | **Eigenkapital** |
| | | **Fremdkapital** |

## 1.1.1 EIGENKAPITAL

Das Eigenkapital eines Unternehmens setzt sich grundsätzlich aus mehreren Einzelpositionen zusammen. Das können sein – siehe ausführlich *Ditges/Arendt, Grefe*:

- **Bilanziell ausgewiesene Positionen**

| | |
|---|---|
| **Geschäftsanteile** | Sie stellen bei Kapitalgesellschaften das gezeichnete Kapital dar, und zwar als **Stammkapital** bei der GmbH und als **Grundkapital** bei der AG. |
| **Rücklagen** | Sie können bei Kapitalgesellschaften sein:<br>▶ **Kapitalrücklage** als Zuführung von Mehrbeträgen von außerhalb des Unternehmens als:<br>- Beträge, die bei der Ausgabe von Anteilen einschließlich von Bezugsanteilen über den Nennbetrag hinaus erzielt werden (Aufgeld).<br>- Beträge, die bei der Ausgabe von Schuldverschreibungen für Wandlungsrechte und Optionsrechte zum Erwerb von Anteilen erzielt werden.<br>- Beträge von Zuzahlungen, die Gesellschafter gegen Gewährung eines Vorzuges für ihre Anteile leisten.<br>- Beträge von anderen Zuzahlungen, die Gesellschafter in das Eigenkapital leisten.<br>▶ **Gewinnrücklagen** als Zuführung von Beträgen aus dem Jahresüberschuss als:<br>- Gesetzliche Rücklage, die nur bei der AG oder KGaA auftreten kann.<br>- Rücklage für eigene Anteile, die beim Erwerb eigener Anteile zu bilden ist.<br>- Satzungsmäßige Rücklage, deren Bildung aufgrund des Gesellschaftsvertrages, der Satzung oder des Statuts der Gesellschaft erfolgt.<br>- Andere Gewinnrücklagen als Restgröße. |
| **Gewinnvortrag** | Er ergibt sich bei Kapitalgesellschaften aus der Beschlussfassung der Gesellschafterversammlung des Unternehmens. Ein Verlustvortrag mindert das Eigenkapital. |
| **Jahresüberschuss** | Er stellt das im abgelaufenen Geschäftsjahr entstandene Ergebnis dar. Ein Jahresfehlbetrag als negatives Ergebnis mindert das Eigenkapital. |

- **Bilanziell nicht erkennbar ausgewiesene stille Reserven**

| | |
|---|---|
| **Stille Ermessensreserven** | Sie kommen aufgrund von Bilanzierungswahlrechten sowie Bewertungswahlrechten und Methodenwahlrechten zu Stande. |
| **Stille Schätzreserven** | Sie ergeben sich aufgrund unterschätzter Nutzungsdauern von Anlagegütern, überschätzten Tageswerten und überschätzten Rückstellungen. |

Das in der Bilanz ausgewiesene Eigenkapital nimmt wichtige **Funktionen** wahr:

- Es schafft zunächst die **Grundlage** dafür, dass ein Unternehmen seine wirtschaftliche Tätigkeit aufnehmen und fortführen kann.

- Für die Fremdkapitalgeber und Geschäftspartner des Unternehmens weist das bilanziell ausgewiesene Eigenkapital auf den Umfang der **Haftung** hin.

  **Beispiel:** Eine GmbH haftet für Verbindlichkeiten, die von ihr eingegangen werden, mit ihrem gesamten Vermögen. Die Gesellschafter der GmbH haften grundsätzlich nur bis zur Höhe ihrer Geschäftsanteile.

- Der bilanzielle Ausweis des Eigenkapitals von Personengesellschaften kann Auskunft geben, in wie viele **Anteile** das Eigenkapital aufgeteilt ist, wie hoch diese Anteile sind und gegebenenfalls wer sie hält. Bilanzen von Kapitalgesellschaften enthalten solche detaillierten Aussagen z. B. nur in zusätzlichen Anlagen zur Bilanz. Damit ist die Möglichkeit gegeben, Auskunft über Gewinnzuweisungen, aber auch Verlustzuweisungen zu bekommen.

- Bei Gesellschaften, deren Gesellschafter nur beschränkt haften, dient das Eigenkapital als **Ausschüttungssperrziffer**, d. h. die Gewinnausschüttung darf nicht so hoch sein, dass die Geschäftsanteile davon eine Minderung erfahren.

Das Eigenkapital weist besonders folgende **Eigenschaften** auf:

| Kriterien | Eigenschaften des Eigenkapitals |
|---|---|
| **Rechtsverhältnis** | Das Eigenkapital begründet ein Beteiligungsverhältnis, d. h. der Eigenkapitalgeber ist (Mit-)Eigentümer des Unternehmens. |
| **Haftung** | Der Eigenkapitalgeber haftet als (Mit-)Eigentümer je nach Rechtsform mindestens in Höhe der Einlage, gegebenenfalls auch mit seinem gesamten Privatvermögen. |
| **Vermögen** | Der Eigenkapitalgeber hat einen anteiligen Anspruch, wenn der Liquidationserlös die Schulden übersteigt. |
| **Entgelt** | Der Eigenkapitalgeber ist grundsätzlich anteilig am Gewinn und Verlust beteiligt. |
| **Mitbestimmung** | Der Eigenkapitalgeber ist grundsätzlich zur Mitbestimmung berechtigt, praktisch erfolgt aber mitunter eine Begrenzung. |

| | |
|---|---|
| **Verfügbarkeit** | Das Eigenkapital ist grundsätzlich zeitlich unbegrenzt verfügbar, kann aber teilweise kurzfristig gekündigt werden. |
| **Steuern** | Eigenkapitalzinsen sind steuerlich nicht absetzbar, der Gewinn wird voll belastet, je nach Rechtsform durch ESt, KSt, GewSt. |
| **Umfang** | Das Eigenkapital ist durch die finanzielle Kapazität und/oder die Bereitschaft bisheriger und neuer Kapitalgeber begrenzt. |
| **Interesse** | Der Eigenkapitalgeber hat üblicherweise ein Interesse am Erhalt des Unternehmens. |

## 1.1.2 FREMDKAPITAL

Als Fremdkapital kann die Gesamtheit der Schulden angesehen werden, die auf der Passiv-Seite der Bilanz ausgewiesen sind. Es lassen sich unterscheiden – siehe ausführlich *Ditges/Arendt, Grefe*:

- **Rückstellungen**, die durch das Merkmal der Ungewissheit zum Zeitpunkt der Bilanzerstellung gekennzeichnet sind. Die Ungewissheit kann sich auf den Verpflichtungsgrund und/oder die Höhe der Schuld beziehen.

  Rückstellungen können nach § 266 Abs. 3 HGB sein:

  - Rückstellungen für Pensionen und ähnliche Verpflichtungen
  - Steuerrückstellungen
  - Sonstige Rückstellungen

  Rückstellungen können – trotz ihrer eindeutigen rechtlichen Zuordnung zum Fremdkapital – unter Finanzierungsaspekten dem Eigenkapital nahekommen, wenn sie langfristig gebildet werden. Charakteristisch hierfür sind die Pensionsrückstellungen, die dem Unternehmen – mit gewissen Einschränkungen – über Jahre hinweg Innenfinanzierungsmöglichkeiten erschließen.

- **Verbindlichkeiten**, die im Gegensatz zu den Rückstellungen betragsmäßig und terminlich genau festgelegt sind. Nach § 266 Abs. 3 HGB können die Verbindlichkeiten folgende Positionen umfassen:

  - Anleihen
  - Verbindlichkeiten gegenüber Kreditinstituten
  - Erhaltene Anzahlungen auf Bestellungen
  - Verbindlichkeiten aus Lieferungen und Leistungen
  - Verbindlichkeiten aus der Annahme gezogener Wechsel
  - Verbindlichkeiten aus der Ausstellung eigener Wechsel
  - Verbindlichkeiten gegenüber verbundenen Unternehmen
  - Verbindlichkeiten gegenüber Unternehmen mit Beteiligungsverhältnis
  - Sonstige Verbindlichkeiten aus Steuern, im Rahmen der sozialen Sicherheit u. a.

Das Fremdkapital kann kurzfristiger, mittelfristiger oder langfristiger Natur sein. Es hat folgende **Eigenschaften**:

| Kriterien | Eigenschaften des Eigenkapitals |
|---|---|
| **Rechtsverhältnis** | Das Fremdkapital begründet ein Schuldverhältnis, d. h. der Fremdkapitalgeber hat Anspruch auf Rückzahlung. |
| **Haftung** | Der Fremdkapitalgeber haftet als Gläubiger des Unternehmens nicht. |
| **Vermögen** | Der Fremdkapitalgeber hat Anspruch auf Rückzahlung des zur Verfügung gestellten Kapitals. |
| **Entgelt** | Der Fremdkapitalgeber hat grundsätzlich einen festgelegten Zinsanspruch und ist i. d. R. nicht am Gewinn bzw. Verlust beteiligt. |
| **Mitbestimmung** | Der Fremdkapitalgeber ist grundsätzlich nicht zur Mitbestimmung berechtigt, praktisch kann dies aber in unterschiedlichem Umfang eingeräumt werden. |
| **Verfügbarkeit** | Das Fremdkapital ist grundsätzlich zeitlich begrenzt verfügbar. |
| **Steuern** | Fremdkapitalzinsen sind steuerlich als Aufwand absetzbar (mit Einschränkung bei der GewSt). |
| **Umfang** | Das Fremdkapital ist durch die Einschätzung des mit der Hingabe verbundenen Risikos und dem Umfang verfügbarer Sicherheiten begrenzt. |
| **Interesse** | Der Fremdkapitalgeber ist am Erhalt seines Kapitals interessiert. |

## 1.2 KONKRETES KAPITAL

Das konkrete Kapital ist ein Wertausdruck, der Vermögenscharakter besitzt. Es tritt als Geld, Rechte oder Sachgüter in Erscheinung. In der Bilanz des Unternehmens umfasst das konkrete Kapital nach § 266 Abs. 2 HGB als Vermögenswerte – neben den der zutreffenden Ermittlung des Periodengewinnes dienenden Rechnungsabgrenzungsposten – zwei **Positionen**:

- **Anlagevermögen**
- **Umlaufvermögen**.

Damit ergibt sich folgende **Grundstruktur der Bilanz**:

Aktiva — Bilanz — Passiva

| | |
|---|---|
| **Anlagevermögen** | Eigenkapital |
| **Umlaufvermögen** | Fremdkapital |

### 1.2.1 ANLAGEVERMÖGEN

Als Anlagevermögen werden all jene Vermögensgegenstände bezeichnet, die dazu bestimmt sind, dem Unternehmen dauernd zu dienen. Es umfasst:

- **Immaterielle Vermögensgegenstände** als nicht-körperliche Vermögensgegenstände, z. B. Patente, Lizenzen, Warenzeichen, Gebrauchsmuster, Rechte aus schwebenden Geschäften.
- **Sachanlagen** als körperliche Vermögensgegenstände. Das sind Grundstücke und Bauten, technische Anlagen und Maschinen, Betriebs- und Geschäftsausstattung, andere Anlagen, geleistete Anzahlungen, Anlagen im Bau.
- **Finanzanlagen** als Anteile an verbundenen Unternehmen, Ausleihungen an verbundene Unternehmen, Beteiligungen, Ausleihungen an in einem Beteiligungsverhältnis stehende Unternehmen, Wertpapiere des Anlagevermögens, sonstige Ausleihungen.

### 1.2.2 Umlaufvermögen

Das Umlaufvermögen umfasst all jene Vermögensgegenstände, die nicht zum Anlagevermögen gehören. Es lassen sich unterscheiden:

- **Vorräte** als Umlaufvermögen im engeren Sinne. Dabei handelt es sich um Roh-, Hilfs-, Betriebsstoffe, unfertige Erzeugnisse und Leistungen, geleistete Anzahlungen.
- **Forderungen und sonstige Vermögensgegenstände**, wozu Forderungen aus Lieferungen und Leistungen, Forderungen gegen verbundene Unternehmen, Forderungen gegen in einem Beteiligungsverhältnis stehende Unternehmen, sonstige Vermögensgegenstände wie Vorschüsse, Kautionen, Steuererstattungsansprüche, Zinsansprüche zählen.
- **Wertpapiere** als verbriefte Anteile an verbundenen Unternehmen, eigene Anteile des Unternehmens, sonstige Wertpapiere.
- **Schecks, Kassenbestand**
- **Zentralbankguthaben**
- **Guthaben bei Kreditinstituten**.

Das Unternehmen muss seinen Kapitalbedarf damit nicht unbedingt mithilfe von Geldmitteln decken, sondern kann auch Sachgüter und Rechte dazu nutzen.

**Beispiel:** Wenn eine Maschine für die Fertigung beschafft werden muss, ist entscheidend, dass diese Maschine zum geplanten Zeitpunkt zur Verfügung steht. Nachrangig ist zunächst, ob für den Kauf der Maschine Geldmittel beschafft wurden, mit denen die Maschine bezahlt wird, oder ob dies nicht der Fall war und die Maschine geliefert wird, ohne dass eine sofortige Bezahlung erfolgen muss.

Der Kapitalbegriff wird in der Betriebswirtschaftslehre unterschiedlich verwendet. So lassen sich unterscheiden (*Zantow*):

- Der **klassische Kapitalbegriff**, der bilanziell ausgerichtet ist und das Kapital als abstrakte Wertsumme einer Bilanz definiert. Er schließt das Vermögen auf der Aktiv-Seite als eine Erscheinungsform des Kapitals (Mittelverwendung) sowie die Passiv-Seite der Bilanz als unterschiedliche Quellen des Kapitals ein (Mittelherkunft).

- Den **moderneren Kapitalbegriff** als monetärer Kapitalbegriff, der funktional an finanzwirtschaftlichen Problemstellungen, z. B. der Liquiditätsplanung, ausgerichtet ist. Er fasst das Kapital enger, und zwar als Geldmittel, die im Unternehmen bereits eingesetzt sind bzw. zukünftig noch eingesetzt werden.

01 Seite 457

## 2. FINANZWIRTSCHAFTLICHE FUNKTIONEN

Die Funktionen der Finanzwirtschaft sind, wie bereits erläutert wurde:

Die **finanzwirtschaftlichen Funktionen** geben Aufschluss darüber, auf welche Arten die Zahlungsströme des Unternehmens bewirkt und abgewickelt werden können. Der dispositive Teil zu diesen Funktionen – die Planung, Steuerung und Kontrolle der Zahlungsströme – geschieht in der **finanzwirtschaftlichen Führung**.

### 2.1 FINANZIERUNG

Kapital ist zur Leistungserstellung und Leistungsverwertung erforderlich. Die Beschaffung des Kapitals wird Finanzierung genannt. Sie bezieht sich auf alle Maßnahmen der Beschaffung von Geld und geldwerten Gütern. Damit umfasst sie:

- Geld
- Sachgüter
- Rechte.

Die **Passiv-Seite** der Bilanz, die das abstrakte Kapital enthält, gibt Auskunft über die Art und den Umfang des beschafften Kapitals. Die **Aktiv-Seite**, auf der das konkrete Kapital ausgewiesen ist, lässt erkennen, welche Arten von Gütern mit dem von den Kapitalgebern bereitgestellten Kapital beschafft wurden.

Die Finanzierung erfolgt in der betrieblichen Praxis überwiegend durch Zuführung von Geld. Ist dies nicht der Fall und werden Sachgüter oder Rechte zugeführt, dann fallen Finanzierung und Investition in einem Zeitpunkt zusammen.

Mit der Finanzierung verbunden sind vor allem folgende **Fragestellungen**:

- *Wie groß ist der Kapitalbedarf des Unternehmens?*
- *Welche Finanzierungsarten bieten sich zur Deckung des Kapitalbedarfes an?*
- *Wie sieht die optimale – insbesondere auch kostenminimale – Finanzierung aus?*

Die Finanzierung lässt sich nach verschiedenen Kriterien systematisieren:

- **Finanzierung mit unterschiedlichen Zwecken**
- **Finanzierung mit unterschiedlichen Kapitalarten**
- **Finanzierung mit unterschiedlicher Kapitalherkunft**
- **Finanzierung mit unterschiedlichen Fristigkeiten**
- **Finanzierung aus unterschiedlichen Anlässen.**

## 2.1.1 Finanzierung mit unterschiedlichen Zwecken

Die Finanzierung kann unterschiedliche Zwecke verfolgen. Sie dient beispielsweise der Beschaffung von Gütern, sie kann aber auch auf finanzierungseigene Zwecke zielen (*Schierenbeck*):

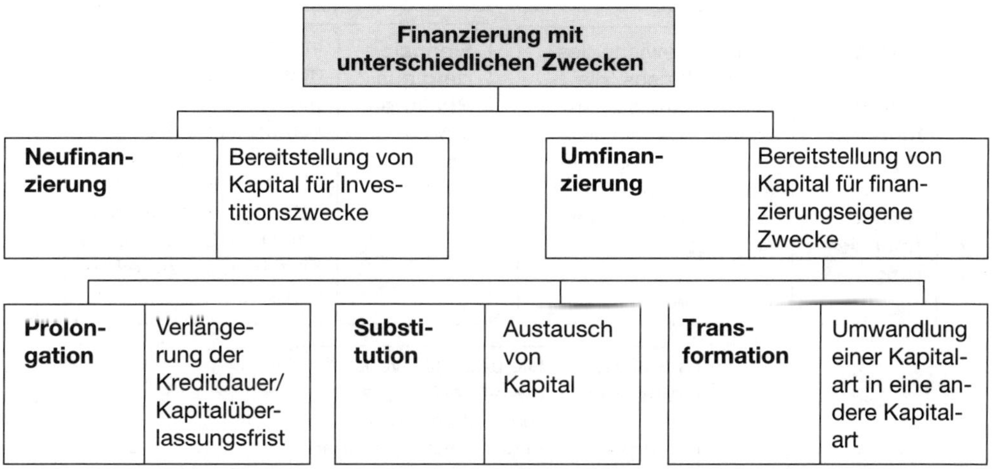


Eine **Prolongation** erfolgt beispielsweise durch die Verlängerung einer zugesagten Kreditlinie im Rahmen eines Kontokorrentkredits.

**Substitution** ist bei Kapitalentzug erforderlich. Sie kann beispielsweise notwendig werden, wenn:

- Prolongationen nicht gewährt werden
- Kreditverträge ablaufen oder gekündigt werden
- Gesellschafter ausscheiden.

Bei der **Transformation** wird lediglich beispielsweise kurzfristiges durch langfristiges Fremdkapital bzw. Fremdkapital durch Eigenkapital oder umgekehrt ersetzt. Der Finanzstrom selbst ändert sich nicht.

## 2.1.2 Finanzierung mit unterschiedlichen Kapitalarten

Die Finanzierung mit unterschiedlichen Kapitalarten – das sind Eigenkapital (EK) oder Fremdkapital (FK) – kann folgende Arten umfassen:

**Finanzierung mit unterschiedlichen Kapitalarten**

**Finanzierung mit Eigenkapital**

| | |
|---|---|
| **Beteiligungsfinanzierung** | Zuführung von EK in ein Unternehmen von außen in Form von Geldeinlagen, Sacheinlagen, Rechten. |
| **Finanzierung aus zurückbehaltenen Gewinnen = Selbstfinanzierung** | Erzielte Gewinne des Unternehmens, die in der Bilanz ausgewiesen oder als stille Reserven vorhanden sind, werden nicht an die EK-Geber ausgeschüttet. |

**Finanzierung mit Fremdkapital**

| | |
|---|---|
| **Fremdfinanzierung** | Zuführung von FK in ein Unternehmen von außen in Form von Geldeinlagen und Sacheinlagen. |
| **Finanzierung aus Rückstellungsgegenwerten** | Im Unternehmen gebildete Rückstellungen ergeben aufgrund von Steuerstundungen einen Finanzierungseffekt unter der Voraussetzung, dass sie über den Umsatzprozess als Einzahlungen zugeflossen sind. |

| | |
|---|---|
| **Finanzierung aus Abschreibungsgegenwerten** | Die über den Verkauf der Absatzgüter zurückfließenden Anteile der Abschreibungen werden unmittelbar wieder für Investitionen verwendet. |
| **Finanzierung aus sonstigen Kapitalfreisetzungen** | Sie erfolgt durch Maßnahmen der Rationalisierung oder dem Verkauf von Vermögensteilen, die keine Absatzgüter sind. |

Wie zu sehen ist, lassen sich die Finanzierung aus Abschreibungsgegenwerten und sonstigen Kapitalfreisetzungen nicht eindeutig der Eigen- oder Fremdfinanzierung zuordnen.

Die Beteiligungsfinanzierung wird mitunter auch als **Einlagenfinanzierung**, die Fremdfinanzierung als **Kreditfinanzierung** bezeichnet.

## 2.1.3 Finanzierung mit unterschiedlicher Kapitalherkunft

Nach der unterschiedlichen Herkunft des Kapitals lassen sich Außenfinanzierung und Innenfinanzierung gegenüberstellen:

**Finanzierung mit unterschiedlicher Kapitalherkunft**

| | |
|---|---|
| **Außenfinanzierung** | Kapital wird - unbeschadet seiner rechtlichen Stellung - von außerhalb des Unternehmens zugeführt. |
| **Beteiligungsfinanzierung** | Zuführung von EK in ein Unternehmen von außen in Form von Geldeinlagen, Sacheinlagen, Rechten. |
| **Fremdfinanzierung** | Zuführung von FK in ein Unternehmen von außen in Form von Geldeinlagen oder Sacheinlagen. |

| | |
|---|---|
| **Innenfinanzierung** | Sie ist eine Finanzierung des Unternehmens von innen, d. h. aus eigener Kraft. |
| **Finanzierung aus Umsatzerlösen** | Sie kann eine Finanzierung aus zurückbehaltenen Gewinnen, Abschreibungsgegenwerten, Rückstellungsgegenwerten sein. |
| **Finanzierung aus sonstigen Kapitalfreisetzungen** | Sie erfolgt durch Maßnahmen der Rationalisierung oder dem Verkauf von Vermögensteilen, die keine Absatzgüter sind. |

Die **Finanzierung aus Umsatzerlösen** wird vielfach auch als **Überschussfinanzierung** oder als **Cashflow-Finanzierung** bezeichnet.

02 Seite 458

## 2.1.4 Finanzierung mit unterschiedlichen Fristigkeiten

Als Finanzierungen mit unterschiedlichen Fristigkeiten lassen sich nennen:

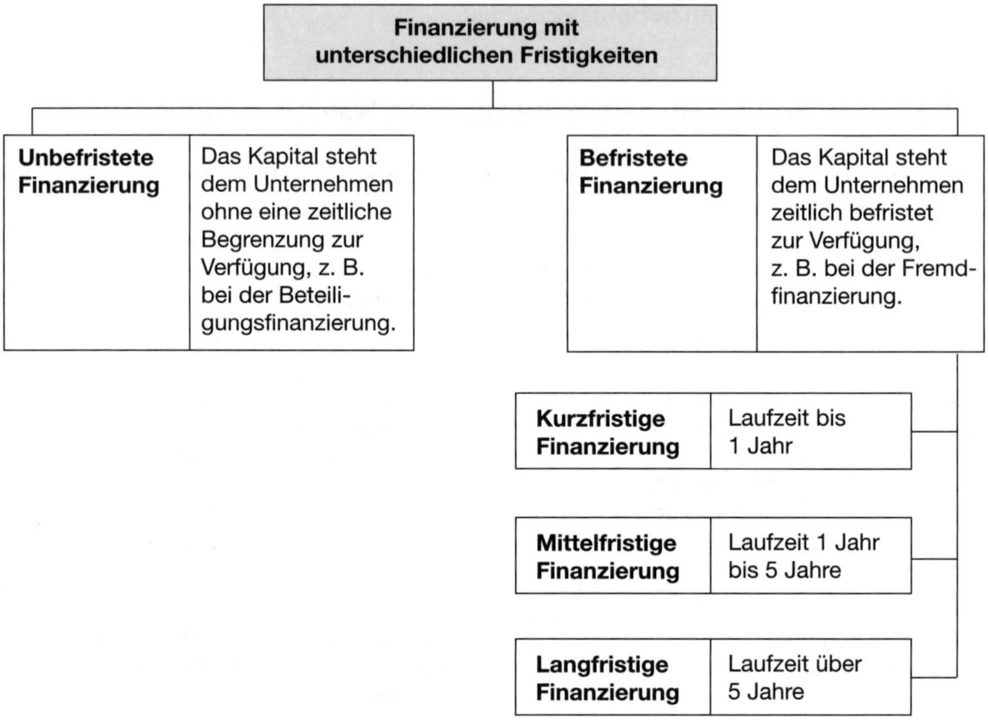


Bis **1998** galt nach der **Bundesbankstatistik** folgende Einteilung:

- Kurzfristige Finanzierungen bis ein Jahr
- Mittelfristige Finanzierungen von einem bis vier Jahre
- Langfristige Finanzierungen über vier Jahre.

**Seit 1999** werden Bankkredite an inländische Nichtbanken (Privatpersonen, Unternehmen, öffentliche Haushalte) in Art des obigen Schaubildes ausgewiesen als:

- Kurzfristig (bis ein Jahr)
- Mittelfristig (ein bis fünf Jahre)
- Langfristig (über fünf Jahre).

Damit fand eine Angleichung an die Einteilung der Fristigkeiten im HGB statt.

## 2.1.5 Finanzierung aus unterschiedlichen Anlässen

Finanzierungen können aus unterschiedlichen Anlässen erforderlich werden:

**Finanzierung aus unterschiedlichen Anlässen**

| | |
|---|---|
| **Laufende Finanzierungen** | Kapitalbeschaffung für tägliche oder periodisch vorkommende Bedarfsfälle. |
| **Besondere Finanzierungen** | Kapitalbeschaffung für einmalige oder gelegentliche Bedarfsfälle. |

Besondere Finanzierungen:

| | |
|---|---|
| **Gründung** | Ein Unternehmen wird ins Leben gerufen. |
| **Kapitalerhöhung** | Eigenkapital wird dem Unternehmen zugeführt. |
| **Kapitalherabsetzung** | Das Eigenkapital eines Unternehmens wird vermindert. |
| **Umwandlung** | Ein Unternehmen ändert seine Rechtsform. |
| **Fusion** | Zwei oder mehr rechtlich selbstständige Unternehmen werden zu einem neuen Unternehmen verschmolzen. |
| **Liquidation** | Ein Unternehmen wird aufgelöst. |

03 Seite 458

## 2.2 Investition

Die Kapitalverwendung wird als Investition bezeichnet. Dabei erfolgt die Bindung des beschafften Kapitals in Sachgüter oder Rechte, soweit die Bindung nicht bereits mit der Kapitalbeschaffung einherging. Die Investition ist somit im Wesentlichen eine Abkehr vom Geld.

Bei der Investition geht es vor allem um folgende grundlegenden **Fragen**:

- *Welche Vermögensteile sind vom Unternehmen zu beschaffen?*
- *Wie sehen die optimalen – insbesondere kostenminimalen – Investitionen aus?*
- *Wie lange dauern die Kapitalbindungen?*

Der Investition schließt sich die **Desinvestition** an. Darunter ist die Freisetzung des durch Investition gebundenen Kapitals in Form von Einzahlungen aus dem Verkauf der Erzeugnisse und Waren sowie der länger gebundenen Vermögensteile (z. B. Maschinen) des Unternehmens zu verstehen. Ihr kommt eine Finanzierungsfunktion zu.

Investitionen lassen sich nach verschiedenen Kriterien systematisieren:

- **Objektbezogene Investitionen**
- **Wirkungsbezogene Investitionen**.

Andere Unterteilungsmerkmale können sich beispielsweise auf unterschiedliche Investoren und Umschlagzeiten beziehen – siehe ausführlich *Olfert/Reichel*:

### 2.2.1 Objektbezogene Investitionen

Investitionen, die auf unterschiedliche Objekte gerichtet sind, können sein:

**Objektbezogene Investitionen**

| | |
|---|---|
| **Sachinvestitionen** | Beschaffungen des Sachanlagevermögens und desjenigen Teiles des Umlaufvermögens, der Sachgüter darstellt. |
| **Finanzinvestitionen** | Erwerb von Forderungsrechten – z. B. Gläubigerrechten oder Wertpapieren - und von Beteiligungsrechten – z. B. Aktien oder Geschäftsanteilen. |
| **Immaterielle Investitionen** | Insbesondere der Erwerb von Konzessionen, gewerblichen Schutz- und ähnlichen Rechten, aber auch Investitionen in Werbung, Aus-, Fortbildung, Forschung und Entwicklung. |

Die Sachinvestitionen werden auch **leistungswirtschaftliche**, **produktionswirtschaftliche** oder **Realinvestitionen** genannt.

Die Finanzinvestitionen können auch als **finanzwirtschaftliche Investitionen** oder **Nominalinvestitionen** bezeichnet werden. Immaterielle Investitionen sind aktivierbar, wenn sie entgeltlich erworben wurden.

## 2.2.2 WIRKUNGSBEZOGENE INVESTITIONEN

Nach ihrer Wirkung lassen sich folgende Investitionen unterscheiden:

**Wirkungsbezogene Investitionen**

| | |
|---|---|
| **Nettoinvestitionen** | Investitionen, die erstmalig im Unternehmen vorgenommen werden. |
| **Gründungsinvestitionen** | Sie erfolgen bei Gründung oder Kauf eines Unternehmens und danach nie mehr. |
| **Erweiterungsinvestitionen** | Sie dienen der Vergrößerung des vorhandenen oder der Schaffung neuen Leistungspotenzials und erhöhen die Kapazität des Unternehmens. |

| | |
|---|---|
| **Reinvestitionen = Ersatzinvestitionen i. w. S.** | Sie dienen der Wiederauffüllung des durch Ge- oder Verbrauch oder sonstige Umstände verminderten Güterbestandes. |
| **Ersatzinvestitionen i. e. S.** | Die bisherigen Investitionsgüter werden in gleicher Art wiederbeschafft. |
| **Rationalisierungsinvestitionen** | Vorhandene Investitionsgüter werden durch Investitionsgüter ersetzt, die technisch verbessert sind. |
| **Umstellungsinvestitionen** | Sie bewirken mengenmäßige Verschiebungen im Produktionsprogramm. |
| **Diversifizierungsinvestitionen** | Sie führen zu einer Veränderung des Produktionsprogrammes und/oder der Absatzorganisation. |
| **Sicherungsinvestitionen** | Sie sollen den Bestand des Unternehmens durch Beteiligung oder Investitionen in Forschung und Entwicklung, Werbung sowie Umweltschutz sichern. |

Die Gründungsinvestitionen werden mitunter auch als **Anfangsinvestitionen**, **Erstinvestitionen**, **Errichtungsinvestitionen**, **Neuinvestitionen** bezeichnet.

Die Nettoinvestitionen und Reinvestitionen stellen die Gesamtheit der in einer Wirtschaftsperiode erfolgten Investitionen dar und werden **Bruttoinvestitionen** genannt.

04 Seite 459

## 2.3 Zahlungsverkehr

Kapitalbeschaffung und Kapitalverwendung müssen im Unternehmen abgewickelt werden, d. h. es sind finanzielle Transaktionen als Einzahlungen und Auszahlungen erforderlich. Dies geschieht im Rahmen der Kapitalverwaltung, die sich insbesondere mit der Abwicklung des Zahlungsverkehrs befasst, der auf drei **Arten von Zahlungsmitteln** beruhen kann:

**Zahlungsmittel**

| | |
|---|---|
| **Bargeld** | Gesetzliches Zahlungsmittel. |
| **Buchgeld** | Kein gesetzliches Zahlungsmittel, hat in der Praxis aber größte Bedeutung. |
| **Geldersatzmittel** | Keine gesetzlichen Zahlungsmittel, sondern Hilfszahlungsmittel. |

Mit der Hingabe von Bargeld oder Buchgeld – in Form einer Überweisung, wobei sich der Gläubiger durch die Eröffnung eines Sichtguthabenkontos zur Annahme der Zahlung bereit erklärt – hat ein Schuldner seine Zahlungspflicht erfüllt, bei der Hingabe eines Geldersatzmittels erst mit dessen Einlösung durch den Gläubiger.

Der Zahlungsverkehr des Unternehmens, der im Kapitel C noch näher behandelt wird, kann – unter Verwendung der genannten Arten von Zahlungsmitteln – abgewickelt werden als:

- **Barzahlungsverkehr**
- **Halbbarer Zahlungsverkehr**
- **Bargeldloser Zahlungsverskehr**.

## 2.3.1 Barzahlungsverkehr

Beim Barzahlungsverkehr wird Bargeld übertragen. Das kann geschehen als:

**Barzahlungsverkehr**

| | |
|---|---|
| **Unmittelbare Barzahlung** | Bargeld wird »von Hand zu Hand« gezahlt und dafür üblicherweise ein Empfangsbeleg ausgestellt. |
| **Mittelbare Barzahlung** | Es wird zwar Bargeld gezahlt und Bargeld empfangen, aber nicht »von Hand zu Hand«. |

Während die unmittelbare Zahlung direkt und gegen Aushändigung einer Quittung erfolgt, ist bei der mittelbaren Zahlung ein Überbringer eingeschaltet. Dies kann ein Bote sein oder ein Serviceangebot, z. B. der Deutschen Post oder der Postbank als:

- **Postbank Minuten-Service**: Bei der Antragstellung für den Postbank Minuten-Service wird der anzuweisende Betrag bei der Postbank eingezahlt, die diesen unmittelbar an das Partnerunternehmen *Western Union* übermittelt.

  Eine von der Postbank vergebene Referenznummer dient zur internen Identifikation bei der Übermittlung. So kann der Zahlungsempfänger unter Vorlage eines gültigen Ausweises nach kürzester Zeit das angewiesene Bargeld bei Vertragspartnern (Banken, Reisebüros, Tankstellen usw.) in Empfang nehmen.

- **Expressbrief**: Hier kann neben anderen Wertsachen auch Bargeld – bis zu einem Wert von 500 € – per Post versendet werden, wobei auch der eigenhändige Empfang an bestimmte Personen oder deren Bevollmächtigte vorbestimmt werden kann.

Im Geschäftsverkehr hat der Barzahlungsverkehr im Wesentlichen nur bei Handelsbetrieben und Dienstleistungsbetrieben größere Bedeutung, die Privatpersonen als Kunden haben.

Der Barzahlungsverkehr kann aus Unternehmenssicht hohe Kosten bei der Handhabung und Entsorgung, z. B. durch die Nutzung von Nachttresoren, verursachen. Zudem ist bei Einzahlungen auf Bankkonten das Geldwäschegesetz zu beachten – siehe S. 137.

Der Barzahlungsverkehr im Handel wird zunehmend **ersetzt** durch folgende Möglichkeiten des bargeldlosen Zahlungsverkehrs, nämlich von:

- Debit-Karten in Electronic-Cash-Systemen,
- Kreditkarten.

## 2.3.2 Halbbarer Zahlungsverkehr

Beim halbbaren Zahlungsverkehr wird Bargeld in Buchgeld umgewandelt oder umgekehrt. Damit muss einer der beiden am Zahlungsverkehr Beteiligten über ein Konto verfügen. Zu unterscheiden sind:

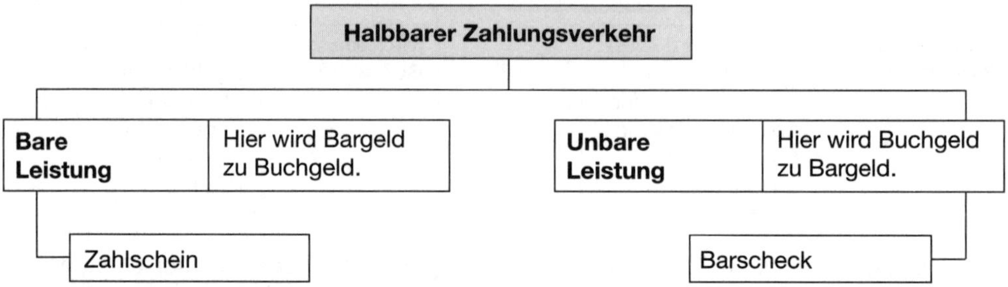


Die **Bedeutung** des halbbaren Zahlungsverkehrs ist in der betrieblichen Praxis im Wesentlichen auf die Zahlscheine begrenzt, die von den Unternehmen vielfach den Rechnungen beigelegt werden.

## 2.3.3 Bargeldloser Zahlungsverkehr

Beim bargeldlosen Zahlungsverkehr kommen weder der Zahlungspflichtige noch der Zahlungsempfänger mit Bargeld in Berührung. Beide verfügen über ein Konto.

Die Konten müssen nicht beim gleichen Kreditinstitut geführt werden. Dies setzt die Vernetzung der Kreditinstitute untereinander voraus.

Der bargeldlose Zahlungsverkehr kann zwischen Kreditinstituten sowie zwischen diesen Institutionen und den Unternehmen beleggesteuert oder beleglos erfolgen.

**Arten** des bargeldlosen Zahlungsverkehrs sind:

**Bargeldloser Zahlungsverkehr**

| Überweisungsverkehr | Lastschriftverkehr | Scheckverkehr | Wechselverkehr |
|---|---|---|---|
| Mit Überweisungen wird Buchgeld vom Konto eines Zahlungspflichtigen auf das Konto eines Zahlungsempfängers übertragen. | Der Einzahlungsempfänger kann durch sein Kreditinstitut fällige Forderungen eines Zahlungspflichtigen einziehen lassen. | Der Scheck ist eine unbedingte Anweisung eines Ausstellers an sein Kreditinstitut, einem Dritten bei Sicht einen bestimmten Betrag zu Lasten seines Kontos auszuzahlen. | Der Wechsel ist ein streng förmliches Wertpapier, das ein privates Vermögensrecht verbrieft, dessen Ausübung an den Besitz der Urkunde gebunden ist. |
| ▶ Einzelüberweisung | ▶ Einzugsermächtigung | ▶ Barscheck<br>▶ Verrechnungsscheck | ▶ Gezogener Wechsel |
| ▶ Dauerüberweisung<br>▶ Beschleunigte Überweisung<br>▶ Sammelüberweisung | ▶ Abbuchungsauftrag | ▶ Inhaberscheck<br>▶ Orderscheck<br>▶ Rektascheck | ▶ Eigener Wechsel |
| | | ▶ Bestätigter Scheck | |

Dazu kommen noch Instrumente des bargeldlosen Zahlungsverkehrs, die sich in den letzten Jahren entwickelt haben, insbesondere:

- Kreditkarten
- Electronic Cash-Systeme
- Electronic/Internet Banking.

05 Seite 460

# 3. Finanzwirtschaftliche Führung

Der finanzwirtschaftlichen Führung fällt die Aufgabe zu, die Finanzierung, Investition und den Zahlungsverkehr unter Beachtung der Ziele des Unternehmens zu steuern. Sie wird auch bezeichnet als:

- Finanz(wirtschaftliches) Management
- Finanz(wirtschaftliches) Controlling
- Kapitalmanagement.

Führung – und damit auch finanzwirtschaftliche Führung – geschieht in mehreren Führungs- bzw. Managementebenen. Die Führungsebenen lassen sich nach Tätigkeitsschwerpunkten abgrenzen:

| | |
|---|---|
| **Top-Management = Oberste Unternehmensleitung** | **Beispiele:**<br>Vorstand<br>Geschäftsführer |
| **Middle-Management = Mittlere Führungsebene** | **Beispiele:**<br>Werksleiter<br>Abteilungsdirektor<br>Hauptabteilungsleiter<br>Abteilungsleiter |
| **Lower-Management = Untere Führungsebene** | **Beispiele:**<br>Büroleiter<br>Meister<br>Gruppenleiter |

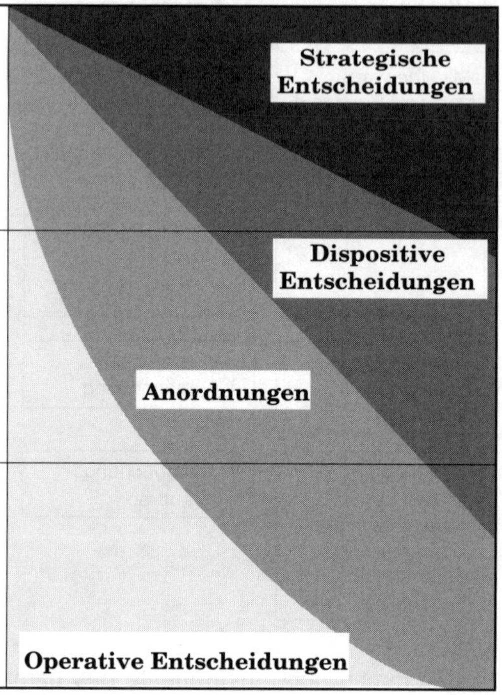


Der **Prozess der finanzwirtschaftlichen Führung** erfolgt – wie jeder Führungsprozess – in vier **Phasen**:

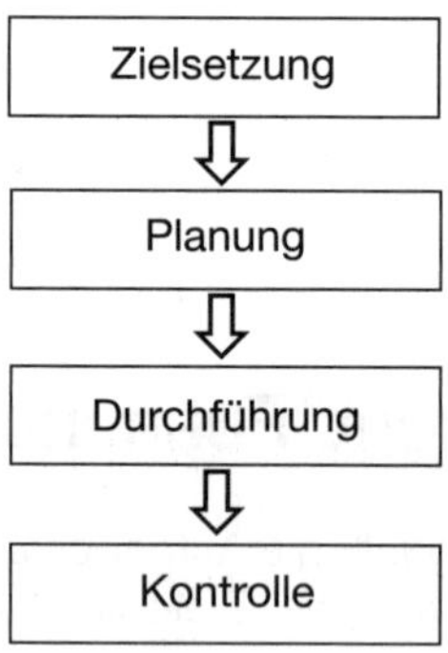


Sie sollen erläutert werden:

- Der Führungsprozess beginnt mit der **Zielsetzung**. Sie bezieht sich auf den Zustand, den das Unternehmen in der Zukunft erreichen will. Die Ziele sind dabei eindeutig vorzugeben nach:

| | | |
|---|---|---|
| ▶ Inhalt<br>▶ Zeit<br>▶ Ausmaß | ⇨ | Fremdkapitalanteil ...<br>... im nächsten Jahr ...<br>... um 5 % senken. |

Ziele lassen sich nach einer Vielzahl von **Kriterien** unterscheiden:

| | |
|---|---|
| **Formalisierungsgrad** | ▶ **Formalziele** beziehen sich auf die Art und Weise des betrieblichen Handelns und dienen der Ableitung von Verhaltensmaximen.<br>▶ **Sachziele** dienen zur Realisierung der Formalziele und beziehen sich unmittelbar auf die Leistungserstellung. Dabei kann üblicherweise zwischen mehreren Alternativen gewählt werden. |
| **Bedeutung** | ▶ **Hauptzielen** kommt eine besonders große Bedeutung zu.<br>▶ **Nebenziele** haben eine geringere Bedeutung, beispielsweise der Raumbedarf der Maschine. |
| **Hierarchische Beziehung** | ▶ **Oberziele** werden – meist relativ global – auf der oberen Hierarchieebene formuliert. Sie können Formalziele und Sachziele sein.<br>▶ **Unterziele** werden aus den Oberzielen abgeleitet und stellen konkrete Handlungsanweisungen dar. Sie können nur Sachziele sein. |
| **Inhalt** | ▶ **Monetäre Ziele** sind geldliche Ziele, beispielsweise Gewinn, Umsatz, Rentabilität.<br>▶ **Nicht-monetäre Ziele** sind beispielsweise Unabhängigkeit, Sicherheit, Wachstum, Macht. |
| **Zusammenhang** | ▶ **Komplementäre Ziele** fördern sich in ihrer Erreichung gegenseitig.<br>▶ **Konkurrierende Ziele** behindern oder schließen sich in ihrer Erreichung gegenseitig aus.<br>▶ **Indifferente Ziele** stehen in keinem Zusammenhang zueinander und behindern sowie fördern sich gegenseitig nicht. |

Die Zielbildung wird durch interne und externe Interessengruppen (**Stakeholder**) beeinflusst, z. B. durch Eigenkapitalgeber, Fremdkapitalgeber, Mitarbeiter, Kunden, Lieferanten, Gewerkschaften, Arbeitgeberverbände, staatliche Einrichtungen.

Die Ziele des Unternehmens können vielfältiger **Art** sein, z. B. als:

| | |
|---|---|
| **Marktleistungsziele** | Produktqualität, Produktinnovation, Kundenservice, Sortiment |
| **Marktstellungsziele** | Umsatz, Marktanteil, Marktgeltung, Markterschließung |
| **Rentabilitätsziele** | Gewinn, Umsatzrentabilität, Kapitalrentabilität |

| | |
|---|---|
| **Finanzielle Ziele** | Kreditwürdigkeit, Liquidität, Kapitalstruktur |
| **Soziale Ziele** | Einkommen, Arbeitszufriedenheit, Integration |
| **Machtziele** | Unabhängigkeit, Image, Prestige, Einfluss |

- Die **Planung** ist die systematische und zielorientierte Herbeiführung von Entscheidungen. Sie wird auch als **Willensbildung** bezeichnet und umfasst drei **Phasen**:

| | |
|---|---|
| **Anregungsphase** | Sie bezieht sich auf die Feststellung des Problems und seine Klärung mithilfe einer Ursachenanalyse. Es gilt:<br>▶ Das Problem zu erkennen<br>▶ Die Ausgangssituation zu analysieren<br>▶ Die Unternehmensziele festzustellen<br>▶ Die Unternehmensziele zu beachten<br>▶ Die Entscheidungsaufgabe zu präzisieren<br>▶ Die Entscheidungsaufgabe festzulegen. |
| **Suchphase** | Sie dient der Vorbereitung der Entscheidung und umfasst als Maßnahmen:<br>▶ Bestimmen der Entscheidungskriterien<br>▶ Suchen alternativer Lösungsmöglichkeiten<br>▶ Ausarbeiten alternativer Lösungsmöglichkeiten<br>▶ Ermitteln der Konsequenzen alternativer Lösungen<br>▶ Beurteilen der Konsequenzen alternativer Lösungen. |
| **Entscheidungsphase** | Sie baut auf den Erkenntnissen aus der Suchphase auf und schließt die Planung ab, indem:<br>▶ Die Lösungsalternativen beurteilt werden<br>▶ Eine Rangordnung der Alternativen erfolgt<br>▶ Die vorteilhafteste Lösungsalternative ausgewählt wird. |

- Der Planung schließt sich die **Durchführung** als Prozess der **Willensdurchsetzung** an. Ein frühzeitiges Einbinden der von der Entscheidung betroffenen Personen kann den Durchsetzungsprozess erleichtern.

- Nach der Planung und der Durchführung erfolgt im Führungsprozess die **Kontrolle** als **Willenssicherung**. Sie besteht aus drei **Phasen**:

| | |
|---|---|
| **Erstellung der Kontrollstandards** | Kontrollwerte müssen messbar sein, z. B. 10 % Gewinnsteigerung oder ein Umsatz von 8 Millionen Euro. |
| **Soll-Ist-Vergleich** | Die geplanten und die tatsächlich eingetretenen Werte werden miteinander verglichen. |
| **Abweichungsanalyse** | Die Gründe von Abweichungen der Soll- und Ist-Werte werden offen gelegt und Korrekturentscheidungen vorbereitet. |

Die finanzwirtschaftliche Führung bezieht sich, wie die finanzwirtschaftlichen Funktionen, auf:

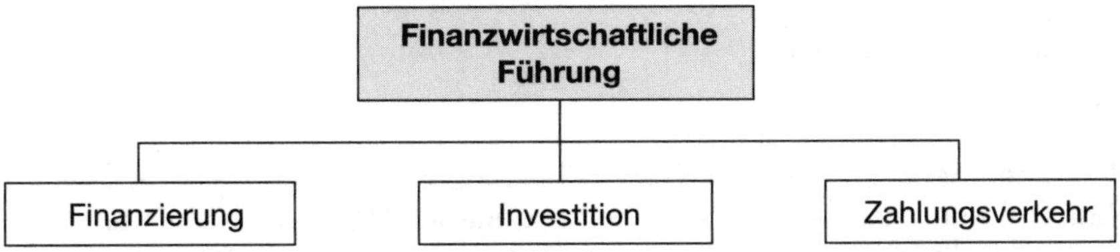


## 3.1 FINANZIERUNG

Im Finanzierungsbereich ist durch entsprechende Maßnahmen sicherzustellen, dass die Zahlungsströme des Unternehmens optimal gelenkt werden. Wird auf eine geeignete finanzielle Führung verzichtet, sind **negative Entwicklungen** möglich, z. B.:

- Das Unternehmen wird in seinem Bestand gefährdet, weil notwendige Aufgaben nicht geleistet werden können, wie z. B. die Sicherstellung der jederzeitigen Zahlungsfähigkeit.

- Im Unternehmen liegen finanzielle Mittel brach, weil Auszahlungen in dieser Höhe gegenwärtig nicht anfallen und hierdurch Opportunitätskosten entstehen.

- Das Unternehmen wird von seinen Kapitalgebern negativ beurteilt, weil die Relationen von Eigenkapital, Fremdkapital, Anlagevermögen, Umlaufvermögen als risikoreich und damit wenig vorteilhaft angesehen werden.

Die finanzielle Führung hat – unter Beachtung der vorgegebenen Ziele – zu steuern:

- Den Kapitalbedarf des Unternehmens
- Die Kapitalbeschaffung des Unternehmens.

Die Führung im finanziellen Bereich erfolgt in den **Phasen**, wie sie allgemein für den Führungsprozess bereits dargestellt wurden.

Zur Führung im Finanzierungsbereich dienen:

- **Ziele**

- **Instrumente**.

### 3.1.1 ZIELE

Die Führung im Finanzierungsbereich hat sich an den Zielen zu orientieren, die im Unternehmen vorgegeben sind, und entwickelt daraus weitere Ziele, beispielsweise Unterziele.

Aus der obigen Zusammenstellung betrieblicher Ziele lassen sich Ziele erkennen, die für den Finanzierungsbereich keine unmittelbare Bedeutung aufweisen. Es sind aber auch

Ziele festzustellen, die **für den Finanzierungsbereich bedeutsam** sind. Insbesondere sind das die:

- Rentabilitätsziele
- Finanzwirtschaftlichen Ziele
- Macht-/Prestigeziele.

Jedes Unternehmen wird unter dem speziellen Einfluss der Eigenkapitalgeber, Fremdkapitalgeber, Unternehmensleitung, Mitarbeiter, gegebenenfalls auch Lieferanten und Kunden zu einem **individuellen Zielsystem** gelangen. Unabhängig davon kann für den Finanzierungsbereich ein allgemeines Zielsystem beschrieben werden, das grundsätzlich für alle Unternehmen gilt. Dieses – um individuelle Ziele zu ergänzende – **allgemeine Zielsystem** umfasst:

| Zielfunktion | Nebenbedingungen |
|---|---|
| ▶ Maximierung der Rentabilität | ▶ Erhalt der Liquidität<br>▶ Erhalt der Unabhängigkeit<br>▶ Erhalt der Sicherheit |

Als Ziele werden damit im Folgenden dargestellt:

### 3.1.1.1 LIQUIDITÄT

Die Liquidität soll gewährleisten, dass das Unternehmen nicht zahlungsunfähig wird. Sie ist für das Unternehmen lebensnotwendig. Unter Liquidität kann Verschiedenes verstanden werden:

- **Absolute Liquidität**
- **Relative Liquidität**
- **Ausmaße der Liquidität.**

Die *absolute* Liquidität betrachtet lediglich die Aktiv-Seite der Bilanz, während die *relative* Liquidität sich auch auf die Passiv-Seite der Bilanz bezieht.

#### 3.1.1.1.1 ABSOLUTE LIQUIDITÄT

Die absolute Liquidität ist die Eigenschaft von Vermögensteilen, als Zahlungsmittel verwendet oder in Zahlungsmittel umgewandelt zu werden. Danach wird einem Vermögensgegenstand eine umso höhere Liquidität zugesprochen, je rascher er sich in Zahlungsmittel umwandeln lässt.

Es erscheint **unzweckmäßig**, dies als Liquidität zu bezeichnen. Vielmehr sollte hier von **Liquidierbarkeit** gesprochen werden, der durchaus praktische Bedeutung zuzumessen ist. Für deren Beurteilung gilt es, zwei Gesichtspunkte zu beachten:

- Zunächst ist die **Liquidationsdauer** festzustellen. Das ist der Zeitraum zwischen der Entscheidung zur Liquidation eines Vermögensgegenstandes und dem Eingang des Liquidationserlöses.

  Tendenziell kann unterstellt werden, dass die Liquidationsdauer umso kürzer sein kann, je »weiter unten« ein Vermögensgegenstand in der Bilanz ausgewiesen wird:

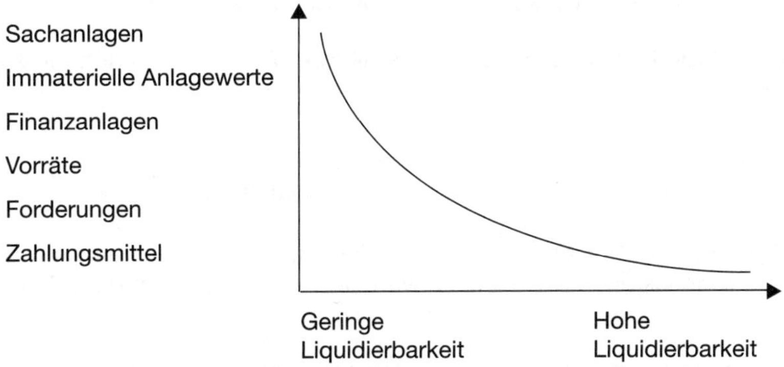


  Diese Erkenntnis lässt den Schluss zu, dass anlageintensive Unternehmen im Hinblick auf die Liquidierbarkeit von Vermögensteilen eine geringere Elastizität aufweisen als umlaufintensive Unternehmen.

- Neben der Liquidationsdauer gilt es, den **Liquidationsbetrag** festzustellen. Das ist der Geldbetrag, mit dem als Liquidationserlös zu rechnen ist. Er lässt sich nicht ohne Berücksichtigung der Situation, in der das Unternehmen sich befindet, ermitteln.

  Die **Höhe** des Liquidationserlöses ist abhängig von:

| | |
|---|---|
| **Qualität** | Die Qualität des Gutes, das liquidiert werden soll, äußert sich beispielsweise in der Bonität von Forderungen oder dem Zustand des Sachgutes. |
| **Marktgegebenheiten** | Folgende Kriterien können Einfluss auf den Liquidationserlös von Gütern nehmen:<br>▶ **Marktexistenz** für ein Gut, z. B. in Form eines Gebrauchsgütermarktes<br>▶ **Marktgängigkeit** eines Gutes, die Verkäuflichkeit einer hochspezialisierten Druckmaschine gegenüber eines Fotokopierers<br>▶ **Organisationsgrad** des Marktes, der z. B. in Form der Börse seine höchste Ausprägungsform erreicht<br>▶ **Konjunktursituation**, welche die Nachfrage nach einem Gut beeinflussen kann. |
| **Dringlichkeit** | Je größer der Zeitdruck des Verkaufes ist, desto geringer dürfte der Liquidationserlös für ein Gut sein. |

Die Kenntnis der absoluten Liquidität bzw. der Liquidierbarkeit der Vermögensgegenstände ist für die Leitung des Finanzierungsbereiches von Interesse und zur Sicherung des Unternehmensbestandes zweifellos nützlich.

Allerdings reichen diese Informationen nicht aus, um den Bestand des Unternehmens zu gewährleisten.

#### 3.1.1.1.2 Relative Liquidität

Die relative Liquidität kann **statisch** oder **dynamisch** betrachtet werden:

- Die **statische Liquidität** beschreibt das Verhältnis, das zwischen den folgenden Größen besteht:

  - Zahlungsmitteln
  - Kurzfristigen Forderungen
  - Vorräten
  - Kurzfristigen Verbindlichkeiten.

  **Kurzfristige Liquiditätsgrade** sollen dazu dienen, die Zahlungsfähigkeit des Unternehmens im Hinblick auf seine Zahlungsverpflichtungen zu beurteilen. Zu unterscheiden sind:

| | |
|---|---|
| **Barliquidität** | $\text{Liquidität 1. Grades} = \frac{\text{Zahlungsmittel}}{\text{Kurzfristige Verbindlichkeiten}}$ |
| **Liquidität auf kurze Sicht** | $\text{Liquidität 2. Grades} = \frac{\text{Zahlungsmittel + kurzfristige Forderungen}}{\text{Kurzfristige Verbindlichkeiten}}$ |
| **Liquidität auf mittlere Sicht** | $\text{Liquidität 3. Grades} = \frac{\text{Zahlungsmittel + kurzfristige Forderungen + Vorräte}}{\text{Kurzfristige Verbindlichkeiten}}$ |

  Die Erwartungen, die in die Aussagekraft der Liquiditätsgrade gelegt werden, erweisen sich als nicht erfüllbar, denn die Liquidität wird nur zu einem einzigen Zeitpunkt gemessen. Unmittelbar vor oder nach diesem Zeitpunkt kann sie völlig anders aussehen.

  Außerdem sind die Liquiditätsgrade zu eng mit der Bilanz verknüpft. Ob ein Unternehmen zahlungsfähig ist, lässt sich aus einzelnen aktiven oder passiven Bilanzpositionen nicht ohne Weiteres entnehmen. Gründe für die **mangelnde Aussagekraft** der Bilanz sind (*Wöhe/Bilstein*):

  - Die Fälligkeiten kurzfristiger Forderungen und Verbindlichkeiten sind nicht bekannt.
  - Das Ausfallrisiko, das mit den kurzfristigen Forderungen verbunden ist, lässt sich nur schwer einschätzen.
  - Die bilanziell ausgewiesenen Verbindlichkeiten enthalten nicht alle zu leistenden Auszahlungen.
  - Die in die Liquiditätsgrade einbezogenen Bilanzpositionen unterliegen der Bewertung.

- Zur Sicherheit übereignete, verpfändete oder abgetretene Teile des Vermögens sind nicht erkennbar.
- Die Messung der Liquidität erfolgt lediglich stichtagsbezogen und auf die Vergangenheit orientiert.
- Die Möglichkeiten zur Beschaffung oder Verlängerung kurzfristiger Kredite sind nicht erkennbar.

Mithilfe der statischen Liquidität lassen sich demnach keine hinreichend genauen Aussagen machen, um den Bestand des Unternehmens kontinuierlich gewährleisten zu können.

Die Liquiditätsgrade gelten aber dennnoch als wichtige Kennzahlen im Rahmen der Kreditwürdigkeitsprüfung durch Kreditinstitute (vgl. S. 424), da sie aus den einzureichenden Jahresabschlüssen abgeleitet werden können.

- Die **dynamische Liquidität** bezieht sich **nicht** auf eine bilanzbezogene, zeitpunktbeschränkte Betrachtung.

Liquidität muss ständig, d. h. zu allen Zeitpunkten des Unternehmenslebens vorhanden sein. Illiquidität gefährdet den Bestand des Unternehmens. So wird nach der Insolvenzordnung (§§ 17 ff.) ein Eröffnungsgrund für ein Insolvenzverfahren darin gesehen, dass bei einer

- OHG oder KG Zahlungsunfähigkeit gegeben ist,
- AG, KGaA oder GmbH Zahlungsunfähigkeit oder Überschuldung vorliegen.

**Zahlungsunfähigkeit** ist das auf dem Mangel an Zahlungsmitteln beruhende Unvermögen des Schuldners, seine fälligen Geldschulden noch im Wesentlichen zu erfüllen. Als **Überschuldung** wird eine Unternehmenssituation angesehen, in der das Vermögen die Schulden nicht mehr deckt.

Mithilfe der dynamischen Liquidität ist es möglich, das Unternehmen finanzwirtschaftlich in geeigneter Weise zu steuern. Dabei soll unter der Liquidität die **Fähigkeit des Unternehmens** verstanden werden, **die zu einem Zeitpunkt zwingend fälligen Zahlungsverpflichtungen uneingeschränkt erfüllen zu können, die zu jedem Zeitpunkt seines Bestehens gegeben sein muss.**

Praktisch bedeutet dies, dass die so beschriebene Darstellung der Liquidität folgenden **Erfordernissen** gerecht zu werden hat:

- Es sind sämtliche Einzahlungen und Auszahlungen zu erfassen.
- Die Zahlungsströme sind in geeigneter Weise – nämlich unter Verwendung von Finanzplänen – zu erfassen.

Damit wird es möglich, nicht nur die momentane Liquidität festzustellen, die auf einen bestimmten Tag bezogen ist, sondern auch die Periodenliquidität planerisch zu ermitteln, wodurch offengelegt werden kann, inwieweit die Liquidität künftig gefährdet oder ungefährdet ist.

Die Liquidität – als dynamische Liquidität – kann mithilfe der folgenden finanzwirtschaftlichen **Instrumente** gesichert werden:

- **Finanzplanung** einschließlich Liquiditäts- und Liquiditätsreservenplanung
- **Finanzdisposition**, wie z. B. das Cash Management.

Bei hoher Risikobereitschaft der finanziellen Führung ist es möglich, dass der Liquidität zu Gunsten der Rentabilität geringere Bedeutung zugemessen wird. In kleineren Unternehmen hingegen kommt dem Sicherheitsgedanken – und damit auch dem Liquiditätsgedanken – mitunter besonders hohe Bedeutung zu, was die Rentabilität negativ beeinflussen kann.

Neben der auf den Tag bezogenen bzw. im kurzfristigen Rahmen betrachteten Liquidität gibt es eine Liquiditätsbetrachtung, die **auf längere bzw. lange Sicht ausgerichtet** ist. Sie bezieht sich auf die strukturellen Zusammenhänge von Kapitalbeschaffung und Kapitalverwendung. Dementsprechend kann sie als **strukturelle Liquidität*** bezeichnet werden.

---

* Danach soll die finanzielle Struktur des Unternehmens so beschaffen sein, dass die Fremdkapitalgeber das Unternehmen für kreditwürdig halten und damit seinen Bestand nicht gefährden, indem sie Fremdkapital nicht bzw. nicht im erforderlichen Umfang zur Verfügung stellen oder ihr Fremdkapital aus dem Unternehmen abziehen.

Wie das Verhältnis im konkreten Fall gestaltet werden soll, um kreditwürdig zu sein, lässt sich nicht ohne Weiteres sagen. Dazu sind **Finanzierungsregeln** als »Qualitätsnormen« entwickelt worden:

| | | | |
|---|---|---|---|
| **Vertikale Finanzierungsregeln** | 1:1-Regel | | $\frac{\text{Fremdkapital}}{\text{Eigenkapital}} \leq 1$ |
| | 2:1-Regel | | $\frac{\text{Fremdkapital}}{\text{Eigenkapital}} \leq 2$ |
| | 3:1-Regel | | $\frac{\text{Fremdkapital}}{\text{Eigenkapital}} \leq 3$ |
| **Horizontale Finanzierungsregeln** | Goldene Bilanzregeln | im engen Sinne: | $\frac{\text{Anlagevermögen}}{\text{Eigenkapital}} \leq 1$ |
| | | im weiteren Sinne: | $\frac{\text{Anlagevermögen}}{\text{Eigenkapital} + \text{langfristiges Fremdkapital}} \leq 1$ |
| | Goldene Finanzierungsregeln | | $\frac{\text{Kurzfristiges Vermögen}}{\text{Kurzfristiges Kapital}} \geq 1$ |
| | | | $\frac{\text{Langfristiges Vermögen}}{\text{Langfristiges Kapital}} \leq 1$ |

Die Einhaltung von Finanzierungsregeln soll – was sie absolut nicht zu leisten im Stande sind – die Liquidität des Unternehmens sichern. Das ist schon deshalb nicht möglich, weil es für jedes Unternehmen ein anderes strukturelles Optimum ergibt, das z. B. daraus resultiert, ob das Unternehmen arbeitsintensiv, anlageintensiv oder materialintensiv ist, und in welcher Lebensphase sich das Unternehmen befindet. Insofern ist es grundsätzlich **wenig nützlich**, sich eng an Finanzierungsregeln zu orientieren.

Da aber Fremdkapitalgeber – und gegebenenfalls andere am Unternehmen Interessierte – zur Beurteilung seiner wirtschaftlichen Lage immer wieder auch Finanzierungsregeln heranziehen, sollten sie andererseits **nicht völlig außer Acht** gelassen werden. Vergleichen Sie hierzu auch Kapitel G.

### 3.1.1.1.3 Ausmasse der Liquidität

Liquidität ist entweder vorhanden, und das Unternehmen ist zahlungsfähig, oder sie ist nicht gegeben, und der Bestand des Unternehmens ist gefährdet. In diesem Falle wird von **Illiquidität** gesprochen.

**Wirtschaftlich** kann eine grundsätzlich vorhandene Liquidität graduell abgestuft werden. Es lassen sich unterscheiden:

- Die **Unterliquidität**, die dadurch gekennzeichnet ist, dass das Unternehmen zwar zahlungsfähig ist, aber nur in einem eingeschränkten Rahmen, der eine Ausschöpfung aller den Unternehmenszielen dienlichen Möglichkeiten nicht zulässt.

  **Beispiel:** Die Maschinenbau GmbH beschafft normalerweise bestimmte Stähle im Turnus von 10 Wochen, da sich dies betriebswirtschaftlich als zweckmäßig erwiesen hat. Aus dem Finanzplan des Unternehmens ist zu ersehen, dass die für diese Rohstoffbeschaffung erforderlichen 50.000 € zum nächsten Termin nicht zur Verfügung stehen werden, außerdem ist die Kreditlinie erschöpft.

  Deshalb muss sich die Maschinenbau GmbH entschließen, eine Beschaffung für den Zeitraum von lediglich 5 Wochen vorzunehmen, was zu einer Verteuerung der Rohstoffe um 7,5 % für das Unternehmen führt, da die günstigen Konditionen für die 10-Wochen-Bestellung wegen des geringeren Auftragsvolumens vom Lieferanten nicht gewährt werden.

  Auf eine Unterliquidität im Unternehmen kann es hindeuten, wenn eingeräumte Lieferantenskonti mit kurzer Laufzeit nicht genutzt werden. Das Unternehmen sollte bestrebt sein, durch geeignete Maßnahmen der **Liquiditätspolitik** zu einer Beseitigung der Unterliquidität zu gelangen. Dies kann grundsätzlich durch die Senkung oder Verzögerung von Auszahlungen bzw. durch die Erhöhung oder Beschleunigung von Einzahlungen bzw. durch die Ausweitung von Kreditlinien erfolgen.

  06 > Seite 460

- Die **Überliquidität**, die den Gegensatz zur Unterliquidität darstellt. Das Unternehmen verfügt über mehr finanzielle Mittel als es voraussichtlich benötigen wird.

  So sehr es aus Gründen der Sicherung des Unternehmensbestandes nützlich, ja sogar notwendig ist, über eine bestimmte finanzielle Reserve im Unternehmen zu verfügen, da die Zukunft durch Unwägbarkeiten geprägt ist, müssen doch die Grenzen einer solchen Reserve – vor allem aus Rentabilitätsaspekten, z. B. durch Tilgung kostenintensiver, kurzfristiger Kredite – gesehen werden.

  Es lässt sich hier keine Zahl nennen, die Aussagen über die Höhe der zu haltenden Reserve vermittelt, da diese von einer Reihe unternehmens- und situationsbedingter Faktoren abhängt. Auf alle Fälle sollte die Reserve das betriebswirtschaftlich vertretbare Maß nicht übersteigen.

- Die **optimale Liquidität**, bei der zu der finanzwirtschaftlichen Betrachtungsweise – auf der Grundlage ungefährdeter Liquidität – die erfolgswirtschaftliche Betrachtungsweise kommt. Dabei wird angestrebt, eine höchstmögliche Rentabilität zu erzielen. Bei Überliquidität bedeutet das, möglichst viel Kapital zinsbringend einzusetzen, die Reserve also niedrig zu halten.

  Als optimale Liquidität kann die **gewinnmaximale** oder **rentabilitätsmaximale Zahlungsbereitschaft** bezeichnet werden.

  Theoretisch gibt es in jedem Augenblick des Unternehmensbestehens einen Punkt optimaler Liquidität. Da sich dieser Punkt jedoch infolge der Dynamik des Wirtschaftsprozesses ständig verlagert, und er deshalb nur schwer erreichbar ist, empfiehlt es sich, die Betrachtung auf eine Zone optimaler Liquidität auszuweiten.

  Die Beziehung zwischen Rentabilität und Liquidität lässt sich – stark vereinfachend – grafisch darstellen:

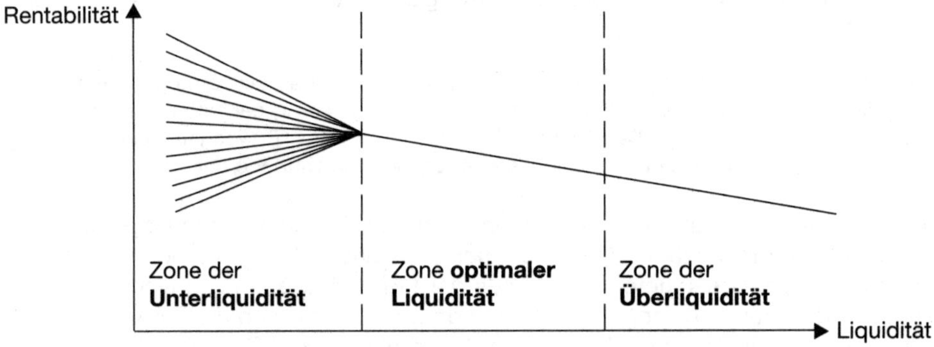


  Es ist zu sehen, dass in der Zone optimaler Liquidität und in der Zone der Überliquidität jede Erhöhung der Liquidität eine Verminderung der Rentabilität zur Folge hat. Für die Zone der Unterliquidität können über den Verlauf der Kurve keine Aussagen gemacht werden.

07 Seite 460

### 3.1.1.2 Rentabilität

Die Rentabilität ist eine Maßzahl, die sich aus dem Verhältnis von Gewinn und Kapital ergibt.

Als **Arten** der Rentabilität lassen sich beispielsweise unterscheiden:

$$\text{Gesamtkapital-rentabilität} = \frac{\text{Gewinn + Fremdkapitalzinsen}}{\text{Gesamtkapital}} \cdot 100$$

$$\text{Eigenkapital-rentabilität} = \frac{\text{Gewinn}}{\text{Eigentkapital}} \cdot 100$$

$$\text{Umsatz-rentabilität} = \frac{\text{Gewinn}}{\text{Umsatz}} \cdot 100$$

Die **Eigenkapitalgeber** erwarten für das von ihnen eingesetzte oder einzusetzende Kapital einen angemessenen Gewinn und damit auch eine entsprechende Rentabilität.

Aber auch für die **Fremdkapitalgeber** ist die Rentabilität von Interesse. Obwohl sie daraus grundsätzlich keinen ertragsmäßigen Nutzen ziehen können, gibt die Rentabilität ihnen einen Hinweis auf die Einschätzung des Risikos, das sie mit der Bereitstellung ihres Kapitals eingehen.

Die **Rentabilität** des Unternehmens kann im Finanzierungsbereich des Unternehmens **gefördert** und **gesichert** werden, wenn

- die Maßnahmen der Finanzierung kostenminimal vorgenommen werden,
- die Liquiditätsreserven geringstmöglich gehalten werden, da sie keine oder nur sehr geringe Verzinsung bewirken,
- liquide Überschüsse stets zinsbringend angelegt werden, beispielsweise als Tagesgeld oder Festgeld, oder aufgenommene Kredite zurückgeführt werden.

Wie gezeigt wurde, begrenzt ein hoher Bestand an liquiden Mitteln die Rentabilität, ein niedriger Bestand kann die Rentabilität verbessern, aber auch den Bestand des Unternehmens gefährden.

Ausführlichere Darstellungen rentabilitätsbezogener Kennzahlen erfolgen im Rahmen der finanzwirtschaftlichen Analyse im Kapitel G.

08 Seite 461

### 3.1.1.3 Unabhängigkeit

Durch die finanzielle Führung sind nicht nur die Liquidität und Rentabilität zu sichern, sondern es ist auch zu gewährleisten, dass das Unternehmen in seiner Unabhängigkeit nicht bzw. so wenig wie möglich eingeschränkt wird.

So könnte beispielsweise ein hoher Anteil an Fremdkapital im Unternehmen oder Zugeständnisse des Fremdkapitalgebers bei Zinsen oder Fristigkeiten den **Fremdkapitalgeber** dazu bewegen,

- Information
- Mitsprache

- Kontrolle
- Setzen von Richtlinien
- Mitwirkung an der Geschäftsführung

zu fordern. Dies kann aus Gründen geschehen, die in dem Willen nach Begrenzung des Risikos liegen. Es sind aber auch machtbezogene Gründe denkbar.

#### 3.1.1.4 Sicherheit

Die Sicherheit ist eine – ebenso wie die Liquidität – mit der Rentabilität konkurrierende Zielsetzung. Sie fordert für alle Finanzierungsentscheidungen den Ausschluss möglicher Verluste sowie das Erreichen vorgegebener Gewinne, wobei Entscheidungen die Kapitalaufbringung und die Kapitalanlage bzw. Investitionen betreffen können.

Die Sicherheit ist an zukünftigen Ereignissen ausgerichtet und kann unterschiedliche **Zustände** einnehmen als:

- **Entscheidung unter Sicherheit**, wobei nur eine Problemlösung besteht. Diese Entscheidungssituation zu unterstellen ist für marktwirtschaftliche Systeme unrealistisch, da vollkommene Informationen und Voraussicht vorliegen müssten.

- **Entscheidung unter Wahrscheinlichkeit**, bei der Eintrittswahrscheinlichkeiten unterschiedlicher Alternativen abgeschätzt werden können. Vergangenheitsdaten, Erfahrungen und genügend große Informationsmengen lassen die Festlegung objektiver Wahrscheinlichkeiten zu.

- **Entscheidung unter Unsicherheit**, die sich im Vorhandensein unterschiedlicher Alternativen äußert, deren Eintrittswahrscheinlichkeiten aber nicht bekannt sind oder nicht objektiv ermittelt werden können.

Generell kann festgestellt werden, dass mit ansteigender Rentabilität auch das Verlustrisiko wächst. Zu unterscheiden sind auch die **Sicherheitsbestrebungen** des Kapitalnehmers und des Kapitalgebers:

- Das **Verlustrisiko des Kapitalnehmers** bezieht sich auf den Kapitaleinsatz in Form des Investitionsrisikos und auf den Kapitalerhalt in Form der Optimierung der Kapitalstruktur, deren Risikoausprägung in der Aufzehrung des Eigenkapitals liegt, das als Haftungsgrundlage dient. Beispielhaft sei hier der Verschuldungsgrad genannt.

- Das **Verlustrisiko des Kapitalgebers** soll minimiert werden durch den Ausschluss der Haftung bei der Kapitalvergabe und durch hohe Sicherheitsanforderungen. Bei dieser Kapitalvergabe stehen den sicheren Rückflüssen mit geringerer Verzinsung das Risiko gegenüber höhere, aber dafür vielleicht ausbleibende oder schwankende Rückflüsse aus einer Kapitalanlage bzw. Kreditvergabe zu erhalten.

Typische finanzwirtschaftliche **Risiken** sind:

- Die oben genannten Risiken aus der **Kapitalhergabe** (Eigenkapitalrisiko/Kreditausfallrisiko)

- Das Risiko der **Geldwertschwankungen** (Inflation/Deflation)

- Das **Zinsrisiko**, das durch schwankende Marktzinsen während der Kapitalhergabe sowohl den Kapitalnehmer wie auch den Kapitalgeber treffen kann.

- Das **Kursrisiko** von börsennotierten Wertpapieren oder im Devisenhandel.

09 Seite 462

## 3.1.2 Instrumente

Die Instrumente, die der finanziellen Führung zur Verfügung stehen, um die finanziellen Ziele erreichen zu können, sind insbesondere:

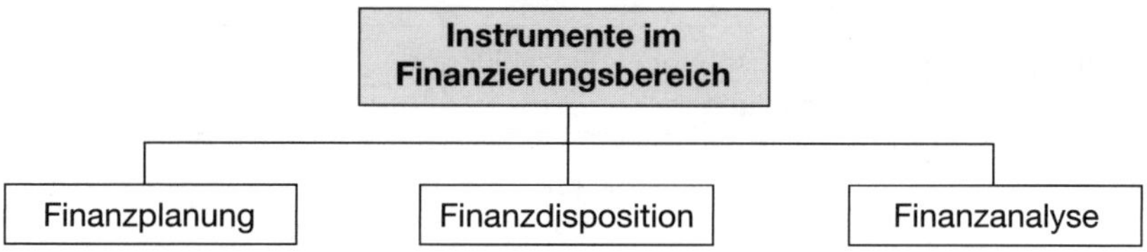


### 3.1.2.1 Finanzplanung

Die Finanzplanung dient der zielgerichteten Gestaltung des finanziellen Bereiches. Mit ihrer Hilfe soll nicht nur die Liquidität und damit der Bestand des Unternehmens gesichert werden. Sie ist auch geeignet, die weiteren **Ziele der finanziellen Führung** in ihrer Erreichung zu unterstützen:

- Rentabilität
- Unabhängigkeit
- Sicherheit.

Die Finanzplanung kann sein:

- Eine **strategische Planung**, die in der obersten Führungsebene erfolgt und langfristig ausgerichtet ist. Sie dient der Erschließung neuer Märkte und umfasst meist **mehr als fünf Jahre**.

- Eine **taktische* Planung**, die mittelfristig ausgerichtet ist und sich aus der strategischen Planung ergibt, die sie umzusetzen hat. Sie umfasst meist **ein bis fünf Jahre**.

- Eine **operative* Planung**, die kurzfristigen Charakter hat und aus der taktischen Planung abgeleitet wird. Sie ist eine Ausführungsplanung und umfasst meist **bis zu einem Jahr**.

* Taktische und operative Planung werden mitunter auch umgekehrt definiert, also operativ als mittelfristig und taktisch als kurzfristig.

Im Rahmen der Finanzplanung wird der Finanzplan erstellt, der vier Elemente aufweist, die auf Seite 104 ff. beschrieben sind, und nicht nur die Planwerte enthält, sondern auch die tatsächlich eingetretenen Istwerte, um im Rahmen der Kontrolle sich ergebende Abweichungen feststellen und analysieren zu können:

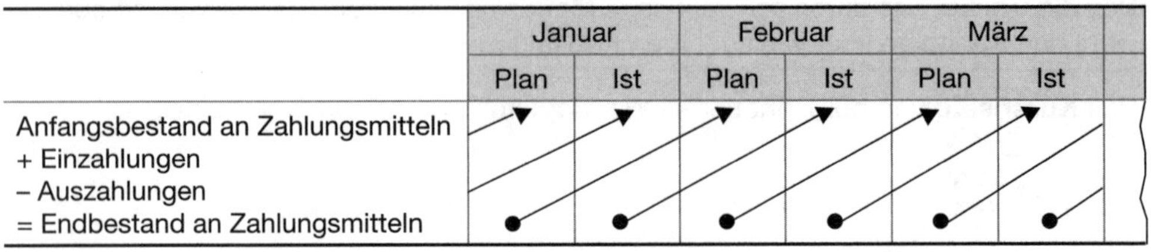


Wichtig ist, sämtliche Einzahlungen und Auszahlungen des Unternehmens aufzunehmen. Ein **Problem** bei der Erstellung des Finanzplanes stellen die unterschiedlichen Fristigkeiten bezüglich der Kapitalverfügung und der Kapitalbindung dar.

Ein Unternehmen ist nach dem Finanzplan **liquide**, wenn

$$\frac{\text{Anfangsbestand an Zahlungsmitteln + Einzahlungen}}{\text{Auszahlungen}} \geq 1$$

oder

$$\text{Anfangsbestand an Zahlungsmitteln + Einzahlungen} \geq \text{Zahlungsverpflichtungen}$$

Im Rahmen der Sicherung der Liquidität müssen die betrieblichen Zahlungsströme aufeinander abgestimmt werden. Von besonderer Bedeutung für die Liquiditätssicherung ist der auf einen einzelnen Tag bezogene Finanzplan, der als **Finanzstatus** bezeichnet wird.

### 3.1.2.2 FINANZDISPOSITION

Die Finanzdisposition dient der Überwachung und Steuerung des Dispositionsbestandes an **liquiden Mitteln**, die umfassen:

- Bargeld und Sichtguthaben
- Nicht ausgenutzte Kreditmöglichkeiten
- Kurzfristige monetisierbare Finanzanlagen.

Die Finanzdisposition wird heute vielfach als **Cash Management** bezeichnet. Sie erfordert den Einsatz der EDV, da die finanzwirtschaftlichen Daten ständig aktuell verfügbar und auswertbar sein müssen.

Während in der Finanzplanung die Höhe des Dispositionsbestandes festgelegt wird, erfolgt mithilfe der Finanzdisposition die **Feinabstimmung** im Hinblick auf die Möglichkeiten:

- Der **Kapitalbeschaffung**, um die Finanzierungskosten zu minimieren

- Der **Anlage liquider Mittel**, um die Opportunitätskosten – als Kosten für entgangene Gewinne – zu minimieren.

Viele Kreditinstitute bieten EDV-Dienstleistungen als Electronic Banking* an, das auch die Finanzdisposition bzw. das Cash Management beinhaltet. Damit ist es möglich, den richtigen Betrag in der richtigen Währung zum richtigen Zeitpunkt auf das richtige Konto zur Erzielung optimaler Erträge zu steuern. Es gibt:

- **Einfache Cash Management-Systeme**, die folgende Daten bereitstellen können:

  ▶ Umsatz- und Saldenübersichten
  ▶ Bankübergreifende Berichte
  ▶ Kontoauszüge
  ▶ Informationen über Kontobewegungen
  ▶ Valutarische Informationen
  ▶ Historische Übersichten (90 Tage)

- **Anspruchsvollere Cash Management-Systeme**, die nicht nur Informationen empfangen können, sondern auch standardisierte Transaktionen ermöglichen. Der Kunde kann über sein Terminal bzw. seinen Personalcomputer beispielsweise selbstständig abwickeln:

  ▶ Inlands- und Auslandszahlungen
  ▶ Lokale Erstellung und Speicherung von Zahlungsaufträgen
  ▶ Prüfung der Aufträge auf Plausibilität
  ▶ Übertragung der Datensätze mit Auftragserfüllung
  ▶ Vorformatierte Zahlungsauftragstypen
  ▶ (Vor-)datierbare Zahlungsaufträge und Daueraufträge

  Außerdem können mit anspruchsvollen Cash Management-Systemen auch vorgenommen werden:

  ▶ Liquiditätsprognosen
  ▶ Risikoanalysen
  ▶ Kurzfristige Finanzplanungen

Die Cash Management-Systeme **gehen** damit **über** die **dispositive Funktion** – wie oben dargestellt – **hinaus** und greifen in den Zahlungsverkehr und in die Finanzplanung ein.

---

* Für Firmenkunden werden u. a. als EDV-Dienstleistungen angeboten:

▶ Zahlungsverkehr
- Cash-Management-Systeme
- Automatische Kontozusammenführung
- Datenträgeraustausch

▶ Informationsdienste
- Datenbankrecherchen
- Öffentliche Förderprogramme/Subventionen
- Allgemeine Finanzinformationen
- Brancheninformationen

▶ Unterstützung bei der Unternehmensplanung
- Bilanzanalyse
- Finanzplanung
- Liquiditätsplanung/-disposition

#### 3.1.2.3 Finanzwirtschaftliche Analyse

Die finanzwirtschaftliche Analyse hat die Aufgabe, das finanzwirtschaftliche Gebaren des Unternehmens zu untersuchen. Dabei kommt der Bilanz die zentrale Bedeutung zu. Die auf ihr beruhende finanzwirtschaftliche Analyse, die im Kapitel G ausführlich dargestellt wird, kann erfolgen als:

| | |
|---|---|
| **Substanz-analyse** | Die einzelnen Positionen der Bilanz werden überprüft auf:<br>▶ ihr Zustandekommen<br>▶ ihre Zusammensetzung<br>▶ ihre Entwicklung |
| **Kennzahlen-analyse** | Kennzahlen sind Zahlen, die sich auf wirtschaftlich wichtige Tatbestände beziehen und diese in konzentrierter Form darstellen. Analysen können sein:<br>▶ **Investitionsanalyse** als<br>- Analyse der Investitionsstruktur<br>- Analyse der Investitionspolitik<br>▶ **Finanzierungsanalyse** als<br>- Analyse der Finanzierungsstruktur<br>- Analyse der Finanzierungsdauer<br>▶ **Liquiditätsanalyse** als<br>- statische Liquiditätsanalyse<br>- dynamische Liquiditätsanalyse<br>• Cashflow<br>• Kapitalflussrechnung<br>▶ **Sonstige** Analysen als<br>- Ergebnisanalyse<br>- Rentabilitätsanalyse |

## 3.2 Investition

Im Investitionsbereich hat sich die Führung – gleichermaßen wie im Finanzierungsbereich – an den Zielen des Unternehmens zu orientieren.

**Allgemeine Ziele** im Investitionsbereich sind insbesondere:

- Die **Liquidität**, deren Vorliegen durch Investitionen nicht gefährdet werden darf.
- Die **Rentabilität**, die einen Ausdruck des Unternehmenserfolges darstellt.

**Instrumente** der Führung im Investitionsbereich sind – siehe ausführlich *Olfert/Reichel*:

- Die **Investitionsplanung**, die sich mit sämtlichen für eine Planungsperiode vorgesehenen Investitionen befasst.

- Die **Investitionsrechnungen** und **Nutzwertrechnungen**, mit deren Hilfe die Vorteilhaftigkeit von Investitionen anhand quantitativer bzw. qualitativer Beurteilungskriterien festgestellt werden kann.

- Die **Investitionsanalyse**, die Aufschluss über die Entwicklung im Investitionsbereich des Unternehmens gibt.

Da sich Investitionen vielfach durch umfangreiche und langfristige Kapitalbindung auszeichnen, die finanzwirtschaftlich erheblichen Liquiditätsrisiken und Erfolgsrisiken unterliegen, kann der Bestand des Unternehmens gefährdet werden, wenn die Investitionen nicht sorgsam bewirkt werden.

## 3.3 Zahlungsverkehr

Die Führung im Bereich des Zahlungsverkehrs hat die Abwicklung der finanziellen Transaktionen des Unternehmens zielgerichtet zu steuern.

**Allgemeine Ziele** sind dabei vor allem:

- Liquidität
- Sicherheit
- Rentabilität.

Eine bedeutsame Führungsaufgabe ist es, geeignete **Regelungen** zu treffen, mit denen (*Eilenberger*)

- die technischen Voraussetzungen durch Bereitstellung der Medien und Instrumente zur Zahlungsmittelübertragung geschaffen werden und

- damit die Zahlungswege vorgegeben werden,

- der organisatorische Rahmen der Abwicklung geschaffen wird und

- damit die einzuschaltenden Mittler des Zahlungsverkehrs festgelegt werden.

Dazu gehört auch die Steuerung des Abrechnungsverkehrs unter Großunternehmen - das Industrieclearing – und innerhalb eines Konzerns – das Konzernclearing:

- Das **Industrieclearing** ist die gegenseitige Kreditierung bzw. das Anlagegeschäft zwischen Unternehmen mit zweifelsfreier Bonität, um Kreditinstitute als Kosten erhöhende Zwischenhändler auszuschalten.

- Das **Konzernclearing** dient dem Ausgleich von Liquiditätsschwankungen zwischen Unternehmen eines Konzerns, aber auch der gegenseitigen Verrechnung von Forderungen bzw. Verbindlichkeiten.

Die Schnittstellen zwischen der Abwicklung und der Führung der Kapitalverwaltung verwischen mit dem Einsatz von EDV-gesteuerten Cash Management-Systemen teilweise.

| | **KONTROLLFRAGEN** | bearbeitet | Lösungshinweise | Lösung + | Lösung - |
|---|---|---|---|---|---|
| 01 | Beschreiben Sie den güter- und finanzwirtschaftlichen Prozess! | | 19 | | |
| 02 | Warum sind Zahlungs- und Leistungsströme nicht deckungsgleich? | | 19 | | |
| 03 | Wie läuft ein finanzwirtschaftlicher Prozess typischerweise ab? | | 20 | | |
| 04 | Beschreiben Sie die Funktionen der Finanzwirtschaft! | | 20 | | |
| 05 | Was geschieht im Rahmen der finanziellen Führung? | | 21 | | |
| 06 | Wie kann die Finanzwirtschaft organisatorisch eingegliedert sein? | | 21 | | |
| 07 | Worin bestehen die Aufgaben des Controllers und Treasurers? | | 22 f. | | |
| 08 | Was versteht man unter Kapital? | | 24 | | |
| 09 | Was ist abstraktes Kapital und wozu dient es? | | 24 | | |
| 10 | Welche Posten der Bilanz zählen zum Eigenkapital? | | 25 | | |
| 11 | Welche stillen Reserven lassen sich unterscheiden? | | 26 | | |
| 12 | Welche Funktionen hat das bilanziell ausgewiesene Eigenkapital? | | 26 | | |
| 13 | Erläutern Sie die Eigenschaften des Eigenkapitals! | | 26 f. | | |
| 14 | Welche Posten zählen zum Fremdkapital? | | 27 | | |
| 15 | Erläutern Sie die Eigenschaften des Fremdkapitals! | | 28 | | |
| 16 | Was ist konkretes Kapital? | | 28 | | |
| 17 | Welche Gegenstände zählen zum Anlagevermögen? | | 29 | | |
| 18 | Erläutern Sie, welche Gegenstände zum Umlaufvermögen zu rechnen sind! | | 29 | | |
| 19 | Was versteht man unter Finanzierung? | | 30 | | |
| 20 | Welche Fragen stellen sich der Finanzierung? | | 31 | | |
| 21 | Nach welchen Kriterien lassen sich Finanzierungen unterteilen? | | 31 | | |
| 22 | Welche zweckbezogenen Finanzierungen sind zu unterscheiden? | | 31 f. | | |
| 23 | Welche Finanzierungen erfolgen mit Eigenkapital bzw. Fremdkapital? | | 32 | | |
| 24 | Worin unterscheiden sich Außen- und Innenfinanzierung? | | 33 | | |
| 25 | Welche Finanzierungen lassen sich fristbezogen nennen? | | 34 | | |
| 26 | Welche besonderen Finanzierungen lassen sich unterscheiden? | | 35 | | |
| 27 | Was versteht man unter Investition? | | 36 | | |
| 28 | Welche Fragen stellen sich bei der Investition? | | 36 | | |
| 29 | Erläutern Sie, was unter Desinvestition zu verstehen ist! | | 36 | | |
| 30 | Welche objektbezogenen Investitionen lassen sich unterscheiden? | | 36 | | |
| 31 | Erläutern Sie, welche wirkungsbezogenen Investitionen es gibt! | | 37 | | |
| 32 | Welche Arten von Zahlungsmitteln gibt es? | | 38 | | |
| 33 | Auf welche Arten kann Zahlungsverkehr abgewickelt werden? | | 38 | | |
| 34 | Wie kann der Barzahlungsverkehr erfolgen? | | 39 | | |

| | KONTROLLFRAGEN | bearbeitet | Lösungshinweise | Lösung + | Lösung - |
|---|---|---|---|---|---|
| 35 | Beschreiben Sie, wie halbbarer Zahlungsverkehr erfolgen kann! | | 40 | | |
| 36 | Welche Möglichkeiten gibt es, bargeldlos zu zahlen? | | 40 f. | | |
| 37 | Was versteht man unter finanzwirtschaftlicher Führung? | | 41 f. | | |
| 38 | Welche Phasen umfasst die finanzwirtschaftliche Führung? | | 42 | | |
| 39 | Wie sind Ziele vorzugeben? | | 42 f. | | |
| 40 | Welche Arten von Zielen lassen sich unterscheiden? | | 43 f. | | |
| 41 | Was ist Planung und welche Phasen umfasst sie? | | 44 | | |
| 42 | Was versteht man unter Durchführung? | | 44 | | |
| 43 | In welchen Phasen läuft die Kontrolle ab? | | 44 | | |
| 44 | Welche Aufgabe obliegt der finanziellen Führung? | | 45 | | |
| 45 | Welche Ziele sind für den Finanzierungsbereich bedeutsam? | | 45 f. | | |
| 46 | Erläutern Sie, was unter absoluter Liquidität zu verstehen ist! | | 46 f. | | |
| 47 | Was ist die statische Liquidität und wie ist sie zu beurteilen? | | 48 f. | | |
| 48 | Beschreiben Sie die dynamische Liquidität! | | 49 | | |
| 49 | Welche Instrumente dienen der Sicherung der Liquidität? | | 50 | | |
| 50 | Was kann unter struktureller Liquidität verstanden werden? | | 50 | | |
| 51 | Stellen Sie die Finanzierungsregeln dar! | | 50 | | |
| 52 | Was versteht man unter Illiquidität? | | 51 | | |
| 53 | Wann spricht man von Unter- bzw. Überliquidität? | | 51 | | |
| 54 | Beschreiben Sie die optimale Liquidität! | | 52 | | |
| 55 | Erläutern Sie, was unter Rentabilität zu verstehen ist! | | 52 f. | | |
| 56 | Wie kann Rentabilität gefördert bzw. gesichert werden? | | 53 | | |
| 57 | Wodurch kann die Unabhängigkeit eingeschränkt werden? | | 53 f. | | |
| 58 | Worin ist das Verlustrisiko des Kapitalgebers und des Kapitalnehmers zu sehen? | | 54 | | |
| 59 | Welche Instrumente stehen der finanziellen Führung zur Verfügung? | | 55 | | |
| 60 | Wozu dient die Finanzplanung und welche Arten der Finanzplanung lassen sich unterscheiden? | | 56 | | |
| 61 | Welche Aufgabe hat die Finanzdisposition? | | 56 f. | | |
| 62 | Worin unterscheiden sich Finanzplanung und Finanzdisposition? | | 56 f. | | |
| 63 | Welche Daten stellen einfache Cash Management-Systeme bereit? | | 57 | | |
| 64 | Welche Möglichkeiten bieten anspruchsvollere Cash Management-Systeme? | | 57 | | |
| 65 | Welche Aufgabe hat die finanzwirtschaftliche Analyse? | | 58 | | |
| 66 | Wie kann die finanzwirtschaftliche Analyse erfolgen? | | 58 | | |

| | **KONTROLLFRAGEN** | bearbeitet | Lösungshinweise | Lösung + | Lösung - |
|---|---|---|---|---|---|
| 67 | Auf welchen Zielen beruht die Führung im Investitionsbereich? | | 58 | | |
| 68 | Welcher Instrumente kann sich die Führung im Investitionsbereich bedienen? | | 58 f. | | |
| 69 | Welchen Zielen hat der Zahlungsverkehr gerecht zu werden? | | 59 | | |
| 70 | Beschreiben Sie die zentrale Führungsaufgabe im Bereich des Zahlungsverkehrs! | | 59 | | |

# B. Finanzplanung

Finanzplanung ist die planerische Tätigkeit im finanzwirtschaftlichen Bereich des Unternehmens. Wie jeder planerische Prozess weist sie drei **Merkmale** auf:

- Sie ist ein gedanklicher Prozess.
- Sie liegt vor dem Handeln.
- Sie ist auf zukünftiges Handeln gerichtet.

Die Finanzplanung nimmt die im Unternehmen zu treffenden dispositiven Maßnahmen vorweg, indem sie die im Planungszeitraum anfallenden Ausgaben und Einnahmen sowie Auszahlungen und Einzahlungen schätzt und berechnet, den sich daraus ergebenden Kapitalbedarf ermittelt und Maßnahmen plant, welche die Beschaffung fehlenden Kapitals bzw. die Anlage überschüssigen Kapitals umfassen.

Unter Einbeziehung der Durchführung und der Kontrolle in den planerischen Prozess kann sich typischerweise folgender **Ablauf** der Planung ergeben:

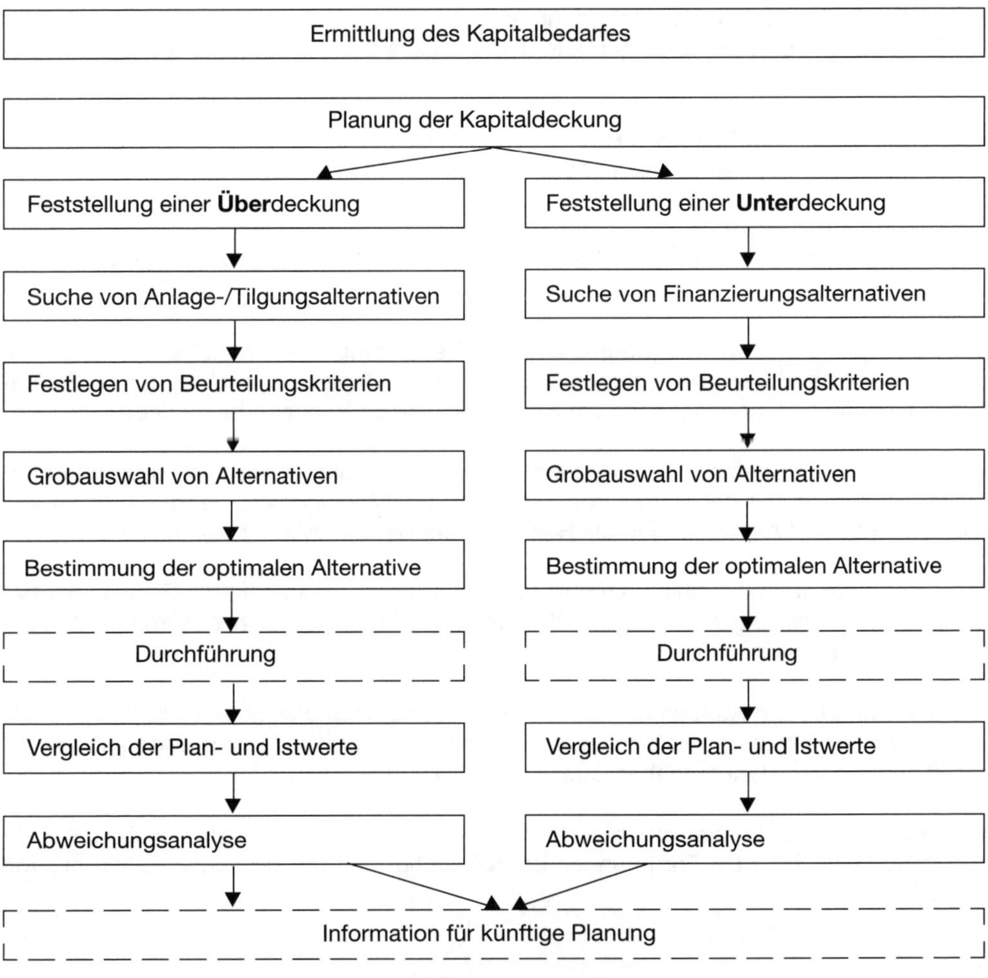

Während die Durchführung – auch bei weiter Auslegung des Planungsbegriffes – kein Bestandteil der Planung ist, kann die Kontrolle als abschließende Phase der Planung angesehen werden. Die planerischen Aktivitäten können umso wirkungsvoller gestaltet werden, je umfassender die Rückkopplung über die Kontrolle erfolgt.

Die **Kontrolle** darf sich nicht darauf beschränken, die Abweichungen zwischen den Plan- und Istwerten lediglich festzustellen bzw. zu dokumentieren. Sie muss die Abweichungen auch im Einzelnen analysieren. Planungs- oder Ausführungsfehler können auf diese Weise aufgedeckt und wesentliche Erkenntnisse zur Vermeidung solcher Fehler in künftigen Planungsprozessen gewonnen werden.

Die Finanzplanung ist in die Unternehmensplanung eingebunden und stellt eine **Teilplanung** dar. Die zu planenden Einzahlungen und Auszahlungen werden im Wesentlichen durch die übrigen Teilbereiche des Unternehmens verursacht.

Zur ordnungsgemäßen Durchführung der Finanzplanung werden verschiedene **Informationen** benötigt:

- Aus den **Teilbereichen** des Unternehmens
  (Auszahlungen und Einzahlungen aus dem Prozess der Leistungserstellung und Leistungsverwertung)

- Von den **Geld**- und **Kapitalmärkten**
  (Möglichkeiten der Kapitalbeschaffung bzw. der Kapitalanlage)

- **Sonstige Informationen**
  (Informationen über zukünftige Umweltsituationen - beispielsweise die wirtschaftliche Entwicklung)

Die Finanzplanung dient der **zielgerichteten Gestaltung** des Finanzbereiches. Sie ist damit – neben anderen unternehmensindividuellen Zielen – ausgerichtet auf die Rentabilität, Liquidität, Unabhängigkeit und Sicherheit, wie im Kapitel A beschrieben.

Die Finanzplanung befasst sich vornehmlich mit der Liquiditätssituation des Unternehmens. Im Mittelpunkt der Betrachtung stehen somit Zahlungsströme, die in Form von Einzahlungen und Auszahlungen die Bestände der liquiden Mittel beeinflussen.

Es sind jedoch auch Einzahlungen und Auszahlungen zu beachten, die Einfluss bei bestimmten Finanzierungsformen (z. B. Factoring, Forfaitierung) oder bestimmten Kreditbeziehungen bedeutsam sein können.

- **Einzahlungen** und **Auszahlungen** verändern den Bestand an liquiden Mitteln, der als Zahlungsmittelbestand bezeichnet wird. Er setzt sich aus Kassenbeständen und jederzeit verfügbaren Bankguthaben oder Kreditlinien zusammen.

- **Einnahmen** und **Ausgaben** verändern das Geldvermögen, das zuzüglich zum Zahlungsmittelbestand die Forderungen berücksichtigt und die Verbindlichkeiten hiervon abzieht.

Einzahlungen und Einnahmen bzw. Auszahlungen und Ausgaben sind dann identisch, wenn auf Kredit weder gekauft noch verkauft wird. *Eilenberger* sieht Einnahmen und Ausgaben als Oberbegriff an und empfiehlt deren Verwendung.

Den folgenden Ausführungen sollen jedoch **Einzahlungen** und **Auszahlungen** zu Grunde gelegt werden, da die Finanzplanung die Zahlungsfähigkeit und damit das finanzielle Gleichgewicht eines Unternehmens sichern soll.

Die Liquidität ergibt sich somit aus den Zahlungsströmen der Auszahlungen und Einzahlungen. Die Rentabilität bezieht sich auf Erfolgsgrößen, das sind Aufwendungen und Erträge bzw. Kosten und Erlöse. Damit kann die Rentabilität mithilfe der Finanzplanung zwar gefördert, nicht aber gesteuert und ermittelt werden.

Die unmittelbare Betrachtung der Rentabilität bzw. der Aufwendungen und Erträge, Kosten und Erlöse zusammen mit der Liquidität bzw. Auszahlungen und Einzahlungen ist mithilfe einer **integrierten Finanzplanung** möglich, die besteht aus:

| **Finanzplanung** | | **Bilanzplanung** | | **Erfolgsplanung** | |
|---|---|---|---|---|---|
| Einzahlungen | Auszahlungen | Vermögen | Schulden | Kosten/ Aufwendungen | Erlöse/ Erträge |
| | | | | | |

Die Finanzplanung kann ihrer **Fristigkeit** entsprechend sein:

- Eine **strategische Planung**, die in der obersten Führungsebene erfolgt und langfristig – auf mehr als fünf Jahre – ausgerichtet ist.
- Eine **taktische Planung**, die mittelfristig – auf ein bis fünf Jahre – ausgerichtet ist, sich aus der strategischen Planung ergibt und diese umzusetzen hat.
- Eine **operative Planung**, die kurzfristigen Charakter – bis ein Jahr – hat, aus der taktischen Planung abgeleitet wird und eine Ausführungsplanung ist.

Um die Finanzplanung als wirkungsvolles Instrument der finanziellen Führung nutzen zu können, muss sie mehreren **Grundsätzen** gerecht werden:

| | |
|---|---|
| **Regelmäßigkeit** | Die Finanzplanung ist regelmäßig und dauernd vorzunehmen, nicht nur fallweise, z. B. in finanzwirtschaftlich problematischen Situationen. |
| **Vollständigkeit** | Alle Zahlungsströme des Unternehmens, die innerhalb des Planungszeitraumes liegen, sind in der Finanzplanung zu berücksichtigen. Nur so kann es möglich sein, die Entwicklung der Liquidität abzuschätzen. |

| | |
|---|---|
| **Zeitpunkt-genauigkeit** | Der Zeitpunkt des Eintrittes der einzelnen Zahlungsströme ist so genau wie möglich anzusetzen, um Aussagen über die Entwicklung der Liquidität vornehmen zu können.<br>Die Zeitpunktgenauigkeit wird umso höher sein können, je kleiner die Planungsperiode und je weniger der Zeitpunkt der Planerstellung von der Planungsperiode entfernt ist. |
| **Betrags-genauigkeit** | Im Interesse der Sicherung der Liquidität sollen möglichst realistische Beträge für die Auszahlungen und Einzahlungen angesetzt werden. |
| **Bruttoausweis** | Saldierungen von Zahlungsströmen dürfen nicht erfolgen, weil so die Transparenz der Finanzplanung eingeschränkt wird. |
| **Elastizität** | Die Finanzplanung bezieht sich auf eine bestimmte, erwartete Unternehmens- und Umweltsituation, die sich ändern kann, d. h. die Planansätze sind unsicher und müssen einer veränderten Situation angepasst werden können. |
| **Kontrollier-barkeit** | Der Vergleich der Soll- und Istwerte muss in der Finanzplanung möglich sein und Abweichungen müssen analysiert werden können. |
| **Wirtschaftlich-keit** | Der mit der Planung verbundene Aufwand muss in einem wirtschaftlich vernünftigen Verhältnis zum Ergebnis – insbesondere zu der sich verbessernden Genauigkeit – stehen. |

Die Finanzplanung umfasst im Folgenden:

- **Kapitalbedarf**
- **Kapitaldeckung**
- **Finanzplan**.

# 1. KAPITALBEDARF

Der Kapitalbedarf entsteht dadurch, dass vom Unternehmen Auszahlungen – beispielsweise für Maschinen, Rohstoffe, Personal – zu leisten sind, denen unmittelbar keine zumindest gleich hohen Einzahlungen – beispielsweise aus dem Verkauf der erstellten Produkte – gegenüberstehen.

In einem typischen finanzwirtschaftlichen Prozess ergibt sich der Kapitalbedarf:

| | |
|---|---|
| Feststellung der erforderlichen Investitionen | durch Sammlung der Investitionsaufträge |
| ⇩ | |
| Ermittlung des Investitionsbedarfs | im Rahmen der Investitionsplanung |
| ⇩ | |
| Ermittlung des **Kapitalbedarfes** | im Rahmen der Finanzplanung |
| ⇩ | |
| ⋮ | |

Würden den Auszahlungen unmittelbar gleich hohe – oder gar höhere – Einzahlungen gegenüberstehen, gäbe es keinen Kapitalbedarf und damit nicht das Erfordernis, Finanzierungsmaßnahmen einzuleiten. Diese Situation ist in der betrieblichen Praxis aber selten anzutreffen.

Die **Größe des Kapitalbedarfes** hängt ab:

- Von der Höhe der Auszahlungen und Einzahlungen.
- Vom zeitlichen Abstand zwischen den Auszahlungen und Einzahlungen.

Damit ist der Kapitalbedarf – bei unveränderten Auszahlungen und Einzahlungen – umso höher, je weiter die Zahlungsströme zeitlich auseinander fallen. Er ergibt sich allgemein durch Subtraktion der kumulierten Einzahlungen von den kumulierten Auszahlungen in einem bestimmten Zeitpunkt:

$$\text{Kapitalbedarf} = \text{Kumulierte Auszahlungen} - \text{Kumulierte Einzahlungen}$$

Ein Kapitalbedarf ist nur gegeben, wenn das Ergebnis positiv ist. Liegt ein negatives Ergebnis vor, dann besteht kein Bedarf an Kapital, d. h. es ist mehr Kapital vorhanden als erforderlich.

**Beispiel:**

| Monat | Auszahlungen | Einzahlungen |
|---|---|---|
| Januar | 1.000 € | 0 € |
| Februar | 2.000 € | 0 € |
| März | 3.000 € | 1.000 € |
| April | 1.000 € | 2.000 € |
| Mai | 2.000 € | 2.000 € |
| Juni | 1.000 € | 2.000 € |

Die Veränderung des Kapitalbedarfes aufgrund der in der Tabelle aufgeführten Auszahlungen und Einzahlungen kann grafisch dargestellt werden:

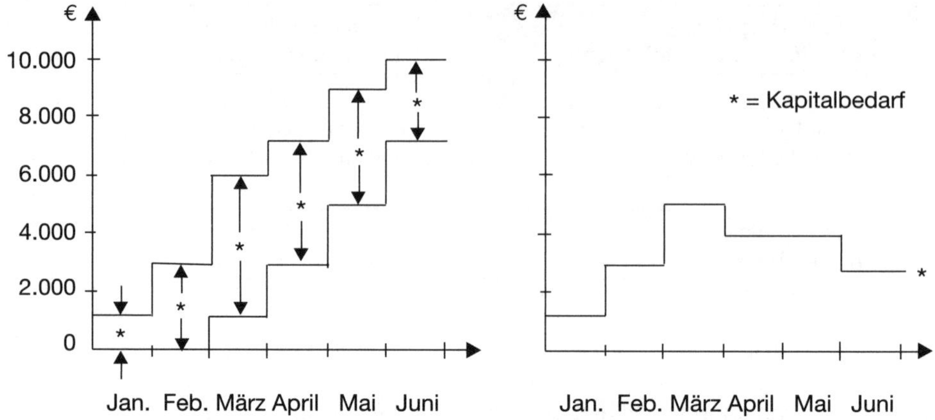


**Beispiel:**

| Monat | Auszahlungen | Einzahlungen |
|---|---|---|
| Januar | 1.000 € | 0 € |
| Februar | 2.000 € | 0 € |
| März | 3.000 € | 3.000 € |
| April | 0 € | 4.000 € |
| Mai | 1.000 € | 2.000 € |
| Juni | 2.000 € | .000 € |

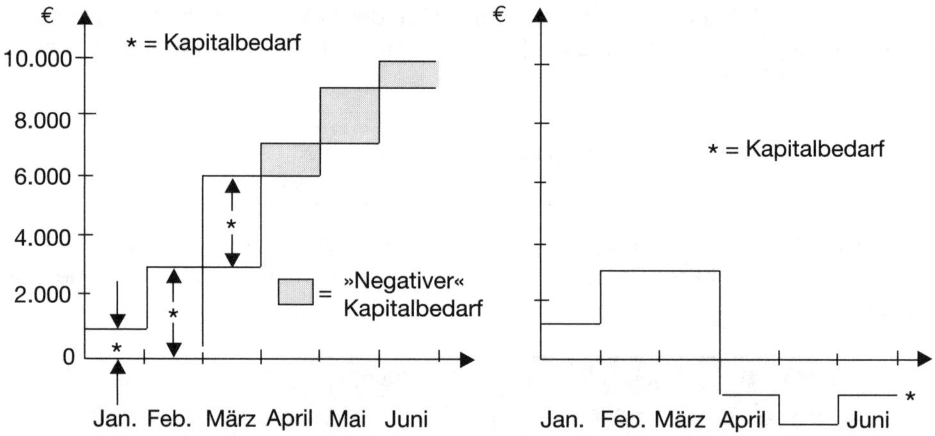


Wie zu sehen ist, gibt es beim zweiten Beispiel in den Monaten April, Mai, Juni keinen Kapitalbedarf, der durch Finanzierungsmaßnahmen zu decken wäre. Stattdessen steht Kapital zu Anlagezwecken bzw. zur Tilgung von kurzfristigen Krediten zur Verfügung.

Mithilfe dieser Darstellung des Kapitalbedarfes können nützliche **Informationen** gewonnen werden über:

- Den ständig benötigten **Mindest-Kapitalbedarf**, der zweckmäßigerweise vor allem mit Eigenkapital bzw. teilweise auch mit langfristigem Fremdkapital finanziert werden sollte.

- Den zeitweise benötigten **Höchst-Kapitalbedarf**, der insbesondere mit Fremdkapital gedeckt werden kann.

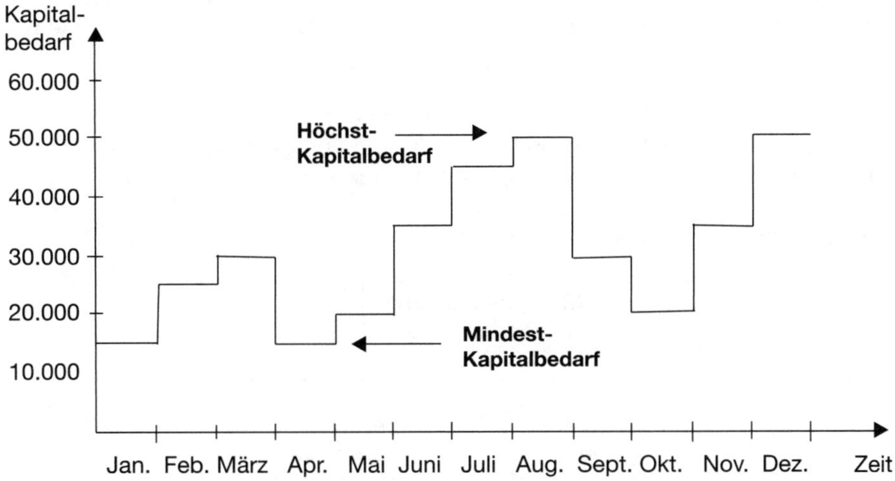


10 Seite 462

11 Seite 462

Der Kapitalbedarf soll betrachtet werden im Hinblick auf:

## 1.1 Einflussfaktoren

Es lassen sich mehrere Faktoren aufführen, die auf die Höhe des Kapitalbedarfes Einfluss ausüben können. *Gutenberg, Hahn* nennen:

| **Mengen**bezogene Einflussfaktoren | | | | **Zeit**bezogener Einflussfaktor | **Wert**bezogener Einflussfaktor |
|---|---|---|---|---|---|
| Prozess-anordnung | Unternehmens-größe | Leistungs-programm | Beschäfti-gung | Prozess-geschwindigkeit | Preis |

## 1.1.1 Mengenbezogene Einflussfaktoren

Bei den mengenbezogenen Einflussfaktoren wird angenommen, dass die Erstellung der betrieblichen Leistungen eines **Grundprozesses** bedarf. Der hieraus resultierende Kapitalbedarf ergibt sich aus drei Arten von **Kapitalbindungen**:

- Kapitalbindung durch den Einsatz des Anlagevermögens
- Kapitalbindung durch das Halten von Werkstoff- und Fertigerzeugnis-Lägern
- Kapitalbindung durch das Gewähren von Anzahlungen und Zahlungszielen.

Die mengenbezogenen Einflussfaktoren sind:

### 1.1.1.1 Prozessanordnung

Als betrieblicher Prozess wird die zeitlich fixierte Abfolge güter- und finanzwirtschaftlicher Vorgänge verstanden, die von der Beschaffung der Einsatzgüter bis zum Absatz der Erzeugnisse reicht. Er umfasst z. B.:

- ▶ Beschaffung der Materialien
- ▶ Lagerung der Materialien
- ▶ Durchführung der Fertigung
- ▶ Lagerung der Erzeugnisse
- ▶ Absatz der Erzeugnisse

Mit der Beschaffung der Materialien sind Auszahlungen verbunden. Ebenso fallen Auszahlungen bei der Lagerung der Materialien, der Fertigung und bei der Lagerung der Erzeugnisse an. Auch der Absatz verursacht Auszahlungen. Erst nach dem erfolgtem Absatz fließen dem Unternehmen in den meisten Fällen schließlich Einzahlungen zu.

Aus dieser Betrachtung wird ersichtlich, dass das Unternehmen sich zwecks Minimierung des Kapitalbedarfes bemühen sollte, die betrieblichen Prozesse optimal anzuordnen. Es gibt drei grundsätzliche **Gestaltungsmöglichkeiten**, derer sich das Unternehmen bedienen kann:

- Die betrieblichen Prozesse werden **zeitlich nebeneinander** angeordnet, d. h. mehrere Prozesse beginnen und enden jeweils zur gleichen Zeit.

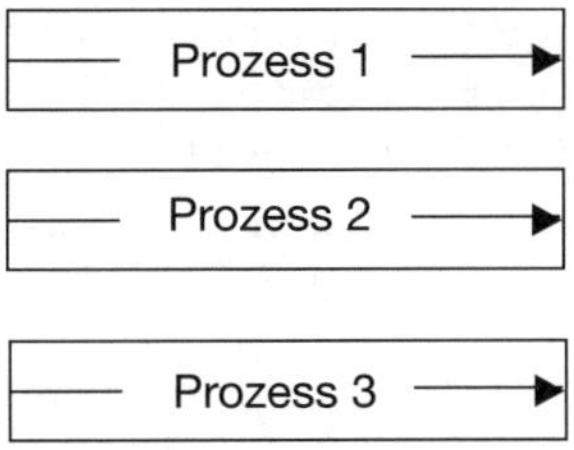


Bei dieser Vorgehensweise steigt der Kapitalbedarf zu Beginn der gleichzeitig nebeneinander anlaufenden Prozesse (1, 2, 3) beträchtlich an, da Auszahlungen anfallen, ohne dass zunächst Einzahlungen zu verzeichnen sind. Diese kommen erst mit dem Verkauf der gefertigten Güter in das Unternehmen, wobei sie den Kapitalbedarf unmittelbar absinken lassen.

**Beispiel:** Die Metallbau GmbH erstellt gleichartige Maschinen, wobei stets drei Maschinen zeitlich nebeneinander gefertigt werden. Pro Maschine fallen als Auszahlungen an:

| | | |
|---|---|---|
| Woche 1: 5.000 € | Woche 2: 7.500 € | Woche 3: 1.500 € |

Der betriebliche Prozess dauert jeweils 5 Wochen, in der Woche 6 erfolgen die Einzahlungen in Höhe von 14.000 € pro Maschine.

| Woche / Prozess | 1 | 2 | 3 | 4 | 5 | 6 | 7 | 8 | 9 | 10 | 11 | 12 | 13 | 14 | 15 |
|---|---|---|---|---|---|---|---|---|---|---|---|---|---|---|---|
| 1 - 3 | 15.000 | 22.500 | 4.500 | – | – | 42.000 | | | | | | | | | |
| 4 - 6 | | | | | | 15.000 | 22.500 | 4.500 | – | – | 42.000 | | | | |
| 7 - 9 | | | | | | | | | | | 15.000 | 22.500 | 4.500 | – | – |
| Kumulierte Auszahlungen | 15.000 | 37.500 | 42.000 | 42.000 | 42.000 | 57.000 | 79.500 | 84.000 | 84.000 | 84.000 | 99.000 | 121.500 | 126.000 | 126.000 | 126.000 |
| Kumulierte Einzahlungen | 0 | 0 | 0 | 0 | 0 | 42.000 | 42.000 | 42.000 | 42.000 | 42.000 | 84.000 | 84.000 | 84.000 | 84.000 | 84.000 |
| **Kapitalbedarf** | **15.000** | **37.500** | **42.000** | **42.000** | **42.000** | **15.000** | **37.500** | **42.000** | **42.000** | **42.000** | **15.000** | **37.500** | **42.000** | **42.000** | **42.000** |

- Die betrieblichen Prozesse werden **zeitlich gestaffelt** angeordnet, d. h. wenn ein Prozess bis zu einem gewissen Punkt fortgeschritten ist, beginnt der nächste Prozess.

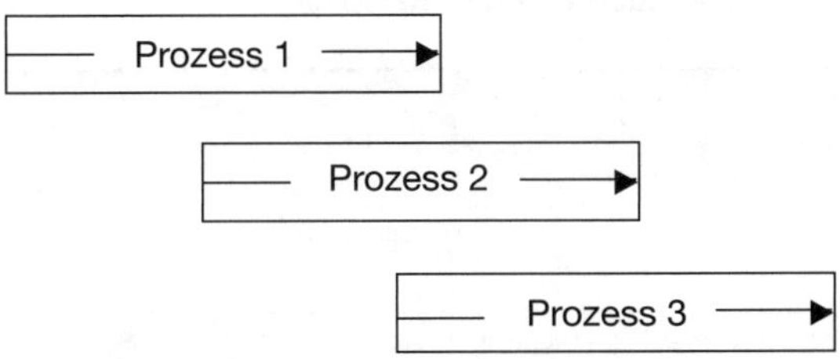


Die Höhe des Kapitalbedarfes wird sich bei dieser überlappenden Anordnung im Vergleich zu der zeitlich nebeneinanderliegenden Anordnung vermindern. Die Extremwerte des Kapitalbedarfes werden abgebaut, da Einzahlungen aus abgeschlossenen Prozessen erfolgen, wenn Auszahlungen für folgende Prozesse anfallen. Es erfolgt eine Nivellierung des Kapitalbedarfes.

**Beispiel:** Die Metallbau GmbH erstellt gleichartige Maschinen, wobei stets dann eine neue Maschine gebaut wird, wenn sich die derzeit gefertigte Maschine in der Woche 3 befindet. Auszahlungen, Einzahlungen und Prozessdauer entsprechen dem vorangegangenen Beispiel.

| Prozess \ Woche | 1 | 2 | 3 | 4 | 5 | 6 | 7 | 8 | 9 | 10 | 11 | 12 | 13 | 14 | 15 |
|---|---|---|---|---|---|---|---|---|---|---|---|---|---|---|---|
| 1 | 5.000 | 7.500 | 1.500 | – | – | 14.000 | | | | | | | | | |
| 2 | | | 5.000 | 7.500 | 1.500 | – | – | 14.000 | | | | | | | |
| 3 | | | | | 5.000 | 7.500 | 1.500 | – | – | 14.000 | | | | | |
| 4 | | | | | | | 5.000 | 7.500 | 1.500 | – | – | 14.000 | | | |
| 5 | | | | | | | | | 5.000 | 7.500 | 1.500 | – | – | 14.000 | |
| 6 | | | | | | | | | | | 5.000 | 7.500 | 1.500 | – | – |
| 7 | | | | | | | | | | | | | 5.000 | 7.500 | 1.500 |
| Kumulierte Auszahlungen | 5.000 | 12.500 | 19.000 | 26.500 | 33.000 | 40.500 | 47.000 | 54.500 | 61.000 | 68.500 | 75.000 | 82.500 | 89.000 | 96.500 | 98.000 |
| Kumulierte Einzahlungen | 0 | 0 | 0 | 0 | 0 | 14.000 | 14.000 | 28.000 | 28.000 | 42.000 | 42.000 | 56.000 | 56.000 | 70.000 | 70.000 |
| **Kapitalbedarf** | **5.000** | **12.500** | **19.000** | **26.500** | **33.000** | **26.500** | **33.000** | **26.500** | **33.000** | **26.500** | **33.000** | **26.500** | **33.000** | **26.500** | **28.000** |

- Die betrieblichen Prozesse werden **zeitlich nacheinander** angeordnet, d. h. der Beginn eines neuen Prozesses setzt voraus, dass der bisherige Prozess abgeschlossen ist.

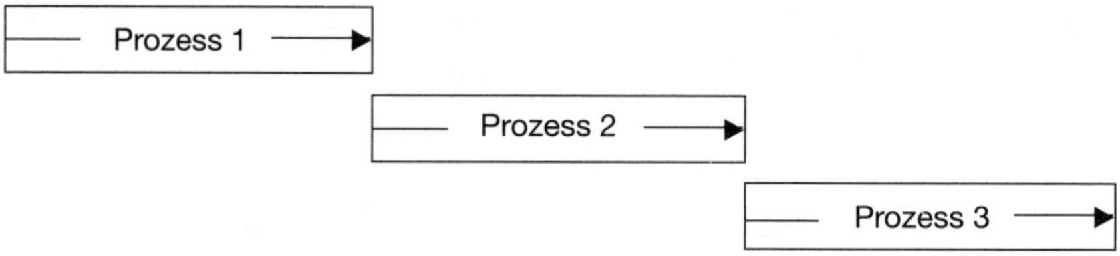


Für die Höhe des Kapitalbedarfes bedeutet dies, dass er sich auf niedrigem Niveau bewegen wird, da den Auszahlungen für den jeweils neu zu beginnenden Prozess entsprechende Einzahlungen aus dem beendeten Prozess gegenüberstehen.

**Beispiel:** Die Metallbau GmbH erstellt gleichartige Maschinen, wobei immer nur eine Maschine Gegenstand des betrieblichen Prozesses ist. Auszahlungen, Einzahlungen und Prozessdauer entsprechen den beiden vorangegangenen Beispielen.

| Prozess \ Woche | 1 | 2 | 3 | 4 | 5 | 6 | 7 | 8 | 9 | 10 | 11 | 12 | 13 | 14 | 15 |
|---|---|---|---|---|---|---|---|---|---|---|---|---|---|---|---|
| 1 | 5.000 | 7.500 | 1.500 | – | – | 14.000 | | | | | | | | | |
| 2 | | | | | | 5.000 | 7.500 | 1.500 | – | – | 14.000 | | | | |
| 3 | | | | | | | | | | | 5.000 | 7.500 | 1.500 | – | – |
| Kumulierte Auszahlungen | 5.000 | 12.500 | 14.000 | 14.000 | 14.000 | 19.000 | 26.500 | 28.000 | 28.000 | 28.000 | 33.000 | 40.500 | 42.000 | 42.000 | 42.000 |
| Kumulierte Einzahlungen | 0 | 0 | 0 | 0 | 0 | 14.000 | 14.000 | 14.000 | 14.000 | 14.000 | 28.000 | 28.000 | 28.000 | 28.000 | 28.000 |
| **Kapitalbedarf** | **5.000** | **12.500** | **14.000** | **14.000** | **14.000** | **5.000** | **12.500** | **14.000** | **14.000** | **14.000** | **5.000** | **12.500** | **14.000** | **14.000** | **14.000** |

12 Seite 463

### 1.1.1.2 Unternehmensgrösse

Die Veränderung der Unternehmensgröße führt grundsätzlich zu einer Veränderung des Kapitalbedarfes. Indessen können über das Ausmaß dieser Veränderung nicht ohne weiteres gesicherte Aussagen erfolgen. Folgende **Veränderungen** sind möglich:

| | **Zunehmende Unternehmensgröße** | **Abnehmende Unternehmensgröße** |
|---|---|---|
| **Anlagevermögen** | Unterproportionaler Anstieg möglich, wenn Kapazitätsreserven vorhanden | Unterproportionale Abnahme möglich. |
| | Häufiger überproportionaler Anstieg möglich wegen Verfahrensänderungen und verstärkten Absatzbemühungen | Häufig unterproportionale Abnahme möglich. |
| **Umlaufvermögen** | Proportionaler Anstieg möglich, unterproportional bei Rationalisierung und mengenbedingt geringeren Preisen. | Proportionale oder unterproportionale Abnahme möglich. |

### 1.1.1.3 Leistungsprogramm

Die Auswirkungen von Veränderungen im Leistungsprogramm des Unternehmens lassen sich ebenfalls nicht ohne Weiteres vorhersagen. Grundsätzlich ist anzunehmen, dass ein Unternehmen mit großer Typenvielfalt einen höheren Kapitalbedarf aufweisen wird als ein Unternehmen mit geringer Typenvielfalt bzw. mit einem Erzeugnis.

Bei Veränderungen im Leistungsprogramm gibt es drei **Ausgangssituationen**:

- Die für die Veränderung des Leistungsprogrammes erforderliche **Kapazität** ist **vorhanden**, d. h. sie reicht quantitativ und qualitativ aus. In diesem Fall wird nicht mit einem merklichen Ansteigen oder Absinken des Kapitalbedarfes zu rechnen sein.

- Die für die Veränderung des Leistungsprogrammes erforderliche **Kapazität** ist **nicht vorhanden**. Bei Aufnahme neuer Erzeugnisse ergibt sich eine Erhöhung des Kapitalbedarfes, die erheblich sein kann.

  Dagegen ist nicht unbedingt eine merkliche Verminderung des Kapitalbedarfes zu erwarten, wenn Erzeugnisse aus dem Leistungsprogramm eliminiert werden, die freiwerdenden Kapazitäten aber weiter bestehen bleiben. Möglicherweise sinken lediglich die Auszahlungen für Güter des Umlaufvermögens.

- Bei der Veränderung des Leistungsprogrammes besteht ein **Substitutionsverhältnis** zwischen einem bisher gefertigten Erzeugnis und einem künftig zu erstellenden Produkt. Denkbar wäre, dass aus dem Verkauf des auslaufenden Erzeugnisses dem Unternehmen noch Einzahlungen zufließen, die für Auszahlungen verwendet werden, welche das neue Produkt betreffen.

#### 1.1.1.4 BESCHÄFTIGUNG

Unter Beschäftigung wird die **tatsächliche Nutzung des Leistungsvermögens** eines Unternehmens verstanden. Ihre Veränderung kann Auswirkungen auf die Höhe des Kapitalbedarfes haben. Die Beschäftigung kann auf drei **Arten** variiert werden:

- Bei der **quantitativen Anpassung** verändert das Unternehmen die Zahl seiner Arbeitsplätze. Der Kapitalbedarf nimmt folgenden Verlauf:

| | |
|---|---|
| **Kapitalbedarf-Erhöhung** | Sie geschieht etwa proportional bei einer zahlenmäßigen **Erhöhung der Arbeitsplätze**. |
| **Kapitalbedarf-Verminderung** | Sie erfolgt etwa proportional bei einer zahlenmäßigen **Verminderung der Arbeitsplätze**, wenn entsprechend weniger Werkstoffe verbraucht sowie die nicht mehr benötigten Mitarbeiter und Maschinen freigesetzt werden. Ist das nicht so anzunehmen, vermindert sich der Kapitalbedarf unterproportional. |

- Bei der **zeitlichen Anpassung** wird die Arbeitszeit verändert, wobei die Zahl der Arbeitsplätze und die Prozessgeschwindigkeit unverändert bleiben. Der Kapitalbedarf verhält sich beim Umlaufvermögen und bei den Löhnen im Wesentlichen proportional, bei Überstundenzuschlägen leicht überproportional. Beim Anlagevermögen bleibt er unverändert.
- Bei der **intensitätsmäßigen Anpassung** wird die Beschäftigung durch eine Variation der Prozessgeschwindigkeit verändert, ohne dass die Zahl der Arbeitsplätze oder der Umfang der Arbeitszeit verändert werden. Die Veränderung des Kapitalbedarfes durch intensitätsmäßige Anpassung wird bei der nachfolgenden Darstellung der **Prozessgeschwindigkeit** erörtert.

### 1.1.2 PROZESSGESCHWINDIGKEIT

Die Prozessgeschwindigkeit ist – im Gegensatz zu den oben dargestellten **mengen**bezogenen Einflussfaktoren des Kapitalbedarfes – ein **zeit**bezogener Einflussfaktor.

Unter Prozessgeschwindigkeit wird der zeitliche Bedarf verstanden, den der einzelne betriebliche Prozess benötigt. Die Höhe der Prozessgeschwindigkeit und die Höhe des Kapitalbedarfes stehen in engem Verhältnis zueinander. Je größer die Prozessgeschwindigkeit ist, umso näher liegen die Auszahlungen und Einzahlungen zeitlich beieinander, was eine Minderung des Kapitalbedarfes zur Folge haben kann.

Der **Kapitalbedarf** kann sich bei Veränderung der Prozessgeschwindigkeit grundsätzlich unterschiedlich entwickeln:

- Bei **zeitlich nebeneinander angeordneten Prozessen** nimmt die Dauer der Kapitalbindung ab, wenn die Prozessgeschwindigkeit erhöht wird. Der Kapitalbedarf vermindert sich aber nur dann, wenn freiwerdende Kapazitäten anderweitig Verwendung finden oder liquidiert werden.

- Bei **zeitlich gestaffelt angeordneten Prozessen** kann eine Verminderung des Kapitalbedarfes erreicht werden, wenn die erhöhte Prozessgeschwindigkeit die Einzahlungen vorverlagert.

Eine **Steigerung der Prozessgeschwindigkeit** ist sowohl im güterwirtschaftlichen Bereich als auch im finanzwirtschaftlichen Bereich möglich:

- Im **güterwirtschaftlichen Bereich** ist eine Beschleunigung der Prozessgeschwindigkeit – insbesondere durch eine Verkürzung der Verweilzeiten bei der Fertigung und Lagerung – erreichbar, sofern diese Möglichkeiten technisch nicht schon ausgeschöpft sind.

**Beispiel:** Die Erstellung eines Erzeugnisses verursacht folgende Auszahlungen:

| Tag 1: 2.000 € | Tag 2: 1.500 € | Tag 3: 1.000 € |
|---|---|---|

Am Tag 7 erfolgen Einzahlungen von 4.500 €. Der einzelne betriebliche Prozess dauert 6 Tage. Jeweils ab dem 4. Tag wird mit der Erstellung eines neuen Erzeugnisses begonnen.

Durch Rationalisierungsmaßnahmen im Bereich des Lagers sollen die Güter dem Verkauf zwei Tage früher zur Verfügung stehen, wodurch die Einzahlungen bereits am Tag 5 erfolgen.

Kapitalbedarf ***vor*** der Rationalisierungsmaßnahme:

| Woche / Prozess | 1 | 2 | 3 | 4 | 5 | 6 | 7 | 8 | 9 | 10 | 11 | 12 | 13 | 14 |
|---|---|---|---|---|---|---|---|---|---|---|---|---|---|---|
| 1 | 2.000 | 1.500 | 1.000 | – | – | – | 4.500 | | | | | | | |
| 2 | | | | 2.000 | 1.500 | 1.000 | – | – | – | 4.500 | | | | |
| 3 | | | | | | | 2.000 | 1.500 | – | – | – | 4.500 | | |
| 4 | | | | | | | | | | 2.000 | 1.500 | 1.000 | – | – |
| Kumulierte Auszahlungen | 2.000 | 3.500 | 4.500 | 6.500 | 8.000 | 9.000 | 11.000 | 12.500 | 13.500 | 15.500 | 17.000 | 18.000 | 18.000 | 18.000 |
| Kumulierte Einzahlungen | 0 | 0 | 0 | 0 | 0 | 0 | 4.500 | 4.500 | 4.500 | 9.000 | 9.000 | 9.000 | 13.500 | 13.500 |
| **Kapitalbedarf** | **2.000** | **3.500** | **4.500** | **6.500** | **8.000** | **9.000** | **8.500** | **8.000** | **9.000** | **6.500** | **8.000** | **9.000** | **4.500** | **4.500** |

Kapitalbedarf ***nach*** der Rationalisierungsmaßnahme:

| Woche / Prozess | 1 | 2 | 3 | 4 | 5 | 6 | 7 | 8 | 9 | 10 | 11 | 12 | 13 | 14 |
|---|---|---|---|---|---|---|---|---|---|---|---|---|---|---|
| 1 | 2.000 | 1.500 | 1.000 | – | 4.500 | | | | | | | | | |
| 2 | | | | 2.000 | 1.500 | 1.000 | – | 4.500 | | | | | | |
| 3 | | | | | | | 2.000 | 1.500 | 1.000 | – | 4.500 | | | |
| 4 | | | | | | | | | | 2.000 | 1.50 | 1.000 | – | 4.500 |
| 5 | | | | | | | | | | | | | 2.000 | 1.500 |
| Kumulierte Auszahlungen | 2.000 | 3.500 | 4.500 | 6.500 | 8.000 | 9.000 | 11.00 | 12.500 | 13.500 | 15.500 | 17.000 | 18.000 | 20.000 | 21.500 |
| Kumulierte Einzahlungen | 0 | 0 | 0 | 0 | 4.500 | 4.500 | 4.500 | 9.000 | 9.000 | 9.000 | 13.500 | 13.500 | 13.500 | 18.000 |
| **Kapitalbedarf** | **2.000** | **3.500** | **4.500** | **6.500** | **3.500** | **4.500** | **6.500** | **3.500** | **4.500** | **6.500** | **3.500** | **4.500** | **6.500** | **3.500** |
| Verringerung des Kapitalbedarfs | 0 | 0 | 0 | 0 | 4.500 | 4.500 | 0 | 4.500 | 4.500 | 0 | 4.500 | 4.500 | - 2.000 | 1.000 |

- Im **finanzwirtschaftlichen Bereich** kann die Prozessgeschwindigkeit vor allem eine Veränderung erfahren, indem sich die Zahlungsgewohnheiten der Kunden und/oder die Zahlungsbedingungen der Lieferanten wandeln.

  Eine Steigerung der Prozessgeschwindigkeit ist allerdings nur dann wirklich realisierbar, wenn der Markt dies erlaubt. Ist es beispielsweise branchenüblich, dass Kundenzahlungen innerhalb einer Frist von vier Wochen geleistet werden, erscheint es für das Unternehmen nicht ohne weiteres realistisch, stattdessen eine vierzehntägige Zahlungsfrist zu verlangen, wenn es nicht Gefahr laufen will, Kunden aus diesem Grunde zu verlieren.

13 Seite 463

### 1.1.3 Preis

Der Preis ist ein **wertbezogener** Einflussfaktor des Kapitalbedarfes. Er beeinflusst die Höhe des Kapitalbedarfs in folgenden Formen (*Hahn*):

| | |
|---|---|
| **Einfluss des Preises bei gegebenen Mengen** | Sind die Finanzierungsspielräume unveränderbar, nimmt das sich ändernde Preisniveau Einfluss auf das produktionsbezogene Mengengerüst. |
| **Beeinflussung der Mengen durch gegebene Preise** | Der Preis hat nach der klassischen Preistheorie Einfluss auf die Nachfrage. Höhere Preise haben bei entsprechender Preiselastizität kleinere Nachfragen zur Folge und umgekehrt. |
| **Möglichkeiten durch Preisnachlässe** | Erbringt der Käufer »Opfer« hinsichtlich der Zeit (Saisonrabatte, Skonto), der Menge (Mengenrabatte) oder der Qualität, werden gewährte Preisnachlässe den Kapitalbedarf verringern. |

## 1.2 Ermittlung

Der Kapitalbedarf des Unternehmens muss hinreichend genau ermittelt werden, um frühzeitige Maßnahmen der Kapitaldeckung – also der Finanzierung – einleiten zu können, damit der Bestand des Unternehmens nicht gefährdet wird.

Grundsätzlich kann die Ermittlung des Kapitalbedarfs im Finanzplan oder in der Kapitalbedarfsrechnung geschehen:

| | |
|---|---|
| **Finanzplan** | Er enthält alle prognostizierten Auszahlungen und Einzahlungen des Unternehmens. Durch ihre Gegenüberstellung kann der Kapitalbedarf festgestellt werden.<br><br>Für die kontinuierliche Finanzplanung ist er das einzig geeignete Instrument, nicht aber ohne Weiteres bei Gründungen und Unternehmenserweiterungen, da Prognosen mangels Vergangenheitsdaten schwerlich erstellbar sind. |
| **Kapitalbedarfsrechnung** | Sie ist für die kontinuierliche Finanzplanung keinesfalls geeignet, kann jedoch bei Gründungen und Unternehmenserweiterungen den Kapitalbedarf auf relativ einfache Weise als Näherungswert ermitteln. Dies ist umso besser möglich, je mehr sie unternehmensspezifisch oder zumindest branchenspezifisch aufgebaut ist. |

Zunächst soll auf die Kapitalbedarfsrechnung, später auf den Finanzplan eingegangen werden (siehe S. 104 ff.). Die Kapitalbedarfsrechnung wird in drei **Schritten** durchgeführt:

| | |
|---|---|
| 1 | Ermittlung des Anlagekapitalbedarfes |
| ⇩ | |
| 2 | Ermittlung des Umlaufkapitalbedarfes |
| ⇩ | |
| 3 | Feststellung des Gesamtkapitalbedarfes |

Mit der getrennten Ermittlung des Anlage- und Umlaufkapitalbedarfes wird den unterschiedlichen Eigenschaften des Anlagevermögens und des Umlaufvermögens – besonders unter zeitlichem Bezug – Rechnung getragen.

## 1.2.1 Anlagekapitalbedarf

Der Anlagekapitalbedarf ist der Kapitalbedarf, der durch das Anlagevermögen des Unternehmens verursacht wird und dazu dient, die Betriebsbereitschaft des Unternehmens sicherzustellen.

Um den Anlagekapitalbedarf zu ermitteln, sind die **Anschaffungskosten** für die Anlagegüter festzustellen, die sich zusammensetzen können aus:

| | |
|---|---|
| | Anschaffungspreis |
| + | Transportkosten |
| + | Montagekosten |
| + | Versicherungen |
| + | Provisionen |
| = | **Anschaffungskosten** |

Die Anschaffungskosten lassen sich aus dem Investitionsplan entnehmen. Die für die Anlagegüter zu leistenden Auszahlungen werden addiert und ergeben den Anlagekapitalbedarf.

**Beispiel:**

| | |
|---|---|
| Grundstück | 280.000 € |
| Gebäude | 420.000 € |
| Maschinen | 80.000 € |
| Betriebs- und Geschäftsausstattung | 30.000 € |
| **Anlagekapitalbedarf** | **810.000 €** |

Wird die Kapitalbedarfsrechnung aus Anlass der **Gründung** des Unternehmens erstellt, sind erforderlichenfalls noch anzusetzen:

- Auszahlungen für die **Gründung**

  - ▶ Gerichtskosten
  - ▶ Notariatskosten
  - ▶ Maklergebühren
  - ▶ Provisionen
  - ▶ Sonstige Vergütungen

- Auszahlungen der **Ingangsetzung des Geschäftsbetriebes**

  - ▶ Personalbeschaffungskosten
  - ▶ Auszahlungen für Marktstudien
  - ▶ Auszahlungen für Einführungswerbung
  - ▶ Auszahlungen für Organisationsgutachten

## 1.2.2 UMLAUFKAPITALBEDARF

Der Umlaufkapitalbedarf ist der Kapitalbedarf, der durch das Umlaufvermögen des Unternehmens verursacht wird und dazu dient, die Durchführung des Leistungsprozesses sicherzustellen.

Die Ermittlung des Umlaufkapitalbedarfes gestaltet sich schwieriger als beim Anlagekapitalbedarf. Das ist insbesondere darin begründet, dass die täglichen Auszahlungen und die Dauer ihrer Bindung nicht ohne Weiteres ermittelbar sind.

Der Umlaufkapitalbedarf wird in drei **Schritten** ermittelt:

- Zunächst wird die **Kapitalbindungsdauer** des Umlaufvermögens festgestellt. Sie ergibt sich aus:

  - ▶ Rohstofflagerdauer
  - ▶ Produktionsdauer
  - ▶ Fertigerzeugnis-Lagerdauer
  - ▶ Kundenziel

  Das Lieferantenziel ist bei der Kapitalbindung für Werkstoffe abzusetzen.

- Sodann werden die durchschnittlichen **täglichen Auszahlungen** ermittelt:

  - ▶ Täglicher Werkstoffeinsatz
  - ▶ Täglicher (Fertigungs-)Lohneinsatz
  - ▶ Täglicher Gemeinkosteneinsatz (soweit die Gemeinkosten zu Auszahlungen führen)

- Schließlich wird der **Umlaufkapitalbedarf errechnet**, wobei zwei **Methoden** eingesetzt werden können:
  - Die **kumulative Methode**, bei der die gesamte Kapitalbindungsdauer ermittelt und mit den durchschnittlichen täglichen Auszahlungen multipliziert wird:

| | | | | |
|---|---|---|---|---|
| Umlauf-kapitalbedarf | = | Kapitalbindungs-dauer abzüglich Lieferantenziel | · | Durchschnitt-liche tägliche Auszahlungen |

Beispiel:

| | |
|---|---|
| Rohstoff-Lagerdauer | 25 Tage |
| Lieferantenziel | 10 Tage |
| Produktionsdauer | 20 Tage |
| Fertigerzeugnis-Lagerdauer | 5 Tage |
| Kundenziel | 15 Tage |

| | |
|---|---|
| Durchschnittlicher täglicher Werkstoffeinsatz | 5.000 € |
| Durchschnittlicher täglicher Lohneinsatz | 15.000 € |
| Durchschnittlicher täglicher Gemeinkosteneinsatz | 8.000 € |

Umlaufkapitalbedarf = (15 + 5 + 20 + 25 – 10) · (5.000 + 15.000 + 8.000)
= 55 · 28.000 = **1.540.000 €**

Der ermittelte Umlaufkapitalbedarf kann nur so genau sein, wie die angewendete Methode es ermöglicht. Die Tatsache, dass Auszahlungen zu unterschiedlichen Zeitpunkten und in verschiedenen Abständen zu leisten sind, findet hier keine hinreichende Berücksichtigung. Deshalb ergibt sich ein **überhöhter Kapitalbedarf**.

  - Die **elektive Methode** ist genauer als die kumulative Methode. Sie berücksichtigt die unterschiedlichen Bindungsdauern des Lohneinsatzes, Werkstoffeinsatzes und Gemeinkosteneinsatzes:

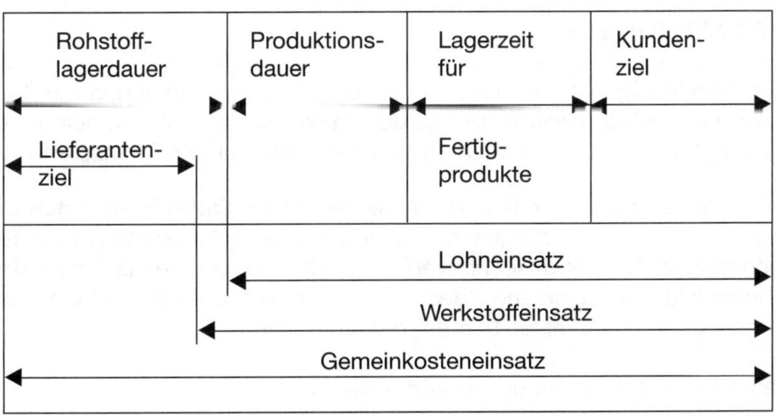


**Beispiel:** Es gelten die Werte aus dem vorangegangenen Beispiel.

(15 + 5 + 20) · 15.000 + (15 + 5 + 20 + 25 – 10) · 5.000 + (15 + 5 + 20 + 25) · 8.000 =
= 40 · 15.000 + 55 · 5.000 + 65 · 8.000 = **1.395.000 €**

Unter Verwendung der elektiven Methode ist der Umlaufkapitalbedarf damit um 145.000 € geringer als bei der kumulativen Methode.

Trotz ihrer größeren Genauigkeit ist es auch mit der elektiven Methode nicht möglich, präzise Aussagen über den Umlaufkapitalbedarf zu machen. Dennoch wird die Kapitalbedarfsrechnung bei Unternehmensgründungen angewendet, um zumindest einen näherungsweisen Wert zu erhalten.

### 1.2.3 Gesamtkapitalbedarf

Der gesamte Kapitalbedarf setzt sich aus dem Anlagekapitalbedarf und Umlaufkapitalbedarf zusammen:

Anlagekapitalbedarf
\+ Umlaufkapitalbedarf
= **Gesamtkapitalbedarf**

**Beispiel:**

| | **Kumulative Methode** | **Elektive Methode** |
|---|---|---|
| Anlagekapitalbedarf | 810.000 € | 810.000 € |
| Umlaufkapitalbedarf | 1.540.000 € | 1.395.000 € |
| **Kapitalbedarf** | **2.350.000 €** | **2.205.000 €** |

14 Seite 463

15 Seite 464

## 1.3 Optimierung

Der Kapitalbedarf ergibt sich, wie gezeigt wurde, aus Auszahlungen und Einzahlungen. Die Auszahlungen stellen weithin **Investitionen** dar. Sie sind im Rahmen der Investitionsplanung zu optimieren, die in engem Zusammenhang mit der Finanzplanung steht.

Die zur Optimierung des Kapitalbedarfes erforderliche **Optimierung des Investitionsbedarfes** soll im Überblick dargestellt werden. Sie erfolgt quantitativ mithilfe von Investitionsrechnungen. Das sind Rechenverfahren, deren Zweck es ist festzustellen, ob ein Investitionsobjekt der Zielsetzung des Investors entspricht und welches von mehreren Investitionsobjekten die Zielsetzung am besten erfüllt.

Quantitative Investitionsrechnungen können sein*:

- **Statische Investitionsrechnungen**
- **Dynamische Investitionsrechnungen**.

Außerdem gibt es noch qualitative Investitionsrechnungen in Form der **Nutzwertrechnungen**, auf die hier nicht einzugehen ist – siehe *Olfert/Reichel*.

* Die Investitionsplanung und Investitionsrechnungen werden ausführlich von *Olfert/Reichel* dargestellt.

## 1.3.1 STATISCHE INVESTITIONSRECHNUNGEN

Die statischen Investitionsrechnungen können als Hilfsverfahren der Praxis bezeichnet werden. Sie berücksichtigen nicht den Zeitfaktor, d. h. es wird praktisch nur mit einer Periode gerechnet. Damit sind Aussagen nur über relativ kurze Zeiträume sinnvoll möglich.

Sie legen Kosten und Erlöse sowie das eingesetzte Kapital zu Grunde und können sein:

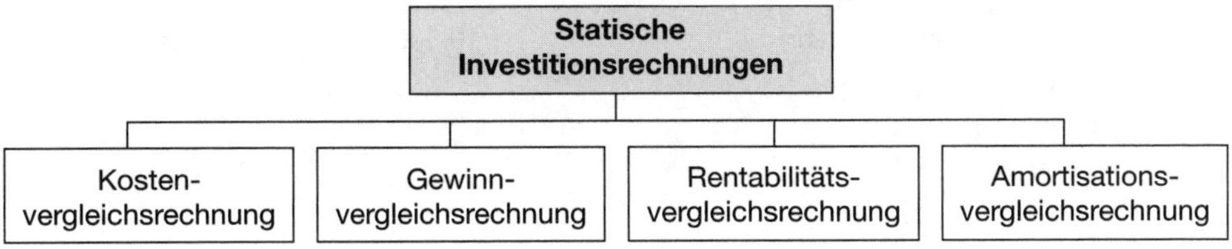


Die statischen Investitionsrechnungen sollen im Überblick dargestellt werden.

### 1.3.1.1 KOSTENVERGLEICHSRECHNUNG

Die Kostenvergleichsrechnung dient der Gegenüberstellung von zwei oder mehr Investitionsalternativen mit dem Ziel, die kostengünstigste Alternative zu ermitteln. Dabei sind nach Möglichkeit alle anfallenden Kosten in den Vergleich einzubeziehen.

Soll eine **Erweiterungsinvestition** vorgenommen werden und stehen mehrere Alternativen zur Auswahl, dann sind folgende Berechnungen möglich:

- Ein **Vergleich pro Periode**, der ausreicht, wenn die Leistungsmengen der Alternativen gleich groß sind.

**Beispiel.**

| | **Maschine I** | | **Maschine II** | |
|---|---|---|---|---|
| Anschaffungskosten (€) | 200.000 | | 100.000 | |
| Nutzungsdauer (Jahre) | 10 | | 10 | |
| Leistngsmenge (LE/Jahr) | 20.000 | | 20.000 | |
| Fixe Kosten | | | | |
| Kalkulatorische Abschreibungen (€/Jahr)* | 20.000 | | 10.000 | |
| Kalkulatorische Zinsen (5 %) (€/Jahr)** | 5.000 | | 2.500 | |
| Gehälter und Gemeinkostenlöhne | 10.000 | | 10.000 | |
| Sonstige fixe Kosten (€/Jahr) | 6.925 | 41.925 | 5.100 | 27.600 |
| Variable Kosten | | | | |
| Löhne und Lohnnebenkosten (€/Jahr) | 90.000 | | 110.000 | |
| Material (€/Jahr) | 190.000 | | 200.000 | |
| Sonstige variable Kosten (€/Jahr) | 15.000 | 295.000 | 16.000 | 326.000 |
| **Gesamte Kosten** (€/Jahr) | | **336.925** | | **353.600** |
| Kostendifferenz (I - II) | – 16.675 | | | |

* bzw. ** siehe folgende Seite

- Ein **Vergleich pro Leistungseinheit**, der erforderlich wird, wenn die zu vergleichenden Investitionsgüter unterschiedliche Leistungen erbringen.

**Beispiel:** Maschine I leistet nur 19.500 Einheiten, Maschine II dagegen 20.000 Einheiten. Die übrigen Daten entsprechen dem vorangegangenen Beispiel.

| | **Maschine I** | | **Maschine II** | |
|---|---|---|---|---|
| Anschaffungskosten (€) | 200.000 | | 100.000 | |
| Nutzungsdauer (Jahre) | 10 | | 10 | |
| Leistungemenge (LE/Jahr) | 19.500 | | 20.000 | |
| Fixe Kosten (€/Stück) | | | | |
| 41.925 : 19.500 | 2,15 | | | |
| 27.600 : 20.000 | | | 1,38 | |
| Variable Kosten (€/Stück) | | | | |
| Löhne und Lohnnebenkosten | | | | |
| 90.000 : 19.500 | 4,62 | | | |
| 110.000 : 20.000 | | | 5,50 | |
| Materialkosten | | | | |
| 190.000 : 19.500 | 9,74 | | | |
| 200.000 : 20.000 | | | 10,00 | |
| Sonstige variable Kosten | | | | |
| 15.000 : 19.500 | 0,77 | | | |
| 16.000 : 20.000 | | 15,13 | 0,80 | 16,30 |
| **Gesamte Kosten** (€/Stück) | **17,28** | | **17,68** | |
| Kostendifferenz pro Stück (I - II) | – 0,40 | | | |

Diese Aussage bezieht sich jedoch nur auf den Fall, dass die maximale Leistungsmenge auch genutzt wird. Bei geringerer Kapazitätsauslastung ist es notwendig, eine **Analyse der kritischen Auslastung** vorzunehmen. Dazu werden für beide Maschinen die Kostenfunktionen gebildet, die dann zwecks Ermittlung der kritischen Menge gleichgesetzt werden – siehe ausführlich *Olfert/Reichel*.

Das Unternehmen kann auch vor der Frage stehen, ob es zweckmäßig ist, eine Maschine weiter zu nutzen oder durch eine neu zu beschaffende Maschine zu ersetzen. Die Vorteilhaftigkeit einer **Ersatzinvestition** ist auf ähnliche Weise zu ermitteln, wie dies für die Erweiterungsinvestition beschrieben wurde. Es muss nur zusätzlich beachtet werden, dass die Herausnahme eines alten Anlagegutes zu einem Liquiditätsverlust und Zinsbelastung führen kann, was bei der Berechnung zu berücksichtigen ist – siehe ausführlich *Olfert/Reichel*.

---

Fußnote zu S. 81:

*

$$\text{Kalkulatorische Abschreibung} = \frac{\text{Anschaffungskosten} - \text{Restwert}}{\text{Nutzungsdauer}}$$

**

$$\text{Kalkulatorische Zinsen} = \frac{\text{Anschaffungskosten} + \text{Restwert}}{2} \cdot \text{Zinssatz}$$

Die Kostenvergleichsrechnung weist mehrere **Nachteile** auf:

- Nur kurzfristige Kostenvergleiche sind möglich.
- Aussagen über die Rentabilität erfolgen nicht.
- Kostenveränderungen finden keine Berücksichtigung.
- Gleich hohe Erträge aus alternativen Investitionen werden unterstellt.
- Eine Kostenauflösung ist nicht immer problemlos möglich.

Dennoch ist die Kostenvergleichsrechnung eine Investitionsrechnung, die in der betrieblichen Praxis gerne eingesetzt wird, da sie schnell für einen ersten Überblick sorgt und vor allem bei Rationalisierungsinvestitionen geeignet ist.

### 1.3.1.2 Gewinnvergleichsrechnung

Die Gewinnvergleichsrechnung stellt eine Erweiterung der Kostenvergleichsrechnung durch Einbeziehung der Erlöse dar, die – im Gegensatz zu der Annahme bei der Kostenvergleichsrechnung – für die einzelnen Investitionsobjekte unterschiedlich hoch sein können. Damit können Unterschiede der qualitativen Leistungsfähigkeit berücksichtigt werden.

Soll eine **Erweiterungsinvestition** vorgenommen werden, gilt es, die Erlöse zu ermitteln, die mit den alternativen Investitionsobjekten voraussichtlich zu erzielen sind.

**Beispiel:** Die Erlöse der auf einer Maschine I gefertigten Erzeugnisse betragen 24,70 €/Stück, der auf einer Maschine II gefertigten Erzeugnisse 24,20 €/Stück. Die übrigen Daten entsprechen dem Beispiel der Kostenvergleichsrechnung (Vergleich pro Periode).

| | Maschine I | Maschine II |
|---|---|---|
| Anschaffungskosten (€) | 200.000 | 100.000 |
| Nutzungsdauer (Jahre) | 10 | 10 |
| Leistungsmenge (LE/Jahr) | 20.000 | 20.000 |
| Gesamte Kosten (€/Jahr) | 336.925 | 353.600 |
| Erlöse (€/Jahr) | | |
| 20.000 · 24,70 | 494.000 | |
| 20.000 · 24,20 | | 484.000 |
| **Gewinn** (€/Jahr) | 157.075 | 130.400 |
| Gewinndifferenz (I – II) | 26.675 | |

Bei einer **Ersatzinvestition** bietet sich ein entsprechendes Vorgehen an. Dabei sind die bei der Kostenvergleichsrechnung gegebenen Hinweise zu beachten.

Die Gewinnvergleichsrechnung weist ebenfalls **Nachteile** auf:

- Nur kurzfristige Vergleiche sind möglich.
- Der Kapitaleinsatz wird außer Acht gelassen.
- Somit erfolgen keine Aussagen über die Rentabilität.

- Eine Kostenauflösung ist nicht immer problemlos möglich.
- Eine Erlöszurechnung ist nicht ohne Weiteres möglich.

In der betrieblichen Praxis wird die Gewinnvergleichsrechnung weniger häufig als die Kostenvergleichsrechnung eingesetzt, obwohl sie positiver zu beurteilen ist als diese.

16 Seite 464

### 1.3.1.3 RENTABILITÄTSVERGLEICHSRECHNUNG

Mithilfe der Rentabilitätsvergleichsrechnung soll die durchschnittliche jährliche Verzinsung eines Investitionsobjektes ermittelt werden. Dies geschieht durch die Einbeziehung des erforderlichen Kapitaleinsatzes:

$$\text{Rentabilität} = \frac{\text{Erlöse} - \text{Kosten}}{\text{Durchschnittlicher Kapitaleinsatz}} \cdot 100$$

Als **durchschnittlicher Kapitaleinsatz** werden bei abnutzbaren Anlagegütern die halben Anschaffungskosten, bei nicht abnutzbaren Anlagegütern und Gütern des Umlaufvermögens die Anschaffungskosten in Ansatz gebracht.

Bei einer **Erweiterungsinvestition** empfiehlt sich die folgende Vorgehensweise zur Ermittlung der Rentabilitäten alternativer Investitionsobjekte.

**Beispiel:**

| | **Maschine I** | **Maschine II** |
|---|---|---|
| Anschaffungskosten (€) | 90.000 | 88.020 |
| Nutzungsdauer (Jahre) | 6 | 6 |
| Leistungsmenge (LE/Jahr) | 20.000 | 23.000 |
| Fixe Kosten | | |
| Kalkulatorische Abschreibungen (€/Jahr) | 15.000 | 14.670 |
| Kalkulatorische Zinsen (€/Jahr)* | – | – |
| Sonstige Fixe Kosten (€/Jahr) | 5.000 | 4.000 |
| Summe der fixen Kosten (€/Jahr) | 20.000 | 18.670 |
| Summe der variablen Kosten (€/Jahr) | 72.000 | 70.000 |
| Gesamte Kosten (€/Jahr) | 92.000 | 88.670 |
| Erlöse (€/Jahr) | 112.300 | 114.230 |
| **Gewinn** (€/Jahr) | **20.300** | **25.560** |

* Kalkulatorische Zinsen werden nicht angesetzt, weil sie als Bestandteil des Gewinnes angesehen werden.

$$R_I = \frac{112.300 - 92.000}{45.000} \cdot 100 = \mathbf{45{,}11\ \%} \qquad R_{II} = \frac{114.230 - 88.670}{44.010} \cdot 100 = \mathbf{58{,}08\ \%}$$

Weichen Anschaffungskosten und/oder Nutzungsdauer der alternativen Investitionsgüter (wesentlich) voneinander ab, wird der Ansatz ergänzender **Differenzinvestitionen** notwendig – siehe ausführlich *Olfert/Reichel*.

Bei einer **Ersatzinvestition** werden die durchschnittliche jährliche Kostenersparnis und der durchschnittliche zusätzliche Kapitaleinsatz gegenübergestellt.

Die Rentabilitätsvergleichsrechnung weist mehrere **Nachteile** auf:

- Nur kurzfristige Vergleiche sind möglich.
- Eine Erlöszurechnung ist nicht ohne Weiteres möglich.
- Abweichende Anschaffungskosten und/oder Nutzungsdauern erfordern den Ansatz von Differenzinvestitionen.

Dennoch wird die Rentabilitätsvergleichsrechnung in der betrieblichen Praxis relativ häufig angewandt.

17 Seite 465

### 1.3.1.4 AMORTISATIONSVERGLEICHSRECHNUNG

Mithilfe der Amortisationsvergleichsrechnung, die auch als **Pay-off-Rechnung** oder **Pay-back-Rechnung** bekannt ist, wird der Zeitraum ermittelt, der notwendig ist, um die Auszahlungen für die Anschaffung eines Anlagegutes durch seine jährlich erzielten Überschüsse auszugleichen, die sich aus Gewinn- und Abschreibungsgrößen ergeben.

Die statische Berechnung der Amortisationszeit erfolgt grundsätzlich wie folgt:

$$\text{Amortisationszeit} = \frac{\text{Anschaffungskosten}}{\text{Jährlicher Gewinn} + \text{jährliche Abschreibungen}}$$

Bei einer **Erweiterungsinvestition** werden die jährlichen Rückflüsse aus der Investition interpretiert als:

- Jährlich zusätzlich entstehender Gewinn
- Jährlich zusätzlich entstehende Abschreibungen.

**Beispiel:**

| | Maschine I | Maschine II |
|---|---|---|
| Anschaffungskosten (€) | 100.000 | 150.000 |
| Nutzungsdauer (Jahre) | 5 | 5 |
| Durchschnittlicher Gewinn (€/Jahr) | 28.000 | 36.000 |

$$W_I = \frac{100.000}{28.000 + (100.000 : 5)} = \textbf{2,08 Jahre} \qquad W_{II} = \frac{150.000}{36.000 + (150.000 : 5)} = \textbf{2,27 Jahre}$$

Ist eine **Rationalisierungsinvestition** geplant, werden die jährlichen Rückflüsse als jährlich entstehende Kostenersparnis und jährlich zusätzlich entstehende Abschreibungen angesehen, die sich durch das zu beschaffende Investitionsobjekt ergeben – siehe *Olfert/Reichel*.

Die Amortisationsvergleichsrechnung weist mehrere **Nachteile** auf:

- Nur kurzfristige Vergleiche sind möglich.
- Eine Erlöszurechnung ist nicht ohne Weiteres möglich.
- Abweichende Nutzungsdauern erschweren einen Vergleich.
- Aussagen über die Rentabilität erfolgen nicht.
- Erträge nach der Amortisationszeit bleiben unberücksichtigt.
- Strategische Ausrichtungen und entsprechend langfristige Investitionen werden benachteiligt.

Trotz der genannten Nachteile stellt die Amortisationsvergleichsrechnung ein in der betrieblichen Praxis sehr weit verbreitetes Verfahren dar, da es Aussagen über die Sicherheit und die Liquidität liefert. Zudem kann sie auch dynamisiert werden – siehe ausführlich *Olfert/Reichel*.

18 Seite 465

## 1.3.2 Dynamische Investitionsrechnungen

Im Gegensatz zu den statischen Verfahren der Investitionsrechnung zeichnen sich die dynamischen Investitionsrechnungen dadurch aus, dass sie mehrere oder alle Perioden einer Investition berücksichtigen. Damit finden die einzelnen sich im Betrachtungszeitraum ergebenden Zahlungsströme entsprechende Beachtung.

Bevor auf die Verfahren der dynamischen Investitionsrechnung einzugehen ist, sind einige Begriffe zu erläutern, die auch für die Finanzierung bedeutsam sind:

- Der **Zeitwert** einer Einzahlung oder Auszahlung ist der Wert, den diese zum Zeitpunkt ihres Anfallens hat.

- Der **Barwert** – auch **Gegenwartswert** genannt – von Einzahlungen oder Auszahlungen ist der Wert, der sich durch Abzinsung ergibt.

  Mit seiner Hilfe kann festgestellt werden, welchen Wert eine oder mehrere während einer Betrachtungsperiode geleistete Zahlungen zu Beginn der Betrachtungsperiode haben.

  - Bei **einmaliger Zahlung** zu Ende der Betrachtungsperiode

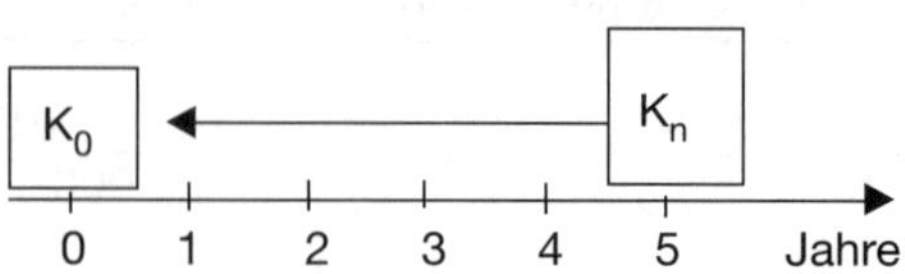

ergibt sich der Barwert durch Multiplikation des Zeitwertes der Zahlung mit dem **Abzinsungsfaktor**, dessen Wert einer finanzmathematischen Tabelle – siehe Anhang – entnommen werden kann:

$$K_0 = K_n \cdot \frac{1}{q^n} = K_n \cdot \frac{1}{(1 + i)^n}$$

$K_0$ = Barwert

$K_n$ = Kapital am Ende des n-ten Jahres

$\frac{1}{q^n}$ = Abzinsungsfaktor

$i$ = Kalkulationszinssatz

**Beispiel:** Ein Betrag von 10.000 €, der am Ende des fünften Jahres zur Verfügung steht, hat bei einem Zinssatz von 5 % zu Beginn der Vergleichsperiode folgenden Wert:

$K_0$ = 10.000 · 0,783526 = **7.835 €**

- Bei **mehrmaliger Zahlung** gleich hoher Zahlungsbeträge am Ende jeder Periode (= 1 Jahr) des Betrachtungszeitraumes

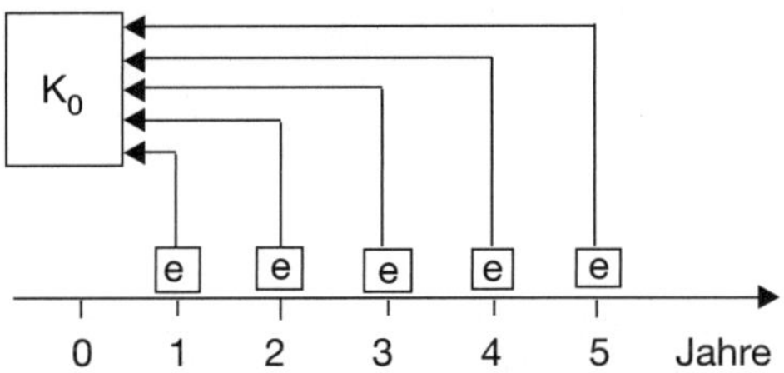


ergibt sich der Barwert durch Multiplikation des Zeitwertes der einzelnen Zahlung mit dem **Barwertfaktor**, dessen Wert einer finanzmathematischen Tabelle – siehe Anhang – entnommen werden kann:

$$K_0 = e \cdot \frac{q^n \cdot 1}{q^n (q-1)} = e \cdot \frac{(1 + i)^n - 1}{i\,(1 + i)^n}$$

$K_0$ = Barwert

$e$ = Jährliche Einzahlungen

$\frac{q^n - 1}{q^n (q - 1)}$ = Barwertfaktor

$i$ = Kalkulationszinssatz

**Beispiel:** Aufgrund eines Pachtvertrages werden zehn Jahre lang jeweils am Jahresende 1.200 € pro Jahr für ein Grundstück gezahlt. Würde die gesamte Pacht zu Beginn der Pachtdauer auf einmal entrichtet, wäre bei einem Zinssatz von 8 % folgender Betrag zu zahlen:

$K_0$ = 1.200 · 6,710081 = **8.052 €**

19 Seite 466

- Der **Endwert** von Einzahlungen oder Auszahlungen ist der Wert, der sich durch Aufzinsung ergibt.

  Mit seiner Hilfe kann festgestellt werden, welchen Wert eine oder mehrere während einer Betrachtungsperiode geleistete Zahlungen am Ende der Betrachtungsperiode haben.

  - Bei einer **einmaligen Zahlung** zu Beginn der Betrachtungsperiode

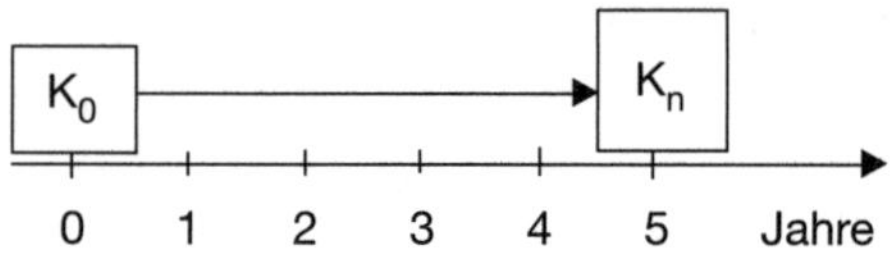


ergibt sich der Endwert durch Multiplikation des Zeitwertes der Zahlung mit dem **Aufzinsungsfaktor**, dessen Wert einer finanzmathematischen Tabelle – siehe Anhang – entnommen werden kann:

$$K_n = K_0 \cdot q^n = K_0 \cdot (1 + i)^n$$

$K_n$ = Endwert
$K_0$ = Wert im Zeitpunkt $t_0$
$q^n$ = Aufzinsungsfaktor
$i$ = Kalkulationszinssatz

**Beispiel:** Der Gesellschafter einer GmbH stellt dem Unternehmen einen Kredit von 20.000 € zu einem Zinssatz von 8 % zur Verfügung. Kreditbetrag und Zinsen werden dem Gesellschafter zum Ende des 5. Jahres ausgezahlt.

$K_5$ = 20.000 · 1,469328 = **29.387 €**

- Bei **mehrmaliger Zahlung** gleich hoher Zahlungsbeträge am Ende jeder Periode (= 1 Jahr) des Betrachtungszeitraumes

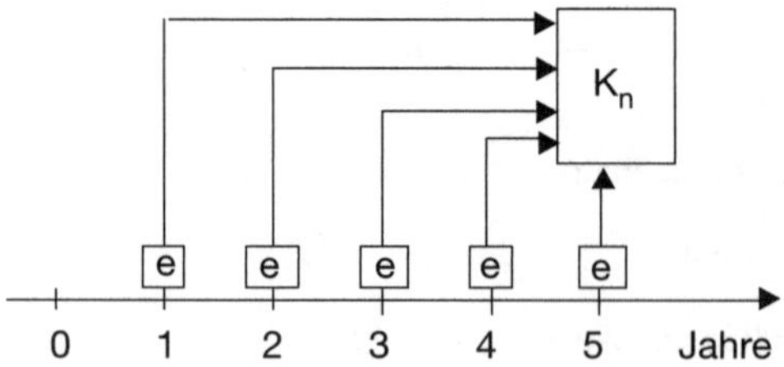


ergibt sich der Endwert durch Multiplikation des Zeitwertes der einzelnen Zahlung mit dem **Endwertfaktor**, dessen Wert einer finanzmathematischen Tabelle – siehe Anhang – entnommen werden kann:

$$K_n = e \cdot \frac{q^n - 1}{q - 1} = e \cdot \frac{(1 + i)^n - 1}{i}$$

$K_n$ = Endwert

$e$ = Jährliche Einzahlungen

$\frac{q^n - 1}{q - 1}$ = Endwertfaktor

$i$ = Kalkulationszinssatz

**Beispiel:** Es werden zum Ende eines jeden Jahres 1.000 € bereitgestellt. Der Zinssatz beträgt 5 %. Am Ende des 10. Jahres beträgt das Kapital:

$K_{10}$ = 1.000 · 12,577893 = **12.578 €**

20 Seite 466

- Der **Jahreswert** ist der jährlich jeweils in gleicher Höhe anfallende Wert, der sich aus einem bestimmten auf den Beginn oder das Ende der Vergleichsperiode bezogenen Wert ergibt. Er wird auch Annuität genannt. Zu unterscheiden sind:

  - Bei Zahlung eines **jetzt fälligen Betrages** in mehreren Teilbeträgen, die jeweils gleich hoch sind und am Ende jeder Periode (= 1 Jahr) geleistet werden,

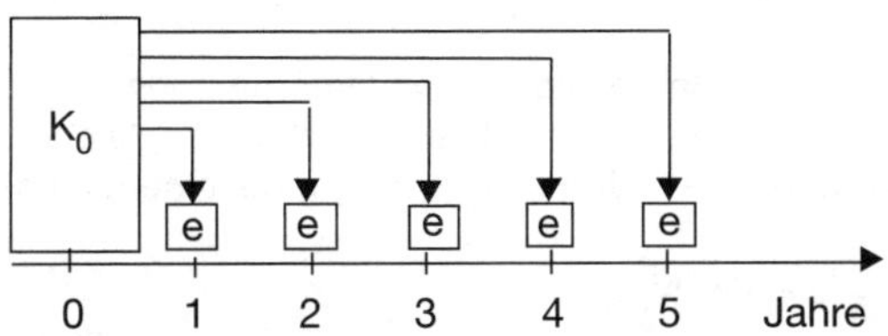


$K_0$ = Wert im Zeitpunkt $t_0$

$e$ = Jährliche Einzahlungen

$\frac{q^n (q - 1)}{q^n - 1}$ = Kapitalwiedergewinnungsfaktor

$i$ = Kalkulationszinssatz

ergibt sich die Höhe der Teilbeträge durch Multiplikation des jetzt fälligen Betrages mit dem **Kapitalwiedergewinnungsfaktor**, dessen Wert einer finanzmathematischen Tabelle – siehe Anhang – entnommen werden kann:

**Beispiel:** Ein Versicherungsnehmer will sich die fällige Versicherungssumme von 80.000 € in 10 jährlichen Raten auszahlen lassen. Als Zinssatz sind 8 % anzusetzen. Danach erhält er jährlich:

$e$ = 80.000 · 0,149029 = **11.922 €**

- Bei Zahlung eines zu einem **späteren Zeitpunkt fälligen Betrages** in mehreren davor liegenden Teilbeträgen, die jeweils gleich hoch sind und am Ende jeder Periode (= 1 Jahr) geleistet werden,

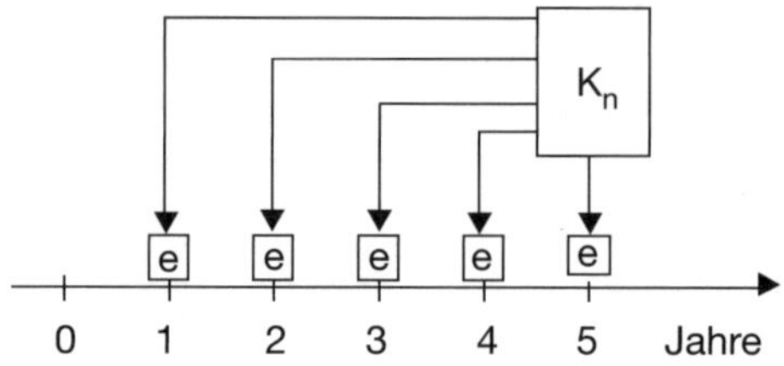


ergibt sich die Höhe der Teilbeträge durch Multiplikation des zu dem späteren Zeitpunkt fälligen Betrages mit dem **Restwertverteilungsfaktor**, dessen Wert einer finanzmathematischen Tabelle – siehe Anhang – entnommen werden kann:

$$e = K_n \cdot \frac{q-1}{q^n-1} = K_n \cdot \frac{i}{(1+i)^n-1}$$

e = Jährliche Einzahlungen

$K_n$ = Wert im Zeitpunkt $t_n$

$\frac{q-1}{q^n-1}$ = Restwertverteilungsfaktor

i = Kalkulationszinssatz

**Beispiel:** Ein am Ende des 5. Jahres von einem Unternehmen bereitzustellender Geldbetrag von 20.000 € wird auf Wunsch des Berechtigten zuvor in 5 gleichen Raten zum Jahresende ausgezahlt. Als jährliche Rate erhält der Berechtigte bei einem Zinssatz von 8 %:

e = 20.000 · 0,170457 = **3.409 €**

21 **Seite 467**

Drei **Verfahren** der dynamischen Investitionsrechnung werden dargestellt:

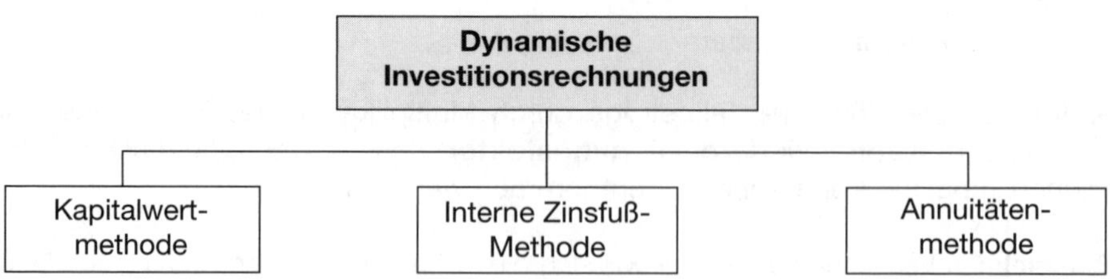

### 1.3.2.1 KAPITALWERTMETHODE

Bei der Kapitalwertmethode werden alle einer Investition anzurechnenden Einzahlungen und Auszahlungen mit einem gegebenen Kalkulationszinsfuß abgezinst:

$$C_0 = C_E - C_A$$

oder

$$C_0 = \frac{E_1 - A_1}{q} + \frac{E_2 - A_2}{q^2} + \ldots + \frac{E_n - A_n}{q^n} - A_0$$

$C_0$ = Kapitalwert

$C_E$ = Abgezinste Einzahlungen (einschließlich Restwert)

$C_A$ = Abgezinste Auszahlungen (einschließlich Anschaffungswert)

E = Einzahlungen in den Nutzungsjahren 1…n

A = Auszahlungen in den Nutzungsjahren 1…n

q = Kalkulationszinsfuß

$A_0$ = Anschaffungswert in der Periode 0

Eine Investition ist vorteilhaft, wenn der Kapitalwert mindestens Null beträgt. Beim Vergleich mehrerer Alternativen ist das Anlagegut vorzuziehen, das den höchsten Kapitalwert hat:

- Ein **positiver Kapitalwert** zeigt an, dass der angesetzte Kalkulationszinsfuß von der Rentabilität der Investition übertroffen wird.
- Ein **Kapitalwert von Null** lässt erkennen, dass sich die Investition genau in Höhe des verwendeten Kalkulationszinses verzinst hat.
- Ein **negativer Kapitalwert** legt offen, dass die angenommene Verzinsung durch die Investition nicht erreicht wird.

Soll eine **Erweiterungsinvestition** erfolgen, wird der Kapitalwert in nachstehender Weise ermittelt.

**Beispiel:** Die Anschaffungskosten eines Investitionsobjektes werden mit 100.000 €, die Nutzungsdauer mit 5 Jahren und der Kalkulationszinsfuß mit 8 % angenommen. Die geschätzten Einzahlungen und Auszahlungen sind der Tabelle zu entnehmen.

| Jahr | Einzahlungen | Auszahlungen | Rückfluss | Abzinsungs-faktor | Barwert |
|---|---|---|---|---|---|
| 1 | 110.000 | 85.000 | 25.000 | 0,925926 | 23.148,15 |
| 2 | 95.000 | 70.000 | 25.000 | 0,857339 | 21.433,48 |
| 3 | 105.000 | 70.000 | 35.000 | 0,793832 | 27.784,12 |
| 4 | 100.000 | 65.000 | 35.000 | 0,735030 | 25.726,05 |
| 5 | 90.000 | 80.000 | 10.000 | 0,680583 | 6.805,83 |
| Summe (€) | | | | | 104.897,63 |
| – Anschaffungswert (€) | | | | | 100.000,00 |
| **Kapitalwert (€)** | | | | | **4.897,63** |

Die Investition ist vorteilhaft, da sich ein positiver Kapitalwert ergibt, d. h. die Investition wird mindestens mit dem Kalkulationszinssatz von 8 % verzinst.

**Nachteile** der Kapitalwertmethode sind:

- Die Zahlungsströme lassen sich in ihrer Höhe nicht ohne Weiteres zurechnen.
- Die Zahlungsströme lassen sich in ihrer zeitlichen Verteilung nicht ohne Weiteres zurechnen.

Die Beurteilung der Vorteilhaftigkeit von **Ersatzinvestitionen** mithilfe der Kapitalwertmethode ist nicht ohne Probleme – siehe ausführlich *Olfert/Reichel*.

Die Kapitalwertmethode wird in der Praxis sehr häufig angewandt.

22 Seite 467

### 1.3.2.2 Interne Zinsfuss-Methode

Mithilfe der Internen Zinsfuß-Methode soll der Zinsfuß ermittelt werden, der für ein Investitionsgut zu einem Kapitalwert 0 führt. Die so ermittelte effektive Rendite ist mit dem mindestens geforderten Kalkulationszinsfuß im Unternehmen zu vergleichen.

Die Investition ist dann vorteilhaft, wenn der interne Zinsfuß nicht kleiner ist als der Kalkulationszinsfuß des Unternehmens. Werden mehrere Investitionen miteinander verglichen, gilt die Alternative mit dem höchsten internen Zinsfuß als die geeignetste.

Um die Vorteilhaftigkeit einer **Erweiterungsinvestition** beurteilen zu können, sind die jeweiligen Rückflüsse aus dem Investitionsobjekt auf den Bezugszeitpunkt abzuzinsen. Dies geschieht zweckmäßigerweise mit zwei Versuchszinssätzen.

**Beispiel:** Bei einer Maschine mit einem Anschaffungswert von 100.000 € und einer Nutzungsdauer von 5 Jahren ergeben sich bei Versuchszinssätzen von 8 % und 10 % folgende Kapitalwerte:

| (Volle €) | | **Versuchszinssatz 8 %** | | **Versuchszinssatz 10 %** | |
|---|---|---|---|---|---|
| **Jahr** | **Rückfluss** | **Abzinsungsfaktor** | **Barwert** | **Abzinsungsfaktor** | **Barwert** |
| 1 | 10.000 | 0,925926 | 9.259 | 0,909091 | 9.090 |
| 2 | 35.000 | 0,857339 | 30.006 | 0,826446 | 28.925 |
| 3 | 25.000 | 0,793832 | 19.845 | 0,751315 | 18.782 |
| 4 | 35.000 | 0,735030 | 25.726 | 0,683013 | 23.905 |
| 5 | 30.000 | 0,680583 | 20.417 | 0,620921 | 18.627 |
| Summe (€) | | | 105.253 | | 99.329 |
| – Anschaffungswert (€) | | | 100.000 | | 100.000 |
| **Kapitawert (€)** | | | **5.253** | | **– 671** |

Zur Ermittlung des internen Zinsfußes gilt die folgende Formel:

$$r = p_1 - C_{o1} \frac{p_1 - p_2}{C_{o2} - C_{01}}$$

p = Versuchszinssatz (1 bzw. 2)
r = Interner Zinsfuß
$C_o$ = Kapitalwert (bei $p_1$ bzw. $p_2$)

**Beispiel:** In Fortführung des vorangegangenen Beispiels ergibt sich:

$$r = 8 - 5.253 \frac{10 - 8}{-671 - 5.253} = \mathbf{9{,}77\ \%}$$

Die Investition ist vorteilhaft, wenn der Kalkulationszinsfuß im Unternehmen 9,77 % oder weniger beträgt. Die Genauigkeit des gefundenen Ergebnisses ist abhängig von der Wahl der Versuchszinssätze. Je weiter diese auseinander liegen, desto ungenauer erfolgt die Berechnung des Internen Zinsfußes.

Die **Nachteile** der Internen Zinsfuß-Methode entsprechen denjenigen, die bereits bei der Kapitalwertmethode genannt wurden.

Die Beurteilung der Vorteilhaftigkeit von **Ersatzinvestitionen** mithilfe der Internen Zinsfuß-Methode ist wie bei der Kapitalwertmethode nicht ohne Probleme – siehe ausführlich *Olfert/Reichel*.

Die Interne Zinsfuß-Methode wird ebenso häufig wie die Kapitalwertmethode in der Praxis angewandt.

23 Seite 467

### 1.3.2.3 ANNUITÄTENMETHODE

Im Gegensatz zu der Kapitalwertmethode, die den Totalerfolg einer Investition misst, zeigt die Annuitätenmethode den periodischen Erfolg einer Investition. Zu diesem Zweck wird zunächst der Kapitalwert der Investition ermittelt, der dann mit dem Kapitalwiedergewinnungsfaktor multipliziert wird.

Daraus ergibt sich die **Annuität**:

$$a = C_o \cdot \frac{q^n (q - 1)}{q^n - 1} = C_o \cdot \frac{i\,(1 + i)^n}{(1 + i)^n - 1}$$

a = Annuität
$C_o$ = Kapitalwert
$\frac{q^n \cdot (q - 1)}{q^n - 1}$ = Kapitalwiedergewinnungsfaktor

Der Kapitalwiedergewinnungsfaktor ist einer finanzmathematischen Tabelle zu entnehmen – siehe Anhang.

Mithilfe der Annuitätenmethode lässt sich bei einer **Erweiterungsinvestition** feststellen:

- Die Investition ist vorteilhaft, wenn die Annuität nicht negativ ist.

- Werden mehrere Investitionsalternativen betrachtet, gilt das Investitionsobjekt als das vorteilhafteste, das die höchste Annuität aufweist.

Bei einer **Erweiterungsinvestition** gilt folgende Vorgehensweise:

**Beispiel:** Maschine I hat einen Anschaffungswert von 60.000 €, Maschine II von 70.000 €. Beide Maschinen sind 4 Jahre nutzbar. Der Kalkulationszinsfuß beträgt 10 %.

| (Volle €) | | **Maschine I** | | **Maschine II** | |
|---|---|---|---|---|---|
| **Jahr** | **Abzinsungs-faktor** | **Rückfluss** | **Barwert** | **Rückfluss** | **Barwert** |
| 1 | 0,909091 | 18.000 | 16.363 | 18.000 | 16.363 |
| 2 | 0,826446 | 25.000 | 20.661 | 30.000 | 24.793 |
| 3 | 0,751315 | 25.000 | 18.782 | 30.000 | 22.539 |
| 4 | 0,683013 | 20.000 | 13.660 | 25.000 | 17.075 |
| Summe (€) | | | 69.466 | | 80.770 |
| – Anschaffungswert (€) | | | 60.000 | | 70.000 |
| **Kapitalwert** | | | **9.466** | | **10.770** |

$$a_I = 9.466 \cdot 0{,}315471 = \mathbf{2.986\ €}$$

$$a_{II} = 10.770 \cdot 0{,}315471 = \mathbf{3.397\ €}$$

Die Maschine II ist die vorteilhaftere, da sie eine um 411 € höhere Annuität erzielt.

Die Beurteilung der Vorteilhaftigkeit von **Ersatzinvestitionen** mithilfe der Annuitätenmethode ist – wie bei den zuvor gezeigten Verfahren – nicht ohne Probleme – siehe ausführlich *Olfert/Reichel*.

Die **Vorteile** der Annuitätenmethode liegen in ihrer praxisnahen Aussage und im Verzicht auf den Einsatz von Differenzinvestitionen:

- Durch die Verteilung des barwertigen Gewinns als Ergebnis einer Kapitalwertmethode über die gesamte Laufzeit zeigt sie den Periodenerfolg einer Investition und kann hierdurch dem Praktiker den Ablauf der Zahlungsströme innerhalb der Investition veranschaulichen.

- Sie kann bei unterschiedlichen Investitionsvolumina ohne die Verwendung künstlicher Differenzinvestitionen zu verwertbaren Aussagen kommen.

Dagegen weist sie auch die übrigen beiden **Nachteile** auf, die bereits bei den zuvor behandelten dynamischen Investitionsrechnungen genannt wurden:

- Die Zahlungsströme lassen sich in ihrer Höhe nicht ohne Weiteres zurechnen.

- Die Zahlungsströme lassen sich in ihrer zeitlichen Verteilung nicht ohne Weiteres zurechnen.

Die Annuitätenmethode ist die in der Praxis am wenigsten verwendete dynamische Investitionsrechnung.

24 Seite 468

# 2. KAPITALDECKUNG

Die optimale, den betrieblichen Zielen entsprechende Deckung des Kapitalbedarfes ist für das Unternehmen von zentraler Bedeutung. Ist sie nicht gewährleistet, kann die Wirtschaftlichkeit des Unternehmens beeinträchtigt oder gar der Bestand des Unternehmens gefährdet werden.

Mit der Deckung des Kapitalbedarfes geht die Gestaltung der Kapitalstruktur des Unternehmens unmittelbar einher. Es sollen betrachtet werden:

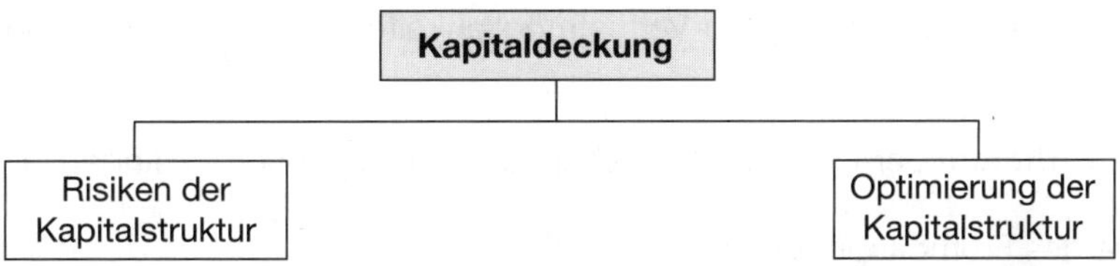


## 2.1 RISIKEN DER KAPITALSTRUKTUR

Wenn gesagt wird, die Kapitalstruktur müsse optimal gestaltet werden, dann ist das in dieser allgemeinen Form im Unternehmen nicht umsetzbar, weil

- Eigenkapitalgeber, Fremdkapitalgeber und Unternehmen ihren Überlegungen **unterschiedliche Kriterien** zu Grunde legen. Eine Optimierung der Kapitalstruktur kann aber nur im Hinblick auf ein Kriterium versucht werden.

- Eigenkapitalgeber, Fremdkapitalgeber und Unternehmen darüber hinaus – auch bei Zugrundelegung gleicher Kriterien – **unterschiedliche Interessen** und, hieraus resultierend, verschiedene Verhaltensweisen haben, die auf das Aussehen optimaler Kapitalstrukturen von Einfluss sind.

Gründe für die unterschiedlichen Betrachtungsweisen sind die **Risiken** der Beteiligten, die Unsicherheiten zu tragen haben. Das sind:

| Risiko-Träger | Kapitalstruktur-Risiken | |
|---|---|---|
| **Eigenkapital-geber** | Das Risiko liegt – durch entstehende Gewinne oder Verluste – in der Veränderung des eingesetzten Kapitals bzw. des gesamten Vermögens. | Kapitalrisiko<br>Gewinnrisiko |
| **Fremdkapital-geber** | Das Risiko besteht in der Möglichkeit, dass das Kredit nehmende Unternehmen seinen Verpflichtungen der Rückzahlung des Kapitals bzw. der Zahlung des Nutzungsentgelts nicht nachkommt. | Kapitalrisiko<br>Zinsrisiko |
| **Unternehmen** | Das Risiko liegt in der Gefährdung des Unternehmensbestandes, indem sich Zahlungsströme verändern, die vertragliche Verzinsung und Tilgung aber unverändert bleiben bzw. Kredite abgezogen oder nicht verlängert werden. | Liquiditätsrisiko<br>Abzugsrisiko |

Für die **Fremdkapitalgeber** ergibt sich aus den von ihnen zu tragenden Risiken die Notwendigkeit, für die Kreditentscheidung mehrere Kriterien heranzuziehen, um die Sicherheit ihrer Gläubigerrechte zu beurteilen. Dabei ist nicht allein die Eigenkapitalausstattung als Element der Kapitalstruktur ausschlaggebend, sondern auch die im

- Existenzrisiko
- Finanzierungsrisiko

repräsentierte Beziehung zwischen Verlustmöglichkeiten und deren Deckung durch Eigenkapital.

Das **Risikoverhalten** der Fremdkapitalgeber kann seinen Ausdruck finden in:

- Der Höhe des Fremdkapitalzinses
- Der Rationierung des Fremdkapitals
- Der Forderung nach Sicherheiten.

## 2.2 Optimierung der Kapitalstruktur

Die Optimierung der Kapitalstruktur soll an dieser Stelle nicht unter dem Blickwinkel der Modelle gesehen werden, die in der Finanztheorie mit dem Ziel entwickelt wurden, den optimalen **Verschuldungsgrad** von Unternehmen zu ermitteln *(Gutenberg, Modigliani/Miller)*.

Diesen Modellen kommt in der betrieblichen Praxis kaum eine Bedeutung zu.

Überlegungen zur Optimierung der Kapitalstruktur erfolgten bereits in Kapitel A. Dabei wurde auf die **Finanzierungsregeln** als »Qualitätsnormen« hingewiesen, deren Einhaltung den Bestand des Unternehmens langfristig sichern soll, beispielsweise:

| | | | |
|---|---|---|---|
| **Vertikale Finanzierungsregeln** | 1:1-Regel | | $\frac{\text{Fremdkapital}}{\text{Eigenkapital}} \leq 1$ |
| | 2:1-Regel | | $\frac{\text{Fremdkapital}}{\text{Eigenkapital}} \leq 2$ |
| | 3:1-Regel | | $\frac{\text{Fremdkapital}}{\text{Eigenkapital}} \leq 3$ |
| **Horizontale Finanzierungsregeln** | Goldene Bilanzregeln | im engen Sinne: | $\frac{\text{Anlagevermögen}}{\text{Eigenkapital}} \leq 1$ |
| | | im weiteren Sinne: | $\frac{\text{Anlagevermögen}}{\text{Eigenkapital + langfristiges Fremdkapital}} \leq 1$ |
| | Goldene Finanzierungsregeln | | $\frac{\text{Kurzfristiges Vermögen}}{\text{Kurzfristiges Kapital}} \geq 1$<br>$\frac{\text{Langfristiges Vermögen}}{\text{Langfristiges Kapital}} \leq 1$ |

Es wurde gezeigt, dass diese Regeln – finanz- und erfolgswirtschaftlich gesehen – **nicht geeignet** sind, den Bestand des Unternehmens langfristig zu sichern. Dennoch können sie **Bedeutung** haben, wenn Fremdkapitalgeber das Unternehmen anhand dieser »Qualitätsnormen« hinsichtlich seiner Kreditwürdigkeit beurteilen.

Bei Kreditinstituten gilt die 1:1-Regel als »erstrebenswerte«, die 2:1-Regel als »gesunde« und die 3:1-Regel als »noch zulässige« Relation von Fremd- zu Eigenkapital.

Die wichtigsten Optimierungskriterien für die Entscheidung im Unternehmen, welche Finanzierungsalternative(n) gewählt werden sollen, sind:

- **Kapitalhöhe**
- **Kapitalkosten**
- **Kapitalfristigkeit**
- **Kapitalflexibilität**
- **Kapitalsicherheiten**
- **Kapitaleinfluss**
- **Kapitalrentabilität.**

## 2.2.1 KAPITALHÖHE

Die Höhe des im einzelnen Falle benötigten Kapitals kann bestimmte Finanzierungsalternativen von vornherein ausschließen oder unzweckmäßig erscheinen lassen.

**Beispiel:** Es bietet sich nicht an, dass eine AG mit einem gezeichneten Kapital von 50.000.000 € einen zusätzlichen Bedarf an Finanzierungsmitteln in Höhe von 100.000 € durch eine Beteiligungsfinanzierung in Form einer Eigenkapital-Erhöhung deckt.

Die **Kapitalhöhe** kann **begrenzt** sein:

- Durch die einzelne **Finanzierungsalternative**

  **Beispiel:** Es soll eine Automatenstraße beschafft werden, die 12.000.000 € kostet. Die Bank ist lediglich bereit, ein langfristiges Darlehen in Höhe von 8.000.000 € zu gewähren.

  Damit kann es notwendig werden, eine oder mehrere Finanzierungsalternativen zusätzlich in die Finanzierung einzubinden, d. h. eine **Mischfinanzierung** vorzunehmen. Probleme können sich (später) ergeben, wenn die Fristigkeiten der einzelnen Finanzierungsmaßnahmen unterschiedlich sind.

  **Beispiel:** Das Unternehmen erhöht sein gezeichnetes Kapital um 4.000.000 €, sodass – zusammen mit den 8.000.000 € der Bank – die Finanzierung gesichert ist.

- Durch die **Unternehmensleitung**

  **Beispiel:** Die Unternehmensleitung begrenzt die kurzfristigen Kredite auf 200.000 €, die langfristigen Darlehen auf 600.000 €.

  Damit kann der Finanzplan zum **Engpassfaktor** im Unternehmen werden, der Qualitätsüberlegungen der Finanzierung betriebsindividuell – nicht aber aufgrund von Finanzierungsregeln – berücksichtigt.

## 2.2.2 KAPITALKOSTEN

Die Inanspruchnahme von Eigenkapital und Fremdkapital ist normalerweise mit Kosten verbunden, die als Kapitalkosten oder **Finanzierungskosten** bezeichnet werden. Es lassen sich bei den verschiedenen Finanzierungsalternativen unterschiedliche Finanzierungskosten nach Art und Höhe feststellen.

Insofern ist es im Rahmen der Finanzplanung wichtig, unter Beachtung der übrigen Zielsetzungen des Unternehmens, eine **kostenminimale Finanzierung** sicherzustellen. Dabei ist nicht nur zu prüfen, welche Finanzierungskosten in welcher Höhe einmalig mit der unmittelbaren Beschaffung des Kapitals anfallen. In den Kostenvergleich müssen auch jene Kosten einbezogen werden, die mit der Nutzung des Kapitals verbunden sind und erst im Zeitablauf anfallen.

Die Kapitalkosten können in ihrer **Höhe sehr unterschiedlich** sein. Die folgende Übersicht soll lediglich die grundsätzlichen Kostenrelationen zwischen einzelnen Finanzierungsalternativen darstellen, nicht genaue Zinssätze, die ohnehin Schwankungen unterworfen sind:

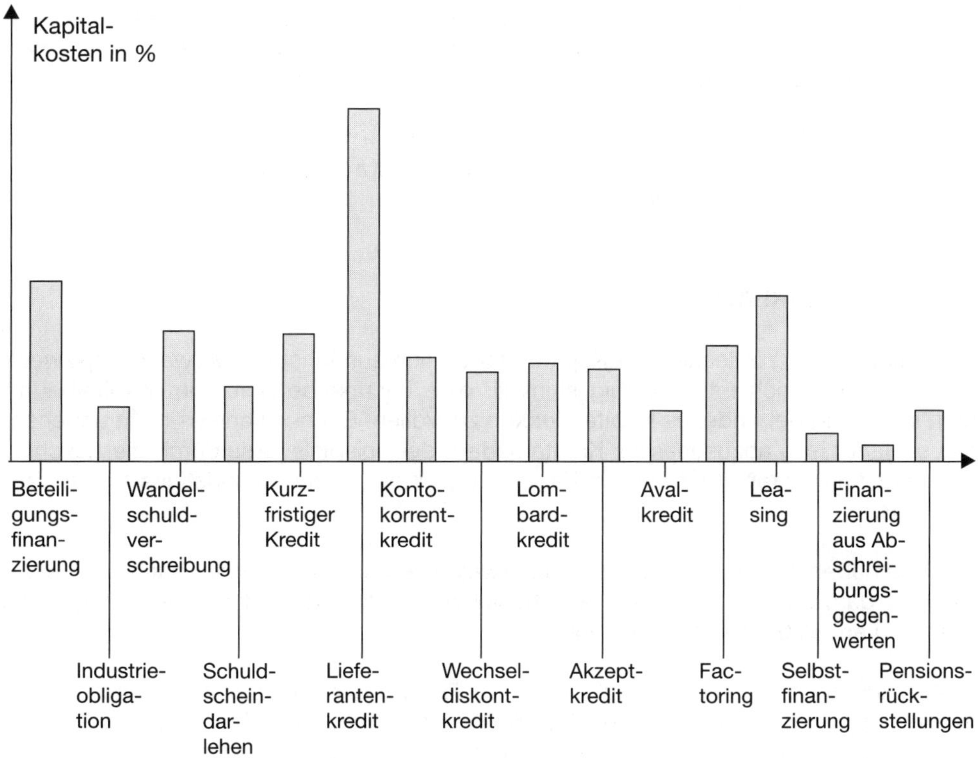


Die Kapitalkosten können umfassen:

| Kapitalkosten | Beschreibung | Arten | Beispiele |
|---|---|---|---|
| **Einmalige** Kapitalkosten | Sie fallen mit Beginn oder Ende der Finanzierung an. | Beschaffungskosten | ▶ Provisionen<br>▶ Bearbeitungsgebühren<br>▶ Disagio<br>▶ Emissionskosten<br>▶ Kosten zur Stellung von Sicherheiten |
| | | Tilgungskosten | ▶ Rückzahlungsagio<br>▶ Kurssicherungskosten<br>▶ Kosten der Rückerstattung von Sicherheiten |
| **Laufende** Kapitalkosten | Sie können für die Inanspruchnahme des Kapitals, den Kapitaldienst und die Marktpflege, die der Schaffung und Erhaltung des Finanzierungsspielraumes dient, anfallen. | Nutzungskosten | ▶ Zinsen<br>▶ Überziehungsprovision<br>▶ Gewinnausschüttung<br>▶ Bereitstellungsprovision<br>▶ Einkommensteuer<br>▶ Körperschaftsteuer<br>▶ Gewerbeertragsteuer |
| | | Kapitaldienstkosten | ▶ Kosten für Kuponeinlösung<br>▶ Kosten für Stückeeinlösung |
| | | Marktpflegekosten | ▶ Kosten der Börsenpublizität<br>▶ Kosten der Kurspflege |

Der Schwerpunkt der Kapitalkosten liegt auf den Nutzungskosten. Hier geht es besonders auch um die Frage, ob eine Zinszahlung oder eine Gewinnbeteiligung für die Unternehmen zweckmäßiger ist.

Beim Vergleich alternativer Fremdfinanzierungen sollte – neben der Höhe des Zinssatzes – beachtet werden, ob der zu Grunde liegende **Zinssatz fest oder variabel** – beispielsweise in Anpassung an den Marktzinssatz – ist.

### 2.2.3 KAPITALFRISTIGKEIT

Die Fristigkeit des zu deckenden Kapitals sollte sich zunächst am Verwendungszweck orientieren. So erscheint es wenig sinnvoll, eine kurzfristige Spitze im Kapitalbedarf durch langfristig gebundenes Kapital decken zu wollen. Ebenso kann es nicht angehen, dass ein langfristig abzusehender Kapitalbedarf, der beispielsweise durch die Anschaffung einer Automatenstraße für die Fertigung entsteht, durch kurzfristiges Kapital gedeckt wird.

Es würde neben dem Risiko sich möglicherweise verändernder Zinsen auch die Gefahr bestehen, dass der Kapitalanschluss nicht sichergestellt wird, wodurch der Bestand des Unternehmens in Gefahr geraten kann.

Die Ausführungen machen deutlich, dass die **Fristen** der Kapitalbindung und der Kapitaldeckung nicht völlig isoliert voneinander gesehen werden dürfen. Andererseits können keine allgemein gültigen Relationen empfohlen werden, in welchem Verhältnis diese Fristen zueinander stehen sollten. Sie sind nur jeweils für das einzelne Unternehmen entwickelbar.

Es lässt sich faktisch nicht immer davon ausgehen, dass Eigenkapital dem Unternehmen unbefristet, Fremdkapital befristet zur Verfügung steht. Letztlich ist entscheidend, welche Zielsetzungen die Kapitalgeber verfolgen.

Steht dem Unternehmen das Kapital befristet zur Verfügung, kann der Kapitalgeber mit Ablauf der Frist dem Unternehmen dieses Kapital entziehen. Es ist aber auch möglich, dass das Kapital zunächst unbefristet zur Verfügung steht und dem Unternehmen erst aufgrund einer **Kündigung** entzogen wird.

### 2.2.4 KAPITALFLEXIBILITÄT

Das Kapital sollte flexibel einsetzbar sein, d. h. es sollte die Möglichkeit bestehen, bisher genutzte Finanzierungsalternativen zu Gunsten (kosten)günstigerer Finanzierungsalternativen aufgeben zu können. In diesem Zusammenhang wird von **Umfinanzierung** gesprochen.

Die Kapitalflexibilität steht in engem Zusammenhang mit der Kapitalfristigkeit:

- **Kürzere Laufzeiten** des Kapitals ermöglichen Umfinanzierungen leichter.

- **Kündigungsmöglichkeiten** des Kapitals erleichtern Umfinanzierungen. Kündigungen können erfolgen als:

| | |
|---|---|
| **Kündigung jederzeit ohne Frist** | Das bietet dem Unternehmen die Chance, bei Veränderungen am Kapitalmarkt teures Kapital schnell abstoßen zu können und sich günstigeren Kapitals zu bedienen. Zudem kann eine Anpassung an einen sich vermindernden Kapitalbedarf unmittelbar vorgenommen werden.<br>Andererseits ist die Möglichkeit einer fristlosen Kündigung für das Unternehmen unter dem Aspekt der Liquiditätssicherung problematisch, da nicht sichergestellt sein kann, dass rasch neues Kapital überhaupt oder zu annehmbaren Konditionen zur Verfügung steht. |
| **Kündigung jederzeit mit Frist** | Auf mögliche Veränderungen am Kapitalmarkt oder beim Kapitalbedarf kann das Unternehmen zwar nicht unmittelbar, möglicherweise aber relativ zeitnah reagieren.<br>Andererseits ist es dem Unternehmen möglich, bei Kündigung durch den Kapitalgeber nach Finanzierungsalternativen suchen zu können, ohne dass es zu einem Liquiditätseinbruch kommen muss. |
| **Kündigung zu festgesetzten Terminen** | Dabei ist in aller Regel eine Kündigungsfrist vereinbart, sodass das Unternehmen das Kapital noch eine bestimmte Zeit nutzen kann bzw. muss. Wird das Kapital zu einem Termin nicht gekündigt, bleibt es bis zum nächsten Termin verfügbar. |

## 2.2.5 Kapitalsicherung

Fristigkeit und Flexibilität sind aus der Sicht des Unternehmens so zu gestalten, dass eine Kontinuität in der Kapitaldeckung sichergestellt ist. Das bedeutet, das Unternehmen muss für einen erheblichen Teil des Kapitalbedarfes zu Vereinbarungen kommen, die gewährleisten, dass ein Abzug des Kapitals nicht »von heute auf morgen« erfolgen kann.

Dadurch wird aber die Verfügbarkeit der Kapitalgeber über ihr Kapital eingeschränkt. Sie gehen ein **Verlustrisiko** ein, das sie zu minimieren versuchen. Das geschieht bei Fremdkapitalgebern vielfach in folgender Weise:

- Zunächst erfolgt die Überprüfung der **Kreditwürdigkeit** des Unternehmens unter Beachtung der rechtlichen, wirtschaftlichen und persönlichen Verhältnisse.

- Sodann wird die Stellung angemessener **Sicherheiten** gefordert, die sich in der Mehrzahl der Fälle auf Sachwerte bezieht.

  **Beispiele:** Eigentumsvorbehalt, Pfandrecht, Sicherungsübereignung, Sicherungsabtretung, Grundschuld.

  Es ist aber auch möglich, dass dritte Personen für das bereitzustellende Kapital haften, z. B. in Form einer Bürgschaft oder einer Garantie.

- Schließlich wird der **Preis** bei risikoreicheren Krediten für die Überlassung des Kapitals höher sein.

Im Gegensatz zu der Fremdfinanzierung tritt bei der Innenfinanzierung das Problem der Sicherheiten nicht auf.

## 2.2.6 KAPITALEINFLUSS

Das Kapital, das dem Unternehmen zur Verfügung gestellt wird, erfährt seine Abgeltung normalerweise durch Zinszahlung, in Ausnahmen aber auch durch die Beteiligung am Gewinn. Außerdem kann sein Bestand durch die Stellung von Sicherheiten weitgehend gewährleistet sein.

Es ist aber durchaus möglich, teilweise üblich oder gar gesetzlich vorgeschrieben, dass Kapitalgebern weitere Rechte zugestanden werden, beispielsweise gilt:

- **Eigenkapitalgeber** haben grundsätzlich ein Recht auf Mitbestimmung bzw. Kontrolle, das von Gesetz wegen vorgeschrieben ist.

- **Fremdkapitalgeber** können die Hingabe des Kapitals davon abhängig machen, dass ihnen Einflussrechte auf das Unternehmen zugestanden werden. Mögliche Rechte sind:

  - Information
  - Mitsprache
  - Kontrolle
  - Setzen von Richtlinien
  - Mitwirkung an der Geschäftsführung

Gründe für die Forderung von Einflussrechten können in dem Interesse nach Begrenzung des Risikos der Kapitalhingabe liegen, aber auch einfach machtbezogen sein.

25 > Seite 468

## 2.2.7 KAPITALRENTABILITÄT

Bei einer bestimmten Eigenkapitalrentabilität kann durch die Aufnahme von Fremdkapital die Verzinsung des Eigenkapitals erhöht werden, wenn die Kosten für zusätzliches Fremdkapital niedriger sind als die erzielte Gesamtkapitalrentabilität.

Die **Eigenkapitalrentabilität** lässt sich auf folgende Weise ermitteln:

$$r_e = \frac{R}{EK}$$

$$r_e = \frac{r \cdot (EK + FK) - r_f \cdot FK}{EK}$$

$$r_e = \frac{r \cdot EK + r \cdot FK - r_f \cdot FK}{EK}$$

$$r_e = \frac{r \cdot EK + (r - r_f) \cdot FK}{EK}$$

$$r_e = r + (r - r_f)\,\frac{FK}{EK}$$

$r_e$ = Eigenkapitalrentabilität
$r_f$ = Fremdkapitalrentabilität
$r$ = Gesamtkapitalrentabilität

R = Reingewinn
EK = Eigenkapital
FK = Fremdkapital

**Beispiel:** Gesamtkapitalrentabilität 15 %
Zinssatz für Fremdkapital 10 %

| | | | | |
|---|---|---|---|---|
| Eigenkapital (€) | 10.000 | 7.000 | 4.000 | 1.000 |
| + Fremdkapital (€) | 0 | 3.000 | 6.000 | 9.000 |
| = Gesamtkapital (€) | 10.000 | 10.000 | 10.000 | 10.000 |

| | | | | |
|---|---|---|---|---|
| Gewinn vor Fremdkapitalzinsen (€) | 1.500 | 1.500 | 1.500 | 1.500 |
| – Zinsen für Fremdkapital (€) | 0 | 300 | 600 | 900 |
| = Reingewinn (€) | 1.500 | 1.200 | 900 | 600 |
| **Eigenkapitalrentabilität** | **15,00 %** | **17,14 %** | **22,50 %** | **60,00 %** |

Den dargestellten Tatbestand nennt man **Leverage Effekt**. Sein Optimum liegt bei dem Fremdkapitalvolumen, bei dem die Grenzkosten der Finanzierung den Grenzerträgen der Investition entsprechen. Er ist an das Vorliegen folgender **Voraussetzungen** geknüpft (*Däumler, S. 68*):

- Die Rendite der aus einem zusätzlichen Kapitaleinsatz durchzuführenden Investition ist konstant.
- Der Sollzinssatz für das zusätzlich aufgenommene Fremdkapital wird als konstant angesehen.
- Der Sollzinssatz liegt unter der Investitionsrendite bzw. der Gesamtkapitalrentabilität.

Trotz einer Steigerung der Eigenkapitalrentabilität durch die Zuführung von Fremdkapital muss darauf hingewiesen werden, dass es nicht ohne Weiteres empfehlenswert ist, den Anteil des Fremdkapitals im Unternehmen zu maximieren. Denn mit einem zunehmenden Anteil an Fremdkapital entstehen generelle Risiken für die Unternehmensexistenz.

Im Übrigen stellt sich – wie oben erörtert – die Frage einer vernünftigen Eigenkapital-Fremdkapital-Relation, die nicht nur aus der Sicht der Rentabilität gesehen werden darf, sondern Überlegungen der strukturellen Liquidität und Unabhängigkeit des Unternehmens einschließen muss.

Bei einer sich verschlechternden Gesamtkapitalrentabilität bzw. bei ansteigenden Fremdkapitalzinsen wird die Eigenkapitalrentabilität eine Verschlechterung erfahren, das Investitionsrisiko und Kapitalstrukturrisiko werden ansteigen. Dieser Aspekt wird, bezogen auf das Risiko einer Niedrig- oder Negativverzinsung des Eigenkapitals, als **Leverage Risk** bezeichnet.

26 Seite 468

# 3. Finanzplan

Die zunächst dargestellte Kapitalbedarfsrechnung wird bei Gründungs- und Erweiterungsphasen des Unternehmens als Näherungsrechnung eingesetzt.

Ebenfalls eine **Kapitalbedarfsrechnung** ist der Finanzplan, der jedoch zur Ermittlung des Kapitalbedarfes bei Gründungs- und Erweiterungsphasen des Unternehmens nicht ohne Weiteres geeignet ist. Dafür ist er für die **kontinuierliche Finanzplanung** die einzig vertretbare Kapitalbedarfsrechnung.

Der Finanzplan soll im Einzelnen behandelt werden, wobei schwerpunktmäßig einzugehen ist auf:

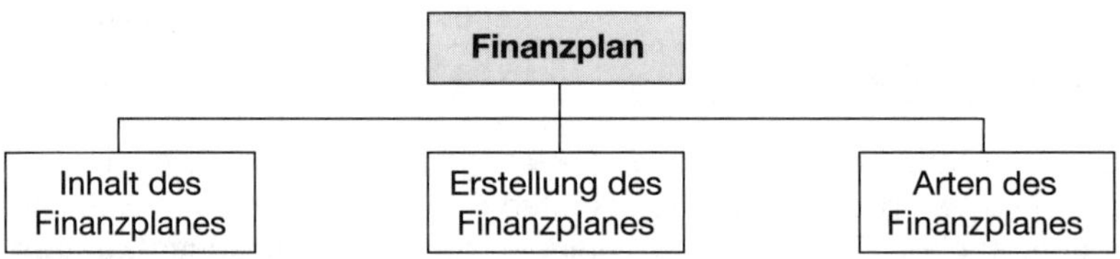


## 3.1 Inhalt

Der Inhalt des Finanzplanes ist grundsätzlich durch die vier **Elemente**

- Anfangsbestand an Zahlungsmitteln
- Einzahlungen
- Auszahlungen
- Endbestand an Zahlungsmitteln

gekennzeichnet, die – aus Gründen der Kontrolle – als **Planwerte** und **Istwerte** erfasst werden. Damit hat der Finanzplan üblicherweise folgende **Grundstruktur**:

| | Januar | | Februar | | März | | |
|---|---|---|---|---|---|---|---|
| | Plan | Ist | Plan | Ist | Plan | Ist | |
| Anfangsbestand an Zahlungsmitteln<br>+ Einzahlungen<br>– Auszahlungen<br>= Endbestand an Zahlungsmitteln | | | | | | | |

Die genannten Elemente stellen einen Rahmen dar, der sich für die Finanzplanung in der betrieblichen Praxis als geeignet erwiesen hat. Die Ausgestaltung dieses Rahmens kann unternehmens- oder branchenspezifisch auf unterschiedliche Weise vorgenommen werden.

Unbeschadet dieser gemeinsamen spezifischen Ausprägungen können Finanzpläne innerhalb des dargelegten Rahmens abweichend gestaltet sein:

- Sie können **sachlich unterschiedlich gegliedert** sein, beispielsweise indem sie sich am Jahresabschluss orientieren oder nach betrieblichen Funktionen aufgebaut sind.

- Sie können **unterschiedlich tief gegliedert** sein. Dabei wird man die Gliederung umso tiefer gestalten können, je näher und kleiner der Planungszeitraum ist. Es ist aber auch möglich, dass die Gliederungstiefe sich an speziellen Zielsetzungen der Finanzpläne orientiert.

Ein **Jahres-Finanzplan** kann folgendes Aussehen haben, wobei eine weitere Untergliederung der genannten Positionen gegebenenfalls zweckmäßig sein mag:

**Finanzplan vom 01.01.2009 bis 31.12.2009**

| Beträge in Tsd. € | Januar | | Februar | | März | | … |
|---|---|---|---|---|---|---|---|
| | Plan | Ist | Plan | Ist | Plan | Ist | |
| **A. Anfangsbestand an Zahlungsmitteln** | | | | | | | |
| **Einzahlungen**<br>Umsätze<br>Sachanlagen<br>Immaterielle Anlagen<br>Finanzanlagen<br>Eigenkapital<br>Fremdkapital<br>Zinsen/Provisionen/Gewinne | | | | | | | |
| **B. Gesamte Einzahlungen** | | | | | | | |
| **Auszahlungen**<br>Sachanlagen<br>Immaterielle Anlagen<br>Finanzanlagen<br>Material<br>Personal<br>Steuern/Abgaben<br>Eigenkapital<br>Fremdkapital<br>Zinsen/Provisionen/Gewinne<br>Sonstige | | | | | | | |
| **C. Gesamte Auszahlungen** | | | | | | | |
| **D. Endbestand an Zahlungsmitteln**<br>(A + B – C) | | | | | | | |

Einzahlungen und Auszahlungen stellen die zentralen Werte des Finanzplanes dar. Sie sollen näher behandelt werden:

- **Einzahlungen**
- **Auszahlungen**.

### 3.1.1 EINZAHLUNGEN

Einzahlungen sind im dargestellten Finanzplan die folgenden **Vorgänge**:

| Einzahlungen | Beispiele | |
|---|---|---|
| **Umsätze** | Verkauf von … | |
| | Erzeugnissen | Handelswaren |
| **Sachanlagen** | Verkauf von … | |
| | Grundstücken<br>Gebäuden<br>Maschinen | maschinellen Anlagen<br>Betriebs- und<br>Geschäftsausstattungen |
| **Immaterielle Anlagen** | Abgabe von … | |
| | Konzessionen<br>Patenten<br>Lizenzen<br>Markenrechten<br>Urheberrechten<br>Werksrechten<br>Gebrauchsmustern | Warenzeichen<br>Zuteilungsquoten<br>Syndikatsrechten<br>Nutzungsrechten<br>Erfindungen<br>Rezepten<br>Geheimverfahren |
| **Finanzanlagen** | Verkauf von … | Tilgung von … |
| | Beteiligungen<br>Wertpapieren | gewährten Ausleihungen |
| **Eigenkapital** | Aufnahme<br>von Eigenkapital | |
| **Fremdkapital** | Aufnahme<br>von Fremdkapital | |
| **Zinsen/ Provisionen/ Gewinne** | Einzahlungen aus … | |
| | Finanzierungsvorgängen<br>Beteiligungen | Wertpapieren<br>gewährten Ausleihungen |
| **Sonstige Einzahlungen** | Einzahlungen aus … | |
| | Vermietung<br>Verkauf von Abfallstoffen | Steuererstattungen<br>usw. |

## 3.1.2 AUSZAHLUNGEN

Als Auszahlungen werden im dargestellten Finanzplan als **Vorgänge** berücksichtigt:

| Auszahlungen | Beispiele | |
|---|---|---|
| **Sachanlagen** | Erwerb von …<br>Grundstücken<br>Gebäuden<br>Maschinen<br>maschinellen Anlagen | <br>Betriebs- und<br>Geschäftsausstattung<br>Anlagen im Bau<br>Anzahlungen von Anlagen |
| **Immaterielle Anlagen** | Beschaffung von<br>Konzessionen<br>Patenten<br>Lizenzen<br>Markenrechten<br>Urheberrechten<br>Werksrechten<br>Gebrauchsmustern | <br>Warenzeichen<br>Zuteilungsquoten<br>Syndikatsrechten<br>Nutzungsrechten<br>Erfindungen<br>Rezepten<br>Geheimverfahren |
| **Finanzanlagen** | Erwerb von …<br>Beteiligungen<br>Wertpapieren | Gewährung von …<br>Ausleihungen |
| **Material** | Erwerb von …<br>Rohstoffen<br>Hilfsstoffen<br>Betriebsstoffen | <br>Zulieferteilen<br>Waren |
| **Personal** | Auszahlungen für …<br>Löhne<br>Gehälter<br>sonstige Personalkosten<br>Rentenversicherung (AG-Anteil) | <br>Kranken-/Pflegeversicherung (AG-Anteil)<br>Arbeitslosenversicherung (AG-Anteil)<br>gesetzliche Unfallversicherung |
| **Steuern/ Abgaben** | Auszahlungen für …<br>Steuern vom Einkommen<br>Steuern vom Ertrag<br>Steuern vom Vermögen | <br>sonstige Steuern<br>steuerliche Abgaben |
| **Eigenkapital** | Tilgung von Eigenkapital | |
| **Fremdkapital** | Tilgung von Fremdkapital | |
| **Zinsen/ Provisionen/ Gewinne** | Auszahlungen für …<br>Finanzierungsvorgänge<br>laufende Zinsen<br>Beteiligungszinsen | <br>zinsähnliche Kosten<br>Bereitstellungsprovisionen<br>Gewinnausschüttungen |
| **Sonstige Auszahlungen** | Auszahlungen für …<br>Energie<br>Instandhaltung<br>Reparaturen<br>Versicherungen | <br>Entwicklung<br>Werbung<br>Vertrieb<br>Miete usw. |

## 3.2 ERSTELLUNG

Der Finanzplan ist ein **Teilplan** im Unternehmen, der sich auf den finanzwirtschaftlichen Bereich bezieht. Er ist von den Teilplänen im leistungswirtschaftlichen Bereich abhängig:

| | | |
|---|---|---|
| ▶ Absatzplan | ▶ Lagerplan | ▶ Personalplan |
| ▶ Produktionsplan | ▶ Beschaffungsplan | ▶ Investitionsplan |

Die Planungen im finanzwirtschaftlichen Bereich, leistungswirtschaftlichen Bereich und im erfolgswirtschaftlichen Bereich bilden ein geschlossenes Planungssystem im Unternehmen:

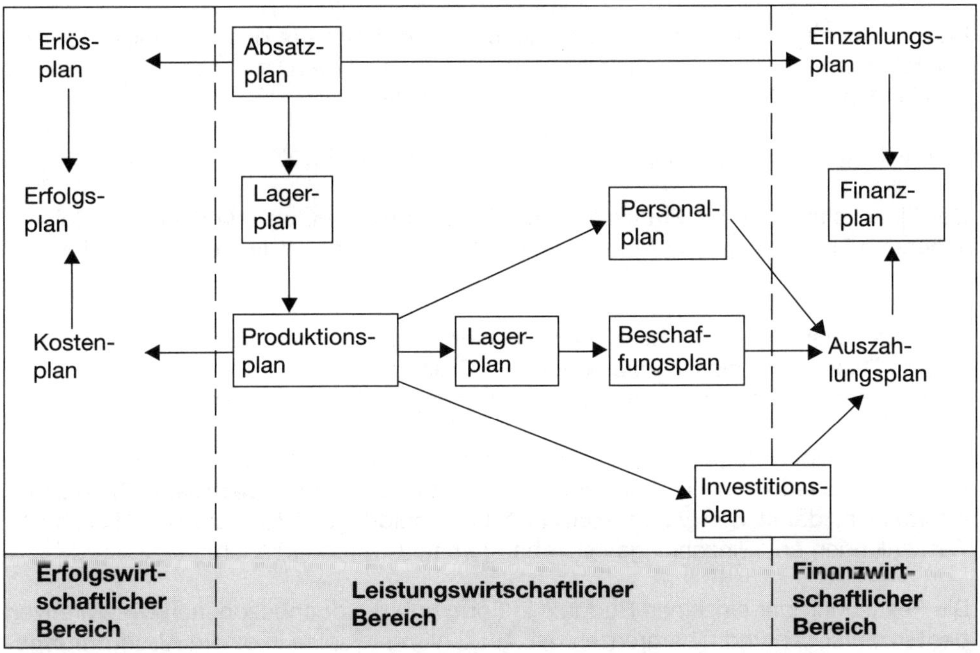


Die Geschlossenheit und Funktionsfähigkeit des Planungssystems hängt wesentlich davon ab, dass alle Teilbereiche des Unternehmens planerisch erfasst werden. Dies ist schon deshalb zwingend notwendig, weil die einzelnen Teilpläne wechselseitig voneinander abhängig sind. Veränderungen, die sich in einem Teilplan ergeben, schlagen sich zumeist auch in anderen Teilplänen nieder.

Die genannten Abhängigkeiten erschweren die **Erstellung des Finanzplanes**, die grundsätzlich auf zwei Wegen erfolgen kann:

- Bei **simultaner Planerstellung** erfolgt die gleichzeitige Planung der Einzahlungen und Auszahlungen aller Teilbereiche des Unternehmens. Dabei wird der gesamte betriebliche Prozess in ein Gleichungssystem gebracht und unter Beachtung von Nebenbedingungen, beispielsweise der Liquidität, ein Optimum ermittelt.

Mit Modellen simultaner Planerstellung haben sich u.a. *Gutenberg* und *Schneider* befasst. Bisher konnte aber noch kein umfassendes Modell entwickelt werden, das den Anforderungen der betrieblichen Praxis hinreichend gerecht wird.

- Bei **sukzessiver Planerstellung** wird die Planung mit dem Teilplan begonnen, dem man die größte Bedeutung zumisst. Aus diesem Teilplan werden dann die übrigen Teilpläne abgeleitet. Dem Unternehmen bleibt kaum eine andere Möglichkeit als eine sukzessive Erstellung des Finanzplanes vorzunehmen.

  In den meisten Fällen dient der **Absatzplan** als Ausgangspunkt der betrieblichen Planung. Aus ihm lässt sich entnehmen, welche Erzeugnisse und Waren nach Art, Menge und Zeit abgesetzt werden sollen und zu welchen Einzahlungen der Absatz führen soll. Darauf können die Folgepläne erstellt werden, wie im Bild auf Seite 109 skizziert.

  Wenn in einem Teilbereich des Unternehmens ein **Engpass** besteht, beispielsweise kapazitativer Art, der nicht (ohne Weiteres) behoben werden kann oder soll, muss der Ausgangspunkt der Planung der Engpassbereich sein.

Die Erstellung des Finanzplanes kann zwei unterschiedlichen **Zwecken** dienen:

- Der Finanzplan kann als **Finanzprognose** erstellt werden, welche die in der Zukunft liegenden Einzahlungen und Auszahlungen vorwegnehmen will. Sie wird nachfolgend beschrieben.

- Der Finanzplan kann auch als **Finanzbudget** erstellt werden, das Vorgabecharakter besitzt. Dabei sollte die Finanzprognose als Grundlage dienen, denn die Budgetierung ist nur unter Einbeziehung realistischer Erwartungen sinnvoll möglich.

  Die Vorgabe von Budgets an die verantwortlichen hierarchischen Stellen erfordert eine veränderte Gliederung des Finanzplanes. Es ist eine **bereichsbezogene Gliederung** erforderlich, damit den verantwortlichen Entscheidungsträgern die beeinflussbaren Auszahlungen und Einzahlungen sichtbar gemacht werden können.

  Die Festlegung der einzelnen Budgets in Form von periodenbezogenen Untergrenzen der Einzahlungen und Obergrenzen der Auszahlungen sollte in einem **Abstimmungsprozess** zwischen den einzelnen Unternehmensbereichen sowie den hierarchischen Ebenen innerhalb der Bereiche erfolgen.

  Die Budgetierung hat den **Zweck**, aus der Vorgabe von Soll-Größen und der Gegenüberstellung mit dem Ist-Zustand (*Schierenbeck*):

  - ▶ Planabweichungen frühzeitig zu erkennen und zu analysieren
  - ▶ Maßnahmen zur Gegensteuerung rechtzeitig einleiten zu können
  - ▶ Das Verhalten der Mitarbeiter »vor« zusteuern
  - ▶ Den Mitarbeitern einen organisatorisch einheitlich verankerten und akzeptierten Maßstab für ihren Erfolg zu geben.

## 3.2.1 Prognose

Der Finanzplan weist Prognosecharakter auf, wenn er die in der Zukunft liegende Entwicklung der Einzahlungen und Auszahlungen vorwegnehmen will.

Die vorangegangenen Ausführungen über die Abhängigkeiten der einzelnen Teilpläne voneinander lassen erkennen, dass es eine echte unternehmerische Aufgabe darstellt, eine qualifizierte Planung zu gewährleisten. Hinzu kommen die Probleme, die daraus erwachsen, die Zukunft richtig vorwegzunehmen.

Der Finanzplan kann nur bei Kurzfristigkeit des Planungshorizontes hinreichend genaue Informationen vermitteln. Insbesondere Finanzpläne, die über ein Jahr hinausgehen, müssen naturgemäß zunehmend ungenauer werden. Es ist zu empfehlen, sie periodisch zu revidieren.

Die Erstellung des Finanzplanes im Sinne einer Prognose macht es notwendig, sich mit der Prognose näher zu befassen:

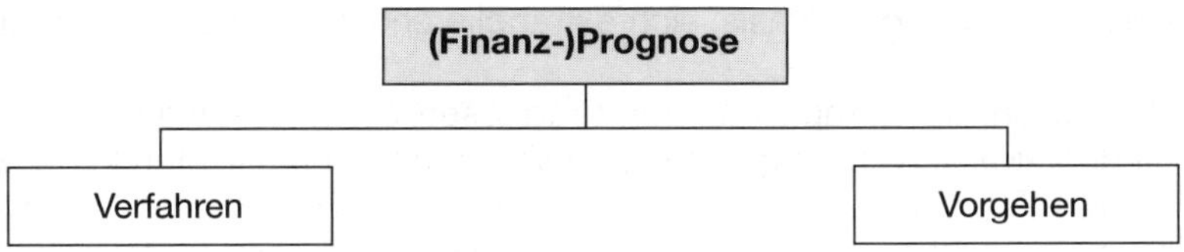


### 3.2.1.1 Verfahren

Als Verfahren, die sich für die Prognose der Zahlungsströme im Unternehmen eignen können, sind zu unterscheiden (*Witte/Klein*):

- **Pragmatische Prognosen** als Verfahren der Vorhersage, bei denen die Erfahrung, Erwartung, Intuition, Meinung und Bildung des Planenden im Vordergrund stehen und entscheidend für den Ansatz der Plangrößen sind.

  Methoden der pragmatischen Prognose sind:

  - **Analogieschlüsse**, die auf **Schätzungen** basieren. Als einfachste Methoden der Prognose schließen sie subjektive Empfindungen und Gefühle mit ein.
  - **Befragungen** unterschiedlicher Wirtschaftssubjekte (Verbraucher, Händler, Wirtschaftsführer). Sind dies Expertenbefragungen, die schriftlich und in mehreren Runden erhoben werden, werden sie auch Befragungen nach der **Delphi-Methode** genannt.
  - Langfristige Prognosen wie zum Beispiel die **Szenario-Technik**, wobei die zukünftige Entwicklung unter alternativen Rahmenbedingungen eingeschätzt werden. Unterschieden werden hier die schlechteste, beste und wahrscheinlichste Zukunftsalternative.

- **Kausale Prognosen** als Verfahren der Vorhersage, mittels derer die künftige Entwicklung einer Plangröße aus dem Verlauf einer anderen Plangröße abgeleitet wird, wobei unterstellt wird, dass beide Zeitreihen in einem Ursache-Wirkungs-Verhältnis stehen.

Ist ein eindeutiger Ursachen-Wirkungs-Zusammenhang gegeben, können mit **deterministischen Methoden** Einzelwerte mit hoher Genauigkeit prognostiziert werden. Anwendung finden diese **Prognosemethoden** bei der Netzplantechnik, Stücklisten und Mengenstrukturen.

Sind diese Ursachen-Wirkungs-Beziehungen mit Unsicherheiten behaftet, ermittelt eine **stochastische Prognose** die in Prozentwerten ausgedrückte Eintrittswahrscheinlichkeit eines Zustandes. Ein solches stochastisches Verfahren ist die Prognose von Verweilzeiten.

- **Extrapolierende Prognosen** als Verfahren der Vorhersage, bei denen von der Entwicklung einer Plangröße in der Vergangenheit auf die Entwicklung dieser Plangröße für die Zukunft geschlossen wird. Dies bedingt, dass eine gewisse Kontinuität der Plangröße über einen längeren Zeitraum hinweg gegeben war.

  Eine stark schwankende oder sporadische Entwicklung in der Vergangenheit kann keine geeignete Grundlage dafür sein, künftige Entwicklungen extrapolierend abzuschätzen. Dagegen bieten konstante, trendbeeinflusste oder saisonabhängige Verläufe in der Vergangenheit eine gute Basis, sich extrapolierender Prognosen zu bedienen.

Im Folgenden sollen die extrapolierenden Prognosen dargestellt werden, die auch zusammen mit den subjektiven, pragmatischen Verfahren am häufigsten in der Praxis angewandt werden. Sie sind auch in den Programmen der EDV-Hersteller enthalten und müssen deswegen nicht manuell – wie hier beispielhaft erläutert – abgewickelt werden:

- **Mittelwert-Verfahren**
- **Exponentielle Glättung**
- **Trendrechnung**.

### 3.2.1.1.1 MITTELWERT-VERFAHREN

Das Mittelwert-Verfahren ist das einfachste Verfahren der extrapolierenden Prognosen. Zwei **Formen** sind zu unterscheiden:

- Das **gleitende Mittelwert-Verfahren**, bei dem die Zahlen der Vergangenheit die Grundlage für die Berechnung des künftigen Wertes sind. Dabei werden die Werte mehrerer, in der Zahl festgelegter Perioden der Vergangenheit zusammengetragen, beispielsweise stets der letzten sechs Perioden, und durch die Zahl der betrachteten Perioden dividiert:

$$V = \frac{T_1 + T_2 + \ldots + T_n}{n}$$

$V$ = Vorhersagewert für die nächste Periode
$T_i$ = Wert des Zahlungsstroms der Periode i
$n$ = Anzahl der betrachteten Perioden

**Beispiel:** Ein Zahlungsstrom entwickelte sich in den letzten sechs Perioden:

| | | | |
|---|---|---|---|
| Periode 1 | 4.750 € | Periode 4 | 5.250 € |
| Periode 2 | 5.000 € | Periode 5 | 5.500 € |
| Periode 3 | 5.250 € | Periode 6 | 5.750 € |

Das ergibt einen zu prognostizierenden Zahlungsstrom für Periode 7:

$$V = \frac{4.750 + 5.000 + 5.250 + 5.250 + 5.500 + 5.750}{6} = \mathbf{5.250\ €}$$

Ist der tatsächliche Zahlungsstrom in der 7. Periode 5.500 €, gilt für Periode 8:

$$V = \frac{5.000 + 5.250 + 5.250 + 5.500 + 5.750 + 5.500}{6} = \mathbf{5.375\ €}$$

Der gleitende Mittelwert reagiert auf einen Trend mit zeitlicher Verzögerung, da alle Daten gleich gewichtet sind.

- Das **gewogene gleitende Mittelwert-Verfahren**, mit dessen Hilfe sich trendmäßige Entwicklungen früher erkennen lassen als beim nicht gewichteten Mittelwert, wenn jüngeren Perioden ein größeres Gewicht zugemessen wird als älteren Perioden. Es gilt:

$$V = \frac{T_1G_1 + T_2G_2 + \ldots + T_nG_n}{G_1 + G_2 + \ldots + G_n}$$

$G_n$ = Gewichtung der Periode n

**Beispiel:** Die Zahlungsströme aus dem vorangegangenen Beispiel sollen die folgenden Gewichtungen erhalten:

$T_1 = 5\ \%$ $T_2 = 10\ \%$ $T_3 = 15\ \%$ $T_4 = 20\ \%$ $T_5 = 25\ \%$ $T_6 = 25\ \%$

Damit ergibt sich:

$$V = \frac{4.750 \cdot 5 + 5.000 \cdot 10 + 5.250 \cdot 15 + 5.250 \cdot 20 + 5.500 \cdot 25 + 5.750 \cdot 25}{5 + 10 + 15 + 20 + 25 + 25} = \mathbf{5.387{,}50\ €}$$

Wie zu sehen ist, liegt der jetzt errechnete Mittelwert um 137,50 € höher als im vorangegangenen Beispiel.

27 Seite 469

### 3.2.1.1.2 Exponentielle Glättung

Die exponentielle Glättung ist das wichtigste Verfahren der extrapolierenden Prognose. Sie beansprucht einen relativ geringen Rechenaufwand und ist in der Lage, die Daten zu gewichten.

Die **Gewichtung** erfolgt durch den Glättungsfaktor $\alpha$, der zwischen den Werten 0 und 1 angesetzt wird. Je kleiner $\alpha$ ist, umso stärker werden die Perioden der Vergangenheit gewichtet und Zufallsschwankungen geglättet.

Bei einem höheren $\alpha$-Wert – beispielsweise 0,5 – erfahren die jüngeren Perioden eine stärkere Gewichtung, Zufallsschwankungen werden nur wenig geglättet.

In der betrieblichen Praxis haben sich besonders $\alpha$-Werte durchgesetzt, die zwischen 0,1 und 0,3 liegen.

Die exponentielle Glättung kann sich auf einen konstanten und trendmäßigen Verlauf der Zahlungsströme beziehen. Dementsprechend unterscheidet man:

- Die **exponentielle Glättung erster Ordnung**, die für Aussagen bei konstantem Bedarf geeignet ist, wobei folgende Formel gilt:

$$V_n = V_a + \alpha (T_i - V_a)$$

$V_n$ = Vorhersage neu
$V_a$ = Vorhersage alt
$T_i$ = Tatsächlicher Bedarf in der abgelaufenen Periode
$\alpha$ = Glättungsfaktor

**Beispiel:** Der Vorhersagewert für die alte Periode betrug 200.000 €, tatsächlich ergab sich ein Zahlungsstrom in Höhe von 250.000 €. Bei einem Glättungsfaktor von 0,2 ergibt dies einen Vorhersagewert für die neue Periode:

$V_n$ = 200.000 + 0,2 (250.000 – 200.000) = **210.000 €**

- Die **exponentielle Glättung höherer Ordnung**, mit deren Hilfe sich Trends berücksichtigen lassen – siehe ausführlich *Oeldorf/Olfert*.

28 Seite 470

### 3.2.1.1.3 TRENDRECHNUNG

Die Trendrechnung ist eine vereinfachte Form der **linearen Regressionsanalyse**, die geeignet ist, eine trendmäßige Entwicklung offenzulegen. Die Ermittlung der Vorhersagewerte kann dabei in folgender Weise erfolgen:

$$y = a + bt$$

y = Regressionswert in Abhängigkeit von der Zeit
a = Von der Regressionskurve auf der y-Achse abgeschnittene Größe
b = Regressionskoeffizient
t = Steigungsmaß der Regressionskurve

$$a = \frac{1}{n}(y_1 + y_2 + \ldots + y_n)$$

$$b = \frac{12}{n(n^2-1)}\left[y_1\left(1 - \frac{n+1}{2}\right) + y_2\left(2 - \frac{n+1}{2}\right) + \ldots + y_n\left(n - \frac{n+1}{2}\right)\right]$$

$$t = i - \frac{n+1}{2}$$

**Beispiel:** Ein Zahlungsstrom hat im Verlaufe der letzten Perioden (n = 5) die nachstehende Entwicklung genommen:

| | |
|---|---|
| Periode 1 (= $i_1$): | 192.000 € (= $y_1$) |
| Periode 2 (= $i_2$): | 201.000 € (= $y_2$) |
| Periode 3 (= $i_3$): | 198.000 € (= $y_3$) |
| Periode 4 (= $i_4$): | 203.000 € (= $y_4$) |
| Periode 5 (= $i_5$): | 206.000 € (= $y_5$) |

Für Periode 6 gilt als Vorhersagewert:

$$a = \frac{1}{5} \cdot (192.000 + 201.000 + 198.000 + 203.000 + 206.000) = \mathbf{200.000}$$

$$b = \frac{12}{5\,(25-1)}\left[y_1\left(1 - \frac{6}{2}\right) + y_2\left(2 - \frac{6}{2}\right) + y_3\left(3 - \frac{6}{2}\right) + y_4\left(4 - \frac{6}{2}\right) + y_5\left(5 - \frac{6}{2}\right)\right]$$

$$= \frac{12}{120}\left[-2y_1 - y_2 + y_4 + 2y_5\right]$$

$$= \frac{1}{10}\left[-384.000 - 201.000 + 203.000 + 412.000\right] = \mathbf{3.000}$$

$$t = i - \frac{5+1}{2} = \mathbf{i - 3}$$

In die ermittelte Zeitreihenfunktion y = 200.000 + 3.000 (i – 3) wird die Zahl der zu prognostizierenden Periode 6 eingesetzt, woraus sich der Prognosewert ergibt.

$y_6$ = 200.000 + 3.000 (6 – 3) = **209.000 €**

Alternativ zu der durchgeführten Art der Berechnung führt auch die **Methode der kleinsten Quadrate** zu einer Geradengleichung, die identisch mit der oben gezeigten ist. Allerdings ergibt diese Methode für das obige Beispiel folgende leicht veränderte Lösungsgleichung:

$y_6$ = 3.000 · x + 191.000 = 209.000 €

Hilfreich sind auch Tabellenkalkulationsprogramme, mittels derer statistischen Funktionen Trendberechnungen ermöglicht werden.

29 Seite 470

### 3.2.1.2 Vorgehen

Mit den Verfahren der Prognose liegt ein Instrumentarium vor, das grundsätzlich eingesetzt werden kann, um künftige Einzahlungen und Auszahlungen im Finanzplan abzuschätzen. Inwieweit sich das für die einzelnen Positionen des Finanzplanes als zweckmäßig erweist, soll näher betrachtet werden. Darüber hinaus soll gezeigt werden, welche Möglichkeiten es gibt, Sicherungen in die Finanzplanung einzubauen:

- **Ansätze** der Einzahlungen und Auszahlungen
- **Sicherungen** im Finanzplan.

#### 3.2.1.2.1 Ansätze

Die Ansätze der einzelnen Positionen der **Einzahlungen** können erfolgen:

| Einzahlungen | Planung |
|---|---|
| **Umsätze** | Planung aufgrund der Ergebnisse der Marktforschung |
| **Sachanlagen** | Planung aufgrund der Fertigungszahlen |
| **Immaterielle Anlagen** | Planung aufgrund der Vergangenheitswerte |
| **Finanzanlagen** | Planung aufgrund der unternehmenspolitischen Zielsetzungen |
| **Eigenkapital** | Planung aufgrund rechtlicher Vereinbarungen |
| **Fremdkapital** | Planung aufgrund rechtlicher Vereinbarungen |
| **Zinsen/Provisionen/ Gewinne** | Planung aufgrund der Vergangenheitswerte, soweit keine Änderungen abzusehen sind |
| **Sonstige** | Planung überwiegend aufgrund der Vergangenheitswerte |

Die **Auszahlungen** werden in folgender Weise angesetzt:

| Auszahlungen | Planung |
|---|---|
| **Sachanlagen** | Planung aufgrund des Umsatzplanes |
| **Immaterielle Anlagen** | Planung aufgrund der Vergangenheitswerte |
| **Finanzanlagen** | Planung aufgrund der unternehmenspolitischen Zielsetzungen |
| **Material** | Rohstoffe und Waren unter Orientierung an den prognostizierten Umsatzzahlen, Hilfs- und Betriebsstoffe aufgrund der Vergangenheitswerte |
| **Personal** | Planung aufgrund der Vergangenheitswerte, sofern keine Änderungen abzusehen sind, unter Beachtung der erwarteten prozentualen Steigerungen oder Minderungen |
| **Steuern/Abgaben** | Planung aufgrund der Vergangenheitswerte |
| **Eigenkapital** | Planung aufgrund rechtlicher Vereinbarungen |
| **Fremdkapital** | Planung aufgrund rechtlicher Vereinbarungen |
| **Zinsen/Provisionen/ Gewinne** | Planung aufgrund der Vergangenheitswerte, soweit keine Änderungen abzusehen sind |
| **Sonstige** | Planung überwiegend aufgrund der Vergangenheitswerte |

### 3.2.1.2.2 SICHERUNGEN

Die Prognose kann nur ein Hilfsmittel sein, die künftigen Entwicklungen der Zahlungsströme vorwegzunehmen. Das bedeutet, dass trotz größten Bemühens nicht sichergestellt ist, dass die Zahlungsströme sich planmäßig entwickeln. Aus dieser Erkenntnis heraus haben sich in der betrieblichen Praxis einige Verfahrensweisen entwickelt, die insbesondere sein können:

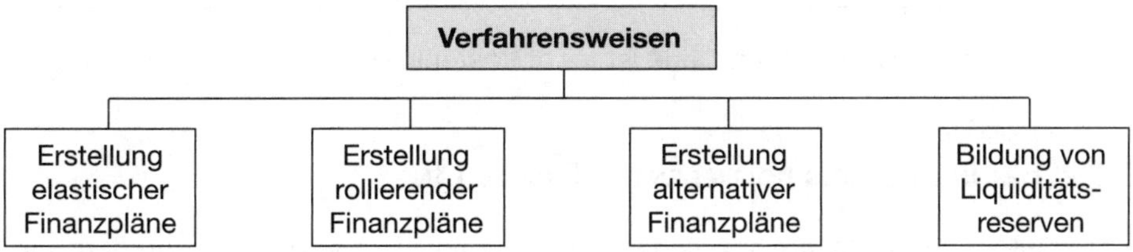


Sie stellen Sicherungen dar, um der Ungewissheit in der Entwicklung der Zahlungsströme angemessen zu begegnen.

#### 3.2.1.2.2.1 ERSTELLUNG ELASTISCHER FINANZPLÄNE

Starre Planung zeigt nur einen einzigen Weg, berücksichtigt also nicht mögliche Abweichungen zwischen der erwarteten und der eingetretenen Situation. Das Unternehmen muss sich aber an wechselnde Umweltsituationen anpassen können. Deshalb ist eine elastische Planung erforderlich. Sie umfasst:

- Die Forderung, dass **Entscheidungen** über wichtige Planungszusammenhänge erst **spätestmöglich** zu treffen sind, d. h. wenn sie zeitlich unausweichlich sind. Dadurch soll ein höchstmöglicher Informationsgrad sichergestellt werden.

- Die Erstellung von **Finanzplänen mit verschiedenen Fristigkeiten**, also langfristiger, mittelfristiger und kurzfristiger Finanzpläne:

  - Beim **langfristigen Finanzplan** kann dabei noch die günstigste, die ungünstigste und eine dazwischen liegende Entwicklung – entsprechend einer Szenario-Technik – berücksichtigt werden. Auf diese Weise kann das Unternehmen sich relativ leicht Situationsveränderungen anpassen.

  - Der **mittelfristige Finanzplan** sollte so erstellt sein, dass er einer günstigen und einer ungünstigen Entwicklung Rechnung trägt.

  - Beim **kurzfristigen Finanzplan** erscheint es wegen der geringen Planungstoleranz vertretbar, auf eine elastische Gestaltung zu verzichten und lediglich die wahrscheinlichste Entwicklung zu berücksichtigen.

<table>
<tr><th>Finanzplan</th><th colspan="6">Berücksichtigung</th></tr>
<tr><td>Langfristiger Finanzplan</td><td colspan="2">Ungünstige Entwicklung</td><td colspan="2">»Mittlere« Entwicklung</td><td colspan="2">Günstigste Entwicklung</td></tr>
<tr><td>Mittelfristiger Finanzplan</td><td colspan="3">Ungünstige Entwicklung</td><td colspan="3">Günstige Entwicklung</td></tr>
<tr><td>Kurzfristiger Finanzplan</td><td colspan="6">Wahrscheinlichste Entwicklung</td></tr>
</table>

Die Erstellung elastischer Finanzpläne ist recht kostenintensiv.

### 3.2.1.2.2.2 Erstellung rollierender Finanzpläne

Der Gedanke, Finanzpläne verschiedener Fristigkeiten zu erstellen, wird auch bei den rollierenden Finanzplänen aufgegriffen. Allerdings werden hier nicht »nebeneinander« Finanzpläne erstellt, die sich auf unterschiedlich vorteilhafte Entwicklungen des Unternehmens beziehen.

Die Finanzpläne werden bei der rollierenden Finanzplanung vielmehr an unabwendbar veränderte Entwicklungen angepasst.

Dabei werden die Finanzpläne in zwei **Kategorien** eingeteilt:

- **»Kürzer«fristige Pläne**, die einen relativ zuverlässig abschätzbaren Zeitraum umfassen, werden als **Detailpläne** erstellt. Üblicherweise sind das kurzfristige Finanzpläne mit einem Planungshorizont von bis zu einem Jahr.

- **»Länger«fristige Pläne**, die einen wenig(er) zuverlässig abschätzbaren Zeitraum umfassen, werden als **Grob-** oder **Rahmenpläne** gestaltet. Üblicherweise sind das mittelfristige Finanzpläne.

Werden außerdem langfristige Finanzpläne als Grob- oder Rahmenpläne in die rollierende Finanzplanung einbezogen, gelten die mittelfristigen Finanzpläne als Steuerungsgrößen für die langfristigen Finanzierungspläne.

Bei der rollierenden Finanzplanung sind die Ist- und Sollwerte des kurzfristigen Finanzplanes in relativ kurzen Intervallen zu vergleichen. Ergeben sich Abweichungen, ist zu prüfen, ob diese auch für die Zukunft bedeutsam sind.

**Beispiel:** Der Absatz der Produkte ist kurzfristig um 20 % unter den Sollwert gesunken. Das kann Ursachen haben, die mittel- oder langfristig nicht bedeutsam sind. Die Abweichung kann aber auch darauf beruhen, dass es einem Mitbewerber gelungen ist, unseren Marktanteil durch eine geschickte Absatzpolitik um 4 % zu vermindern, und eine Verbesserung dieser Situation auf absehbare Zeit nicht erkennbar ist.

Bei Abweichungen, die auch für die Zukunft bedeutsam bzw. unveränderlich sind - oder gar neue Abweichungen initiieren würden – beispielsweise deutlich gesteigerte Ausgaben für Werbung, um den Marktanteil zu verbessern bzw. nicht weiter abrutschen zu lassen – müssen die **»länger«fristigen Finanzpläne** unmittelbar angepasst bzw. überarbeitet werden.

Dabei wird der Planungshorizont stets fortgeschrieben, d. h. ein fünfjähriger mittelfristiger Finanzplan bleibt stets fünfjährig, sein Ende wird lediglich immer weiter in die Zukunft verlegt.

**Beispiel:** Bei quartalsweiser Überprüfung des kurzfristigen Finanzplanes ergibt sich für den mittelfristigen Finanzplan:

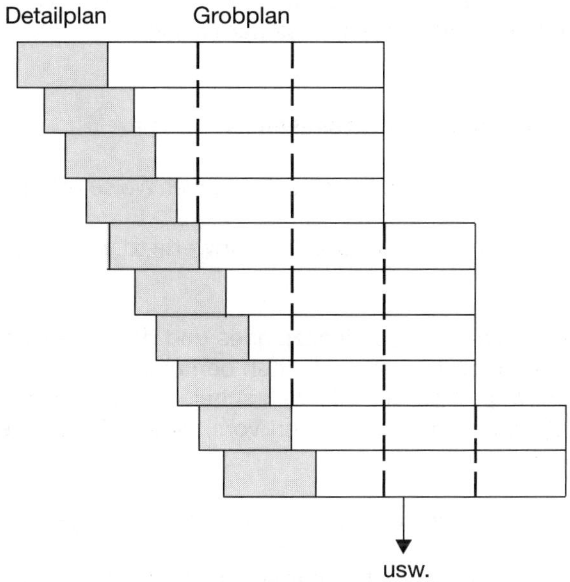


### 3.2.1.2.2.3 Erstellung alternativer Finanzpläne

Eine andere Möglichkeit, der Ungewissheit zu begegnen, sind alternative Finanzpläne. Während die elastische Plangestaltung erlaubt, auch beim Nichteintritt der erwarteten Situation die Maßnahmen zu einem wesentlichen Teil zu ergreifen, legen Alternativpläne die Strategien für **einzelne mögliche Umweltsituationen** fest.

Beispielsweise werden – außer für die erwartete Umweltsituation – Alternativpläne für eine optimistische und für eine pessimistische Beurteilung der Entwicklung erstellt, gegebenenfalls kann auch eine stärkere Differenzierung möglicher Umweltsituationen erfolgen.

| Finanzplan | Berücksichtigung |
|---|---|
| Umweltsituation I | Pessimistische Erwartung |
| Umweltsituation II | Realistische Erwartung |
| Umweltsituation III | Optimistische Erwartung |

Allerdings können Alternativpläne nicht für alle denkbaren Möglichkeiten der Unternehmensentwicklung erstellt werden, sondern es muss eine Beschränkung auf diejenigen Situationen erfolgen, deren Eintreffen am wahrscheinlichsten ist.

Erst beim Eintritt der Umweltsituation, die in einem Alternativplan zu Grunde gelegt ist, wird dieser Plan als verbindlich zu realisierend herangezogen. Bis dahin sind die alternativen Finanzpläne als **Schubladenpläne** anzusehen.

Die Erstellung alternativer Finanzpläne erfordert einen erheblichen Zeit- und Kostenaufwand. Außerdem hängt die Zweckmäßigkeit solcher Pläne davon ab, wie leicht sich das Unternehmen auf neue Plansituationen umsteuern lässt.

### 3.2.1.2.2.4 Bildung von Liquiditätsreserven

Die Bildung von Liquiditätsreserven kann in zweifacher Weise erfolgen:

- **Indirekt** durch den vorsichtigen Ansatz der Planwerte, d. h. durch die Bildung von **Sicherheitsspannen**.

  Bei der elastischen Erstellung des Finanzplanes und der Erstellung von Alternativplänen werden mehrere mögliche Entwicklungen berücksichtigt. Ein einfacherer und weniger kostspieliger Weg ist es, nur die wahrscheinlichste Entwicklung zu Grunde zu legen und sich gegen Risiken durch einen vorsichtigen Ansatz der Planwerte zu sichern.

  Dabei wird bewusst von dem wahrscheinlichsten Wert abgewichen. Die Einzahlungen und Auszahlungen werden mit Werten angesetzt, deren Eintreten an sich weniger wahrscheinlich ist. Höhere Gewissheit herrscht lediglich im Hinblick darauf, dass nach Berücksichtigung dieser Sicherheitsspannen die Auszahlungen kaum höher und die Einzahlungen kaum kleiner als der geplante Betrag sein werden.

  Anhaltspunkte für die **Höhe der Sicherheitsspannen** lassen sich zwar aus den in der Vergangenheit gemachten Erfahrungen ableiten, der Grad der Ungewissheit der Plangrößen und die Risikofreudigkeit des Entscheidungsträgers sind jedoch entscheidend für die Höhe der Sicherheitsspannen.

| **Finanzplan** | **Erwartete Werte** | **Sicherheits-spanne** | **Angesetzte Werte** |
|---|---|---|---|
| Anfangsbestand an Zahlungsmitteln | ............ | ......... | ............ |
| + Einzahlungen | 450.000 | – 3 % | 436.500 |
| – Auszahlungen | 400.000 | + 3 % | 412.000 |
| = Endbestand an Zahlungsmitteln | ............ | ......... | ............ |

  Der **Nachteil** der indirekten Bildung von Liquiditätsreserven liegt in der sich – durch die Schaffung von Sicherheitspolstern – ergebenden Einschränkung der Aussagefähigkeit des Finanzplanes.

- **Direkt** erfolgt die Bildung von Liquiditätsreserven durch das **Vorhalten von Zahlungskraft** zur Abwehr möglicher Zahlungsengpässe.

  Eine (direkte) Liquiditätsreserve ist die gegenwärtige und zukünftige Zahlungskraft, die ausschließlich dazu bestimmt ist, den Bedarf an finanziellen Mitteln zu decken, der aus möglichen finanzwirtschaftlichen Gefahren erwächst.

  Sie ist **nicht nur** der **Kassenbestand**, sondern umfasst insgesamt:

| Liquiditätsreserve | Beispiele |
|---|---|
| **Zahlungskraftreserve** | ▶ Kassenbestände<br>▶ Bankguthaben<br>▶ Bestände an Wechseln und Schecks<br>▶ Zugesagte, nicht in Anspruch genommene Kreditlinien |
| **Vermögensreserve** | ▶ Diskontierbare Wechsel<br>▶ Lombardfähige Wertpapiere<br>▶ Für das Factoring geeignete Forderungen<br>▶ Kündigungsfähige Termineinlagen<br>▶ Liquidierbare Beteiligungen des Finanzanlagevermögens<br>▶ Reale, vor allem nicht betriebsnotwendige Vermögensgegenstände |
| **Finanzierungsreserve** | ▶ Bereits zugesagte, noch nicht bereitgestellte Kredite<br>▶ Erwartete Kredite<br>▶ Kurzfristig mögliche Eigenkapitalzuführung |

Anhaltspunkte für die Festsetzung der **Höhe der Liquiditätsreserve** erhält man aus Erfahrungswerten der Vergangenheit. Einerseits erscheint es aus Sicherheitsgründen im finanzwirtschaftlichen Bereich vorteilhaft, eine möglichst hohe Liquiditätsreserve zu halten. Andererseits vermindert eine große Liquiditätsreserve die Rentabilität des im Unternehmen gebundenen Kapitals. Deshalb sollte sie nicht höher als unbedingt erforderlich sein.

Die Höhe der Liquiditätsreserve richtet sich vor allem nach der Unsicherheit, mit der die Einzahlungen und Auszahlungen behaftet sind. Je größer das Risiko ist, dass unvorhergesehene Liquiditätsbeanspruchungen in der zu planenden Periode auftreten werden, und je größer der mögliche Fehlbetrag für diese Periode geschätzt wird, umso höher muss die Liquiditätsreserve sein.

### 3.2.2 AUSGLEICH

Die Erstellung des Finanzplanes als Gegenüberstellung künftiger Einzahlungen und Auszahlungen führt in aller Regel zu dem Ausweis eines Differenzbetrages, der sich als Überdeckung oder Unterdeckung ergeben kann. In beiden Fällen gilt es, im Rahmen der **Finanzdisposition** geeignete Maßnahmen zu ergreifen, die zu einem Ausgleich des Finanzplanes führen.

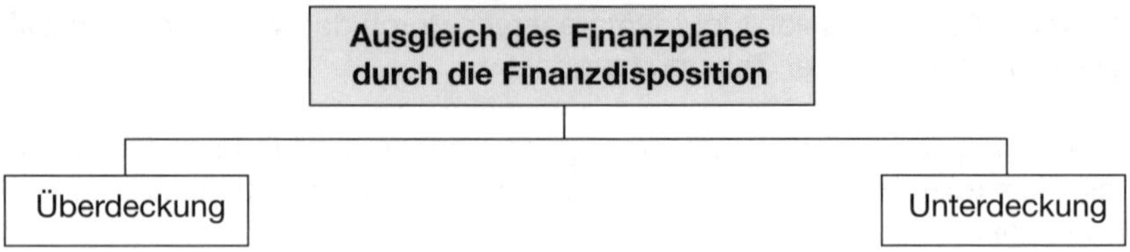


### 3.2.2.1 Überdeckung

Bei einer Überdeckung im Finanzplan, die eine **ungefährdete Liquidität** offenlegt, ist zunächst zu prüfen, in welchem Umfang und für welchen Zeitraum die finanziellen Mittel voraussichtlich zur Verfügung stehen werden. Sodann sind **Verwendungsalternativen** für diese Mittel zu suchen, die grundsätzlich sein können:

- Eine **Anlage innerhalb des Unternehmens**, um zunächst nicht geplante Maßnahmen, die aber im Interesse des Unternehmens liegen und möglicherweise für einen späteren Zeitpunkt vorgesehen waren, zu realisieren, beispielsweise die Beseitigung einer Engpasskapazität.

- Eine **Anlage außerhalb des Unternehmens**, wobei sich der Erwerb von Beteiligungen oder von Wertpapieren oder die Vergabe von Krediten als geeignet erweisen können.

- Alternativ zu Anlagemöglichkeiten ist aber auch die **Rückführung** von variabel tilgbaren **Krediten** möglich, was insbesondere Rentabilitätsauswirkungen hat.

Wichtig ist, dass die zur Verfügung stehenden finanziellen Mittel rentabilitätsmaximal verwendet werden und damit das Unternehmen auf ein optimales Liquiditätsmaß bringen.

### 3.2.2.2 Unterdeckung

Eine Unterdeckung im Finanzplan deutet auf eine **gefährdete Liquidität** hin.

Maßnahmen zur Sicherung der Liquidität sind zu ergreifen. Dabei gibt es grundsätzlich zwei Möglichkeiten des Vorgehens, die sich nicht gegenseitig ausschließen müssen, sondern auch kombiniert Anwendung finden können:

- Die Deckung des Fehlbetrages kann durch **Kapitalaufnahme** vorgenommen werden. Das setzt voraus, dass sich Eigenkapitalgeber oder Fremdkapitalgeber finden, die bereit sind, die finanziellen Mittel zu Bedingungen bereitzustellen, welche für das Unternehmen akzeptabel sind.

- Es ist aber auch möglich, dass die Kapitalaufnahme nicht (mehr) realisierbar ist, oder dass nur ein Teil des benötigten Kapitals beschaffbar ist. Hier gilt es, einen Ausgleich des Finanzplanes herbeizuführen, d. h. den **Kapitalbedarf** in seiner Höhe zu vermindern.

**Möglichkeiten** zur Verminderung des Kapitalbedarfes können sein:

| Maßnahme | Beispiele |
|---|---|
| Senken oder Verzögern der **Auszahlungen** | Verzicht auf ...<br>Ersatzinvestitionen im Anlagevermögen<br>Ersatzinvestitionen im Vorratsvermögen<br>Rationalisierungsinvestitionen im Anlagevermögen<br>Erweiterungsinvestitionen<br>Verlängerung der Lieferantenziele |
| Erhöhen oder Beschleunigen der **Einzahlungen** | Verminderung der ...<br>Bestände an Waren<br>Bestände an Fertigerzeugnissen<br>Bestände an unfertigen Erzeugnissen<br>Bestände an Sachanlagen<br>Bestände an Finanzanlagen<br>Verkürzung der Kundenziele<br>Factoring<br>Verbesserung des Forderungscontrolling |

30 Seite 470

## 3.2.3 KONTROLLE

Die Kontrolle stellt die letzte Phase des Prozesses der Finanzplanung dar. Ihre Bedeutung liegt besonders darin, dass überprüft wird, inwieweit sich die Vorhersagen über die Entwicklung der Zahlungsströme als zutreffend erwiesen haben und weshalb Fehlprognosen erfolgten.

Die Kontrolle des Finanzplanes besteht entsprechend aus den beiden **Schritten**:

| | |
|---|---|
| 1 | Ermittlung der Abweichungen |
| ⇩ | |
| 2 | Analyse der Abweichungen |

Mit dieser Vorgehensweise ist es möglich, laufenden und künftigen Planungen wertvolle Impulse geben zu können. Das Ergebnis der Kontrolle des Finanzplanes sollte in einem **Finanzbericht** dokumentiert werden, in dem die Ergebnisse der Kontrolle, aber auch Vorschläge für künftige Verbesserungen und Änderungen darzulegen wären.

### 3.2.3.1 ERMITTLUNG DER ABWEICHUNGEN

Die Abweichungen zwischen den erwarteten und den tatsächlich eingetretenen Zahlungsströmen sind auf relativ einfache Weise zu ermitteln:

$$\text{(Absolute) Abweichung} = \text{Istwert} - \text{Sollwert bzw. Planwert}$$

Für die Ermittlung der Abweichungen im Finanzplan sind folgende Grundsätze zu beachten:

- Die Istwerte sollen zeitnah erfasst werden, weil dadurch Fehlplanungen früher korrigiert werden können.
- Die erfassten Istwerte sollen sachlich in gleicher Weise gegliedert sein, wie dies bei den Planwerten des Finanzplanes gegeben ist.

Ist eine sachliche und zeitliche Übereinstimmung beim Vergleich der Plan- und Kontrollwerte nicht sichergestellt, ergeben sich leicht Abweichungen, die nicht auf falsch ermittelten Schätzwerten beruhen, sondern in der **Mangelhaftigkeit des Verfahrens** liegen.

### 3.2.3.2 Analyse der Abweichungen

Die Analyse der Abweichungen, die mithilfe des Plan-Ist-Vergleiches ermittelt wurden, ist nicht immer leicht. Dafür gibt es mehrere **Gründe**:

- Die möglichen Abweichungsursachen können vielfältiger Natur sein.
- Einzelne Abweichungen können mehrere Ursachen haben.
- Der Zusammenhang zwischen einzelnen Einflussgrößen und Veränderungen in den Zahlungsströmen kann häufig nicht ohne Weiteres erkannt werden.

Abweichungen können verschiedene **Ursachen** haben (*Eilenberger*):

| Ursachen | Beispiele |
|---|---|
| **Planungsbezogene Ursachen** | ▶ Fehleinschätzung der Umweltentwicklung<br>▶ Falsche Prognose der Wirkungsbeziehungen zwischen betrieblichen Aktionen bzw. Aktivitäten und der darauf erfolgenden Umweltreaktionen<br>▶ Mängel der Informationsverarbeitung oder der Bewertung von Informationen, die zu unrealistischen bzw. falschen Plandaten führen |
| **Entscheidungsbezogene Ursachen** | ▶ Festlegung auf eine objektiv falsche Planalternative aufgrund eines ungeeigneten Planvorschlages<br>▶ Festlegung auf eine andere Planalternative als sie aufgrund des Planvorschlages zu realisieren gewesen wäre |
| **Durchführungsbezogene Ursachen** | ▶ Abweichungen aufgrund eines unzureichenden qualitativen Niveaus der Sachmittel-, Finanzmittel- und/oder Personal-Ausstattung des Unternehmens, das einen plangemäßen Vollzug vereitelt<br>▶ Mängel der Leistungserstellung, trotz ausreichender Sachmittel- und/oder Personalausstattung<br>▶ Schwachstellen der betrieblichen Aufbau- bzw. Ablauforganisation<br>▶ Fehlende Motivation zum plangemäßen Vollzug der Entscheidungen, da die Leistungsvorgaben offensichtlich zu hoch angesetzt und daher ihre Realisierung von den Betroffenen als unmöglich angesehen wird |

Ob es sich nun um wirkliche Abweichungen handelt, oder ob die Abweichungen nur scheinbar - und zwar kurzfristig aus Gründen der Periodenabgrenzung - entstehen, ist vielfach erkennbar, indem die **Entwicklung des arithmetischen Mittels** der Abweichungen verfolgt wird:

- Liegt das arithmetische Mittel der Abweichungen über eine längere Zeit hinweg nicht bei Null, ist zu unterstellen, dass Planwerte und Istwerte tatsächlich einen unterschiedlichen Verlauf nehmen.

- Weicht dagegen das arithmetische Mittel der Abweichungen über längere Zeit nicht von Null ab, ist zu vermuten, dass lediglich Phasenverschiebungen der Grund für die Abweichungen sind.

## 3.3 ARTEN

Bisher wurde von einem »allgemeinen« Finanzplan ausgegangen, vielfach wurde der kurzfristige Finanzplan als der typische Finanzplan angesprochen. In der betrieblichen Praxis dagegen unterscheidet man mehrere Arten von Finanzplänen:

- **Finanzpläne unterschiedlicher Erstellhäufigkeit**
- **Finanzpläne unterschiedlicher Zielgruppen**
- **Finanzpläne unterschiedlicher Fristigkeit**.

Sie sollen im Folgenden beschrieben werden.

### 3.3.1 FINANZPLÄNE UNTERSCHIEDLICHER ERSTELLHÄUFIGKEIT

Finanzpläne mit unterschiedlicher Häufigkeit ihrer Erstellung können sein:

- **Laufende Finanzpläne** als die üblicherweise verwendeten Finanzpläne. Sie bilden die güterwirtschaftlichen und finanzwirtschaftlichen Prozesse im Unternehmen kontinuierlich ab und lassen sich gegebenenfalls unterteilen in:

| | |
|---|---|
| **Ordentliche Finanzpläne** | Sie erfassen die Zahlungsströme des laufenden Umsatzprozesses im Unternehmen. |
| **Außerordentliche Finanzpläne** | Sie enthalten vom Unternehmen vorzunehmende laufende Sachinvestitionen und ihre Finanzierung. |

- **Einmalige Finanzpläne** als Finanzpläne, die bei besonderen Ereignissen im Unternehmensleben erstellt werden. Sie dokumentieren in besonderer Weise Einschnitte im Leben des Unternehmens, beispielsweise bei:

- ▸ Gründung
- ▸ Umwandlung
- ▸ Sanierung
- ▸ Fusion

Mit diesen Ereignissen wird die Kontinuität in der Entwicklung des Unternehmens unterbrochen.

### 3.3.2 Finanzpläne unterschiedlicher Zielgruppen

Zielgruppenorientiert unterschiedliche Finanzpläne können sein:

- **Offizielle Finanzpläne** als Finanzpläne, die den Entscheidungsträgern im Unternehmen zur Kenntnis gebracht werden.
- **Interne Finanzpläne** als Finanzpläne, die von der Finanzleitung des Unternehmens aufgestellt werden, um die verschiedenen Entwicklungsmöglichkeiten des Unternehmens zu berücksichtigen.

  **Beispiele:** Elastische Finanzpläne, alternative Finanzpläne.

  Sie werden den Entscheidungsträgern nach ihrer Erstellung nicht zugänglich gemacht. Das geschieht erst, wenn sie zu offiziellen Finanzplänen werden, beispielsweise weil das Unternehmen sich erheblich von der ursprünglich geplanten Entwicklung entfernt, sodass der bisher gültige offizielle Finanzplan nicht mehr haltbar ist und durch einen, der aktuellen Situation gerecht(er) werdenden Finanzplan zu ersetzen ist.

### 3.3.3 Finanzpläne unterschiedlicher Fristigkeit

Finanzpläne werden mit unterschiedlicher Fristigkeit erstellt, um die Planung kontinuierlich in die Zukunft gleiten zu lassen. Diese Finanzpläne sind:

| Arten | Planungshorizonte | Merkmale |
|---|---|---|
| **Langfristige Finanzpläne** | über 5 Jahre | ▸ **Strategische Pläne**, die von der oberen Führungsebene vorgegeben werden<br>▸ **Kapitalbindungspläne** |
| **Mittelfristige Finanzpläne** | 1 bis 5 Jahre | ▸ **Taktische Pläne**, die sich aus den strategischen Plänen ergeben und diese umzusetzen haben. |
| **Kurzfristige Finanzpläne** | bis 1 Jahr | ▸ **Operative Pläne**, die aus den taktischen Plänen abgeleitet werden und Ausführungspläne darstellen.<br>▸ **Liquiditätspläne** |

Bei einer zweckmäßigen Finanzplanung kann es nicht um die Alternative gehen, entweder einen Finanzplan über kurze Frist zu erstellen oder einen langfristigen Finanzplan zu verwenden. Vielmehr ist eine sinnvolle Kombination von Finanzplänen unterschiedlicher Fristigkeit anzustreben.

### 3.3.3.1 LANGFRISTIGE FINANZPLÄNE

Langfristige Finanzpläne sind **strategische Pläne**. Sie werden von der obersten Führungsebene vorgegeben und legen die Ziele des Unternehmens auf lange Sicht fest. Sie werden für einen Zeitrahmen erstellt, der mindestens fünf Jahre beträgt. Teilweise gibt es langfristige Finanzpläne, die auf zehn Jahre ausgerichtet sind.

Langfristige Finanzpläne dienen der Abwendung der strukturellen Illiquidität. Ihre **Aufgaben** sind im Einzelnen:

- Die **Optimierung** des Eigenkapital-Fremdkapital-Verhältnisses sowie der Fristigkeiten des Fremdkapitals entsprechend der **Ziele des Unternehmens**.

- Die **Optimierung** des Eigenkapital-Fremdkapital-Verhältnisses sowie der Fristigkeiten des Fremdkapitals entsprechend der **Erwartungen der Kapitalgeber**.

Es ist **schwierig**, eine langfristige Prognose der Einzahlungen und Auszahlungen – gar noch in differenzierter Untergliederung – zu stellen, zumal die künftigen Ereignisse bei den sich schnell wandelnden Umweltbedingungen und Technologien nicht ohne Weiteres, auch nicht als rahmenmäßige Aussage, vorweggenommen werden können.

Langfristige Finanzpläne sind vornehmlich **Kapitalbindungspläne**, die im Vergleich zu den mittelfristigen und kurzfristigen Finanzplänen die Elemente

- Anfangsbestand an Zahlungsmitteln
- Endbestand an Zahlungsmitteln

**nicht** aufweisen, sondern in wenig detaillierter Gliederung lediglich enthalten:

- Einzahlungen als Kapitalherkunft
- Auszahlungen als Kapitalverwendung.

Die Gegenüberstellung der Zahlungsströme erfolgt hier üblicherweise, nicht wie bisher in Staffelform, sondern in Kontenform.

**Beispiel:** Es wird angenommen, dass der Kapitalbedarfsplan eine Deckungslücke aufweist, die durch Zuführung von weiterem Kapital geschlossen wird – siehe nächste Seite.

| **Kapitalverwendung Mio. €** | **Ausgangsplanwerte** | **Anpassungsmaßnahmen** | **Revidierte Planwerte** | **Kapitalherkunft Mio. €** | **Ausgangsplanwerte** | **Anpassungsmaßnahmen** | **Revidierte Planwerte** |
|---|---|---|---|---|---|---|---|
| Erhöhung des Anlagevermögens | 300 | 0 | 300 | Erhöhung des Eigenkapitals | 160 | 0 | 160 |
| Erhöhung des Umlaufvermögens | 80 | 0 | 80 | Erhöhung des Fremdkapitals | 150 | + 40 | 190 |
| Rückzahlung von Fremdkapital | 70 | 0 | 70 | Erhöhung der Rückstellungen | 40 | 0 | 40 |
| Rückzahlung von Eigenkapital | 40 | 0 | 40 | Abschreibungserlöse | 80 | 0 | 80 |
| Gewinnausschüttung | 20 | 0 | 20 | Verkauf von AV-Gegenständen | 50 | 0 | 50 |
| Gewinnsteuern | 50 | 0 | 50 | | | | |
| | | | | Verkauf von UV-Gegenständen | 40 | 0 | 40 |
| | 560 | 0 | 560 | | 520 | + 40 | 560 |

Anstelle der Zuführung von Kapital besteht auch die Möglichkeit, die Deckungslücke zu schließen, indem Einschränkungen bei der Kapitalverwendung vorgenommen werden.

### 3.3.3.2 Mittelfristige Finanzpläne

Mittelfristige Finanzpläne sind **taktische Pläne** mit einem Planungshorizont von einem bis fünf Jahren. Sie ergeben sich aus den strategischen Finanzplänen – also den langfristigen Finanzplänen – und haben die Aufgabe, diese umzusetzen.

Ihre Wertansätze können genauer und differenzierter als bei den langfristigen Finanzplänen vorgenommen werden, aber keinesfalls so genau und differenziert wie bei den kurzfristigen Finanzplänen.

Mittelfristige Finanzpläne stellen damit das **Bindeglied** zwischen den sehr unterschiedlichen langfristigen und kurzfristigen Finanzplänen dar:

| | |
|---|---|
| Langfristiger Finanzplan | Wertansätze relativ ungenau<br>Gliederung relativ undifferenziert |
| | ⇩ |
| **Mittelfristiger Finanzplan** | **als Bindeglied** |
| | ⇩ |
| Kurzfristiger Finanzplan | Wertansätze relativ genau<br>Gliederung sehr differenziert |

### 3.3.3.3 KURZFRISTIGE FINANZPLÄNE

Kurzfristige Finanzpläne sind **operative Pläne** mit einem Planungshorizont, der bis zu ein Jahr umfasst. Sie werden aus den taktischen Plänen – also den mittelfristigen Finanzplänen – abgeleitet und sind **Ausführungspläne**.

Die **Aufgaben** kurzfristiger Finanzpläne sind:

- Sicherstellung der Liquidität des Unternehmens
- Sicherstellung einer optimalen finanzwirtschaftlichen Rentabilität.

Beide Aufgaben sind durch geeignete Steuerungsmaßnahmen bei den Auszahlungen und Einzahlungen zu lösen.

Der **Inhalt** kurzfristiger Finanzpläne wurde bereits beim oben beispielhaft erstellten Jahres-Finanzplan aufgezeigt – siehe Seite 106. Er ist durch vier grundlegende **Elemente** gekennzeichnet:

- Anfangsbestand an Zahlungsmitteln
- Einzahlungen
- Auszahlungen
- Endbestand an Zahlungsmitteln.

Die Einzelpositionen der Einzahlungen und Auszahlungen können auch von dem dargestellten Finanzplan abweichen, indem die Gliederung nach anderen Kriterien erfolgt oder tiefer ist. Entscheidend ist, dass der Finanzplan unternehmensgerecht gestaltet ist.

Eine besondere Form des kurzfristigen Finanzplanes ist der **Liquiditätsplan** oder **Liquiditätsstatus** bzw. **Cashflow-Statement**, dessen zentrale Aufgabe ist, die aktuelle, tagesgenaue Liquidität zu ermitteln und zu steuern.

**Beispiel:** Hoch zu verzinsende Unterdeckungen bei einzelnen Bankkonten können vermieden werden, wenn andere Bankkonten entsprechende Überdeckungen – die im Übrigen nicht oder gering verzinst werden – aufweisen.

Auch der Liquiditätsstatus ist inhaltlich durch die vier **Elemente** geprägt, wie der kurzfristige Finanzplan. Ihre Ausgestaltung kann sich aber vom kurzfristigen Finanzplan unterscheiden:

- Der **Anfangsbestand an Zahlungsmitteln**, der dem Endbestand an Zahlungsmitteln des Vortages entsprechen muss, wird zweckmäßigerweise nicht in einem Betrag ausgewiesen, sondern getrennt nach:

  - ▶ Kassenbestand
  - ▶ Guthaben bei den einzelnen Kreditinstituten
  - ▶ Bestand an Schecks und Besitzwechseln
  - ▶ Höhe zugesagter, nicht in Anspruch genommener Kredite

- Bei den geplanten **Einzahlungen** bietet es sich an, deutlich zu machen, mit welcher Sicherheit die Einzahlungen zu erwarten sind.

- Die geplanten **Auszahlungen** sollten dahingehend gekennzeichnet werden, welche Auszahlungen aus rechtlichen oder wirtschaftlichen Gründen, beispielsweise wegen der Ausnutzbarkeit eines Lieferantenskontos, unaufschiebbar sind und bei welchen Auszahlungen dies nicht der Fall ist.

- Der **Endbestand an Zahlungsmitteln** weist im Vergleich zum kurzfristigen Finanzplan keine Besonderheiten auf.

| | KONTROLLFRAGEN | bearbeitet | Lösungshinweise | Lösung + | Lösung - |
|---|---|---|---|---|---|
| 01 | Welche Merkmale weist die Finanzplanung auf? | | 63 | | |
| 02 | Wie ist typischerweise der Ablauf der Finanzplanung? | | 63 | | |
| 03 | Wozu dient die Finanzplanung? | | 64 | | |
| 04 | Welche fristbezogenen Finanzplanungen gibt es? | | 65 | | |
| 05 | Beschreiben Sie die Grundsätze der Finanzplanung! | | 65 f. | | |
| 06 | Wovon hängt die Größe des Kapitalbedarfes ab? | | 67 | | |
| 07 | Welche Faktoren können den Kapitalbedarf beeinflussen? | | 69 | | |
| 08 | Wie beeinflusst die Prozessordnung den Kapitalbedarf? | | 70 f. | | |
| 09 | Welchen Einfluss haben Unternehmensgröße und Leistungsprogramm? | | 73 | | |
| 10 | Wie beeinflusst die Beschäftigung den Kapitalbedarf? | | 74 | | |
| 11 | Welche Wirkung hat eine veränderte Prozessgeschwindigkeit? | | 74 f. | | |
| 12 | Auf welche Weise kann der Kapitalbedarf ermittelt werden? | | 77 | | |
| 13 | Wie wird bei der Kapitalbedarfsrechnung vorgegangen? | | 77 | | |
| 14 | Wie ermittelt man den Anlagenkapitalbedarf? | | 77 f. | | |
| 15 | Wie kann der Umlaufkapitalbedarf errechnet werden? | | 78 f. | | |
| 16 | Wie kann der Investitionsbedarf optimiert werden? | | 80 | | |
| 17 | Was sind statische Investitionsrechnungen? | | 81 | | |
| 18 | Beschreiben Sie die Kostenvergleichsrechnung! | | 81 f. | | |
| 19 | Wie erfolgt die Gewinnvergleichsrechnung? | | 83 | | |
| 20 | Beschreiben Sie die Rentabilitätsvergleichsrechnung! | | 84 | | |
| 21 | Wie wird bei der Amortisationsvergleichsrechnung vorgegangen? | | 85 | | |
| 22 | Was sind dynamische Investitionsrechnungen? | | 86 | | |
| 23 | Was versteht man unter dem Zeitwert und Barwert? | | 86 f. | | |
| 24 | Was wird unter dem Endwert und Jahreswert verstanden? | | 88 f. | | |
| 25 | Beschreiben Sie die Kapitalwertmethode! | | 91 | | |
| 26 | Wie ist die Kapitalwertmethode zu beurteilen? | | 92 | | |
| 27 | Wie geht man bei der Internen Zinsfuß-Methode vor? | | 92 f. | | |
| 28 | Beschreiben Sie die Annuitätenmethode! | | 93 f. | | |
| 29 | Erläutern Sie die Kapitalstruktur-Risiken! | | 95 f. | | |
| 30 | Inwieweit ist eine Kapitalstruktur optimierbar? | | 96 f. | | |
| 31 | Stellen Sie die Finanzierungsregeln dar! | | 97 | | |
| 32 | Nennen Sie die Optimierungskriterien für die Finanzierung! | | 97 | | |
| 33 | Welche Bedeutung hat die Kapitalhöhe? | | 97 f. | | |
| 34 | Welche Kapitalkosten lassen sich unterscheiden? | | 98 f. | | |
| 35 | Welche Bedeutung hat die Kapitalfristigkeit? | | 100 | | |

| | KONTROLLFRAGEN | bearbeitet | Lösungshinweise | Lösung + | Lösung - |
|---|---|---|---|---|---|
| 36 | Welche Kündigungsmöglichkeiten lassen sich unterscheiden? | | 101 | | |
| 37 | Wie kann eine Kapitalsicherung erfolgen? | | 101 | | |
| 38 | Welche Einflüsse können Kapitalgeber haben? | | 102 | | |
| 39 | Was ist der Leverage Effekt bzw. das Leverage Risk? | | 103 | | |
| 40 | Welche Elemente weist der Finanzplan auf? | | 104 | | |
| 41 | Stellen Sie einen Jahres-Finanzplan auf! | | 105 | | |
| 42 | Geben Sie Beispiele für Einzahlungen! | | 107 | | |
| 43 | Welche Auszahlungen lassen sich unterscheiden? | | 108 | | |
| 44 | Wie ist der Finanzplan in die Gesamtplanung eingebettet? | | 109 | | |
| 45 | Auf welche Weisen kann er erstellt werden? | | 109 f. | | |
| 46 | Von welchem Teilplan ist auszugehen? | | 110 | | |
| 47 | Worin unterscheiden sich Finanzprognose und Finanzbudget? | | 110 | | |
| 48 | Erläutern Sie die Verfahren der Prognose! | | 111 f. | | |
| 49 | Beschreiben Sie das Mittelwert-Verfahren! | | 112 f. | | |
| 50 | Wie wird bei der exponentiellen Glättung vorgegangen? | | 113 f. | | |
| 51 | Auf welchen Grundlagen werden Einzahlungen geplant? | | 116 | | |
| 52 | Wie werden Auszahlungen geplant? | | 116 | | |
| 53 | Wie kann man planerischen Unsicherheiten begegnen? | | 117 | | |
| 54 | Beschreiben Sie wie eine elastische Finanzplanung erfolgt! | | 117 | | |
| 55 | Wie erfolgt eine rollierende Finanzplanung? | | 118 f. | | |
| 56 | Beschreiben Sie die alternative Finanzplanung! | | 119 f. | | |
| 57 | Wie können Liquiditätsreserven indirekt gebildet werden? | | 120 | | |
| 58 | Was versteht man unter direkten Liquiditätsreserven? | | 121 | | |
| 59 | Wie kann ein Ausgleich des Finanzplans erfolgen? | | 121 f. | | |
| 60 | In welchen Schritten erfolgt die Kontrolle des Finanzplans? | | 122 | | |
| 61 | Welche Ursachen können Abweichungen im Finanzplan haben? | | 124 | | |
| 62 | Worin unterscheiden sich laufende und einmalige Finanzpläne? | | 125 f. | | |
| 63 | Welche zielgruppenorientierten Finanzpläne gibt es? | | 126 | | |
| 64 | Welche Fristigkeiten können Finanzpläne haben? | | 126 | | |
| 65 | Was sind strategische Finanzpläne? | | 127 | | |
| 66 | Welche Aufgaben haben langfristige Finanzpläne? | | 127 | | |
| 67 | Was sind taktische Finanzpläne? | | 128 | | |
| 68 | Wozu dienen kurzfristige Finanzpläne? | | 129 | | |
| 69 | Was sind Liquiditätspläne? | | 129 | | |
| 70 | Worin unterscheiden sie sich von kurzfristigen Finanzplänen? | | 129 | | |

# C. Zahlungsverkehr

Kapitalbeschaffung und Kapitalverwendung müssen im Unternehmen abgewickelt werden, d. h. es sind finanzielle Transaktionen als Einzahlungen und Auszahlungen erforderlich. Dies geschieht im Rahmen der Kapitalverwaltung, die sich vor allem mit der **Abwicklung des Zahlungsverkehrs** befasst.

Im Folgenden sollen beschrieben werden:

| | |
|---|---|
| **Zahlungsverkehr** | Zahlungsmittel |
| | Zahlungsverkehr |

## 1. Zahlungsmittel

Grundsätzlich kann der Zahlungsverkehr auf drei **Arten** von Zahlungsmitteln beruhen:

**Zahlungsmittel**

- Bargeld
- Buchgeld
- Geldersatzmittel

### 1.1 Bargeld

Bargeld ist das gesetzliche Zahlungsmittel. Es umfasst:

- Banknoten
- Münzen.

Die Hingabe von Bargeld erfolgt als **Erfüllung**, d. h. mit der Zahlung erlischt die Verpflichtung des Schuldners gegenüber dem Gläubiger. Bargeld muss von jedermann angenommen werden, wobei für Banknoten ein unbeschränkter Annahmezwang, für Münzen ein beschränkter Annahmezwang gilt.

Nach **EG-Verordnung** muss niemand mehr als 50 Münzen in einer Zahlung annehmen mit Ausnahme der ausgebenden Behörden. Mit dieser Regelung ist keine Wertangabe verbunden.

Das **Münzgesetz** (MünzG) ergänzt diese Vorschrift um Euro-Gedenkmünzen und nennt als **Annahmepflicht** eine Summe von **100 €**, wobei die Anzahl von **50 Münzen** aus Umlauf- und Gedenkmünzen für eine Zahlung nicht überschritten werden darf.

Nach dem MünzG haben Bundesbank und Bundeskassen Euro-Münzen in unbeschränkter Zahl und Höhe als Zahlungsmittel anzunehmen.

**Nachteile** des Bargeldes sind:

- Es birgt das Risiko des Verlustes.
- Es verursacht relativ hohe Kosten für die sichere Aufbewahrung.
- Es wird nicht verzinst.

Der EURO ist seit 2002 alleiniges gesetzliches Zahlungsmittel in den Teilnehmerstaaten der europäischen Währungsunion. Als **Banknote** hat er eine einheitliche Vorderseite und national jeweils unterschiedlich gestaltete Rückseiten. **Wertgrößen** sind:

- Banknoten zu 5, 10, 20, 50, 100, 200 und 500 €
- Münzen zu 1 und 2 € sowie 1, 2, 5, 10, 20 und 50 Cent.

## 1.2 Buchgeld

Das Buchgeld, das auch **Giralgeld** genannt wird, ist zwar kein gesetzliches Zahlungsmittel, hat aber in der betrieblichen Praxis die wesentlich größere Bedeutung. Zahlungen mit Bargeld werden zwar immer noch sehr häufig vorgenommen, allerdings immer stärker durch Zahlungen mit Buchgeld ersetzt, wie beispielsweise beim Electronic Cash. Etwa 88 % des Geldumlaufes erfolgt in der Form des Buchgeldes.

**Arten** des Buchgeldes sind:

- Sichteinlagen bei Kreditinstituten
- Durch Kreditgewährung bereitgestellte Mittel.

Buchgeld wird durch Umbuchung übertragen – beispielsweise aufgrund einer Überweisung, eines Schecks, einer Lastschrift – und kann **jederzeit** durch **Abhebung in Bargeld** umgewandelt werden. Hierzu sind die Kreditinstitute nach § 1 Nr. 1 und Nr. 3 KWG verpflichtet. Damit wird das Buchgeld dem Bargeld gleichwertig.

Beim Buchgeld erfolgt die Hingabe, sofern sie durch Überweisung geschieht, **an Erfüllungs Statt**, d. h. die Verpflichtung erlischt, wenn der Gläubiger die Gutschrift als Erfüllung annimmt.

**Vorteile** des Buchgeldes sind:

- Kein Risiko des Verlustes und der Fälschung.
- Geringe Kosten für die Aufbewahrung.
- Verzinsung ist möglich.

Seit 1999 hat die Europäische Zentralbank (EZB) – mit Sitz in Frankfurt am Main – die Zuständigkeit der Geldpolitik für alle Teilnehmerländer der Europäischen Währungsunion übernommen und als einheitliche Währung den EURO eingeführt. Diese Teilnehmer wurden ebenso festgelegt wie die unverrückbaren Umrechnungskurse zum EURO, die für die »Doppelwährungsphase« bis Ende 2001 galten:

| Teilnehmerländer | Umrechnungskurse 1 € = ... | | |
|---|---|---|---|
| - Belgien | 40,3399 | BEF | (Belgische Franc) |
| - Deutschland | 1,95583 | DEM | (Deutsche Mark) |
| - Finnland | 5,94573 | FIM | (Finn Mark) |
| - Frankreich | 6,55957 | FRF | (Französische Franc) |
| - Irland | 0,787564 | IEP | (Irisches Pfund) |
| - Italien | 1.936,27 | ITL | (Italienische Lira) |
| - Luxemburg | 40,3399 | LUF | (Luxemburgische Franc) |
| - Niederlande | 2,20371 | NLG | (Niederländische Gulden) |
| - Österreich | 13,7603 | ATS | (Österreichische Schilling) |
| - Portugal | 200,482 | PTE | (Portugiesische Escudos) |
| - Spanien | 166,386 | ESP | (Spanische Peseta) |

Seit 1999 konnte **Buchgeld** auf den Girokonten sowohl **in DM** oder auch auf Wunsch **in EURO** geführt werden, wobei bereits DM-geführte Konten auch EURO-Gegenwerte auswiesen. Ab dem 2002 erfolgte eine automatische Umstellung aller DM-Konten auf den EURO. Inländische Zahlungsaufträge können seitdem nur noch in EURO erfolgen.

## 1.3 GELDERSATZMITTEL

Geldersatzmittel sind ebenfalls keine gesetzlichen Zahlungsmittel. Sie sind **Hilfszahlungsmittel**, die nach verbreiteter Meinung umfassen:

- **Schecks**, die Verfügungsinstrumente über Buchgeld darstellen,
- **Wechsel**, die mit ihrer Weitergabe Bargeld oder Buchgeld ersetzen.

Zahlungen mit Geldersatzmitteln wirken nur **erfüllungshalber**, d. h. die Verpflichtung eines Schuldners gegenüber einem Gläubiger ist erst erfüllt, wenn der Scheck oder Wechsel eingelöst wurde. Andernfalls kann der Gläubiger auf seine Barzahlungsforderung zurückgreifen.

31 Seite 471

# 2. ZAHLUNGSVERKEHR

Der Zahlungsverkehr des Unternehmens kann damit – unter Verwendung der genannten Arten von Zahlungsmitteln – abgewickelt werden als:

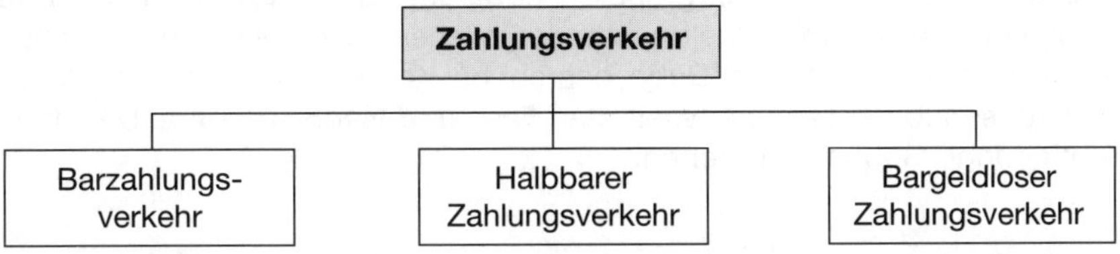

## 2.1 Barzahlungsverkehr

Beim Barzahlungsverkehr wird **Bargeld** übertragen. Dies kann geschehen:

- Als **unmittelbare Barzahlung**, bei der Bargeld »von Hand zu Hand« gezahlt, d. h. übereignet und dafür üblicherweise ein Empfangsbeleg ausgestellt wird.

  **Beispiele:** Ein Schuldner übergibt einem Gläubiger Bargeld und erhält eine Quittung. Ein Kunde bezahlt in einem Handelsgeschäft bar und erhält einen Kassenbeleg. Ein Unternehmen zahlt Bargeld bei seinem Kreditinstitut ein und erhält eine Quittung, die nur mit Kassendruck und Unterschrift gültig ist.

185 096.500 So DSV 10/2001

**Einzahlung** auf eigenes Konto

(Für Einzahlungen auf fremde Girokonten bitten wir, Zahlscheinvordrucke zu verwenden.)

| Konto-Nr. | Name des Einzahlers | Betrag |
|---|---|---|
| 561491709 | Kroehn, Christine | 300,— |

| Datum | Konto-Nr. | Mehrzweckfeld | Konto-Inhaber | Betrag EUR |
|---|---|---|---|---|
| | | | | |

81

Bitte dieses Feld nicht beschriften und nicht bestempeln

- Als **mittelbare Barzahlung**, bei der zwar Bargeld gezahlt und Bargeld empfangen wird, dies aber nicht »von Hand zu Hand« geschieht. Beispielsweise kann dies eine Bareinzahlung auf ein fremdes Girokonto sein, dessen Inhaber diesen Betrag wiederum bar abhebt.

Im Geschäftsverkehr hat der Barzahlungsverkehr im Wesentlichen nur bei Handelsbetrieben und Dienstleistungsbetrieben größere Bedeutung, die private Kunden haben. Diese Unternehmen zahlen ihre Bargeldbestände üblicherweise bei ihrem Kreditinstitut ein, bei denen sie Konten unterhalten. Dabei besteht bei Kreditinstituten die Möglichkeit, insbesondere außerhalb der Geschäftszeit, den **Tag- und Nachttresor** zu benutzen, wofür diese nicht geringe Gebühren erheben.

Die Tageseinnahmen einschließlich Schecks können in den Tag- und Nachttresor eingeworfen werden. Hierfür müssen die Unternehmen die »Bedingungen für die Benutzung von Tag- und Nachttresoren« in einem Nachttresor-Benutzungsvertrag schriftlich anerkennen.

Außerdem sind zusätzlich die Bestimmungen des **Geldwäschegesetzes** (GWG) zu beachten, nach dem sich der Einzahler bei Einzahlungen ab 15.000 € gegenüber dem Kreditinstitut auszuweisen hat.

Bargeld auf Konten bei fremden Kreditinstituten einzuzahlen ist möglich, erfolgt aber selten, zumal die Zahlungen mit erheblichen Gebühren verbunden sind. Der Barzahlungsverkehr im Handel wird allmählich immer mehr ersetzt durch andere Möglichkeiten des bargeldlosen Zahlungsverkehrs. Dazu zählen:

- Scheck- bzw. Debit-Karten
- Kreditkarten
- Electronic Cash-Systeme.

## 2.2 Halbbarer Zahlungsverkehr

Bei halbbarem Zahlungsverkehr wird Bargeld in Buchgeld umgewandelt oder umgekehrt. Damit muss einer der beiden am Zahlungsverkehr Beteiligten über ein Konto verfügen. Zu unterscheiden sind:

- Die **bare Leistung**, die mithilfe eines **Zahlscheines** erfolgen kann. Der Zahlungsempfänger muss über ein Konto verfügen. Das Bargeld wird bei einem Kreditinstitut eingezahlt und der Betrag auf einem Bankkonto gutgeschrieben. Hierzu wird ein Überweisungsformular genutzt, das auch als Zahlschein verwendet werden kann (siehe S. 139).

- Die **unbare Leistung**, die mithilfe eines **Barschecks** oder einer **Zahlungsanweisung** vorgenommen werden kann. Hier muss der Zahlungspflichtige über ein Konto verfügen. Die Auszahlung des Betrages erfolgt im Falle des Barschecks bei einem Kreditinstitut, bei der Zahlungsanweisung auch durch ein Postamt.

Die **Bedeutung** des halbbaren Zahlungsverkehrs ist in der betrieblichen Praxis im Wesentlichen auf den Zahlschein begrenzt, der von den Unternehmen zuweilen den Rechnungen beigelegt wird.

## 2.3 Bargeldloser Zahlungsverkehr

Beim bargeldlosen Zahlungsverkehr kommen weder der Zahlungspflichtige noch der Zahlungsempfänger mit Bargeld in Berührung. Beide verfügen über ein Konto.

Die Konten müssen nicht beim gleichen Kreditinstitut geführt werden, Buchgeld kann auch von Konten eines Kreditinstitutes auf Konten bei anderen Kreditinstituten übertragen werden. Dies setzt die **Vernetzung der Kreditinstitute untereinander** voraus.

Der Zahlungsverkehr zwischen Unternehmen ist fast ausschließlich bargeldloser Zahlungsverkehr. Er kann erfolgen als:

- **Beleggesteuerter Zahlungsverkehr**, bei dem die Auszahlungen oder Einzahlungen auf der Grundlage von Belegen – beispielsweise Quittungen oder Überweisungsträgern – erfolgen.

- **Belegloser Zahlungsverkehr**, wenn Zahlungen im beleglosen Datenträgeraustausch (DTA) bzw. durch Datenfernübertragung abgewickelt werden, was das Vorhandensein kompatibler EDV-Anlagen bei den Unternehmen und den beteiligten Kreditinstituten voraussetzt. Auch das Online-Banking ermöglicht einen beleglosen Zahlungsverkehr über das Internet.

Für das Unternehmen bietet der bargeldlose Zahlungsverkehr mehrere **Vorteile**. Er zeichnet sich insbesondere aus durch:

▶ Wirtschaftlichkeit ▶ Sicherheit ▶ Schnelligkeit ▶ Kostengünstigkeit

Der bargeldlose Zahlungsverkehr ist in mehreren **Arten** möglich:

- **Überweisungsverkehr**
- **Lastschriftverkehr**
- **Scheckverkehr**
- **Wechselverkehr**
- **Elektronischer Zahlungsverkehr**
- **Auslandszahlungsverkehr**.

## 2.3.1 Überweisungsverkehr

Überweisungen dienen dazu, Buchgeld vom Konto eines Zahlungspflichtigen auf das Konto eines Zahlungsempfängers zu übertragen. Sie stellen einen **Auftrag** an ein Kreditinstitut dar. Es lassen sich unterscheiden:

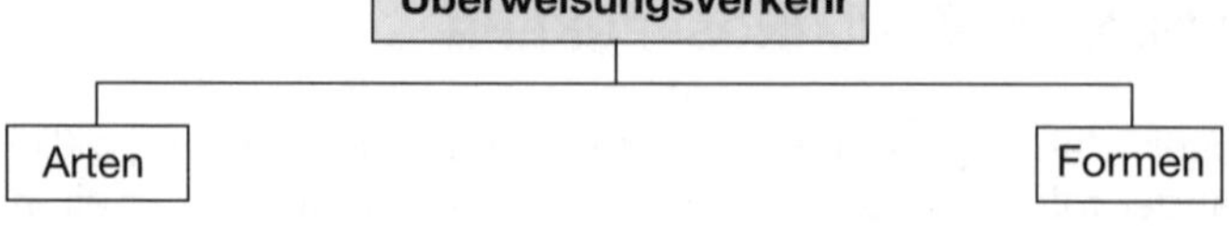

### 2.3.1.1 Arten

Der Überweisungsverkehr erfolgt üblicherweise – nicht aber zwangsweise – mithilfe von Überweisungsformularen. Diese können wie folgt aussehen:

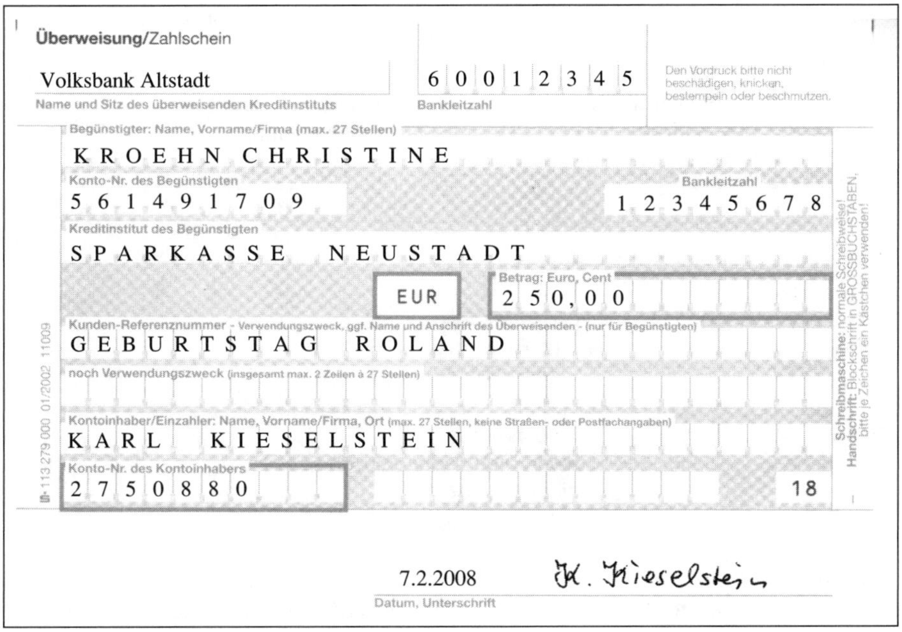

**Überweisung**/Zahlschein

Volksbank Altstadt
Name und Sitz des überweisenden Kreditinstituts

6 0 0 1 2 3 4 5
Bankleitzahl

Den Vordruck bitte nicht beschädigen, knicken, bestempeln oder beschmutzen.

Begünstigter: Name, Vorname/Firma (max. 27 Stellen)
KROEHN CHRISTINE

Konto-Nr. des Begünstigten
5 6 1 4 9 1 7 0 9

Bankleitzahl
1 2 3 4 5 6 7 8

Kreditinstitut des Begünstigten
SPARKASSE NEUSTADT

EUR

Betrag: Euro, Cent
2 5 0,0 0

Kunden-Referenznummer - Verwendungszweck, ggf. Name und Anschrift des Überweisenden - (nur für Begünstigten)
GEBURTSTAG ROLAND

noch Verwendungszweck (insgesamt max. 2 Zeilen à 27 Stellen)

Kontoinhaber/Einzahler: Name, Vorname/Firma, Ort (max. 27 Stellen, keine Straßen- oder Postfachangaben)
KARL KIESELSTEIN

Konto-Nr. des Kontoinhabers
2 7 5 0 8 8 0

18

7.2.2008 K. Kieselstein
Datum, Unterschrift

**Schreibmaschine:** normale Schreibweise!
**Handschrift:** Blockschrift in GROSSBUCHSTABEN, bitte je Zeichen ein Kästchen verwenden!

Der Formularsatz umfasst zwei **Teile**:

- Den **Überweisungsauftrag**, der zu unterschreiben ist und als Original beim beauftragten Kreditinstitut verbleibt. Dieses wird für die elektronische Weiterverarbeitung und Übertragung eingelesen und damit in den elektronischen Zahlungsverkehr überführt.

  Das einlesende Kreditinstitut belastet das Konto des Auftraggebers und veranlasst die Erkennung des Kontos des Empfängers. Der Überweisungsbetrag lautet seit 2002 ausschließlich auf Euro.

- Die **Durchschrift** verbleibt beim Zahlungspflichtigen als Beleg.

Der Überweisungsvorgang läuft wie folgt ab:

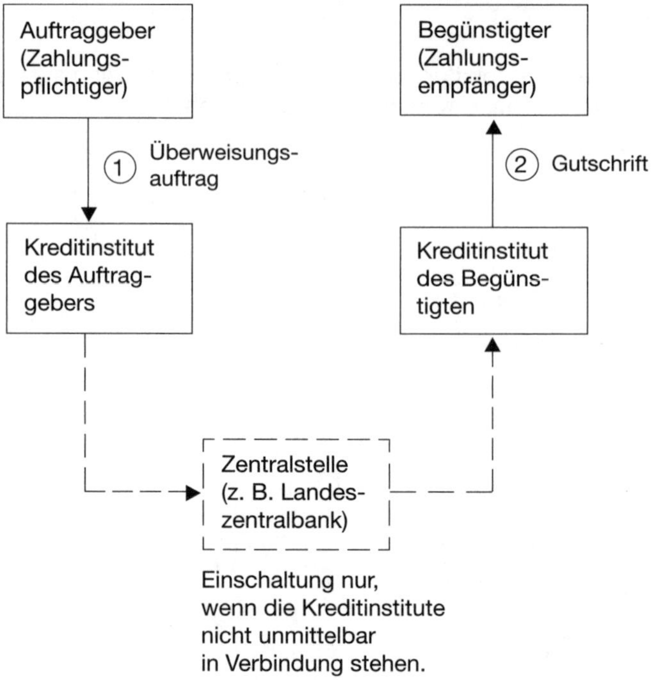


Im Zusammenhang mit der entgeltlichen Geschäftsbesorgung (§ 675 BGB) ist seit 1999 mit dem **Überweisungsgesetz** ein gesetzlicher europäischer Rahmen für die Kreditwirtschaft gegeben. Das Überweisungsgesetz gilt seit 2002 für inländische Überweisungen sowie für Zahlungen an Drittstaaten. Dies betrifft insbesondere:

- **Informationspflichten** der Kreditinstitute zu Ausführungsfristen und Wertstellungszeitpunkten im Überweisungsverkehr (§ 675 a BGB).

- **Ausführungsfristen** von Überweisungen, die grundsätzlich baldmöglichst bzw. wie folgt zu bewirken sind (§ 676 a BGB):

  - ▶ Im grenzüberschreitenden Überweisungsverkehr innerhalb der Europäischen Union und des europäischen Wirtschaftsraumes sind Überweisungen innerhalb von fünf **Bankgeschäftstagen** zu bewirken.
  - ▶ Bei institutsübergreifenden Inlandszahlungen soll eine Ausführung von Überweisungen binnen **drei Bankgeschäftstagen** erfolgt sein.
  - ▶ Überweisungen, die innerhalb eines Kreditinstitutes zwischen einer Haupt- und einer Filialstelle erfolgen, dürfen längstens **einen Bankgeschäftstag** dauern. Andere institutsinterne Überweisungen sind längstens binnen **zweier Bankgeschäftstage** dem Begünstigten gut zu schreiben.

  Diese Fristen beginnen mit dem Ablauf des Tages, an dem die vollständig ausgefüllte und mit entsprechender Kontodeckung versehene Überweisung dem Kreditinstitut vorgelegt wird. Hiervon abweichende Fristen müssen gesondert vereinbart werden.

Als Bankgeschäftstage zählen alle Werktage, außer Samstag und den Feier- bzw. Schließungstagen (z. B. Heiligabend).

- **Regelungen** der Ansprüche bei **verzögerten** oder **nichtausgeführten** Überweisungen (§ 676 b und c BGB).

### 2.3.1.2 FORMEN

Besondere Formen der Überweisungen sind:

- Die **Dauerüberweisung**, die aufgrund eines einmaligen Dauerauftrages erfolgt und folgende Merkmale hat:

| | |
|---|---|
| ▶ Stets gleicher Empfänger | ▶ Stets gleicher Betrag |
| ▶ Stets gleiches Konto | ▶ Regelmäßig wiederkehrende Termine |

**Beispiele:** Mietzahlungen, Zahlungen von Kredittilgungs-Raten, Zahlungen von Steuern, Abgaben, Beiträgen, Versicherungsprämien.

Die Dauerüberweisung dient dem Auftraggeber zur Arbeitsersparnis und schützt ihn vor dem Versäumen von Zahlungsterminen. Sie ist grundsätzlich **gebührenpflichtig**. Der zu Grunde liegende Dauerauftrag sieht wie auf Seite 142 gezeigt, aus.

- Die **Eilüberweisung**, mit der die Laufzeit verkürzt werden kann, wenn die Überweisung ansonsten über zwischen die Kreditinstitute zu schaltende Zentralstellen – beispielsweise die Landeszentralbank – gehen würde. Sie ist von den Kreditinstituten weitgehend durch die EZÜ (Elektronischer Zahlungsverkehr für Individualüberweisungen) ersetzt worden.

  Die Laufzeit der Belege von Kreditinstitut zu Kreditinstitut kann durch Direktversand verkürzt werden, wobei die Verrechnung nachträglich durch Einzug mittels Lastschrift erfolgt. Mit der Eilüberweisung kann ein Zeitgewinn erzielt werden, der gegebenenfalls auch zu einem Zinsgewinn führt, Verbindlichkeiten können trotz später Veranlassung noch rechtzeitig erfüllt werden.

- Der **elektronische Zahlungsverkehr für Individualüberweisungen (EZÜ)** transferiert durch das Einlesen der Gutschriftsträger das Giralgeld in Form von Datensätzen per Datenträgeraustausch oder vor allem per Datenfernübertragung. Der EZÜ kommt in verschiedenen Gironetzen seit 1997 ausschließlich zur Anwendung und ersetzt in zunehmendem Maße die Eilüberweisung.

- Besonders eilige Überweisungen können binnen Minuten durch **Blitzgiro** ausgeführt werden. Der Auftrag zur Überweisung erfolgt durch:

| | |
|---|---|
| ▶ Telefon | ▶ Telefax |

Die Verrechnung geschieht zwischen den Kreditinstituten nachträglich.

**An die** (Sparkasse/Landesbank)

01.2002

Sparkasse Neustadt

## Dauerauftrag

[x] **Einrichtung** [ ] **Änderung** [ ] **Löschung**

**Kontoinhaber mit Name und Anschrift**

[ ] Frau / [x] Herr / [ ] Firma

Karl Kieselstein
Eisenbahnstraße 13

| zu Lasten Konto-Nummer | Dauerauftrags-Nr. |
|---|---|
| 98756432 | 001 |

Ausführungstermin: mtl. [x] ¼jährl. [ ] ½jährl. [ ] jährl. [ ]

jeweils am: 1. [x] 15. [ ]

| erstmals am | befristet bis einschl. | Mindestbetrag |
|---|---|---|
| 06.02.08 | | |

Empfänger: Name, Vorname/Firma (max. 27 Stellen) Zuname voranstellen
Kroehn, Christine

Konto-Nr. des Empfängers: 561491709

Bankleitzahl: 12354678

Bankverbindung des Empfängers (max. 27 Stellen): Sparkasse Neustadt

**Betrag EUR:** 150,00

Verwendungszweck (Zeile 1) – z. B. Kundenreferenz-Nr. (nur für Empfänger bestimmte Angaben) max. 2 Zeilen à 27 Stellen
Sparrate

Verwendungszweck (Zeile 2)

Auftraggeber: Name, Vorname/Firma, Ort (max. 27 Stellen) Zuname voranstellen
Kieselstein, Karl

*Bitte die Daten von **links beginnend** in die Felder eintragen (Überweisungsbetrag ausgenommen).*

*Beim Ausfüllen mittels Büromaschinen, müssen die roten Feldbegrenzungen nicht beachtet werden.*

*Sofern die jeweils vorhandene Stellenzahl nicht ausreicht, sind die Auftragsdaten sinnvoll zu kürzen.*

### Bedingungen für die Ausführung von Daueraufträgen

1. Die Sparkasse/Landesbank nimmt von ihren Kunden Aufträge zur regelmäßigen Überweisung gleichbleibender Geldbeträge (Daueraufträge) entgegen. Daueraufträge sind grundsätzlich schriftlich zu erteilen.
2. Daueraufträge können zu den o.g. angebotenen Terminen ausgeführt werden.
3. Die Sparkasse/Landesbank ist berechtigt, jedoch nicht verpflichtet, Daueraufträge auch bei mangelndem Guthaben oder nicht ausreichendem Kredit auszuführen.
4. Die Sparkasse/Landesbank prüft nicht, ob die von dem Auftraggeber angegebene Kontoverbindung, Bankleitzahl, Kontonummer und Anschrift des Empfängers richtig sind. Weder die Sparkasse/Landesbank, noch die in den Überweisungsweg eingeschalteten anderen Geldinstitute beachten den Inhalt der im Feld „Verwendungszweck" eingetragenen Angaben.
5. Aufträge, bei denen für den Empfänger kein Konto angegeben wird sowie Aufträge unterhalb des o.g. **Mindestbetrags** können nicht erteilt werden.
6. Die Erteilung, Änderung oder Löschung von Aufträgen kann nur berücksichtigt werden, wenn sie der Sparkasse/Landesbank so rechtzeitig zugehen, dass ihre Berücksichtigung im Rahmen des ordnungsgemäßen Geschäftsablaufs – im Regelfall 12 Geschäftstage vor dem Ausführungstermin – möglich ist. Später eingehende Aufträge werden zum nächsten entsprechenden Termin berücksichtigt.
7. Die Ausführung des Dauerauftrages ist aus dem Girokontoauszug ersichtlich.

**Ort, Datum**
Neustadt, 06.02.2008

**Unterschrift(en) Verfügungsberechtigter**
K. Kieselstein

Für die Richtigkeit der Unterschrift(en): **Datum,** Unterschrift des Sachbearbeiters **(mit Pers.-Nr.)**
6.02.08 Berater 1556

¹ Bitte Konto-Nr., Dauerauftrags-Nr. und die zu ändernden Daten angeben.

Den obengenannten Dauerauftrag bitte ich zu löschen. Er soll **letztmalig** am ____________ ausgeführt werden.

Datum Unterschrift(en)

- Die **Sammelüberweisung**, mit der aufgrund eines Sammelauftrages unterschiedliche Beträge an verschiedene Zahlungsempfänger gleichzeitig überwiesen werden können. Sie besteht bei den Kreditinstituten aus:

  - Dem **Überweisungsauftrag** als Sammelvordruck, auf dem die Nummern und Beträge – gegebenenfalls auch in Form eines Additionsstreifens – aufgeführt sind.

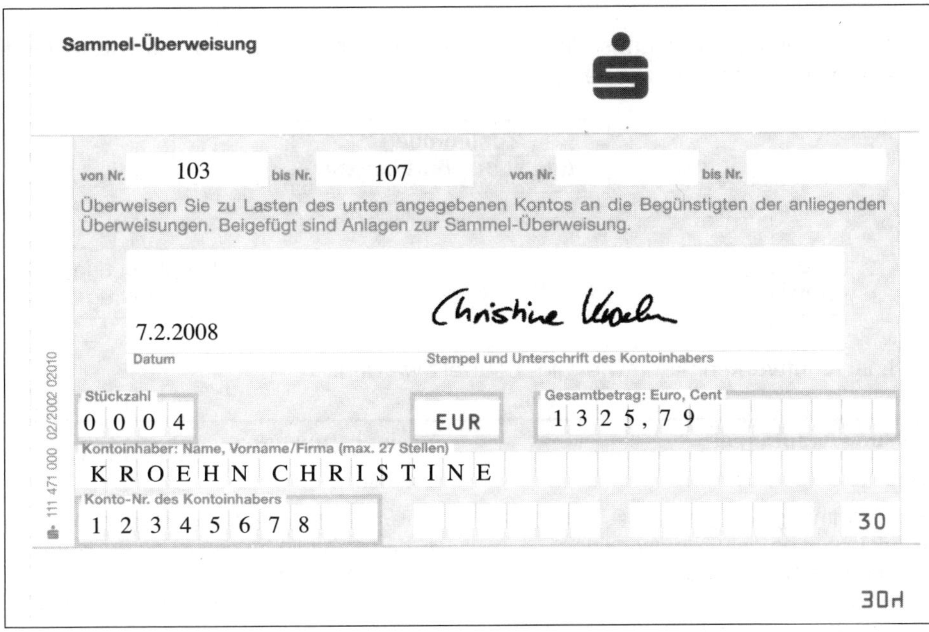

Sammel-Überweisung

von Nr. 103 bis Nr. 107 von Nr. bis Nr.

Überweisen Sie zu Lasten des unten angegebenen Kontos an die Begünstigten der anliegenden Überweisungen. Beigefügt sind Anlagen zur Sammel-Überweisung.

7.2.2008 Christine Kroehn

Datum Stempel und Unterschrift des Kontoinhabers

Stückzahl 0004 EUR Gesamtbetrag: Euro, Cent 1325,79

Kontoinhaber: Name, Vorname/Firma (max. 27 Stellen)

KROEHN CHRISTINE

Konto-Nr. des Kontoinhabers

12345678 30

111 471 000 02/2002 02010

30H

  - Den **Überweisungsträgern** für jeden Empfänger.

Die Sammelüberweisung dient der Arbeitserleichterung und spart Buchungen, gegebenenfalls auch Buchungsgebühren, ein.

32 Seite 471

## 2.3.2 LASTSCHRIFTVERKEHR

Mithilfe des Lastschriftverkehrs kann ein Zahlungsempfänger durch sein Kreditinstitut fällige Forderungen beim Kreditinstitut eines Zahlungspflichtigen einziehen lassen. Er kann für alle **einmaligen und wiederkehrenden Zahlungen**

- von einem bestimmten Zahlungspflichtigen
- die regelmäßig oder unregelmäßig anfallen
- in jeweils gleicher oder unterschiedlicher Höhe

eingesetzt werden.

**Voraussetzungen** für die Teilnahme am Lastschriftverkehr ist ein Vertrag zwischen dem Zahlungsempfänger und seinem Kreditinstitut, in dem sich der Zahlungsempfänger verpflichtet, dem Kreditinstitut nur dann Lastschriften vorzulegen, wenn:

- Eine Forderung besteht
- Die Forderung fällig ist
- Der Zahlungspflichtige dem Lastschriftverkehr schriftlich zugestimmt hat.

Die Zustimmung des Zahlungspflichtigen zum Lastschriftverkehr ist auf unterschiedliche Weise möglich. Dementsprechend gibt es:

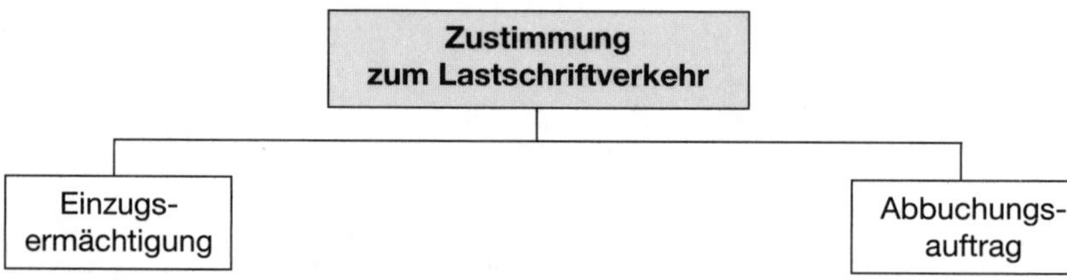


Der Lastschriftverkehr kann wie folgt beurteilt werden:

| Zahlungsempfänger | Zahlungspflichtiger |
|---|---|
| **Vorteile** | **Vorteile** |
| ▶ Bestimmung des Zahlungszeitpunktes | ▶ Keine Arbeit mit Scheck/Überweisung |
| ▶ Erleichterung der Gelddisposition | ▶ Keine Terminüberwachung erforderlich |
| ▶ Verbesserung der Liquidität | ▶ Kein Versäumen von Zahlungsterminen |
| ▶ Vereinfachung der Buchhaltung | ▶ Ausnutzung von Skonti usw. gesichert |
| ▶ Vereinfachung des Mahnwesens | **Nachteile** |
| ▶ Einsparung von Zinskosten | ▶ Einschränkung der Dispositionsfreiheit |
| **Nachteile** | ▶ Keine Zahlungsverzögerung möglich |
| ▶ Ungewissheit des Zahlungseingangs | ▶ Kein Zurückhalten der Zahlung möglich |
| ▶ Verwaltungsaufwand bzw. Kosten bei einer Lastschriftrückgabe | ▶ Außeneinfluss auf die Liquidität |

Wie Überweisungen werden auch Lastschriften inzwischen ausschließlich auf EDV-Medien erfasst oder eingelesen und beleglos in den Gironetzen im **EZL-Verfahren** (**E**lektronischer **Z**ahlungsverkehr mit **L**astschriften) weitergeleitet.

### 2.3.2.1 EINZUGSERMÄCHTIGUNG

Bei der Einzugsermächtigung erteilt der Zahlungspflichtige dem Zahlungsempfänger unmittelbar seine Zustimmung zum Lastschriftverkehr. Der Zahlungsempfänger legt daraufhin seinem Kreditinstitut das Lastschriftformular zusammen mit dem **Einzugsauftrag** vor, das auch ein Sammeleinzugsauftrag sein und wie folgt aussehen kann:

03/2002

**Ermächtigung zum Einzug von Forderungen durch Lastschriften**

**An** (Zahlungsempfänger)

Mein schöner Garten
- Vertrieb -
Gänseblümchenweg 7

53798 Hausen

Name, Vorname und genaue Anschrift des Kontoinhabers

Christine Kroehn
Erlenweg 13

67890 Neustadt

Hiermit ermächtige(n) ich/wir Sie widerruflich, die von mir/uns zu entrichtenden Zahlungen wegen
(Verpflichtungsgrund, ggf. Betragsbegrenzung)

Zeitschriftenabonnement 369705

bei Fälligkeit zu Lasten meines/unseres Girokontos Nr. 561491709

bei Sparkasse Neustadt

Bankleitzahl 12345678 durch Lastschrift einzuziehen.

Wenn mein/unser Konto die erforderliche Deckung nicht aufweist, besteht seitens des kontoführenden Kreditinstituts (siehe oben) keine Verpflichtung zur Einlösung.
Teileinlösungen werden im Lastschriftverfahren nicht vorgenommen.

**Ort, Datum**

Neustadt, 7.2.2008

**Unterschrift(en) des/der Zahlungspflichtigen**

Christine Kroehn



Sein Kreditinstitut schreibt ihm den Forderungsbetrag gut und belastet das Kreditinstitut des Zahlungspflichtigen auf dem Inkassoweg:

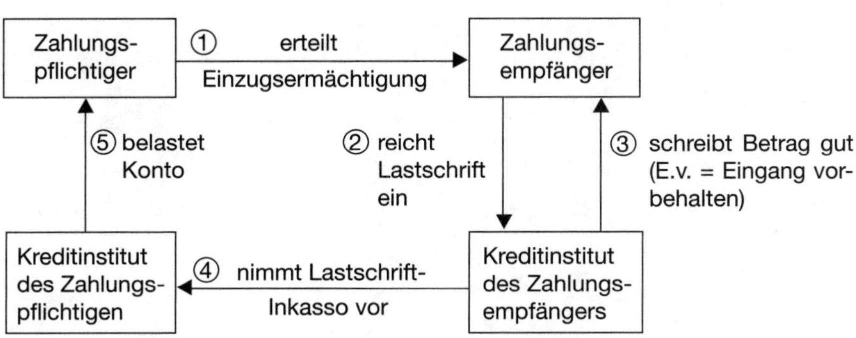

Der Lastschrift aufgrund einer Einzugsermächtigung kann der Zahlungspflichtige theoretisch ohne Einhaltung einer bestimmten Frist widersprechen. Dies gilt bis zur Genehmigung der Belastung durch den zahlungspflichtigen Kontoinhaber. Dem Zahlungspflichtigen muss der belastete Betrag daraufhin wieder gutgeschrieben werden.

In der Praxis nehmen die Kreditinstitute eine sechswöchige Frist für den Widerspruch in ihren Allgemeinen Geschäftsbedingungen zu den Rechnungsabschlüssen von Kontokorrentkonten (Ziffer 7 AGB) wieder auf.

Die Einzugsermächtigung ist die in der betrieblichen Praxis üblicherweise verwendete Form des Lastschriftverfahrens.

#### 2.3.2.2 ABBUCHUNGSAUFTRAG

Beim Abbuchungsauftrag erteilt der Zahlungspflichtige seinem Kreditinstitut den Auftrag, Lastschriften eines bestimmten Zahlungsempfängers einzulösen bzw. abzubuchen – Formular siehe Seite 147. Ein Widerspruch ist beim Abbuchungsauftrag nicht möglich, sondern lediglich ein **Widerruf** des Abbuchungsauftrages für die Zukunft.

Der Abbuchungsauftrag wird im Wesentlichen nur beim Einzug größerer Forderungsbeträge verwendet.

33 Seite 472

### 2.3.3 SCHECKVERKEHR

Der Scheck ist die unbedingte Anweisung eines Ausstellers an sein Kreditinstitut, einem Dritten bei Vorlage einen bestimmten Betrag zu Lasten seines Kontos auszuzahlen.

Das Kreditinstitut, das die Schecks ausgegeben hat, ist **Bezogener** des Schecks, d. h. es hat den Scheckbetrag zu zahlen, wenn ihm der Scheck vorgelegt wird. Als Voraussetzungen dafür gelten die ordnungsgemäße Ausstellung des Schecks und die Deckung des bezogenen Kontos.

10/2001

**Abbuchungsauftrag für Lastschriften**

| An (Kreditinstitut) | Name und genaue Anschrift des Kontoinhabers |
|---|---|
| Rheinland-Pfalz Bank AG<br>Baumstraße 2<br><br>67000 Ludwigshafen | Karl Kieselstein GmbH<br>Eisenbahnstraße 13<br><br>76543 Altstadt |

Hiermit bitte(n) ich/wir[1] Sie widerruflich, die von (Name des Zahlungsempfängers)

Christine Kroehn

Konto-Nr. des Zahlungsempfängers: 561491709

Bankleitzahl: 12345678

für mich/uns[1] bei Ihnen eingehenden Lastschriften zu Lasten meines/unseres[1] Girokontos Nr. 239876 einzulösen.
Wenn mein/unser[1] Konto die erforderliche Deckung nicht aufweist, besteht keine Verpflichtung, die Lastschrift einzulösen.
Teileinlösungen werden im Lastschriftverfahren nicht vorgenommen.

**Ort, Datum**

Altstadt, 7.2.2008

**Unterschrift(en) des/der[1] Zahlungspflichtigen**

K. Kieselstein

[1] Nichtzutreffendes bitte streichen



Die **Verwendung** des Schecks kann in dreifacher Weise erfolgen:

- Einlösung des Schecks beim bezogenen Institut
- Übergabe des Schecks an ein anderes Institut zum Einzug
- Weitergabe des Schecks an einen Gläubiger als Zahlungsmittel.

Da der Scheck kein Kreditinstrument ist, sondern als **Zahlungsmittel** verwendet werden soll, sieht das Scheckgesetz (ScheckG) vor, dass er:

- »auf Sicht«, d. h. bei Vorlage, zahlbar ist und

- innerhalb einer **Vorlegungsfrist**, soweit der Scheck in Deutschland zahlbar ist, eingereicht werden soll. Sie beträgt:

| Vorlegungsfrist | Ausstellungsort |
|---|---|
| 8 Tage | Inland |
| 20 Tage | Europäisches Ausland/ein an das Mittelmeer angrenzendes Land |
| 70 Tage | Überseeische Länder |

Die Vorlegungsfrist kann praktisch verlängert werden, indem der Scheck vordatiert wird, was erlaubt ist. Nach Ablauf der Vorlegungsfrist ist der Scheck zwar noch gültig, das bezogene Institut kann, muss ihn aber nicht einlösen.

Der Aussteller hat die Möglichkeit, die mit dem Scheck bewirkte Anweisung zu widerrufen. Für das bezogene Institut ist der **Widerruf**:

- **Bindend**, wenn er nach der Vorlegungsfrist erfolgt.
- Vor Ablauf der Vorlegungsfrist nach ScheckG **nicht bindend**, nach der Rechtsprechung muss ein rechtzeitig zugegangener Widerruf aber **dennoch beachtet** werden.

Zu unterscheiden sind:

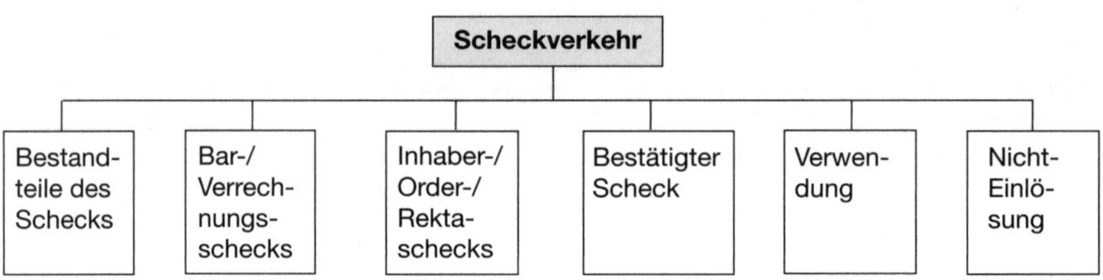


## 2.3.3.1 Bestandteile

Der Scheck ist ein **streng förmliches Wertpapier**. Er muss den Vorschriften des Scheckgesetzes (ScheckG) entsprechen, um wirksam zu sein. Dazu zählen insbesondere die vom ScheckG geforderten **gesetzlichen Bestandteile** des Schecks, die zwingend vorhanden sein müssen:

| Gesetzliche Bestandteile des Schecks | |
|---|---|
| 1 | Bezeichnung *»Scheck«* im Text der Urkunde |
| 2 | Unbedingte Anweisung, eine bestimmte Geldsumme zu zahlen |
| 3 | Name des bezogenen Kreditinstituts, das zahlen soll |
| 4 | Angabe des Zahlungsortes |
| 5 | Angabe des Tages und Ortes der Ausstellung |
| 6 | Unterschrift des Ausstellers als Verfügungsberechtigten des Kontos |

Sie werden um die **kaufmännischen Bestandteile** des Schecks ergänzt, die von den Kreditinstituten aus Gründen der sicheren und rationellen Bearbeitung gefordert werden.

| Kaufmännische Bestandteile des Schecks | |
|---|---|
| 1 | Schecknummer |
| 2 | Kontonummer |
| 3 | Bankleitzahl |
| 4 | Schecksumme in Ziffern |
| 5 | Überbringerklausel (zur formlosen Weitergabe des Schecks) |
| 6 | Zahlungsempfänger |
| 7 | Verwendungszweck |

Am unteren Rand des Schecks steht eine **Codierzeile**, die bereits vorgedruckt die wichtigsten Angaben wie Schecknummer, Kontonummer, Bankleitzahl für eine automatische Bearbeitung der Scheckbelege enthält.

### 2.3.3.2 Bar-/Verrechnungsschecks

Nach ihrer **Einlösung** werden Barschecks und Verrechnungsschecks unterschieden:

- Bei **Barschecks** hat der Scheckempfänger die Möglichkeit, den Scheck bei dem bezogenen Institut bar einzulösen, er kann ihn aber auch zur Gutschrift vorlegen bzw. einreichen oder weitergeben.

  Das **Problem** des Barschecks liegt in der Gefahr seiner missbräuchlichen Verwendung, insbesondere bei Verlust oder Diebstahl, da die Legitimation der vorlegenden Person üblicherweise nicht geprüft wird.

- Bei **Verrechnungsschecks** wird die bare Verfügung ausgeschlossen. Wenn ein Scheck auf der Vorderseite den Vermerk *»nur zur Verrechnung«* trägt, darf das bezogene Institut den Scheckbetrag lediglich auf einem Konto gutschreiben.

  Das ist auch bei ähnlichen Vermerken der Fall, ebenso bei Vermerken dieser Art, obwohl sie gestrichen sind. Es ist auch möglich, anstelle des Vermerkes *»nur zur Verrechnung«* zwei parallele Schrägstriche in der linken oberen Ecke des Schecks vorzunehmen.

  Die missbräuchliche Verwendung von Verrechnungsschecks ist zwar nicht ausgeschlossen, wird aber erheblich begrenzt, da der Einreicher festgestellt werden kann.

  Der Verrechnungsscheck kann folgendes **Aussehen** haben:

Sparkasse Neustadt

**Nur zur Verrechnung**

Zahlen Sie gegen diesen Scheck DE

zweihundertfünfzig

Betrag in Buchstaben

noch Betrag in Buchstaben

EUR | Betrag: Euro, Cent: 250,00

an

Karl Kieselstein GmbH
Eisenbahnstraße 13

76543 Altstadt

oder Überbringer

Neustadt

Ausstellungsort

7.2.2008

Datum

Christine Koch

Unterschrift des Ausstellers

Der vorgedruckte Schecktext darf nicht geändert oder gestrichen werden. Die Angabe einer Zahlungsfrist auf dem Scheck gilt als nicht geschrieben.

121631000 Sd 01/2002 11006

Scheck-Nr. | X | Konto-Nr. | X | Betrag | X | Bankleitzahl | X | Text

01⑈

Bitte dieses Feld nicht beschriften und nicht bestempeln

Die Einreichung von Verrechnungsschecks erfolgt bei den Kreditinstituten unter Verwendung des **Scheck-Einreichungsformulars**, wobei die Gutschrift den Vermerk »E. v.« (Eingang vorbehalten) trägt.

Scheck-Einlieferung **762** 500 **00**

Sparkasse Fürth

7.2.08 K. Kieselstein

Datum Unterschrift für nachstehenden Auftrag

Ziehen Sie zu Gunsten des unten angegebenen Kontos die beigefügten Schecks ein. Die Gutschrift erfolgt Eingang vorbehalten.

| | Scheck-Nummer | Konto-Nummer des Ausstellers | Bankleitzahl bezogenes Institut | Betrag: Euro, Cent |
|---|---|---|---|---|
| 1 | 11223344 | 239876 | 12345678 | 5.432,11 |
| 2 | 55667788 | 328967 | 87654321 | 2.345,22 |
| 3 | | | | |
| 4 | | | | |
| 5 | | | | |

Bitte alle Schecks mit dem Vermerk >Nur zur Verrechnung< versehen.

Stückzahl: 2 | EUR | Gesamtbetrag: Euro, Cent: 7 7 7 7, 3 3

Kontoinhaber: Name, Vorname/Firma (max. 27 Stellen): KIESELSTEIN KARL

Konto-Nr. des Kontoinhabers: 2 3 9 8 7 6 | 80

124 800 000 07/2002 02010

76250000⑆ 80⑈

Bitte dieses Feld nicht beschriften und nicht bestempeln

### 2.3.3.3 Inhaber-/Order-/Rektaschecks

Nach der **Eigentumsübertragung** werden Inhaberschecks, Orderschecks und Rektaschecks unterschieden:

- **Inhaberschecks** tragen keine Angabe eines Zahlungsempfängers und sind mit der Überbringerklausel *»oder Überbringer«* versehen. Für ihre Übertragung sind erforderlich:

  ▶ Einigung ▶ Übergabe

  Der Inhaber eines Inhaberschecks hat keine Berechtigung nachzuweisen.

- **Orderschecks** tragen den Namen eines Zahlungsempfängers, dazu kann – muss aber nicht – der Vermerk *»oder Order«* kommen. Sie stellen sicher, dass nur der Begünstigte ihn einlösen oder weitergeben kann. Die Übertragung erfolgt durch:

  ▶ Einigung ▶ Indossament* ▶ Übergabe

  Orderschecks kommen im Inland selten, im **Auslandszahlungsverkehr** häufig vor. Sie tragen einen roten Randstreifen und sind durch das Wort *»Orderscheck«* kenntlich gemacht.

- **Rektaschecks** tragen den Namen einer begünstigten Person und sind mit der negativen Orderklausel *»nicht an Order«* versehen. Damit wird die Übertragung als Orderpapier – durch Einigung, Indossament und Übergabe – ausgeschlossen. Der Scheck wird zu einem Rektapapier, dessen Übertragung erfordert:

  ▶ Einigung ▶ Zession (Abtretung) ▶ Übergabe

In der betrieblichen Praxis haben Rektaschecks **keine Bedeutung**. Sie werden von deutschen Kreditinstituten nicht verwendet.

### 2.3.3.4 Bestätigter Scheck

Diese Form des Schecks weist als Besonderheit eine Zahlungsgarantie auf:

- **Bestätigte Schecks** sollen die Sicherheit von Gläubigern bargeldgleich erhöhen. Kreditinstitute dürfen selbst keine Schecks bestätigen. Das darf nur die **Bundesbank** oder eine **Landeszentralbank**. Kreditinstitute können jedoch gegenüber dem Scheckinhaber eine Einlösungszusage (Garantie) abgeben.

---

* Das **Indossament** oder **Giro** auf der Rückseite eines Orderpapiers ist die schriftliche Erklärung eines Scheckberechtigten (Indossanten), mit der die Rechte aus dem Scheck übertragen werden. Es kann sein:

- Ein **Voll**indossament, wenn die begünstigte Person (Indossatar) bezeichnet und die Unterschrift der berechtigten Person geleistet werden.
- Ein **Blanko**indossament, wenn die berechtigte Person lediglich ihre Unterschrift leistet.

Die Bundesbank bzw. eine Landeszentralbank versieht einen auf sie gezogenen Scheck auf dessen Rückseite mit einem Bestätigungsvermerk und haftet für die Einlösung, wenn der Scheck innerhalb von 8 Tagen zur Zahlung vorgelegt wird.

Bestätigte Schecks finden z. B. Verwendung bei:

- Auktionen
- Zwangsversteigerungen
- Übernahme von Kraftfahrzeugen beim Herstellerwerk

Ebenso besteht eine Einlösungsgarantie bei den kaum mehr verwendeten **Tankschecks** sowie bei den im Voraus vom Scheckverwender zu zahlenden **Reiseschecks**.

- Seit 2002 ist die Zahlungsgarantie des **Eurocheques** aufgehoben. Bis dahin konnte europaweit dieser Scheck zusammen mit der Eurocheque-Karte ausgestellt werden, wobei das bezogene Kreditinstitut die Einlösung von bis zu 200 € pro Eurocheque garantierte, ohne dass eine ausreichende Deckung auf dem Konto des Ausstellers vorhanden sein musste.

Der Wegfall der Zahlungsgarantie wurde damit begründet, dass der Eurocheque kaum mehr Verwendung fand.

An seiner Stelle ist die ehemalige **Eurocheque-Karte**, die jetzt auch **Debitkarte** genannt wird, in ihrer Einsetzbarkeit für die Bargeldbeschaffung und die Nutzung des Electronic Cash europaweit verbreitet.

34 Seite 472

### 2.3.3.5 VERWENDUNG

Der **Zahlungsverkehr** mithilfe des Schecks erfolgt in mehreren **Schritten**:

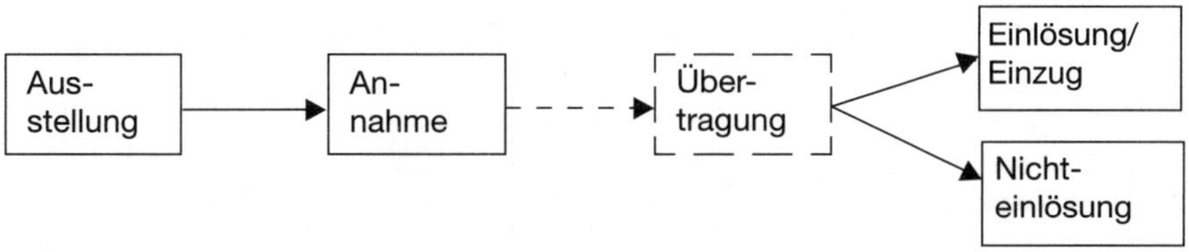


Sie sollen kurz beschrieben werden:

- Der Zahlungspflichtige **stellt** den **Scheck aus** und gibt ihn dem Zahlungsempfänger.
- Der Zahlungsempfänger **nimmt** den **Scheck an**.
- Der Zahlungsempfänger kann den Scheck zahlungshalber **weitergeben**, d. h. übertragen.
- Der Begünstigte – das kann der Zahlungsempfänger sein oder die Person, an die er den Scheck weitergegeben hat, oder eine weitere Person, an welche der Scheck wiederum übertragen wurde – legt den Scheck beim Kreditinstitut des Zahlungspflichtigen zur **Einlösung** oder bei einem anderen Kreditinstitut zum **Einzug** vor und erhält eine Gutschrift.

Die Kreditwirtschaft unterscheidet zwei Verfahren des Scheckeinzugs:

- Beim **beleglosen Scheck-Einzug** (BSE-Scheck) werden Schecks nicht mehr zwischen den Banken ausgetauscht, sondern in Form von Datensätzen umgewandelt und verrechnet. Voraussetzungen für diese Verfahrensweise sind, dass der Betrag unter 6.000 € liegt, ein besonderer Textschlüssel gegeben ist und der Scheck auf ein inländisches Kreditinstitut gezogen ist.
- Seit 09/2007 löst das **imagegestützte Scheckeinzugsverfahren** (ISE) den bisherigen Großbetrags-Scheckeinzug (GSE) ab. Hier erfolgt für Schecks ab 6.000 € das Scheckclearing mittels eines elektronischen Bildes und einem dazu gehörigen Datensatz. Der eingescannte Scheck wird dann an das bezogene Kreditinstitut zur Prüfung und Einlösung weitergeleitet.
- Das bezogene Kreditinstitut **muss** die **Einlösung** eines Schecks **verweigern**, wenn ein Widerruf vorliegt, eine nicht berechtigte Vorlage erkennbar ist bzw. die Unterschrift auf dem Scheck nicht der Unterschriftsprobe des Ausstellers bzw. Kontoinhabers entspricht.
- Die **Einlösung kann** vom bezogenen Kreditinstitut **verweigert werden**, wenn die Vorlegungsfrist abgelaufen ist bzw. wenn das Konto des Ausstellers keine ausreichende Deckung aufweist.

### 2.3.3.6 NICHT-EINLÖSUNG

Wenn ein rechtzeitig vorgelegter Scheck **nicht eingelöst** wird, ist die Verweigerung der Einlösung zunächst festzustellen, sodann hat der Scheckinhaber seinen unmittelbaren Vormann und den Aussteller zu benachrichtigen und kann Rückgriff nehmen.

Feststellung der Einlösungsverweigerung ⇨ Benachrichtigung des Ausstellers und unmittelbaren Vormannes ⇨ Rückgriff

Die **Feststellung der Einlösungsverweigerung** kann erfolgen durch:

- Eine **öffentliche Urkunde (Protest)**
- Einen **Nicht-Bezahlt-Vermerk** des bezogenen Kreditinstituts auf dem Scheck mit Angabe des Vorlegungstages, was in der Praxis fast ausschließlich zur Anwendung kommt.
- Eine datierte **Erklärung** der LZB-Abrechnungsstelle, dass der Scheck rechtzeitig eingeliefert und nicht bezahlt wurde.

Die **Benachrichtigung** des Ausstellers und unmittelbaren Vormannes hat innerhalb von vier Werktagen zu erfolgen. Jeder Indossant hat seinen Vormann innerhalb von zwei Werktagen zu benachrichtigen. In der Praxis übernimmt das bezogene Kreditinstitut gemäß der »Bedingungen für den Scheckverkehr« die Benachrichtigung.

Für den **Rückgriff** gilt:

- Die **Haftung** erfolgt dem Scheckinhaber gegenüber gesamtschuldnerisch. Rückgriffsschuldner sind bei:

| | |
|---|---|
| **Inhaberschecks** | Der Aussteller und diejenigen, die den Scheck durch Indossament weitergegeben haben. |
| **Orderschecks** | Der Aussteller und die Indossanten. |

- Die **Rückgriffsansprüche** umfassen:

  - ▶ Schecksumme
  - ▶ Zinsen (2 % über dem Basiszins (§ 247 BGB), der seit 01.01.1999 den Diskontsatz als Referenzzinssatz ersetzt und sich am Hauptrefinanzierungsinstrument der EZB orientiert. Mindestens sind aber 6 % vom Vorlegungstag an zu verlangen.)
  - ▶ Protestkosten, Benachrichtigungs- und sonstige Kosten, Auslagen
  - ▶ 1/3 % Provision (von der Schecksumme)

- Die Rückgriffsansprüche können bei Zahlungsverweigerung im Rahmen eines normalen Mahnverfahrens mithilfe eines **Mahn-** und **Vollstreckungsbescheides** oder im **Scheckprozess** durchgesetzt werden.

- Die Rückgriffsansprüche des Scheckinhabers gegen Aussteller, Indossanten, gegebenenfalls Bürgen **verjähren** sechs Monate nach Ablauf der Vorlegungsfrist.

  Die Rückgriffsansprüche eines Scheckverpflichteten gegenüber seinen Vormännern verjähren sechs Monate nach dem Tag, an dem er selbst den Rückscheck eingelöst hat oder Ansprüche gegen ihn gerichtlich geltend gemacht wurden.

35 Seite 472

## 2.3.4 WECHSELVERKEHR

Der Wechsel ist ein **streng förmliches Wertpapier** mit folgenden Merkmalen:

- Er ist eine Urkunde, die ein privates Vermögensrecht verbrieft.
- Die Ausübung des Vermögensrechtes erfordert den Besitz der Urkunde.
- Die Form der Urkunde ist im Wechselgesetz im Einzelnen vorgeschrieben.

Die **Wechselforderung** ist **abstrakt**, d. h. sie besteht losgelöst von einem gegebenenfalls dem Wechsel zu Grunde liegenden Rechtsgeschäft. Damit ändert beispielsweise die Nichtigkeit eines Kaufvertrages nichts an der Gültigkeit der Wechselforderung.

Zudem unterliegt der Wechsel der **»Wechselstrenge«**. Darunter werden verstanden:

- Die Festlegung der Formvorschriften des Wechsels und der Haftung der Wechselbeteiligten.

- Die Regelung der Fristen und Rechtshandlungen für die Einlösung bzw. Nichteinlösung.

- Die Besonderheiten des Wechselprozesses.

Der Wechsel hat drei **Funktionen**. Er kann sein:

- **Kreditmittel**, das auf zweifache Weise genutzt werden kann. Zu unterscheiden sind:

| | |
|---|---|
| **Handelswechsel** | Bei ihm liegt ein Kaufvertrag zu Grunde und die Kreditfunktion besteht in der Gewährung eines Zahlungszieles. |
| **Finanzwechsel** | Hier ist das nicht der Fall, es wird mit dem Wechsel lediglich ein Darlehen gewährt, ohne dass ein Handels- oder Dienstleistungsgeschäft die Grundlage bildet. |

- **Sicherungsmittel**, denn durch die Wechselstrenge und Abstraktheit der Wechselforderung erhält der Gläubiger in besonderer Weise eine Sicherheit, die dadurch noch verstärkt sein kann, dass – neben dem Bezogenen und Aussteller – vielfach auch noch andere Personen wechselrechtlich haften.

  Der typische »Sicherungswechsel« ist der **eigene Wechsel**, der auch **Solawechsel** genannt wird.

  Als ein Instrument der Besicherung fungiert der Wechsel, auch wenn er bei einem **Lombardkredit** an die Kredit gebende Bank verpfändet wird.

- **Zahlungsmittel**, indem der Wechsel als Geldersatzmittel verwendet wird. Die durch seine Hingabe bewirkte Leistung erfolgt aber lediglich erfüllungshalber, das zu Grunde liegende Schuldverhältnis endet erst mit der Einlösung des Wechsels.

Zu unterscheiden sind:

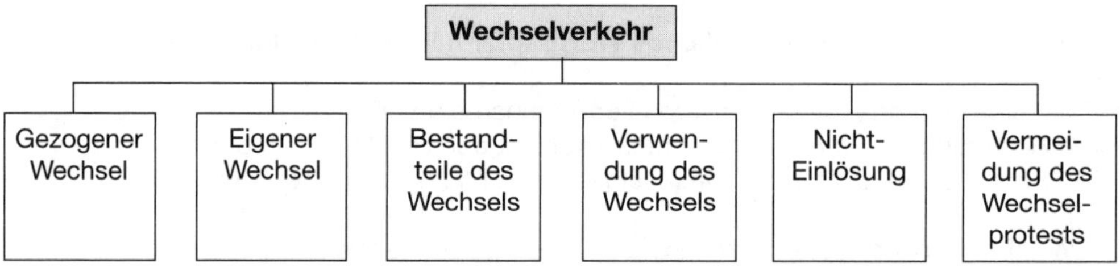


### 2.3.4.1 Gezogener Wechsel

Der gezogene Wechsel enthält die unbedingte Anweisung eines Ausstellers an den Bezogenen, einen bestimmten Geldbetrag bei Fälligkeit an die Person zu zahlen, die im Wechsel als berechtigt ausgewiesen ist. Solange der gezogene Wechsel noch nicht vom Bezogenen akzeptiert ist, bezeichnet man ihn auch als **Tratte**. Es gibt:

- Den **Wechsel an eigene Order**, bei dem Aussteller und Begünstigter identisch sind. Das ist der üblicherweise verwendete gezogene Wechsel.

- Den **Wechsel an fremde Order**, bei dem Aussteller und Begünstigter unterschiedliche Personen sind.

Der gezogene Wechsel hat **drei Beteiligte**:

- Aussteller = Trassant
- Bezogener = Trassat, nach Akzept = Akzeptant
- Begünstigter = Remittent = Wechselnehmer.

Dabei können **zwei Beteiligte** identisch sein:

- Aussteller = Begünstigter

## Vorderseite

Ort, Tag, Monat und Jahr der Ausstellung (Monat in Buchstaben, Jahr mit Jahrhundertangabe)
Mannheim, den 09. Dezember 2007

| Nr. d. Zahl.-Ortes | Zahlungsort | Verfalltag |
|---|---|---|
| 660 | Karlsruhe | 04. 02. 2008 |

Vermerke in diesen Spalten sind nur für Kreditinstitute bestimmt. Sie gehören nicht zum Wechseltext.

Gegen diesen **Wechsel** - erste Ausfertigung - zahlen Sie am 04. Februar 2008
Tag, Monat und Jahr der Fälligkeit (Monat in Buchstaben, Jahr mit Jahrhundertangabe)

an eigene Order — EUR -50.000,--
Name des Zahlungsempfängers oder dessen Order — Betrag in Ziffern

Euro -fünfzigtausend- — Cent wie oben
Betrag in Buchstaben

**Bezogener** Tischlerei Holzwurm

in Buchenweg 5, 75015 Bretten
Straße und Ort (genaue Anschrift)

Zahlbar in Karlsruhe
Zahlungsort
bei Kundenbank — 23 14 526
Name des Kreditinstituts — Bankleitzahl — z.L. Konto Nr.

Holzhandlung Peter Neumann
Schwarzwaldstr. 190

76005 Karlsruhe
Peter Neumann
Genaue Anschrift des Ausstellers.
Unmittelbar unterhalb der Anschrift: Unterschrift des Ausstellers.

Angenommen

Tischlerei Holzwurm
Buchenweg 5
75015 Bretten

Zweckform Einheitswechsel

## Rückseite

Für mich an die Order der
Holzimport Eiche KG
Frankfurt am Main

Holzhandlung Peter Neumann
Karlsruhe

Peter Neumann

Für uns an die Order der
Ex- und Importbank
Frankfurt

Holzimport Eiche KG
Frankfurt am Main

ppa.

### 2.3.4.2 EIGENER WECHSEL

Der eigene Wechsel enthält das unbedingte Versprechen eines Ausstellers, einen bestimmten Geldbetrag bei Fälligkeit an die Person zu zahlen, die im Wechsel als berechtigt ausgewiesen ist. Er wird auch **Solawechsel** genannt und hat **zwei Beteiligte**, den Aussteller und den Begünstigten, wobei der Aussteller mit dem Bezogenen identisch ist.

In der betrieblichen Praxis wird der eigene Wechsel wesentlich seltener verwendet als der gezogene Wechsel.

Der gezogene Wechsel und der eigene Wechsel unterscheiden sich in mehrfacher Hinsicht:

| **Unterscheidungs-kriterien** | **Gezogener Wechsel** *(mit Akzept)* | **Eigener Wechsel** |
|---|---|---|
| Wesen | Zahlungsaufforderung und Zahlungsversprechen | Nur Zahlungsversprechen |
| Text | Gegen diesen Wechsel zahlen *Sie* … | Gegen diesen Wechsel zahle *ich* … |
| Zweck | Zahlungsmittel<br>Kreditmittel | Sicherungsmittel (Schuldschein mit Wechselstrenge) |
| Sicherheit | Aussteller und Bezogener | Nur Aussteller |

36 Seite 473

### 2.3.4.3 BESTANDTEILE

Der Inhalt der Wechselurkunde ist im Wechselgesetz (WG) festgelegt. Man spricht von den **gesetzlichen Bestandteilen** des Wechsels. Das sind:

| | **Gesetzliche Bestandteile des Wechsels** (gezogene Wechsel) |
|---|---|
| 1 | Bezeichnung als Wechsel im Text der Urkunde |
| 2 | Unbedingte Anweisung, eine bestimmte Geldsumme zu bezahlen* |
| 3 | Name des Bezogenen** |
| 4 | Verfallzeit<br>▶ Kalendermäßig bestimmter Tag (**Tagwechsel**)<br>▶ Bestimmte Zeit nach Ausstellung (**Datowechsel**)<br>▶ Bei Vorlage (**Sichtwechsel**)<br>▶ Bestimmte Zeit nach Annahme (**Nachsichtwechsel**)<br>▶ Ohne Angabe (**Sichtwechsel**) |

* Beim **eigenen Wechsel** stattdessen: Unbedingtes Zahlungsversprechen des Ausstellers, eine bestimmte Geldsumme zu bezahlen.

** Beim **eigenen Wechsel**: Der Aussteller setzt sich selbst als Bezogener ein. Fehlt der Name des Bezogenen, ist der Wechsel nichtig.

| | |
|---|---|
| 5 | Angabe des Zahlungsortes<br>▶ Fehlt er, gilt der beim Namen des Bezogenen angegebene Ort<br>▶ Fehlt auch diese Angabe, ist der Wechsel nichtig |
| 6 | Name des Wechselnehmers<br>▶ An eigene Order<br>▶ An fremde Order |
| 7 | Ort und Tag der Ausstellung<br>▶ Fehlt er, gilt der beim Namen des Ausstellers angegebene Ort<br>▶ Fehlt auch diese Angabe, ist der Wechsel nichtig |
| 8 | Unterschrift des Ausstellers |

Zur Erleichterung des Wechselverkehrs kommen zu den gesetzlichen Bestandteilen noch **kaufmännische Bestandteile**:

| Kaufmännische Bestandteile des Wechsels | |
|---|---|
| 1 | Ortsnummer des Zahlungsortes |
| 2 | Wiederholung des Zahlungsortes (rechts am oberen Rand des Wechsels) |
| 3 | Wiederholung des Verfalltages (rechts am oberen Rand des Wechsels) |
| 4 | Wiederholung der Wechselsumme (in Ziffern) |
| 5 | Zusatz *»erste Ausfertigung«, »zweite Ausfertigung«* usw.<br>(wenn mehrere Ausfertigungen vorliegen) |
| 6 | Domizil- oder Zahlstellenvermerk<br>(wenn der Wechsel bei einem Kreditinstitut zahlbar ist) |
| 7 | Anschrift des Ausstellers |

### 2.3.4.4 Verwendung

Der Zahlungsverkehr mithilfe des Wechsels erfolgt in mehreren **Schritten**:

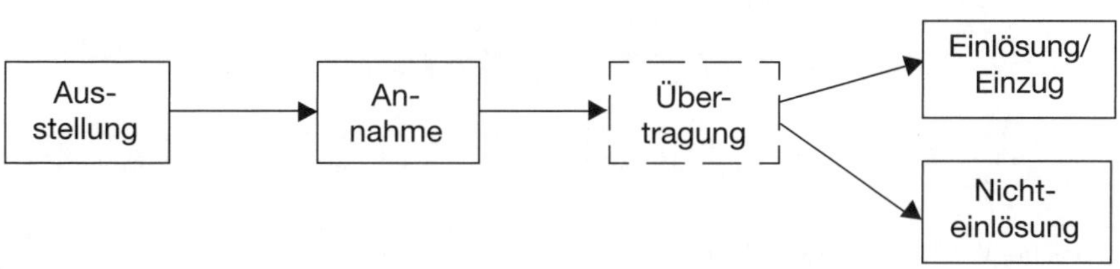


Sie sollen kurz beschrieben werden:

- Die **Ausstellung** eines Wechsels setzt Wechselfähigkeit voraus. Sie umfasst:

| | |
|---|---|
| ▶ Rechtsfähigkeit | ▶ Volle Geschäftsfähigkeit |

Der ausgestellte, aber noch nicht akzeptierte Wechsel ist eine **Tratte**. Der Aussteller hat den Wechsel dem Bezogenen an dessen Wohnort vorzulegen. Er kann dem Bezogenen Vorschriften* zur Vorlage des Wechsels machen.

- Die **Annahme** des Wechsels heißt Akzept. Der Bezogene muss den Wechsel nicht bei der ersten Vorlage akzeptieren. Er kann verlangen, dass der Wechsel am nächsten Werktag nochmals vorgelegt wird. Der Bezogene akzeptiert den Wechsel mit seiner Unterschrift quer auf der Urkunde.

Dieses **Akzept** kann sein:

| | |
|---|---|
| **Kurzakzept** | Es besteht nur aus der Unterschrift des Bezogenen. |
| **Vollakzept** | Es besteht aus Ort, Datum, Unterschrift.<br>Der Wechselbetrag kann wiederholt werden. |
| **Teilakzept** | Es erfolgt nur die Annahme für einen Teil der Wechselsumme. |
| **Aval-Bürgschaftsakzept** | Die wechselrechtliche Verpflichtung übernimmt zusätzlich ein Bürge mit seiner Unterschrift. |
| **Blankoakzept** | Es ist ein Kurzakzept auf einem nicht ausgefüllten Wechsel. |

- Die **Übertragung** des Wechsels ist möglich durch:

▶ Einigung ▶ Indossament ▶ Übergabe

Der Wechselgläubiger kann den Wechsel aber auch behalten und dem Bezogenen am Verfalltag zur Zahlung vorlegen – siehe **Einlösung**.

Das **Indossament** – unter anderem als Unterschrift des Inhabers auf der Rückseite des

---

* D. h., dass der Wechsel nach Art. 22 WG

- zur Annahme vorgelegt werden muss, wobei er eine Frist bestimmen kann – **Vorlagegebot**.

  *»zur Annahme«, »vorzulegen bis zum...«*

- nicht zur Annahme vorgelegt werden darf, was bei Domizil-, Zahlstellen-, Nachsichtwechseln nicht zulässig ist – **Vorlageverbot**.

  *»nicht zur Annahme«*

- nicht vor einem bestimmten Tag zur Annahme vorgelegt werden darf – **zeitlich bedingtes Vorlageverbot**.

  Nichtbeachtung führt zum Verlust des Rückgriffsrechtes.

Wechsels – ist die Weitergabeerklärung. Es kann sein:

| | |
|---|---|
| **Vollindossament** | Es enthält die Namen des Ausschreibenden (Indossanten) und des neuen Wechselgläubigers (Indossatars) sowie die Orderklausel und die Unterschrift des Indossanten.<br>Ort und Datum sind nicht zwingend notwendig.<br>*»Für mich an die Order der Firma Metallbau GmbH, Heidelberg.*<br>*Mannheim, den 01. Februar 2008*<br>............. *(Peter Müller)* |
| **Kurz-/Blanko-indossament** | Es besteht nur aus der Unterschrift des Indossanten. |

Es gibt auch **Sonderformen** des Indossaments:

| | |
|---|---|
| **Inkasso-indossament** | Es wird auch Vollmachts-, Einzugs- oder Prokuraindossament genannt.<br>Der Indossatar, zumeist ein Kreditinstitut, erhält lediglich das Recht zum Einzug des Wechsels. Er wird nicht Eigentümer und kann den Wechsel nur durch weiteres Inkassoindossament übertragen. |
| **Pfand-indossament** | Der Indossatar erhält nur ein Pfandverwertungsrecht. Er wird nicht Eigentümer des Wechsels, der als Zusatzvermerk *»Wert zum Pfand«* bzw. *»Wert zur Sicherheit«* trägt.<br>Ein weiteres Indossament wirkt lediglich als Vollmachtsindossament. |
| **Angst-indossament** | Der Indossant schließt mit den Worten »ohne Obligo« seine Haftung für die Annahme und Zahlung den Nachmännern gegenüber aus. |
| **Rekta-indossament** | Der Indossant beschränkt seine Haftung auf seinen unmittelbaren Nachmann. Eine Weitergabe des Wechsels ist dennoch durch Abtretung (Zession) möglich. |

Angst- und Rektaindossament sind ausschließlich im Auslandsgeschäft zu finden.

- Die **Einlösung** des Wechsels erfolgt am Zahlungstag. Das ist der Verfalltag, sofern er auf einen Werktag fällt, ansonsten der Werktag nach dem auf einen Samstag, Sonntag oder Feiertag fallenden Verfalltag.

Der Wechsel ist an einem der zwei auf den Zahlungstag folgenden Werktage am Zahlungsort beim Bezogenen bzw. der von ihm beauftragten Zahl- oder Domizilstelle innerhalb der Geschäftsstunden vorzulegen.

| Verfalltag | Zahlungstag | Letzter Vorlegungstag |
|---|---|---|
| Mittwoch | Mittwoch | Freitag |
| Donnerstag | Donnerstag | Montag |
| Freitag | Freitag | Dienstag |
| Samstag | Montag | Mittwoch |
| Sonntag | Montag | Mittwoch |

Der Bezogene zahlt gegen Aushändigung des quittierten Wechsels. Eine **Teilzahlung** ist auch möglich. Sie darf nicht zurückgewiesen werden.

### 2.3.4.5 Nicht-Einlösung

Die **Nicht-Einlösung** des Wechsels ist ebenfalls möglich. Der Wechsel kann notleidend werden:

- **Mangels Annahme**, wenn die Annahme des Wechsels ganz oder teilweise verweigert wurde. Es kann **Protest mangels Annahme** erhoben werden.

- **Mangels Sicherheit**, wenn über das Vermögen des Bezogenen das Insolvenzverfahren eröffnet wurde bzw. der Bezogene seine Zahlungen eingestellt hat bzw. die Zwangsvollstreckung in sein Vermögen fruchtlos verlief. Hier ist **Protest mangels Zahlung vor Verfall** möglich.

- **Mangels Zahlung**, wenn der Wechsel rechtzeitig und am richtigen Ort vorgelegt und nicht oder nur teilweise bezahlt wurde. Es kann **Protest mangels Zahlung bei Verfall** erhoben werden.

Der **Wechselprotest** ist eine Urkunde, die beweist, dass der Wechsel ordnungsgemäß zur Annahme oder Zahlung vorgelegt und nicht akzeptiert oder bezahlt wurde. Er ist die gesetzliche Voraussetzung für den Rückgriff. Beim Wechselprotest ergibt sich folgender Ablauf:

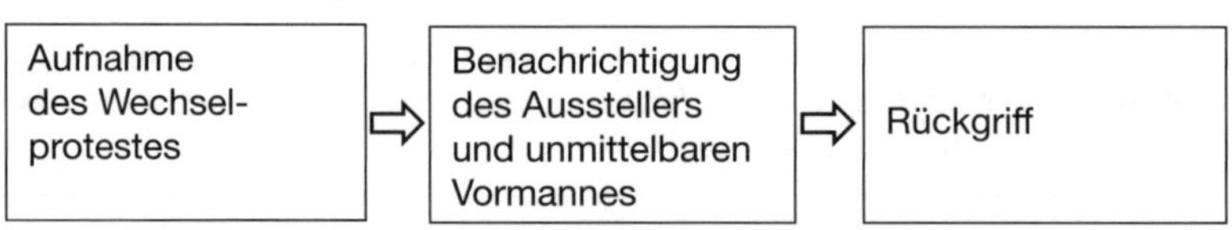


Die **Aufnahme des Wechselprotestes** kann nur durch einen Notar oder einen Gerichtsbeamten erfolgen. Der – am häufigsten vorkommende – Protest mangels Zahlung ist innerhalb der beiden auf den Zahlungstag folgenden Werktage zu erheben, andernfalls verliert der Wechselinhaber sein Rückgriffsrecht gegen den Aussteller und die Indossanten, nicht aber gegenüber dem Akzeptanten.

Der Wechselinhaber hat innerhalb von vier Werktagen die **Benachrichtigung** (Notifikation) des Ausstellers und des unmittelbaren Vormannes vorzunehmen, jeder Indossant muss seinen unmittelbaren Vormann innerhalb von zwei Werktagen benachrichtigen. Wird nicht ordnungsgemäß benachrichtigt, ist für den entstandenen Schaden zu haften.

* In der Praxis wird regelmäßig bereits am Montag Protest erhoben.

Für den **Rückgriff** gilt:

- Beim Rückgriff (Regress) haften alle Personen dem Wechselgläubiger als **Gesamtschuldner**, die einen Wechsel ausgestellt, angenommen, indossiert oder mit einer Bürgschaftserklärung versehen haben. Damit kann der jeweilige Wechselnehmer Rückgriff nehmen:

  ▶ Auf seinen unmittelbaren Vormann (**Reihenregress**)

  ▶ Auf einen beliebigen Vormann (**Sprungregress**)

- Die **Rückgriffsansprüche**, die durch Rückrechnung geltend gemacht werden, umfassen:

  ▶ **Wechselsumme** oder Betrag, den ein Rückgriffsverpflichteter selbst zahlen musste
  ▶ **Zinsen** in Höhe von 2 % über dem Basiszins, mindestens jedoch 6 %
  ▶ **Protestkosten**, Benachrichtigungs- und sonstige Kosten, Auslagen
  ▶ **Provision** in Höhe von 1/3 % der Wechselsumme

- Ist der Wechselprotest nicht abwendbar, kann der Wechselinhaber seine **Ansprüche** gegenüber dem Verpflichteten mithilfe eines Wechselmahnbescheides oder im Wechselprozess durchsetzen.

  Der **Wechselmahnbescheid** wird aus Kostengründen in der betrieblichen Praxis häufig genutzt. Er entspricht grundsätzlich dem gerichtlichen Mahnverfahren.

  Der **Wechselprozess** ist eine besondere Form des Urkundenprozesses. Zuständig ist das Amtsgericht bis 5.000 € Streitwert nach § 23 GVG, ansonsten das Landgericht, das für den Zahlungsort zuständig ist. Er ist gekennzeichnet durch:

| | |
|---|---|
| **Kurze Einlassungsfristen** | **24 Stunden**, wenn der Beklagte am Ort des zuständigen Gerichtes seinen Wohn- oder Geschäftssitz hat.<br>**Drei Tage**, wenn der Beklagte seinen Wohn- oder Geschäftssitz an einem anderen Ort innerhalb des Bezirkes des Prozessgerichtes hat.<br>**Sieben Tage**, wenn der Beklagte an einem anderen inländischen Ort wohnt. |
| **Begrenzte Beweismittel** | Als Beweismittel sind nur Urkunden, z. B. Wechsel- und Protesturkunden, und auf Antrag die Vernehmung der Parteien zulässig. |
| **Beschränkte Einreden des Beklagten** | Es sind nur Einwendungen zulässig, die auf den Wechsel selbst gerichtet sind, z. B. Formmangel, Fälschung, Verjährung. |
| **Sofortige Vollstreckbarkeit des Urteils** | Das Urteil ist »vorläufig vollstreckbar«, der Schuldner kann sofort gepfändet werden. |

- Rechte aus einem Wechsel können nach Ablauf bestimmter Fristen nicht mehr eingeklagt werden. **Verjährungsfristen** sind:

| Frist | ab | Gläubiger | Schuldner |
|---|---|---|---|
| 3 Jahre | Verfalltag | Letzter Inhaber<br>Aussteller | Akzeptant |
| 1 Jahr | Protesterhebung | Letzter Inhaber | Aussteller<br>Indossanten |
| 6 Monate | Einlösungstag | Indossanten | Vormänner<br>Aussteller |

### 2.3.4.6 Vermeidung des Wechselprotests

Mit dem Wechselprotest verschlechtert sich die Kreditwürdigkeit des Bezogenen, aber auch für den Aussteller ist der Wechselprotest wenig vorteilhaft und aufwändig. Dazu kommt, dass dadurch gegebenenfalls eine vorhandene Geschäftsbeziehung in ihrem weiteren Bestand gefährdet werden kann. Aus diesen Gründen sollte geprüft werden, ob der **Wechselprotest vermieden** werden kann.

Möglichkeiten der Vermeidung eines Wechselprotestes sind:

- Die **Prolongation** des Wechsels, bei der zwecks Verlängerung der Wechsellaufzeit ein neuer Wechsel ausgestellt und damit ein Zahlungsaufschub erreicht wird.

- Die **Wechselbürgschaft**, bei der ein Bürge die wechselrechtliche Haftung für die Bezahlung des Wechsels übernimmt, insbesondere im Außenhandel.

- Der **Ehreneintritt**, worunter die Angabe einer Person durch den Aussteller oder eines jeden Indossanten zu verstehen ist, die im Notfall den Wechsel annehmen oder bezahlen soll.

37 > Seite 473

## 2.3.5 Elektronischer/kartengestützter Zahlungsverkehr

Der bargeldlose Zahlungsverkehr hat in den letzten Jahren sehr stark an Bedeutung gewonnen. So haben sich die Barzahlungen beispielsweise im Einzelhandel von rund 71 % auf 62 % Anteil am Umsatz reduziert.

Zum einen wird der Zahlungsverkehr weitgehend beleglos durchgeführt, zum anderen haben sich neuere Verfahren entwickelt, die elektronische Verbindungen als Zahlungsmöglichkeit aufbauen oder den elektronischen Übertrag von Buchgeld durch Kartenzahlungen ermöglichen.

Es sollen näher dargestellt werden:

- **Elektronischer/ kartengestützter Zahlungsverkehr**
  - Electronic/ Internet Banking
  - Kartengestützter Zahlungsverkehr

## 2.3.5.1 ELECTRONIC/INTERNET BANKING

Beim Electronic Banking und Internet Banking sind die Kreditinstitute mit ihren Kunden auf elektronischem Wege direkt verbunden.

- Das **Electronic Banking** in Form des **Computer Banking** bedient sich zur direkten Verbindung des Kunden mit seinem Kreditinstitut eines Computers, eines Modems und eines Telefonanschlusses. Angebotene **Leistungen** sind:

  - ▶ Allgemeine/speziellere Information über Bankleistungen
  - ▶ Gewährung von Krediten
  - ▶ Wertpapiertransaktionen
  - ▶ Zahlungstransaktionen

  Die Kontaktaufnahme erfolgt direkt über einen Online-Dienst oder das Internet.

  Zur Abwicklung der Zahlungsaufträge werden einmal die übermittelten Daten mittels einer **persönlichen Geheimzahl** (PIN) und Einmalpasswörtern in Form von **Transaktionsnummern** (TAN) für jeden Zahlungsvorgang hinsichtlich der Authentifizierung abgesichert.

  Ein anderes Verfahren stellt das **Home Banking Computer Interface** (HBCI) dar, das Provider-unabhängig Transaktionen mittels einer Chipkarte und eines Chipkartenlesers am Computer zulassen.

  Weitere **Sicherheitsvorkehrungen** der Kreditinstitute sind:

  - ▶ Verschlüsselungssoftware (Kryptographie) zur Sicherung der Datenintegrität (z. B. Schutz vor Fälschungen) und der Datenvertraulichkeit
  - ▶ Der Schutz des Systems vor unzulässigen Zutritten mittels spezieller Hard- und Software-Systeme (Firewalls).

- Das **Internet Banking** lässt neben einer Vielzahl von Zahlungsmöglichkeiten wie Kartenzahlung, Scheckversand, Nachnahme auch zu:

  - ▶ Zahlungen mit virtuellem Geld als E-Cash
  - ▶ Zahlungen mit virtuellem Geld als Cyber-Cash

Als elektronisches Zahlungsmittel in Form des **E-Cash** wird das virtuelle Geld zwischen den Computern des Käufers und des Verkäufers ausgetauscht. Hierfür unterhält jeder Teilnehmer zwei Konten, wobei Geldtransfers von einem bankgetragenen Girokonto auf ein virtuelles E-Cashkonto und umgekehrt erfolgen.

**Cyber-Cash** nutzt Kreditkarten als Zahlungs- bzw. Ausweismittel. Ein auf einer Internet-Seite auszufüllendes Kreditkartenformular wird hinsichtlich der Kreditkartenangaben einer On-line-Überprüfung unterzogen. Die Verwaltung der Zahlungstransaktionen geschieht zentral im Netz. Die Abrechnung erfolgt über die üblichen Kreditkartenbelastungen.

### 2.3.5.2 Kartengestützter Zahlungsverkehr

Mithilfe des kartengestützten Zahlungsverkehrs können Kunden bei Handels- oder Dienstleistungsunternehmen ihre Zahlungen leisten. Als **Karten** können zum Einsatz kommen:

- Debitkarte
- edc-Karten
- Kundenkarten von Kreditinstituten
- Kundenkarten von sonstigen Unternehmen
- Geldkarten
- Kreditkarte

Dabei kann der **Zeitpunkt**, zu dem die **Liquidität** beim Zahlenden **abfließt** verschieden sein. Dementsprechend lassen sich als Zahlungssysteme unterteilen:

- **Pay later-Zahlungssysteme**, bei denen Waren oder Dienstleistungen zuerst erworben werden. Die Bezahlung erfolgt zeitlich verzögert. Hierdurch geschieht eine Kreditierung des Kartennutzers. Für diese Zahlungsart werden zumeist **Kreditkarten** verwandt, die nach der Verrechnungsart sein können:

| | |
|---|---|
| **Charge cards** | Sie verrechnen die getätigten Zahlungen einmal monatlich und belasten in Form einer Sammelbuchung das Girokonto des Karteninhabers. |
| **Revolving credit cards** | Dabei handelt es sich um Karten, die auf einem speziellen Kartenkonto mit einem Kreditrahmen belastet werden und Teilzahlungen zur Tilgung der Schulden durch den Karteninhaber ermöglichen. |

- **Pay now-Zahlungssysteme**, bei denen der Zeitpunkt des Erwerbs einer Leistung und die einzelne Zahlungstransaktion zusammenfallen. Durch eine On-line-Autorisierung erfolgt die sofortige Abbuchung des Betrages vom Girokonto des Kartenbenutzers.

  Diese Karten werden auch **Debitkarten** genannt. Ihre bekannteste Form ist die ehemalige **Eurocheque-Karte**, die mit dem **edc-Symbol** (**e**uropean **d**ebit **c**ard) eine grenzüberschreitende Electronic Cash-Möglichkeit für Debitkarten im europäischen Ausland bietet. Karten mit einem **Maestro-Symbol** werden weltweit akzeptiert.

- **Pay before-Zahlungssysteme**, die **Prepaidkarten** nutzen. Sie werden vor dem Zahlungsvorgang mit elektronischen Geldwerten aufgeladen und können innerhalb geschlossener, zweck- bzw. anbietergebundener oder auch offener Systeme verwendet werden.

  Ein Instrument dieser Zahlungssysteme ist beispielsweise die **GeldKarte**.

Im Folgenden werden behandelt:

- **Electronic Cash**
- **Kreditkarten**.

### 2.3.5.2.1 ELECTRONIC CASH

Durch den Einsatz von Karten erfolgen in immer stärkerem Maße bargeldlose Zahlungsvorgänge zum Erwerb von Waren oder Dienstleistungen am **Point of Sale** über elektronische Medien oder Datenfernübertragung. Bei dieser Form der elektronischen Zahlung am Point of Sale sind folgende Karten zu unterscheiden:

- Die **Karte mit Magnetstreifen**, welche eine Debitkarte, Kundenkarte von Kreditinstituten oder anderer Unternehmen sowie Kreditkarte sein kann. Bargeldlose Zahlungen erfolgen durch das Einlesen des Magnetstreifens, der sich auf der Rückseite der Karte befindet.

  Nach der Zugriffsmöglichkeit auf das Girokonto des Karteninhabers sind folgende **POS-Systeme** möglich:

| | |
|---|---|
| **POS-Systeme *mit* Zahlungsgarantie** | Vor allem in Form der Verwendung der **Debitkarte** mit der Eingabe einer persönlichen Identifikationsnummer (PIN) können Zahlungen vorgenommen werden, die in ihrer Höhe von den Kreditinstituten garantiert werden.<br>Es erfolgt eine Online-Überprüfung der Ordnungsmäßigkeit des Zahlungsvorganges, wobei die Echtheit der Karte und die Richtigkeit der PIN nachgeprüft werden sowie Kontrollen des Verfügungsrahmens und eventueller Sperren erfolgen.<br>**Gebühren** fallen an in Höhe von 0,3 % des Umsatzes, mindestens jedoch 0,08 € pro Transaktion. Im internationalen Einsatz im Rahmen des Maestro-Systems werden Gebühren von 1 % des Umsatzes, mindestens 0,80 €, maximal 3,85 €, fällig. |
| **POS-Systeme *ohne* Zahlungsgarantie** | Diese Form wird auch **POZ-System** (**P**oint of Sale **O**hne **Z**ahlungsgarantie) genannt und in Form eines **Lastschrifteinzugsverfahrens** durchgeführt. Die Eingabe der PIN-Nummer entfällt.<br>Nach dem Einlesen des Magnetstreifens der Karte, die zumeist eine Debitkarte ist, wird eine einmalige Einzugsermächtigung über den Kaufbetrag ausgedruckt. Der Karteninhaber unterschreibt diese und legitimiert sich durch seine Unterschrift. |

| | |
|---|---|
| | Das System prüft on-line bei Kaufbeträgen ab 30,68 € Sperrdateien der deutschen Kreditwirtschaft ab, wobei diese Autorisierungsabfrage auf Wunsch des Händlers auch schon bei niedrigeren Beträgen eingesetzt werden kann.<br>Die eigentliche Zahlung – Belastung der Lastschrift – erfolgt off-line, wodurch dieses System für den Händler kostengünstiger (0,05 € pro Abfrage), aber nicht durch eine Garantie der Kreditinstitute gedeckt ist. |

- Die **Karte mit einem Mikroprozessorchip**, von der als Wertkarte Rechnungsbeträge abgebucht werden konnten, bis sie »leer« war, z. B. als Telefonkarte. Das Kassenterminal muss hier nicht direkt mit dem Rechenzentrum des Konto führenden Kreditinstitutes verbunden sein, was erhebliche Kosten spart.

In diesem Bereich des Electronic Cash ist als neuere Entwicklung die **Elektronische Geldbörse** zu nennen, die unter dem Namen **GeldKarte** als ein gemeinsames Zahlungsinstrument der deutschen Kreditwirtschaft eingeführt wurde. Sie trägt einen an speziellen Terminals **wiederaufladbaren Chip**, auf dem elektronisch Geldwerte bis zu 200 € gespeichert werden.

Die GeldKarte soll sich als **Zahlungsinstrument für Kleinbeträge** in einem bundesweiten, offenen System als Alternative zum Bargeld entwickeln. Des Weiteren kann der Chip über Zusatzfunktionen verfügen, z. B. als elektronisches Fahrscheinticket oder Speicherungen von Bonusprogrammen in Form von gewährten Boni oder Rabatten oder anderen Vergünstigungen für den Karteninhaber.

Zu unterscheiden sind:

| | |
|---|---|
| **Konto-*gebundene* GeldKarte** | Der Chip ist hier auf Debitkarten oder Bankkundenkarten integriert und stellt damit eine Verbindung zum Karteninhaber und dessen Girokonto her.<br>Das **Laden** der Karte mit Geldbeträgen erfolgt an den Terminals der Kreditinstitute über die Identifikation mittels der PIN und bucht den gewünschten Betrag vom **Girokonto** auf den Chip. |
| **Konto-*ungebundene* GeldKarte** | Diese Karten werden auch **white cards** genannt, da ein Bezug zu einem Kontoinhaber fehlt, wodurch freie Übertragbarkeit der Karte zwischen Personen gegeben ist. Lediglich das Verrechnungskonto der ausgebenden Bank ist auf dem Chip enthalten.<br>Das **Laden** der Karte ist an Sonderfunktionsterminals für GeldKarten in Banken mit Bargeld oder anderen Karten, wie z. B. Kreditkarten, möglich. |

Beim Bezahlen mit der Elektronischen Geldbörse wird der Rechnungsbetrag vom chipgespeicherten Kartenguthaben des Kunden abgezogen, d. h. der Betrag wird **von** der **»Kundenkarte« auf** die **«Händlerkarte«** gebucht. Dem Händler steht es dann frei, die Zeit und die Häufigkeit der Datenübertragung an sein Kreditinstitut zu wählen.

Die teuere Online-Datenübertragung der Buchungen und Kontrollabfragen entfällt. Auch sind die einmaligen Kosten der Anschaffung eines Händlerterminals (ca. 350 €) wie die laufenden Kosten der Buchung (pro Transaktion 0,3 % vom Umsatz, mind. 0,01 €) und des Datenübertrages niedriger als bei den angeführten Kartensystemen mit Magnetstreifen.

Mit dem Einsatz der Elektronischen Geldbörse erfolgt die Zahlungsabwicklung schneller. Der Kunde muss an der Kasse keine Geheimzahl eingeben oder nicht mehr auf einem Lastschriftbeleg quittieren. Dadurch verkürzen sich Wartezeiten, es entstehen keine Kommunikationskosten bei den einzelnen On-line-Autorisierungen, auch die Wechselgeldrückgabe entfällt.

#### 2.3.5.2.2 KREDITKARTEN

Der Inhaber einer Kreditkarte kann Waren oder Dienstleistungen erwerben, deren **Bezahlung** erst **zeitlich verzögert** erfolgt. An ausgewiesenen Akzeptanzstellen (Handel, Hotels, Tankstellen, Gaststätten) erfolgt die Zahlung bargeldlos durch die Vorlage der Karte. Die **Akzeptanzstellen** sind Vertragsunternehmen des Kreditkartengebers.

**Kreditkartengeber** sind z. B.:

- Eurocard/MasterCard
- American Express
- Diners Club
- Visa

Oftmals bestehen Kooperationen zwischen dem Kreditkartengeber und der Kreditwirtschaft, wie dies bei Eurocard/MasterCard, die zu MasterCard umbenannt wurde, der Fall ist.

Erfolgt der Einsatz der Kreditkarte, kann zur beleglosen Abwicklung über ein elektronisches Terminal zur Überprüfung des Verfügungslimits oder eventueller Sperren Kontakt mit den Rechenzentren der Kreditkartengesellschaften oder deren Autorisierungsstellen aufgebaut werden, wodurch auch **Zahlungsgarantien** gegeben werden.

Vertragsunternehmen mit geringen Kreditkartenumsätzen und ohne elektronische Verbindung können dies telefonisch tun oder auf eine Prüfung verzichten, wobei aber dann noch Belege zur Abwicklung an die Kreditkartengesellschaften zu versenden sind.

Benutzt der Kreditkarteninhaber seine Karte zu einer Zahlung, ergeben sich folgende **Vorgänge**:

- Der **Kreditkartengeber** schreibt dem Vertragsunternehmen die durch die Zahlung entstandene Forderung an den Karteninhaber gut. Dies geschieht unter Abzug eines Disagios, das zwischen 2,5 und 5 % betragen und vom Kartenumsatz abhängig sein kann.

- Der **Karteninhaber** wird mit dieser an den Kreditkartengeber verkauften oder abgetretenen Forderung zumeist monatlich einmal in Form eines Sammelbetrages belastet.

Die Kreditkarte nimmt daher bei der bargeldlosen Bezahlung von Waren und Dienstleistungen sowohl eine **Zahlungsfunktion** als auch durch die Einräumung eines Zahlungszieles an den Karteninhaber eine **Kreditfunktion** ein.

Zu weiteren Leistungen und Funktionen von Kreditkarten zählen:

- Geldkartenfunktion zur Bargeldbeschaffung an Geldautomaten der Kreditinstitute
- Telefonkartenfunktion
- Electronic Cash-Funktionen
- Unterschiedliche Versicherungsleistungen.

38 Seite 474

## 2.3.6 AUSLANDSZAHLUNGSVERKEHR

Zahlungen zwischen Gebietsansässigen und Gebietsfremden charakterisieren den Auslandszahlungsverkehr. Durch die Europäische Währungsunion und den EURO wurde seit 2002 zwar ein zwölf Teilnehmerstaaten umfassender, einheitlicher Währungsraum geschaffen, der das Risiko von schwankenden Devisenkursen beseitigte und die Kosten der Zahlungstransfers vermindern soll, dennoch erhöht die **Globalisierung der Wirtschaft** ständig das Volumen des grenzüberschreitenden Waren-, Dienstleistungs- und Kapitalverkehrs auch mit nicht EU-Staaten.

Die Kreditwirtschaft verfügt zur Bewältigung des Zahlungsverkehrsaufkommens über ein Netz von Korrespondenzbanken, das Möglichkeiten der Verrechnung von Zahlungsvorgängen durch gegenseitige Kontokorrentverbindungen bietet. Dabei können als **Konten** geführt werden:

- Das **Nostrokonto**, bei dem ein inländisches Kreditinstitut ein Konto, beispielsweise in fremder, nicht EU-Währung, bei einem ausländischen Kreditinstitut unterhält.

- Das **Lorokonto**, bei dem ein inländisches Kreditinstitut für ein ausländisches ein Konto in inländischer Währung führt.

Diesem Netz aus Korrespondenzbanken stehen **europäische Systeme** zur Seite, die insbesondere nach der EURO-Einführung im Giralgeldverkehr 1999 zu einer Beschleunigung und einer deutlichen Verbilligung des grenzüberschreitenden Zahlungsverkehrs führen sollen. Als **Systeme** sind zu nennen:

- **Zentralbankgetragene Zahlungsverkehrssysteme**

  Bedeutsam ist das **TARGET-SYSTEM** (**T**rans-European **A**utomated **R**eal-time **G**ross Settlement **E**xpress **S**ystem) als ein transeuropäisches, automatisiertes Echtzeit-Brutto-Express-Überweisungssystem, das taggleiche Abwicklungen grenzüberschreitender Überweisungen im gesamten EURO-Währungsgebiet zulässt sowie durch besondere Öffnungszeiten auch gleichtägige Verrechnungen mit der USA und Asien ermöglicht.

Es verfügt über keine betragsmäßigen Obergrenzen bzw. Untergrenzen. Dies gilt sowohl für Interbanken als auch für Kundenüberweisungen. Es arbeitet europaweit in Echtzeit, d. h. Buchungen erfolgen zwischen Auftraggeber und Empfänger im einstelligen Minutenbereich.

Dieses System verbindet die **nationalen Brutto-Abwicklungssysteme in Echtzeit** (RTGS = Real-Time Gross Settlement Systems) der EU-Mitgliedstaaten durch ein Interlinking System international mit anderen Nationalbanken.

Seit 2008 wird das bisher dezentral organisierte TARGET-System durch eine **TARGET 2-Plattform** abgelöst. Dieses Zahlungssystem bietet stärker harmonisierte Leistungsmerkmale und einheitlichere Technikstandards. TARGET 2 soll das europäische Liquiditätsmanagement effizienter gestalten, z. B. durch höhere Verrechnungsvolumina, Liquiditätspooling, bessere Transparenz.

Der EZB-Rat übertrug 2004 den Nationalbanken von Deutschland, Frankreich und Italien den Auftrag zur Erstellung dieser Plattform. Genutzt wird diese von allen Zentralbanken des Eurosystems (seit 2008 auch Malta und Zypern) sowie auch von Zentralbanken, deren Länder den EURO noch nicht eingeführt haben (Dänemark, Polen, Estland, Lettland und Litauen).

- **Privatbankgetragene Zahlungsverkehrssysteme**

  Auch privatbankgetragene Zahlungs- und Verrechnungssysteme, wie z. B. das **EBA-System** (**E**uro **B**anking **A**ssociation), bieten auch nach der Umstellung von der ECU auf den EURO ein Clearingsystem zwischen europäischen Kreditinstituten an, das in Zukunft aufgrund der Konkurrenz zum TARGET-SYSTEM kostengünstiger und liquiditätssparender werden muss.

Trotz der vorhandenen Auslandszahlungsverkehrssysteme der Kreditwirtschaft bestehen bei Auslandszahlungen insbesondere aufgrund der größeren Entfernungen zwischen den Geschäftspartnern und unterschiedlicher Rechtsordnungen besondere **Risiken**.

So werden neben reinen, ungesicherten Zahlungen im Auslandszahlungsverkehr auch **mit Dokumenten unterlegte Zahlungen** eingesetzt, wobei diese Dokumente Urkunden bzw. Wertpapiere darstellen, die Rechte an der gehandelten Ware verkörpern. Mit ihnen können der Versand der Ware, die Verpflichtung zur Beförderung und die Aushändigung der Ware an einen legitimierten Empfänger dokumentiert werden.

Als **Instrumente** des Auslandszahlungsverkehrs sollen dargestellt werden:

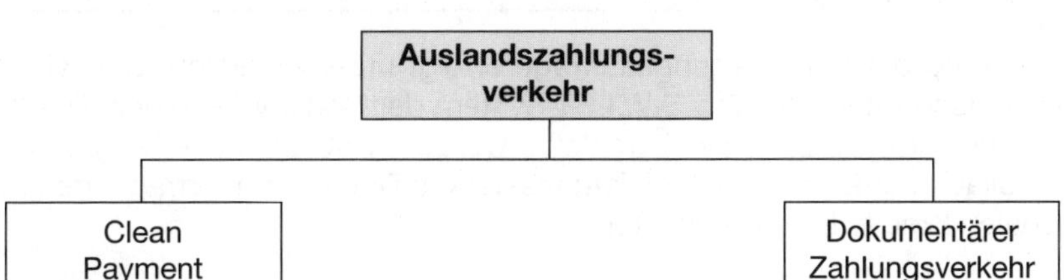

### 2.3.6.1 Clean Payment

Das Clean Payment ist eine ungesicherte, reine Zahlungsform, die auf die Verwendung von Dokumenten verzichtet. Es kann per Überweisung oder Scheck vorgenommen werden:

- **Überweisungen**, die Gebietsfremde als Empfänger erhalten, sind möglich als:

| | |
|---|---|
| **Europaüberweisungsauftrag** | Bis 2005 war dieses Formular für Zahlungen an Gebietsfremde unter 12.500 € konzipiert und nicht an die Bundesbank meldepflichtig. 2006 wurde der Maximalbetrag für diese **»EU-Standardüberweisung«** in Länder der EU und des europäischen Wirtschaftsraumes (EWR-Länder) auf 50.000 € erhöht.<br><br>Notwendige **Angaben** sind:<br>▶ Namen des Empfängers<br>▶ Internationale Bankkontonummer (IBAN) des Empfängers<br>▶ Bank-Identifizierungs-Code (als BIC oder SWIFT-Code) der Empfänger-Bank<br>▶ Betrag in EUR<br>▶ Angaben zur Preisregelung SHARE (Entgeltteilung)<br>▶ Angaben des Überweisenden (Namen, Kontonummer, Bankleitzahl, Datum und Unterschrift)<br><br>Diese Zahlungen unterliegen der EU-Preisverordnung, welche vorschreibt, dass die Kosten der Auslandszahlungen denen der Inlandszahlungen zu gleichen haben. Unverändert bleibt die Meldepflicht bei Zahlungen über 12.500 € (siehe unten). |
| **Meldepflichtige Zahlungen im Außenwirtschaftsverkehr** | Das bisherige Formular »Z1« als **»Zahlungsauftrag im Außenwirtschaftsverkehr«**, das Überweisungsträger und Meldeformular mit zusätzlichen Transferinformationen an die Bundesbank zugleich ist, ist weiterhin für Zahlungen zu verwenden, die 50.000 € übersteigen. Darunter liegende Beträge werden durch die EU-Standardüberweisung – siehe oben – ohne Meldeteil transferiert.<br><br>Dennoch bleibt für Zahlungen ab 12.500 € eine Meldepflicht gemäß §59 AWV (Außenwirtschaftsverordnung). Hierfür müssen seit 2006 erteilte Überweisungsaufträge wie auch eingehende EU-Standardüberweisungen mittels des Formulars »Z4« an die Bundesbank gemeldet werden. Somit hat der Auftraggeber einer Standardüberweisung bis 50.000 € losgelöst von der bankgetragenen Überweisung selbst den Vordruck »Z4« ausgefüllt an die Bundesbank zu versenden. |

Die Ausführung der Überweisungsaufträge erfolgt unterschiedlich. Sie kann brieflich bzw. telefonisch oder über das S.W.I.F.T-System der Society for Worldwide Interbank Financial Telecommunication weitergeleitet werden, wobei letztere Möglichkeit beleglos und vollautomatisiert ein sehr leistungsstarkes Datenfernübertragungsnetz der internationalen Kreditwirtschaft darstellt.

Im Rahmen des Auslandszahlungsverkehrs ist das **SEPA** (**S**ingle **E**uro **P**ayments **A**rea) ein gemeinschaftlicher Zahlungsverkehrsraum für den EURO. Dieses Projekt der Kreditwirtschaft soll für Kunden nationale und internationale Zahlungsverkehrsbewegungen angleichen. Hieraus notwendige **Normierungen** sind:

- Ein einheitlicher Rechtsrahmen für den Zahlungsverkehr
- Standardisierungen der ZV-Prozesse, ZV-Datenformate und ZV-Software
- Aufhebung der parallel bestehenden Zahlungsverkehrssysteme auf nationaler bzw. EU-Ebene.

Seit 2008 ergänzen die Banken ihre nationalen Zahlungsinstrumente durch neue im Euroraum gültige Zahlungsinstrumente, die aber auch für nationale Transaktionen eingesetzt werden können.

Die heute bereits existente und oben geschilderte EU-Standardüberweisung wird zur SEPA-Überweisung, mit der standardisierte Euro-Überweisungen bis 50.000 € in andere EU- und EWR-Staaten innerhalb von drei Tagen möglich sein sollen. Notwendig wird der Ausweis der Überweisenden und der Begünstigten mittels IBAN und BIC identifiziert.

Diese wurden zur Automatisierung des grenzüberschreitenden Zahlungsverkehrs vom European Committee for Banking Standards als internationale Bankkonto-Nummern (IBAN = International Bank Account Number) und Bankleitzahlen (BIC = Bank Identifier Code) geschaffen. Sie sind seit 2006 verbindlich im Zahlungsauftrag anzugeben.

Zudem soll nach Vereinheitlichung der nationalen Rechtsprechung eine SEPA-Lastschrift zum Ende des Jahres 2009 eingeführt werden. Sie wird dem deutschen Verfahren der Einzugsermächtigung ähneln. Neben der Ermächtigung durch den Zahlungspflichtigen für einen Lastschrifteinzug wird ihm auch ein Widerspruchsrecht eingeräumt. Neu definiert werden feste Vorlauffristen für die Vorlage der Lastschrift bei der Zahlstelle (5 Tage bei erstmaligem Lastschrifteinzug, bei weiteren Einzügen 2 Tage)

- **Schecks**, die es im Auslandszahlungsverkehr in folgenden Formen gibt:

| | |
|---|---|
| **Banken-Orderscheck** | Hier wird ein Scheck von einem Kreditinstitut auf ein anderes Kreditinstitut gezogen. Das inländische, den Scheck ausstellende Kreditinstitut des Zahlungspflichtigen versendet diesen Scheck, der auf ein Korrespondenzinstitut gezogen ist, an den Zahlungsempfänger im Ausland direkt. Der Zahlungsempfänger reicht diesen zur Gutschrift beim Korrespondenzinstitut ein. |
| **Kundenscheck** | Im Gegensatz zum Banken-Orderscheck zieht der Zahlungspflichtige beim Kundenscheck einen Scheck auf sein Kreditinstitut und wird somit zum Scheckaussteller. |

### 2.3.6.2 Dokumentärer Zahlungsverkehr

Dokumente sind Urkunden bzw. Wertpapiere und verkörpern Rechte an der gehandelten Ware, wodurch der Warenversand, die Beförderungsverpflichtung und die Warenaushändigung an einen vorgegebenen Empfänger festgelegt werden. Ihre Anwendung im Auslandszahlungsverkehr soll die einseitige Leistungserbringung zwischen zwei Geschäftspartnern im Ex- und Import verhindern.

Zur weiteren Absicherung werden Kreditinstitute einbezogen, welche die Dokumente als am Austausch der Zahlung Beteiligte mit »angemessener Sorgfalt« prüfen. Dies geschieht z. B. hinsichtlich:

- Rechtzeitiger Ausstellung, Anzahl und Vollständigkeit
- Richtigkeit der Angaben und Aufmachung nach den Akkreditivbedingungen
- Einhaltung einheitlicher Richtlinien und Gebräuche.

Solche Richtlinien werden als Verhaltensregeln beispielsweise vorgegeben von der Internationalen Handelskammer (International Chamber of Commerce) oder in Form von Regeln und Definitionen der gebräuchlichsten internationalen Lieferbedingungen und Handelsusancen, die als **INCOTERMS** (International Rules for the Interpretation of Trade Terms) zusammengefasst sind.

**Arten von Dokumenten** beim dokumentären Zahlungsverkehr sind:

- **Versand-** oder auch **Transportpapiere**, die sein können:

| | |
|---|---|
| **Konnossement** | Als Orderpapier, dessen Weitergabe die Einigung, ein Indossament und die Übergabe erfordert, kommt es im **Seefrachtverkehr** zur Anwendung und verkörpert als Wertpapier die auf einem Schiff befindlichen Waren.<br>Das Konnossement dokumentiert die Verpflichtung des Verfrachters zur Verladung und Beförderung der im Dokument angegebenen Ware auf einem namentlich genannten Schiff ebenso wie die Aushändigung an den berechtigten Empfänger. |
| **Ladeschein** | Er entspricht weitgehend oben genanntem Konnossement. Allerdings wird der Ladeschein in der **Binnenschifffahrt** verwendet. |
| **Frachtbrief** | Dieses Dokument lässt die Steuerung der Ware im **Eisenbahngüter-, Straßengüter-** und **Luftfrachtverkehr** zu. Es dient zur Disponierung der Auslieferung der Ware an den Empfänger und lässt ein Anhalten oder auch die Rückgabe der Ware zu. |

- **Versicherungspapiere**, deren Beschaffenheit im **Akkreditiv** vorgeschrieben werden. Sie dienen in Form der Transportversicherungspapiere als Nachweise des Abschlusses eines Versicherungsvertrages über den Transport. Zu unterscheiden sind:

| | |
|---|---|
| **Einzelpolice** | Sie dient einem **einmaligen Transport**. |
| **Generalpolice** | Sie stellt einen Rahmenvertrag für **mehrmalige Transporte** mit gleichartigem Risiko dar. Auf ihrer Grundlage werden Versicherungszertifikate für einzelne Transportabläufe ausgestellt. |

- **Handels- und Zollpapiere**, die vor allem Gewichts-, Mengen- und Preisangaben sowie Größen- und Qualitätsvorgaben tragen und unterschieden werden können in:

| | |
|---|---|
| **Handelsfaktura** | Als **Handelsrechnung** ist sie auf den Namen des Auftraggebers ausgestellt und enthält alle oben angeführten Angaben zur ausführlichen Beschreibung der Handelsware.<br>Der Betrag der Handelsrechnung darf die im Akkreditiv genannte Summe nicht übersteigen, da die Kreditinstitute sonst die Annahme dieser Handelsrechnung verweigern. |
| **Zollfaktura** | Auf Basis des Warenwertes bestimmt die Zollfaktura die Höhe der zu zahlenden Zollabgaben. |
| **Ursprungszeugnis** | Es bescheinigt die Herkunft der betreffenden Ware. |
| **Warenverkehrsbescheinigung** | Zur Abwicklung des Warenverkehrs innerhalb der EU-Staaten sowie mit Staaten, mit welchen die EU Freihandels-, Präferenz- oder Kooperationsabkommen abgeschlossen hat, wird diese Bescheinigung ausgestellt. Hierdurch wird die Zollfreiheit angezeigt. |

- **Lagerhaltungspapiere**, welche die Einlagerung der Ware nachweisen und vom Lagerhalter auszustellen sind.

Diese angeführten Dokumente sollen das Risiko der einseitigen Leistungserfüllung senken und werden in so genannten **Zug-um-Zug-Geschäften** eingesetzt, die zwischen zwei Geschäftspartnern im Export- und Importgeschäft vereinbart werden.

**Formen** des dokumentären Zahlungsverkehrs sind:

- Das **Dokumenteninkasso**, das eine Abwicklungs- und Absicherungsfunktion für den internationalen Zahlungsverkehr aufweist. Unter dem **Einbezug von Kreditinstituten** werden dem Zahlungspflichtigen die Dokumente übergeben, soweit die Zahlung des Gegenwertes oder die Akzeptierung eines Wechsels erfolgt. Dem entsprechend sind zu unterscheiden:

| | |
|---|---|
| **Zahlungsinkasso** | Der Vorgang trägt auch die Bezeichnung **»Kasse gegen Dokumente«** bzw. wird **D/P-Inkasso** (Documents against Payment-Inkasso) genannt. Dies meint die Zahlung des dokumentierten Gegenwertes durch den Importeur einer Leistung.<br>Hierzu beauftragt der Exporteur seine Bank, bei Aushändigung der Dokumente den Einzug des Gegenwertes vom Importeur oder dessen Kreditinstitut zu veranlassen. |

| | |
|---|---|
| **Wechsel-inkasso** | Als »Dokumente gegen Akzept« bzw. D/A-Inkasso (Documents against Acceptance-Inkasso) wird in die Abwicklung einer dokumentären Zahlung die vom Exporteur mitgeschickte Tratte eingebunden. Der Importeur muss diese akzeptieren, bevor ihm die Dokumente übergeben werden. |

Problematisch bei der Verwendung des Dokumenten-Inkassos ist, dass der Importeur bezahlt, ohne vorher die Ware besichtigen oder prüfen zu können. Zur besseren Absicherung kommt deshalb oftmals das Dokumentenakkreditiv zur Anwendung.

- Das **Dokumentenakkreditiv** bindet die beteiligten **Kreditinstitute** durch die Abgabe von Bankgarantien stärker in das Auslandszahlungsgeschäft ein. So besteht eine vertragliche Verpflichtung des Kreditinstituts im Auftrag und für Rechnung des Kunden dem im Akkreditiv genannten Geschäftspartner eine bestimmte Leistung zu erbringen. Diese erfolgt zumeist in Form einer Geldzahlung und erst nach der Übergabe der im Akkreditiv angegebenen Dokumente.

  Die Zahlung der angegebenen Summe bzw. die Akzeptierung einer Tratte kann durch die das Akkreditiv eröffnende Importbank oder durch die das Akkreditiv bestätigende Exportbank erfolgen.

  Die Verpflichtung der beteiligten Kreditinstitute kann bei **unwiderruflichen Akkreditiven** verstärkt werden, da hier die Vorlage ordnungsgemäßer Dokumente die Akkreditivbank zur sofortigen, unwiderrufbaren Zahlung verpflichtet.

  Zudem kann in Form des **unwiderruflichen, bestätigten Akkreditiv** (Confirmed Credit) ein zusätzliches Kreditinstitut mit in die Verpflichtung eingebunden werden. So tritt zur stärkeren Besicherung des Lieferanten zusätzlich die Korrespondenzbank in die Zahlungsverpflichtung mit ein.

39 Seite 474

| | KONTROLLFRAGEN | bearbeitet | Lösungshinweise | Lösung + | Lösung - |
|---|---|---|---|---|---|
| 01 | Welche Zahlungsmittel lassen sich unterscheiden? | | 133 | | |
| 02 | Welche rechtliche Wirkung hat die Hingabe von Bargeld? | | 133 | | |
| 03 | Inwieweit müssen Geschäftspartner Bargeld annehmen? | | 133 | | |
| 04 | Welche Bedeutung hat Buchgeld im Wirtschaftsleben? | | 134 | | |
| 05 | Welche rechtliche Wirkung hat die Hingabe von Buchgeld? | | 134 | | |
| 06 | Nennen Sie Geldersatzmittel! | | 135 | | |
| 07 | Welche rechtliche Wirkung hat die Hingabe von Geldersatzmitteln? | | 135 | | |
| 08 | Welche Arten des Zahlungsverkehrs lassen sich unterscheiden? | | 135 | | |
| 09 | In welchen Formen kann die Barzahlung erfolgen? | | 136 | | |
| 10 | Erläutern Sie die Möglichkeit des halbbaren Zahlungsverkehrs! | | 137 | | |
| 11 | Nennen Sie die Arten des bargeldlosen Zahlungsverkehrs! | | 138 | | |
| 12 | Wie läuft ein Überweisungsvorgang ab? | | 139 f. | | |
| 13 | Was ist eine Dauerüberweisung und durch welche Merkmale ist sie gekennzeichnet? | | 141 | | |
| 14 | Erläutern Sie die Vorgehensweise bei der Sammelüberweisung! | | 143 | | |
| 15 | Wozu dienen Lastschriften? | | 143 | | |
| 16 | Unter welchen Voraussetzungen ist der Lastschriftverkehr zulässig? | | 144 | | |
| 17 | In welchen Fällen kann das Lastschriftverfahren genutzt werden? | | 144 | | |
| 18 | Wie ist die Eignung des Lastschriftverfahrens zu beurteilen? | | 144 | | |
| 19 | Wie können Schecks verwendet werden? | | 147 | | |
| 20 | Wie sind die Vorlegungsfristen für Schecks? | | 147 f. | | |
| 21 | Welche Möglichkeit gibt es, auf die Vorlegungsfristen Einfluss zu nehmen? | | 148 | | |
| 22 | Inwieweit kann ein Scheck wirksam widerrufen werden? | | 148 | | |
| 23 | Wie können Bar- und Verrechnungsschecks eingelöst werden? | | 149 f. | | |
| 24 | Was sind Inhaberschecks und wie erfolgt deren Übertragung? | | 151 | | |
| 25 | Wie erfolgt die Übertragung von Orderschecks? | | 151 | | |
| 26 | Erläutern Sie das Wesen und die Arten des Indossaments! | | 151 | | |
| 27 | Wozu dienen bestätigte Schecks und wer darf sie bestätigen? | | 151 | | |
| 28 | Erläutern Sie, wie Debitkarten genutzt werden können! | | 152 | | |
| 29 | Beschreiben Sie die Schritte, in denen der Zahlungsverkehr mithilfe von Schecks erfolgt! | | 153 | | |
| 30 | Beschreiben Sie, was zu tun ist, wenn ein Scheck nicht eingelöst wird! | | 154 | | |
| 31 | Welche Merkmale weisen Wechsel auf? | | 155 | | |
| 32 | Was heißt es, die Wechselforderung sei abstrakt? | | 155 | | |
| 33 | Welche Funktionen hat der Wechsel? | | 155 f. | | |

| | **KONTROLLFRAGEN** | bear-beitet | Lösungs-hinweise | Lö-sung + | - |
|---|---|---|---|---|---|
| 34 | Was ist ein gezogener Wechsel? | | 156 | | |
| 35 | Welche Beteiligte kann ein gezogener Wechsel haben? | | 156 | | |
| 36 | Was ist ein eigener Wechsel? | | 158 | | |
| 37 | Nennen Sie die gesetzlichen Bestandteile des gezogenen Wechsels! | | 158 | | |
| 38 | Was ist ein Tagwechsel? | | 158 | | |
| 39 | Was ist ein Datowechsel? | | 158 | | |
| 40 | Was ist ein Sichtwechsel? | | 158 | | |
| 41 | Was ist ein Nachsichtwechsel? | | 158 | | |
| 42 | In welchen Schritten erfolgt der Zahlungs- bzw. Kreditverkehr mithilfe des Wechsels? | | 159 | | |
| 43 | Worin unterscheiden sich Kurz- und Vollakzept? | | 160 | | |
| 44 | Was versteht man unter einem Teilakzept? | | 160 | | |
| 45 | Was ist ein Blankoakzept? | | 160 | | |
| 46 | Worin unterscheiden sich Voll- und Kurzindossament? | | 161 | | |
| 47 | Erläutern Sie weitere Formen des Indossaments! | | 161 | | |
| 48 | Wie ist bei Nicht-Einlösung des Wechsels vorzugehen? | | 162 f. | | |
| 49 | Welche Möglichkeiten gibt es, den Wechselprotest zu vermeiden? | | 164 | | |
| 50 | Beschreiben Sie, wie das Electronic Banking als Computer Banking abgewickelt wird! | | 165 | | |
| 51 | Was versteht man unter E-Cash und Cyber-Cash? | | 166 | | |
| 52 | Worin unterscheiden sich Pay later-, Pay now- und Pay before-Zahlungssysteme im kartengestützten Zahlungsverkehr? | | 166 f. | | |
| 53 | Erläutern Sie, welche POS-Systeme es gibt! | | 167 | | |
| 54 | Beschreiben Sie, wie die GeldKarte funktioniert! | | 168 | | |
| 55 | Ein Kunde zahlt mit seiner Kreditkarte. Welche Vorgänge werden damit ausgelöst? | | 169 | | |
| 56 | Worin unterscheiden sich das Nostrokonto und das Lorokonto? | | 170 | | |
| 57 | Wozu dient das TARGET-System? | | 170 f. | | |
| 58 | Wie kann das Clean Payment vorgenommen werden? | | 172 | | |
| 59 | Erläutern Sie, welche Arten von Dokumenten beim dokumentären Zahlungsverkehr verwendet werden können! | | 174 | | |
| 60 | Welche Möglichkeiten des Dokumenteninkassos lassen sich unterscheiden? | | 175 f. | | |

# D. Beteiligungsfinanzierung

Als Beteiligungsfinanzierung wird die **Zuführung von Eigenkapital** verstanden, die **von außerhalb des Unternehmens** erfolgt. Das Eigenkapital kann grundsätzlich zugeführt werden als:

- **Geldeinlagen**, die am häufigsten geleistet werden und problemlos sind, da ihr nomineller Wert feststeht und Bewertungen damit nicht notwendig werden.

- **Sacheinlagen**, die z. B. in Form von Maschinen, Rohstoffen oder Waren bereitgestellt werden, bei denen aber das Problem besteht, sie mit realistischen Werten anzusetzen. Gesetzliche Regelungen finden sich hierzu in §§ 5 - 9 GmbHG.

  Die Auffassungen, welche Werte realistisch sind, können bei den Sacheinlagen auseinander gehen. Die eine Sacheinlage leistende Person wird ihr eher einen höheren Wert, die übrigen Beteiligten eher einen geringeren Wert zumessen.

- **Rechte**, die z. B. in Form von Patenten oder Wertpapieren eingebracht werden. Auch in diesem Falle besteht vielfach das Problem der Bewertung sowie im Falle von Wertpapieren der Wertbeständigkeit dieser Papiere.

Die Beteiligungsfinanzierung ist möglich mithilfe

- bisheriger Gesellschafter

  *oder*

- neuer Gesellschafter.

Die **Möglichkeiten** für das Unternehmen, Beteiligungsfinanzierung zu betreiben, können unterschiedlich sein. Dementsprechend lassen sich unterscheiden:

- Unternehmen **ohne Zugang zur Börse**, die nicht auf einen organisierten »Eigen«-Kapitalmarkt zurückgreifen können und sich mit der Beteiligungsfinanzierung vielfach schwer tun. Solche **nicht-emissionsfähigen Unternehmen** sind:

  ▸ Einzelunternehmen
  ▸ Offene Handelsgesellschaft (OHG)
  ▸ Kommanditgesellschaft (KG)
  ▸ Stille Gesellschaft
  ▸ Gesellschaft des bürgerlichen Rechts (GdbR)
  ▸ Gesellschaft mit beschränkter Haftung (GmbH)

  Die **Probleme** der Beteiligungsfinanzierung ergeben sich aber nicht nur aus dem fehlenden »Eigen-« Kapitalmarkt, sondern auch aus möglichen Beeinträchtigungen bisheriger Gesellschafter. Dabei sind zu nennen:

| Gesellschafter | Probleme der Beteiligungsfinanzierung |
|---|---|
| Neue Gesellschafter | ▶ Die **Geschäftsanteile** haben nur geringe Fungibilität, sie lassen sich nicht oder schwer wiederveräußern.<br>▶ Das **Anlagerisiko** ist mitunter recht schwer zu beurteilen. |
| Bisherige Gesellschafter | ▶ Ihre **Mitspracherechte** können beeinträchtigt werden.<br>▶ Die Aufteilung der **stillen Reserven** und der **zukünftigen Gewinne** erschwert und verschlechtert sich gegebenenfalls. |

Für beide Gesellschaftergruppen ist ein weiteres Problem anzuführen. Da der Wert des Unternehmens nicht über die Börse in Form der Aktienkurse bestimmbar ist, wird bei der Aufnahme neuer Gesellschafter wie auch beim Ausscheiden alter Gesellschafter eine **Unternehmensbewertung** notwendig. Hierdurch können Wertangaben der Gesellschaftsanteile gewonnen werden, wobei die Ermittlung deren Höhe schwierig sein kann.

- Unternehmen **mit Zugang zur Börse** haben es vielfach erheblich einfacher. Sie sind **emissionsfähig** als:

▶ Aktiengesellschaften (AG)
▶ Kommanditgesellschaften auf Aktien (KGaA)

Damit weisen sie den nicht-emissionsfähigen Unternehmen gegenüber mehrere **Vorteile** auf – siehe *Perridon/Steiner*:

▶ Zugang zu hohen Finanzierungsvolumina
▶ Aufteilung des Eigenkapitals in kleine Teilbeträge
▶ Möglichkeit der Beteiligung mit geringem Kapital
▶ Hohe Fungibilität der Aktien
▶ Kapitalmäßige Interessen der Eigentümer
▶ Orientierung des Gesellschaftsvertrages am Aktiengesetz
▶ Bestimmung des Wertes von Unternehmensanteilen durch die Börse

Für die Beurteilung der Vorteilhaftigkeit einer Beteiligungsfinanzierung gibt es eine Vielzahl von Kriterien. Die wichtigsten **Beurteilungskriterien** sind:

| Wirtschaftliches Kriterium | Rechte der Gesellschafter | Pflichten der Gesellschafter |
|---|---|---|
| ▶ Kapitalkosten | ▶ Geschäftsführung<br>▶ Kontrolle<br>▶ Vertretung<br>▶ Anteiliger Gewinn<br>▶ Kapital-Entnahme<br>▶ Übertragung des Anteiles<br>▶ Kündigung<br>▶ Liquidationserlös | ▶ Geschäftsführung<br>▶ Kapitaleinlage<br>▶ Haftung<br>▶ Anteiliger Verlust |

Die verschiedenen Rechtsformen der Unternehmen werden nachfolgend unter Verwendung dieser Beurteilungskriterien betrachtet, wobei dargestellt werden:

- **Objekte** der Beteiligungsfinanzierung
- **Anlässe** der Beteiligungsfinanzierung
- **Private-Equity** als alternative Finanzierungsform.

# 1. OBJEKTE

Die Objekte der Beteiligungsfinanzierung sind die einzelnen Rechtsformen der Unternehmen, die unterschiedliche Merkmale aufweisen und demzufolge vom Interessenten, der bereit ist, sich zu beteiligen, aber auch vom zu finanzierenden Unternehmen aus eingehend zu analysieren sind.

Im Folgenden sollen die wichtigsten **Rechtsformen der Unternehmen** grundlegend dargestellt werden:

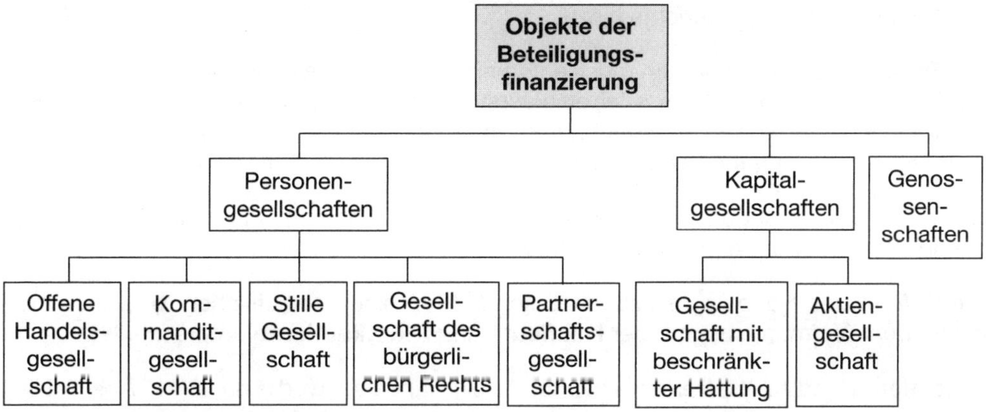


Die **Partnergesellschaft** gibt es seit 1995. Sie ist eine Gesellschaft, in der sich Angehörige Freier Berufe (z. B. Ärzte, Steuerberater, Rechtsanwälte) zur Ausübung ihrer Berufe zusammenschließen. Die Partnergesellschaft übt kein Handelsgewerbe aus. Angehörige einer Partnerschaft können nur natürliche Personen sein (§ 1 Abs. 1 PartGG). Der Firmenname muss als notwendige Rechtsformangabe *»und Partner«* oder *»Partnerschaft«* tragen.

Neben den Gesellschaften ist noch das **Einzelunternehmen** zu nennen, bei dem der Einzelunternehmer **Kaufmann** ist, wenn er, was generell gilt, einen in kaufmännischer Weise eingerichteten Geschäftsbetrieb (**Istkaufmann**) aufweist bzw. seine Firma im Handelsregister eingetragen ist (**Kannkaufmann**).

Soll die Rechtsform des **Einzelunternehmens** bei der Beteiligungsfinanzierung erhalten bleiben, muss die Zuführung von Eigenkapital grundsätzlich vom Einzelunternehmer selbst erfolgen. Als Alternative gibt es nur noch die Aufnahme eines stillen Gesellschafters. Damit wird deutlich, wie begrenzt der Finanzierungsspielraum des Einzelunternehmens ist.

Beim Einzelunternehmen gibt es keine Interessenkonflikte zwischen dem Kapitalgeber und dem Unternehmen. Dem Einzelunternehmer stehen alle **Rechte** uneingeschränkt zu, insbesondere:

- Recht auf Geschäftsführung
- Recht auf Vertretung
- Recht auf Gewinn
- Recht auf Entnahme
- Recht auf Liquidationserlös

Der Einzelunternehmer muss aber auch alle **Pflichten** allein tragen:

- Aufbringung des Eigenkapitals
- Tragung von Verlusten
- Haftung, auch mit dem Privatvermögen.

Die **Kapitalkosten** der Beteiligungsfinanzierung sind beim Einzelunternehmen sehr gering. Im Wesentlichen umfassen sie die Gewinnausschüttungen, bei Kaufleuten kommen die Kosten des Registergerichts hinzu.

Die **Firma** von Einzelkaufleuten muss entsprechend bezeichnet werden als *»eingetragener Kaufmann bzw. Kauffrau«* oder eine verständliche Abkürzung aufweisen wie *»e.K.«*, *»e.Kfm.«*, *»e.Kfr.«*, wobei der Firmenname Unterscheidungskraft besitzen muss und keine irreführenden Angaben enthalten darf.

Notwendige Änderungen bei bestehenden Einzelunternehmen waren bis 2002 entsprechend dem neuen Firmenrecht durchzuführen.

Die Reform des Handelsgesetzbuches schuf 1998 einen einheitlichen, branchenübergreifenden Kaufmannsbegriff, der **Kaufleute** und **Nichtkaufleute** unterscheidet:

- **Kaufleute** sind alle Gewerbetreibende, die ein Handelsgewerbe nach § 15 Abs. 2 EStG betreiben:

  - In Form einer selbstständigen nachhaltigen Betätigung
  - Mit Gewinnerzielungsabsicht
  - Unter Beteiligung am allgemeinen wirtschaftlichen Verkehr

  Als Kaufleute, auf die Vorschriften des Handelsgesetzbuches Anwendung finden, können unterschieden werden:

| | |
|---|---|
| **Istkaufmann (§ 1 HGB)** | Ihm liegt das Betreiben eines gewerblichen Unternehmens zu Grunde. Es erfordert einen kaufmännisch organisierten Geschäftsbetrieb. Eine Eintragungspflicht in das Handelsregister ist gegeben. |
| **Kannkaufmann (§ 2 und 3 HGB)** | Wahlentscheidung für Nichtkaufleute (Kleingewerbetreibende, Betriebe der Land- und Forstwirtschaft). Die Eintragung in das Handelsregister konstituiert die Kaufmannseigenschaft. |

| | |
|---|---|
| **Scheinkaufmann (§ 5 HGB)** | Kaufmann kraft Eintragung in das Handelsregister. Die Eintragung kann berechtigt oder unberechtigt erfolgen. |
| **Formkaufmann (§ 6 HGB)** | Kaufmann kraft Rechtsform, wie z. B. Unternehmen in der Rechtsform der Aktiengesellschaft oder der Genossenschaft. |

- **Nichtkaufleute** sind alle Gewerbetreibende, deren Unternehmen **keinen** kaufmännisch organisierten Geschäftsbetrieb erfordert. Hierzu zählen:

▸ Kleingewerbetreibende
▸ Betriebe der Land- und Forstwirtschaft
▸ Freiberufler, wie z. B. Ärzte, Rechtsanwälte, Notare und Steuerberater

## 1.1 PERSONENGESELLSCHAFTEN

Personengesellschaften sind Unternehmen, die **keine Rechtsfähigkeit** besitzen und deren Gesellschafter in der Mehrzahl der Fälle natürliche Personen sind.

Zu den Personengesellschaften zählen wie dargestellt:

- **Offene Handelsgesellschaft**
- **Kommanditgesellschaft**
- **Stille Gesellschaft**
- **Gesellschaft des bürgerlichen Rechts**.

Während die Offene Handelsgesellschaft und die Kommanditgesellschaft als **Handelsgesellschaften** bezeichnet werden, stellen die stille Gesellschaft und die Gesellschaft des bürgerlichen Rechts **unvollkommene Gesellschaften** dar.

Bei den Personengesellschaften steht die persönliche Beziehung der Gesellschafter zueinander überwiegend im Vordergrund. Entsprechend sind die Geschäftsanteile der Gesellschafter nicht oder nur schwer mobilisierbar.

Die **rechtlichen Vorschriften** für die Personengesellschaften sind weitgehend dispositiver Art, womit die Möglichkeit gegeben ist, eine umfassende, der persönlichen Situation der Gesellschafter gerecht werdende Gestaltung der Gesellschaftsverträge zu ermöglichen.

### 1.1.1 OFFENE HANDELSGESELLSCHAFT

Die OHG (§§ 105 - 160 HGB, ergänzend §§ 705 - 740 BGB) ist die vertragliche Vereinigung von zwei oder mehr Personen zum Betrieb eines Handelsgewerbes unter gemeinschaftlicher Firma mit unbeschränkter Haftung aller Gesellschafter.

Die **Gesellschafter** einer OHG können natürliche oder juristische Personen sein. Aber auch eine OHG oder KG, nicht dagegen eine GdbR, hat die Möglichkeit, sich an einer OHG zu beteiligen.

Die **Firma** der OHG muss grundsätzlich zur Kennzeichnung des Kaufmanns geeignet sein und Unterscheidungskraft besitzen sowie die Gesellschafts- und Haftungsverhältnisse offenlegen. Sie kann aus Personen-, Sach- oder Fantasienamen bestehen, darf allerdings nicht irreführend sein.

Des Weiteren muss sie die Bezeichnung *»Offene Handelsgesellschaft«* oder eine allgemein verständliche Abkürzung *»OHG«*, *»offene HG«*, *»oHg«* enthalten. Haften juristische Personen in der OHG muss die Bezeichnung diese Haftungsbeschränkung offenlegen, z. B. *»GmbH & Co. OHG«* oder *»AG & Co. OHG«*.

Die OHG besitzt zwar **keine eigene Rechtsfähigkeit**, ist dieser jedoch stark angenähert, indem sie aufweist:

- Grundbuchfähigkeit
- Prozessfähigkeit
- Deliktfähigkeit

Sie kann als Gesellschaft im Grundbuch berechtigte Eintragungen, Löschungen u. Ä. veranlassen, an Prozessen teilnehmen oder sich schadenersatzpflichtig machen.

Die OHG ist als zweckmäßige Gesellschaftsform anzusehen, wenn sich wenige, gleichberechtigte Personen mit einem hohen Maß an gegenseitigem Vertrauen zum Betrieb eines Handelsgewerbes zusammenschließen wollen und bereit sind, im Unternehmen tätig zu sein.

Die Gesellschafter sollten nach Möglichkeit den wesentlichen Teil des auf absehbare Zeit erforderlichen Eigenkapitals bereitstellen können, weil eine Kapitalerhöhung durch Aufnahme neuer Gesellschafter wegen der sehr personenbezogenen Situation der OHG vielfach schwer zu realisieren sein wird.

Im Übrigen kann es sich hinsichtlich des Abstimmungsprozesses als problematisch erweisen, wenn mehr als drei oder vier Gesellschafter in einer OHG tätig sind. Als **Kapitalkosten** der Beteiligungsfinanzierung können vornehmlich anfallen:

| **Kapitalkosten der OHG** | |
|---|---|
| Kosten des Registergerichts | Für Eintragungen, Löschungen, Veröffentlichungen. |
| Gewinnausschüttungen | Sie erfolgen nach HGB oder Gesellschaftsvertrag. |
| Einkommensteuer | Sie fällt bei den Gesellschaftern an, wenn sie natürliche Personen sind, da die Gesellschafter steuerlich als Mitunternehmer (§ 15 Abs. 1 Nr. 2 EStG) angesehen werden. |
| Gewerbeertragsteuer | Sie fällt beim Betrieb eines Gewerbes an. |

Die OHG als solche ist nicht körperschaftsteuerpflichtig. Körperschaftsteuer ist aber zwingend bei Gesellschaften zu zahlen, die Kapitalgesellschaften sind. Kosten für die

Prüfung und Publizierung des Jahresabschlusses entstehen nur dann, wenn die OHG als publizitätspflichtiges Unternehmen* einzuordnen ist.

### 1.1.1.1 RECHTE DER GESELLSCHAFTER

Die Gesellschafter sind, sofern der Gesellschaftsvertrag keine andere Regelung enthält, einzeln zur **Geschäftsführung** berechtigt und verpflichtet, d. h. sie dürfen alle Handlungen vornehmen, die der gewöhnliche Betrieb der Gesellschaft mit sich bringt.

Vertraglich kann die Befugnis zur Geschäftsführung beschränkt oder aufgehoben sein, wodurch ein geschäftsführender Gesellschafter der Vornahme von Handlungen widersprechen kann. Handlungen, die über den gewöhnlichen Betrieb der Gesellschaft hinausgehen, wie z. B. Grundstückskäufe bzw. -verkäufe oder Firmengründungen, bedürfen der Zustimmung aller Gesellschafter.

Im Gesellschaftsvertrag kann die Geschäftsführung jedoch beliebig geregelt werden. Gesellschafter, die von der Geschäftsführung vertraglich ausgeschlossen sind, haben ein **Kontrollrecht**.

Zur **Vertretung** der OHG ist nach Handelsrecht jeder Gesellschafter berechtigt. Der Gesellschaftsvertrag kann eine andere Regelung enthalten, beispielsweise eine Gesamtvertretung, bei der mehrere oder alle Gesellschafter die Gesellschaft gemeinschaftlich vertreten, oder eine Einzelvertretung, bei der jeder berechtigte Gesellschafter die Gesellschaft allein vertritt. Es ist auch möglich, dass ein oder mehrere Gesellschafter die Gesellschaft zusammen mit einem oder mehreren Prokuristen zu vertreten berechtigt sind.

Die Gesellschafter haben ein Recht auf anteiligen **Gewinn**. Sofern vertraglich nichts anderes vereinbart ist, erfolgt eine Verzinsung jedes bei Beginn des Geschäftsjahres vorhandenen Kapitalanteils mit 4 %. Der verbleibende Gewinn wird nach Köpfen verteilt. Jeder Gesellschafter bekommt seinen Gewinn seinem Kapitalkonto gutgeschrieben.

**Beispiel:**

A — Bilanz **vor** Gewinnverteilung — B

| A | | | B |
|---|---|---|---|
| Anlagevermögen | 30.100 € | Geschäftsanteil A | 5.000 € |
| Umlaufvermögen | 20.000 € | Geschäftsanteil B | 10.000 € |
| | | Geschäftsanteil C | 15.000 € |
| | | Verbindlichkeiten | 12.000 € |
| | | Gewinn | 8.100 € |
| | 50.100 € | | 50.100 € |

* Die öffentliche Rechnungslegungspflicht setzt das Vorliegen von zwei der drei folgenden Größenmerkmale an drei aufeinander folgenden Abschlussstichtagen voraus (§ 1 PublG):

- Bilanzsumme ist größer als 65 Mio. €.
- Umsatz der 12 Monate vor dem Abschlussstichtag war größer als 130 Mio. €.
- Im Durchschnitt der 12 Monate vor dem Abschlussstichtag waren mehr als 5.000 Arbeitnehmer beschäftigt.

| | | | | | |
|---|---|---|---|---|---|
| Gewinnverteilung nach HGB: | prozentual | A | 5.000 · 0,04 | = | 200 € |
| | | B | 10.000 · 0,04 | = | 400 € |
| | | C | 15.000 · 0,04 | = | 600 € |
| | kopfbezogen | 8.100 – (200 + 400 + 600) | | = | 6.900 € |
| | | | 6.900 : 3 | = | 2.300 € |
| | gesamt | A | 200 + 2.300 | = | 2.500 € |
| | | B | 400 + 2.300 | = | 2.700 € |
| | | C | 600 + 2.300 | = | 2.900 € |

| A | Bilanz **nach** Gewinnverteilung | | B |
|---|---|---|---|
| Anlagevermögen | 30.100 € | Geschäftsanteil A | 7.500 € |
| Umlaufvermögen | 20.000 € | Geschäftsanteil B | 12.700 € |
| | | Geschäftsanteil C | 17.900 € |
| | | Verbindlichkeiten | 12.000 € |
| | 50.100 € | | 50.100 € |

Mangels einer vertraglichen Regelung ist jeder Gesellschafter berechtigt, jährlich eine **Entnahme** bis zu 4 % seines für das letzte Geschäftsjahr festgelegten Kapitalanteils vorzunehmen, soweit der Jahresgewinn hierzu ausreicht. Darüber hinausgehende Gewinnanteile dürfen daher nur entnommen werden, sofern dies nicht zum offenbaren Schaden der Gesellschaft führt.

Wenn einzelne Gesellschafter ihre Gewinnanteile entnehmen, andere dagegen nicht oder nicht in gleichem Umfang, kann es zu Verschiebungen der Geschäftsanteile kommen.

Die **Übertragung** einer Beteiligung an einer OHG bedarf der Zustimmung aller Gesellschafter, wenn der Gesellschaftsvertrag keine andere Regelung vorsieht. Eine **Kündigung** des Geschäftsanteiles kann nur auf den Schluss eines Geschäftsjahres erfolgen. Dabei ist eine Frist von mindestens sechs Monaten einzuhalten.

Die **Auflösung** der Gesellschaft ist möglich:

- Nach Zeitablauf
- Durch gerichtliche Entscheidung
- Durch Gesellschafterbeschluss
- Durch Eröffnung eines Insolvenzverfahrens

Bei ihr sind die Gesellschafter am **Liquidationserlös** im Verhältnis ihrer Kapitalanteile zu beteiligen.

### 1.1.1.2 PFLICHTEN DER GESELLSCHAFTER

Die Gesellschafter sind – wie oben dargelegt – nicht nur berechtigt, sondern auch verpflichtet, an der **Geschäftsführung** teilzunehmen.

Die **Kapitaleinlage** ist von den Gesellschaftern in der im Gesellschaftsvertrag festgesetzten Höhe zu leisten. Dies muss rechtzeitig, d. h. bis zum vertraglich vereinbarten Zeitpunkt erfolgen, da andernfalls vom säumigen Gesellschafter Zinsen zu zahlen sind und gegebenenfalls Schadensersatz zu leisten ist. Eine Mindesthöhe für die Kapitaleinlage gibt es nicht.

Die **Haftung** erfolgt gesamtschuldnerisch, was bedeutet, dass jeder Gesellschafter haftet:

- Unmittelbar
- Unbeschränkt
- Solidarisch

Unmittelbare Haftung ermöglicht es den Gläubigern der OHG, sich mit ihren Forderungen direkt an jeden beliebigen Gesellschafter der OHG zu halten. Die Haftung ist nicht auf die Kapitaleinlage beschränkt, sie ist unbeschränkt und umfasst auch das gesamte Privatvermögen. Solidarisch oder gesamtschuldnerisch ist die Haftung, weil alle Gesellschafter für die gesamten Schulden der Gesellschaft haften.

In die OHG eintretende Gesellschafter haften für die Schulden der Gesellschaft, die bei ihrem Eintritt bereits bestehen. Eine Beschränkung oder ein Ausschluss dieser Haftung ist zwar möglich, aber nur im Innenverhältnis wirksam. Scheiden Gesellschafter aus der OHG aus oder wird sie aufgelöst, dann haften diese Gesellschafter für die zu diesem Zeitpunkt bestehenden Verbindlichkeiten noch fünf Jahre.

Den Gesellschaftern steht nicht nur das Recht zu, am Gewinn der Gesellschaft teilzuhaben. Sie haben auch die Pflicht, **Verluste** mitzutragen. Sofern vertraglich nichts anderes vereinbart ist, werden Verluste nach Köpfen verteilt.

Schließlich unterliegen die Gesellschafter einem **Wettbewerbsverbot**. Ohne Zustimmung der übrigen Gesellschafter dürfen sie im Handelsgewerbe der Gesellschaft keine Geschäfte auf eigene Rechnung betreiben und sich auch nicht bei gleichartigen Gesellschaften vollhaftend beteiligen.

### 1.1.2 Kommanditgesellschaft

Die KG (§§ 161 - 177 a HGB, ergänzend §§ 105 - 160 HGB und §§ 705 - 740 BGB) ist die vertragliche Vereinigung von zwei oder mehr Personen zum Betrieb eines Handelsgewerbes unter gemeinschaftlicher Firma, wobei mindestens ein Gesellschafter unbeschränkt und mindestens ein Gesellschafter beschränkt haftet.

Vollhafter sind **Komplementäre**, Teilhafter nennt man **Kommanditisten**.

Die **Gesellschafter** einer KG können natürliche oder juristische Personen sein. Auch eine OHG oder KG, nicht dagegen eine GdbR hat die Möglichkeit, sich an einer KG zu beteiligen.

Die **Firma** der KG muss grundsätzlich die Kaufmannseigenschaft kennzeichnen, Unterscheidungskraft besitzen und die Gesellschafts- sowie Haftungsverhältnisse offen legen. Sie kann aus Personen-, Sach- oder Fantasienamen bestehen, darf allerdings nicht irreführend sein.

Des Weiteren muss sie die Bezeichnung *»Kommanditgesellschaft«* oder eine allgemein verständliche Abkürzung *»KG«* oder *»Kges.«* enthalten. Haften juristische Personen in der KG, muss die Bezeichnung diese Haftungsbeschränkung offen legen (z. B. GmbH & Co. KG).

Wie die OHG, so besitzt auch die KG **keine eigene Rechtsfähigkeit**, ist dieser jedoch stark angenähert, da sie ebenfalls grundbuch-, prozess- und deliktfähig ist.

Die KG bietet sich als Gesellschaftsform an, wenn einzelne Gesellschafter sich nur kapitalmäßig beteiligen möchten, aber nicht mitarbeiten wollen oder können und eine volle Haftung ausgeschlossen sein soll.

Die **Kapitalkosten** der Beteiligungsfinanzierung entsprechen im Wesentlichen denen, die bereits bei der OHG genannt wurden:

| **Kapitalkosten der KG** | |
|---|---|
| Kosten des Registergerichts | Für Eintragungen, Löschungen, Veröffentlichungen |
| Gewinnausschüttungen | Sie erfolgen nach HGB oder Gesellschaftsvertrag |
| Einkommensteuer | Sie fällt bei den Gesellschaftern an, wenn sie natürliche Personen sind, da die Gesellschafter steuerlich als Mitunternehmer (§ 15 Abs. 1 Nr. 2 EStG) angesehen werden. |
| Gewerbeertragsteuer | Sie fällt beim Betrieb eines Gewerbes an. |

Die KG als solche ist nicht körperschaftsteuerpflichtig. Körperschaftsteuer ist aber bei Gesellschaftern zu zahlen, die Kapitalgesellschaften sind. Kapitalertragsteuer fällt nicht an. Kosten der Prüfung und Publizierung des Jahresabschlusses entstehen nur dann, wenn die KG als publizitätspflichtiges Unternehmen einzuordnen ist.

Ist eine GmbH der Komplementär in einer KG, spricht man von einer **GmbH & Co KG.** Es gelten zunächst die Vorschriften der KG und für die Komplementär-GmbH das GmbHG. Zudem wurden Rechnungslegungsvorschriften, Offenlegungspflichten sowie Schwellenwerte für die Konzernabschlusspflicht und der Umschreibung der Größenklassen durch das Kapitalgesellschaften & Co-Richtliniengesetz (KapCoRiliG) geschaffen. Dessen Normen fanden Aufnahme im HGB (§ 264a - c) und unterwerfen diese Gesellschaftsformen den Vorschriften für Kapitalgesellschaften nach §§ 264 - 335 HGB.

Die Rechtsfähigkeit der GmbH & Co KG sowie die Rechte und Pflichten der Gesellschafter der GmbH & Co KG ergeben sich aus den Vorschriften zur KG.

Die GmbH & Co KG ist als zweckmäßige Gesellschaftsform anzusehen, wenn eine Personengesellschaft betrieben werden soll, aber ohne die volle Haftung der natürlichen Personen.

Als **Kapitalkosten** der Beteiligungsfinanzierung fallen bei der GmbH & Co KG an:

| **Kapitalkosten der GmbH & Co. KG** | |
|---|---|
| Kapitalkosten der KG | Sie umfassen die Kosten des Registergerichts, Gewinnausschüttungen, Einkommensteuer, Gewerbesteuer. |
| Kapitalkosten der GmbH | Sie fallen nur für die Komplementär-GmbH an. |

### 1.1.2.1 Rechte der Gesellschafter

Bei der **Geschäftsführung** gelten für die Komplementäre die Bestimmungen, die für die Gesellschafter der OHG maßgeblich sind. Die Kommanditisten sind von der Geschäftsführung grundsätzlich ausgeschlossen, sie haben aber ein **Kontrollrecht**. Dies darf nicht laufend – wie bei OHG-Gesellschaftern – ausgeübt werden, sondern beschränkt sich auf die jährlich einmalige Einsicht in die Geschäftsbücher und den Jahresabschluss. Ebenso besteht ein **Widerspruchsrecht** bei Handlungen, die über den gewöhnlichen Geschäftsbetrieb hinausgehen, wie z. B. Grundstückskäufe.

Die **Vertretung** der KG erfolgt ebenfalls grundsätzlich durch die Komplementäre, wobei die Vorschriften für die Gesellschafter der OHG Anwendung finden. Die Kommanditisten sind zur Vertretung der Gesellschaft nicht berechtigt. Es kann ihnen aber Prokura oder Handlungsvollmacht erteilt werden.

Für die Verteilung des von der Gesellschaft erwirtschafteten **Gewinnes** ist der Gesellschaftsvertrag maßgeblich. Sind im Gesellschaftsvertrag keine Vereinbarungen getroffen, werden die Kapitalanteile zunächst mit 4 % verzinst, der Rest des Gewinnes wird in einem den Umständen nach angemessenen Verhältnis aufgeteilt.

Die Komplementäre sind hinsichtlich ihres Rechtes auf **Entnahme** wie die Gesellschafter der OHG gestellt. Die Kommanditisten haben lediglich Anspruch auf Auszahlung ihres Gewinnanteils. Sofern ihr Kapitalanteil durch Verlust gemindert ist, wird der Gewinnanteil zur Auffüllung der bedungenen, d. h. vereinbarten Einlage verwendet. Gewinnanteile, die von den Kommanditisten nicht entnommen werden, stellen Verbindlichkeiten der KG dar, erhöhen also nicht die Einlage.

Die **Übertragung** einer Beteiligung an einer KG bedarf der Zustimmung aller Gesellschafter, sofern der Gesellschaftsvertrag keine andere Regelung vorsieht. Wenn die KG daran interessiert ist, durch die Kommanditisten eine hohe Eigenkapitalbasis zu schaffen, insbesondere viele Kommanditisten in der Gesellschaft aufzunehmen, bietet es sich an, die Übertragbarkeit der Kommanditisten-Anteile im Gesellschaftsvertrag großzügig zu regeln.

Für die **Kündigung** gelten bei den Komplementären die für die Gesellschafter der OHG genannten Vorschriften. Die Kommanditisten können unter Einhaltung einer Frist von mindestens sechs Monaten auf den Schluss eines Geschäftsjahres kündigen, wenn der Gesellschaftsvertrag keine anderen Vereinbarungen enthält.

Bei der **Liquidation** finden die gleichen Vorschriften Anwendung, wie bei der OHG, da es spezielle Regelungen für die KG im Handelsrecht nicht gibt. Die Vorschriften für die OHG gelten dabei nicht nur für Komplementäre, sondern auch für die Kommanditisten.

### 1.1.2.2 Pflichten der Gesellschafter

Die Komplementäre sind – wie die Gesellschafter der OHG – nicht nur berechtigt, sondern auch verpflichtet, die **Geschäftsführung** wahrzunehmen. Für die Kommanditisten besteht weder ein Recht noch eine Pflicht auf Führung der Geschäfte.

Die rechtlichen Vorschriften zur **Kapitaleinlage** entsprechen bei den Komplementären jenen, die für die Gesellschafter der OHG gelten. Die Kapitaleinlagen der Kommanditisten sind in einem Geldbetrag anzugeben. Das Kapitalkonto der Kommanditisten ist - im Gegensatz zu dem Konto der Komplementäre - ein festes Konto. Eine Mindesthöhe der Kapitaleinlage gilt weder für Komplementäre noch für Kommanditisten.

Die **Haftung** aller Gesellschafter ist vor dem Handelsregister-Eintrag unbeschränkt. Nach dem Handelsregister-Eintrag haften die Komplementäre unmittelbar, unbeschränkt und solidarisch wie die Gesellschafter der OHG. Die Kommanditisten haften dann bis zur Höhe ihrer Einlage, wenn diese geleistet ist.

Für die Verteilung eines **Verlustes** gilt, sofern der Gesellschaftsvertrag keine anderen Regelungen enthält, dass dieser in einem den Umständen nach angemessenen Verhältnis aufzuteilen ist. Auch der Kommanditist kann im entsprechenden Verhältnis bis zum Betrag seines Kapitalanteiles am Verlust beteiligt werden.

Die Komplementäre unterliegen dem **Wettbewerbsverbot** wie die Gesellschafter der OHG. Für die Kommanditisten gilt das nicht.

40 Seite 475

## 1.1.3 Stille Gesellschaft

Die stille Gesellschaft (§§ 230 - 237 HGB, ergänzend §§ 705 - 740 BGB) ist die vertragliche Vereinigung zwischen einem Geschäftsinhaber (Kaufmann) und einem Kapitalgeber, dessen Einlage in das Vermögen des Geschäftsinhabers übergeht. Sowohl der Geschäftsinhaber als auch der stille Gesellschafter können natürliche oder juristische Personen sein, auch eine OHG oder KG.

Es besteht **keine gemeinsame Firma**, weshalb der Name des stillen Gesellschafters auch nicht in der Firma des Geschäftsinhabers erscheinen kann. Das Gesellschaftsverhältnis ist aus der Firma nicht ersichtlich.

Die stille Gesellschaft besitzt **keine Rechtsfähigkeit**. Sie ist auch nicht grundbuch-, prozess- oder deliktfähig.

In der Praxis kann sie in zwei **Formen** vorkommen (siehe auch S. 264 f.):

- Bei der **typischen stillen Gesellschaft** ist der stille Gesellschafter nicht an den stillen Reserven beteiligt, die von der Gesellschaft des Geschäftsinhabers erwirtschaftet werden.

  Dies bedingt nur einen Anspruch auf Rückzahlung der ehemaligen Einlage, was der typischen stillen Gesellschaft eher Fremdkapitalcharakter verleiht. Zudem sind gewöhnlicher Weise keinerlei Führungsfunktion für den stillen Gesellschafter vorgesehen und seine Beteiligung am Verlust ausgeschlossen.

- Dagegen erfolgt bei der **atypischen stillen Gesellschaft** eine Beteiligung des stillen Gesellschafters an den stillen Reserven der Gesellschaft des Geschäftsinhabers. Werden solche erwirtschaftet, erhöht sich mit Steigerung des Unternehmenswertes der Rückzahlungsanspruch des stillen Gesellschafters.

  Diese Form der stillen Gesellschaft hat im Vergleich zur typischen stillen Gesellschaft eher Eigenkapitalcharakter. Dies unterstreicht auch eine auf die Einlage begrenzte Bereitschaft des stillen Gesellschafters zur Verlustübernahme. Steuerrechtlich wird der stille Gesellschafter als Mitunternehmer gesehen, der gelegentlich auch unternehmerische Funktionen übernehmen kann (*Zantow*).

Die stille Gesellschaft bietet sich als Gesellschaftsform an, wenn ein Beteiligungsverhältnis angestrebt wird, das Dritten gegenüber – mit Ausnahme des Finanzamtes – nicht bekannt und ohne Formalitäten abgewickelt werden soll.

Als **Kapitalkosten** der Beteiligungsfinanzierung können vornehmlich anfallen:

| **Kapitalkosten der Stillen Gesellschaft** | |
|---|---|
| Gewinnauschüttungen | Sie erfolgen nach HGB oder Gesellschaftsvertrag. |
| Einkommensteuer | Sie fällt bei den Gesellschaftern an, wenn sie natürliche Personen sind. |
| Körperschaftsteuer | Sie fällt nur bei körperschaftsteuerpflichtigen Gesellschaften oder Gesellschaften an, die von Wahlrecht Gebrauch machen, Körperschaftsteuer zu zahlen. |
| Kapitalertragsteuer | Sie wird vom Gewinnanteil des typischen stillen Gesellschafters einbehalten und beträgt 25 %. |

Die Gewerbesteuer betrifft nur die Gesellschaft des Geschäftsinhabers, bei der sich der stille Gesellschafter beteiligt. Kosten für die Prüfung und Publizierung des Jahresabschlusses fallen bei der stillen Gesellschaft nicht an.

### 1.1.3.1 Rechte der Gesellschafter

Die **Geschäftsführung** der stillen Gesellschaft liegt in der Regel beim Geschäftsinhaber.Flexible Ausgestaltungen der Rechte des stillen Gesellschafters ermöglichen dessen unternehmerische Teilnahme an der Geschäftsführung. Der stille Gesellschafter besitzt ein **Kontrollrecht** wie der Kommanditist bei der KG. Dementsprechend darf er die Geschäftsbücher und den Jahresabschluss einsehen. Allerdings können auch die Kontrollrechte vertraglich erheblich erweitert werden.

Ebenso erfolgt in der Regel die **Vertretung** durch den Geschäftsinhaber. Der stille Gesellschafter hat grundsätzlich kein Vertretungsrecht. Es kann ihm aber Prokura oder Handlungsvollmacht übertragen werden.

Sofern keine vertraglichen Vereinbarungen über die Verteilung des **Gewinnes** vorliegen, gilt für den stillen Gesellschafter ein den Umständen nach angemessener Anteil als bedungen, d. h. vereinbart.

Der stille Gesellschafter hat am Schluss eines Geschäftsjahres Anspruch auf **Auszahlung** seines Gewinnanteils. Wenn seine Einlage durch einen Verlust gemindert ist, muss der Gewinnanteil erst zur Deckung des Verlustes verwendet werden.

Die **Übertragung** einer Beteiligung an der Gesellschaft eines Geschäftsinhabers bedarf der Zustimmung des Geschäftsinhabers, sofern der Gesellschaftsvertrag keine andere Regelung vorsieht.

Die **Kündigung** kann nur auf den Schluss eines Geschäftsjahres erfolgen. Dabei ist eine Frist von mindestens sechs Monaten einzuhalten. Im Falle einer Insolvenz kann der stille Gesellschafter Forderungen als Insolvenzgläubiger geltend machen. Dies betrifft die Teile seiner Einlage, die den Betrag seines Verlustanteils übersteigen (§ 236 HGB).

### 1.1.3.2 PFLICHTEN DER GESELLSCHAFTER

Da der stille Gesellschafter in der Regel nicht zur **Geschäftsführung** berechtigt ist, kann er auch keine Verpflichtung hierzu haben. Der Geschäftsinhaber hat hingegen die Pflicht der Geschäftsführung, wenn es sich um eine OHG oder KG handelt und er Vollhafter ist.

Die **Einlage** des stillen Gesellschafters muss nominell festgelegt werden. Eine Mindesthöhe ist nicht vorgeschrieben.

Der stille Gesellschafter hat im Außenverhältnis Gläubigern gegenüber keine **Haftung**. Aus einer möglichen Verlustbeteiligung erwächst keine Nachschusspflicht. Der Geschäftsinhaber haftet entsprechend den Bestimmungen, die für seine Rechtsform gelten.

Sofern keine vertraglichen Vereinbarungen vorliegen, gilt für den stillen Gesellschafter ein den Umständen nach angemessener Anteil am **Verlust** bis zur Höhe seiner Einlage als bedungen. Vertraglich kann die Verlustbeteiligung aber begrenzt oder ausgeschlossen werden (§ 231 Abs. 2 HGB).

## 1.1.4 GESELLSCHAFT DES BÜRGERLICHEN RECHTS

Die GdbR (§§ 705-740 BGB) ist eine vertragliche Vereinigung von Personen zur Erreichung eines gemeinsamen Zieles. Sie wird auch **BGB-Gesellschaft** genannt.

Die GdbR wird von mindestens zwei Gesellschaftern gebildet, die natürliche oder juristische Personen sein können. Sie führt **keine eigene Firma** und ist **nicht rechtsfähig**, auch nicht grundbuch-, prozess- oder deliktfähig.

Wird die Rechtsform einer Gesellschaft gesucht, die nicht auf Dauer ausgerichtet sein kann und handelsrechtliche Formalitäten vermeiden soll, dann bietet sich die GdbR an. Sie ist für viele Zwecke der Interessenverfolgung, vor allem gleichberechtigter Partner, einsetzbar.

**Beispiele:** Gelegenheitsgesellschaft, Vermögensverwaltung, Arbeitsgemeinschaft.

Vielfach schließen sich Nichtkaufleute, Handwerker oder Angehörige freier Berufe zu einer GdbR zusammen. Auch Arbeitsgemeinschaften, Kartelle und Interessengemeinschaften bevorzugen häufig die Rechtsform der GdbR. Kapitalgesellschaften treten vor Abschluss des Gesellschaftsvertrages (Satzung) in der Rechtsform der GdbR auf. Dies geschieht als Vorgründungsgesellschaft.

Für die **steuerliche Behandlung** der GdbR ist entscheidend, ob es sich handelt:

- Um eine **typische GdbR**, bei der die Gesellschafter als Mitunternehmer anzusehen sind.
- Um eine **der stillen Gesellschaft ähnliche GdbR**, bei der die kapitalmäßige Beteiligung im Vordergrund steht. Sie wird hier auch als **Publikums-GdbR** bezeichnet.

Als **Kapitalkosten** der Beteiligungsfinanzierung fallen vor allem an:

| **Kapitalkosten der GdbR** | |
|---|---|
| Gewinnausschüttungen | Sie erfolgen nach BGB oder Gesellschaftsvertrag. |
| Einkommensteuer | Sie fällt bei den Gesellschaftern an, wenn sie natürliche Personen sind. Bei der typischen GdbR sind die Gewinnanteile als Einkünfte aus Gewerbebetrieb, bei einer der stillen Gesellschaft ähnlichen GdbR als Einkünfte aus Kapitalvermögen zu versteuern. |
| Gewerbeertragsteuer | Sie fällt an, wenn mit der GdbR eine gewerbliche Tätigkeit ausgeübt wird. |

Die GdbR als solche ist nicht körperschaftsteuerpflichtig, soweit sie nicht vom Wahlrecht Gebrauch macht. Körperschaftsteuer ist auf jeden Fall bei Gesellschaftern zu zahlen, die Kapitalgesellschaften sind. Kapitalertragsteuer ist bei der GdbR nicht einzubehalten.

Kosten für die Prüfung und Publizierung des Jahresabschlusses entstehen nicht, ebenso keine Kosten für einen Handelsregistereintrag. Notariatsgebühren fallen nicht notwendigerweise an.

### 1.1.4.1 Rechte der Gesellschafter

Die **Geschäftsführung** steht grundsätzlich allen Gesellschaftern gemeinschaftlich zu. Für jedes Geschäft ist die Zustimmung aller Gesellschafter erforderlich. Im Gesellschaftsvertrag kann die Geschäftsführung aber auf einen oder mehrere Gesellschafter beschränkt werden.

Den nicht zur Geschäftsführung zugelassenen Gesellschaftern steht ein **Nachprüfungsrecht** zu. Ist vertraglich eine Einzel-Geschäftsführungsbefugnis vereinbart, hat jeder Gesellschafter ein **Widerspruchsrecht**.

Die **Vertretung** der GdbR erfolgt grundsätzlich durch alle Gesellschafter gemeinsam. Es ist jedoch möglich, Einzelvertretungsbefugnis zu vereinbaren sowie Gesellschafter von der Vertretung auszuschließen.

Am **Gewinn** sind – mangels vertraglicher Bestimmungen – alle Gesellschafter zu gleichen Teilen beteiligt. Sofern keine anderen Vereinbarungen getroffen sind, wird der Gewinn bei Auflösung der Gesellschaft verteilt. Ist die Gesellschaft von längerer Dauer, kann die **Entnahme** nach Abschluss eines jeden Geschäftsjahres erfolgen.

Die **Übertragung** einer Beteiligung an einer GdbR bedarf der Zustimmung aller Gesellschafter, sofern der Gesellschaftsvertrag keine andere Regelung vorsieht.

Wenn die Gesellschaft nicht für eine bestimmte Zeit eingegangen ist, kann jeder Gesellschafter zu jedem Zeitpunkt **kündigen**. Ist die Gesellschaft in ihrem Bestand auf eine bestimmte Zeit begrenzt, ist eine Kündigung vor Zeitablauf nur aus wichtigen Gründen möglich.

### 1.1.4.2 Pflichten der Gesellschafter

Die **Kapitaleinlage** ist von den Gesellschaftern in der in dem Gesellschaftsvertrag festgesetzten Höhe zu leisten. Eine Mindesthöhe ist nicht vorgeschrieben.

Die **Haftung** ist – wie bei der OHG – grundsätzlich unmittelbar, unbeschränkt und solidarisch. Durch individuelle Vereinbarung mit den Gläubigern kann sie jedoch jeweils auf den Anteil am Gesellschaftsvermögen beschränkt werden, nicht jedoch durch die Bezeichnung GdbRmbH oder durch AGB.

Die **Verlustzuweisung** erfolgt zu gleichen Teilen, wenn vertraglich keine andere Regelung getroffen ist.

41 Seite 476

## 1.2 Kapitalgesellschaften

Kapitalgesellschaften sind Unternehmen, die – im Gegensatz zu den Personengesellschaften – **rechtsfähig** sind und über **festes Nominalkapital** verfügen, d. h. nicht entnommene Gewinne können nicht – wie beispielsweise bei der OHG – den Eigenkapitalkonten der betreffenden Gesellschafter zugeschrieben werden, sondern erfordern die Einrichtung eines **Gewinnrücklagen**-Kontos.

Gleiches gilt für die Zahlung eines Agios zusätzlich zu dem gezeichneten Kapital, für das ein **Kapitalrücklagen**-Konto einzuführen ist. Beide Konten weisen Eigenkapital aus, das gezeichnete Kapital bleibt durch diese Maßnahmen aber unverändert.

Ebenfalls im Gegensatz zu den Personengesellschaften steht als Folge der Rechtsfähigkeit, dass die Kapitalgesellschaften **eigenes Vermögen** haben. Während die Gesellschafter der Kapitalgesellschaften nur bis zur Höhe ihrer Einlagen haften, erstreckt sich die **Haftung** der Kapitalgesellschaften selbst auf ihr gesamtes Vermögen.

Die **Kapitalanteile** der Gesellschafter von Kapitalgesellschaften sind unkündbar. Damit soll verhindert werden, dass sich mit dem Ausscheiden eines Gesellschafters der Haftungsumfang der Gesellschaft vermindert.

42 Seite 477

Im Folgenden werden als Kapitalgesellschaften behandelt:

- **Gesellschaft mit beschränkter Haftung**
- **Aktiengesellschaft**.

### 1.2.1 Gesellschaft mit beschränkter Haftung

Die GmbH ist eine Handelsgesellschaft mit eigener Rechtspersönlichkeit, deren Gesellschafter mit Einlagen auf das in Geschäftsanteile zerlegte Stammkapital von mindestens 25.000 € beteiligt sind bzw. waren.

**Beispiel:**

| **Gezeichnetes Kapital** = Stammkapital | |
|---|---|
| Stammeinlage Peter Müller | 10.000 € |
| Stammeinlage Lars Petersen | 10.000 € |
| Stammeinlage Ute Lehmann | 5.000 € |
| Stammkapital | 25.000 € |

Die rechtliche Grundlage für die GmbH ist das GmbH-Gesetz (GmbHG). *Es wurde 2007 in einem Gesetzesentwurf hinsichtlich der Erleichterung und Beschleunigung der Unternehmensgründung geändert (MoMiG = Gesetz zur Modernisierung des GmbH-Rechts und zur Bekämpfung von Missbräuchen). Darin ist 2008 u. a. die Reduzierung der Mindeststammeinlage von 25.000 € auf 10.000 € vorgesehen. Es soll noch 2008 verabschiedet werden.*

*Gleichzeitig sollen dann darüber hinaus auch GmbHs in Form einer »haftungsbeschränkten Unternehmergesellschaft« mit noch **weniger Kapital** (mindestens aber einem EURO) möglich werden. Dies entspräche dem englischen Gesellschaftsrecht, das so genannte Limited-Gesellschaften (Ltd.) ab einem englischen Pfund haftenden Eigenkapitals ermöglicht. Bei diesen »Ein-Euro-GmbH« soll dann aber eine Pflicht zur **Rücklagenbildung** von einem Viertel des jährlichen Gewinns bestehen.*

*Damit einhergehend ist beabsichtigt, durch beurkundungsfreie **Mustersatzungen** die Gründungen zu beschleunigen und Gründungskosten (derzeit ca. Notarkosten von 350 €) deutlich zu reduzieren. Auch der Eintrag in das **Handelsregister** soll aufgrund der Abkoppelung von verwaltungsrechtlichen Genehmigungsverfahren (wie z. B. für Restaurant- oder Handwerksbetrieb nötig) schneller möglich sein. Nur noch bei erheblichen Zweifeln ist vorgesehen, den Nachweis über das aufgebrachte Kapital zu fordern.*

Die **Gesellschafter** einer GmbH können natürliche oder juristische Personen sein. Die GmbH kann von einem oder mehreren Gesellschaftern errichtet werden. Für die neu, notariell nicht beglaubigten GmbH-Gründungen soll die Anzahl auf maximal drei Gesellschafter beschränkt werden.

Die **Firma** der GmbH muss grundsätzlich zur Kennzeichnung des Kaufmanns geeignet sein sowie Unterscheidungskraft besitzen und die Gesellschafts- sowie Haftungsverhältnisse offen legen. Sie kann aus Personen-, Sach- oder Fantasienamen bestehen, darf allerdings nicht irreführend sein.

Bei der Firma kann es sich auch um eine »gemischte Firma« handeln, die eine Kombination aus Personen-, Sach- oder Fantasiefirma darstellt.

Des Weiteren muss sie die Bezeichnung *»Gesellschaft mit beschränkter Haftung«* oder eine allgemein verständliche Abkürzung *»GmbH«* oder *»Ges.mbH«* enthalten.

Die GmbH ist **rechtsfähig**. Als juristische Person ist sie Träger von Rechten und Pflichten, das bedeutet:

- Sie hat Vermögen.
- Sie kann erben.
- Sie kann im eigenen Namen klagen und verklagt werden.

Im Gegensatz zu einer natürlichen Person ist die GmbH als juristische Person nicht in der Lage selbst zu handeln. Das kann nur durch ihre **Organe** erfolgen, die sind:

- Die **Gesellschafterversammlung**, die aus den Gesellschaftern der GmbH besteht. Hierin haben die Gesellschafter die Möglichkeit, ihre Rechte geltend zu machen.

- Der **Aufsichtsrat**, der in Gesellschaften mit regelmäßig über 500 Arbeitnehmern vorhanden sein muss. Bei Gesellschaften, die regelmäßig **über 500 bis 2.000 Arbeitnehmer** beschäftigen, ist ein Drittel der Aufsichtsratsmitglieder von der Belegschaft zu wählen.

  Bei Gesellschaften mit regelmäßig **mehr als 2.000 Arbeitnehmern** und Gesellschaften der Montanindustrie ist der Aufsichtsrat paritätisch von Anteilseignern und Arbeitnehmern besetzt.

In der **Montanindustrie** kommt zu den Arbeitgeber- und Arbeitnehmervertretern ein weiteres, neutrales Mitglied, um Mehrheiten zu ermöglichen. In den Gesellschaften außerhalb der Montanindustrie mit regelmäßig mehr als 2.000 Arbeitnehmern entscheidet die Stimme des Aufsichtsratsvorsitzenden bei Stimmengleichheit (BetrVerfG, MontanMitbestG, MitbestG).

- Der oder die **Geschäftsführer**, welche die Gesellschaft nach außen zu vertreten und im Innenverhältnis zu leiten haben. Sie werden von der Gesellschafterversammlung durch Beschluss bestellt oder bereits im Gesellschaftsvertrag benannt. In Gesellschaften mit mehr als 2.000 Arbeitnehmern wird ein **Arbeitsdirektor** bestellt.

  Geschäftsführer können Gesellschafter oder andere Personen sein. Soweit vertraglich nichts anderes vereinbart ist, besteht Gesamtgeschäftsführungsbefugnis.

  Die Bestellung von Geschäftsführern kann zu jeder Zeit widerrufen werden. Im Gesellschaftsvertrag kann die Zulässigkeit des Widerrufes auf den Fall beschränkt werden, dass wichtige Gründe – insbesondere grobe Pflichtverletzung oder Unfähigkeit zur ordnungsmäßigen Geschäftsführung – den Widerruf notwendig machen.

  Im Innenverhältnis können die Gesellschafter sich gegenüber den Geschäftsführern sehr weitgehende Rechte vorbehalten.

Die GmbH erweist sich als **geeignete Rechtsform** eines Unternehmens, wenn sich wenige Gesellschafter zusammenschließen und die Haftung auf ihre Einlage beschränken wollen. Dabei ist die Eignung der GmbH nicht nur auf kleinere oder mittlere Unternehmen begrenzt, auch für größere Unternehmen kann sich diese Rechtsform anbieten.

Als **Kapitalkosten** der Beteiligungsfinanzierung können insbesondere anfallen:

| **Kapitalkosten der GmbH** | |
|---|---|
| Notariatsgebühren | Sie fallen für notarielle Beurkundungen an. |
| Kosten des Registergerichts | Sie fallen für Eintragungen, Löschungen und Veröffentlichungen an. |
| Kosten der Gesellschafterversammlung | Dazu zählen Raumkosten, Reisekosten u. a. |
| Gewinnausschüttungen | Sie werden von der Gesellschafterversammlung beschlossen. |
| Körperschaftsteuer | Sie fällt bei der GmbH an und beträgt unabhängig davon, ob eine Ausschüttung oder Thesaurierung der Gewinne erfolgt, 15 % ab 2008 (zzgl. Solidaritätszuschlag). |
| Einkommensteuer | Ihr unterliegen bis 2008 die ausbezahlten Gewinnanteile zur Hälfte (sog. Halbeinkünfteverfahren) bei den einzelnen Gesellschaftern, soweit diese natürliche Personen sind. Ab 2009 sind in diesen Fällen 60 % steuerpflichtig (Teileinkünfteverfahren). |
| Kapitalertragsteuer/ Abgeltungsteuer | Sie muss von den Gewinnausschüttungen durch die GmbH einbehalten werden. Ab 2009 wird die Kapitalertragsteuer durch eine Abgeltungsteuer (25 % zzgl. Solidaritätszuschlag) ersetzt, die Angabe der Kapitalerträge bei der ESt-Erklärung ist nicht mehr notwendig. |
| Gewerbeertragsteuer | Da die GmbH ein Gewerbebetrieb kraft Rechtsform ist, besteht Gewerbesteuerpflicht. |

Durch die **Unternehmensteuerreform 2008** wurde u. a. die Besteuerung der Unternehmen sowie die Besteuerung von Gewinnanteilen und Dividenden grundlegend verändert. Der Körperschaftsteuersatz wurde auf 15 % (ab 2008) gesenkt. Ausgeschüttete Gewinne werden ab 2009 mit pauschalen 25 % (Abgeltungsteuer) besteuert und müssen nicht mehr wie bei der Kapitalertragsteuer im Rahmen der Einkommensteuererklärung veranlagt werden. Bei einem niedrigeren persönlichen Steuersatz als 25 % besteht jedoch ein Veranlagungswahlrecht. Das bisherige Halbeinkünfteverfahren, das zur steuerlichen Entlastung bei Einnahmen aus Beteiligungen an Kapitalgesellschaften diente, da nur 50 % der Bardividende besteuert wurden, wird ab 2009 durch das Teileinkünfteverfahren (60 % Steuerlast) bzw. in bestimmten Fällen durch die Abgeltungsteuer ersetzt.

**Kosten für die Prüfung und Publizierung** des Jahresabschlusses entstehen dann, wenn die GmbH publizitätspflichtig ist, etwa nach den Vorschriften der §§ 264 ff. HGB.

### 1.2.1.1 Rechte der Gesellschafter

Die Gesellschafter machen ihre Rechte in der Gesellschafterversammlung geltend. Nach § 46 GmbHG haben sie folgende Möglichkeiten der **Mitbestimmung**, wobei 50 € eines Geschäftsanteils eine Stimme ausmachen und Beschlussfassungen mit der einfachen Mehrheit der abgegebenen Stimmen erfolgen. Zu den Beschlüssen der Gesellschafterversammlung zählen:

- Feststellung der Jahresbilanz und Verteilung des Bilanzgewinns
- Einforderung von Einzahlungen auf die Stammeinlagen
- Rückzahlung von Nachschüssen
- Teilung sowie Einziehung von Geschäftsanteilen
- Bestellung, Abberufung und Entlastung von Geschäftsführern
- Erstellung von Maßregeln zur Prüfung und Überwachung der Geschäftsführung
- Bestellung von Prokuristen und Handlungsbevollmächtigten zum gesamten Geschäftsbetrieb
- Geltendmachung von Ersatzansprüchen, die der Gesellschaft aus der Gründung oder Geschäftsführung gegen Geschäftsführer oder Gesellschafter zustehen, sowie Vertretung der Gesellschaft in Prozessen, die sie gegen die Geschäftsführer zu führen hat.

Die Gesellschafter haben ein **Auskunftsrecht**. Innerhalb und außerhalb der Gesellschafterversammlung haben die Geschäftsführer jedem einzelnen Gesellschafter auf dessen Verlangen unverzüglich Auskunft über alle Angelegenheiten der Gesellschaft zu geben. Jeder Gesellschafter kann grundsätzlich Einsicht in die Bücher und Schriften der Gesellschaft nehmen.

Durch eine vorgesehene Änderung des § 16 GmbHG gilt künftig derjenige als GmbH-Gesellschafter, der in einer so genannten Gesellschafterliste eingetragen ist. Jeder Gesellschafter hat demnach auch einen Anspruch auf diesen Eintrag. Diese Liste ist dem Handelsregister einzureichen.

Die Gesellschafter haben Anspruch auf den sich ergebenden **Bilanzgewinn**, der nach dem Verhältnis der Geschäftsanteile zu verteilen ist, sofern im Gesellschaftsvertrag nichts anderes festgelegt ist. Er wird ermittelt:

| | |
|---|---|
| | Vorläufiger Jahresüberschuss |
| – | Geschäftsführertantieme |
| – | Aufsichtsratstantieme |
| = | Jahresüberschuss |
| + | Gewinnvortrag aus Vorjahr |
| – | Verlustvortrag aus Vorjahr |
| = | Körperschaftsteuerliches Einkommen |
| – | Einstellung in die Rücklagen |
| = | **Bilanzgewinn** |
| – | Gewinnausschüttung |
| = | Gewinnvortrag |

Die **Übertragung** von Geschäftsanteilen ist möglich. Zukünftig können gutgläubig Geschäftsanteile von Personen erworben werden, die in oben genannter Gesellschafterliste eingetragen sind. Die Übertragung bedarf eines in gerichtlicher oder notarieller Form geschlossenen Vertrages. Im Gesellschaftsvertrag können weitere Voraussetzungen genannt sein, beispielsweise, dass die Zustimmung der Gesellschaft für die Übertragung erforderlich ist. Diese Zustimmung ist im Übrigen stets erforderlich, wenn Teile eines Geschäftsanteiles veräußert werden.

Die Gesellschafter haben ein Recht auf Anteil am **Liquidationserlös**, der sich – mangels einer Festlegung im Gesellschaftsvertrag – nach dem Verhältnis ihrer Geschäftsanteile bemisst.

### 1.2.1.2 Pflichten der Gesellschafter

Die Gesellschafter der GmbH sind verpflichtet, ihre **Stammeinlage** fristgerecht zu leisten. Sie hat mindestens 100 € zu betragen und muss einen Wert aufweisen, der durch 50 teilbar ist. *Mit der Modernisierung des GmbH-Gesetzes soll noch in 2008 eine individuelle Bestimmung der Höhe der Stammeinlagen möglich sein, welche dann die bisherigen Mindesteinlagen unterschreiten können.*

Im Gesellschaftsvertrag kann vereinbart sein, dass die Stammeinlage zunächst nicht in voller Höhe bereitzustellen, sondern zu einem späteren Zeitpunkt bis zur Höhe des Geschäftsanteils aufzufüllen ist. Dieser Termin kann im Gesellschaftsvertrag festgelegt oder von der Gesellschaft benannt werden. Bezüglich der Stammeinlage gilt:

- Gründen **mehrere Gesellschafter** die GmbH, müssen bisher vor Eintragung in das Handelsregister mindestens 25 % jeder Stammeinlage eingezahlt werden, wobei insgesamt auf das Stammkapital mindestens so viel eingezahlt werden muss, dass 50 % des Mindeststammkapitals erreicht werden, also 12.500 €.

- Gründet lediglich **ein Gesellschafter** die GmbH als »Ein-Mann-GmbH« oder wird die GmbH innerhalb von drei Jahren seit ihrer Eintragung in das Handelsregister **nachträglich** eine »Ein-Mann-GmbH«, muss der Gesellschafter 50 % des Mindeststammkapitals bisher einzahlen und für die verbleibende Differenz zwischen dem eingezahlten Betrag und der vollen Einlage **Sicherheit** leisten. *Hiervon soll zukünftig abgesehen werden.*

- *Wie bereits erwähnt, soll noch 2008 die notarielle Beurkundung einer GmbH-Gründung entfallen. Ein Mustervertrag wird in der Anlage des neuen GmbHG zur Verfügung gestellt, wobei er auf eine Bargründung und maximal drei Gesellschafter begrenzt ist. Neben der Herabsetzung auf 10.000 € Mindeststammkapital ist auch vorgesehen, dass ein Gesellschafter bereits bei der Gründung mehrere Geschäftsanteile übernehmen kann, was bisher nicht möglich war.*

Wird die Stammeinlage **nicht fristgerecht** geleistet, hat der säumige Gesellschafter Verzugszinsen zu entrichten. Er kann zur Zahlung binnen einer zu bestimmenden Nachfrist, die jedoch nicht unter einem Monat liegen darf, aufgefordert werden, wobei die Androhung seines Ausschlusses mit dem Geschäftsanteil möglich ist. Nach fruchtlosem Ablauf der Frist ist der säumige Gesellschafter seines Gesellschaftsanteils und der geleisteten Teilzahlungen zu Gunsten der Gesellschaft verlustig zu erklären.

Der **kaduzierte** (= aberkannte) **Geschäftsanteil** kann im Wege der öffentlichen Versteigerung verkauft werden, es sei denn, der ausgeschlossene Gesellschafter hat den Anteil von einem früheren Gesellschafter gekauft, der noch fünf Jahre für die auf die Stammeinlage eingeforderten Beträge haftet. Zahlt der noch haftende Rechtsvorgänger den rückständigen Betrag, erwirbt er den Geschäftsanteil des ausgeschlossenen Gesellschafters.

Wird die Stammeinlage des säumigen Gesellschafters weder eingezogen noch durch den Verkauf des Geschäftsanteils gedeckt, sind die übrigen Gesellschafter verpflichtet, für den Ausfall im Verhältnis ihrer Geschäftsanteile aufzukommen. Eine andere Art des Verkaufes ist nur mit Zustimmung des ausgeschlossenen Gesellschafters zulässig.

Für einen Mindererlös haftet der ausgeschlossene Gesellschafter, im Falle von dessen Zahlungsunfähigkeit die übrigen Gesellschafter im Verhältnis ihrer Geschäftsanteile.

Eine **Erhöhung des Stammkapitals** bedarf eines Beschlusses der Gesellschafterversammlung mit Drei-Viertel-Mehrheit. Da neue Gesellschafter an den offenen Rücklagen und stillen Reserven der GmbH teilhaben, die in der Vergangenheit gebildet wurden, sollten neue Gesellschafter außer ihrer Stammeinlage ein **Agio** zahlen, das den entstandenen Rücklagen bzw. Reserven anteilig entspricht. Dieses Agio kann über eine Unternehmensbewertung errechnet werden.

Die **Haftung** der Gesellschafter beschränkt sich auf ihre Stammeinlage, wenn die Gesellschaft im Handelsregister eingetragen ist. Ist eine Eintragung der Gesellschaft im Handelsregister noch nicht erfolgt (Vor-GmbH), haften die Gesellschafter im Außenverhältnis in Höhe ihrer Einlageverpflichtung, im Innenverhältnis gegenüber der Gesellschaft unbeschränkt und solidarisch (Unterbilanzhaftung). Daneben haften die für die Gesellschaft Handelnden unbeschränkt persönlich.

Im Gesellschaftsvertrag kann bestimmt werden, dass die Gesellschafter über den Betrag der Stammeinlagen hinaus die Einforderung von weiteren Einzahlungen beschließen können. Diese haben nach dem Verhältnis der Geschäftsanteile zu erfolgen. Die **Nachschusspflicht** kann sein:

- Unbeschränkte Nachschusspflicht
- Beschränkte Nachschusspflicht.

Bei **beschränkter** Nachschusspflicht bedient die Gesellschaft sich des oben beschriebenen Kaduzierungsverfahrens, wenn ein Gesellschafter mit seiner Nachzahlung im Verzug ist.

Sieht der Gesellschaftsvertrag eine **unbeschränkte** Nachschusspflicht vor, hat jeder Gesellschafter, der seine Stammeinlage vollständig geleistet hat, das Recht, sich von der Zahlung des auf den Geschäftsanteil eingeforderten Nachschusses dadurch zu befreien, dass er den Geschäftsanteil innerhalb eines Monats nach der Aufforderung zur Einzahlung der Gesellschaft zur Verfügung stellt (Abandonrecht).

Die Gesellschaft kann erklären, dass sie einen Geschäftsanteil als zur Verfügung gestellt betrachte, wenn ein Gesellschafter innerhalb der angesetzten Frist weder von seinem Abandonrecht Gebrauch macht noch die Einzahlung geleistet hat. Es folgt der Verkauf des Geschäftsanteils im Wege der öffentlichen Versteigerung. Ein anderer Weg des Verkaufes ist nur mit Zustimmung des betroffenen Gesellschafters zulässig.

Gesetzlich sind für die Gesellschafter der GmbH keine **Wettbewerbsbeschränkungen** vorgesehen. Indessen kann es – insbesondere bei kleineren Gesellschaften – möglich sein, dass solche Vereinbarungen im Gesellschaftsvertrag enthalten sind.

43 Seite 477

## 1.2.2 Aktiengesellschaft

Die AG ist eine Handelsgesellschaft mit eigener Rechtspersönlichkeit, deren Gesellschafter mit Einlagen auf das in Aktien zerlegte Grundkapital beteiligt sind. Die rechtliche Grundlage für die AG ist das AktG.

Die Gesellschafter der AG können natürliche und juristische Personen sein. Die AG kann von einem oder mehreren Gesellschaftern gegründet werden. Das **Grundkapital** beträgt mindestens 50.000 €. **Sonderformen** der Aktiengesellschaft sind:

- Seit 2005 kann die **Europäische Aktiengesellschaft** (SE = Societas Europaea) als supranationale Gesellschaftsform gegründet werden. Ihr Mindestkapital umfasst 120.000 € und ihre Ausführungsgesetze entsprechen den Gesetzen des Mitgliedsstaates der Europäischen Gemeinschaft, in dem sie gegründet wurde. Sie kann Ihren Sitz innerhalb der Europäischen Gemeinschaft verlegen, ohne dass dies die Gesellschaft auflöst oder eine Neugründung erzwingt.

Die Europäische AG bietet die Möglichkeit **europaweit rechtlich einheitlich zu firmieren** und **als Rechtspersönlichkeit zu fungieren**. Eine weitere Besonderheit stellt die Satzung einer Europäischen AG dar (Artikel 9 der SE-Verordnung), die nationalen Gesetzesvorschriften zu Aktiengesellschaften vorgehen kann. Zudem bestehen Wahlmöglichkeiten insbesondere in der inneren Organisationsform der Organe der Europäischen AG.

Vorteilhaft sind die einheitliche Rechtslage europäischer Tochtergesellschaften, die Vereinfachung von internationalen Merger- und Acquisition-Geschäften und der Wegfall formeller bzw. bürokratischer Schranken. Dies soll insbesondere der Expansion kleiner und mittlerer Unternehmen im europäischen Ausland helfen.

- Eine weitere Sonderform stellt die **»Kleine Aktiengesellschaft«** dar, die seit der Aktiengesetzesnovelle 1994 Sonderregelungen für kleine nicht-börsennotierte Aktiengesellschaften bietet und die Attraktivität dieser Gesellschaftsform für mittelständische Unternehmen erhöhen soll. Neben erleichterten Gründungsvorschriften (Einmann-Gründung) sind die Vereinfachungen bei der Einberufung der Hauptversammlung, bei deren Abhaltung sowie bei der notariellen Beurkundung der Beschlüsse hervorzuheben.

  Neben diesen Kosteneinsparungen kann auch bei der Gründung gemäß Satzung der Ausschluss einer »Einzelverbriefung« hohe Druck- und Ausfertigungskosten der Aktien verhindern. Weitere Vorzüge sind zudem die variabler gestaltbare Gewinnverwendungsmöglichkeiten sowie aus Sicht von Familiengesellschaften mit weniger als 500 Beschäftigten die **Nichtbeteiligung der Arbeitnehmer** im Aufsichtsrat.

Die Aktien der Aktiengesellschaft können einerseits in Form von **Nennbetragsaktien** ausgegeben werden, deren Mindestwert 1 € betragen und deren Teilbarkeit auf volle EURO gegeben sein muss. Höhere Nennwerte der Aktien sind zulässig.

Andererseits besteht die Möglichkeit, **nennwertlose Stückaktien** zu begeben, die im gleichen Umfange am Grundkapital der Aktiengesellschaft beteiligt sind und jeweils einen Anteil am Grundkapital verkörpern. Der auf die einzelnen Aktien entfallende Anteil am Grundkapital als »fiktiver Mindestnennwert« darf 1 € nicht unterschreiten.

Durch die Umstellung von DM auf EURO entstanden bei der Beibehaltung von Nennbetragsaktien »krumme« Werte, die **Nennbetragsglättungen** erforderten. Diese waren möglich:

- In Form von Kapitalerhöhungen bzw. Kapitalherabsetzungen.
- Durch die Neustückelung des Grundkapitals.

Die Praxis zeigte allerdings, dass sich die Mehrzahl der Aktiengesellschaften für eine Umstellung der DM-Nennbetragsaktie auf eine EURO-Stückaktie entschieden haben, da hier diese Glättungsmaßnahmen entfielen. Zudem können ohne die Ausgabe neuer Aktien durch Kapitalerhöhungen aus Gesellschaftsmitteln rechnerisch glatte Nennwerte auch für Stückaktien erreicht werden.

Aktien dürfen nicht »unter pari« ausgegeben werden, d. h. unter ihrem Nennwert oder unter dem auf die einzelne Stückaktie entfallenden Mindestanteil am Grundkapital. Dagegen ist es zulässig, Aktien »über pari« auszugeben, also zu einem höheren Betrag. Die

Differenz zwischen dem Ausgabewert und dem Nennwert wird als **Agio** bezeichnet und ist in die Kapitalrücklage einzustellen.

Es ist zulässig, einen geringeren Wert als den Ausgabebetrag der Aktien einzuzahlen. Allerdings dürfen in diesem Falle nur Namensaktien ausgegeben werden, wobei der Betrag der Teilleistung in der Aktie anzugeben ist.

Die **Firma** der AG gilt grundsätzlich als Handelsgesellschaft (Formkaufmann). Sie muss Unterscheidungskraft besitzen und die Gesellschafts- sowie Haftungsverhältnisse offen legen. Die Firma der AG kann eine Personen-, Sach- oder Fantasiefirma sein, deren Benennung allerdings nicht irreführend sein darf. Sie kann auch als »gemischte Firma« eine Kombination aus Personen-, Sach- oder Fantasiefirma darstellen.

Als Bezeichnung hat sie *»Aktiengesellschaft«* oder eine allgemein verständliche Abkürzung *»AG«* oder *»Akt.ges.«* zu führen.

Die AG ist **rechtsfähig**, d. h. sie ist Träger von Rechten und Pflichten, hat Vermögen, kann erben und im eigenen Namen klagen und verklagt werden. Sie handelt durch ihre **Organe**:

- Die **Hauptversammlung** (§§ 118-147 AktG), die aus den Aktionären besteht und das oberste Organ der Gesellschaft ist. Hier können die Aktionäre ihre Rechte geltend machen – siehe S. 206.

- Den **Aufsichtsrat** (§§ 95-116 AktG), der den Vorstand zu bestellen, abzuberufen und seine Geschäftsführung zu überwachen hat. Dabei ist er berechtigt, die Bücher und Unterlagen der Gesellschaft einzusehen. Der Aufsichtsrat besteht nach AktG aus drei Mitgliedern. Die Satzung der Gesellschaft kann aber eine höhere Anzahl festlegen:

  - ▸ Bis zu 9 Mitglieder bei einem Grundkapital bis 1,5 Millionen €.
  - ▸ Bis zu 15 Mitglieder bei einem Grundkapital über 1,5 Millionen bis 10 Millionen €.
  - ▸ Bis zu 21 Mitglieder bei einem Grundkapital über 10 Millionen €.

  Bei Gesellschaften, die regelmäßig über 500 bis 2.000 Arbeitnehmer beschäftigen, gilt, dass ein Drittel der Aufsichtsratsmitglieder von der **Belegschaft** zu wählen ist. Bei Gesellschaften mit regelmäßig mehr als 2.000 Arbeitnehmern und Gesellschaften der Montanindustrie ist der Aufsichtsrat **paritätisch** von Anteilseignern und Arbeitnehmern besetzt.

  In der **Montanindustrie** kommt zu den Arbeitgeber- und Arbeitnehmervertretern ein weiteres, neutrales Mitglied, um Mehrheiten zu ermöglichen. In den Gesellschaften außerhalb der Montanindustrie mit regelmäßig mehr als 2.000 Arbeitnehmern entscheidet die Stimme des Aufsichtsratsvorsitzenden bei Stimmengleichheit (BetrVerfG, MontanMitbestG, MitbestG).

- Den **Vorstand** (§§ 76 - 94 AktG), der unter eigener Verantwortung die Gesellschaft zu leiten hat und aus einer oder mehreren natürlichen, unbeschränkt geschäftsfähigen Personen bestehen kann.

Beträgt das Grundkapital **mehr als 3 Millionen €**, muss er aus mindestens zwei Personen bestehen, es sei denn, die Satzung sieht nur eine Person vor.

In der **Montanindustrie** und bei anderen Gesellschaften, die in der Regel **mehr als 2.000 Beschäftigte** haben, ist ein **Arbeitsdirektor** als gleichberechtigtes Vorstandsmitglied zu bestellen.

Ist in der Satzung der Gesellschaft nichts anderes festgelegt, nehmen die Vorstandsmitglieder die Geschäftsführung und Vertretung gemeinschaftlich wahr, wobei bei Meinungsverschiedenheiten nach dem Mehrheitsprinzip entschieden werden muss.

Die AG erweist sich für Großunternehmen als geeignete Rechtsform, wobei die Zahl der Gesellschafter häufig sehr groß ist. Im Gegensatz zu anderen Rechtsformen haben die Gesellschafter der AG vielfach weder persönliche Bindungen untereinander noch gegenüber der AG, oft sind sie anonym.

Eine besondere Form der AG ist die **Kommanditgesellschaft auf Aktien** (**KGaA**), die – wie die AG – eine Kapitalgesellschaft darstellt. Sie ist in den §§ 278-290 AktG geregelt und hat mindestens einen Gesellschafter, der den Gesellschaftsgläubigern als Komplementär unbeschränkt haftet und kraft Gesetzes Vorstand ist. Seine Einlage leistet er auf das Grundkapital oder außerhalb des Grundkapitals oder in Kombination beider Möglichkeiten.

Der oder die Vollhafter führen die KGaA. Die Rechte der Kommanditaktionäre sind gegenüber den Rechten der Aktionäre einer AG stark eingeschränkt. Z. B. bedürfen Beschlüsse zum Jahresabschluss oder zu Angelegenheiten des Komplementärs dessen Zustimmung. Kommanditisten sind selbstständig befugt, Prüfer für den Jahresabschluss zu bestellen.

Seit 1997 ermöglicht ein Beschluss des Bundesverfassungsgerichtshofes auch die Rechtsform einer GmbH & Co. KGaA. Sie begrenzt zum einen die unbeschränkte Haftung des Komplementärs auf das Stammkapital einer GmbH, ohne zum anderen die Möglichkeit der Kapitalaufnahme über die Kommanditaktionäre zu behindern und dennoch die Haftung auf das Aktienkapital zu beschränken.

Die AG weist im Vergleich der Rechtsformen die höchsten **Kapitalkosten** auf. Zu ihnen zählen insbesondere:

| Kapitalkosten der AG | |
|---|---|
| Notariatsgebühren und Kosten des Registergerichts | Notariatsgebühren fallen für notarielle Beurkundungen an und führen zu Eintragungen und Löschungen im Registergericht. Hierdurch entstehen Kosten, die bei 50.000 € Grundkapital knapp 600 € betragen.<br>Sie sind allerdings abhängig von der Höhe des Aktienkapitals und können noch durch Veröffentlichungen und weitere notarielle Dienstleistungen (z. B. Satzungserstellung) bis auf 3,5 % des Grundkapitals – ebenfalls größenabhängig – steigen. |
| Kosten der Hauptversammlung | Dazu zählen Raumkosten, Reisekosten u. a. |
| Kosten der Aktienemission | ▶ Druckkosten der Aktien<br>▶ Druckkosten des Börsenprospektes<br>▶ Provision für das Bankenkonsortium (etwa 4 %)<br>▶ Börseneinführungsspesen (1 %)<br>Insgesamt betragen die Kosten der Emission zwischen 5 und 7 % des Erhöhungsvolumens. |
| Kosten des Kapitaldienstes | Sie fallen als Provision für die Coupon-Einlösung an. |
| Kosten der Kurssicherung | Sie enthalten die Kosten des An- und Verkaufes von Aktien zur Marktpflege. |
| Gewinnausschüttungen | Sie werden von der Hauptversammlung beschlossen. |
| Körperschaftsteuer | Sie fällt bei der AG an und beträgt unabhängig davon, ob eine Ausschüttung oder Thesaurierung der Gewinne erfolgt, 15 % ab 2008 (zzgl. Solidaritätszuschlag). |
| Einkommensteuer | Ihr unterliegen bis 2008 die ausbezahlten Gewinnanteile zur Hälfte (sog. Halbeinkünfteverfahren) bei den einzelnen Gesellschaftern, soweit diese natürliche Personen sind. Ab 2009 sind in diesen Fällen 60 % steuerpflichtig (Teileinkünfteverfahren). |
| Kapitalertragsteuer/ Abgeltungsteuer | Sie muss von den Gewinnausschüttungen durch die GmbH einbehalten werden. Ab 2009 wird die Kapitalertragsteuer durch eine Abgeltungsteuer (25 % zzgl. Solidaritätszuschlag) ersetzt, die Angabe der Kapitalerträge bei der ESt-Erklärung ist nicht mehr notwendig. |
| Gewerbeertragsteuer | Sie fällt an, weil die AG ein Gewerbebetrieb kraft Rechtsform ist. |
| Kosten der Prüfung und Publizierung des Jahresabschlusses | Hierzu zählen beispielsweise die Honorare für Wirtschaftsprüfer und Veröffentlichungen. |

Zu den Änderungen durch die **Unternehmensteuerreform** 2008 vgl. Seite 198.

### 1.2.2.1 Rechte der Gesellschafter

Die Aktionäre üben ihre Rechte in den Angelegenheiten der Gesellschaft in der Hauptversammlung aus, soweit das Gesetz nichts anderes bestimmt. Sie haben vor allem folgende **Mitbestimmungsrechte**, wobei sich ihr Stimmrecht grundsätzlich nach den Aktiennennbeträgen oder bei Stückaktien nach deren Zahl bemisst (§ 134 AktG). Folgende Beschlüsse sind nach § 119 AktG zu treffen:

- Bestellung der Mitglieder des Aufsichtsrates, soweit diese nicht in den Aufsichtsrat zu entsenden oder als Aufsichtsratsmitglieder der Arbeitnehmer zu wählen sind.
- Verwendung des Bilanzgewinnes
- Entlastung der Mitglieder des Vorstandes und Aufsichtsrates
- Bestellung der Abschlussprüfer
- Änderungen der Satzung
- Maßnahmen der Kapitalbeschaffung und Kapitalherabsetzung
- Bestellung von Prüfern für Vorgänge bei der Gründung oder Geschäftsführung
- Auflösung der Gesellschaft.

Der Vorstand muss – mit gewissen in § 131 AktG genannten Ausnahmen – jedem Aktionär auf Verlangen in der Hauptversammlung **Auskunft** über Angelegenheiten der Gesellschaft geben, soweit sie zur sachgemäßen Beurteilung des Gegenstandes der Tagesordnung erforderlich ist.

Die Aktionäre haben Anspruch auf den **Bilanzgewinn**, soweit er nicht nach Gesetz oder Satzung, durch Hauptversammlungsbeschluss oder als zusätzlicher Aufwand aufgrund des Gewinnverwendungsbeschlusses von der Verteilung unter die Aktionäre ausgeschlossen ist.

Die Hauptversammlung beschließt über die Verwendung des Bilanzgewinns (§ 174 AktG). In dem Beschluss ist die Verwendung des Bilanzgewinns im Einzelnen darzulegen, namentlich sind anzugeben:

- Der Bilanzgewinn
- Der an die Aktionäre auszuschüttende Betrag
- Die in Gewinnrücklagen einzustellenden Beträge
- Ein Gewinnvortrag
- Der zusätzliche Aufwand aufgrund des Beschlusses.

Die Anteile der Aktionäre am Gewinn bestimmen sich, sofern die Satzung keine andere Regelung enthält, nach ihrem Anteil am Grundkapital.

Die Aktionäre haben ein Recht auf **Bezug** neuer Aktien, wenn Kapitalerhöhungen vorgenommen werden.

Die **Übertragbarkeit** der Aktien ist auf einfache Weise durch Verkauf über die Börse möglich. Eingeschränkt kann dieses Recht nur sein, wenn Gesellschaften **vinkulierte Namensaktien** ausgegeben haben, wie dies z. B. bei Allianz, Lufthansa, Münchner Rückversicherung erfolgt ist. Dann ist die Übertragbarkeit der Aktien von der Zustimmung der Gesellschaft abhängig (siehe auch S. 211).

Durch den Übertrag der Aktien – also Kauf und Verkauf – wird die Gesellschaft in ihrer Kapitalbasis nicht berührt.

Die Aktionäre haben einen Anspruch auf Anteil am **Liquidationserlös**, der sich nach dem Verhältnis des Aktienanteils am Grundkapital bemisst, wenn nicht Aktien mit verschiedenen Rechten vorhanden sind.

### 1.2.2.2 PFLICHTEN DER GESELLSCHAFTER

Die Aktionäre sind verpflichtet, bei Gründung der AG ihre **Einlage** zu leisten. Erfolgt eine Bargründung, sind mindestens 25 % des geringsten Ausgabebetrages zu leisten. Die restlichen 75 % haben zur Verfügung zu stehen oder sind mit einer Besicherung (z. B. Bankbürgschaft bei einer Ein-Mann-Gründung) zu versehen. Bei Ausgabe der Aktien ist ein mögliches Agio voll zu leisten. Es gilt:

- Das Agio wird bilanziell in die Kapitalrücklage eingestellt.
- Gründungskosten kommen in den Verlustvortrag.
- Sacheinlagen sind voll einzubringen.

**Beispiel:**

| | |
|---|---|
| Gezeichnetes Kapital | 5.000.000 € |
| Emissionskurs | 125 % |
| Gründungskosten | 200.000 € |
| Einzahlung | 25 % |

Aktiva — Gründungsbilanz — Passiva

| Aktiva | | Passiva | |
|---|---|---|---|
| Ausstehende Einlagen | 3.750.000 | Gezeichnetes Kapital | 5.000.000 |
| Vermögen | 2.300.000 | Kapitalrücklage | 1.250.000 |
| | | Verlustvortrag | – 200.000 |
| | 6.050.000 | | 6.050.000 |

Werden Einlagen nicht rechtzeitig geleistet, sind 5 % **Verzugszinsen** zu zahlen, außerdem kann **Schadenersatz** verlangt werden.

Ist die **Übertragung** der Aktien an die Zustimmung der Gesellschaft gebunden, kann die Satzung den Aktionären die Verpflichtung auferlegen, nicht in Geld bestehende Leistungen zu erbringen. Dabei hat sie zu bestimmen, ob die Leistungen entgeltlich oder unentgeltlich zu erbringen sind.

Die **Haftung** der Aktionäre erstreckt sich bis in Höhe des Ausgabebetrages der Aktie. Sie umfasst nicht das Privatvermögen, wenn die Gesellschaft im Handelsregister eingetragen ist. Ist die Eintragung im Handelsregister noch nicht erfolgt, dann haften die Aktionäre unbeschränkt und solidarisch.

44 Seite 478

### 1.2.2.3 Aktien

Aktien sind Wertpapiere, die verschiedene **Mitgliedschaftsrechte** verbriefen:

- Stimmrecht (in der Hauptversammlung)
- Recht auf Anteil am Gewinn (Dividende)
- Recht auf Anteil am Liquidationserlös
- Recht auf Bezug neuer Aktien.

Als Wertpapiere bestehen die Aktien aus folgenden **Teilen**, die nur gemeinsam übertragbar sind:

| Mantel | Bogen | |
|---|---|---|
| Eigentliche Wertpapierurkunde | Coupons | Erneuerungs-schein |

Der **Mantel** ist derjenige Teil der Wertpapierurkunde, in dem die Anteilsrechte verbrieft sind.

Der **Coupon** ist der Dividendenschein, der für die Auszahlung der Dividende und für die Ausübung des Bezugsrechtes erforderlich ist. Er wird am Fälligkeitstag vom Bogen, der aus 10 bis 20 Coupons und einem Erneuerungsschein besteht, abgetrennt und eingelöst.

Der **Erneuerungsschein** – auch Talon genannt – ist der letzte Abschnitt des Dividendenbogens und dient der Beschaffung eines neuen Dividendenbogens, wenn der alte Bogen verbraucht ist. Im Folgenden werden betrachtet:

- **Arten**
- **Kurse**.

#### 1.2.2.3.1 Arten

Aktien lassen sich nach mehreren **Kriterien** unterteilen:

| Kriterium | Art der Aktien |
|---|---|
| Unterschiedliche Wertbezeichnung | ▶ Nennwertaktien<br>▶ Quotenaktien<br>▶ Stückaktien |
| Unterschiedliche Übertragungsmöglichkeit | ▶ Inhaberaktien<br>▶ Namensaktien |
| Unterschiedlicher Rechtsumfang | ▶ Stammaktien<br>▶ Vorzugsaktien |
| Unterschiedliche Verfügungsmöglichkeit | ▶ Eigene Aktien<br>▶ Vorragsaktien |
| Unterschiedlicher Ausgabezeitpunkt | ▶ Junge (neue) Aktien<br>▶ Alte Aktien |

### 1.2.2.3.1.1 Nennwert-/Quoten-/Stückaktien

Nennwertaktien, Quotenaktien und Stückaktien sind Aktien **unterschiedlicher Wertbezeichnung**.

Die **Nennwertaktien**, die auch Nominalaktien genannt werden, lauten auf einen bestimmten Nennbetrag, der in Geld ausgedrückt ist und seit 2001 mindestens 1 € betragen muss. Auch hier galt zwischen 1999 und 2001 hinsichtlich der Währung die Wahlfreiheit. Bei höheren Werten müssen die Nennbeträge durch volle EURO-Beträge teilbar sein. Die Summe der Aktiennennbeträge ergibt das Grundkapital als gezeichnetes Kapital (§ 152 Abs. 1 AktG). Die Nennbeträge dienen als Bemessungsgrundlage für das Stimmrecht und die Gewinnverteilung.

Nennwertaktien dürfen nur zum Nennwert oder einem höheren Betrag (»über pari«) ausgegeben werden.

Die **Quotenaktien**, die auch Anteilsaktien genannt werden, enthalten keinen Nennbetrag, sondern verbriefen direkt einen quotalen Anteil am Reinvermögen, beispielsweise lauten sie auf 1/10.000. In Deutschland sind sie nicht zulässig.

Die **Stückaktien** lauten auf keinen Nennbetrag und werden daher auch »nennwertlose Stückaktien« genannt. Sie verkörpern wie Nennwertaktien einen Anteil am Grundkapital, der im Umfang gleich hoch ist, aber betragsmäßig nicht ausgewiesen wird. Der Anteil bestimmt sich mittels der Division des Grundkapitals durch die Anzahl der ausgegebenen Aktien.

Bei der Ausgabe von Stückaktien muss sich mindestens ein »fiktiver Nennwert« von 1 € aus dem Verhältnis des Grundkapitals und der Anzahl der ausgegebenen Aktien ergeben.

### 1.2.2.3.1.2 Inhaber-/Namensaktien

Inhaberaktien und Namensaktien sind Aktien **unterschiedlicher Übertragungsmöglichkeit**.

**Inhaberaktien** tragen keinen Namen eines Berechtigten. Damit gilt der jeweilige Inhaber als Berechtigter. Es sind Wertpapiere, die durch Einigung und Übergabe übertragen werden.

**Voraussetzung** für ihre Ausgabe ist, dass der Aktien-Nennbetrag voll eingezahlt wurde. Ist dies nicht der Fall, gibt es zwei Möglichkeiten:

- Inhaberaktien werden erst ausgegeben, wenn die volle Einzahlung des Ausgabebetrages erfolgt ist, bis dahin werden zunächst lediglich Interims- oder Zwischenscheine ausgegeben.
- Es werden Aktien ausgegeben, die aber Namensaktien sein müssen und den Betrag der Teilleistung angeben müssen.

**Namensaktien** tragen die Namen der Aktionäre, die im Aktienregister der Gesellschaft eingetragen sind. Bei den Namensaktien handelt es sich um Orderpapiere, die auch durch Einigung, Indossament und Übergabe übertragen werden können.

Namensaktien sind im **Aktienregister** der Gesellschaft mit Namen, Geburtstag und Adresse der Aktionäre eingetragen ( § 67 AktG). Hierdurch gilt der Eingetragene gegenüber der Gesellschaft als Aktionär und erhält entsprechende Rechte (Teilnahme an und Stimmrechtsausübung in der Hauptversammlung).

Die **Übertragung** der Namensaktien als Orderpapiere kann durch Indossament erfolgen (§ 68 AktG). Das »Gesetz zur Namensaktie und zur Erleichterung der Stimmrechtsausübung« (NaStraG seit 2001) ermöglicht aber auch die **Girosammelverwahrung** von Namensaktien und damit den problemlosen Börsenhandel. Der Nachweis des Übergangs ist durch Löschung und Neueintragung im Aktienregister (vorher Aktienbuch) unter gleichzeitiger Mitteilung an die Aktiengesellschaft zu führen. Zur Pflege der Daten des Aktienregisters sind mitwirkende Kreditinstitute durch das Gesetz verpflichtet.

Ein Teil der großen deutschen Unternehmen haben ihre Inhaberaktien in Namensaktien umgewandelt. Ein Drittel der im **DAX** aufgenommenen Großunternehmen notieren seit der Umstellung ab dem Jahr 2000 als Namensaktien. Weit weniger verbreitet finden sich die Namensaktien in den anderen Börsensegmenten.

**Gründe für die Umstellung** von Inhaberaktien auf Namensaktien sind:

- Problemloser **weltweiter Handel**, insbesondere die Notierungsmöglichkeit der Aktien an den Börsen der USA. Großkonzerne sind auf eine weltweite Kapitalbeschaffungsmöglichkeit angewiesen. So verlangt die wichtigste Börse der Welt, die **New York Stock Exchange**, den Handel mit Namensaktien. Zuvor wurden deutsche Inhaberaktien indirekt über Zertifikate (ADR-Programm) an der New Yorker Börse gehandelt. Mit Namensaktien ist nun ein direktes »Listing« möglich und damit ein direkter weltweiter Handel.

- Möglichkeit der gezielten **Ansprache** und der **Information** der Aktionäre. Diese so genannte »investor relationsship« soll das Vertrauensverhältnis zwischen Aktionären und Gesellschaft aufbauen oder verbessern. Insbesondere Krisensituationen versucht man hiermit zu begegnen, um beispielsweise panikartigen Verkäufen von Aktien der Gesellschaft mit gezielten Informationen entgegen zu wirken.

- Kenntnis der Aktiengesellschaft hinsichtlich der **Aktionärszusammensetzung**. Diese Informationen (Namen, Anschrift usw.) sollen vor feindlichen Übernahmen am Markt warnen. Die Änderungen im Aktienregister zeigen der Aktiengesellschaft ständig die sich ändernde Zusammensetzung ihrer Aktionäre.

Die **Deutsche Börse AG** bietet bereits die elektronische Handelbarkeit dieser physisch nicht vorhandenen Namenspapiere an, wobei auch die notwendigen Umschreibungen der Aktionärsdaten im Aktienregister berücksichtigt werden.

Ein eventuelles **Agio** ist immer voll einzuzahlen. Dagegen können aber auch Aktien bestehen, deren Nennbeträge nicht voll eingezahlt sind. Solche (teileingezahlte) Aktien können nur als Namensaktien ausgegeben werden. Grund hierfür ist, dass die Aktionäre dem emittierenden Unternehmen für die erforderliche Volleinzahlung namentlich bekannt sein müssen. Die Mindesteinzahlung beträgt 25% des Nominalwertes.

Von **vinkulierten Namensaktien** wird gesprochen, wenn die Übertragung der Namensaktien oder der Bezug junger Aktien an die Zustimmung der Gesellschaft geknüpft sind. Damit soll insbesondere eine Verschiebung der Beteiligungsverhältnisse verhindert werden können.

### 1.2.2.3.1.3 Stamm-/Vorzugsaktien

Stammaktien und Vorzugsaktien sind Aktien **unterschiedlichen Rechtsumfanges**.

**Stammaktien** sind die in Deutschland hauptsächlich verbreiteten Aktien. Sie basieren auf dem Prinzip der Gleichberechtigung und beinhalten:

- Gleiches Stimmrecht
- Gleiches Recht auf Dividende
- Gleiches Recht am Liquidationserlös
- Gleiches Recht bei Kapitalerhöhungen (Bezugsrecht).

Im Gegensatz zu den Stammaktien räumen **Vorzugsaktien** den betreffenden Aktionären besondere Ansprüche ein, die sich besonders beziehen können auf:

| | |
|---|---|
| **Dividende** | Der Vorzugsaktionär hat einen erhöhten Dividendenanspruch. Häufig wird dieser Vorzug an einen Verzicht gekoppelt, beispielsweise den Verzicht auf das Stimmrecht. Die stimmrechtslose Vorzugsaktie ist die in der Praxis verbreitete Form der Vorzugsaktie. |
| **Stimmrecht** | Der Vorzugsaktionär erhält ein verstärktes Stimmrecht in der Hauptversammlung, was in Deutschland aber grundsätzlich verboten ist und nur in Ausnahmefällen vom Bundeswirtschaftsministerium erlaubt werden kann. Es würden dann Höchststimmrechts- bzw. Mehrstimmrechtsaktien entstehen. |
| **Liquidationserlös** | Der Vorzugsaktionär hat Sonderrechte bei der Auflösung der Gesellschaft, beispielsweise das Recht auf vorrangige Befriedigung aus dem Liquidationserlös. |

Vorzugsaktien, deren besondere Ansprüche sich auf die Dividende beziehen, sind:

- **Vorzugsaktien mit prioritätischem Dividendenanspruch**, bei welchen den Vorzugsaktionären vor Ausschüttung der Dividenden an die Stammaktionäre eine Vorzugsdividende in einer bestimmten Höhe gezahlt wird.

  Der **Vorteil** dieser Aktien liegt darin, dass Vorzugsaktionäre auch bei geringem Gewinn ihre Dividende bekommen können, während für die Stammaktionäre eine geringere oder keine Dividende mehr verbleibt.

**Beispiel:** Die Vorzugsaktionäre erhalten vorab eine Vorzugsdividende von 5 %, das sind pro 50 €-Aktie ein Betrag von 2,50 €. Ist noch Gewinn vorhanden, erhalten die Stammaktionäre ebenfalls 5 % pro Aktie. Ein verbleibender Restgewinn wird auf die Vorzugs- und Stammaktien gleichmäßig aufgeteilt.

Bei einem prioritätischen Dividendenanspruch **mit Überdividende** erhalten die Vorzugsaktionäre und Stammaktionäre zunächst je einen festgelegten Prozentsatz, der bei den Vorzugsaktionären höher ist als bei den Stammaktionären. Ein Gewinnrest wird dann gleichmäßig auf alle Aktionäre verteilt.

- **Limitierte Vorzugsaktien**, bei denen die Vorzugsdividende auf einen bestimmten prozentualen Höchstsatz begrenzt ist. Über diesen Prozentsatz hinaus fließt der Gewinn zur Verteilung an die Stammaktionäre.

  **Vorteilhaft** sind diese Vorzugsaktien für die Vorzugsaktionäre nur bei schlechter Ertragslage, denn höhere Gewinne führen nicht zu einer erhöhten Dividende.

- **Kumulative Vorzugsaktien**, denen gewissermaßen eine garantierte Mindestverzinsung zu Grunde liegt, denn ein Anspruch auf Vorzugsdividende besteht hier auch in Verlustjahren, der in den auf den Verlust folgenden Gewinnjahren ausgeglichen werden muss.

  Nur bei dieser Art der Aktien ist es zulässig, das **Stimmrecht** in der Satzung **auszuschließen**. Stimmrechtslose Aktien dürfen nur bis zur Hälfte des Grundkapitals ausgegeben werden.

  Das Stimmrecht der an sich stimmrechtslosen Aktien lebt dann auf, wenn in einem Jahr der Dividendenvorzug nicht oder nicht ganz gewährt und im kommenden Jahr die Rückstände nicht zugleich mit dem vollen Vorzug nachbezahlt werden. Es endet erst dann, wenn keine Forderungen aus dem Dividendenvorzug mehr bestehen.

### 1.2.2.3.1.4 EIGENE AKTIEN/VORRATSAKTIEN

**Eigene Aktien** und **Vorratsaktien** sind Aktien unterschiedlicher Verfügungsmöglichkeit.

Eigene Aktien dürfen von der AG seit 1998 nach dem Gesetz zur Kontrolle und Transparenz im Unternehmensbereich bis zu 10 % des Grundkapitals vom Markt zurückgekauft werden. Zudem regelt § 71 AktG den Erwerb eigener Aktien für den Fall, dass:

- Ein schwerer Schaden von der Gesellschaft abzuwenden ist
- Die Aktien den Arbeitnehmern der Gesellschaft zum Kauf angeboten werden sollen
- Die Aktien zur Abfindung von Minderheitsaktionären vorgesehen sind
- Die Gesellschaft die Aktien unentgeltlich erwirbt oder mit dem Erwerb eine Einkaufskommission ausführt
- Der Erwerb durch Gesamtrechtsnachfolge eintritt

- Das Grundkapital zwecks Sanierung herabzusetzen ist
- Das Unternehmen ein Kreditinstitut bzw. Finanzdienstleistungsinstitut oder Finanzunternehmen ist, das als Geschäftsfeld den Wertpapierhandel hat. Dann kann per Hauptversammlungsbeschluss bestimmt werden, dass der Handelsbestand der zu diesem Zweck zu erwerbenden Aktien 5 Prozent des Grundkapitals am Ende jeden Tages nicht übersteigen darf. Ein niedrigster bzw. höchster Gegenwert muss festgelegt werden. Die Ermächtigung zu diesen Geschäften gilt maximal 1 1/2 Jahre.
- Die Hauptversammlung den Vorstand für die Dauer von 1 1/2 Jahren ermächtigt maximal 10 Prozent der eigenen Aktien zu erwerben, ohne dass ein oben angeführter Grund vorliegen muss. Ein Handel in eigenen Aktien ist aber ausgeschlossen. Ein Erwerb oder eine Veräußerung über die Börse oder eine andere Veräußerung kann durch die Hauptversammlung beschlossen werden. Zudem kann die Hauptversammlung den Vorstand ermächtigen, die eigenen Aktien ohne weiteren Hauptversammlungsbeschluss einzuziehen.

Bei den Positionen 1 bis 3 sowie 7 und 8 darf der Gesamtnennbetrag der erworbenen eigenen Aktien einschließlich gegebenenfalls bereits vorhandener eigener Aktien 10 % des Grundkapitals der Gesellschaft nicht überschreiten. Der Gesellschaft stehen aus eigenen Aktien keine Rechte zu.

Der Erwerb dieser eigenen Aktien ist im Übrigen nur dann zulässig, wenn die Gesellschaft die nach § 272 Abs. 4 HGB vorgeschriebene Rücklage für eigene Aktien bilden kann, ohne das Grundkapital oder eine nach Gesetz und Satzung zu bildende Rücklage zu mindern, die nicht zu Zahlungen an die Aktionäre verwendet werden darf.

Bei den Positionen 4 bis 6 ist der Erwerb eigener Aktien ohne Einschränkung möglich.

**Vorratsaktien**, die auch Verwaltungsaktien oder Verwertungsaktien genannt werden, sind Wertpapiere, die über den gegenwärtigen Kapitalbedarf der AG hinaus geschaffen werden und von einem Dritten oder einem Treuhänder für Rechnung der Gesellschaft übernommen werden.

Dem Übernehmer stehen **keinerlei Rechte** aus den Aktien zu, solange er sie nicht für eigene Rechnung erworben hat. Er haftet auf die volle Einlage.

### 1.2.2.3.1.5 ALTE/JUNGE AKTIEN

Alte und junge (neue) Aktien sind Aktien **unterschiedlicher Ausgabezeitpunkte**.

**Junge Aktien** sind die bei einer Kapitalerhöhung ausgegebenen Aktien, bis sie den alten Aktien in ihren Rechten gleichgestellt sind. Sie erhalten häufig – aufgrund ihres Ausgabezeitpunktes – nur für einen Teil des Geschäftsjahres Dividende. Mit der Auszahlung der Dividende für das Ausgabejahr werden sie alte Aktien.

**Alte Aktien** sind Aktien, die vor einer Kapitalerhöhung im Umlauf waren.

### 1.2.2.3.2 Kurse

Der Wert der Aktien ergibt sich aus ihrem Kurs, der sein kann:

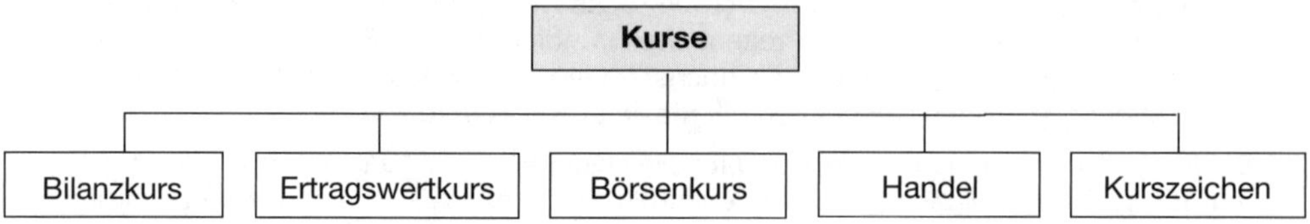


#### 1.2.2.3.2.1 Bilanzkurs

Der Bilanzkurs ist eine betriebswirtschaftliche Kennzahl, die offen legt, wie viel Rücklagen bzw. Reserven eine AG im Verhältnis zum gezeichneten Kapital hat. Er zeigt den **»inneren Wert«** einer Aktie aufgrund der vorhandenen Vermögenssubstanz an und findet in der traditionellen Aktienanalyse in Form der Fundamentalanalyse Anwendung (siehe hierzu *Olfert/Reichel*).

Der Bilanzkurs wird ermittelt:

$$\text{Bilanzkurs} = \frac{\text{Bilanziertes Eigenkapital}}{\text{Gezeichnetes Kapital}} \cdot 100$$

Das bilanzierte Eigenkapital setzt sich aus den nachstehenden Positionen zusammen:

| | |
|---|---|
| | Gezeichnetes Kapital |
| + | Kapitalrücklage |
| + | Gewinnrücklagen |
| + | Gewinnvortrag |
| – | Verlustvortrag |
| = | Bilanziertes Eigenkapital |

Beispiel:

| Aktiva | | Bilanz | Passiva |
|---|---|---|---|
| Anlagevermögen | 400.000 | Gezeichnetes Kapital | 300.000 |
| Umlaufvermögen | 150.000 | Kapitalrücklage | 40.000 |
| | | Gewinnrücklagen | 10.000 |
| | | Verbindlichkeiten | 200.000 |
| | 550.000 | | 550.000 |

$$\text{Bilanzkurs} = \frac{300.000 + 40.000 + 10.000}{300.000} \cdot 100 = \mathbf{116{,}67\ \%}$$

Eine 5 €-Nennbetragsaktie oder eine Stückaktie mit einem gleich großen »fiktiven Nennwert« hat dann einen inneren Wert von 5 · 1,1667 = 5,83 €, der mit dem aktuellen Kurswert an der Börse zu vergleichen wäre.

Unter Berücksichtigung der stillen Reserven, die sich durch bilanzielle Bewertungsmaßnahmen – Unterbewertung von Vermögen, Überbewertung von Schulden – ergeben können, ist der **korrigierte Bilanzkurs**:

$$\text{Korrigierter Bilanzkurs} = \frac{\text{Bilanziertes Eigenkapital} + \text{stille Reserven}}{\text{Gezeichnetes Kapital}} \cdot 100$$

**Beispiel:** Die Annahme, dass in der obigen Bilanz stille Reserven von 45.000 € enthalten sind, führt zu einem korrigierten Bilanzkurs von:

$$\text{Korrigierter Bilanzkurs} = \frac{300.000 + 40.000 + 10.000 + 45.000}{300.000} \cdot 100 = \mathbf{131{,}67\ \%}$$

Hier erhöht sich der innere Wert bei einer 5 €-Nennwertaktie auf 6,58 €.

### 1.2.2.3.2.2 Ertragswertkurs

Der Ertragswertkurs ist eine betriebswirtschaftliche Kennzahl, die den **»inneren Wert«** einer Aktie aufgrund gegebener Ertragserwartungen anzeigt, indem alle in der Zukunft zu erwartenden Gewinne auf die Gegenwart abgezinst werden. Auch dieser Kurs findet Verwendung in der Aktienkursanalyse, wobei auch die Discounted Cashflow-Methode ähnliche Aussagen zum fundamentalen Wert einer Aktiengesellschaft liefern kann (vgl. *Olfert/Reichel*).

Er wird ermittelt:

$$\text{Ertragswertkurs} = \frac{\text{Ertragswert}}{\text{Gezeichnetes Kapital}} \cdot 100$$

Der **Ertragswert** kann errechnet werden.

- Bei jährlich **gleichbleibenden Gewinnen** und **unbegrenzter Lebensdauer**, was einer »ewigen Rente« gleichkommt.

$$\text{Ertragswert} = \frac{\text{Gewinn}}{q - 1} \cdot 100$$

$q = 1 + i$

**Beispiel:** Bei einem gezeichneten Kapital von 100.000 € und einem Kapitalisierungszinsfuß von 8 % ist q = 1,08 und es ergeben sich

$$\text{Ertragswert} = \frac{40.000}{0{,}08} = 500.000\ €$$

$$\text{Ertragswertkurs} = \frac{500.000}{100.000} \cdot 100 = \mathbf{500\ \%}$$

- Bei jährlich **gleichbleibenden Gewinnen** und **begrenzter Lebensdauer**

$$\text{Ertragswert} = G \cdot \frac{q^n - 1}{q^n \cdot (q - 1)} = G \cdot \frac{(1 + i)^n - 1}{i \cdot (1 + i)^n}$$

G = Gewinn (€/Jahr)

$$\frac{q^n - 1}{q^n \cdot (q - 1)} = \frac{(1 + i)^n - 1}{i\,(1 + i)^n} = \text{Barwertfaktor, wobei } n = \text{Anzahl der Jahre}$$

- Bei jährlich **veränderlichen Gewinnen** und **begrenzter Lebensdauer**

$$\text{Ertragswert} = \Sigma\, G_t \cdot \frac{1}{q^t}$$

G = Gewinn (€/Jahr)
t = Periode (1, 2, 3, ..., n)

$$\frac{1}{q^t} = \frac{1}{(1 + i)^t} = \text{Abzinsungsfaktor, wobei } t = 1 \text{ bis } n$$

45 Seite 479

### 1.2.2.3.2.2 Börsenkurs

Der Börsenkurs einer Aktie ist der Wert, mit dem die Aktie an der Börse gehandelt wird. Er wird in seiner Höhe von Angebot und Nachfrage bestimmt.

Der **Bilanzkurs** und der **Ertragswertkurs** legen den »inneren Wert« einer Aktie zwar offen, gleichen aber nicht den »Preis« der Aktie, der im Börsenkurs zum Ausdruck kommt.

Der Börsenkurs ergibt sich aus dem Verhalten der Anbieter und Nachfrager, das folgenden **Einflussfaktoren** unterliegen kann:

- Der **gesamtwirtschaftlichen Lage** und ihrer zukünftig erwarteten Entwicklung – Konjunktur, Aufschwung, Abschwung.
- Der **Liquiditätslage** der Wirtschaft, die von geld-, kredit- und zinspolitischen Maßnahmen der Europäischen Zentralbank beeinflusst werden kann.
- **Politischen Einflüssen** durch wirtschaftspolitische Entscheidungen und die staatliche Finanzpolitik.
- **Außenwirtschaftlichen Einflüssen** durch ausländische Spekulationen, wirtschaftliche Maßnahmen und Veränderungen der Umtauschverhältnisse fremder Währungen.
- **Psychologischen Einflüssen** durch Gerüchte, Stimmungen, »Flucht« in Sachwerte und spekulative Verhaltensweisen.

### 1.2.2.3.2.3 HANDEL

Der Börsenkurs wird im Rahmen des börslichen Handels an einer Wertpapierbörse* ermittelt.

Es bestehen verschiedene **Segmente**, in denen der Handel mit Aktien stattfindet:

- Der **börsliche Handel** hat zwei mögliche Marktformen:

| | |
|---|---|
| **Kassamarkt** | Im Kassamarkt werden die Börsengeschäfte **sofort erfüllt**. Das heißt, dass die Preisfeststellung für eine Wertpapiertransaktion und die Erfüllung derselben zeitlich zusammenfallen. Die Ausführung hat innerhalb von zwei Börsentagen stattzufinden. |
| **Terminmarkt** | Hier abgeschlossene Geschäfte verschieben den Tag der **Erfüllung** im Gegensatz zum Kassageschäft **in die Zukunft**, d. h. mindestens für drei Werktage. Ein heute geschlossener Vertrag legt die Konditionen für den Wertpapierkauf/-verkauf in der Zukunft fest.<br><br>Für **bedingte Termingeschäfte** erhalten nur ausgewählte Aktien die Zulassung, um in Form von standardisierten Optionsgeschäften an der deutsch-schweizerischen Terminbörse Eurex abgewickelt zu werden.<br><br>Bei diesen mehrmonatigen Optionsgeschäften erwirbt der Käufer bzw. der Verkäufer von Effekten das Recht, zum Optionshandel zugelassene Aktien während einer bestimmten Optionsfrist zu einem vorher festgelegten Preis, der Basispreis genannt wird, zu fordern bzw. zu liefern. Für dieses Recht zahlt er beim Abschluss des Geschäftes eine Prämie (Optionspreis).<br><br>**Eurex** ist, wie oben angeführt, eine Tochtergesellschaft der Deutschen Börse. Sie ist führend beim Handel und Clearing (zentrale Verrechnung von gegenseitigen Verbindlichkeiten der Marktteilnehmer) im Weltmarkt des Futures- und Optionen-Handels.<br><br>Eurex fördert zusätzliche Liquidität in den Aktienmarkt aufgrund der **Underlyings**. Das Underlying ist ein Handelsobjekt (z. B. Aktien, Rentenpapier usw.), das einem Options- oder Futures-Kontrakt zu Grunde liegt. Es wird bei der Ausübung bzw. der Fälligkeit des Options- oder Futurekontrakts je nach Marktposition (Kauf oder Verkauf) angedient oder erhalten.<br><br>Eurex hat eine weltweite Verbreitung (über 400 Teilnehmern in 18 Ländern). Gehandelt werden **Terminmarktprodukte**, wie Aktienoptionen, Indexfutures, sowie Futures und Optionen auf **ETFs (Exchange Traded Funds)**, die in Europas für börsengehandelte Fonds den Markt anführen.<br><br>ETFs sind also börsengehandelte Fonds, die nicht aktiv von einem Fondsverantwortlichen gemanagt werden. Ihre Wertentwicklung folgt einem bestimmten Index. Die Besonderheit besteht darin, dass der Preis für einen Fondsanteil nur einem Bruchteil des bestimmten Indexwertes ausmacht und vom jeweiligen Emittenten bestimmt wird. Hierdurch ergibt sich ein spekulativer Hebeleffekt. |

* An der Wertpapierbörse werden nicht nur Aktien gehandelt, sondern auch Schuldverschreibungen.

| | |
|---|---|
| | Eine fortlaufende Berechnung der diesem Wert innewohnende Werthaltigkeit (= indikativer Net-Asset-Value) gestattet eine regelmäßige Überprüfung der Wertentwicklung der ETFs. Für ausreichende Liquidität im Markt sorgen so genannte Designated Sponsors. Sie stellen als Market Maker verbindliche Kauf- und Verkaufsangebote. |

- Der **Kassamarkt** zerfiel für den wichtigsten Börsenplatz in Deutschland - Frankfurter Wertpapierbörse – bis Oktober 2007 (gesetzlich geregelt in der Börsenzulassungs-Verordnung – BörsZuLV) in folgende Börsensegmente:

| | |
|---|---|
| **Amtlicher Handel** | Das war der Handel von Wertpapieren deren Kursfeststellung als Einheitsnotierung oder variable Notierung durch amtlich bestellte Kursmakler und unter Aufsicht der Börsenbehörde erfolgt. Dieses Marktsegment war gesetzlich sehr stark reglementiert und stellt sehr hohe Anforderungen an die Unternehmen bei der Zulassung. Solche Anforderung waren und werden ab November 2007 im so genannten **Regulierten Markt** (siehe dort) fortgeführt:<br>▶ Das Unternehmen muss bereits drei Jahre bestehen.<br>▶ Das Emissionsvolumen muss mindestens 1,25 Mio € betragen, die Stückzahl bei Stückaktien mindestens 10.000.<br>▶ Der Publizitätspflicht muss mit Jahresabschlüssen und Zwischenberichterstattungen entsprochen werden. |
| **Geregelter Markt** | Seit 1987 bis 2007 bestand dieses Marktsegment für den Börsenhandel von kleineren und mittleren Aktiengesellschaften. Geringere Zulassungsbedingungen sollten den Zugang zur Börse erleichtern. Seit 2003 bestanden folgende Regelungen, die nun auch im **Regulierten Markt** Aufnahme gefunden haben:<br>▶ Zum **Unternehmensalter** bestehen keine Vorschriften.<br>▶ Das **Emissionsvolumen** muss mindestens 250.000 € betragen oder 10.000 Stückaktien betragen.<br>▶ Die notwendigen **Veröffentlichungen** für die Zulassung liegen auf einem niedrigeren Niveau als beim Amtlichen Handel.<br>Die **Folgepflichten** der Publizität sind weitgehend denen des Amtlichen Handels angeglichen.<br>Die **Preisfeststellung** findet in einer amtlich organisierten Form mit Handelsüberwachung statt und gleicht aufgrund des Anlegerschutzes den Regelungen des Amtlichen Marktes. |
| **Freiverkehr** | In diesem Segment für **sehr kleine** und **junge Unternehmen** bestehen die geringsten Zulassungsvorschriften (von der Börse regulierter **Entry Standard**). Beispielsweise werden keine Mindestemissionsvolumina verlangt. Auch die Publizitätsvorschriften für die Zulassung sind sehr gering. Folgevorschriften, wie z. B. Ad-hoc-Publizität, bestehen nicht. Die Kursfeststellung ist nicht amtlich organisiert und erfolgt durch freie Makler. |

**Regulierter Markt**

Das Finanzmarktrichtlinie-Umsetzungsgesetz (FRUG) hat eine Aufhebung der bisherigen Unterteilung in amtlichen und geregelten Markt ergeben. Seit 11/2007 gelten zwei Zulassungsmöglichkeiten:

- Die **Zulassung zum regulierten Markt** im Rahmen des **General Standards** bzw.
- Die Zulassung zu einem besonderen **Teilbereich des regulierten Marktes** im Rahmen des **Prime Standards.**

Der regulierte Markt ist ein organisierter Markt nach § 2 Abs. 5 WpHG und setzt die **Zusammenarbeit des Emittenten mit einem Kreditinstitut** bzw. anderen hierfür zugelassenen **Finanzinstituten** voraus.

Dieses die Emission begleitende Institut muss an einer inländischen Wertpapierbörse zum Handel von Aktien zugelassen sein und bestimmte Eigenkapitalanforderungen erfüllen (Mindesthöhe des haftenden Eigenkapitals des Finanzinstituts von 730.000 €). Falls der Emittent der Aktien diese Voraussetzung (z. B. Emission von Aktien einer Bank) selbst erfüllt, kann er selbstständig den Zulassungsantrag stellen.

**Rechtliche Regelungen** der Zulassung finden sich in:

- dem Börsengesetz
- der Börsenzulassungsverordnung
- Wertpapierprospektgesetz und
- der Börsenordnung des jeweiligen Börsenplatzes.

Die aus dem **Amtlichen Handel** und dem **Geregelten Markt** in den **Regulierten Markt** überführten wichtigsten Kriterien für eine Erstzulassung von Aktien sind nun ab 11/2007 (*deutsche-boerse.com*):

- Das emittierende Unternehmen muss mindestens seit drei Jahren bestehen.
- Das Eigenkapital des Unternehmens muss zumindest schätzungsweise einen voraussichtlichen Kurswert der neuen Aktien von mindestens 1,25 Mio. € ergeben.
- Die Anzahl von Stückaktien muss mindestens 10.000 erreichen.
- Mindestens 25 Prozent der Aktien haben sich in Streubesitz zu befinden.
- Das Zulassungsdokument muss einem Börsenzulassungsprospekt entsprechen. Er enthält Angaben über tatsächliche und rechtliche Verhältnisse (Prospekthaftung: Der Börsenzulassungsprospekt muss richtig und vollständig sein.), die für mögliche Investoren wesentlich sind, um eine „gute“ Beurteilung des Emittenten und des Wertpapiers zu ermöglichen. Folgende Angaben sind notwendig:
  - Bilanzen der letzten drei Geschäftsjahre
  - Gewinn- und Verlustrechnungen sowie die Kapitalflussrechnungen der letzten drei Geschäftsjahre
  - der Anhang sowie der Lagebericht des letzten Geschäftsjahres.
- Die Publikationssprache ist deutsch bzw. auch englisch für ausländische Emittenten.
- Die Geschäftsführung der FWB Frankfurter Wertpapierbörse bildet ein Entscheidungsgremium über die Zulassung der Aktien zum Handel am Frankfurter Börsenplatz.

Als Folgepflichten in den späteren Handelsjahren sind für den Emittenten besonders wichtig:

- die Veröffentlichung eines Jahresabschlusses
- die Veröffentlichung eines Zwischenberichts des ersten Geschäftshalbjahres
- eine bestehende Ad-hoc-Publizität gemäß § 15 WpHG sowie
- eine Mitteilungspflicht des Meldepflichtigen gemäß § 21 WpHG:

  § 21 WpHG meint insbesondere **Veränderungen** in der **Zusammensetzung der Aktionärsstruktur** bei einem Erwerb, einer Veräußerung oder einer auf sonstige Weise zu Stande gekommenen Änderung.

  Als Veränderungshöhen sind festgelegt: 3 Prozent, 5 Prozent, 10 Prozent, 15 Prozent, 20 Prozent, 25 Prozent, 30 Prozent, 50 Prozent oder 75 Prozent der Stimmrechte an einem Emittenten, dessen Herkunftsland die Bundesrepublik Deutschland ist.

  Werden diese Höhen von einem Investoren erreicht, über- oder unterschritten, ist er ein **Meldepflichtiger** und hat dem Emittenten und gleichzeitig der Bundesanstalt für Finanzdienstleistungen unverzüglich bzw. spätestens innerhalb von vier Handelstagen unter Beachtung von § 22 Abs. 1 und 2 (Zurechnung von Stimmrechten) diese Veränderungen mitzuteilen.

Bis 6/2008 sollen alle deutschen Börsen das oben angegebene Verfahren übernehmen.

Zu Beginn des Jahres 2003 ordnete die **Deutsche Börse AG** die Börsensegmente an der Frankfurter Wertpapierbörse neu und löste damit die Segmente **Neuer Markt** und **Smax** ab.

Der **Neue Markt** bestand seit 1997 für innovationsstarke Unternehmen aus den Wachstumsbranchen der „new economy". Er zeichnete sich durch hohe, an internationalen Standards ausgerichteten Zulassungs- und Transparenznormen aus. Zudem führte er das System eines „Betreuers" ein, dessen Hauptaufgabe die Liquiditätsunterstützung im Handel war. Im Wesentlichen entsprechen sie den Anforderungen des Amtlichen und des Geregelten Marktes.

Bis 03/2000 war ein bis dahin noch nie zu verzeichnender Anstieg von Kursen in diesem Markt (Höchststand Nemax 50 : 9631 Punkte) erreicht, was auf einer Überbewertung der Werthaltigkeit junger, innovativer Unternehmen aus den Technologiesektoren basierte. Das Platzen dieser Spekulationsblase ließ den Nemax 50 im Oktober auf 420 Punkte zurückstürzen. Dies entsprach einem Kursrückgang von 96 % und vernichtete ca. 200 Mrd. EUR Anlegerkapital.

Neben dem abgeschwächten Wirtschaftswachstum waren weitere Gründe hierfür die oftmals fehlende Börsenreife der Unternehmen im IPO-Markt. IPO heißt Initial Public Offer und meint als Synonym den Gang eines Unternehmens an die Börse. Über den IPO erlag manches Unternehmen der damit verbundenen Versuchung des stark erleichterten Gelderhaltes. Bilanzfälschungen und Falschmeldungen (Missbrauch der Ad-hoc-Publizität) taten ihr Übriges zur Vernichtung des Neuen Marktes. Ende 2003 wurde der Neue Markt, wie oben erwähnt, durch den Smax abgelöst.

Der **Smax** (»Small cap exchange«) ist als Gegenstück hierzu ein Qualitätssegment für führende, mittelständische Unternehmen, die aus den traditionellen Branchen stammen. Beide Segmente gehen in den **Prime Standard** über.

Mit der Neustrukturierung strebt die Deutsche Börse AG den höchsten europäischen Transparenzstandard an. Zudem soll das Nebeneinander von Märkten und Segmenten sowie öffentlich-rechtlicher und privatrechtlicher Regelungen der Börsenzulassung und der Börsenorganisation abgeschafft werden.

Drei Segmente bestimmen die Struktur des Marktes, wobei als Zulassungsvoraussetzungen die gesetzlichen Regularien des Amtlichen Handels und des geregelten Marktes gelten. Die **Segmente** sind:

| | |
|---|---|
| **General Standard** | Für ihn gelten Mindestanforderungen, die sich an nationalen gesetzlichen Regeln orientieren und damit allgemein verpflichtend für alle Emittenten an der Frankfurter Wertpapierbörse sind. Im Wesentlichen entsprechen sie den Anforderungen des Amtlichen und des Geregelten Marktes.<br><br>Der General Standard soll sich als Segment der kleineren und mittleren Unternehmen aufgrund seiner Kostengünstigkeit bewähren. Zudem will er Anziehungspunkt für internationale Investoren sein.<br><br>Gesetzliche Publizitätsanforderungen sind Jahres- und Halbjahresbericht, wie auch Ad-hoc-Publizität in deutscher Sprache (nach § 15 WpHG). |
| **Prime Standard** | Er stellt weitaus höhere Transparenzanforderungen, wie z. B.<br>▸ standardisierte Quartalsberichte<br>▸ Abschlüsse nach internationalen Rechnungslegungsstandards (nach IFRS bzw. IAS oder US-GAAP)<br>▸ Unternehmenskalender und Berichterstattung<br>▸ mindestens eine jährliche Analystenkonferenz<br>▸ englischsprachige Ad-hoc-Mitteilungen<br><br>Dies soll der Internationalisierung der im Prime Standard notierten Unternehmen und der hier engagierten Investoren entgegenkommen. |
| **Entry Standard** | Dies ist ein Bereich des Open Market, der sich an den Regeln des Freiverkehrs orientiert. Hier sollen insbesondere Unternehmen möglichst schnell und unkompliziert sowie mit möglichst geringen Kosten in den Handel aufgenommen werden.<br><br>Im Gegensatz zu den zuvor aufgeführten Standards herrschen hier die niedrigsten formellen Vorschriften vor, die sind:<br>▸ Veröffentlichung (in deutsch und englisch) eines testierten Jahresberichtes plus Lagebericht innerhalb von 6 Monaten nach Ende des Berichtzeitraumes<br>▸ Freiwillige Bilanzierung nach IFRS<br>▸ Kurzportrait des Unternehmens sowie ein Unternehmenskalender<br>▸ Veröffentlichung von Zwischenberichten und wesentlichen Unternehmensnachrichten |

Der Prime Standard weist ein neues **Indexkonzept** auf, das pyramidenähnlich aufgebaut ist und als Spitzensegment den Dax hat. Als Einteilung unterhalb dieses Segments ist eine Größendimension und ein Branchenbezug vorgesehen:

| | |
|---|---|
| **DAX** | Er bildet als Deutscher Aktienindex die 30 größten und damit, als so genannte Standardwerte die wichtigsten deutschen Unternehmen ab (Bluechips). |
| **MDAX** | Er umfasst als Midcap-DAX die den Unternehmen im DAX nachfolgenden 50 nächst größten Unternehmen. Sie stammen aus traditionellen Branchenbereichen. |
| **SDAX** | Ebenso aus den klassischen Branchen kommen die Unternehmen innerhalb dieses Smallcap-DAX. Er schließt sich an den MDAX an und fasst die dem MDAX folgenden 50 nächst größten Unternehmen zusammen. |
| **TecDax** | Er bildet die dem DAX nachfolgenden 30 größten Unternehmen der Technologiebranche ab. Damit ist er ein Parallelsegment zum MDAX und ein Teilsegment des NEMAX 50. |
| **NEMAX 50** | Bis Ende 2004 zeigte der NEMAX 50 – ehemals Index des Neuen Marktes – die 50 größten Werte der Technologiebranche für den Prime Standard auf. Seine Notierung wurde zum 31.12.2004 eingestellt. |

Neben diesem Konzept bestehen **All-Share-Indizes**, die wie z. B. der Prime-All-Share-Index oder auch der Composite-DAX (CDAX) alle deutschen Börsenwerte erfassen und eine Gesamtentwicklung des Prime und General Standards widerspiegeln wollen oder wie seit 2005 der GEX, der junge, Eigentümer-dominierte Unternehmen als Index erfasst.

Zudem bestehen **18 Branchenindizes**, die branchenspezifische Entwicklungen (sie basieren auf 62 Industry-Groups) aufzeigen, und **Benchmark-Indizes**, die Unternehmen unterhalb des DAX-Niveaus erfassen und branchenbezogen sind (z. B. Classic-All-Shares-Index und Technology-All-Share-Index).

- Der **Handel** wird in verschiedenen Formen durchgeführt:

| | |
|---|---|
| **Parketthandel** | Diese traditionelle Form des Börsenhandels findet während der Handelszeiten in den acht deutschen Börsensälen zumeist zwischen 09:00 und 20:00 Uhr statt. Hier treten die Makler sowie die zum Börsenhandel zugelassenen Personen, z. B. Vertreter der Kreditinstitute, auf, um Kurse für die notierten Werte festzustellen.<br><br>Inzwischen ist diese Form des Handels durch den Computerhandel in den Standardwerten fast abgelöst, besteht aber noch in Nebenwerten oder in weniger liquiden Märkten. Allerdings werden börsentäglich um 20.05 Uhr die Schlusskurse der 30 Werte des Deutschen Aktienindexes festgestellt, zusätzlich mit der Information der Veränderung der Schlussnotierung zum Vortag. |

**Computerhandel**

**X**etra (= E**x**change **E**lectronic **T**rading) ist das vollelektronische Wertpapierhandelssystem der Deutschen Börse AG. Derzeit werden ca. 8.000 an der Frankfurter Wertpapierbörse notierte Aktien sowie ca. 28.000 strukturierte Wertpapiere und Optionsscheine gehandelt.

Damit konzentriert Xetra als das weltweit leistungsfähigste Handelssystem für den Kassamarkt die Liquidität aus mehr als ein Dutzend Ländern und Hunderten von Banken, die in Form eines Netzwerks an das Handelssystem angeschlossen sind.

Xetra hat nicht nur die internationale Kostenführerschaft im schnellen und flexiblen Handel von Wertpapieren, der von jedem Standort der Welt aus durchgeführt wird, sondern kann auch durch transparente und liquide Märkte überzeugen. 40.000 Wertpapiere können zu den Öffnungszeiten von 9:00 bis 17:30 Uhr gleichzeitig gehandelt werden.

**Grundprinzipien** des Handels in Xetra sind der fortlaufende Handel und die folgenden Auktionsphasen:

- Die **Vorhandelsphase** als Vorbereitung der Haupthandelsphase mit der Abgabe sowie Änderung oder Löschung von Kauf- bzw. Verkauf-Orders. In dieser Phase ist das Orderbuch geöffnet und einsehbar.
- Die **Haupthandelsphase** mit dem fortlaufenden Handel oder den so genannten Auktionen.
- Die **Nachhandelsphase**, wo Orderaufträge abgegeben, geändert oder auch gelöscht sowie die Bearbeitung der abgeschlossenen Geschäfte durchgeführt werden.

Der **fortlaufende Handel** gibt bei vollem Einblick in das Orderbuch die Möglichkeit, verbindliche Gebote zu stellen, die nicht mehr geändert oder zurückgenommen werden können. Vollautomatisch überprüft das System die Zulässigkeit der Order und führt - falls Menge und Preis mit einer anderen Order übereinstimmen (ohne Einschaltung eines Kursmaklers) - die Order zusammen (**»automatisches Matching«**). Das durchgeführte Geschäft wird von der Börse bestätigt.

Liegen im fortlaufenden Handel Angebot und Nachfrage zu weit auseinander, wird dieser durch **Auktionen** (Eröffnungsauktion, mehrere untertägige Auktionen sowie ein Schlussauktion bzw. einer Tagesend-Auktion) unterbrochen. Sie bestehen aus einer Aufruf- und Preisermittlungsphase, wobei eingestellte Aufträge während einer bestimmten Zeitdauer geändert werden können.

Dann endet diese Phase zur Vermeidung von Preisbeeinflussung Zufalls bestimmt. Die Preisermittlungsphase ermittelt nach dem Meistausführungsprinzip (siehe S. 224) den Kurs mit dem höchsten Umsatz und überführt die Auktion wieder in den fortlaufenden Handel.

Xetra bestimmt nicht nur für die Frankfurter Wertpapierbörse um 13:00 Uhr die Kurse der Aktien bzw. die Punkte der Indizes für die 30 Werte des Deutschen Aktienindex DAX (Stand und Veränderung zur Schlussnotierung am vorherigen Börsentag), sondern dominiert auch mit über 90 % Anteil am Gesamtumsatz des Aktienhandels den Frankfurter Börsenplatz.

Der Börsenkurs eines Wertpapiers kann entsprechend seines Ausweises sein:

- **Stückkurs**, wenn er in Euro pro Stück – bezogen auf einen Euro-Nennwert oder auf eine Stückaktie – angegeben ist. Der Stückkurs ist der für Aktien gebräuchliche Kurs.
- **Prozentkurs**, wenn er in Prozent des Nennwertes angegeben ist, wie dies bei Obligationen gebräuchlich ist.

Für die Festsetzung des Börsenkurses können unterschieden werden:

- Der **Eröffnungs- bzw. Schlusskurs** ist der erste bzw. der letzt verfügbare Kurs eines Handelstages. Beide Kurse werden im Xetra- wie auch im Parketthandel festgestellt. Ihre Bedeutung hat gegenüber den bisherigen mittäglichen Kassa- oder Einheitskursen zugenommen.
- Der **variable Kurs**, der als fortlaufende Notierung insbesondere durch den Xetra-Handel (beispielsweise alle wichtigen DAX-Werte) immer bedeutender wird. Die Erfassung der in der fortlaufenden Notierung gehandelten Aktien ist an den Börsenplätzen hinsichtlich der Mindestvolumina unterschiedlich geregelt.
- Der **Einheits- oder auch Kassakurs** bestimmt den Marktwert einer Aktie zu einem bestimmten Zeitpunkt des börsentäglichen Handels.

  In der Vergangenheit wurde er als Einheitskurs von amtlichen Maklern nach dem Meistausführungsprinzip festgestellt und war für alle Börsengeschäfte mit Ausnahme der Geschäfte in den fortlaufenden Notierungen verbindlich.

Das **Meistausführungsprinzip** zur Kursfeststellung findet sich heute noch zum einen im Präsenzhandel, zum anderen aber auch, wie bereits erwähnt, im Xetra-Handel. Mehrmals am Tag (zum Beispiel zu Beginn, Mittags, am Ende des Börsenhandels) wird der fortlaufende Handel in Xetra durch so genannte Auktionen unterbrochen.

Während dieser Auktionen können in einer Aufrufphase Aufträge im elektronischen Orderbuch eingestellt oder geändert werden. Zufallsbestimmt endet diese Phase, woraufhin eine Preisermittlungsphase nach dem Meistausführungsprinzip den Kurs festsetzt, bei dem die **größten Umsätze** zu Stande kommen.

| **Beispiel:** | **Kaufaufträge** | **Verkaufsaufträge** |
|---|---|---|
| | 100 Stück billigst | 120 Stück bestens |
| | 220 Stück zu 224 € | 80 Stück zu 220 € |
| | 260 Stück zu 223 € | 200 Stück zu 222 € |
| | 200 Stück zu 222 € | 340 Stück zu 223 € |
| | 350 Stück zu 221 € | 550 Stück zu 224 € |
| | 400 Stück zu 220 € | |

| Ausführbar zum Kurs | Käufe | Verkäufe | Umsatz |
|---|---|---|---|
| 220,- | 1.530 | 200 | 200 |
| 221,- | 1.150 | 200 | 200 |
| 222,- | 780 | 400 | 400 |
| *223,-* | *580* | *740* | ***580*** |
| 224,- | 320 | 1.290 | 320 |

Der Einheits- bzw. Kassakurs wird zu dem Kurs festgesetzt, der einen **größtmöglichen Umsatz** – also eine gleichzeitige Ausführungsmöglichkeit von Kauf- und Verkaufsaufträgen – möglich macht. So können im Beispiel 580 Aktien zu einem Kurs von 223 € gehandelt werden. Dies ist der höchst mögliche Umsatz.

Da ein Überangebot von 160 Aktien besteht, die zu diesem Kurs nicht verkaufbar waren, wird der Einheitskurs mit einem Kurszusatz versehen. Der oben ermittelte Kurs würde wegen des Angebotsüberhangs mit 223 bB angegeben.

Diese Kurszeichen weisen auf bestimmte Marktsituationen hin. Sie sind auf Seite 226 dargestellt.

Das **Going Public** stellt den Börsengang eines Unternehmens dar, um durch das **Listing** (Zulassung zu und Notierung in einem Börsensegment) eine Vergrößerung des Eigenkapitals und der damit verbundenen Ziele (Wachstum, Positionierung im Wettbewerb, Akquisitionspotenzial, Bekanntheits– und Attraktivitätsförderung des Unternehmens) zu erreichen. Ca 400 gelistete Unternehmen weist der Prime Standard auf, der General Standard umfasst deutlich über 400 Unternehmen.

Das Listing, zum Beispiel an der Frankfurter Wertpapierbörse (*deutsche-boerse.com*) verspricht einen hohen Standard an Liquidität und Transparenz, Hilfe durch Designated Sponsors und die Notierung zu günstigen Konditionen.

**Phasen** des Going Public sind:

| | |
|---|---|
| **Planung und Vorbereitung** | Hier wird zuerst eine Auswahl an IPO-Beratern und der begleitenden Konsortialbank getroffen, wobei sich das Unternehmen mittels eines »Beautycontest« den potenziellen Emissionsbegleitern (Banken) präsentiert.<br><br>Die notwendigen Rechtsvoraussetzungen (Größe und Rechtsform des Unternehmens, Organe des Unternehmens) sind zu schaffen sowie notwendige Strategien hinsichtlich der Marktform und der angestrebten Aktionärsstruktur zusammen mit den IPO-Beratern festzulegen.<br><br>Auch wird ein Zeitplan festgelegt, der vom Kick-off-Meeting, über die Due Dilligence und die Prospekterstellung bis hin zu der Präsentation und der Kursfeststellung nach dem Bookbuilding-Verfahren den ersten Handelstag vorsieht. |
| **Strukturierung** | Hier werden der Business Plan und das Emissionskonzept (Aktienart, Marktsegment, Designated Sponsor zur Liquiditätsunterstützung im Handel) festgelegt. Zudem erfolgt mit der Due Dilligence (eingehende Prüfung aller relevanten Unternehmensdaten) die Vorbereitung des Börsenprospektes, der alle relevanten Information – unter anderem unter Haftungsübernahme für die Richtigkeit der Daten – enthält. |
| **Realisierung und Marketing** | In dieser Phase erfolgen mit der Veröffentlichung des Prospektes die Ansprache der für den Markt wichtigen Meinungsbildnern (Analysten und potenzielle Investoren) und die Einführung der Aktien in den Markt. Zudem sind Vorbereitungen zur Pflege der Investor-Relationships (z.B. Gründung einer IR-Abteilung) zu treffen. |

| | |
|---|---|
| **Preisbildung und Handel im Sekundärmarkt** | Mit der Festlegung der Form der ersten Kursfeststellung als Festpreis- oder Bookbuilding-Verfahren (Abfrage eines möglichen ersten Kurses bei potenziellen, für den Markt wichtigen Investoren) sowie besonderer bevorzugter Käuferschichten (»Friends and Family«) oder Verkaufsverfahren (Frühzeichnerbonus) ist die Phase der Preisbildung vorüber und führt zu einer ersten Preisfestsetzung. Hier werden dann noch neben der Medienpräsenz für den ersten Handelstag Festlegungen zur Stabilisierung der Kurse unter anderem zum Beispiel mit dem »Greenshoe« getroffen. Greenshoes sind Wertpapierreserven des emittierenden Unternehmens, die zur Preisbeeinflussung über die Konsortialbank an den Markt gebracht werden können. |

46 Seite 480

### 1.2.2.3.2.4 KURSZEICHEN

Es gibt verschiedene Kurszeichen, die an den einzelnen Wertpapierbörsen nicht einheitlich verwendet werden. An der **Frankfurter Wertpapierbörse** gibt es folgende Regelungen:

- **Preis- bzw. Kurszusätze**

| Zu den festgestellten Kursen müssen bei Ziffer 1 bis 5 außer den unlimitierten Kauf- und Verkaufsaufträgen alle über dem festgestellten Kurs limitierten Kaufaufträge und alle unter dem festgestellten Kurs limitierten Verkaufsaufträge ausgeführt sein. Inwieweit die zum festgestellten Kurs limitierten Kauf- und Verkaufsaufträge ausgeführt werden konnten, ergeben die Kurszusätze. | | | |
|---|---|---|---|
| 1 | b oder Kurs ohne Zusatz | bezahlt | Alle Aufträge sind ausgeführt. |
| 2 | bG | bezahlt Geld | Die zum festgestellten Kurs limitierten Kaufaufträge müssen nicht vollständig ausgeführt sein. Es bestand weitere Nachfrage. |
| 3 | bB | bezahlt Brief | Die zum festgestellten Kurs limitierten Verkaufsaufträge müssen nicht vollständig ausgeführt sein. Es bestand weiteres Angebot. |
| 4 | ebG | etwas bezahlt Geld | Die zum festgestellten Kurs limitierten Kaufaufträge konnten nur zu einem geringen Teil ausgeführt werden. |
| 5 | ebB | etwas bezahlt Brief | Die zum festgestellten Kurs limitierten Verkaufsaufträge konnten nur zu einem geringen Teil ausgeführt werden. |
| 6 | ratG | rationiert Geld | Die zum Kurs und darüber limitierten sowie die unlimitierten Kaufaufträge konnten nur beschränkt ausgeführt werden. |
| 7 | ratB | rationiert Brief | Die zum Kurs und niedriger limitierten sowie die unlimitierten Verkaufsaufträge konnten nur beschränkt ausgeführt werden. |
| 8 | * | Sternchen | Kleine Beträge konnten ganz oder teilweise nicht gehandelt werden. |

- **Hinweise**

| | | | |
|---|---|---|---|
| 1 | G | Geld | Es fand kein Umsatz statt, zu diesem Preis bestand nur Nachfrage. |
| 2 | B | Brief | Es fand kein Umsatz statt, zu diesem Preis bestand nur Angebot. |
| 3 | - | gestrichen | Ein Preis konnte nicht festgestellt werden. |
| 4 | - G | gestrichen Geld | Ein Preis konnte nicht festgestellt werden. Es bestand unlimitierte Nachfrage. |
| 5 | - B | gestrichen Brief | Ein Preis konnte nicht festgestellt werden. Es bestand unlimitiertes Angebot. |
| 6 | - T | gestrichen Taxe | Ein Preis konnte nicht festgestellt werden; der Preis ist geschätzt. |
| 7 | - GT | gestrichen Geld/Taxe | Ein Preis konnte nicht festgestellt werden, da der Preis auf der Nachfrageseite geschätzt ist. |
| 8 | - BT | gestrichen Brief/Taxe | Ein Preis konnte nicht festgestellt werden, da der Preis auf der Angebotsseite geschätzt ist. |
| 9 | ex D | nach Dividende | Erste Notiz unter Abschlag der Dividende. |
| 10 | ex A | nach Ausschüttung | Erste Notiz unter Abschlag einer Ausschüttung. |
| 11 | ex BR | nach Bezugsrecht | Erste Notiz unter Abschlag eines Bezugsrechts. |
| 12 | ex BA | nach Berichtigungs-aktien | Erste Notiz nach Umstellung des Preises auf das neue Gesellschaftsmitteln berichtigte Aktienkapital. |
| 13 | ex SP | nach Splittung | Erste Notiz nach Umstellung des Preises auf die geteilten Aktien. |
| 14 | ex ZS | nach Zinsen | Erste Notiz unter Abschlag der Zinsen. |
| 15 | ex AZ | nach Ausgleichszahlung | Erste Notiz unter Abschlag einer Ausgleichszahlung. |
| 16 | ex BO | nach Bonusrecht | Erste Notiz unter Abschlag eines Bonusrechts. |
| 17 | ex abc | ohne verschiedene Rechte | Erste Notiz unter Abschlag verschiedener Rechte. |
| 18 | ausg | ausgesetzt | Der Handel ist ausgesetzt; ein Ausruf ist nicht gestattet. |
| 19 | - Z | gestrichen Ziehung | Die Notierung der Schuldverschreibung ist wegen eines Auslosungstermins ausgesetzt. Die Aussetzung beginnt zwei Börsentage vor dem festgesetzten Auslosungstag und endet mit Ablauf des Börsentages danach. |
| 20 | C | Kompensations-geschäft | Zu diesem Preis wurden ausschließlich Aufträge ausgeführt, bei denen Käufer und Verkäufer identisch waren. |
| 21 | H | Hinweis | Auf Besonderheiten wird gesondert hingewiesen. |

#### 1.2.2.4 GENUSSSCHEINE

Der Genussschein verbrieft individuell ausgestaltbare Genussrechte. Er ist gesetzlich nicht geregelt und kann von Unternehmen jeder Rechtsform gewährt werden. Auch wenn Genussscheine von Aktiengesellschaften ausgegeben werden und Eigenkapital ähnlichen Charakter haben können, erhalten Genussscheininhaber prinzipiell **kein Stimmrecht** in der Hauptversammlung. Sie haben auch **kein Mitwirkungsrecht** an der Geschäftsführung in anderen Gesellschaftsformen.

**Genussrechte** können grundsätzlich sein:

- Die Beteiligung am Gewinn oder am Liquidationserlös
- Die Zahlung von variablen oder festen Zinsen
- Die Beteiligung an Nutzungsrechten (Lizenzen) sowie das Bezugsrecht für Sach- oder Dienstleistungen
- Die Wahrnehmung von Bezugsrechten (Optionsgenussschein) und von Umtauschrechten (Wandelgenussschein).

Entsprechend ihrer Ausstattung lassen sich unterscheiden:

- Genussscheine mit **Eigenkapitalcharakter**, bei denen das Genussscheinkapital langfristig oder unbefristet zur Verfügung steht. Der Genussscheininhaber trägt das Unternehmensrisiko mit in Form einer Gewinn- und Verlustbeteiligung und haftet im Insolvenzfall i. d. R. für die Verbindlichkeiten des Unternehmens.
- Genussscheine mit **Fremdkapitalcharakter**, die als Genussrecht z. B. eine variable oder feste Verzinsung haben und eine befristete Laufzeit aufweisen können.

Die meisten der Genussscheine werden in Deutschland an den **Börsen** notiert. Sehr unterschiedlich weisen sie **Merkmale** eines Anteilspapier bzw. im Verlauf der unten stehenden Aufzählung eine Zwitterstellung zwischen Aktien- und Rentenpapier bis hin zu Merkmalen einer Anleihe auf:

- Genussschein mit völliger dividendenabhängiger Ausschüttung. Hier liegt eher Eigenkapitalcharakter vor.
- Genussschein mit Optionsrechten zum Aktienkauf bzw. Wandlungsrechten in Aktien des den Genussschein ausgebenden Unternehmens.
- Genussschein mit Mindestausschüttung bzw. Verzinsung und einem zusätzlichen dividendenabhängigen Bonus. Dies ist ein Zwitter zwischen Aktien- und festverzinslichem Wertpapier.
- Festverzinslicher Genussschein mit einem ca 2 % über dem normalen Zinsniveau liegenden Zins, versehen allerdings mit einer Gewinnabhängigkeit und mit einer Verlustbeteiligung, wodurch der Schein eher Fremdkapitalcharakter hat. Banken emittieren solche Genussscheine, deren jeweiliges Risiko durch Rating Noten (z. B. AAA) gemessen wird.

**Ausschüttungen**, beispielsweise in Form von Zinszahlungen, sind für den Emittenten der Genussscheine steuerlich absetzbar, da sie steuerlich als Ausschüttungen auf Fremdkapital und damit als Gewinn mindernde Aufwendungen gelten.

Zum Teil bestehen für Genussscheine vorzeitige **Kündigungsmöglichkeiten**.

**Anlässe** für die Ausgabe von Genussscheinen sind:

- Besondere Leistungen, die honoriert werden sollen.
- Verlustausgleich für Aktionäre aufgrund von Kapitalherabsetzungen.
- Zusätzliche Leistungen für Aktionäre, die bei außergewöhnlich guten Erträgen neben der Dividende gewährt werden.
- Erweiterung der Kapitalbasis eines Unternehmens. Beispielsweise können Banken hereingenommenes Genussscheinkapital zu Teilen ihrem haftenden Eigenkapital hinzurechnen.
- Mitarbeiterbeteiligungen zur Motivationssteigerung.

Die Ausgabe von Genussscheinen ist in den letzten Jahren intensiviert worden.

47 Seite 480

## 1.3 Genossenschaft

Die Genossenschaft ist eine Gesellschaft von nicht geschlossener Mitgliederzahl, welche die Förderung des Erwerbs oder der Wirtschaft ihrer Mitglieder durch gemeinschaftlichen Geschäftsbetrieb bezweckt. Ihre rechtliche Regelung erfolgt im Genossenschaftsgesetz (GenG), das 2006 erneuert wurde, um Gründungen von Genossenschaften zu vereinfachen und insbesondere kleinere Genossenschaften mit Erleichterungen zu bevorzugen. Die wichtigsten **Veränderungen** sind:

- Mitglieder der Genossenschaft können natürliche und juristische Personen sein, wobei im Vergleich zu vorher drei Gründungsmitglieder anstatt der bislang notwendigen sieben ausreichen.
- Die Förderzwecke werden um kulturelle und soziale Zielsetzungen erweitert.
- Sachgründungen werden ermöglicht.
- Einzahlungen auf Genossenschaftsanteile verjähren erst nach zehn und nicht nach drei Jahren.
- Bei kleinen Genossenschaften mit bis zu 20 Mitgliedern ist nur ein Vorstandsmitglied erforderlich und nicht, wie bisher, zwei Vorstands- und drei Aufsichtsratmitglieder.

- Ebenso werden für kleine Genossenschaften (Bilanzsumme bis 10 Mio. €) Prüfungsvorschriften erleichtert bzw. individuelle Prüfungshandlungen mit den Genossenschaftsverbänden vereinbart.

- Aufgrund ihrer Kündbarkeit werden zukünftig Genossenschaftsanteile als Fremdkapital bilanziell ausgewiesen.

Die **Firma** der Genossenschaft kann aus Personen-, Sach- oder Fantasienamen bestehen oder es kann auch eine »gemischte Firma« sein. Die Firmierung darf allerdings nicht irreführend sein.

Die Bezeichnung *»eingetragene Genossenschaft«* oder die allgemein verständliche Abkürzung *»eG«* sind dem Firmennamen beizufügen. Zusätze, die Auskunft über die Nachschusspflicht der Genossen geben, sind verboten.

Die Genossenschaft ist **rechtsfähig**, d. h. sie ist Träger von Rechten und Pflichten, hat Vermögen, kann erben und im eigenen Namen klagen und verklagt werden. Sie handelt durch ihre **Organe**, die der AG ähnlich sind:

- Die **Generalversammlung**, die aus den Mitgliedern der Genossenschaft besteht und der Hauptversammlung einer AG entspricht. Hier haben die Genossen die Möglichkeit, ihr Recht auf Mitbestimmung und Kontrolle wahrzunehmen, beispielsweise durch die Wahl des Aufsichtsrates oder den Beschluss über die Verwendung des Jahresabschlusses.

  Bei Genossenschaften mit mehr als 1.500 Mitgliedern kann eine **Vertreterversammlung** die Rechte der Generalversammlung ausüben. Liegt die Zahl der Mitglieder über 3.000, dann ist dies Pflicht.

  Bei Genossenschaften mit maximal 20 Mitgliedern kann die Generalversammlung bei einem Verzicht auf einen Aufsichtsrat dessen Kontrollrechte und Pflichten übernehmen.

- Den **Aufsichtsrat**, der bei kleinen Genossenschaften von der Generalversammlung vertreten wird oder mindestens drei natürliche Personen umfasst, die Mitglieder der Genossenschaft zu sein haben. Bei Genossenschaften, die regelmäßig über **500 bis 2.000 Arbeitnehmer** beschäftigen, gilt, dass ein Drittel der Aufsichtsratsmitglieder von der Belegschaft zu wählen ist.

  Bei Genossenschaften mit regelmäßig **mehr als 2.000 Arbeitnehmern** ist der Aufsichtsrat paritätisch von Anteilseignern und Arbeitnehmern zu besetzen. Ergibt sich bei Abstimmungen eine Stimmengleichheit, dann gibt die Stimme des Aufsichtsratsvorsitzenden den Ausschlag (MitbestG).

  Der Aufsichtsrat überwacht die Geschäftsführung des Vorstandes, prüft die Bücher, Schriften, Bestände, den Jahresabschluss, die vorgeschlagene Gewinn- oder Verlustverteilung und erstattet darüber der Generalversammlung Bericht. Außerdem kann er Vorstandsmitglieder vorläufig abberufen.

- Den **Vorstand**, der bei kleinen Genossenschaften aus einer sonst aus mindestens zwei Personen besteht, von denen die Geschäftsführung und Vertretung – soweit das Statut nichts anderes vorsieht – gemeinschaftlich wahrgenommen werden. Sie müssen Mitglieder der Genossenschaft sein.

Die Genossenschaft kann als zweckmäßige Gesellschaftsform angesehen werden, wenn ein Unternehmen nicht auf Gewinnstreben ausgerichtet ist und angestrebt wird, die Wirtschaft der Mitglieder unmittelbar zu fördern.

Als **Arten** der Genossenschaften ließen sich in der Vergangenheit unterscheiden:

- Bezugs- bzw. Einkaufsgenossenschaften
- Absatzgenossenschaften
- Produktivgenossenschaften
- Kreditgenossenschaften
- Verkehrsgenossenschaften
- Bau- bzw. Wohnungsgenossenschaften

Durch die Neufassung des Genossenschaftsgesetzes sind künftig neue Ausrichtungen von Genossenschaften zu erwarten.

An **Kapitalkosten** können bei der Genossenschaft vor allem anfallen:

| **Kapitalkosten der Genossenschaft** | |
|---|---|
| Notariatsgebühren | Sie fallen für notarielle Beurkundungen an. |
| Kosten des Registergerichts | Sie fallen für Eintragungen, Löschungen und Veröffentlichungen an. |
| Kosten der Generalversammlung | Dazu zählen Raumkosten, Reisekosten u. a. |
| Gewinnausschüttungen | Sie werden von der Generalversammlung festgelegt. |
| Körperschaftsteuer | Sie fällt bei der GmbH an und beträgt unabhängig davon, ob eine Ausschüttung oder Thesaurierung der Gewinne erfolgt, 15 % ab 2008 (zzgl. Solidaritätszuschlag). |
| Einkommensteuer | Ihr unterliegen bis 2008 die ausbezahlten Gewinnanteile zur Hälfte (sog. Halbeinkünfteverfahren) bei den einzelnen Gesellschaftern, soweit diese natürliche Personen sind. Ab 2009 sind in diesen Fällen 60 % steuerpflichtig (Teileinkünfteverfahren). |
| Kapitalertragsteuer/ Abgeltungsteuer | Sie muss von den Gewinnausschüttungen durch die GmbH einbehalten werden. Ab 2009 wird die Kapitalertragsteuer durch eine Abgeltungsteuer (25 % zzgl. Solidaritätszuschlag) ersetzt, die Angabe der Kapitalerträge bei der ESt-Erklärung ist nicht mehr notwendig. |
| Gewerbeertragsteuer | Sie fällt an, weil die Genossenschaft ein Gewerbebetrieb kraft Rechtsform ist. |
| Kosten der Prüfung des Jahresabschlusses | Hierzu zählen beispielsweise die Honorare für Prüfungen. |

Wie bei der GmbH und der AG ändern sich die Regelungen durch die Unternehmensteuerreform 2008 (vgl. Seite 198).

### 1.3.1 Rechte der Gesellschafter

Die Mitglieder der Genossenschaft nehmen ihre Rechte der **Mitbestimmung** und **Kontrolle** in Angelegenheiten der Genossenschaft im Rahmen der Generalversammlung wahr. Sie umfassen:

- Bestellung und Abberufung der Aufsichtsratsmitglieder
- Bestellung, sofern im Statut nicht auf den Aufsichtsrat übertragen und Abberufung der Vorstandsmitglieder
- Feststellung des Jahresabschlusses
- Beschlussfassung über die Verteilung von Gewinn und Verlust
- Entlastung des Aufsichtsrates
- Entlastung des Vorstandes.

Jedes Mitglied hat – unabhängig von der Zahl der von ihm übernommenen Anteile – eine Stimme, es sei denn, im Statut sind Mehrstimmrechte vorgesehen.

Die Mitglieder haben ein Recht auf Anteil am **Gewinn**, der sich aus dem Verhältnis ihrer auf die Geschäftsanteile geleisteten Einzahlungen bemisst. Sofern im Statut nicht anders geregelt, erfolgt eine Auszahlung des Gewinnes erst, wenn das Geschäftsguthaben des einzelnen Mitgliedes den Geschäftsanteil erreicht hat.

Nach Verlusten ist eine Auszahlung von Gewinnen erst dann wieder möglich, wenn das Geschäftsguthaben wieder aufgefüllt ist.

Die Mitgliedschaft kann durch ein Mitglied schriftlich unter Einhaltung einer Frist von mindestens drei Monaten zum Ende eines Geschäftsjahres **gekündigt** werden. Im Statut kann jedoch eine längere Kündigungsfrist festgelegt sein, die höchstens fünf Jahre betragen darf.

Beim Ausscheiden des Mitgliedes ist ihm sein Geschäftsguthaben auszuzahlen. Ein Anspruch auf Auszahlung stiller Reserven besteht nur dann, wenn er im Statut vorgesehen ist.

### 1.3.2 Pflichten der Gesellschafter

Die Mitglieder sind zur Leistung der im Statut vorgeschriebenen **Einzahlung** auf den übernommenen Geschäftsanteil, der mindestens 10 % betragen muss, verpflichtet. Ein Mindest- oder Höchstbetrag des Geschäftsanteils ist nicht vorgeschrieben. Der Geschäftsanteil muss lediglich für alle Mitglieder gleich hoch sein und wird durch das Statut bestimmt. Seit 2002 lautet der Geschäftsanteil auf Euro, wobei seit 2006 auch Sacheinlagen zulässig sind. Die Satzung kann auch festlegen, dass sich ein Mitglied mit mehreren Geschäftsanteilen beteiligen kann und deren Höchstzahl begrenzen.

Die **Haftung** der Mitglieder, die aber auch im Statut völlig ausgeschlossen werden kann, ist in der Regel auf die Höhe ihres Geschäftsanteils beschränkt. Für den Fall, dass die Genossenschaft insolvent wird, kann im Statut eine **Nachschusspflicht** festgelegt sein, wonach die Mitglieder Nachschüsse in

- beschränkter Höhe

  *oder*

- unbeschränkter Höhe

zu leisten verpflichtet sind.

Bei beschränkter Höhe der Nachschüsse darf die Haftsumme nicht kleiner als der Geschäftsanteil sein.

# 2. Anlässe

Im Folgenden soll ein Überblick über die Anlässe der Beteiligungsfinanzierung gegeben werden:

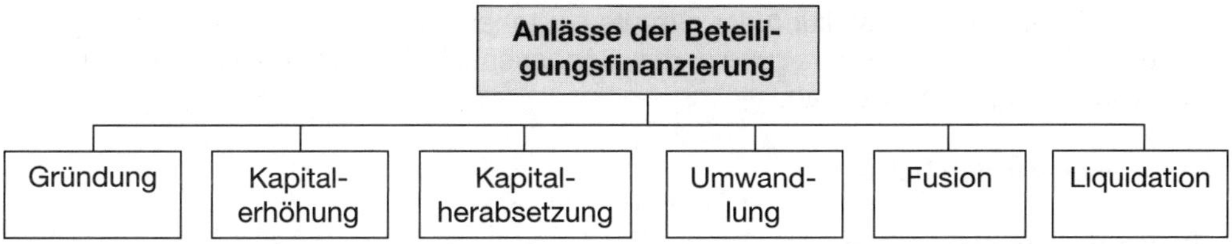


Vielfach werden diese Anlässe auch als **Sonderfälle der Beteiligungsfinanzierung** bezeichnet.

## 2.1 Gründung

Die Gründung ist ein Ereignis, durch das ein Unternehmen ins Leben gerufen wird. Sie umfasst:

- **Rechtliche Schritte**, die vom Entschluss zur Gründung bis zur Eintragung in das Handelsregister – soweit diese notwendig ist – reichen.

- **Betriebswirtschaftliche Schritte**, die als Errichtung bezeichnet werden und den technisch-organisatorischen Aufbau des Unternehmens darstellen.

Der Gründung sollen einige **Überlegungen** vorangestellt werden:

| | |
|---|---|
| **Zweckmäßigkeit** | Es sollte geprüft werden, vor allem ob ein Markt für die Leistungen des künftigen Unternehmens vorhanden und wie die Konkurrenzsituation zu beurteilen ist. |
| **Rechtsform** | Nicht jede Rechtsform ist im Einzelfall gleich geeignet. Deshalb ist zu klären, in welcher Rechtsform das Unternehmen betrieben werden soll. Beurteilungskriterien hierfür siehe Seite 181 ff. |
| **Art der Gründung** | ▸ Bei der **Bargründung** wird das Eigenkapital ausschließlich in Form von Geld aufgebracht.<br>▸ Die **Sachgründung** ist dadurch gekennzeichnet, dass die Aufbringung des Eigenkapitals in Form von Vermögenswerten erfolgt, beispielsweise Grundstücken, Maschinen, Wertpapieren.<br>▸ Bei der **Mischgründung** werden sowohl Geld als auch Vermögenswerte als Eigenkapital aufgebracht. |

Für das **Einzelunternehmen** gelten bezüglich der Gründung keine zwingenden Rechtsvorschriften. Eine Anmeldung zur Eintragung in das Handelsregister kann vorgenommen werden.

Bei den **Genossenschaften** sind mindestens drei Genossen notwendig, die das Statut in Schriftform erstellen. Genossenschaften entstehen durch Eintragung in das Genossenschaftsregister. Vor der Erstellung des Statuts bestehen sie als GdbR. Mit Erstellung des Statuts ergibt sich bis zur Eintragung in das Genossenschaftsregister eine nichtrechtsfähige Gründungsgenossenschaft.

Im Einzelnen werden behandelt:

- **Personengesellschaften**
- **Gesellschaft mit beschränkter Haftung**
- **Aktiengesellschaft**.

## 2.1.1 Personengesellschaften

Die **OHG** entsteht im Innenverhältnis durch den Abschluss des Gesellschaftsvertrages, der zwischen mindestens zwei Gesellschaftern erfolgen muss. Der Gesellschaftsvertrag ist nicht an Formvorschriften gebunden, kann also schriftlich oder mündlich, ja sogar stillschweigend vereinbart werden.

Eine notarielle Beurkundung ist nicht erforderlich, außer es werden Grundstücke in das Vermögen der Firma eingebracht.

Im Außenverhältnis entsteht die Gesellschaft, sobald ein Gesellschafter Geschäfte in ihrem Namen tätigt, spätestens jedoch mit Eintragung der Gesellschaft in das Handelsregister.

Für die **Anmeldung** zum Handelsregister sind folgende Angaben zu machen:

- Namen, Vornamen, Stand und Wohnort jedes Gesellschafters
- Firma der Gesellschaft und Ort, wo sie ihren Sitz hat
- Zeitpunkt, mit dem die Gesellschaft begonnen hat.

Eine Mindesthöhe für die Kapitaleinlagen ist handelsrechtlich nicht vorgeschrieben. Die Höhe der Kapitaleinlagen wird im Handelsregister nicht eingetragen.

Die **KG** entsteht im Innenverhältnis durch den Abschluss eines Gesellschaftsvertrages, für den – wie bei der OHG – keine Formvorschriften gelten. Im Gesellschaftsvertrag muss die beschränkte Haftung des bzw. der Kommanditisten festgelegt sein.

Die Gesellschaft muss unverzüglich nach Beginn ihrer Geschäfte zum Handelsregister angemeldet werden. Es empfiehlt sich aber, die Anmeldung bereits vor Aufnahme der Geschäfte vorzunehmen, da die Gesellschafter – auch die Kommanditisten – im Sinne einer GdbR als Vollhafter haften, solange die Eintragung im Handelsregister nicht erfolgt ist.

Für die **Anmeldung** der Gesellschaft zum Handelsregister sind die folgenden Angaben erforderlich:

- Namen, Vornamen, Stand und Wohnort jedes Gesellschafters
- Firma der Gesellschaft und Ort, wo sie ihren Sitz hat
- Zeitpunkt, mit welchem die Gesellschaft begonnen hat
- Geldbeträge der Einlagen der Kommanditisten.

Während die Kommanditisten namentlich und mit der Höhe ihrer Einlagen beim Handelsregister anzumelden sind, wird bei der Bekanntmachung der Eintragung lediglich die Zahl der Kommanditisten angegeben.

Die **stille Gesellschaft** entsteht durch den Abschluss eines Gesellschaftsvertrages zwischen dem Geschäftsinhaber und dem stillen Gesellschafter, für den keine besonderen Formvorschriften gelten.

Auch die **GdbR** entsteht durch den Abschluss eines Gesellschaftsvertrages zwischen den Gesellschaftern. Für den Gesellschaftsvertrag bestehen keine speziellen Formvorschriften. Die Gesellschaft kann sich auch durch gemeinsames konkludentes Handeln ergeben.

### 2.1.2 Gesellschaft mit beschränkter Haftung

Die GmbH kann von einem oder mehreren Gesellschaftern gegründet werden. Der Gesellschaftsvertrag, der auch Satzung genannt wird, muss notariell beurkundet werden.

Die Gesellschafter sind verpflichtet, die **Stammeinlagen** zu übernehmen. Dabei ist jedem Gesellschafter die Übernahme lediglich einer Stammeinlage gestattet. Die Stammeinlagen der einzelnen Gesellschafter können unterschiedlich hoch sein. Sie müssen in ihrem Gesamtbetrag mit dem Stammkapital übereinstimmen.

**Sacheinlagen** sind nach § 5 GmbHG zulässig, wenn der Gesellschaftsvertrag dies vorsieht, machen aber die Vorlage eines vom Registergericht zu prüfenden Sachgründungsberichtes nötig.

Vor der Eintragung in das Handelsregister müssen mindestens 25 % jeder Stammeinlage eingezahlt werden. Insgesamt muss die Mindesteinlage die Hälfte des Mindeststammkapitals von 25.000 € betragen.

Wird eine **Ein-Mann-GmbH** gegründet, hat der Gesellschafter für die Differenz zwischen dem eingezahlten Betrag – mindestens 12.500 € – und der vollen Einlage Sicherheit zu leisten. Diese Regelung gilt auch, wenn die GmbH innerhalb einer Frist von drei Jahren seit ihrer Eintragung im Handelsregister nachträglich zur Ein-Mann-GmbH wird.

*Wie bereits dargelegt (siehe S. 200), sehen Änderungen des GmbH-Gesetzes Reduzierungen der Mindeststammeinlage auf 10.000 € vor bzw. bei der haftungsbeschränkten Unternehmergesellschaft noch stärker reduzierte Haftungsgrößen.*

Die Gesellschaft entsteht als juristische Person mit der Eintragung in das Handelsregister. Zwischen dem Abschluss des Gesellschaftsvertrages und der Eintragung besteht eine Vor-GmbH. Zur Haftung siehe S. 200.

Für die **Anmeldung** der Gesellschaft zum Handelsregister sind folgende Angaben erforderlich (§ 8 GmbHG):

- Der Gesellschaftsvertrag mit Angaben über Firma und Sitz der Gesellschaft, Gegenstand des Unternehmens, Betrag des Stammkapitals, Betrag der von jedem Gesellschafter auf das Stammkapital zu leistenden Einlage (Stammeinlage).

- Die Legitimation der Geschäftsführer, sofern dieselben nicht im Gesellschaftsvertrag bestellt sind.

- Die Liste der Gesellschafter, die von den Anmeldenden unterschrieben ist und aus der Name, Vorname, Stand und Wohnort der Gesellschafter sowie der Betrag ersichtlich ist, der von jedem Gesellschafter als Stammeinlage übernommen wurde.

- Bei Sacheinlagen die Verträge, die den Festsetzungen zu Grunde liegen oder zu ihrer Ausführung geschlossen worden sind, und der Sachgründungsbericht.

- Bei Sacheinlagen die Unterlagen darüber, dass der Wert der Sacheinlagen den Betrag der dafür übernommenen Stammeinlagen erreicht.

- Die Genehmigungsurkunde, sofern der Gegenstand des Unternehmens einer staatlichen Genehmigung bedarf.

*Die im Verlaufe 2008 noch eintretenden Neuerungen schaffen hier wesentliche Erleichterung (Mustersatzungen, Einsparung von Notarkosten, Loslösung von Genehmigungsverfahren). Sie wurden bereits auf Seite 200 beschrieben.*

### 2.1.3 AKTIENGESELLSCHAFT

Eine AG kann durch eine oder mehrere Personen gegründet werden. Wie die Gründung (§§ 23 - 53 AktG) durchzuführen ist, regelt das AktG mit sehr detaillierten Vorschriften.

Erfolgt eine Neugründung, haben die Aktiennennbeträge auf volle Euro zu lauten. Bei einer Gründung mit Stückaktien ist ein Mindestanteil am Grundkapital von einem Euro zu beachten.

Die Gründung einer AG umfasst acht **Phasen**:

| | |
|---|---|
| **Feststellung der Satzung** | Der bzw. die Gründer der AG stellen die Satzung fest, in der im Einzelnen zu bestimmen sind:<br>▶ Firma und Sitz<br>▶ Gegenstand des Unternehmens<br>▶ Höhe des Grundkapitals<br>▶ Nennbeträge bzw. Stückzahl der Aktien sowie der Ausgabebetrag<br>▶ Gattungen der Aktien und die Art der Gattung, die jeder Gründer übernimmt<br>▶ Form der Bekanntmachung<br>▶ Zahl der Vorstandsmitglieder bzw. Satzungsregeln hierzu<br>▶ Angaben über Aktienart (Inhaber- oder Namensaktien)<br>Bei **Sachgründungen**, die auch als qualifizierte Gründungen bezeichnet werden, hat die Satzung zudem Angaben zu enthalten über<br>▶ den Gegenstand der Sacheinlage<br>▶ die Person, von der die Gesellschaft den Gegenstand erwirbt<br>▶ den Nennbetrag der gewährten Aktien bzw. gewährten Vergütung oder die Anzahl der Stückaktien.<br>Die Satzung ist durch notarielle Beurkundung festzustellen. |
| **Übernahme der Aktien** | Nach Feststellung der Satzung müssen die Gründer die Aktien übernehmen, wodurch sie sich zur Einzahlung verpflichten.<br>Mit Übernahme der Aktien ist die **Gesellschaft errichtet**. |
| **Bestellung der Organe** | Nach Übernahme der Aktien erfolgt die Bestellung der Organe der AG. Die Gründer bestellen den ersten Aufsichtsrat und die Abschlussprüfer für das erste Geschäftsjahr.<br>Vorschriften des BetrVerfG und MitbestG gelten bei der Wahl des ersten Aufsichtsrates nicht. Der Aufsichtsrat wählt den ersten Vorstand. |
| **Leistungen der Einzahlungen** | Nach Bestellung der Organe müssen die Gründer ihre Einzahlungen leisten, die vom Vorstand eingefordert werden, mindestens 25 % des geringsten Ausgabebetrages. Erfolgt die Einzahlung nicht in vollem Umfang, dürfen nur Namensaktien ausgegeben werden. |
| **Abgabe des Gründungsberichtes** | Nach Leistung der Einzahlungen haben die Gründer einen schriftlichen Gründungsbericht abzugeben. |

| | |
|---|---|
| **Durchführung der Gründungsprüfung** | Der Gründungsbericht wird im Rahmen der **Gründungsprüfung** beurteilt, die grundsätzlich vom Vorstand und Aufsichtsrat vorzunehmen ist.<br><br>Ist ein Gründer als Mitglied des Vorstandes oder des Aufsichtsrates tätig oder wurden Sacheinlagen geleistet, ist es notwendig, die Ordnungsmäßigkeit der Gründung außerdem durch einen oder mehrere gerichtlich bestellte **Gründungsprüfer** feststellen zu lassen, wodurch Manipulationen verhindert werden sollen.<br><br>Die externe Gründungsprüfung könnte gegebenenfalls vermieden werden, wenn zunächst eine Bargründung erfolgt und die Gesellschaft danach Sachgüter von Aktionären erwirbt, die Gründer gewesen sind. Solche Schein-Bar-Gründungen werden aber im AktG durch die **Bestimmungen über die Nachgründung** erschwert.<br><br>§ 52 AktG bestimmt, dass bei Verträgen, durch die sich die AG zum Erwerb von Vermögensgegenständen verpflichtet, die 10 % des Grundkapitals übersteigen und außerdem binnen zwei Jahren seit Eintragung der Gesellschaft abgeschlossen werden, **Vorschriften** eingehalten werden müssen:<br><br>▶ Die Verträge bedürfen grundsätzlich der Schriftform.<br>▶ Die Verträge müssen den Aktionären zur Einsicht vorgelegt werden.<br>▶ Die Verträge bedürfen der Eintragung in das Handelsregister.<br>▶ Der Vorstand hat die Verträge bei der Hauptversammlung zu erläutern.<br>▶ Vor Beschlussfassung durch die Hauptversammlung hat der Aufsichtsrat die Verträge zu prüfen und einen schriftlichen Nachgründungsbericht anzufertigen.<br>▶ Die Verträge bedürfen zu ihrer Wirksamkeit der Genehmigung der Hauptversammlung mit Drei-Viertel-Mehrheit. |
| **Anmeldung zum Handelsregister** | Die Gesellschaft wird von allen Gründern, Vorstands- und Aufsichtsratsmitgliedern zur Eintragung in das Handelsregister angemeldet. Der Anmeldung sind beizufügen (§ 37 AktG):<br><br>▶ Die Satzung und Urkunden, in denen die Satzung festgestellt worden ist und die Aktien von den Gründern übernommen worden sind.<br>▶ Bei Sondervorteilen für die Gründer und bei Sacheinlagen die Verträge, die den Festsetzungen zu Grunde liegen oder zu ihrer Ausführung geschlossen worden sind, und eine Berechnung des der Gesellschaft zur Last fallenden Gründungsaufwandes.<br>▶ Die Urkunden über die Bestellung von Vorstand und Aufsichtsrat.<br>▶ Der Gründungsbericht und Prüfungsberichte der Mitglieder des Vorstandes und des Aufsichtsrates sowie der Gründungsprüfer nebst ihren urkundlichen Unterlagen.<br>▶ Die Genehmigungsurkunde, wenn der Gegenstand des Unternehmens oder eine andere Satzungsbestimmung der staatlichen Genehmigung bedarf. |

| | |
|---|---|
| **Eintragung ins Handelsregister** | Die Gesellschaft wird im Handelsregister eingetragen. Die Eintragung bewirkt das **Entstehen der juristischen Person**. Sie ist bekannt zu machen.<br><br>Vor der Eintragung in das Handelsregister haftet ein Gesellschafter, der im Namen der Gesellschaft handelt, persönlich. Handeln mehrere Gesellschafter, so haften sie als Gesamtschuldner. |

Abweichende Regelungen können sich durch die Gesellschaftsform »Europäische Aktiengesellschaft« bzw. »Kleine Aktiengesellschaft«, wie auf Seite 201 f. beschrieben, ergeben.

48 Seite 481

## 2.2 KAPITALERHÖHUNG

Als Kapitalerhöhung wird die externe Zuführung von Eigenkapital in ein bestehendes Unternehmen und die Veränderung der Struktur des Eigenkapitals bei Kapitalgesellschaften zu Gunsten des gezeichneten Kapitals verstanden.

**Gründe** für eine Kapitalerhöhung können vor allem sein:

- Verbesserung der Liquiditätssituation
- Erweiterung der Kapazitäten
- Maßnahmen der Rationalisierung
- Maßnahmen der Umschuldung
- Umwandlung der Rücklagen
- Personalpolitische Erwägungen.

Beim **Einzelunternehmen** ist eine Kapitalerhöhung häufig nur durch die Einbehaltung von Gewinnen möglich, da der Bereitstellung von Eigenkapital aus dem Privatbereich des Unternehmers Grenzen gesetzt sind.

Die Kapitalerhöhung wird näher beschrieben für:

- **Personengesellschaften**
- **Gesellschaften mit beschränkter Haftung**
- **Aktiengesellschaften.**

### 2.2.1 PERSONENGESELLSCHAFTEN

Eine Kapitalerhöhung kann bei Personengesellschaften dadurch vorgenommen werden, dass die vorhandenen Gesellschafter ihre Geschäftsanteile erhöhen bzw. neue Gesellschafter in die Gesellschaft eintreten.

Solange eine Kapitalerhöhung durch vorhandene Gesellschafter im Verhältnis ihrer bisherigen Anteile erfolgt, sind mit der Kapitalerhöhung keine besonderen Probleme verbunden. Hingegen können sich **Probleme** ergeben:

- Bei einer **Erhöhung der Geschäftsanteile** der vorhandenen Gesellschafter, die **nicht im Verhältnis** ihrer **bisherigen Anteile** vorgenommen wird und gleichzeitigem Vorhandensein stiller Reserven im Unternehmen.

  **Beispiel:** Sind in einer OHG zwei Gesellschafter mit Geschäftsanteilen von 100.000 € bzw. 150.000 € und stille Reserven in Höhe von 50.000 € vorhanden, dann sind die stillen Reserven auf die beiden Gesellschafter im Verhältnis 2 : 3 – das sind 20.000 € : 30.000 € – aufzuteilen, was bei einer Auseinandersetzung oder Liquidation zum Tragen kommen würde.

  Bei einer Erhöhung der Geschäftsanteile beider Gesellschafter um je 50.000 € würde ihr Anteil an den stillen Reserven das Verhältnis 3 : 4 – das sind 21.429 € : 28.571 € – annehmen, was den Gesellschafter mit dem höheren Geschäftsanteil benachteiligen würde.

- Bei **Erhöhung des Eigenkapitals durch Aufnahme neuer Gesellschafter**.

  **Beispiel:** Sind in der oben beschriebenen OHG die beiden Gesellschafter zu dem Entschluss gelangt, die benötigten 100.000 € durch Aufnahme eines neuen Gesellschafters zu beschaffen, würde der Anteil an den stillen Reserven nach der Kapitalerhöhung ein Verhältnis von 2 : 3 : 2 – das sind 14.286 € : 21.428 € : 14.286 € – ausmachen. Die bisherigen Gesellschafter würden geringere stille Reserven in Kauf nehmen müssen, der neue Gesellschafter würde an Vermögenswerten beteiligt, die er nicht mitgeschaffen hat.

Die dargelegten Probleme lassen sich durch eine geeignete **Gestaltung des Gesellschaftsvertrags** vermeiden. Beispielsweise kann vereinbart werden, dass Kapitalerhöhungen nur im Verhältnis der seitherigen Geschäftsanteile erfolgen dürfen. Auch eine Konkretisierung der Entnahmeregelung wäre zweckmäßig.

Die Aufnahme eines neuen Gesellschafters erfordert eingehende Überlegungen, insbesondere, wie er am Entscheidungsprozess und am Gewinn zu beteiligen ist, die im Gesellschaftsvertrag ihren Niederschlag finden sollten.

Eine Kapitalerhöhung durch die vorhandenen Gesellschafter kann bei den Personengesellschaften ohne Berücksichtigung besonderer Formalien vorgenommen werden, wenn die Gesellschafter Vollhafter sind. Sie kann von diesen Gesellschaftern nach Handelsrecht allein schon dadurch bewirkt werden, dass Gewinnanteile nicht entnommen werden.

Bei einer Kapitalerhöhung durch teilhaftende Gesellschafter oder durch Aufnahme neuer Gesellschafter ist eine Anmeldung zur Eintragung in das Handelsregister notwendig.

49 Seite 481

### 2.2.2 GESELLSCHAFT MIT BESCHRÄNKTER HAFTUNG

Eine Kapitalerhöhung bei der GmbH kann durch die vorhandenen Gesellschafter vorgenommen oder durch Aufnahme neuer Gesellschafter bewirkt werden. Werden **keine neuen Gesellschafter** aufgenommen, kann die Gesellschafterversammlung:

- bei bestehender Nachschusspflicht mit einer Drei-Viertel-Mehrheit die Einforderung zusätzlicher Einzahlungen nach dem Verhältnis der Geschäftsanteile beschließen.

- nachträglich eine Nachschusspflicht fordern, der allerdings alle beteiligten Gesellschafter zustimmen müssten.

Soll eine Kapitalerhöhung durch **Aufnahme neuer Gesellschafter** erfolgen, ist ein Beschluss der Gesellschafterversammlung mit Drei-Viertel-Mehrheit erforderlich.

Die Aufnahme neuer Gesellschafter kann ähnliche Probleme der Verteilung zurückliegender Vermögenszuwächse aufwerfen, wie dies bei den Personengesellschaften beschrieben wurde. Dabei muss es nicht nur um stille Reserven gehen, bei der GmbH können auch Rücklagen vorhanden sein.

Ein **Vermögensausgleich**, dessen Höhe durch eine Unternehmensbewertung ermittelt werden kann, ist möglich, indem die neuen Gesellschafter zusätzlich zu ihren Stammeinlagen ein wertentsprechendes Agio leisten. Dieses Aufgeld muss in die Kapitalrücklage eingestellt werden.

Die Erhöhung des Stammkapitals ist notariell zu beurkunden und zur Eintragung in das Handelsregister anzumelden.

*Die für 2008 vorgesehenen neuen GmbH-Regelungen – siehe die Regierungsentwürfe zum MoMiG (= Gesetz zur Modernisierung des GmbH-Rechts und zur Bekämpfung von Missbräuchen) sehen nicht nur die Aufhebung der notariellen Beurkundungen bei unkomplizierten GmbH-Standardgründungen mit Mustervertrag sowie die Herabsetzung des Mindeststammkapitals auf 10.000 € vor, sondern gewähren auch die Möglichkeit der Gründung einer Unternehmergesellschaft mit einem EURO Stammkapital. Hier wären dann Kapitalerhöhungen verpflichtend vorgeschrieben.*

*Diese Unternehmergesellschaft in Form der GmbH hat aus anfallenden Gewinnen solange Rücklagen zu bilden, bis die neue gesetzliche Normhöhe von 10.000 € erreicht ist. Eine Kenntlichmachung der besonderen Haftungssituation sei durch den Zusatz „Unternehmergesellschaft“ vorgesehen. Erst nach den Kapitalerhöhungen könnte dann der Zusatz »GmbH« Verwendung finden.*

### 2.2.3 AKTIENGESELLSCHAFT

Die Kapitalerhöhung bei der AG kann in verschiedenen **Formen** erfolgen:

**Kapitalerhöhung**

| **Ordentliche Kapitalerhöhung** | **Bedingte Kapitalerhöhung** | **Genehmigte Kapitalerhöhung** | **Kapitalerhöhung aus Gesellschaftsmitteln** |
|---|---|---|---|
| **Normalform** der Erhöhung des gezeichneten Kapitals. | Zweckgebundene Erhöhung des gezeichneten Kapitals. | Vollmacht der HV zur späteren Erhöhung des gezeichneten Kapitals. | Erhöhung des gezeichneten Kapitals zu Lasten der Gewinnrücklage. |
| Damit erhöht sich auch das Eigenkapital. | Damit erhöht sich auch das Eigenkapital. | Damit erhöht sich auch das Eigenkapital. | Das Eigenkapital erhöht sich nicht. |
| §§ 182 - 191 AktG | §§ 192 - 201 AktG | §§ 202 - 206 AktG | §§ 207 - 220 AktG |

### 2.2.3.1 ORDENTLICHE KAPITALERHÖHUNG

Die ordentliche Kapitalerhöhung ist die üblicherweise durchgeführte Erhöhung des gezeichneten Kapitals. Sie erfolgt durch Ausgabe neuer Aktien. **Voraussetzungen** für ihre Rechtswirksamkeit sind:

- Die Zustimmung erfolgt mit Drei-Viertel-Mehrheit des vertretenen Grundkapitals.
- Die verschiedenen Aktiengattungen weisen je eine Drei-Viertel-Mehrheit auf.
- Noch ausstehende Einlagen auf das bisherige Grundkapital sind nicht vorhanden.
- Die Anmeldung des Beschlusses beim Handelsregister ist erfolgt.
- Die Durchführung beim Handelsregister ist erfolgt und eingetragen.
- Bei Stückaktien muss sich die Aktienanzahl im selben Verhältnis wie das Grundkapital erhöhen.

Bei der ordentlichen Kapitalerhöhung geht es um zwei **Problemkreise**:

- **Bezugsrecht**
- **Emission**.

### 2.2.3.1.1 BEZUGSRECHT

Die bisherigen Aktionäre, die auch als Altaktionäre bezeichnet werden, haben bei der Ausgabe von neuen Aktien ein gesetzliches Bezugsrecht. **Gründe** für dessen Gewährung sind:

- Mit dem Bezugsrecht soll sichergestellt werden, dass eine Veränderung im Verhältnis der **Stimmrechte** nicht die zwangsläufige Folge einer ordentlichen Kapitalerhöhung ist.
- Außerdem sollen **Vermögensnachteile** ausgeglichen werden, die den bisherigen Aktionären entstehen würden, wenn die neuen Aktien unter dem Börsenkurs ausgegeben werden, was als Anreiz, neue Aktien zu zeichnen, üblicherweise der Fall ist.

**Beispiel:** Bei einer Kapitalerhöhung sind folgende Daten gegeben:

| | |
|---|---|
| - Kapitalerhöhung im Verhältnis 2 : 1 | |
| - Bezugskurs der neuen 5-€-Nennwertaktie | 12 € |
| - Börsenkurs der alten Aktie | 14 € |
| - Bisheriges gezeichnetes Kapital | 2.000.000 € |

Vereinfachte Bilanz **vor** der Kapitalerhöhung (in Tsd. €)

| Aktiva | | Passiva | |
|---|---|---|---|
| Aktiva | 2.500 | Gez. Kapital | 2.000 |
| | | Kapitalrücklagen | 500 |
| | 2.500 | | 2.500 |

Umlauf der alten Aktien: 400.000 Stück

Vereinfachte Bilanz **nach** der Kapitalerhöhung ohne Berücksichtigung der Emissionskosten (in Tsd. €)

| Aktiva | | Passiva | |
|---|---|---|---|
| Aktiva | 2.500 | Gez. Kapital | 3.000 |
| Bank/Kasse | 2.400 | Kapitalrücklagen | 1.900 |
| | 4.900 | | 4.900 |

Aktienumlauf nach Kapitalerhöhung: 600.000 Stück

$$\text{Kurs nach der Kapitalerhöhung} = \frac{\text{Kurswert alte Aktien} + \text{Kurswert neue Aktien}}{\text{Anzahl alte Aktien} + \text{Anzahl neue Aktien}}$$

$$\text{Kurs nach der Kapitalerhöhung} = \frac{400.00 \cdot 14 + 200.000 \cdot 12}{400.000 + 200.000} = \mathbf{13{,}33\ €}$$

Ohne Berücksichtigung eines Bezugsrechtes würde sich ein Wertverlust bei den Altaktionären ergeben von:

13,33 € – 14 € = **– 0,67 €/Aktie**

Die Neuaktionäre hingegen hätten einen Wertzuwachs von:

13,33 € – 12 € = **+ 1,33 €/Aktie**

Das Bezugsrecht dient also dazu, Stimmrechts- und Vermögensnachteile der bisherigen Aktionäre zu verhindern. Sein **Wert** ist unter zwei Gesichtspunkten zu sehen:

- Er kann ein **rechnerischer Wert** sein, der aufgrund folgender Informationen ermittelt werden kann:

| | |
|---|---|
| **Bezugs-verhältnis** | Das ist die Relation zwischen dem bisherigen Grundkapital und dem zu erhöhenden Kapital. |
| **Börsenkurs** | Darunter ist der »Marktpreis« der Aktien zu verstehen, der sich an der Börse gebildet hat. |
| **Bezugskurs** | Er wird durch die Gesellschaft festgelegt und hat rechtlich mindestens dem Nennwert – zuzüglich der Emissionskosten – zu entsprechen.<br><br>Eine Unterpari-Ausgabe ist nicht statthaft. Die obere Grenze des Bezugskurses sollte unterhalb des Börsenkurses liegen, da der Bezug der neuen Aktien ansonsten nicht attraktiv genug ist. |

Das Bezugsrecht kann grundsätzlich ermittelt werden:

$$B = \frac{K_a - K_n}{\frac{a}{n} + 1}$$

B = Bezugsrecht
$K_a$ = Kurs der alten Aktien = **Börsenkurs**
$K_n$ = Kurs der neuen Aktien = **Bezugskurs**
a = Anzahl der alten Aktien
n = Anzahl der neuen Aktien
$\frac{a}{n}$ = Bezugsverhältnis

**Beispiel:** Das Grundkapital betrug bisher 4.000.000 € und war auf 80.000 Stückaktien aufgeteilt. Das Grundkapital wird um 1.000.000 €, also um 20.000 Stückaktien erhöht. Der Börsenkurs der alten Aktien beträgt 120 €/Stück, der Ausgabekurs der neuen Aktien 90 €/Stück.

$$B = \frac{120 - 90}{\frac{80.000}{20.000} + 1} = \frac{30}{\frac{4}{1} + 1} = \textbf{6 €/Aktie}$$

Es kann sein, dass die neuen Aktien – durch ihren Ausgabetermin bedingt – nicht in vollem Umfang an der Dividende des laufenden Geschäftsjahres teilnehmen.

In diesem Falle ist der **Dividendennachteil der jungen Aktien** – in Form einer Erhöhung des Bezugskurses der neuen Aktien – bei der Ermittlung des Bezugsrechtes zu berücksichtigen:

$$B = \frac{K_a - (K_n + d)}{\frac{a}{n} + 1}$$

Der mit d symbolisierte **Dividendennachteil** ergibt sich:

$$\text{Dividenden-nachteil} = \text{Voraussichtliche Dividende} \cdot \left[ 1 - \frac{\text{Dividendenberechtigungs-Zeitraum der neuen Aktien}}{\text{Dividendenberechtigungs-Zeitraum der alten Aktien}} \right]$$

**Beispiel:** Es wird angenommen, dass die neuen Aktien aus dem obigen Beispiel lediglich für 5 Monate des Geschäftsjahres dividendenberechtigt sind. Damit ergibt sich bei einer voraussichtlichen Dividende von 20 €/Aktie:

$$\text{Dividendennachteil} = 20 \cdot \left(1 - \frac{5}{12}\right) = 11{,}67$$

$$\text{Bezugsrecht} = \frac{120 - (90 + 11{,}67)}{\frac{4}{1} + 1} = \mathbf{3{,}67\ €/Aktie}$$

- Der **tatsächliche Wert** des Bezugsrechtes ergibt sich nicht rechnerisch, wie oben gezeigt, sondern an der Börse aus Angebot und Nachfrage. Er weicht normalerweise von dem rechnerisch ermittelten Wert ab.

  Bezugsrechte von Aktien werden an der Börse gehandelt und selbstständig notiert. Damit können die Altaktionäre ihre Bezugsrechte nicht nur selbst nutzen, sondern auch verkaufen.

  Der **Bezugsrechtshandel** beginnt am ersten Tag der Bezugsfrist und erfolgt während der gesamten Bezugsfrist, die nach § 186 AktG mindestens aber auch drei Wochen umfassen kann, mit Ausnahme der letzten beiden Börsentage der Bezugsfrist.

  Die Folge eines **hohen Bezugskurs** kann – nach *Perridon/Steiner* – sein:

  - Der Finanzierungseffekt für das Unternehmen ist hoch.
  - Altaktionäre neigen dazu, ihre Bezugsrechte zu verkaufen.
  - Zudem kann der Kurs alter Aktien in der Bezugsfrist unter den Kurs neuer Aktien fallen.

## 2.2.3.1.2 EMISSION

Unter einer Emission versteht man die **Erstausgabe von Effekten**. Das sind verbriefte Wertpapiere, die vertretbar sind und einen Anspruch auf Ertrag beinhalten.

Zu den Effekten zählen nicht nur Aktien, sondern auch folgende **Wertpapiere**:

- Anleihen
- Pfandbriefe
- Obligationen
- Schuldverschreibungen
- Investment-Zertifikate
- Immobilien-Zertifikate
- Genussscheine
- Optionsscheine

Die **Emission** der Aktien kann bei einer ordentlichen Kapitalerhöhung grundsätzlich auf zwei **Arten** erfolgen:

- Als **Selbstemission**, wenn die Gesellschaft den Verkauf der Aktien selbst übernimmt. Problematisch hierbei ist, dass der Emittent – die Gesellschaft, welche die Aktien ausgibt – das **Emissionsrisiko** trägt und nur sukzessive über das zu beschaffende Eigenkapital verfügen kann, sofern eine Bank bzw. ein Bankenkonsortium keinen Zwischenkredit gewährt.

  Zudem muss die Gesellschaft die Aktien selbst verkaufen. Sie verzichtet damit auf die Vertriebsnetze der Kreditinstitute, die in der Praxis zwingend notwendig sind, um eine breit gestreute Emission der Aktien auf eine Vielzahl von unterschiedlichen Investoren zu garantieren. Obgleich vorteilhaft ist, dass eine Vermittlungsprovision nicht anfällt, kommt der Selbstemission nur eine untergeordnete Bedeutung zu. Denkbar ist sie, wenn große Aktienpakete an wenige, bereits bekannte Investoren verkauft werden sollen.

- Als **Fremdemission**, die dadurch gekennzeichnet ist, dass der Emittent wahlweise kein Emissionsrisiko trägt. Er kann es auf die Bank bzw. das Bankenkonsortium abwälzen und nutzt zudem die Distributionskanäle der Kreditwirtschaft.

  Die Fremdemission als die in Deutschland verbreitete Art der Emission erfolgt in zwei **Schritten**:

| | |
|---|---|
| **Begebung** | Zunächst erfolgt die Begebung der Aktien, bei der ein Teil oder alle Aktien an die Bank bzw. das Bankenkonsortium verkauft werden, die das Emissionsverfahren tragen. Die Gesellschaft erhält den Gegenwert für die Aktien, über den sie verfügen kann. |
| **Platzierung** | Während für den Emittenten – die Gesellschaft – der Finanzierungsvorgang damit abgeschlossen ist, nimmt die Bank bzw. das Bankenkonsortium die Platzierung der Aktien vor, d. h. sie bringt die Aktien an ihre künftigen Eigentümer. |

Bei der Fremdemission können unterschiedliche **Formen der Bankkonsortien** auftreten:

| | |
|---|---|
| **Platzierungs-konsortium** | Die Banken treten hier als **Kommissionär** auf und handeln zwar im eigenen Namen, aber für Rechnung des Emittenten, bei dem das Emissionsrisiko verbleibt. |
| **Übernahme-konsortium** | Hier übernehmen die Banken das Emissionsrisiko und distribuieren die Aktien **im eigenen Namen** und **auf eigene Rechnung**. Hierfür wird eine deutlich höhere Gebühr als beim Platzierungskonsortium verlangt. |

Sollen die Aktien an der Börse gehandelt werden, ist es notwendig, ihre Zulassung zur Börse zu bewirken. Für die **Börsenzulassung** von Wertpapieren privatrechtlicher Unternehmen ist die Zulassungsstelle der jeweiligen Börse zuständig, bei der ein Mitglied der Börse – die Bank bzw. das Bankenkonsortium des Emittenten – einen Zulassungsantrag stellen muss, der dort formell und materiell geprüft wird.

Das Zulassungsverfahren privatrechtlicher Unternehmen dient dem Schutze der Öffentlichkeit, weshalb eine Reihe von **Voraussetzungen*** für die Zulassung der Akien zum Börsenhandel erfüllt sein müssen.

Als **Unterlagen** sind der Zulassungsstelle vor allem einzureichen:

- Geschäftsberichte der letzten drei Jahre
- Börsenprospekt bzw. Verkaufsprospekt
- Aktuelle Satzung und Handelsregisterauszug sowie das Protokoll der HV-Beschlüsse zur Emission.

**Bekanntmachung**

Friesische Motoren Werke AG, Emden
– Zulassungsantrag –

Die Friesische Motoren Werke AG, Emden, sowie – im Namen des Bankenkonsortiums – die Dresdner Bank AG, Frankfurt/Main, haben den Antrag gestellt.

**nom. € 76.705.000 Inhaber-Stammaktien**
aus der Kapitalerhöhung ....
– WKN 612 410 –
und
**nom. € 5.254.000 Inhaber-Stammaktien ohne Stimmrecht**
aus der Kapitalerhöhung ....
– WKN 612 413 –
der
**Friesische Motoren Werke AG, Emden**
zum Börsenhandel mit amtlicher Notierung an der Hanseatischen Wertpapierbörse Hamburg zuzulassen.

Hamburg, den 31. Mai 2008

Zulassungsstelle der
Hanseatischen Wertpapierbörse Hamburg

Genehmigt die Zulassungsstelle die Emission der Aktien, dann erfolgt die Veröffentlichung des Börsenprospektes.

Die **Emissionskosten** für die Aktien umfassen im Wesentlichen:

---

* z. B.:
- Je nach Börsensegment (Regulierter Markt oder Freiverkehr, siehe S. 218 f.) unterschiedlich hohe Mindestvolumina und Streuungsvorschriften
- Verpflichtung des Emittenten zur regelmäßigen jährlichen Veröffentlichung der Bilanz, teilweise werden Zwischen- bzw. Quartalsberichte sowie Ad-hoc-Publizität verlangt
- Kostenfreie Zahlung von Zinsen bzw. Dividenden
- Einhaltung der Sicherheitsnormen für den Druck der Wertpapiere
- Angaben zum Unternehmensalter

| Emissionskosten der Aktien | |
|---|---|
| Druckkosten der Aktien | Layout-, Druck- und Papierkosten |
| Druckkosten des Börsenprospektes | Als Grundlage zur Börsenzulassung |
| Provision für das Bankenkonsortium | Etwa 4 % des Emissionsvolumens |
| Börseneinführungsspesen | 1 % des Emissionsvolumens |
| Notariatsgebühren | Für notarielle Beurkundungen |
| Kosten des Registergerichts | Für Eintragung und Veröffentlichung |

Insgesamt können die Kosten der Aktienemission zwischen 5 und 10 % der emittierten Kapitalsumme betragen, wobei dies insbesondere abhängig ist von der Wahl des Standards (Entry/General/Prime Standard – siehe S. 221) und der Art des Emissionskonsortiums.

50 Seite 482

### 2.2.3.2 GENEHMIGTE KAPITALERHÖHUNG

Bei der genehmigten Kapitalerhöhung (§§ 202-206 AktG) ist die Erhöhung des gezeichneten Kapitals nicht an einen bestimmten, gegenwärtigen Finanzierungsanlass gebunden.

Diese Form der Kapitalerhöhung ermöglicht es der Gesellschaft, einen sich zu einem späteren Zeitpunkt ergebenden Kapitalbedarf durch Ausgabe neuer Aktien rasch decken zu können, ohne dass die Formalien, wie z. B. die Einberufung der Hauptversammlung oder einer ordentlichen Kapitalerhöhung, zuvor erfüllt werden müssen.

So können für die Emission günstige Zeitpunkte abgewartet werden, um bei entsprechendem »Börsenklima« eine erfolgsversprechende Emission durchzuführen.

Die genehmigte Kapitalerhöhung bedarf eines **Beschlusses** der Hauptversammlung mit Drei-Viertel-Mehrheit, durch den der Vorstand für längstens fünf Jahre ermächtigt wird, das gezeichnete Kapital bis zu einem bestimmten Nennbetrag – das ist das genehmigte Kapital – durch Ausgabe neuer Aktien zu erhöhen.

Der **Nennbetrag** der neu auszugebenden Aktien darf die Hälfte des gezeichneten Kapitals nicht übersteigen. Das genehmigte Kapital ist im Geschäftsbericht auszuweisen.

Für die Ausgabe der neuen Aktien gelten sinngemäß die Vorschriften über die ordentliche Kapitalerhöhung. Jedoch tritt an die Stelle eines Beschlusses der Hauptversammlung über die Erhöhung die Ermächtigung des Vorstandes, die Kapitalerhöhung in dem angegebenen Zeitraum durchzuführen.

Der Vorstand entscheidet über den Zeitpunkt der Aktienausgabe, den Inhalt der Aktienrechte und die Ausgabebedingungen. Der Aufsichtsrat soll zustimmen.

Die neuen Aktien sollen nicht ausgegeben werden, wenn ausstehende Einlagen auf das bisherige gezeichnete Kapital noch nicht eingezahlt sind. Diese Vorschrift gilt allerdings nicht, wenn die neuen Aktien den Arbeitnehmern der Gesellschaft zugute kommen.

### 2.2.3.3 Bedingte Kapitalerhöhung

Die bedingte Kapitalerhöhung (§§ 192 - 201 AktG) ist zweckgebunden. Sie darf nur in bestimmten **Fällen** durchgeführt werden und zwar bei der Gewährung:

- Von Umtausch- oder Bezugsrechten auf Aktien bei der Ausgabe von Wandelschuldverschreibungen
- Eines Umtausch- oder Bezugsrechtes zur Vorbereitung von Fusionen
- Von Bezugsrechten an Arbeitnehmer – so genannte Belegschaftsaktien – der Gesellschaft im Rahmen der Gewinnbeteiligung. Sie erwerben neue Aktien gegen Einlage von Geldforderungen, die ihnen aus einer von der Gesellschaft eingeräumten Gewinnbeteiligung zustehen.

Der **Beschluss** über die bedingte Kapitalerhöhung muss von der Hauptversammlung mit Drei-Viertel-Mehrheit des anwesenden Grundkapitals gefasst werden. Er ist beim Handelsregister zur Eintragung anzumelden.

Der **Nennbetrag** des bedingten Kapitals darf die Hälfte des gezeichneten Kapitals bei der Ausgabe von Wandelschuldverscheibungen und bei Fusionsvorbereitungen nicht übersteigen. Bei der Ausgabe von Belegschaftsaktien sind dies 10 % des Grundkapitals (§ 192 AktG), das zurzeit der Beschlussfassung über die bedingte Kapitalerhöhung vorhanden ist.

Bei der bedingten Kapitalerhöhung haben die bisherigen Aktionäre **kein Bezugsrecht auf neue Aktien**. Stattdessen räumt die Gesellschaft den Altaktionären Bezugsrechte bei der Ausgabe von Wandelschuldverschreibungen und Optionsanleihen ein.

Mit der Ausgabe der Bezugsaktien wird die bedingte Kapitalerhöhung wirksam. Der Vorstand hat nach Ablauf eines Geschäftsjahres im Handelsregister anzumelden, in welchem Umfang im abgelaufenen Geschäftsjahr Bezugsaktien ausgegeben worden sind.

Das bedingte Kapital ist in der Bilanz beim gezeichneten Kapital mit seinem Nennbetrag zu vermerken. Aktien, die bei der bedingten Kapitalerhöhung im Geschäftsjahr bezogen wurden, sind im Geschäftsbericht anzugeben.

### 2.2.3.4 Kapitalerhöhung aus Gesellschaftsmitteln

Die Kapitalerhöhung aus Gesellschaftsmitteln (§§ 207 - 220 AktG) unterscheidet sich von den vorangegangenen Formen der Kapitalerhöhung dadurch, dass der Gesellschaft durch die Kapitalerhöhung **kein zusätzliches Kapital** zufließt, sondern lediglich eine

Umschichtung beim bilanzierten Eigenkapital erfolgt. Sie verändert demnach die Höhe des bilanzierten Eigenkapitals nicht.

Für die **Umfinanzierung** dürfen grundsätzlich verwendet werden:

- Die **Kapitalrücklage** und die **gesetzliche Rücklage**, soweit sie zusammen größer sind als der zehnte Teil bzw. ein satzungsmäßig bestimmter höherer Teil des bisher gezeichneten Kapitals.

- Die **Gewinnrücklage**, soweit sie die »anderen Gewinnrücklagen« betrifft bzw. die satzungsmäßigen Rücklagen diesem Zweck entsprechen.

**Beispiel:**

Bilanz **vor** Kapitalerhöhung

| Aktiva | | | Passiva |
|---|---|---|---|
| Anlagevermögen | 10.000.000 | Gezeichnetes Kapital | 7.500.000 |
| Umlaufvermögen | 5.000.000 | Kapitalrücklage | 700.000 |
| | | Gewinnrücklagen | 1.000.000 |
| | | Verbindlichkeiten | 5.800.000 |
| | 15.000.000 | | 15.000.000 |

Bilanz **nach** Kapitalerhöhung

| Aktiva | | | Passiva | |
|---|---|---|---|---|
| Anlagevermögen | 10.000.000 | Gezeichnetes Kapital | 8.200.000 | + |
| Umlaufvermögen | 5.000.000 | Kapitalrücklage | 700.000 | 700.000 |
| | | Gewinnrücklagen | 300.000 | – |
| | | Verbindlichkeiten | 5.800.000 | |
| | 15.000.000 | | 15.000.000 | |

Weist die zu Grunde gelegte Bilanz einen Verlust, Verlustvortrag oder einen anderen Gegenposten zum Eigenkapital aus, dürfen die Rücklagen nicht umgewandelt werden.

Die Kapitalerhöhung aus Gesellschaftsmitteln bedarf des **Beschlusses** der Hauptversammlung mit einer Drei-Viertel-Mehrheit des anwesenden Grundkapitals, der zur Eintragung in das Handelsregister anzumelden ist und mit der Eintragung wirksam wird.

Den Aktionären stehen – im Verhältnis ihrer Anteile – Berichtigungsaktien zu, die auch **Zusatzaktien** oder **Gratisaktien** genannt werden. Aktiengesellschaften mit Stückaktien können nach entsprechendem Beschluss ihr Kapital ohne die Ausgabe neuer Aktien erhöhen (§ 207 AktG). Hierbei steigt dann der »fiktive« Nennwert der Stückaktien.

Die Aktionäre haben durch den kostenlosen Erhalt dieser Aktien **keinen finanziellen Vorteil**, denn die umzuwandelnden Rücklagen sind letztlich nicht ausgezahlte Gewinne an die Aktionäre.

Der Nominalwert des gezeichneten Kapitals steigt bei dieser Kapitalerhöhung zwar an, der Kurswert der Aktien sinkt jedoch ab. Die Werterhöhung und die Wertminderung gleichen sich dabei aus, sofern keine besonderen Börseneinflüsse gegeben sind.

Die Kapitalerhöhung aus Gesellschaftsmitteln bietet sich besonders dann an, wenn die Aktien breit gestreut werden sollen, weil dadurch ihr **Kurs** relativ **niedrig gehalten** werden kann und für breitere Investorenschichten interessant bleiben.

**Beispiel:** Aus dem obigen Beispiel ergibt sich als

$$\text{Bilanzkurs } \textbf{vor} \text{ Kapitalerhöhung} = \frac{9.200.000}{7.500.000} \cdot 100 = \mathbf{122{,}67}$$

$$\text{Bilanzkurs } \textbf{nach} \text{ Kapitalerhöhung} = \frac{9.200.000}{8.200.000} \cdot 100 = \mathbf{112{,}20}$$

Aktien, die zu einem hohen Kurs notiert sind, werden kaum von Kleinanlegern gekauft, da der Anschaffungspreis zu hoch ist. Außerdem ist die auszuschüttende Dividende sehr hoch anzusetzen, damit eine akzeptable **Realverzinsung** erreicht werden kann. Eine mit 500 % bewertete Nennwertaktie muss beispielsweise 25 % Dividende erbringen, um eine Realverzinsung von 5 % zu erreichen.

51 Seite 482

## 2.3 KAPITALHERABSETZUNG

Als Kapitalherabsetzung ist die Verminderung des Eigenkapitals eines Unternehmens anzusehen. **Gründe** hierfür können sein:

- Entnahmen von Gesellschaftern
- Ausscheiden von Gesellschaftern
- Verminderung des Kapitalbedarfes
- Sanierung der Gesellschaft.

Beim **Einzelunternehmen** erfolgt die Kapitalherabsetzung durch den Einzelunternehmer in Form von Privatentnahmen. Der Einzelunternehmer kann dabei grundsätzlich autonom handeln, ohne dass Formalien zu beachten wären.

Es sollen betrachtet werden:

- **Personengesellschaften**
- **Gesellschaft mit beschränkter Haftung**
- **Aktiengesellschaft**.

### 2.3.1 PERSONENGESELLSCHAFTEN

Bei Personengesellschaften ist die **Kapitalherabsetzung durch Entnahme** unterschiedlich geregelt:

- Die Gesellschafter der **OHG** sind – sofern der Gesellschaftsvertrag keine andere Regelung enthält – berechtigt, jährlich eine Entnahme bis zu 4 % auf ihre für das letzte Geschäftsjahr festgestellten Kapitalanteile vorzunehmen. Darüber hinausgehende Gewinnanteile dürfen nur entnommen werden, sofern dies nicht zum offenbaren Schaden der Gesellschaft gereicht.

- Die Komplementäre der **KG** sind hinsichtlich ihres Rechtes auf Entnahme den Gesellschaftern der OHG gleichgestellt. Die Kommanditisten haben lediglich einen Anspruch auf Auszahlung ihres Gewinnanteils, sofern ihr Kapitalanteil nicht durch Verlust gemindert ist. Eine Herabsetzung ihres Kapitalanteils bedarf des Beschlusses aller Gesellschafter und des Eintrages in das Handelsregister.

Die Kapitalherabsetzung kann sich aber auch durch das **Ausscheiden eines Gesellschafters** ergeben. Dabei wird es notwendig sein, eine Auseinandersetzung zwischen dem ausscheidenden Gesellschafter und den übrigen Gesellschaftern vorzunehmen, da der Anteil des Gesellschafters meist nicht seinem nominellen Geschäftsanteil entspricht, sondern vielfach höher zu bewerten ist. Der Kapitalanteil des ausscheidenden Gesellschafters kann bestehen aus:

- Dem bilanzierten Geschäftsanteil
- Einem Anteil an bilanzierten Rücklagen
- Einem Anteil an stillen Reserven
- Einem Anteil am Firmenwert
- Einem Anteil an noch schwebenden Geschäften.

Für die **Auseinandersetzung** ist es notwendig, eine Auseinandersetzungsbilanz zu erstellen.

Mögliche Konflikte zwischen dem ausscheidenden Gesellschafter und den verbleibenden Gesellschaftern können sich durch geeignete Gestaltung des Gesellschaftsvertrages minimieren lassen.

## 2.3.2 Gesellschaft mit beschränkter Haftung

Für die Kapitalherabsetzung bei der GmbH gelten gesetzliche Vorschriften, die besonders dem Gläubigerschutz dienen sollen, da eine Herabsetzung des Stammkapitals eine Verminderung des Haftungsumfanges bedeutet.

Die Herabsetzung des Stammkapitals der GmbH erfordert (§ 58 GmbHG):

- Beschlussfassung der Gesellschafterversammlung mit einfacher Mehrheit

- Dreimalige Bekanntmachung in den Blättern der Gesellschaft

- Befriedigung oder Sicherstellung der Gläubiger, die der Kapitalherabsetzung nicht zustimmen

- Anmeldung zur Eintragung in das Handelsregister nicht vor Ablauf eines Jahres seit der dritten Bekanntmachung.

Die Kapitalherabsetzung kann zum buchmäßigen Ausgleich von Verlusten oder zur Rückzahlung von Eigenkapital an die Gesellschafter durchgeführt werden, die jedoch erst nach der Eintragung in das Handelsregister vorgenommen werden darf.

Eine **vereinfachte Form** der Kapitalherabsetzung ist bei eingeforderten Nachschüssen möglich, soweit diese nicht zur Deckung von Verlusten benötigt werden (§§ 30, 58 GmbHG).

## 2.3.3 AKTIENGESELLSCHAFT

Die Kapitalherabsetzung bei der AG ist gesetzlich geregelt. Möglichkeiten sind:

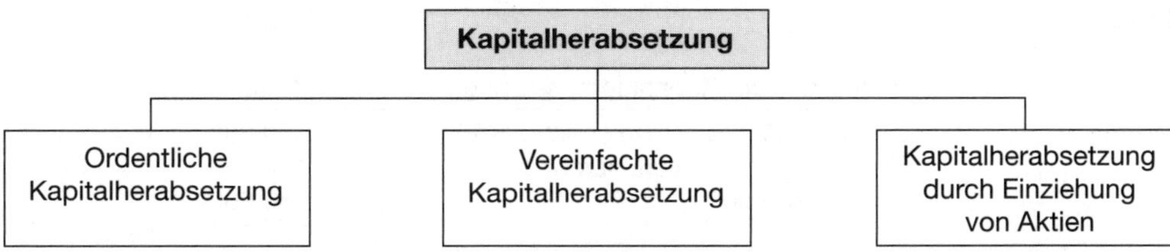


### 2.3.3.1 ORDENTLICHE KAPITALHERABSETZUNG

Die ordentliche Kapitalherabsetzung (§§ 222 - 228 AktG) erfolgt, indem:

- Der **Nennwert der Aktien vermindert** wird, beispielsweise durch Herunterstempeln von 50 €-Aktien auf 5 €-Aktien, was einer Zehntelung des gezeichneten Kapitals entsprechen würde.
- **Mehrere Aktien** zu einer Aktie **zusammengelegt** werden, beispielsweise durch den Umtausch von zwei alten Aktien in eine neue Aktie gleichen Nennwertes. Eine Zusammenlegung ist aber nur dann zulässig, wenn beim Herunterstempeln der Mindestnennwert von 1 € unterschritten würde.

Der Beschluss zur ordentlichen Kapitalherabsetzung bedarf einer Drei-Viertel-Mehrheit in der Hauptversammlung des anwesenden Grundkapitals. Sind mehrere Aktiengattungen vorhanden, ist diese Mehrheit bei allen Gattungen erforderlich. Der Beschluss ist zur Eintragung in das Handelsregister anzumelden. Mit Eintragung ist das Grundkapital herabgesetzt.

Gläubigern, deren Forderungen begründet worden sind, bevor die Eintragung des Beschlusses bekannt gemacht worden ist, muss **Sicherheit** geleistet werden, soweit sie nicht Befriedigung verlangen können, wenn sie sich binnen sechs Monaten nach der Bekanntmachung zu diesem Zweck melden.

**Zahlungen** an die Aktionäre dürfen erst geleistet werden, nachdem sechs Monate seit der Bekanntmachung der Eintragung verstrichen sind und nachdem den Gläubigern, die sich rechtzeitig gemeldet haben, Befriedigung oder Sicherheit gewährt worden ist.

### 2.3.3.2 Vereinfachte Kapitalherabsetzung

Die vereinfachte Kapitalherabsetzung (§§ 229 - 236 AktG) dient der **buchmäßigen Sanierung**, die auch als **reine Sanierung** bezeichnet wird.

Vereinfacht wird die Kapitalherabsetzung deshalb genannt, weil keine besonderen Vorschriften zum Gläubigerschutz zu beachten sind. Stattdessen ist genau festgelegt, zu welchen **Zwecken** die vereinfachte Kapitalherabsetzung zulässig ist:

- Zum Ausgleich von Wertminderungen
- Zum Ausgleich von sonstigen Verlusten
- Zur Einstellung in die Kapitalrücklage.

**Beispiel:**

| Aktiva | Bilanz **vor** der Kapitalherabsetzung | | Passiva |
|---|---|---|---|
| Vermögen | 750.000 | Gezeichnetes Kapital | 900.000 |
| | | Verlustvortrag | – 150.000 |
| | 750.000 | | 750.000 |

Die Kapitalherabsetzung erfolgt um 200.000 €.
Der Sanierungsgewinn wird in die gesetzliche Rücklage eingestellt.

| Aktiva | Bilanz **nach** der Kapitalherabsetzung | | Passiva |
|---|---|---|---|
| Vermögen | 750.000 | Gezeichnetes Kapital | 700.000 |
| | | Kapitalrücklage | 50.000 |
| | 750.000 | | 750.000 |

(900.000: – 200.000 → 700.000; + 50.000 → 50.000)

Die vereinfachte Kapitalherabsetzung ist nur **zulässig**, nachdem der Teil der gesetzlichen Rücklage und der Kapitalrücklage, um den diese zusammen 10 % des nach der Kapitalherabsetzung verbleibenden Grundkapitals hinausgehen, sowie die Gewinnrücklagen vorweg aufgelöst sind.

Sie ist **nicht zulässig**, solange ein Gewinnvortrag vorhanden ist.

Die vereinfachte Kapitalherabsetzung ermöglicht als Sanierungsmaßnahme eine Bereinigung der Bilanz. Vielfach wird das so geminderte Grundkapital aber nicht ausreichen, um den Unternehmenszweck zu erfüllen. Dann muss sich ein weiterer Schritt der Sanierung in Form der Zuführung neuer liquider Mittel anschließen.

Die Zuführung neuer liquider Mittel kann als **Kapitalerhöhung** oder in Form von **Zuzahlungen der Aktionäre** erfolgen.

### 2.3.3.3 Kapitalherabsetzung durch Einziehung von Aktien

Für die Kapitalherabsetzung durch Einziehung von Aktien (§§ 237-239 AktG), die eine weitere Form der Sanierung darstellt, gibt es zwei **Möglichkeiten**:

- **Einziehung** eigener Aktien nach Erwerb durch die Gesellschaft.

- **Zwangseinziehung** der Aktien durch die Gesellschaft, sofern sie in der ursprünglichen Satzung oder durch eine Satzungsänderung vor Übernahme oder Zeichnung der Aktien angeordnet oder gestattet war.

Die Kapitalherabsetzung durch Einziehung von Aktien bedarf der Beachtung der Vorschriften über die ordentliche Kapitalherabsetzung, es sei denn, dass eine der folgenden **Voraussetzungen** als gegeben angesehen werden kann:

| | |
|---|---|
| **Kapitalherabsetzung ohne Beachtung der Vorschriften über die ordentliche Kapitalherabsetzung** | ▶ Aktien werden der Gesellschaft von den Aktionären unentgeltlich zur Verfügung gestellt.<br>▶ Aktien werden zu Lasten des Bilanzgewinnes oder einer »anderen Gewinnrücklage«, die nicht zweckgebunden ist, eingezogen. |

In beiden Fällen bedarf der Beschluss über die Kapitalherabsetzung durch Einziehung von Aktien lediglich einer einfachen Mehrheit des anwesenden Grundkapitals in der Hauptversammlung. Er ist zur Eintragung in das Handelsregister anzumelden, auch wenn es sich um eine durch die Satzung angeordnete Zwangseinziehung handelt.

**Beispiel** für den entgeltlichen Erwerb von Aktien:

| Aktiva | Bilanz **vor** dem | Aktien-Erwerb | Passiva |
|---|---|---|---|
| Anlagevermögen | 500.000 | Gezeichnetes Kapital | 500.000 |
| Umlaufvermögen | 300.000 | Gewinnrücklage | 50.000 |
| | | Verlustvortrag | – 40.000 |
| | | Verbindlichkeiten | 290.000 |
| | 800.000 | | 800.000 |

Aufgrund des Verlustvortrages und einer pessimistischen Einschätzung der künftigen Gewinnentwicklung werden die 50 €-Aktien an der Börse mit 30 € gehandelt. Zur Sanierung soll ein Grundstück zum Preis von 60.000 €, das derzeit nicht benötigt wird, verkauft und hierfür eigene Aktien im Nennwert von 100.000 € erworben werden, die aber zum Anschaffungswert zu bilanzieren sind. Die 60.000 € kommen in die Kapitalrücklage.

| Aktiva | Bilanz **nach** dem | Aktien-Erwerb | Passiva |
|---|---|---|---|
| Anlagevermögen | 440.000 | Gezeichnetes Kapital | 500.000 |
| Eigene Aktien | 60.000 | Gewinnrücklage | 50.000 |
| Umlaufvermögen | 300.000 | Verlustvortrag | – 40.000 |
| | | Verbindlichkeiten | 290.000 |
| | 800.000 | | 800.000 |

Der nächste Schritt ist die Einziehung der Aktien, wodurch das Grundkapital um 100.000 €, dem Nennbetrag der einzuziehenden Aktien, gemindert wird.

| Aktiva | Bilanz **nach** der Aktien-Einziehung | | Passiva |
|---|---|---|---|
| Anlagevermögen | 440.000 | Gezeichnetes Kapital | 400.000 |
| Umlaufvermögen | 300.000 | Gewinnrücklage | 50.000 |
| | | Verbindlichkeiten | 290.000 |
| | 740.000 | | 740.000 |

52 Seite 483

## 2.4 Umwandlung

Die handels- und steuerrechtliche Regelung der Umwandlung ist im seit 1995 novellierten **Umwandlungsgesetz** bzw. **Umwandlungssteuergesetz** enthalten.

Entsprechend der Zielsetzung der Novellierung, alle Spielarten der Umstrukturierung von Unternehmen in einem einheitlichen Gesetz zu regeln, wird unter Umwandlung nicht nur wie früher in erster Linie der Wechsel der Rechtsform verstanden, sondern es werden vier **Arten der Umstrukturierung** als Umwandlung verstanden.

Nach § 1 Abs. 1 UmwG 1995 können Rechtsträger mit Sitz im Inland umgewandelt werden durch:

- Verschmelzung – Nr. 1
- Spaltung (Aufspaltung, Abspaltung, Ausgliederung) – Nr. 2
- Vermögensübertragung – Nr. 3
- Formwechsel – Nr. 4.

Die an diesen Vorgängen beteiligten Rechtsträger sind unterschiedlich. Sie sind aufgeführt für:

- Die Verschmelzung in § 3 UmwG
- Die Spaltung in § 124 bzw. § 3 UmwG
- Die Vermögensübertragung in § 175 UmwG
- Den Formwechsel in § 191 UmwG.

**Gründe** für die Umwandlung eines Unternehmens können sein:

- Wachstum eines Unternehmens
- Schrumpfung eines Unternehmens
- Steuerliche Erwägungen
- Beschränkung der Gesellschafter-Haftung
- Vergrößerung der Kapitalbasis
- Tod eines Gesellschafters.

Die 2007 erfolgte **Novellierung des Umwandlungsgesetzes** erbrachte nicht nur eine erleichterte Internationalisierung von Gesellschaften, z. B. der Fusionierung von Gesellschaften innerhalb der Europäischen Gemeinschaft. Sie bezweckte insbesondere eine weitergehende Deregulierung der Verschmelzung oder Spaltung von Gesellschaften durch die Novellierung des Umwandlungsrechtes.

Bei der Umwandlung ist zu unterscheiden, ob eine Liquidation des umzuwandelnden Unternehmens erforderlich ist, oder ob die Umwandlung ohne Liquidation erfolgen kann:

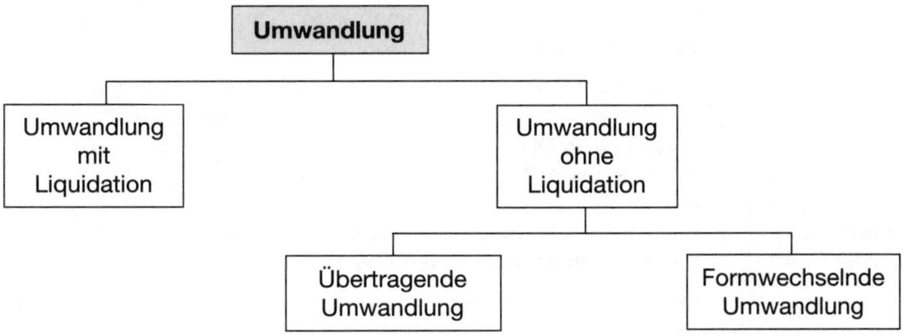


Die Umwandlung mit Liquidation wird auch als **Umgründung** bezeichnet.

## 2.4.1 Umwandlung mit Liquidation

Eine Umwandlung mit Liquidation ist dort notwendig, wo der Gesetzgeber eine **Einzelrechtsnachfolge** vorgesehen hat.

Bei der Einzelrechtsnachfolge erfolgt zunächst eine formelle Liquidation des bisher bestehenden Unternehmens, der sich eine Neugründung in der vorgesehenen Rechtsform anschließt. Das formell liquidierte Unternehmen hat seine Vermögenswerte einzeln nach den dafür geltenden sachrechtlichen Bestimmungen auf das neue Unternehmen zu übertragen, was sehr umständlich und aufwändig ist.

Die Umwandlung mit Liquidation ist grundsätzlich **erforderlich** bei:

- Umwandlung eines Einzelunternehmens in eine Personengesellschaft
- Umwandlung einer OHG oder KG in ein Einzelunternehmen (Ausnahme: § 142 HGB).

## 2.4.2 Umwandlung ohne Liquidation

Bei der Umwandlung ohne Liquidation ist es nicht erforderlich, die Vermögenswerte einzeln zu übertragen. Es lassen sich unterscheiden:

- Die **übertragende Umwandlung**, die durch den Übergang des Vermögens des umzuwandelnden Unternehmens auf ein übernehmendes Unternehmen im Wege der **Gesamtrechtsnachfolge** gekennzeichnet ist. Dabei geht das Vermögen als eine Einheit über.

Die übertragende Umwandlung kann sein:

| | |
|---|---|
| **Verschmelzende Umwandlung** | Bei ihr ist das Vermögen des umzuwandelnden Unternehmens auf ein bereits **bestehendes Unternehmen** zu übertragen. Die verschmelzende Umwandlung kann einer Fusion praktisch sehr nahe kommen.<br>**Möglichkeiten** der verschmelzenden Umwandlung sind die Umwandlung einer<br>▸ AG in eine AG<br>▸ AG in eine GmbH<br>▸ AG in eine OHG<br>▸ AG in eine KG<br>▸ GmbH in eine GmbH<br>▸ GmbH in eine AG<br>▸ GmbH in eine OHG<br>▸ GmbH in eine KG |
| **Errichtende Umwandlung** | Hier wird das Vermögen des umzuwandelnden Unternehmens auf ein **neu zu errichtendes** Unternehmen übertragen.<br>**Möglichkeiten** der errichtenden Umwandlung sind die Umwandlung einer<br>▸ AG in eine OHG<br>▸ AG in eine KG<br>▸ GmbH in eine OHG<br>▸ GmbH in eine KG<br>▸ OHG in eine AG<br>▸ KG in eine AG<br>▸ OHG in eine GmbH<br>▸ KG in eine GmbH |

- Die **formwechselnde Umwandlung**, die keine Vermögensübertragung erforderlich macht, da die Rechtspersönlichkeit des Unternehmens erhalten bleibt und lediglich die Rechtsform wechselt.

| | |
|---|---|
| **Möglichkeiten** | Die formwechselnde Umwandlung kann die Umwandlung sein einer:<br>▸ AG in eine KGaA<br>▸ AG in eine GmbH<br>▸ KGaA in eine AG<br>▸ KGaA in eine GmbH<br>▸ GmbH in eine AG<br>▸ GmbH in eine KGaA<br>▸ OHG in eine KG<br>▸ KG in eine OHG |

## 2.5 Fusion

Als Fusion wird die **Verschmelzung** von zwei oder mehreren rechtlich selbstständigen Unternehmen zu einer neuen wirtschaftlichen und rechtlichen Einheit verstanden.

**Gründe** für die Durchführung von Fusionen können sein:

- Vereinheitlichung des Fertigungsprogrammes
- Rationalisierung im Beschaffungsbereich

- Rationalisierung im Fertigungsbereich
- Rationalisierung im Absatzbereich
- Konzentration der Marktmacht
- Konzentration der Kapitalkraft.

Entsprechend ihrer Beziehung im Leistungsbereich, die fusionierende Unternehmen zueinander haben, lassen sich unterscheiden:

- **Horizontale Fusionen**, bei denen die beteiligten Unternehmen dem gleichen Wirtschaftszweig und der gleichen Leistungsstufe angehören.

- **Vertikale Fusionen**, bei denen sich im Leistungsprogramm vor- oder nachgelagerte Unternehmen zusammenschließen.

- **Laterale Fusionen**, bei denen die beteiligten Unternehmen verschiedenen Wirtschaftszweigen und verschiedenen Leistungsstufen angehören.

Für die Durchführung von Fusionen gelten unterschiedliche rechtliche Vorschriften, je nach Art der Fusion, die sein kann:

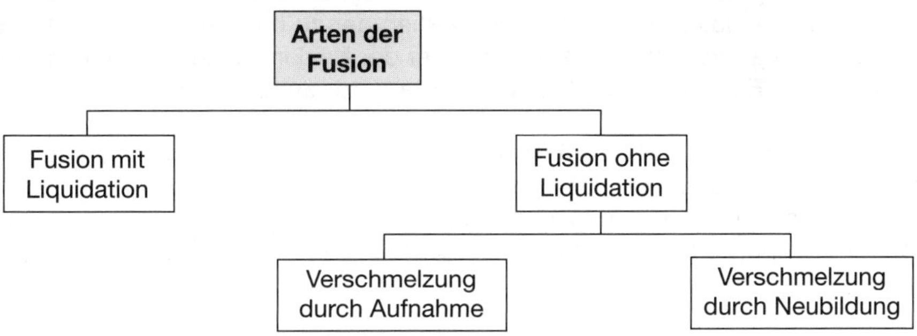


## 2.5.1 Fusion mit Liquidation

Bei der Fusion mit Liquidation wird das Vermögen der übertragenden Gesellschaft im Wege der **Einzelrechtsnachfolge** übertragen. Das bedeutet, dass alle Vermögensteile der übertragenden Gesellschaft einzeln auf die übernehmende Gesellschaft zu übertragen sind.

Fusionen müssen im Wege der Einzelrechtsnachfolge durchgeführt werden, wenn ein Einzelunternehmen oder eine Personengesellschaft an einer Fusion beteiligt ist. Dieses Verfahren ist sehr umständlich und zeitaufwändig, sodass es in der betrieblichen Praxis keine große Bedeutung erlangt hat.

## 2.5.2 Fusion ohne Liquidation

Die Fusion ohne Liquidation erfolgt im Wege der **Gesamtrechtsnachfolge**. Sie ist im Aktiengesetz bzw. im Kapitalerhöhungsgesetz geregelt und umfasst vor allem die Fusion einer:

- ▶ AG mit einer AG
- ▶ KGaA mit einer KGaA
- ▶ KGaA mit einer AG
- ▶ AG mit einer KGaA
- ▶ AG mit einer GmbH
- ▶ GmbH mir einer AG
- ▶ GmbH mit einer KGaA
- ▶ GmbH mit einer GmbH

Die Fusion im Wege der Gesamtrechtsnachfolge kann in zwei **Formen** durchgeführt werden:

- Als **Verschmelzung durch Aufnahme**, bei der eine Gesellschaft ihr Vermögen als Gesamtheit auf die übernehmende Gesellschaft überträgt, wobei die übernehmende Gesellschaft bestehen bleibt, die übertragende Gesellschaft hingegen aufhört, wirtschaftlich und rechtlich zu existieren.

  Grundlage der Verschmelzung ist der **Verschmelzungsvertrag**, der wirksam wird, wenn die Hauptversammlungen der übertragenden und der übernehmenden Gesellschaft diesem Vertrag mit Drei-Viertel-Mehrheit zustimmen. Der Verschmelzungsvertrag ist notariell zu beglaubigen.

  Zur Durchführung der Fusion muss die übernehmende Gesellschaft eine Kapitalerhöhung vornehmen, sofern sie nicht schon Aktien der zu übernehmenden Gesellschaft oder eigene Aktien besitzt. Der Vorstand jeder der beiden Gesellschaften hat die Verschmelzung zur **Eintragung in das Handelsregister** anzumelden.

  Ist die Eintragung im Handelsregister der übertragenden Gesellschaft erfolgt, erlischt diese Gesellschaft, das Vermögen der übertragenden Gesellschaft geht – zusammen mit den Verbindlichkeiten – insgesamt auf die übernehmende Gesellschaft über. Die Aktionäre der übertragenden Gesellschaft werden Aktionäre der übernehmenden Gesellschaft.

  Dazu müssen die **Umtauschverhältnisse** der Aktien der übertragenden zur übernehmenden Gesellschaft festgesetzt werden. Es ist auf ein möglichst günstiges Umtauschverhältnis zu achten, damit auch Kleinaktionäre von ihrem Umtauschrecht Gebrauch machen können.

  **Beispiel:** Bei der aufnehmenden Gesellschaft A beträgt das gezeichnete Kapital 600.000 €, der Kurs 300 %. Das gezeichnete Kapital der zu übernehmenden Gesellschaft B beträgt 100.000 €, der Kurs 150 %.

  Es ergeben sich - gemessen am Kurs - folgende Werte:

  A 600.000 € zu 300 % = 1.800.000 €
  B 100.000 € zu 150 % = 150.000 €

  Zur Übernahme muss die Gesellschaft A, sofern sie nicht schon Aktien im Werte von 150.000 € von der Gesellschaft B besitzt, das gezeichnete Kapital um 150.000 € erhöhen und bei einem Umtauschverhältnis von B : A = 2 : 1, das sich aus der Kursrelation ergibt, für zwei Aktien von B eine Aktie von A gewähren.

- Als **Verschmelzung durch Neubildung**, bei der die Vorschriften für die Verschmelzung durch Aufnahme größtenteils sinngemäß Anwendung finden.

Die Verschmelzung kann erst erfolgen, wenn die beiden fusionierenden Gesellschaften mindestens zwei Jahre im Handelsregister eingetragen sind.

Die **Gründungsvorschriften** gelten sinngemäß.

## 2.6 LIQUIDATION

Die Liquidation setzt der Tätigkeit des Unternehmens ein Ende. Sie kann freiwillig erfolgen oder zwangsweise gerichtlich vorgenommen werden, indem ein Insolvenzverfahren eröffnet wird.

Nach dem **Zweck** der Liquidation lassen sich unterscheiden:

- Die **materielle Liquidation**, bei der eine Erwerbsgesellschaft in eine Abwicklungsgesellschaft übergeht, wenn die Auflösung der Gesellschaft in das Handelsregister eingetragen wird.

  Die **Abwicklungsgesellschaft** trägt außer dem Namen der Firma den Zusatz *»i. L.«*, der zeigt, dass die Gesellschaft sich in Liquidation befindet. Aufgabe der Abwicklungsgesellschaft ist es, die Vermögensgegenstände zu verwerten, indem sie in Geld umgewandelt werden.

- Die **formelle Liquidation** lässt das Unternehmen zwar ebenfalls in der seitherigen Rechtsform untergehen, es setzt seine Erwerbstätigkeit aber in einer neuen Rechtsform fort, auf welche die Vermögenswerte im Einzelnen übertragen werden. Sie bezieht sich auf Fusionen und Umwandlungen.

Die Liquidation kann nach ihrem **Umfang** sein:

- Eine **Totalliquidation**, die sich auf das gesamte Vermögen des Unternehmens bezieht.

- Eine **Teilliquidation**, die nicht das gesamte Vermögen des Unternehmens betrifft, sondern nur Teile davon.

Die Abwicklung der Liquidation erfolgt durch den oder die **Liquidatoren**, die zu erstellen haben:

- Liquidations-**Eröffnungs**bilanz zu Beginn der Abwicklung.

- Liquidations-**Jahres**bilanz, wenn die Abwicklung sich über mehrere Jahre hinweg erstreckt.

- Liquidations-**Schluss**bilanz mit Abschluss der Liquidation.

Die Bewertungsvorschriften der üblichen Jahresbilanzen gelten für die Liquidationsbilanzen nicht.

Für die Liquidation von **Einzelunternehmen** gibt es keine besonderen Rechtsvorschriften. Bei **Genossenschaften** ist der Vorstand der Liquidator.

Es sollen näher betrachtet werden:

- **Personengesellschaften**
- **Kapitalgesellschaften**.

## 2.6.1 PERSONENGESELLSCHAFTEN

Bei der **OHG** wirken die Gesellschafter als Liquidatoren. Gründe für die Liquidation können sein:

- Ablauf der im Gesellschaftsvertrag vereinbarten Zeit
- Beschluss der Gesellschafter
- Gerichtsbeschluss
- Eröffnung eines Insolvenzverfahrens über das Gesellschaftsvermögen.

Tod, Insolvenz und Kündigung eines Gesellschafters können, falls der Gesellschaftsvertrag nichts anderes besagt, zum Ausscheiden des Gesellschafters aus der Gesellschaft führen.

Für die **KG** gelten die Bestimmungen der OHG entsprechend.

Bei der **GdbR** werden ebenfalls die Gesellschafter die Liquidatoren. Gründe für die Liquidation können sein:

- Ablauf der vereinbarten Zeit
- Erreichen des Gesellschaftszweckes
- Unmöglichwerden des Gesellschaftszweckes
- Insolvenzverfahren über das Vermögen eines Gesellschafters
- Tod eines Gesellschafters.

Für die **Stille Gesellschaft** gelten weitgehend die Liquidationsgründe, wie sie bei der GdbR genannt wurden, jedoch ist der Tod des stillen Gesellschafters kein Grund zur Liquidation.

Der aus der Liquidation eines Einzelunternehmens oder einer Personengesellschaft gegebenenfalls erzielte **Gewinn** ist zu versteuern. Er ergibt sich aus:

| | |
|---|---|
| | Veräußerungspreis |
| – | Veräußerungskosten |
| – | Wert des Betriebsvermögens |
| = | Veräußerungsgewinn bzw. Veräußerungsverlust |

Einzelunternehmen und Vollhafter der Personengesellschaften haften noch fünf Jahre nach Liquidationsbeschluss für die Schulden des Unternehmens. Besondere Gläubigerschutzbestimmungen sind nicht zu beachten.

## 2.6.2 Kapitalgesellschaften

Bei der **GmbH** wirken der oder die Geschäftsführer als Liquidatoren. Auf Beschluss der Gesellschafter können auch außerhalb des Unternehmens stehende Personen mit der Durchführung der Liquidation beauftragt werden.

**Gründe** für die Liquidation können sein:

- Ablauf der im Gesellschaftsvertrag vereinbarten Zeit
- Beschluss der Gesellschafter mit Drei-Viertel-Mehrheit
- Gerichtsbeschluss
- Eröffnung eines Insolvenzverfahrens.

Der Gesellschaftsvertrag kann weitere Gründe für die Liquidation enthalten.

Die Liquidation der **AG** erfolgt durch den Vorstand. Auf Beschluss der Hauptversammlung können auch außerhalb des Unternehmens stehende Personen mit der Durchführung der Liquidation beauftragt werden.

**Gründe** für die Liquidation können sein:

- Ablauf der in der Satzung bestimmten Zeit
- Beschluss der Hauptversammlung mit Drei-Viertel-Mehrheit
- Eröffnung eines Insolvenzverfahrens.

Der aus der Liquidation einer GmbH oder AG gegebenenfalls erzielte Gewinn ist zu versteuern, wobei er nicht für die Geschäftsjahre, sondern für den Abwicklungszeitraum – maximal 3 Jahre – zu ermitteln ist. Der Körperschaftsteuersatz beträgt 25 %.

Kapitalgesellschaften dürfen den **Liquidationserlös** erst dann an die Gesellschafter auszahlen, wenn nach dreimaliger Aufforderung an die Gläubiger, ihre Ansprüche anzumelden, ein Sperrjahr abgelaufen ist (§§ 267 und 272 AktG, § 73 GmbHG). Bei Genossenschaften genügt eine einmalige Aufforderung (§ 90 GenG). Die Aufforderung erfolgt in den Gesellschaftsblättern.

Der **Gläubigerschutz** hat bei der Liquidation demnach besondere Bedeutung. Zusammengefasst soll nochmals gezeigt werden, auf welche Weise er sichergestellt wird:

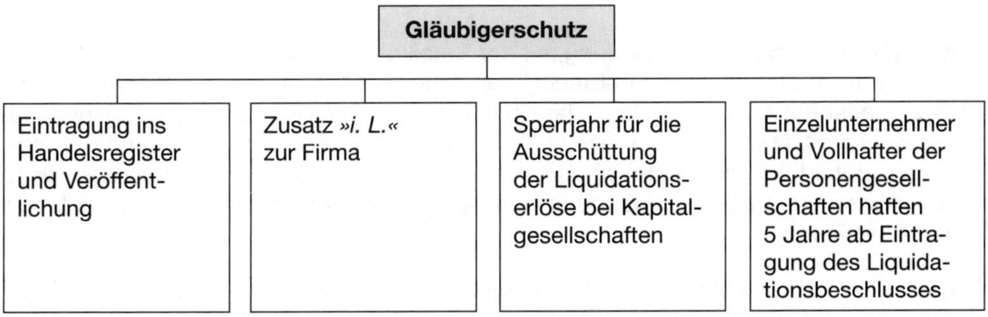

# 3. Private-Equity

Die Beteiligungsfinanzierung kann durch alternative Finanzierungsformen ergänzt werden. Der Begriff Private-Equity, der als privates Eigenkapital oder besser privates Beteiligungskapital übersetzbar ist, wird unterschiedlich aufgefasst. Gemeinsam ist den Definitionen, dass Private-Equity weitergehende Möglichkeiten zur Eigenkapitalfinanzierung nicht börsennotierter Unternehmen aufzeigt. Nachfolgend werden folgende Bereiche aufgezeigt:

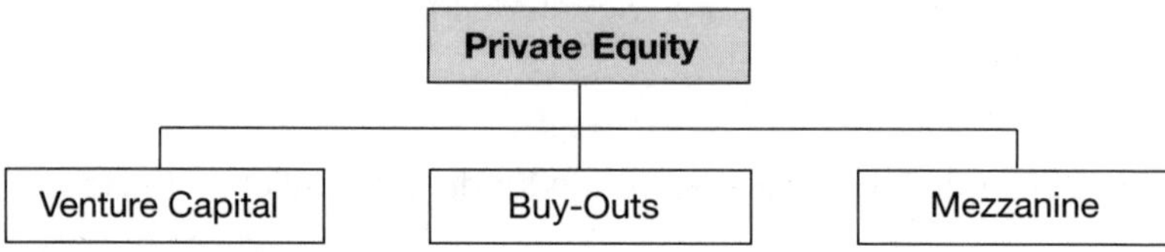


Private-Equity-Finanzierungen werden oftmals nach ihrem Einsatz in verschiedenen **Unternehmenssituationen** unterschieden. So z. B. gibt es die zeitlich begrenzte Eigenkapitalfinanzierung für junge, innovative Wachstumsunternehmen wie auch für bereits am Markt etablierte Unternehmen, die sich in späteren Phasen der Unternehmensentwicklung befinden.

## 3.1 Venture Capital

Das Venture Capital wird in der Literatur vielfach mit Private-Equity gleichgesetzt. Es bezeichnet Wagniskapital, das i. d. R. auf eine bestimmte Zeitdauer im Unternehmen verbleit, hohe Risiken trägt und dementsprechende Gewinnerwartungen hat. Zu behandeln sind:

- **Formen**
- **Finanzierungsphasen**
- **Finanzierungsausstieg**.

### 3.1.1 Formen

Venture Capital wird oft in Verbindung mit der Beteiligungsfinanzierung an jungen, meist hochinnovativen Unternehmen gebracht. Als mögliche Abgrenzung zu **Kapitalbeteiligungsgesellschaften** kann stehen, dass bei diesen das zeitlich begrenzte Eigenkapital eher bereits am Markt erfolgreich bestehenden Unternehmen zufließt. Während typische Venture Capital-Finanzierungen auf schnelle Steigerungen des Unternehmenswertes setzen, konzentrieren sich Kapitalbeteiligungsgesellschaften vornehmlich auf laufende Gewinnbeteiligungen.

Weitere Unterschiede können in einer Managementunterstützung durch den Venture Capitalist liegen, die eine Kapitalbeteiligungsgesellschaft nicht verfolgt. Allerdings verfließen die angeführten Unterschiede beider Finanzierungsformen im Markt für Beteiligungskapital (*Perridon/Steiner*) und sollen daher nicht weiter ausgeführt werden.

Eine besondere Form der Eigenkapitalzuführung mithilfe von Venture Capital ist die Finanzierung über **Business Angels**. Das sind Privatpersonen, die zumeist mit einem ehemaligen beruflichen Hintergrund im gehobenen Management ausgestattet sind und neben ihrer hieraus erworbenen Erfahrungen jungen Unternehmen auch Eigenkapital zur Verfügung stellen.

## 3.1.2 Finanzierungsphasen

Die Bereitstellung der Finanzierungshilfe kann in verschiedenen Phasen des Unternehmenslebenszyklus erfolgen. Grundsätzlich lassen sich unterscheiden (*Schäfer, Prätsch / Schikorra / Ludwig, Busse*):

- **Early-Stage-Financing** als Finanzierungshilfe in frühen Phasen, die sind:

| | |
|---|---|
| **Seed-Financing** | In der eine Unternehmensgründung vorbereitenden Phase erfolgt die Entwicklung des Businessplans mit Umfeld-, Markt- und Produktanalysen. Im Mittelpunkt der Finanzierungsüberlegungen stehen die Aufbringungsmöglichkeiten von Eigenkapital und von Fördermitteln, z. B. als ERP-Startfonds der KfW-Mittelstandsbank sowie erste kleinere Bankkredite. |
| **Start-Up-Financing** | Die Umsetzung der Unternehmensgründung und tiefer gehende Planungen in allen Unternehmensbereichen sowie erste Überlegungen für Venture-Capital-Finanzierungen kennzeichnen diese Phase. |
| **First-Stage-Financing** | Mit dem Beginn der Produktion und des Vertriebs der Leistungen steigt der Kapitalbedarf. Typischerweise können in dieser Phase des **Early-Stage-Financing** höhere Anfangsverluste nur durch risikoreiches Venture Capital mit entsprechenden Renditeforderungen finanziert werden. Erwartet wird daher auch ein relativ rasches Erreichen der Gewinnzone. |

- **Expansion-Stage-Financing** als Finanzierungshilfe in Phasen der Unternehmenserweiterung, wobei es gibt:

| | |
|---|---|
| **Second-Stage-Financing** | Am Markt erfolgreich etablierte Unternehmen benötigen für hohes Umsatzwachstum insbesondere Venture-Capital. Außerdem dienen neben öffentlichen Beteiligungsfinanzierungen auch erste Kredite dazu, Wachstum mithilfe einer Produkt- und Vertriebsoptimierung zu bewirken. |
| **Third-Stage Financing** | Längerfristige Gewinnerzielung und stabilisierte Eigenkapitalquoten ermöglichen strategische Neuausrichtungen im Wettbewerb und die Ausrichtung an zukünftigen Marktpotenzialen. Zusätzliches Wachstum wird nun auch durch längerfristige Kreditvolumina finanziert. Öffentliche Hilfe kann in Form von Refinanzierungs- oder Garantieprogrammen erfolgen. |

| | |
|---|---|
| **Fourth-Stage-Financing** | Diese Phase beschließt das Engagement der Venture-Capital-Unternehmen. Weiteres Unternehmenswachstum wird insbesondere durch die Planung des zukünftigen Ausstiegs (Exit-Strategien) des Venture-Capitalist bestimmt. |

### 3.1.3 FINANZIERUNGSAUSSTIEG

Der Ausstieg aus der Beteiligungsfinanzierung (Exit) hat für das Venture-Capital-Unternehmen als vornehmliche Zielsetzung, das eingesetzte Kapital mit entsprechend hoher Rendite zurückzubekommen. Dabei lassen sich unterschiedliche **Vorgehensweisen** unterscheiden:

- **Buy Back**, bei dem das durch den Venture Capitalisten unterstützte Unternehmen bzw. dessen Gesellschafter die Beteiligung vom Venture Capitalist zurückkaufen.

- **Trade Sale**, bei dem der Venture Capitalist seine Beteiligung an dem von ihm unterstützten Unternehmen an andere, zumeist größere Unternehmen verkauft, die im gleichen Markt zusätzliches Potenzial erreichen wollen oder als Marktfremde Differenzierungsstrategien verfolgen.

- **Secondary Purchase**, bei dem ein anderer Venture Capitalist die Beteiligung übernimmt.

- **Initial Public Offer**, bei dem der Venture Capitalist mit dem von ihm unterstützten Unternehmen den Gang an die Börse vorbereitet und erwartet, durch den IPO entsprechende Verzinsungen des eingesetzten Kapitals aufgrund des Verkaufes der ihm zustehenden Aktien zu erzielen.

## 3.2 BUY-OUTS

Buy-Outs umfassen Käufe ganzer Unternehmen oder Käufe von wesentlichen Unternehmensteilen. Dies kann durch externes Management geschehen oder vor allem durch das eigene Management, wobei dann oft von **Management-Buy-Out** gesprochen wird. Bei ihm erwerben zumeist mehrere Manager Geschäftsanteile oder Aktiva des Unternehmens (*Schwenkedel*). Diese Form der Unternehmensübernahme deckt oftmals die Problematik einer Unternehmensnachfolge im Mittelstand ab.

Bezüglich der Buy-Outs sollen behandelt werden:

- **Gründungsformen**
- **Ausprägungen**.

### 3.2.1 Gründungsformen

Als Gründungsformen sind zu unterscheiden (*Schwenkedel*):

- Gründungen mit **originärem Charakter**. Sie greifen nicht auf bisherige Unternehmensstrukturen bzw. Unternehmensteile zurück (**Spin-Offs**) und gelten auch als »Ableger« jeweiliger Mutterunternehmen. Oftmals besteht eine finanzielle Beteiligung des Mutterunternehmens (**Sponsored Spin-Off**). Solche Gründungen ehemaliger Unternehmensmitarbeiter sind auch bei der »Verschlankung« von Konzernen anzutreffen, die mit solchen Ausgründungen bei gleichzeitiger Auslagerung des Risikos neue innovative Märkte abdecken wollen.

- Gründungen mit **derivativem Charakter**. Sie übernehmen bereits bestehende Unternehmensteile und nützen vorhandene Unternehmensstrukturen (**Management-Buy-Out**). Vorteilhaft ist hierbei, dass sehr hohe Informationsstände aus allen wichtigen Bereichen, z. B. Markt-, Produkt- oder Organisationskenntnisse, in das neu zu gründende Unternehmen einfließen. Aus ehemaligen Mitarbeitern des Management werden selbstständige Unternehmer mit sehr hohem Branchen-Know-how.

Dem Management-Buy-Out nicht mehr zuordenbar sind die wirtschaftlich vom Mutterunternehmen völlig abhängigen Ausgründungen (**Spin-Outs**), die rechtlich keine selbstständige Unternehmung mehr darstellen.

### 3.2.2 Ausprägungen

Weitere Unterscheidungen der Buy-Outs werden nach unterschiedlichen Kriterien getroffen, wobei aber auch hier Mischformen auftreten können. Es gibt:

- Die **verschiedenen Formen** des Buy-Out. Da dies i. d. R. mit einem eingeschränkten Volumen an Eigenkapital erfolgt, dominiert insbesondere der **Leverage-Buy-Out (LBO)**. Er zeichnet sich durch einen überaus großen Einsatz an Fremdkapitalien zur Durchführung des Buy-Outs aus. Aufgrund des geringen Eigenkapitaleinsatzes entstehen Rendite-Hebel (siehe Leverage-Effekt, S. 102). Die Erhöhung der Eigenkapitalrentabilität setzt allerdings eine über dem zu zahlenden Fremdkapitalzins stehende Gesamtkapitalrentabilität voraus.

  Stark Eigenkapital-finanzierte Übernahmen (**Non-Leverage-Buy-Out**) sind aber auch nicht auszuschließen.

- Die **verschiedenen Erwerber** des Buy-Out. Dementsprechend gibt es als Buy-Out:

| | |
|---|---|
| **Management-Buy-Out (MBO)** | Erwerben Manager des eigenen Unternehmens in der Regel wesentliche Geschäftsanteile, liegt ein Management-Buy-Out vor. |
| **Management-Buy-In (MBI)** | Bei ihm übernehmen Führungskräfte eines fremden Unternehmens wesentliche Geschäftsanteile des Übernahmekandidaten. Insbesondere bei der Nachfolgeplanung eines Unternehmens, das ein schlecht funktionierendes Management hat, tritt diese Übernahmeform auf. |

| | |
|---|---|
| **Belegschafts-Buy-Out (BBO)** | Er ist eine Sonderform der Mitarbeiterbeteiligung. Von dieser, die z. B. mithilfe von Belegschaftsaktien erfolgen kann, ist der Belegschafts-Buy-Out aufgrund der Übertragung mehrheitlicher oder ganzer Anteile auf eine große Gruppe der Mitarbeiter abzugrenzen. Diese Variante soll z. B. in schwierigen Situationen das Unternehmen retten bzw. sanieren. Dabei kann die Beteiligung z. B. durch einen zeitweisen Gehaltsverzicht der Mitarbeiter erfolgen. |
| **Owner-Buy-Out** | Beim ihm verkauft das Unternehmen Teile des Unternehmens an eine Erwerbsgesellschaft, an der das verkaufende Unternehmen selbst wiederum beteiligt ist oder die sie vollständig besitzt. Gründe für solche Transaktionen können steuerliche Vorteile oder aber auch Nachfolgeregelungen sein. |

## 3.3 MEZZANINE

Mezzanine entstammt der Architektur und bezeichnet Zwischengeschoße zwischen zwei Stockwerken. Mezzanines Kapital nimmt in der Finanzierung dementsprechend eine Zwitterstellung zwischen Eigen- und Fremdkapital mit vielfältigen Ausprägungsmöglichkeiten ein. Mezzanine haben zum einen Eigenkapitalcharakter aufgrund einer Gewinnbeteiligung, wobei aber immer die Einflussnahme zum Beispiel durch Stimmrechte ausgeschlossen ist. So gibt es **Sweet Equity** z. B. in Form einer atypischen stillen Beteiligung oder Genussrechte.

Dagegen bedingen Mezzanine mit Fremdkapitalcharakter Zinszahlungen an einen hinsichtlich der Haftung benachteiligten Gläubiger. Sie werden als **Debt Mezzanine** bezeichnet, z. B. als nachrangige Darlehen.

Es gibt aber auch schwer zuordenbare **Mischformen** der Mezzanine, z. B. als partiarische Darlehen mit Gewinnanspruch, sowie Finanzierungen, die im Zeitverlauf den Kapitalcharakter völlig ändern, wie z. B. Wandelschuldverschreibungen. Im Folgenden sollen als Mezzanine nach den Quellen des Kapitals bzw. der Nutzung des Kapitalmarktes unterschieden werden:

- **Nicht kapitalmarktfähige Mezzanine**
- **Kapitalmarktfähige Mezzanine**.

### 3.3.1 NICHT KAPITALMARKTFÄHIGE MEZZANINE

Die nicht kapitalmarktfähigen Mezzanine werden auch als **privat finanzierte Mezzanine** (Private Mezzanine) bezeichnet. Dieses Kapital greift nicht bzw. nicht direkt auf den Kapitalmarkt zurück. Kapitalgeber über den Kreditmarkt sind Banken, Private-Equity-Gesellschaften oder nicht-institutionelle Kapitalgeber. Es gibt:

### 3.3.1.1 Nachrangdarlehen und partiarische Darlehen

Nachrangdarlehen sind unbesicherte, gewöhnlicherweise endfällige Darlehen einer Bank. Ihre Besonderheit liegt in der Ausstattung mit einer **Nachrangvereinbarung** sowie in **eingeschränkten Kündigungsrechten**. Nachrangdarlehen sind bilanzrechtlich dem Fremdkapital zu zuordnen. Dennoch nehmen sie eine Zwitterstellung zwischen Eigen- und Fremdkapital ein, da die Kreditgeber dieser Darlehen eine Rankrücktrittserklärung abgeben bzw. auf eine Besicherung überhaupt oder auf deren Erstrangigkeit verzichten.

Im Insolvenzfall werden diese Darlehen dann nachrangig nach den klassischen Krediten und erst unmittelbar vor dem Eigenkapital aus der Insolvenzmasse bedient. Zudem können außergewöhnliche Abmachungen hinsichtlich der Kündigungsrechte getroffen werden, z. B. die sofortige Benachrichtigung aller vor- bzw. erstrangigen Gläubiger sowie ein drei- bis sechsmonatiges Stillhalteabkommen bezüglich der Kündigungsdurchführung.

**Nachrangdarlehen** werden als Investitions- oder Akquisitionsfinanzierung eingesetzt bzw. ersetzen andere eigenkapitalnahe Fremdkapitalanteile. Sie können zu Liquiditäts- und Bilanzstrukturverbesserungen führen. Hierdurch erhält diese Form der Darlehen den Charakter von Eigenkapital. Ausgegebene Volumina haben Höhen von 500.000 € bis zu 2 Mio. €. Die Zinsbelastung ist aufgrund der Risikostruktur und der nachrangigen Besicherung i. d. R. um 0,5 bis 1 % höher als bei klassischen Darlehen.

Dem Nachrangdarlehen ähnlich ist das **partiarische Darlehen**. Neben einer möglichen niedrigen Zinszahlungsvereinbarung liegt dessen Eigenheit insbesondere in einer Gewinn- oder Umsatzbeteiligung (Equity-Kicker = Teilnahme am Unternehmenserfolg). Im Gegensatz zur stillen Gesellschaft fehlen Möglichkeiten der Einwirkungen auf die Geschäftsausübung sowie die Vereinbarung einer Verlustbeteiligung - mit Ausnahme des Insolvenzfalles. Allerdings können dem Darlehensgeber gewisse Kontrollrechte eingeräumt werden.

Weitere Sonderformen sind **indexierte Darlehen**, die zum Beispiel die Zins- und Rückzahlungshöhe an der Entwicklung des Unternehmenswertes fest machen.

### 3.3.1.2 Stille Gesellschaft

Die Stille Gesellschaft als klassisches Objekt der Beteiligungsfinanzierung (siehe S. 191 ff.) kann je nach Ausprägung eigenkapital- oder fremdkapitalähnlich sein. Während der

Eigenkapitalcharakter bei der atypischen Stillen Gesellschaft vorherrscht, weist die typische Stille Gesellschaft eher Fremdkapitalcharakter auf.

Die Beteiligung an der **typischen Stillen Gesellschaft** ähnelt dem partiarischen Darlehen durch die Vereinbarung der Zahlung eines Festzinssatzes sowie eines gewinnabhängigen Bestandteils (Equity-Kicker). Sie unterscheidet sich allerdings durch die Errichtung einer gemeinsamen (stillen) Gesellschaft mit eingeschränkten Kontrollmöglichkeiten (Einsicht in die Jahresabschlüsse).

Zudem besteht neben der Gewinnbeteiligung auch eine Verlustübernahme, soweit letztere nicht wie meist üblich ausgeschlossen wurde. Die typische Stille Gesellschaft hat als besonderes Merkmal den Ausschluss an der Entwicklung des Unternehmenswertes, wodurch die Beteiligung nur in der Höhe des Zuflusses der ehemaligen Einlage zurückgezahlt wird.

Bei der **atypischen stillen Gesellschaft** partizipiert der Stille Gesellschafter dagegen an Wertzuwächsen des Unternehmens in den Bereichen der stillen Reserven und des Unternehmenswertes.

Zudem werden in der Praxis stärkere geschäftspolitische **Einflussmöglichkeiten** zugestanden. Dies können sein:

- Größere als die im HGB geregelten Informations- und Kontrollrechte
- In vielen Fällen indirekte Einwirkungsmöglichkeiten, z. B. durch einen Platz im Aufsichtsrat des Unternehmens
- Direkten Einfluss auf die Geschäftsführung, z. B. durch Zustimmungsrechte bei der Beschlussfassung im Unternehmen.

Damit sind bei der atypischen Stillen Gesellschaft deutlich stärkere Eigenkapitalgeberrechte und Eigenkapitaleigenschaften feststellbar. Verdeutlicht wird dies im Gegensatz zur typischen Stillen Gesellschaft normalerweise durch eine Verlustzuweisung oder dem Zugeständnis einer Nachrangigkeit im Insolvenzfall.

Atypische Stille Beteiligungen werden auch bei der Umwandlung von Verbindlichkeiten (z. B. Gesellschafterdarlehen) in Eigenkapital- oder Eigenkapitalersatz genutzt. Die mezzanine Finanzierungsform (**Debt-Equity-Swap**) kann die Bonität und das Rating eines Unternehmens verbessern und weiter Fremdkapitalaufnahmen erleichtern. Ähnliches lässt sich auch mit dem Wandel von Fremdkapital in Genussscheine oder Genussrechte erreichen.

### 3.3.1.3 Genussrechte

Nicht börsengehandelte Genussrechte stellen je nach Ausführung gewinnabhängige Beteiligungsrechte oder mit einem Festzins versehene Gläubigerrechte dar. In jedem Falle schließen sie die Einwirkung des Genussrechtsinhabers auf die Geschäftsführung in Form irgendeiner Mitbestimmung klar aus. Werden sie börsengehandelt, werden sie vorwiegend als Genussscheine bezeichnet (siehe S. 228 f.).

Genussrechtliche Urkunden sind gesetzlich nicht definiert. Als eine schuldrechtliche Kapitalüberlassung bieten sie freie Ausgestaltungsmöglichkeiten. Für mögliche Investoren sind bei ihrer Ausgabe zumeist folgende **Bedingungen** wichtig:

- **Mindestlaufzeiten** für Genussrechte können unterschiedlich geregelt sein. Oftmals umfassen sie fünf Jahre, in der sie nicht kündbar sind bzw. eine Rückgabe äußerst aufwändig wird. Aufgrund ihrer langfristigen Laufzeit wird diese mezzanine Finanzierungsform bilanziell dem Eigenkapital zugeordnet, wenn darüber hinaus weitere wie unten ausgewiesene Bedingungen bestehen.

- Genussrechte sind vollständig an **Verlusten** beteiligt. Dem stehen ein definierter Gewinnanspruch und/oder ein festgelegter Liquidationserlös gegenüber. Gewinnansprüche werden abhängig vom Vorliegen eines bilanziell ausgewiesenen Jahresüberschusses oder eines Bilanzgewinnes bestimmt.

- Genussrechte können in einer **Nachrangigkeitsposition** stehen, d. h. sie werden im Insolvenzfall erst nach allen anderen Gläubigern und vor dem Eigenkapital bedient.

- Genussrechte werden bei der **Rückzahlung** nicht besser als Eigenkapitalgeber gestellt und das Kapital in Höhe seines bilanziellen Buchwertes, das dem eingezahlten Kapital entsprechen sollte, zurückgezahlt.

- Die Erlangung von **Informationen** über die Geschäftsentwicklung kann erschwert sein, da die Möglichkeiten der Einsichtnahme in die Geschäftsunterlagen und deren Kontrolle grundsätzlich nicht geregelt sind.

In der Praxis aufzufindende Arten der Genussrechte sind z. B. **vinkulierte Namensgenussrechte**, deren Käufer dem Unternehmen namentlich bekannt werden und eingeschränkte oder nicht gegebene Übertragungsmöglichkeiten aufgrund der Vinkulierung haben.

Einen indirekten Zugang zum Kapitalmarkt für mittelständische Unternehmer guter Bonität (Investmentgrade höher als BBB-) bieten **Genussscheinfonds**, die Unternehmen zwischen 5 und 40 Mio. € in Form über die Genussscheinfinanzierung zur Verfügung stellen. Für die Unternehmen bedeuten diese Genussscheine Eigenkapital, sind aber gleichzeitig bilanzieller Aufwand bei den Ausschüttungen, soweit eine Festzinsregelung vereinbart wurde.

## 3.3.2 Kapitalmarktfähige Mezzanine

Kapitalmarktfähige Mezzanine stehen als **Public Mezzanine** außerhalb der oben getroffenen Private-Equity-Definition, da sie den Kapitalmarkt zur Aufbringung der Mittel nutzen. Zu ihnen zählen:

- Wandel- und Optionsanleihen
- Börsengehandelte Genussscheine
- Vorzugsaktien.

Diese Finanzierungen charakterisieren eine Mischform auf Eigen- bzw. Fremdkapital. Sie sind daher wie im Falle der Wandel- und Optionsanleihen (S. 344 ff.) bzw. als Vorzugsaktien und Genussscheine (S. 211 f., S. 228) beschrieben.

Wandelschuldverschreibungen und Optionsanleihen verbriefen das Recht auf den **Wandel der Kapitalart**. Aus Fremdkapital wird aufgrund eines Umtauschrechtes in Aktien des jeweiligen Unternehmens die Position eines Eigenkapitalgebers.

Börsengehandelte Genussscheine können dem Eigenkapital ähnlich sein, z. B. aufgrund einer Gewinnbeteiligung. Sie bekommen allerdings niemals echten Eigenkapitalcharakter aufgrund der grundsätzlichen Vorenthaltung eines Stimmrechtes. Ähnliches gilt für die stimmrechtslosen Vorzugsaktien.

| | KONTROLLFRAGEN | bearbeitet | Lösungshinweise | Lösung + | Lösung - |
|---|---|---|---|---|---|
| 01 | Was versteht man unter Beteiligungsfinanzierung? | | 179 | | |
| 02 | In welchen Formen kann das Eigenkapital zugeführt werden? | | 179 | | |
| 03 | Wie leicht können Unternehmen Eigenkapital beschaffen? | | 179 f. | | |
| 04 | Nennen Sie Beurteilungskriterien für die Beteiligungsfinanzierung! | | 180 | | |
| 05 | Wie erfolgt die Beteiligungsfinanzierung beim Einzelunternehmen? | | 181 | | |
| 06 | Was ist eine OHG? | | 183 | | |
| 07 | Inwieweit ist die OHG rechtsfähig? | | 184 | | |
| 08 | Welche Kapitalkosten entstehen bei der OHG? | | 184 | | |
| 09 | Wie sind Geschäftsführung und Vertretung bei der OHG geregelt? | | 185 | | |
| 10 | Wie erfolgt die Gewinnverteilung bei der OHG? | | 185 | | |
| 11 | Welche weiteren Rechte haben OHG-Gesellschafter? | | 186 | | |
| 12 | Wie haften OHG-Gesellschafter? | | 187 | | |
| 13 | Was ist eine KG? | | 187 | | |
| 14 | Welche Kapitalkosten entstehen bei der KG? | | 188 | | |
| 15 | Erläutern Sie die Konstruktion der GmbH & Co KG! | | 188 | | |
| 16 | Welche Rechte haben Gesellschafter der KG? | | 189 f. | | |
| 17 | Welche Pflichten haben Gesellschafter der KG? | | 190 | | |
| 18 | Was versteht man unter einer Stillen Gesellschaft? | | 190 | | |
| 19 | Welche Kapitalkosten entstehen bei der Stillen Gesellschaft? | | 191 | | |
| 20 | Welche Rechte haben Gesellschafter der Stillen Gesellschaft? | | 191 f. | | |
| 21 | Welche Pflichten haben die Gesellschafter? | | 192 | | |
| 22 | Was ist eine Gesellschaft des bürgerlichen Rechts? | | 193 | | |
| 23 | Welche Kapitalkosten entstehen bei der GdbR? | | 193 | | |
| 24 | Worin bestehen die Rechte der GdbR-Gesellschafter? | | 194 | | |
| 25 | Welche Pflichten obliegen GdbR-Gesellschaftern? | | 194 | | |
| 26 | Welche Merkmale weisen Kapitalgesellschaften auf? | | 195 | | |
| 27 | Was ist eine GmbH? | | 195 | | |
| 28 | Welche Organe kann die GmbH aufweisen? | | 196 f. | | |
| 29 | Welche Kapitalkosten entstehen bei der GmbH? | | 197 | | |
| 30 | Worin bestehen die Rechte der GmbH-Gesellschafter? | | 198 f. | | |
| 31 | Welche Pflichten haben die GmbH-Gesellschafter? | | 199 ff. | | |
| 32 | Wie ist die Nachschusspflicht bei der GmbH geregelt? | | 201 | | |
| 33 | Was ist eine AG? | | 201 | | |
| 34 | Zu welchem Wert dürfen Aktien ausgegeben werden? | | 202 | | |
| 35 | Über welche Organe verfügt die AG? | | 203 f. | | |

| | KONTROLLFRAGEN | bearbeitet | Lösungshinweise | Lösung + | Lösung - |
|---|---|---|---|---|---|
| 36 | Welche Kapitalkosten entstehen bei der AG? | | 205 | | |
| 37 | Welche Rechte haben die Aktionäre? | | 206 f. | | |
| 38 | Worin bestehen ihre Pflichten? | | 207 | | |
| 39 | Was versteht man unter Aktien? | | 208 | | |
| 40 | Nach welchen Kriterien lassen sich Aktien unterteilen? | | 208 | | |
| 41 | Worin unterscheiden sich Nennwert-, Stück- und Quotenaktien? | | 209 | | |
| 42 | Was sind Inhaber- und Namensaktien? | | 209 f. | | |
| 43 | Wie werden sie übertragen? | | 210 | | |
| 44 | Was sind vinkulierte Namensaktien? | | 211 | | |
| 45 | Unterscheiden Sie Stamm- und Vorzugsaktien! | | 211 | | |
| 46 | Worauf können sich Vorzüge beziehen? | | 211 f. | | |
| 47 | Inwieweit darf eine AG eigene Aktien erwerben? | | 212 | | |
| 48 | Was sind Vorratsaktien? | | 213 | | |
| 49 | Worin unterscheiden sich alte und junge Aktien? | | 213 | | |
| 50 | Was sagt der Bilanzkurs aus? | | 214 | | |
| 51 | Was versteht man unter dem Ertragswertkurs? | | 215 | | |
| 52 | Welchen Einflüssen kann der Börsenkurs unterliegen? | | 216 | | |
| 53 | Worin unterscheiden sich Kassa- und Terminmarkt? | | 217 | | |
| 54 | In welche Segmente lassen sich die Aktienmärkte aufteilen? | | 218 | | |
| 55 | Erläutern Sie, wie Aktien gehandelt werden können! | | 222 f. | | |
| 56 | Was wird unter dem Einheits- bzw. Kassakurs verstanden? | | 224 | | |
| 57 | Was versteht man unter Genussscheinen? | | 228 | | |
| 58 | Erläutern Sie, was eine Genossenschaft ist! | | 229 | | |
| 59 | Welche Organe kann die Genossenschaft haben? | | 230 f. | | |
| 60 | Welche Kapitalkosten fallen bei der Genossenschaft an? | | 231 | | |
| 61 | Worin bestehen die Rechte der Genossen? | | 232 | | |
| 62 | Welche Pflichten haben die Genossen? | | 232 f. | | |
| 63 | Nennen Sie die Anlässe der Beteiligungsfinanzierung! | | 233 | | |
| 64 | Welche Schritte umfasst eine Gründung? | | 233 | | |
| 65 | Wie erfolgt die Gründung bei Personengesellschaften? | | 234 f. | | |
| 66 | Beschreiben Sie die Gründung einer GmbH! | | 235 | | |
| 67 | In welchen Phasen wird eine AG gegründet? | | 237 f. | | |
| 68 | Nennen Sie Gründe für eine Kapitalerhöhung! | | 239 | | |
| 69 | Wie erfolgen Kapitalerhöhungen bei Personengesellschaften? | | 239 f. | | |
| 70 | Wie ist eine Kapitalerhöhung bei der GmbH möglich? | | 241 | | |

| | KONTROLLFRAGEN | bear-beitet | Lösungs-hinweise | Lö-sung + | - |
|---|---|---|---|---|---|
| 71 | Welche Formen der Kapitalerhöhung gibt es bei der AG? | | 241 f. | | |
| 72 | Wie wird eine ordentliche Kapitalerhöhung bewirkt? | | 242 | | |
| 73 | Wozu dient das Bezugsrecht? | | 243 | | |
| 74 | Welche Werte des Bezugsrechts sind zu unterscheiden? | | 243 | | |
| 75 | Wie kann die Emission von Aktien erfolgen? | | 245 f. | | |
| 76 | Nennen Sie Emissionskosten für Aktien! | | 247 f. | | |
| 77 | Was ist eine genehmigte Kapitalerhöhung? | | 248 | | |
| 78 | Wann kann eine bedingte Kapitalerhöhung erfolgen? | | 249 | | |
| 79 | Wie geschieht die Kapitalerhöhung aus Gesellschaftsmitteln? | | 249 f. | | |
| 80 | Welche Gründe gibt es zur Kapitalherabsetzung? | | 251 | | |
| 81 | Wie wird sie bei Personengesellschaften durchgeführt? | | 251 f. | | |
| 82 | Wie erfolgt eine Kapitalherabsetzung bei der GmbH? | | 252 f. | | |
| 83 | Welche Möglichkeiten zur Kapitalherabsetzung hat die AG? | | 253 | | |
| 84 | Wie geschieht die ordentliche Kapitalherabsetzung? | | 253 | | |
| 85 | Beschreiben Sie die vereinfachte Kapitalherabsetzung! | | 254 | | |
| 86 | Wie kann die Kapitalherabsetzung durch Einziehung von Aktien erfolgen? | | 254 f. | | |
| 87 | Was versteht man unter einer Umwandlung? | | 256 | | |
| 88 | Welche Gründe kann es für eine Umwandlung geben? | | 256 | | |
| 89 | Wie erfolgt die Umwandlung mit Liquidation? | | 257 | | |
| 90 | Wie kann die übertragende Umwandlung erfolgen? | | 257 f. | | |
| 91 | Wie geschieht die formwechselnde Umwandlung? | | 258 | | |
| 92 | Was versteht man unter einer Fusion? | | 258 f. | | |
| 93 | Welche Gründe kann es für Fusionen geben? | | 258 f. | | |
| 94 | Was sind horizontale bzw. vertikale Fusionen? | | 259 | | |
| 95 | Wie erfolgt die Fusion mit Liquidation? | | 259 | | |
| 96 | Welche Formen der Fusion ohne Liquidation sind zu unterscheiden? | | 259 f. | | |
| 97 | Was versteht man unter einer Liquidation? | | 261 | | |
| 98 | Wie erfolgt die Liquidation bei Personengesellschaften? | | 262 | | |
| 99 | Beschreiben Sie die Liquidation bei der GmbH! | | 263 | | |
| 100 | Wie wird eine AG liquidiert? | | 263 | | |
| 101 | Welche alternativen Finanzierungsformen werden durch den Begriff des Private Equity abgedeckt? | | 264 | | |
| 102 | Wodurch grenzt sich der Begriff Venture Capital von den Finanzierungen über Kapitalbeteiligungsgesellschaften und den so genannten Business-Angels ab? | | 264 f. | | |

| | KONTROLLFRAGEN | bearbeitet | Lösungshinweise | Lösung + | Lösung - |
|---|---|---|---|---|---|
| 103 | Nach dem Zeitpunkt der Finanzierungsphasen unterscheidet man das Early-Stage-Financing, das Expansion-Stage-Financing und Exit-Arten. Zeigen Sie diese auf! | | 265 f. | | |
| 104 | Welche Formen des Buy-Outs unterscheidet man? | | 267 f. | | |
| 105 | Zeigen Sie die Besonderheiten mezzaniner Finanzierungen auf! | | 268 | | |
| 106 | Welche Eigenheiten zeichnen nicht kapitalmarktfähige Mezzanine aus? | | 268 f. | | |

# E. Fremdfinanzierung

Die Fremdfinanzierung dient dazu, dem Unternehmen **Fremdkapital** zuzuführen. Das müssen nicht notwendigerweise finanzielle Mittel sein, z. B. in Form eines Bankkredites. Möglich ist auch, dem Unternehmen Sachgüter zuzuführen, die jedoch nicht sofort zu bezahlen sind, also nicht unmittelbar einen Abfluss finanzieller Mittel bewirken.

Die Fremdfinanzierung hat neben der Beteiligungsfinanzierung und der Innenfinanzierung als weitere Finanzierungsart eine besonders **bedeutsame Stellung**. Dies wird deutlich, wenn man die Eigenkapital-Fremdkapital-Relation deutscher Unternehmen betrachtet, die einen Anteil des Fremdkapitals von vielfach bis zu 70 - 80 % offen legt.

Die Fremdfinanzierung wird auch **Kreditfinanzierung** genannt. Sie ist – wie die Beteiligungsfinanzierung – eine Außenfinanzierung:

| | | | | |
|---|---|---|---|---|
| **Fremd-finanzierung**<br>als externer Zufluss von **Fremd**kapital | + | **Beteiligungs-finanzierung**<br>als externer Zufluss von **Eigen**kapital | = | **Außen-finanzierung** |

Das Fremdkapital geht nicht in das Eigentum des Unternehmens über, sondern begründet eine schuldrechtliche Verbindung zwischen dem Unternehmen als Schuldner und dem Kapitalgeber als Gläubiger. Entsprechend fällt es bei einer Auseinandersetzung nicht unter das Auseinandersetzungsvermögen, bei einem Insolvenzverfahren hingegen ist es der Insolvenzmasse zuzurechnen.

Das für die Fremdfinanzierung erforderliche Fremdkapital kann – als Geldmittel – grundsätzlich beschafft werden:

- Über die **Geldmärkte**, die durch kurzfristige Kreditlaufzeiten und den vorwiegenden Geldhandel unter Banken gekennzeichnet ist.

- Über die **Kreditmärkte**, die zumeist bankgetragen sind. Sie stellen den Unternehmen auf der Grundlage von Kreditverträgen von ihnen benötigtes Kapital zur Verfügung.

- Über die **Kapitalmärkte** auf der Grundlage von emittierten, langfristig laufenden Gläubigerpapieren. Das sind festverzinsliche oder variabel verzinsliche Wertpapiere mit Rückzahlungsanspruch des Inhabers, z. B. in Form von Anleihen und Schuldverschreibungen.

Die **Höhe** des Fremdkapitals im Unternehmen hängt ab von:

- Der **Nachfrage des Unternehmens** nach Fremdkapital, die sich aus finanzwirtschaftlichen Notwendigkeiten, insbesondere dem Kapitalbedarf, aber auch aus Risiko- und Rentabilitätsüberlegungen des Unternehmens ergeben kann.

- Der **Bereitschaft der Kapitalgeber**, Fremdkapital zur Verfügung zu stellen, die umso größer sein wird, je günstiger die Entwicklung des Unternehmens eingeschätzt wird, und je höher seine Sicherheiten sind.

Wichtige **Merkmale** der Finanzierung mit Fremdkapital sind:

| | |
|---|---|
| **Fristigkeit des Fremdkapitals** | Es kann kurz-, mittel- und langfristiges Fremdkapital unterschieden werden. Die zeitlichen Begrenzungen werden in der Betriebswirtschaftslehre unterschiedlich gesehen. Entsprechend der seit 1999 eingeführten Klassifizierung der Bundesbank gilt überwiegend:<br>▶ Laufzeit **kurzfristigen** Fremdkapitals **bis ein Jahr**<br>▶ Laufzeit **mittelfristigen** Fremdkapitals **ein bis fünf Jahre**<br>▶ Laufzeit **langfristigen** Fremdkapitals **über fünf Jahre** |
| **Geber des Fremdkapitals** | ▶ Kreditinstitute<br>▶ Lieferanten und Kunden<br>▶ Kapitalsammelstellen, wie z. B. Versicherungen<br>▶ Sonstige Unternehmen<br>▶ Personen<br>▶ Staat |
| **Verwendung des Fremdkapitals** | ▶ Als **Investitionskredite** zur Beschaffung von Anlagevermögen.<br>▶ Als **Betriebsmittelkredite** zur Beschaffung von Umlaufvermögen.<br>▶ Als **Zwischenfinanzierungskredite** zur Überbrückung oder Vorfinanzierung von mittel- oder langfristigen Finanzierungen. |
| **Formen des Fremdkapitals** | ▶ **Geldkredite** als direkte Kredite, bei denen der Kreditgeber den Kredit in Form von Geld gewährt.<br>▶ **Sachkredite**, bei denen der Kreditgeber den Kredit in Form von Sachen – beispielsweise Maschinen, Rohstoffen – gewährt.<br>▶ **Kreditleihen** als indirekte Kredite, bei denen der Kreditgeber lediglich seine Kreditwürdigkeit zur Verfügung stellt. |
| **Entgelt des Fremdkapitals** | Zahlung von **Zinsen**, die als<br>▶ fester Zinssatz<br>▶ variabler Zinssatz<br>vereinbart sein können. Sie sind unabhängig von der Ertragslage des Kreditnehmers – also auch in Verlustjahren – zu zahlen. Neben den Zinsen fallen **weitere Kapitalkosten** an – siehe Seite 279. |
| **Rückzahlung des Fremdkapitals** | Die Rückzahlung oder **Tilgung** des Fremdkapitals kann erfolgen:<br>▶ In einem Betrag oder in mehreren Beträgen<br>▶ Zu festgelegten oder nicht festgelegten Terminen<br>▶ In gleich hohen oder in der Höhe wechselnden Beträgen<br>▶ Durch Vereinbarung oder Kündigung.<br>Das Fremdkapital ist in **nominaler Höhe** zurückzuzahlen, d. h. der Fremdkapitalgeber ist grundsätzlich nicht am Erfolg des Unternehmens beteiligt. Ausnahmen bestehen hier bei der selten genutzten Gewinnschuldverschreibung und den häufiger vorzufindenden Genussscheinen mit Fremdkapitalcharakter. |

Für die Bereitstellung, Nutzung und Rückgabe des Fremdkapitals können dem Unternehmen – außer den Zinsen – **weitere Kapitalkosten** entstehen. Sie sind Betriebsausgaben und damit von der Einkommensteuer bzw. Körperschaftsteuer abzugsfähig.

**Beispiele:** Provisionen, Bearbeitungsgebühren, Disagio, Kosten der Stellung bzw. Rückerstattung von Sicherheiten, Bereitstellungsprovisionen, Überziehungsprovisionen.

Kredite, die über ein Jahr im Unternehmen bestehen, sind nach der Definition der Finanzverwaltung **Dauerschulden**. Dauerschuldzinsen sind steuerlich erfasst. 50 Prozent der Zinsen des Fremdkapitals sind der Gewerbeertragsteuer zuzurechnen.

| | |
|---|---|
| **Fremdfinanzierung** | Ablauf (der Fremdfinanzierung) |
| | Sicherheiten (der Fremdfinanzierung) |
| | Kurzfristige Fremdfinanzierung |
| | Langfristige Fremdfinanzierung |
| | Kreditsubstitute<br>Derivatives Instrumentarium |

# 1. Ablauf

Der Ablauf der Fremdfinanzierung soll für den besonders wichtigen Bereich der Kreditinstitute dargestellt werden. Im Gegensatz zu den Marktpartnern, die dem Unternehmen Kunden- oder Lieferantenkredite gewähren, haben diese für die Vergabe von Bankkrediten **hohe Informationserwartungen**, um die wirtschaftliche Lage eines Kredit nehmenden Unternehmens einschätzen zu können.

Bei Bankkrediten von mehr als 750.000 € oder von Krediten, die 10 Prozent des haftenden Eigenkapitals der Kredit gebenden Bank überschreiten, sind die Kreditinstitute sogar verpflichtet, sich die wirtschaftlichen Verhältnisse des Kreditsuchenden offen legen zu lassen (§ 18 KWG). Die **Abwicklung** der Fremdfinanzierung stellt sich aus der Sicht des einzelnen Kreditinstitutes in folgender Weise dar:

Kreditantrag ⇨ Kreditwürdigkeitsprüfung ⇨ Kreditzusage ⇨ Kreditkontrolle

Auf die einzelnen Schritte der Abwicklung soll zunächst eingegangen werden, da das Kredit suchende Unternehmen sich darauf einzustellen hat.

## 1.1 KREDITANTRAG

Das Kredit suchende Unternehmen richtet den Kreditantrag an das Kreditinstitut in mündlicher oder schriftlicher Form. Damit kann das Kreditinstitut:

- Die Kreditwürdigkeit beurteilen
- Die Kreditsicherheiten feststellen
- Den Kreditvertrag ausfertigen.

Üblicherweise verwenden die Kreditinstitute standardisierte Formulare als Kreditanträge, die eine rationelle und systematische Bearbeitung ermöglichen.

## 1.2 KREDITWÜRDIGKEITSPRÜFUNG

Auf der Grundlage des Kreditantrages nimmt das Kreditinstitut die Prüfung der Kreditwürdigkeit des Antragstellers vor, um das Kreditrisiko beurteilen zu können. Sie umfasst grundsätzlich drei **Prüfungsbereiche**:

- Die **rechtlichen Verhältnisse** des Antragstellers werden geprüft, um festzustellen, ob die **Kreditfähigkeit** des Antragstellers gegeben ist. Sie bezieht sich auf:

| | |
|---|---|
| **Geschäftsfähigkeit** | Sie ist bei natürlichen Personen bis zur Vollendung des 7. Lebensjahres nicht, bis zur Vollendung des 18. Lebensjahres beschränkt gegeben.<br>**Geschäftsunfähige Personen** können Kredite nur durch ihre gesetzlichen Vertreter (Eltern) aufnehmen, bei **beschränkt geschäftsfähigen Personen** ist dies nur mit Zustimmung ihrer gesetzlichen Vertreter möglich. |
| **Güterstand** | Er wird bei verheirateten Personen festgestellt. Für die Kreditvergabe ist es hinsichtlich der Haftung bedeutsam, ob **Eheleute**<br>• im **gesetzlichen Güterstand** – der Zugewinngemeinschaft – sind<br>oder<br>• eine Form des vertragsmäßigen Güterrechtes – **Gütertrennung** oder **Gütergemeinschaft** – vereinbart haben. |
| **Vertretungsbefugnis** | Sie wird geprüft, wenn Kreditanträge von Unternehmen gestellt werden. |

- Die **persönlichen Verhältnisse** des Antragstellers werden geprüft, insbesondere, wenn nicht dinglich gesicherte personenbezogene Kredite gewährt werden sollen. Aber auch bei real gesicherten Krediten bietet es sich an, die persönlichen Verhältnisse zu prüfen, vor allem dann, wenn Personen in besonderer Weise die Entwicklung eines Unternehmens beeinflussen.

  Die Prüfung der **persönlichen Kreditwürdigkeit** bezieht sich vornehmlich auf die Überprüfung der Vertrauenswürdigkeit anhand folgender **Kriterien**:

| | |
|---|---|
| ▶ Zahungsmoral | ▶ Geschäftliche Qualifikationen |
| ▶ Geschäftsmoral | ▶ Berufliche Qualifikationen |
| ▶ Zuverlässigkeit bei Vertragserfüllungen | |

- Die **wirtschaftlichen Verhältnisse** des Antragstellers werden geprüft, wofür sich eine Vielzahl von Unterlagen als geeignet erweisen kann. Bei der Prüfung der **wirtschaftlichen Kreditwürdigkeit** steht der Jahresabschluss im Mittelpunkt der Betrachtung. Er wird einer finanzwirtschaftlichen Analyse – wie in Kapitel G im Einzelnen dargestellt – unterzogen, um sicherzustellen, dass die Rückzahlung der Zins- und Tilgungsbeträge gesichert ist. Beurteilungskriterien hierfür sind:

| | |
|---|---|
| ▶ Vermögens- und Kapitalstruktur | ▶ Liquiditätslage |
| ▶ Aufwands- und Ertragsstruktur | ▶ Erfolgslage |

Im Rahmen von Kreditwürdigkeitsprüfungen und den darauf folgenden Finanzierungszusagen treten vermehrt »**Covenants**« auf. Das sind vertragliche Zusicherungen des Kreditnehmers an die Bank, die in Form von genau spezifizierten Verhaltensweisen während der Laufzeit des Kreditvertrages einzuhalten sind. Anderenfalls droht die Gefahr, dass Kreditverträge vonseiten der Kreditinstitute außerordentlich gekündigt werden.

Vorgaben können bilanzielle Relationen als **Financial Covenants** sein, z. B. eine Mindest-Eigenkapitalquote, ein nicht zu überschreitender dynamischer Verschuldungsgrad, Vorgaben für die Kapitalstruktur hinsichtlich der Deckung des Anlagevermögens oder eine bestimmte zu erzielende Rentabilität.

**Non-Financial Covenants** sind bereits bekannte Positiv-, Negativ- oder Gleichrangklauseln. Sie können gegebene Sicherheiten betreffen, die nicht zusätzlich auch anderen Gläubigern angeboten werden dürfen, oder Vermögensgegenstände, über die z. B. ein Verbot der Veräußerung oder Belastung verhängt wird.

53 Seite 483

Nach der **Art** der für die Kreditwürdigkeitsprüfung herangezogenen Daten sind zu unterscheiden:

| | |
|---|---|
| ***Traditionelle*** **Kreditwürdigkeitsprüfung** | Bei ihr greifen Kreditinstitute vor allem auf die **Bilanzanalyse** zurück, wobei vergangenheits- und stichtagsbezogene Werte herangezogen werden. Dabei ergeben sich **Probleme** bezüglich Aussagekraft der Zahlen, die durch Bewertungsspielräume und vorsätzliche Bilanzfälschungen verstärkt werden können. |
| ***Moderne*** **Kreditwürdigkeitsprüfung** | Modernere Formen der Kreditwürdigkeitsprüfung stellen auf **zukünftige Erfolgsgrößen** des Unternehmens ab. Insbesondere wird die wirtschaftliche Ertragskraft untersucht anhand von:<br>▶ Planbilanzen<br>▶ Cashflow-Prognosen<br>Auf diese Weise kann die zukünftige Kraft des Unternehmens zu Zinszahlungen und zur Schuldentilgung abgeschätzt werden. |

### 1.2.1 INFORMATIONSQUELLEN

Der Kreditwürdigkeitsprüfung dienen – in Anlehnung an *Lippe/Esemann/Tänzer* – vor allem die folgenden **Informationsquellen**:

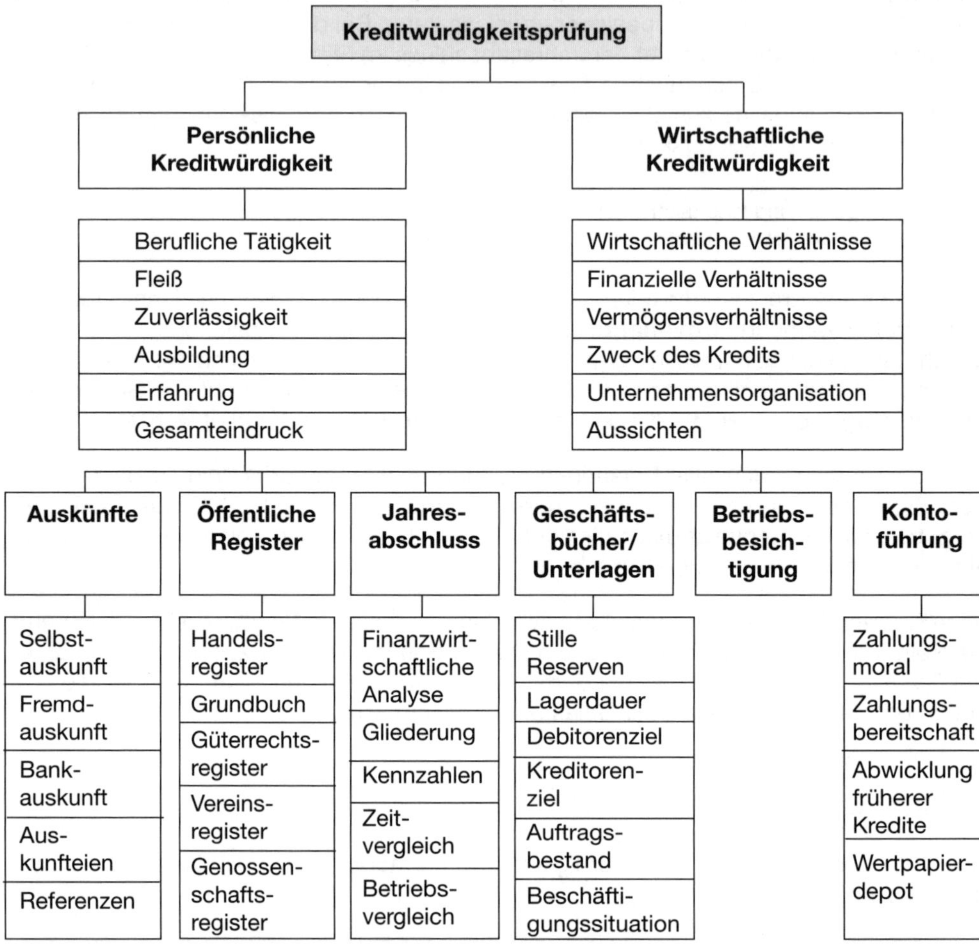


Werden Auskünfte als Informationsquellen genutzt, erfolgen diese insbesondere von:

- **Personen**, die über Informationen verfügen, z. B. Geschäftspartner.
- **Banken**, wobei Bankauskünfte über Firmenkunden vor allem an andere Banken gegeben werden. Im Gegensatz hierzu sind Auskünfte über Privatkunden durch das Bankgeheimnis geschützt und nur mit Einwilligung des Privatkunden möglich.

  Bankauskünfte sind vertrauliche, zumeist ohne Obligo, d. h. ohne Haftung, abgegebene Informationen zur Bonitätseinschätzung. Sie enthalten in Form von standardisierten Formulierungen allgemein gehaltene Informationen über die Zahlungsfähigkeit und wirtschaftliche Situation des Kunden.

- **Auskunfteien**, die gewerbsmäßig Auskunft über wirtschaftliche Verhältnisse von Unternehmen und Einzelpersonen gegen Gebühr geben. Wirtschaftsauskunfteien nutzen alle denkbaren Informationsquellen zur Datensammlung. Zudem besteht oftmals eine Verbindung bzw. Zusammenarbeit mit Inkasso-Gesellschaften.

- Der **SCHUFA**, welche die Vereinigung der deutschen Schutzgemeinschaft für allgemeine Kreditsicherung ist. Sie gibt allen Kreditgebern schnell und kostengünstig Auskunft über private Kreditnehmer sowie über Einzelunternehmer. Im Gegenzug verpflichten sich die Kreditgeber ihrerseits, positive und negative, SCHUFA-genormte Kreditfolgedaten zu melden.

### 1.2.2 Baseler Akkord und Rating

Der Begriff Baseler Akkord steht für internationale Vereinbarungen zur Bankenaufsicht, die ein Ausschuss* der **Bank für Internationalen Zahlungsausgleich** mit Sitz in Basel entwickelt. Reguliert wird die Unterlegung von Bankkrediten mit Bankeigenkapital.

Da ausfallende Kredite Bankenkrisen erzeugen können, wird mit der Vergabebeschränkung von Bankkrediten auf den Schutz der Einlagen der Bankkunden sowie auf die Stabilisierung des Bankensystems und der internationaler Finanzmärkte gezielt.

Mit dem 1988 vorgelegten **Baseler Akkord I** wurde ein internationaler Standard erreicht, der Eingang in das Bankgesetz (KWG) fand und vorgibt, dass mit einigen wenigen Ausnahmen (z. B. Kredite an Staaten) für Risikoaktiva zumindest 8 % haftendes Eigenkapital durch die Kredit vergebende Bank vorzuhalten ist. Dies begrenzt die Kreditvergabemöglichkeit eines Kreditinstitutes auf das 12,5-fache des haftenden Eigenkapitals.

Der nun umgesetzte **Baseler Akkord II** hat drei Zielrichtungen. Neben der Fortentwicklung des bankaufsichtlichen Überprüfungsprozesses und einer verstärkten Marktdisziplin über erweiterte Publizitätsanforderungen hinsichtlich der Eigenkapital- und Risikolage einer Bank steht die Weiterentwicklung der **Mindestkapitalanforderungen** im Mittelpunkt.

Dabei sollten nach den verschiedenen Konsultationspapieren insbesondere bei der Kreditvergabe an private Unternehmen eine stärkere Orientierung der Eigenkapitalunterlegung an tatsächlichen Bonitätsrisiken und damit an eine bonitätsabhängige Gewichtung der Kreditforderungen an Nichtbanken erreicht werden. Für die **Ermittlung** der unternehmensrelevanten **Kreditrisiken** stehen nun eine externe Möglichkeit als Standardansatz und eine bankinterne Möglichkeit als IRB-Ansatz zur Verfügung:

- Der **Standardansatz** (Standardised Approach) legt die Risikogewichtung aufgrund von Ratingergebnissen externer **Ratingagenturen** (External Credit Assessment Institution = **ECAI**) fest.

---

* Den **Baseler Ausschuss** für Bankenaufsicht *(Basel Committee on Banking Supervision)* bilden Vertreter der Zentralbanken und Bankenaufsichtsbehörden aller wichtigen Industriestaaten.

**Rating** ist eine Form der Kreditwürdigkeitsprüfung, die in den USA um die Jahrhundertwende entstanden ist (*Moody's* um 1900, *Standard & Poor's* 1916). Es überprüft die **Ausfallwahrscheinlichkeit eines Kredits**, wobei das Ergebnis dieser Überprüfung in einer Note zusammengefasst wird. Als Noten, die zur Modifikation noch mit Plus- und Minuszeichen versehen werden können, gelten z. B.:

| | |
|---|---|
| **AAA** | Außergewöhnlich gute Fähigkeit des Schuldners, seine finanziellen Verpflichtungen zu erfüllen. |
| **AA** | Sehr gute Fähigkeit des Schuldners, seine finanziellen Verpflichtungen zu erfüllen. |
| **A** | Gute Fähigkeit des Schuldners, seine finanziellen Verpflichtungen zu erfüllen. |
| **BBB** | Angemessene Schutzparameter, jedoch verminderte Fähigkeit des Schuldners bei Eintritt nachteiliger wirtschaftlicher Umstände, seinen finanziellen Verpflichtungen nachzukommen. |
| **BB** | Unsicherheitsfaktoren führen bei nachteiligen wirtschaftlichen Bedingungen zur Verminderung der Zahlungsunfähigkeit. |
| **B** | Wahrscheinlichkeit einer Beeinträchtigung der Zahlungsunfähigkeit bei nachteiligen wirtschaftlichen Bedingungen. |
| **CCC** | Derzeit Anfälligkeit für Zahlungsverzug. |
| **CC** | Derzeit starke Anfälligkeit für Zahlungsverzug. |
| **C** | Insolvenzantrag oder dergleichen wurde gestellt, Zahlungen auf die Anleihen werden dennoch gewährleistet. |
| **D** | Schuldner ist bereits in Zahlungsverzug. |

Den Risikoklassen (AAA, AA ... usw.) werden **Risikogewichte** zugeordnet, welche die Höhe der notwendigen Eigenkapitalunterlegung und damit die Kreditkosten nach einem Vorschlag der Deutschen Bundesbank bestimmt:

| Noten | Gewichte in Prozent für Nichtbanken | Eigenkapitalunterlegung (100 = 8 %) |
|---|---|---|
| AAA bis AA- | 20 | 1,6 % |
| A+ bis A– | 50 | 4,0 % |
| BBB+ bis BBB– | 100 | 8,0 % |
| BB+ bis BB– | 100 | 8,0 % |
| B+ bis B– | 150 | 12,0 % |
| Unter B– | 150 | 12,0 % |
| ohne Rating | 100 | 8,0 % |

Neben obiger Einteilung besteht ein **»aufsichtliches Privatkundenportfolio«**, das Kredite an Privatkunden sowie die für die deutsche Kreditwirtschaft sehr bedeutenden

Kredite an kleine Unternehmen umfasst. Die Art der Kredite (z. B. Anschaffungsdarlehen und revolvierende Kreditzusagen) wie auch deren Höhe (bis zu 1 Mio. €) sind Kriterien, die Kredite dem obigen Portfolio hinzurechnen.

Diese **Retail-Forderungen** sind dann im Standard Ansatz einheitlich mit einem Risikogewicht von nur 75 % belegt, was einen erheblichen Teil der in Deutschland ausgegebenen Kredite erfasst und die Problematik des Baseler Akkords, die grundsätzlich in höheren Zinsen bzw. weniger Kreditvolumen für den deutschen Mittelstand besteht, mindert.

- Da externes Rating in Deutschland kaum verbreitet ist, verfolgen die deutschen Kreditinstitute einen **bankinternen Rating-Ansatz** (Internal Rating Based Approach = **IRB-Ansatz**), der seit Jahren diskutiert wurde und unterschiedliche Varianten (foundation/ advanced approach) aufweist.

Banken teilen ihre Kreditforderungen in sechs Klassen (Staaten, Banken, Nichtbanken, Privatkunden, Projektfinanzierung und Beteiligungsbesitz) ein und nehmen klassenabhängige sowie einzelfallorientierte Risikozuschläge und Risikoabschläge vor.

Als Basis für die Berechnungen dienen bankinterne Datenbestände, die das Kreditausfallrisiko mit der Ausfallhöhe und Restlaufzeit des Kredits bestimmen sollen. Letztlich werden auch hier höhere oder niedrigere Sätze der Eigenkapitalunterlegung die Kreditkosten bestimmen.

Der bankinterne Rating-Ansatz kann sein:

| | |
|---|---|
| **Basis IRB-Ansatz** | Bei ihm ergeben sich die Eigenkapitalanforderungen aus einem Vorfaktor von 8 %, der mit verschiedenen Risikokomponenten multipliziert wird, die sind:<br>▶ Die **Höhe der Kreditforderung** bei Ausfall bzw. bei Zahlungsunfähigkeit (Exposure at Default = EAD) als allgemeines Ausfallrisiko<br>▶ Komponenten der Risikogewichtsfunktion aus:<br>– der einjährigen **Ausfallwahrscheinlichkeit** (Probability of Default = PD)<br>– dem Verlust des Ausfalls (Loss Given Default = LGD) als mögliche **eintretende Verluste** bei Ausfall eines Kreditnehmers unter Berücksichtigung der bereits geleisteten Zahlungen und der verwertbaren Sicherheiten<br>– der tatsächlichen **Restlaufzeit** der Kreditlaufzeit (Maturity = M). Der IRB Ansatz impliziert eine Restlaufzeit von drei Jahren.<br><br>Im Basis IRB-Ansatz werden nur die Ausfallwahrscheinlichen (PD) von der **Bank** individuell bestimmt, die übrigen Risikoparameter (LGD, EAD und M) werden von der **Bankenaufsicht** vorgegeben. Anzurechnende Sicherheiten entsprechen denen des oben beschriebenen Standard Ansatzes, z. B. werden grundpfandrechtlich besicherte Forderungen mit einem niedrigeren Risikogewicht 35 bzw. 50 % erfasst. |

| | |
|---|---|
| **Fortgeschrittener IRB-Ansatz** | Bei diesem Ansatz werden alle obigen Risikoparameter von den Banken (PD, LGD, EAD, M) selbst eingeschätzt. Ihn können bis jetzt aufgrund der hohen Anforderung der Bankenaufsicht nicht alle Kreditinstitute umsetzen, da die Datenbestände der Banken qualitativ hochwertig sein müssen, z. B. müssen sie bis zu sieben Jahre umfassen. |

## 1.3 KREDITZUSAGE

Ergibt die Kreditwürdigkeitsprüfung, dass dem Kreditantrag stattgegeben werden kann und wurde über die Einzelheiten, insbesondere auch über die Sicherung des Kredites, mit dem Kreditsuchenden **Einigkeit** erzielt, erteilt die Bank – meist in Form eines standardisierten Schreibens – die Kreditzusage.

Sie enthält vor allem **Angaben** über:

- Kreditart
- Kredithöhe
- Kreditlaufzeit
- Zinsberechnung
- Provisionsberechnung
- Kreditsicherheiten
- Kreditbereitstellung
- Kündigungsmöglichkeiten

Die Kreditzusage erfolgt grundsätzlich **befristet**. Sie verliert ihre Gültigkeit, wenn der Kreditbewerber nicht innerhalb einer Erklärungsfrist sein Einverständnis mitteilt. Mit der Übergabe der Einverständniserklärung an die Bank kommt der **Kreditvertrag** zu Stande, die Auszahlung des Kredites erfolgt vertragsgemäß.

## 1.4 KREDITKONTROLLE

Die Kreditwürdigkeit des Kreditnehmers wird von der Bank nicht nur vor einer Kreditzusage geprüft. Auch nach der Zusage und Zuteilung eines Kredites prüft die Bank im Rahmen der Kreditkontrolle, die auch **Kreditüberwachung** genannt wird, in bestimmten Zeitabständen die wirtschaftliche Entwicklung des Kreditnehmers.

Mithilfe der Kreditkontrolle sollen insbesondere offen gelegt werden:

- Verschlechterung der wirtschaftlichen Verhältnisse des Kreditnehmers
- Wertminderung von Sicherheiten
- Vereinbarungsgemäße Verwendung der Kreditmittel.

# 2. SICHERHEITEN

Der Kapitalgeber geht mit der Hingabe des Fremdkapitals an das Unternehmen Risiken ein. Zu unterscheiden sind diesbezüglich:

- Das **Kapitalrisiko**, das durch die Möglichkeit des Unterganges des Kapitals entsteht.

- Das **Zinsrisiko**, das durch Änderungen des Marktzinsniveaus nach der Kapitalvergabe gegeben sein kann.

Deshalb sucht der Kapitalgeber nach einer Absicherung, die unterschiedlicher Art sein kann. Drei **Möglichkeiten der Absicherung** sind denkbar:

- Die **Beschränkung des Risikos** als Bestreben des Fremdkapitalgebers, eine gewisse Ausgewogenheit seines Engagements zu erreichen. Sie ist möglich durch:

| | |
|---|---|
| **Risiko-teilung** | Der Kapitalgeber schließt sich mit anderen Kapitalgebern zusammen – beispielsweise in einem Bankenkonsortium – und bringt nur einen Teilbetrag des bereitzustellenden Kapitals auf. |
| **Risiko-streuung** | Der Kapitalgeber minimiert sein Risiko durch sachliches, zeitliches, örtliches oder persönliches Verteilen der Kapitalbereitstellung, beispielsweise durch Kapitaleinsatz:<br>▶ In verschiedenen Branchen (sachlich)<br>▶ Mit unterschiedlichen Fristen (zeitlich)<br>▶ In unterschiedlichen Regionen (örtlich)<br>▶ Auf unterschiedliche Kapitalnehmer (persönlich) |
| **Risiko-kompensation** | Der Kapitalgeber strebt für den Fall des Risikoeintritts eine Verlustneutralisierung an, beispielsweise durch die Vereinbarung von Gegengeschäften. |
| **Risiko-überwälzung** | Das Risiko wird auf andere Personen bzw. Unternehmen verlagert, z. B. durch den Abschluss einer Kreditversicherung. |

- Die **Honorierung des Risikos** aufgrund der Gefahren bei der Bereitstellung des Kapitals. Dies kann durch die Konditionengestaltung und durch den Grad der Mitbestimmung geschehen:

| | |
|---|---|
| **Höhe der Zinsen** | Sie orientieren sich neben dem allgemeinen Zinsniveau auch an der Höhe des Risikos der Kapitalüberlassung. Bei risikoreichen Investitionen des Kapitalnehmers wird der Kapitalgeber einen Risikozuschlag im Zinssatz berücksichtigen. |
| **Recht auf Mitbestimmung** | Ein besonderes Risiko wird über eine weitergehende Information und Mitsprache honoriert. Dies kann geschehen in Bezug auf:<br>▶ Recht auf Information<br>▶ Recht auf Mitsprache<br>▶ Recht auf Kontrolle<br>▶ Recht auf Setzen von Richtlinien<br>▶ Recht auf Mitwirkung in der Geschäftsführung |

- Die **Sicherung des Risikos** als Bestreben des Fremdkapitalgebers, sein Risiko so weit wie möglich auszuschalten, indem er **Sicherheiten** für das bereitzustellende Fremdkapital fordert, die sein können:

| | |
|---|---|
| **Personal-sicherheiten** | Neben dem Kapitalnehmer haftet eine dritte Person für das Fremdkapital. |
| **Real-sicherheiten** | Der Kapitalnehmer stellt bestimmte Sachwerte oder Rechte an Sachen zur Sicherung des Fremdkapitals zur Verfügung. |

Die Sicherheiten können akzessorisch oder fiduziarisch sein, was für den Kapitalgeber von erheblicher Wichtigkeit ist:

| | |
|---|---|
| **Akzessorische Sicherheiten** | Sie sind an das Bestehen einer Forderung gebunden, beispielsweise als Bürgschaft, Pfandrecht und Hypothek. Aufgrund der strikten Abhängigkeit erlöscht die Besicherung mit dem Wegfall der Forderung. |
| **Fiduziarische Sicherheiten** | Sie sind nicht an das Bestehen einer Forderung gebunden, beispielsweise als Sicherungsübereignung, Sicherungsabtretung und Grundschuld. |

Wird keine Sicherheit gefordert, handelt es sich um einen **Blankokredit**.

Im Folgenden sollen dargestellt werden:

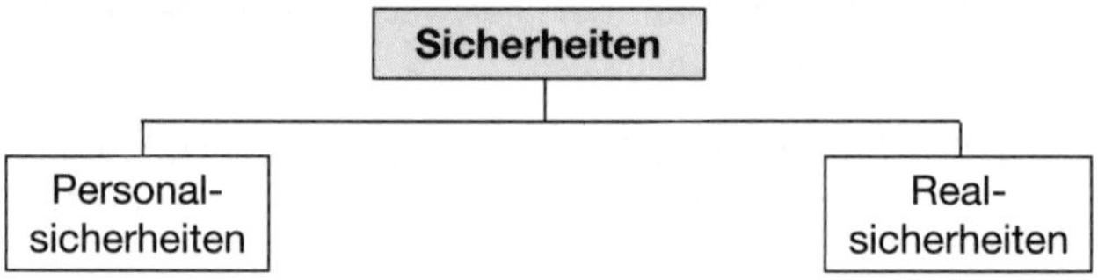


## 2.1 PERSONALSICHERHEITEN

Bei den Personalsicherheiten haftet neben dem Kreditnehmer eine **dritte Person** für den Kredit. Als Personalsicherheiten sind zu unterscheiden:

- **Bürgschaft**
- **Sonstige Personalsicherheiten**.

### 2.1.1 BÜRGSCHAFT

Die Bürgschaft (§§ 765 ff. BGB, 349 f. HGB) ist ein Vertrag zwischen dem Bürgen und dem Gläubiger eines Dritten, in dem sich der Bürge dem Gläubiger gegenüber verpflichtet, für die Erfüllung der Verbindlichkeiten des Dritten einzustehen.

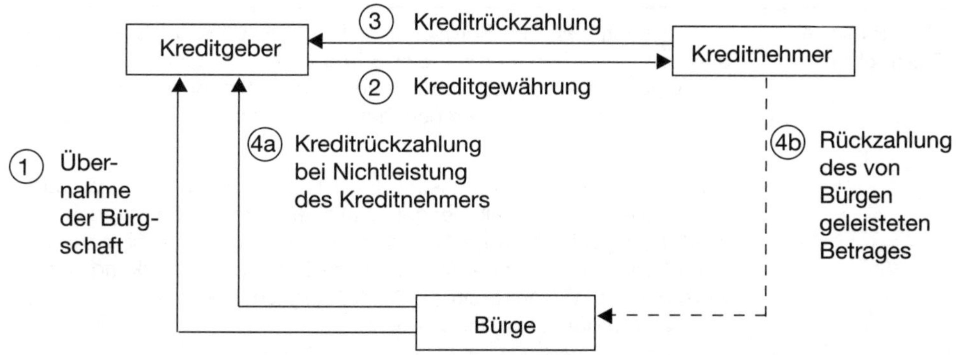


Die Bürgschaft ist akzessorisch und damit in ihrer Höhe vom Bestand der **Hauptschuld** abhängig. Erhöht diese sich durch Zinsen und sonstige Kapitalkosten, haftet der Bürge auch dafür. Verringert sich die Hauptschuld, mindert sich die Bürgschaft in ihrer Höhe entsprechend. Eine betragsmäßige und zeitliche **Begrenzung** der Bürgschaft ist möglich.

Grundsätzlich bedarf die Erklärung der Bürgschaft der **Schriftform**. Eine nicht schriftlich erklärte Bürgschaft erlangt ihre Rechtswirksamkeit durch die Erfüllung der sich aus ihr ergebenden Verpflichtungen.

Für Kaufleute ist eine schriftliche Bürgschaftserklärung nicht zwingend erforderlich, wenn die Übernahme für sie ein Handelsgeschäft ist. In der betrieblichen Praxis wird aber auch hier – schon aus Beweisgründen – die Schriftform zweckmäßig sein.

- Sind **mehrere Bürgen** vorhanden, ist klarzustellen, in welcher Beziehung die Bürgen zueinander stehen. Vereinbart werden können:

| | |
|---|---|
| **Mitbürgschaft** | Die Bürgen haften für dieselbe Verbindlichkeit als Gesamtschuldner, auch dann, wenn sie die Bürgschaft nicht gemeinschaftlich übernommen haben. Bei ihr kann sich ein Gläubiger zur Befriedigung seiner Forderung an einen einzigen Bürgen wenden. |
| **Nachbürgschaft** | Der Nachbürge haftet erst dann, wenn vom Vorbürgen oder Hauptbürgen keine Zahlung zu erlangen ist. |
| **Rückbürgschaft** | Der Rückbürge haftet dem Hauptbürgen dafür, das im Falle der Zahlung durch den Hauptbürgen dessen Ersatzanspruch gegen den Hauptschuldner erfüllt wird. |
| **Teilbürgschaft** | Gemeinschaftlich bürgen Personen für dieselbe Verbindlichkeit, wobei jeder Bürge nur für den von ihm übernommenen Teilbetrag bürgt. |

- Wichtig ist für den Bürgen zudem, welche **Art der Bürgschaft** er eingeht. Es sind zu unterscheiden:

| | |
|---|---|
| **Gewöhnliche Bürgschaft** | Sie liegt vor, wenn im Bürgschaftsvertrag keine besonderen Vereinbarungen getroffen wurden. Der Bürge muss erst zahlen, wenn der Gläubiger die Zwangsvollstreckung in das Vermögen des Hauptschuldners ohne Erfolg versucht hat. Bis dahin steht ihm die **Einrede der Vorausklage** (§ 771 BGB) zu.<br><br>Der Bürge haftet damit ausschließlich für den durch den Gläubiger nachgewiesenen Ausfall. Der gewöhnlichen Bürgschaft entspricht die **Ausfallbürgschaft**, wobei bei letzterer der Gläubiger auch ohne die Einrede auf Vorausklage die fruchtlose Zwangsvollstreckung nachweisen muss. Zudem greift die Ausfallbürgschaft auch bis in das immobile Vermögen des Hauptschuldners. |
| **Selbstschuldnerische Bürgschaft** | Der Bürge muss auf Verlangen des Gläubigers sofort zahlen (§ 773 BGB), wenn der Schuldner seine Verpflichtungen nicht vertragsgemäß erfüllt. Er wird so behandelt, als wenn er selbst Hauptschuldner wäre, da er auf die Einrede der Vorausklage verzichtet. |

Bürgschaften, die zur Sicherung von Krediten dienen, werden in den meisten Fällen selbstschuldnerisch vereinbart. Für **Kaufleute**, die Bürgschaften im Rahmen ihres Handelsgeschäftes übernehmen, ist nur die **selbstschuldnerische Bürgschaft** zulässig.

Die **Eignung** einer Bürgschaft als Mittel der Kreditsicherung hängt von der Kreditwürdigkeit des Bürgen ab, wobei sie von der deutschen Kreditwirtschaft aufgrund ihrer gesetzlichen Regelung gegenüber anderen Personalsicherheiten bevorzugt verwandt wird.

## 2.1.2 Sonstige Personalsicherheiten

Neben der Bürgschaft gibt es als weitere Personalsicherheiten:

- Die **Garantie**, bei der – wie bei der Bürgschaft – ein einseitig verpflichtender Schuldvertrag zu Grunde liegt. Sie ist nicht gesetzlich geregelt. Bei ihr verpflichtet sich der Garantiegeber im Schuldvertrag gegenüber dem Garantienehmer, für den **Eintritt eines bestimmten Erfolges** oder für das **Ausbleiben eines Misserfolges** Gewähr zu leisten.

  Anders als die Bürgschaft ist die Garantie nicht akzessorisch und damit rechtlich von einem zu Grunde liegenden Schuldverhältnis losgelöst bzw. unabhängig von neuen oder bereits bestehenden Forderung, die mit ihr besichert werden sollen.

  Die Garantie hat im Außenhandel und bei öffentlichen Ausschreibungen besondere Bedeutung erlangt, wobei sie für klar definierte Einzelgeschäfte abgegeben wird. Die in der Praxis gebräuchlichsten Garantien sind:

| | |
|---|---|
| **Anzahlungs-garantie** | Sie kommt bei **Großaufträgen** zur Anwendung und sichert die durch den Auftragnehmer verlangte Anzahlung vom Auftraggeber ab. Die Bank des Auftragnehmers stellt eine Garantie für Leistungserbringung durch den Auftragnehmer. Leistet der Auftragnehmer nicht, wird die Anzahlung des Auftraggebers zurückerstattet. Die Garantie erlischt nach Leistung des Auftrages. |
| **Bietungs-garantie** | Sie besichert den Auftraggeber bei Ausschreibungen. An der Ausschreibung teilnehmende Unternehmen bürgen für die Aufrechterhaltung ihres Angebotes im Falle eines Zuschlages. Damit sollen nicht ernst zu nehmende und damit die Ausschreibung störende Angebote vermieden werden. |
| **Vertragserfül-lungsgarantie** | Diese schließt sich an die Bietungsgarantie an und sichert dem Auftraggeber zu, dass der Auftrag vollständig erfüllt wird. |
| **Gewährleis-tungsgarantie** | Dabei handelt es sich um eine Absicherung, dass Waren oder Leistungen in der vereinbarten Qualität geliefert oder erstellt werden. |

- Der **Kreditauftrag**, bei dem ein möglicher Kreditgeber von einer Person beauftragt wird, einem Dritten im eigenen Namen und auf eigene Rechnung Kredit zu gewähren (§ 778 BGB).

  Auf diese Weise entstehen zwei **Ansprüche** des Kreditgebers:

  - Anspruch gegenüber dem Kreditnehmer auf Rückzahlung des Kredites
  - Anspruch gegenüber dem Auftraggeber des Kreditauftrages

  Damit besteht ein bürgschaftsähnliches Vertragsverhältnis, durch das vor allem Finanzierungen von Konzernmitgliedern besichert werden. So kann der Auftraggeber (z. B. eine inländische Muttergesellschaft) einem zukünftigen Gläubiger (z. B. ein Kreditinstitut) die Anweisung geben, einem Dritten (z. B. der ausländischen Tochtergesellschaft) mit einem Kredit im eigenen Namen und auf eigene Rechnung zur Verfügung zu stehen.

  Die Initiierung eines Kreditauftrages lässt bei dem die Erklärung abgebenden Unternehmen eine Eventualverbindlichkeit entstehen, die »unterhalb des Bilanzstrichs« im Jahresabschluss auszuweisen ist.

- Die **Patronatserklärung**, bei der Unternehmen, die z. B. von einer Muttergesellschaft abhängig sind, durch die Abgabe einer solchen Erklärung vonseiten der Muttergesellschaft besichert werden können. Sie enthalten Aussagen über eine Verpflichtung der Muttergesellschaft zur Liquiditäts- oder Kapitalausstattung des Tochterunternehmens. Je nach Abfassung der Erklärung entstehen:

  - Auszuweisende Eventualverbindlichkeiten, wenn es sich um »harte« Patronatserklärungen handelt.
  - Keine Eventualverbindlichkeiten bei weniger verbindlichen Erklärungen als »weiche« Patronatserklärungen.

- Der **Schuldbeitritt**, der eine vertragliche Vereinbarung ist, wonach einem Kreditvertrag eine weitere Person beitritt und **gesamtschuldnerisch** die Haftung für einen Kreditbetrag übernimmt. Dem Schuldbeitritt muss der Kreditgeber zustimmen.

54 Seite 483

## 2.2 REALSICHERHEITEN

Von Realsicherheiten wird gesprochen, wenn der Kreditnehmer bestimmte Sachwerte oder Rechte an Sachen zur Sicherung eines Kredites zur Verfügung stellt. Es werden unterschieden - siehe ausführlich *Compter, Grill/Perzynski*:

- **Eigentumsvorbehalt**
- **Pfandrecht an beweglichen Sachen**
- **Sicherungsübereignung**
- **Sicherungsabtretung**
- **Grundpfandrechte**.

Während es sich bei dem Eigentumsvorbehalt, dem Pfandrecht, der Sicherungsübereignung und der Sicherungsabtretung um Rechte an **beweglichem Vermögen** handelt, beziehen sich Grundpfandrechte auf **unbewegliches Vermögen**.

### 2.2.1 EIGENTUMSVORBEHALT

Von Eigentumsvorbehalt wird gesprochen, wenn ein Käufer durch Übergabe zum Besitzer einer beweglichen Sache wird, der Verkäufer jedoch bis zur vollständigen Zahlung des Kaufpreises Eigentümer bleibt.

Der Eigentumsvorbehalt ist eine vielfach vereinbarte Form der Kreditsicherung, die insbesondere beim Lieferantenkredit zum Einsatz kommt. Nach seinem Umfang werden unterschieden:

- Der **einfache Eigentumsvorbehalt**, der sich aus § 449 BGB ergibt, wonach ein Verkäufer die Möglichkeit hat, bei Zahlungsverzug des Käufers seinen Rücktritt zu erklären und die Herausgabe der Sache zu fordern. Er wird allerdings **unwirksam** und das Eigentum geht vom Verkäufer über auf:

  - ▶ Den Käufer, wenn er die Sache verarbeitet (§ 950 BGB) oder mit einer anderen verbindet (§ 947 Abs. 2 BGB)
  - ▶ Den Eigentümer eines Grundstücks, dessen wesentlicher Bestandteil die Sache wird (§§ 94, 946 BGB)
  - ▶ Den Dritterwerber, wenn er gutgläubig war (§§ 932 ff. BGB, 366 f. HGB).

- Der **verlängerte Eigentumsvorbehalt**, mit dem verhindert werden soll, dass der Sicherungseffekt des Eigentumsvorbehalts mit der Weiterveräußerung und Weiterverarbeitung der Sachen entfällt. Der Käufer wird zur Veräußerung und zur Weiterverarbeitung im normalen Geschäftsgang ermächtigt (§ 185 BGB).

  Dem Verkäufer werden vom Käufer diejenigen **Forderungen** im Voraus zur Sicherung **abgetreten**, die der Käufer durch die Weiterveräußerung der unter Eigentumsvorbehalt stehenden Sachen erwerben wird (§§ 398 ff. BGB).

  Der Verkäufer ermächtigt den Käufer zur **Weiterverarbeitung** der Ware im eigenen Namen, verbunden mit der Vereinbarung, dass das Eigentum an den hergestellten Gütern auf den Verkäufer der Ware übergeht (§ 950 BGB).

  Der verlängerte Eigentumsvorbehalt wird sowohl dem Sicherheitsbestreben des Verkäufers als auch den Notwendigkeiten des Käufers gerecht, mit den Sachen Geschäfte zu betreiben.

- Der **erweiterte Eigentumsvorbehalt**, bei dem der Eigentumsübergang an einer verkauften Sache davon abhängig gemacht wird, dass der Käufer auch die Zahlungsverpflichtungen für die anderen vom Verkäufer gekauften Sachen erfüllt hat. Es sind zu unterscheiden:

| | |
|---|---|
| **Kontokorrent-vorbehalt** | Der Eigentumsübergang auf den Käufer erfolgt erst nach der Tilgung sämtlicher aus einer Geschäftsverbindung stammenden Verbindlichkeiten. |
| **Konzern-vorbehalt** | Hier fand in der Vergangenheit eine Erweiterung des Kontokorrentvorbehalts statt, die alle Forderungen von Lieferanten, die einem gemeinsamen Konzern angehören, einbezog. Der Konzernvorbehalt ist rechtlich inzwischen **nicht mehr zulässig**. |

55 Seite 484

56 Seite 484

## 2.2.2 Pfandrecht an beweglichen Sachen

Das Pfandrecht ist die Belastung einer beweglichen Sache (§§ 1204 - 1208 BGB) oder eines Rechtes (§§ 1273 - 1274 BGB) zwecks Sicherung einer Forderung. Seine Entstehung ist an mehrere **Voraussetzungen** gebunden:

- Das Vorliegen einer **Forderung**, auf die sich das Pfandrecht bezieht. Damit liegt hier eine akzessorische Sicherheit vor.

- Die **Einigung** der Parteien, dass das Pfandrecht dem Gläubiger zustehen soll.

- Die **Abtretung** des Pfandes, wobei das Pfand zwar im Eigentum des Kreditnehmers bleibt, jedoch in den Besitz des Kreditgebers übergehen muss (**Faustpfandprinzip**).

  Sofern die Sache nicht bereits schon im unmittelbaren Besitz des Kreditgebers ist, gilt als **Übergabe**:

  - ▶ Die **effektive Übergabe** der Sache
  - ▶ Die **Übergabe des Herausgabeanspruchs** gegen einen Dritten, der unmittelbar im Besitz der Sache ist, und die Anzeige der Verpfändung gegenüber dem unmittelbaren Besitzer
  - ▶ Die **Übergabe eines** mit einem Indossament versehenen **Orderpapiers**, z. B. eines Lagerscheines
  - ▶ Die **Lagerung** der Sache unter Mitverschluss des Kreditgebers

Der **Ablauf** umfasst:

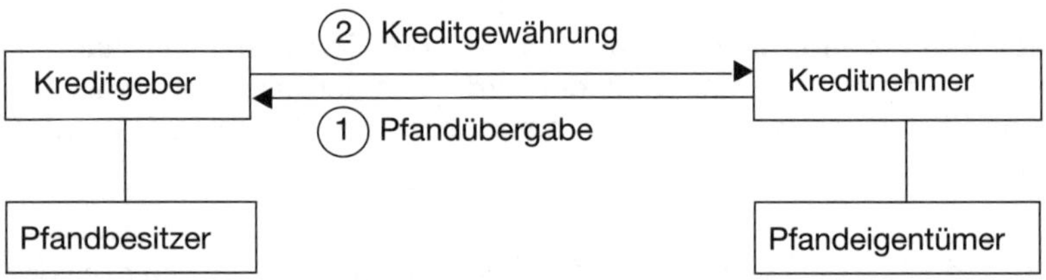


Die **Haftung** des Pfandes erfolgt dem Gesetz nach nur für die Forderung, für die das Pfandrecht bestellt ist. Vertraglich kann die Haftung jedoch auf alle Forderungen des Kreditgebers ausgedehnt werden.

Die **Verwertung** des Pfandes erfolgt durch öffentliche Versteigerung, bei Sachen mit einem Börsen- oder Marktwert ist der freihändige Verkauf durch einen öffentlichen Makler möglich. **Voraussetzungen** für die Verwertung des Pfandes sind:

- Die Forderung muss ganz oder teilweise fällig sein (§ 1228 BGB).
- Verkauf oder Versteigerung sind dem Schuldner anzudrohen (§ 1234 BGB).
- Wartefristen müssen eingehalten werden:

  - ▶ § 1234 BGB: Ein Monat nach Androhung durch einen Pfandgläubiger oder nach dem Eintritt der Verkaufsberechtigung.
  - ▶ § 368 HGB: Eine Woche nach der Androhung, wenn der Pfandgläubiger sowie der Verpfänder Kaufleute sind und die Verpfändung auf beiden Seiten ein Handelsgeschäft ist.

Das Pfandrecht kann nicht als die für alle Sachen geeignete Form der Sicherheitsleistung angesehen werden, da die Sachen dem unmittelbaren Besitz des Kreditnehmers entzogen werden. Deshalb eignen sich Vermögensteile, die für den Geschäftsablauf zwingend notwendig sind, nicht für eine Verpfändung, z. B. Rohstoffe, für die Produktion erforderliche Maschinen, Waren.

## 2.2.3 SICHERUNGSÜBEREIGNUNG

Bei der Sicherungsübereignung ist es dem Kreditnehmer möglich, die sicherungsübereignete Sache – im Gegensatz zur Verpfändung – weiter zu nutzen. Der Kreditgeber hat nicht die Notwendigkeit der Verwahrung der sicherungsübereigneten Sache.

Die Sache bleibt in unmittelbarem Besitz des Kreditnehmers. Der Kreditgeber erwirbt nur den mittelbaren Besitz, aber das **treuhänderische Eigentum**. Dies ist durch die Einigung über den Eigentumsübergang und die Vereinbarung eines **Besitzkonstitutes** möglich (§ 930 BGB), im Rahmen dessen der Kreditgeber dem Kreditnehmer den Besitz an der Sache belässt.

Es ergibt sich folgender **Ablauf**:

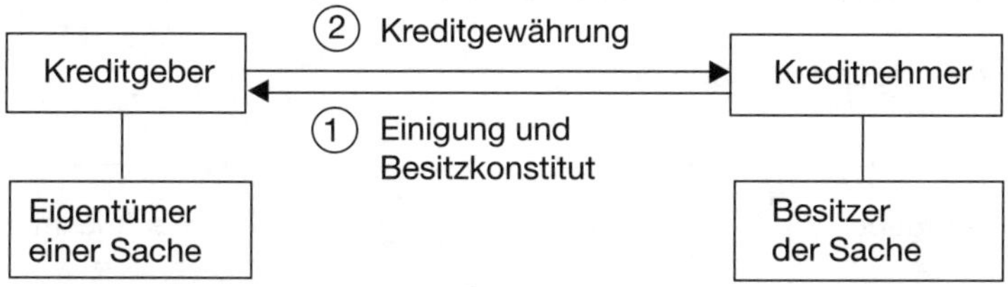


Die Sicherungsübereignung kann sein:

- Eine **Einzelübereignung**, wenn eine bestimmte, konkret bezeichnete Sache (Motornummer, Fabriknummer u. Ä.) übereignet wird.

- Eine **Raumübereignung**, die für Sachen erfolgt, welche sich in einem bestimmten Raum befinden, wobei für Sachen, die unter Eigentumsvorbehalt stehen, das Anwartschaftsrecht auf Eigentum übertragen wird.

- Die **Mantelübereignung**, die in Form eines Rahmenvertrages erfolgt, der durch Listen über die einzelnen zu übereignenden Sachen, die der Kreditnehmer dem Kreditgeber zur Verfügung stellt, konkretisiert wird.

Für den Kapitalgeber wirft die Sicherungsübereignung möglicherweise **Probleme** auf, denn die übereignete Sache kann:

- Unter Eigentumsvorbehalt stehen
- Bereits einem anderen Gläubiger übereignet worden sein (Doppelübereignung)
- Dem Pfandrecht eines Vermieters unterliegen
- Nicht bestimmbar sein
- Wertminderungen oder Verwertungsschwierigkeiten unterliegen.

**Beleihungswerte** sind üblicherweise (*Sauter*):

- Etwa 50 % der nachhaltigen Verkaufswerte von Fahrzeugen und Maschinen
- Etwa 20 bis 50 % des Wertes von marktgängigen Handelswaren
- Etwa 30 % des Einstandspreises von Rohstoffen bzw. Halbfertigwaren.

Banken sehen von einer Beleihung schnell verderblicher Waren bzw. stark der Mode unterworfenen Waren ab.

Die **Verwertung** der sicherungsübereigneten Sache ist einfacher als beim Pfandrecht. Der Kapitalgeber ist i. d. R. berechtigt, die Sache freihändig zu verkaufen und muss keine öffentliche Versteigerung durchführen lassen.

### 2.2.4 SICHERUNGSABTRETUNG

Der Sicherungsabtretung, die auch Forderungsabtretung oder **Zession** genannt wird, kommt im Rahmen der Kreditsicherung eine erhebliche Bedeutung zu. Der Kreditnehmer tritt als Zedent Forderungen, über die er verfügt, in einem formfreien Abtretungsvertrag (§§ 398 ff. BGB) an den Kreditgeber als Zessionar ab.

Der **Ablauf** sieht folgendermaßen aus:

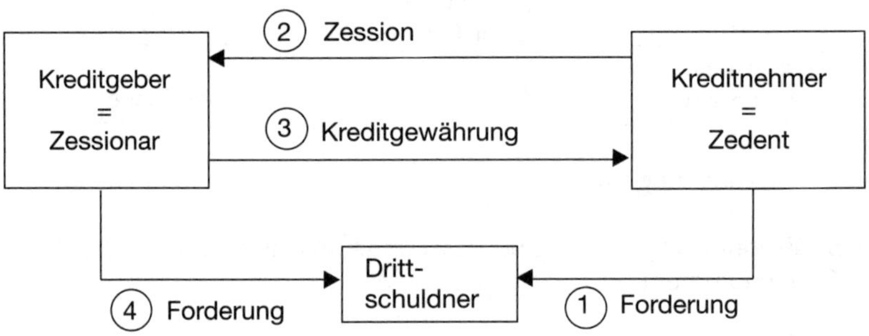


**Nicht abtretbar** sind Forderungen, deren Abtretung:

- Vertraglich zwischen Gläubiger und Schuldner ausgeschlossen ist (§ 399 BGB), soweit es sich nicht für beide Parteien um Forderungen aus Handelsgeschäften handelt (§ 354a HGB). Hiermit wurden die bis 1994 teilweise verfügten Abtretungsverbote für Handelsgeschäfte in Deutschland unwirksam.

- Gesetzlich verboten ist, z. B. nicht pfändbare Forderungen wie Lohn- unsd Gehaltsforderungen innerhalb der Pfändungsfreigrenzen (§ 400 BGB).

In der Praxis sind verschiedene Arten der Sicherungsabtretung gebräuchlich:

- Nach der **Anzeige gegenüber dem Drittschuldner** lassen sich unterscheiden:

| | |
|---|---|
| **Offene Zession** | Die Abtretung wird dem Drittschuldner angezeigt, der die Zahlung nur an den Kreditgeber leisten darf (§ 407 BGB). |
| **Stille Zession** | Bei ihr gibt es **keine Anzeige** an den Drittschuldner, die Zahlung des Drittschuldners erfolgt mit schuldbefreiender Wirkung an den Kreditnehmer, der zum Einzug ermächtigt ist. |

Der stillen Zession kommt in der Praxis aufgrund von Imageproblemen eine größere Bedeutung zu als der offenen Zession. Allerdings birgt sie auch **Gefahren**:

- Die Forderung wurde bereits einem anderen Zessionar abgetreten.
- Die Forderung wird vom Kreditnehmer nicht abgeführt.
- Die Forderung existiert überhaupt nicht oder nicht mehr.

Der **Ablauf** bei der stillen Zession sieht wie folgt aus:

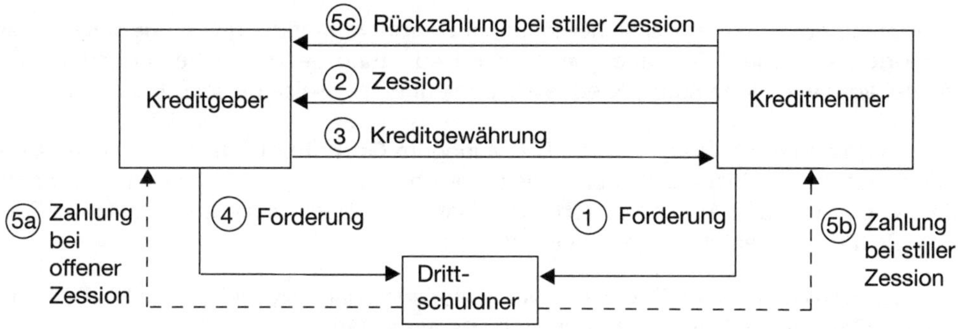


- Nach dem unterschiedlichen **Umfang** kann die Sicherungsabtretung sich auf einzelne Forderungen beziehen, meist findet sie aber bei einer Forderungsmehrheit Anwendung. Dementsprechend sind zu unterscheiden:

| | |
|---|---|
| **Mantelzession** | Der Kreditnehmer verpflichtet sich, laufende Forderungen in einer bestimmten Gesamthöhe abzutreten und dem Kreditgeber in vereinbarten Zeitabständen mittels Rechnungskopien und Debitorenlisten einzureichen. Erst mit deren Übergabe erfolgt die Abtretung tatsächlich. |
| **Globalzession** | Es werden alle gegenwärtigen und zukünftigen Forderungen gegenüber einem bestimmten, genau umrissenen **Kundenkreis** abgetreten, beispielsweise Forderungen einzelner Buchstabengruppen oder Regionen.<br><br>Einer ständigen Einreichung von Unterlagen – wie bei der Mantelzession – bedarf es nicht. Der Zessionar wird im Gegensatz zur Mantelzession bereits mit der Entstehung der Forderung Gläubiger dieser Forderung. |

Die **Höhe** der Sicherungsabtretung wird vom Kreditgeber meist mit einem Betrag angesetzt, der um 20 % bis 30 % über dem gewährten Kredit liegt. Diese Reduzierung des Beleihungswertes gründet sich auf dem Risiko eines möglichen Forderungsausfalls sowie auf bestehenden Umsatzschwankungen beim Kreditnehmer. Hierdurch ergibt sich eine **Überdeckung** des zu besichernden Kredits. Es darf jedoch keine (sittenwidrige) **Übersicherung** des Kreditgebers eintreten.

Probleme ergeben sich, wenn auf der abgetretenen Forderung ein verlängerter Eigentumsvorbehalt lastet. Erhebt neben dem Kreditgeber auch der Lieferant der Ware eine

Forderung aus dem Eigentumsvorbehalt, so gilt grundsätzlich eine zeitliche Vorrangigkeit (Prioritätsprinzip).

57 Seite 485

## 2.2.5 GRUNDPFANDRECHTE

Grundpfandrechte sind Kreditsicherheiten, die durch Verpfändung von **unbeweglichem Vermögen** entstehen. Sie haben besondere Bedeutung bei der Sicherung langfristiger Kredite, aber auch kurzfristige Kredite können auf diese Weise gesichert werden.

Ein Grundpfandrecht entsteht durch Eintragung im **Grundbuch**, dem von einem Amtsgericht, inzwischen fast ausschließlich elektronisch geführten Verzeichnis aller Grundstücke des betreffenden Amtsgerichtsbezirks. Das Grundbuch genießt »öffentlichen Glauben«. Sein **Inhalt** besteht für jedes Grundstück aus:

- Der **Grundakte**, die eine Sammlung von Unterlagen darstellt, welche die Eintragungen in das Grundbuch ausgelöst haben, z. B. Kaufverträge.

- Der **Aufschrift**, die den Grundbuchbezirk sowie die Nummer des Bandes und des Grundbuchblattes ausweist.

- Dem **Bestandsverzeichnis**, das die Lage, Art und Größe des Grundstückes sowie die mit dem Eigentum verbundenen Rechte bezeichnet.

- Der **ersten Abteilung**, welche die Namen der Eigentümer sowie den Rechtsgrund und Zeitpunkt des Grundstückserwerbes enthält.

- Der **zweiten Abteilung**, in der Lasten und Beschränkungen des Grundstückseigentumes eingetragen sind, z. B. Nießbrauchrechte, Vorkaufsrechte, Erbbaurechte, Wohnrechte.

- Der **dritten Abteilung**, welche die Grundpfandrechte sowie deren Veränderungen und Löschungen enthält.

Ist ein Grundstück mit **mehreren Rechten** belastet, dann haben diese Rechte grundsätzlich unterschiedlichen **Rang**:

- Bei Rechten derselben Abteilung bestimmt sich das **Rangverhältnis nach** der **Reihenfolge** der Eintragungen.

- Bei Rechten in verschiedenen Abteilungen bestimmt sich das **Rangverhältnis nach** dem **Datum** der Eintragung, wobei Rechte, die am gleichen Tag eingetragen sind, den gleichen Rang erhalten.

Sofern kein Rangvorbehalt (§ 881 BGB) oder nachträglicher Rangrücktritt im Grundbuch eingetragen ist, hat das ältere Recht Vorrang vor dem jüngeren Recht.

**Beispiel:** Ein Grundstück wurde am 01.06.2007 mit 50.000 € als 1. Hypothek, am 30.09.2007 mit 30.000 € als 2. Hypothek und am 11.04.2008 mit 20.000 € als 3. Hypothek belastet. Der Gläubiger der ersten Hypothek betreibt die Zwangsversteigerung, die 80.000 € bringt.

| | |
|---|---|
| 1. Rang 50.000 € | Erlös aus Zwangsversteigerung 80.000 € |
| 2. Rang 30.000 € | |
| 3. Rang 20.000 € | |

Wie zu sehen ist, werden die Gläubiger der 1. und 2. Hypothek befriedigt, der Gläubiger der 3. Hypothek geht leer aus.

Die **Arten** der Grundpfandrechte zur Sicherung von Krediten sind:

Ein weiteres Grundpfandrecht stellt die **Rentenschuld** dar, bei der aus dem Grundstück in regelmäßigen Zeitabständen eine bestimmte Geldsumme, die Rente, zu zahlen ist (§ 1199 BGB). Die Rentenschuld besitzt für die Zwecke der Kreditsicherung keine nennenswerte Bedeutung.

### 2.2.5.1 HYPOTHEK

Die Hypothek (§§ 1113 - 1190 BGB) ist ein Pfandrecht an einem Grundstück, das der Sicherung einer Forderung dient. Die Höhe der Hypothek richtet sich stets nach der Höhe der Forderung (Akzessorietät). So besteht für den Gläubiger ein dinglicher Anspruch an ein Grundstück und gleichzeitig ein persönlicher Anspruch an den Schuldner.

Die Hypothek kommt zu Stande durch:

- **Einigung** zwischen dem Kreditgeber und dem Grundstückseigentümer,
- **Eintragung** der Hypothek in das Grundbuch unter Nennung:
  - ▶ Des Gläubigers
  - ▶ Des Geldbetrages der Forderung
  - ▶ Des Zinssatzes
  - ▶ Des Geldbetrages von Nebenleistungen, sofern diese vereinbart sind
- **Briefübergabe** sofern eine Briefhypothek gegeben ist.

Folgende **Arten** von Hypotheken sind zu unterscheiden:

- Die **Verkehrshypothek**, bei welcher ein gutgläubiger Erwerb durch Dritte aufgrund der Eintragung ins Grundbuch möglich ist. Sie kann sein:

| | |
|---|---|
| **Brief-hypothek** | Das Grundbuchamt bestätigt den Grundbucheintrag durch eine öffentliche Urkunde, den **Hypothekenbrief**. Er kann schriftlich abgetreten und verpfändet werden, auch ohne dass damit ein Grundbucheintrag notwendig wird. |
| **Buch-hypothek** | Es wird nur eine Eintragung in das Grundbuch vorgenommen, ohne dass der Gläubiger eine Urkunde über sein Pfandrecht erhält. Eine Abtretung bedarf einer Umschreibung im Grundbuch, die vom Gläubiger notariell bewilligt werden muss. |

Die Verkehrshypothek hat folgende, weitere **Merkmale**:

- Der **»öffentliche Glaube«** des Grundbuchs wird auf die Forderung übertragen. Die Grundbucheintragung bestimmt die Höhe der Forderung, auf die der Gläubiger sich berufen kann und sie nicht nachweisen muss.
- Die Möglichkeiten zur **Einrede** des Gläubigers, z. B. in Form von Zahlungsstundungsvereinbarungen, sind beschränkt und müssen aus dem Grundbuch ersichtlich sein.
- Die Hypothek kann nach Erlöschen der Forderung nicht wieder aufleben, sondern wandelt sich in eine **Eigentümergrundschuld**.

- Die **Sicherungshypothek**, bei der sich ein Erwerber nicht auf die Eintragung im Grundbuch berufen kann (§ 1184 BGB). Sie ist grundsätzlich eine **Buchhypothek** (§ 1185 BGB) und wird zumeist durch Gerichtsbeschluss eingetragen.

- Die **Höchstbetragshypothek**, bei der das Grundstück bis zur Höhe des im Grundbuch eingetragenen Höchstbetrages haftet (§ 1190 BGB). Grundsätzlich kommt die Höchstbetragshypothek als eine **Buchhypothek** vor.

Die Hypothek begründet einen dinglichen Anspruch auf Duldung der **Zwangsvollstreckung**, der bei Fälligkeit der gesicherten Forderung geltend gemacht werden kann. Dazu ist ein **vollstreckbarer Titel** erforderlich, der:

- Im Mahn- und Klageverfahren erworben werden kann

- Durch Ausfertigung einer vollstreckbaren Urkunde durch einen Notar oder ein Gericht entsteht, wenn der Schuldner sich bei der Bestellung der Hypothek der sofortigen Zwangsvollstreckung unterworfen hat (**Zwangsvollstreckungs - oder Unterwerfungsklausel** nach § 794 ZPO).

**Formen** der Zwangsvollstreckung sind:

- Die **Zwangsversteigerung**, bei welcher der Gläubiger den Versteigerungserlös bis zur Höhe seiner Forderung erhält, der in der öffentlichen Versteigerung erzielt wurde. Den Rest erhalten die nachrangigen Gläubiger, sonst der vorherige Eigentümer.

- Die **Zwangsverwaltung**, bei der vom Gericht ein Verwalter bestellt wird, welcher dem Gläubiger die Erträgnisse des Grundstückes, beispielsweise Miet- und Pachtzinsen, nach Abzug der Kosten zuführt.

Die Hypothek kann – vor allem als Verkehrshypothek – im langfristigen Kreditgeschäft als Sicherheit dienen, wobei sie aber in der Praxis **kaum Anwendung** findet.

### 2.2.5.2 GRUNDSCHULD

Die Grundschuld (§§ 1191 - 1198 BGB) ist – im Gegensatz zu der Hypothek – ein Grundpfandrecht, das nicht das Bestehen einer Forderung voraussetzt, d. h. nicht akzessorisch, sondern **fiduziarisch** ist. Durch die Eintragung einer Grundschuld entsteht nur ein dinglicher Anspruch an das Grundstück, nicht aber ein persönlicher Anspruch an den Schuldner (Abstraktheit der Grundschuld).

Bei einem Kredit, der durch eine Grundschuld abgesichert wird, wird zwischen dem Darlehen und der Grundschuld der rechtliche Zusammenhang durch den Sicherungsvertrag (Sicherungsabrede) hergestellt (Sicherungsgrundschuld).

Für die Grundschuld gelten – mit Ausnahme der rechtlichen Abhängigkeit zwischen Grundpfandrecht und Forderung – die gleichen Vorschriften wie für die Hypothek. Entsprechend sind zu unterscheiden:

- Briefgrundschuld
- Buchgrundschuld.

Eine Besonderheit ist die **Eigentümergrundschuld** (§ 1196 BGB), die entsteht, indem:

- Die **Rückzahlung einer Hypothek** grundsätzlich mit dem Wert dieser Rückzahlungen zu einer Eigentümergrundschuld wird (§§ 1163, 1177 BGB),

- Ein Grundstückseigentümer die Eigentümergrundschuld **im Grundbuch eintragen** lässt, um damit einen bevorzugten Rangplatz für einen später aufzunehmenden Kredit freizuhalten, die dann an den Kreditgeber abgetreten werden kann.

Die Grundschuld dient insbesondere im Kurz- wie auch im langfristigen Kreditgeschäft als Sicherheit, im Gegensatz zur Hypothek auch bei schwankendem Kapitalbedarf. Sie wird ausschließlich aufgrund ihrer größeren **Praktikabilität** von Kreditgebern gefordert. Gründe hierfür sind:

- Einwendungen aus dem Grundgeschäft können nicht erhoben werden.

- Der Bestand der Grundschuld wird durch Änderungen des Kreditbetrages nicht berührt.

- Bereits eingetragene Eigentümergrundschulden können für sich ändernde Kreditbedürfnisse abgetreten werden.

58 Seite 485

# 3. KURZFRISTIGE FREMDFINANZIERUNG

Die kurzfristige Fremdfinanzierung ist die Zuführung von Fremdkapital, dessen Verfügbarkeit im Unternehmen ein Jahr grundsätzlich nicht übersteigt. Unabhängig davon werden Warenkredite aller Art der kurzfristigen Fremdfinanzierung zugerechnet.

Ihre **Formen** sind:

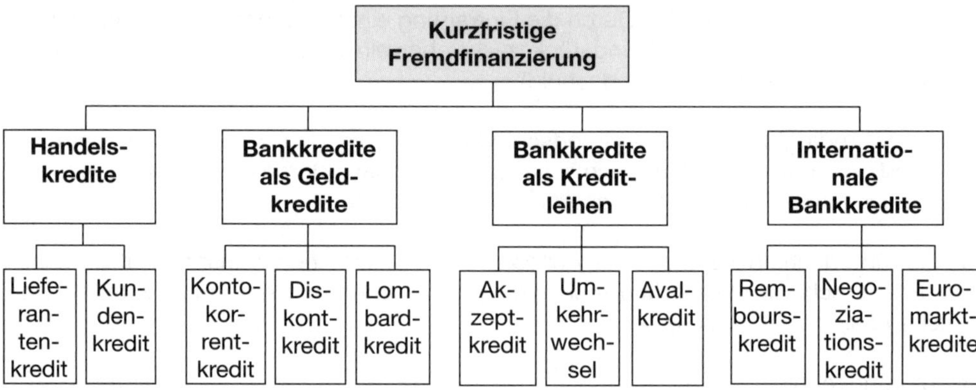


Für ein fremdfinanzierendes Unternehmen wird es nicht *den* optimalen Kredit geben, für den es sich entscheidet, sondern es werden sich – auch unter Einbeziehung des langfristigen Fremdkapitals – für die jeweiligen betrieblichen Situationen geeignete **Kombinationen von Krediten** anbieten.

Zu den Formen der kurzfristigen Fremdfinanzierung können auch das **Factoring** und die **Forfaitierung** gerechnet werden. Da sie zwar eher, aber nicht ausschließlich kurzfristigen Charakter haben, sollen sie als Kreditsubstitute mit den eher, aber nicht ausschließlich langfristigen Formen der Fremdfinanzierung, wie sie die **Asset-Backed Securities** und das **Leasing** darstellen, gemeinsam behandelt werden:

## 3.1 HANDELSKREDITE

Handelskredite sind Kredite, die von den **Handelspartnern** des Unternehmens gewährt werden. Danach lassen sich unterscheiden:

- **Lieferantenkredite**
- **Kundenkredite**.

Kreditinstitute kommen als Kreditgeber nur indirekt in Betracht, da sie einen der Kredit gebenden Handelspartner entsprechend refinanzieren können.

### 3.1.1 LIEFERANTENKREDIT

Dem Lieferantenkredit liegt ein Kaufvertrag zwischen einem Lieferanten als Kreditgeber und einem Abnehmer als Kreditnehmer zu Grunde, der Waren oder Dienstleistungen unter Stundung des Kaufpreises – also **auf Ziel** – erhält. Er kann grundsätzlich gewährt werden als:

- **Buchkredit**, bei dem die Ware oder Dienstleistung geliefert wird, und die Zahlung innerhalb eines bestimmten Zeitraumes – der Skontofrist – unter Abzug des Skontosatzes vom Rechnungsbetrag oder innerhalb der Zahlungsfrist ohne Abzug des Skontosatzes vom Rechnungsbetrag vorgenommen werden kann.

  **Beispiel** für Zahlungsbedingungen: »Zahlbar innerhalb 30 Tagen netto Kasse oder innerhalb 10 Tagen abzüglich 3 % Skonto.«

  In vielen Fällen betragen die **Skontofristen** bis zu 14 Tagen, die **Skontosätze** zwischen 1 und 3 % sowie die **Zahlungsfristen** zwischen 10 und 40 Tagen. Es ist auch möglich, die Skontosätze in den Zahlungsbedingungen zu staffeln.

  **Beispiel** für die Staffelung der Skontosätze: »Zahlbar innerhalb von 10 Tagen abzüglich 3 % Skonto, innerhalb von 20 Tagen abzüglich 2 % Skonto.«

- **Wechselkredit**, bei dem der Lieferant einen Wechsel auf den Abnehmer zieht, den dieser akzeptiert. Hierauf wird – als Diskontkredit – näher auf Seite 310 eingegangen.

Der Lieferantenkredit darf nicht mit Krediten von Lieferanten verwechselt werden, die dazu dienen, die Geschäftsausstattung eines potenziellen Abnehmers z. B. im Rahmen des Franchising zu finanzieren. Das sind **Ausstattungskredite**, die langfristig und meist als Barkredite gewährt sowie vom Abnehmer über die gelieferten Waren zurückgezahlt werden, z. B. als Kredite bei der Einrichtung von Gaststätten und Tankstellen.

Mit der Gewährung eines Lieferantenkredites verfolgt der Lieferant vor allem **absatzpolitische Ziele**. Er will seinen Umsatz vergrößern und den Abnehmer an sich binden, was dazu führen kann, dass es – bei einer dauerhaften Beziehung zwischen dem Lieferanten und dem Abnehmer – zu einer langfristigen Kreditgewährung kommt, da immer wieder neue Lieferantenkredite entstehen.

Finanzwirtschaftliche Überlegungen sind insbesondere vom belieferten Unternehmen anzustellen. Sie untersuchen die Alternativen der Zielzahlung bzw. des Skontoabzugs unter Rentabilitätsaspekten.

Die Effektivverzinsung entspricht den **Kapitalkosten**, die dem Abnehmer entstehen und mithilfe der folgenden praxisüblichen Faustformel* ermittelt werden können:

---

* Genauer lässt sich der Zinssatz in Anlehnung an *Däumler*, Betriebliche Finanzwirtschaft, S. 244 f. ermitteln:

**Verbesserte Faustformel:** $r = \frac{S}{1 - 0{,}01\,S} \cdot \frac{365}{z - s}$

Formel zu Ermittlung des **effektiven Zinssatzes:** $r_{eff} = \left(1 + \frac{r}{\frac{365}{z - s}}\right)^{\frac{365}{z - s}} - 1$

$$r = \frac{S}{z - s} \cdot 360$$

r = Jahresprozentsatz (%)
s = Skontofrist (Tage)
S = Skontosatz (%)
z = Zahlungsziel (Tage)

**Beispiel:** Die Metall-Vertriebsgesellschaft mbH verkauft der Maschinenbau GmbH Rohstoffe, die binnen 10 Tagen abzüglich 3 % Skonto, binnen 30 Tagen netto Kasse zu zahlen sind.

Die Kapitalkosten betragen $\frac{3}{30 - 10} \cdot 360 =$ **54 %** für die Maschinenbau GmbH.

Eine genauere Ermittlung des **Opportunitätssatzes** der Kapitalkosten ergibt:

$$r = \frac{3}{1 - 0{,}3} \cdot \frac{365}{30 - 10} = 78{,}21\ \%$$

Die starke Abweichung des effektiven Zinssatzes vermindert sich mit zunehmendem Zahlungsziel.

Wie zu sehen ist, sind die Kapitalkosten für einen Lieferantenkredit beträchtlich, die als Opportunitätskosten im Sinne eines entgangenen Skontoabzugs aufgefasst werden können. Sie können vermindert werden, indem die **Skontobezugsspanne** – das ist die Differenz aus Zahlungsziel und Skontofrist – verlängert wird.

Mitunter geschieht das dadurch, dass der Abnehmer den Lieferantenkredit beansprucht, das Zahlungsziel aber überschreitet, ohne dass der Lieferant aus einer schwächeren Marktposition heraus die Möglichkeit sieht, Verzugszinsen in Rechnung zu stellen.

**Beispiel:** Zahlt der Abnehmer aus dem obigen Beispiel erst nach 45 Tagen, dann vermindern sich seine Kapitalkosten von 54 % auf 30,9 %. Um aber auf einen bankähnlichen Zinssatz zu kommen, müsste das Zahlungsziel – bei gleicher Skontofrist – auf 100 bis 145 Tage ausgedehnt werden, was Kapitalkosten zwischen 8 und 12 % entsprechen würde.

Die **Sicherung** des Lieferantenkredites erfolgt vielfach durch Vereinbarung des Eigentumsvorbehaltes.

**Nachteile** des Lieferantenkredites sind für den Kreditnehmer:

- Die Höhe der Kapitalkosten
- Die Gefahr der Abhängigkeit zum Lieferanten
- Die Unkenntnis des effektiven Zinssatzes
- Die Beeinträchtigung der Kreditwürdigkeit beim Bekanntwerden einer starken Inanspruchnahme.

**Vorteile** des Lieferantenkredites für den Kreditnehmer können sein:

- Die Schnelligkeit der Kreditgewährung
- Die Bequemlichkeit der Kreditgewährung

- Die Formlosigkeit der Kreditgewährung
- Das Fehlen einer systematischen Kreditprüfung
- Die Entlastung der Kreditlinie bei Banken
- Die Kreditgewährung trotz ausgeschöpfter Kreditlinien
- Die Schonung eigener Sicherheiten aufgrund der Kreditsicherung durch Eigentumsvorbehalt.

Der Lieferantenkredit wird – trotz seiner erheblichen Nachteile – besonders von kleineren Unternehmen in Anspruch genommen, die über eine geringe Kapitalausstattung und wenig Sicherheiten verfügen und hierdurch nicht in ausreichendem Maße von Kreditinstituten Kreditlinien zur Verfügung gestellt bekommen.

Die Abnehmer von Waren und Dienstleistungen sollten einen Lieferantenkredit nur dann nutzen, wenn ihnen alternative Finanzierungsmöglichkeiten verschlossen sind. Dies umso mehr, je höher sich die Skontosätze und je kürzer sich die Skontobezugsspannen darstellen.

In Unternehmen mit normaler Finanzierungslage wird oftmals zwingend der Skontoabzug vorgeschrieben, da selbst ein hierfür aufzunehmender Kontokorrentkredit geringere Kosten verursacht. Dementsprechend gilt die Nichtinanspruchnahme von angebotenen Skonti als eine Schwäche, die auf eine gefährdete Unternehmenslage hinweist. Die Akzeptanz hoher Opportunitätskosten lässt auf vorliegende Liquiditätsschwächen schließen.

Bei der Inanspruchnahme eines Lieferantenkredites ist es für den Abnehmer vorteilhaft, den spätest möglichen Zeitpunkt für die Zahlung zu wählen.

59 > Seite 486

## 3.1.2 Kundenkredit

Dem Kundenkredit liegt eine vertragliche Vereinbarung zwischen einem Kunden als Kreditgeber und einem Lieferanten als Kreditnehmer zu Grunde, der Leistungen erstellt. Vielfach wird auch gesprochen von:

- Abnehmerkredit
- Vorauszahlungskredit
- Anzahlung
- Kundenanzahlung

Der Kundenkredit ist dort eine häufig genutzte Finanzierungsalternative, wo zwischen der Planung und Fertigstellung einer Leistung erhebliche Zeit – mitunter mehrere Jahre – liegt und die Leistung auf die speziellen Bedürfnisse des Kunden ausgerichtet ist. Deshalb kommt ihm besonders im Großanlagenbau, Großmaschinenbau, Wohnungsbau und Schiffsbau eine besondere **Bedeutung** zu.

Der Kundenkredit kann dem Lieferanten vor allem zu drei **Zwecken** dienen:

- Mit dem Kundenkredit wird die **Liquidität** des Lieferanten günstig beeinflusst, da sich der Abnehmer an der Deckung seines Kapitalbedarfes beteiligt. Dies ist umso wichtiger, je kosten- und zeitaufwändiger die Erstellung einer Leistung ist. Damit kann der Kundenkredit als Finanzierungshilfe gesehen werden.

- Mit einer Beteiligung des Abnehmers an den entstandenen **Kosten** durch die Bereitstellung von Kreditbeträgen hat der Lieferant eine gewisse Sicherheit dafür, dass der Abnehmer zahlungsfähig ist.

- Mit der Bereitstellung von Kreditbeträgen durch den Abnehmer verbindet sich eine gewisse **Sicherheit** für den Lieferanten, dass der Abnehmer weiterhin an der Leistung interessiert ist und sie abgenommen wird, was umso wichtiger ist, je mehr die Leistung auf die spezifischen Erfordernisse des Abnehmers ausgerichtet ist.

Was die **Höhe** des Kundenkredites und den **Zeitpunkt** bzw. die **Zeitpunkte** seiner Zahlung durch den Abnehmer betrifft, kann dies sehr unterschiedlich geregelt sein. Drei wichtige Einflussfaktoren lassen sich indes erkennen:

- Es haben sich **branchenübliche Zahlungsbedingungen** herausgebildet, die als bedeutsame Anhaltspunkte betrachtet werden können.

  **Beispiel:** Im Wohnungsbau gelten vielfach folgende Zahlungsbedingungen:

  ▸ Ein Drittel des Kaufpreises bei Vertragsabschluss.
  ▸ Ein Drittel des Kaufpreises bei Rohbaufertigstellung.
  ▸ Ein Drittel des Kaufpreises bei Gesamtfertigstellung.

- Die **Marktstellung des Lieferanten**, aber auch des Abnehmers wirkt sich auf die Höhe und den Zeitraum des Kundenkredites aus. Je stärker die Position eines der beiden Vertragspartner ist, umso mehr kann er sich dies zu Nutze machen.

- Die **Auftragslage des Lieferanten**, aber auch der übrigen Unternehmen in der Branche, ist von Bedeutung. Bei guter Auftragslage hat der Lieferant eine stärkere Position, hingegen muss er Zugeständnisse machen, wenn die Auftragslage schlecht ist und er unbedingt Aufträge benötigt.

Werden beim Kundenkredit keine Zinsen berechnet, muss doch davon ausgegangen werden, dass die **Zinsen** eine **kalkulatorische Berücksichtigung** erfahren. Das bedeutet, dass der Rechnungspreis für eine vom Lieferanten erbrachte Leistung umso höher sein wird, je später eine oder mehrere Zahlungen liegen. Am höchsten wird er sein, wenn die Leistung erst nach Fertigstellung bezahlt wird.

**Beispiel:** Eine Großanlage wird innerhalb von 4 Jahren erstellt. Die Kalkulation ergibt, dass sie nach Fertigstellung am Ende des 4. Jahres mit 20.000.000 € in Rechnung zu stellen wäre. Es wird aber vereinbart, dass der Kunde vier gleiche Raten, jeweils zum Ende eines Jahres zahlt. Der Kalkulationszinsfuß beträgt 10 %.

Die Raten ergeben sich, indem mit dem Restwertverteilungsfaktor gerechnet wird:

$$20.000.000 \cdot \frac{q-1}{q_n-1} = 20.000.000 \cdot 0{,}215471 = \mathbf{4.309.420\ €}$$

Der gesamte Rechnungsbetrag vermindert sich damit von 20.000.000 € auf 4 · 4.309.420 €, das sind 17.237.680 €.

Ob nun die Zahlung von Zinsen innerhalb des Kundenkredit vorgesehen ist, hängt stark von der Marktstellung bzw. Marktmacht der jeweils Beteiligten ab, welche dann eine Möglichkeit des Diktats von Konditionen haben.

Als **Sicherheit** dient beim Kundenkredit häufig eine Bankbürgschaft. Im Übrigen können Konventionalstrafen oder Garantien vereinbart sein.

60 Seite 486

## 3.2 BANKKREDITE

Die kurzfristige Fremdfinanzierung wird zu einem erheblichen Teil zwischen dem Kapital suchenden Unternehmen und einem Kreditinstitut abgewickelt.

Die kurzfristigen Bankkredite sollen unterteilt werden in:

- **Bankkredite als Geldkredite**
- **Bankkredite als Kreditleihen**
- **Internationale Bankkredite**.

Die internationalen Bankkredite können auch Geldkredite oder Kreditleihen sein.

### 3.2.1 BANKKREDITE ALS GELDKREDITE

Bei Bankkrediten, die Geldkredite sind, stellt das Kreditinstitut dem Unternehmen Geld zur Verfügung. Im Gegensatz dazu gibt das Kreditinstitut bei Kreditleihen lediglich seine Kreditwürdigkeit. Bankkredite als Geldkredite sind:

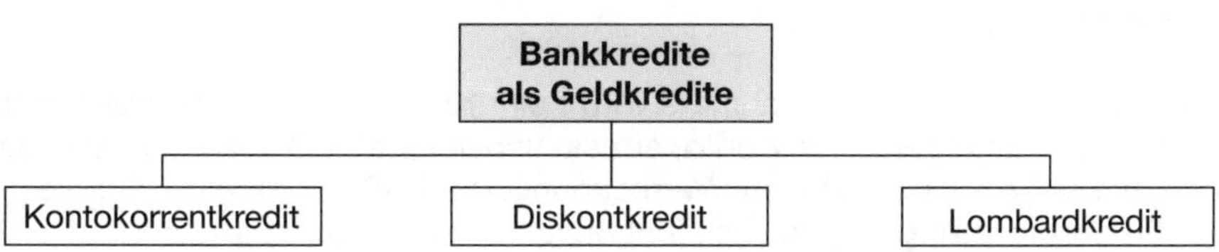


#### 3.2.1.1 KONTOKORRENTKREDIT

Beim Kontokorrentkredit (§§ 355 - 357 HGB) räumt ein Kreditinstitut einem Kreditnehmer einen Kredit in einer bestimmten Höhe ein, der vom Kreditnehmer seinem Bedarf entsprechend bis zu einem vereinbarten Maximalbetrag – der **Kreditlinie** – in Anspruch genommen werden kann. Gegebenenfalls ist aber auch ein Überschreiten der Kreditlinie – als **Überziehungskredit** – möglich.

Der Kontokorrentkredit ist ein kurzfristiger Kredit. Seine Laufzeit wird meist auf sechs Monate bis zu einem Jahr vereinbart. Sofern der Kreditnehmer keinen Anlass zur Auflösung des Vertragsverhältnisses gibt, wird der Kontokorrentkredit **prolongiert**, sodass er von langfristiger Wirkung sein kann.

Die Einräumung eines Kontokorrentkredites durch ein Kreditinstitut setzt üblicherweise voraus, dass der Kreditnehmer seinen Zahlungsverkehr zu einem erheblichen Teil über das Kreditinstitut abwickelt.

Das Kreditinstitut kann aber auch eine **Ausschließlichkeitserklärung** vom Kreditnehmer fordern, mit der sich dieser verpflichtet, sämtliche Zahlungsvorgänge über das Kreditinstitut abzuwickeln. Damit will es sich einen ständigen Einblick in die wirtschaftliche Lage des Kreditnehmers verschaffen. Die Unabhängigkeit des Kreditnehmers wird hierdurch stark eingeschränkt.

Mit der Kenntnis der finanziellen Situation, in der sich der Kreditnehmer befindet, wird den Sicherheitsüberlegungen des Kreditinstitutes meist jedoch noch nicht in ausreichender Weise Rechnung getragen. Für die Einräumung des Kontokorrentkredites kann das Kreditinstitut deshalb die Stellung von **Sicherheiten** fordern, die vor allem sein können:

- ▶ Bürgschaft
- ▶ Pfandrecht
- ▶ Sicherungsübereignung
- ▶ Zession
- ▶ Grundschuld

Der Kontokorrentkredit dient dazu, kurzzeitige Schwankungen beim Kapitalbedarf des Unternehmens abzudecken. Typische **Formen** des Kontokorrentkredites sind:

- **Betriebskredite**, mit deren Hilfe beispielsweise Lohn- und Gehaltszahlungen, Skontoausnutzungen oder Beschaffungen von Roh-, Hilfs- und Betriebsstoffen finanziert werden.

- **Saisonkredite**, mit deren Hilfe Beschäftigungsspitzen finanziert werden.

- **Zwischenkredite**, die der Vorfinanzierung z. B. von Bauvorhaben und Emissionen von Wertpapieren dienen.

Der Zahlungsverkehr des Kreditnehmers wird beim Kreditinstitut im Kontokorrent, dem in laufender Rechnung geführten Konto, erfasst und in regelmäßigen Zeitabständen verrechnet. Das HGB sieht eine jährliche Verrechnung, die AGB der Kreditinstitute eine **vierteljährliche Verrechnung** vor, soweit nicht etwas anderes vereinbart ist.

Der sich bei der Verrechnung ergebende Saldo ist für die Rechtsbeziehung zwischen Kreditgeber und Kreditnehmer maßgeblich. Mit seiner Ermittlung verlieren die einzelnen im Kontokorrent erfassten Zahlungsvorgänge ihre Selbstständigkeit.

Der Kontokorrentkredit ist sehr **flexibel** einsetzbar. Der Kreditnehmer kann selbst festlegen, in welcher Höhe er den Kredit in Anspruch nimmt und wofür er ihn einsetzt. Dafür sind aber auch erhebliche Kapitalkosten zu zahlen, die sich zusammensetzen können aus:

<table>
<tr><th colspan="2">Kapitalkosten des Kontokorrentkredites</th></tr>
<tr><td>Sollzinsen</td><td>Sie werden für den in Anspruch genommenen Kredit berechnet und liegen vielfach etwa bei ca. 4 - 8 % über den Geldmarktsätzen bzw. über dem Hauptrefinanzierungszinssatz der Europäischen Zentralbank, sofern keine Kreditprovision berechnet wird. Ihre Höhe ist stark abhängig von der Bonität und der Nachfragemacht des Kreditnehmers.<br><br>Beträgt der Refinanzierungssatz des Kreditinstituts z. B. 4 %, dann liegen die Sollzinsen für den Kontokorrentkredit zwischen 8 und 12 %.</td></tr>
<tr><td>Kredit-provision</td><td>Sie kann als Zuschlag zu den Sollzinsen oder als Bereitstellungsprovision berechnet werden:<br><br>• Als Zuschlag zu den Sollzinsen gilt im Allgemeinen die Vereinbarung:<br><table><tr><td>Sollzinsen</td><td>Refinanzierungszinssatz + 1,5 % p.a.</td></tr><tr><td>Kreditprovision</td><td>0,25 % je Monat von der jeweiligen höchsten Inanspruchnahme eines Monats im Rahmen des zugesagten Kredites.</td></tr></table><br>• Als Bereitstellungsprovision sind zwei mögliche Vereinbarungen gebräuchlich:<br><table><tr><td>Sollzinsen</td><td>Refinanzierungszinssatz + 4,5 % p.a. vom in Anspruch genommenen Kredit.</td></tr><tr><td>Kreditprovision</td><td>3 % p.a. vom zugesagten Kredit, soweit er nicht in Anspruch genommen wird.</td></tr></table><br>oder<br><table><tr><td>Sollzinsen</td><td>Refinanzierungszinssatz + 1,5 % p.a. vom in Anspruch genommenen Kredit.</td></tr><tr><td>Kreditprovision</td><td>3 % p.a. vom zugesagten Kredit.</td></tr></table><br>Beide Berechnungsverfahren führen zum gleichen Ergebnis.</td></tr>
<tr><td>Über-ziehungs-provision</td><td>Sie wird zusätzlich zu den Sollzinsen berechnet, wenn die Kreditlinie ohne ausdrückliche Vereinbarung betragsmäßig oder zeitlich überschritten wird.<br><br>Das Kreditinstitut verlangt normalerweise 1,5 % p.a. vom Betrag der Überziehung. Bei verminderten Sollzinsen – 1,5 % anstelle 4,5 % über Refinanzierungszinssatz – erhöht sich die Überziehungsprovision um den Differenzbetrag von 3 % auf 4,5 % p.a.</td></tr>
<tr><td>Umsatz-provision</td><td>Sie wird als Entgelt für die Kontoführung und für die Bereitstellung der banktechnischen Einrichtungen auf unterschiedliche Weise berechnet.<br><br>Üblich ist es, 1 % p.a. vom in Anspruch genommenen Kreditbetrag oder 0,125 bis 1 % des Umsatzes auf der größeren Kontoseite oder eine Postengebühr (von ca. 0,25 €) zu berechnen.</td></tr>
<tr><td>Barauslagen</td><td>Sie fallen für fremde Spesen, Gebühren, Porti usw. an.</td></tr>
</table>

Einen **Vergleich der effektiven Kapitalkosten** bei verschiedenen Kreditinstituten vorzunehmen, ist schwierig:

- Einerseits kann – was notwendig wäre – die künftige Ausschöpfung der Kreditlinie nicht ohne Weiteres vorhergesagt werden.

- Andererseits sind die Berechnungsmodalitäten der Kreditinstitute nach Höhe und Art nicht einheitlich.

Damit verhindern oder erschweren die Kreditinstitute eine **Markttransparenz**.

Seit 2003 weist die Bundesbank in ihren Monatsberichten die Kontokorrentkredite nur noch unter dem Oberbegriff **Überziehungskredite** aus. Diese sind aufgeteilt in:

- Kredite an private Haushalte, einschließlich der Einzelkaufleute

- Kredite an nichtfinanzielle Kapitalgesellschaften, einschließlich Personengesellschaften, aber ausschließlich von Banken und Versicherungen.

Im Jahr 2007 haben sich die Effektivzinssätze und das Neugeschäftsvolumen verändert.

| **Zinssätze für Überziehungskredite** | | | | |
|---|---|---|---|---|
| | Überziehungskredite an private Haushalte inkl. Einzelkaufleute | | Überziehungskredite an nichtfinanzielle Kapitalgesllschaften, inkl. Personengesellschaften | |
| Zeitraum | Effektivzinssatz | Neugeschäftsvolumen in Mrd. € | Effektivzinssatz | Neugeschäftsvolumen in Mrd. € |
| 01/2007 | 10,14 | 4.610 | 5,94 | 748 |
| 04/2007 | 10,29 | 4.692 | 6,12 | 753 |
| 07/2007 | 10,49 | 4.752 | 6,30 | 752 |
| 10/2007 | 10,64 | 4.772 | 6,53 | 751 |

### 3.2.1.2 Diskontkredit

Der Diskontkredit ist ein Wechselkredit*, an dem zunächst drei **Partner** unmittelbar beteiligt sind:

- Der **Lieferant** einer Ware, der einen Wechsel in Höhe des Rechnungsbetrages auf den Abnehmer zieht.

- Der **Abnehmer** der Ware, der den Wechsel akzeptiert und an den Lieferanten zurückgibt.

* Der Wechsel ist ausführlich auf Seite 155 ff. beschrieben.

- Das **Kreditinstitut**, das den Wechsel vor dem Zeitpunkt seiner Fälligkeit vom Lieferanten ankauft und ihm die abgezinste Wechselsumme bereitstellt.

Die Höhe des Diskontkredites, der von einem Kreditinstitut gewährt wird, ist für den einzelnen Kunden begrenzt und kommt in der **Diskontlinie** zum Ausdruck, die ihm das Kreditinstitut einräumt. Ob überhaupt Wechsel diskontiert werden und wie hoch die Diskontlinie ist, hängt wesentlich von der Kreditwürdigkeit des Kunden ab.

Das Kreditinstitut hatte bis 1998 im Rahmen eines bestimmten Kontingentes die Möglichkeit, den angekauften Wechsel zur **Rediskontierung** an die Landeszentralbank einzureichen, um sich bei der Bundesbank zum Diskontsatz zu refinanzieren.

Mit dem Übergang der Zuständigkeit für die Geld- und Zinspolitik auf die Europäische Zentralbank war diese Möglichkeit der notenbankgetragenen Refinanzierungsgeschäfte für Kreditinstitute seit 1999 entfallen. Inzwischen werden aber wieder Wechseldiskontgeschäfte von der Bundesbank durchgeführt.

Seit diesem Zeitpunkt wird auch der Diskontsatz, der einen Leitzinssatz für Deutschland darstellte, nicht mehr von der Deutschen Bundesbank festgelegt. Kreditinstitute, die Wechsel auch noch heute ankaufen, verwenden für die Zinsbestimmung u. a. laufzeitkongruente **Interbankensätze** des Geldmarktes (z. B. EURIBOR) mit dem Aufschlag einer kundenindividuellen Marge.

Der Diskontsatz, der zum Teil Referenzzinssatz in Kreditverträgen sein konnte, wurde zwischen 1999 und 2001 durch einen **Refinanzierungszinssatz**, der sich an den langjährigen Refinanzierungsgeschäften der EZB orientierte, ersetzt.

Jetzt ist der Basiszins dem Zinssatz des bürgerlichen Gesetzbuches (§ 247 BGB) angeglichen und orientiert sich bei seiner halbjährlichen Anpassung (Januar/Juli) am Hauptrefinanzierungsinstrument der EZB.

Für den Diskontkredit gilt grundsätzlich folgender **Ablauf**:

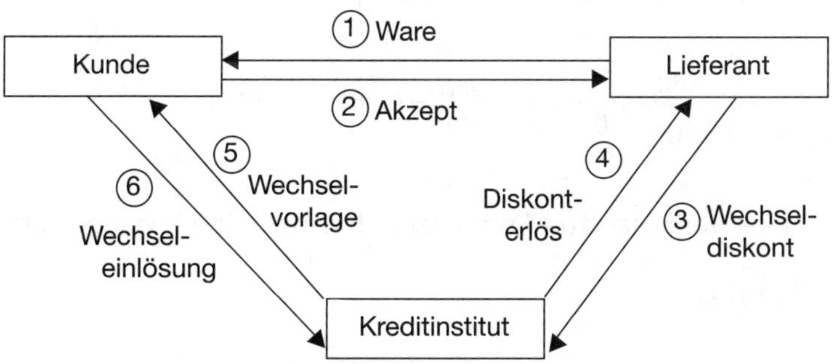


Der Diskontkredit erfährt seine **Sicherung** zum einen durch das strenge Wechselrecht. Außerdem wird zwischen dem Lieferanten und dem Abnehmer meist ein Eigentumsvorbehalt vereinbart.

Mithilfe des Diskontkredites ist es möglich, den Kreditspielraum eines Unternehmens zu erweitern. Das kann zudem noch mit relativ geringen **Kapitalkosten** – insbesondere im Vergleich zum Lieferantenkredit und Kontokorrentkredit – erfolgen:

| **Kapitalkosten des Diskontkredites** | |
|---|---|
| **Diskont(betrag)** | Das Kreditinstitut zieht ihn von der Wechselsumme ab und behält ihn ein.<br><br>Er ist in seiner Höhe z. B. von Geldmarktsätzen abhängig, die mit unterschiedlichen Fristen (z. B. 1, 2, 3 oder 6 Monate) am Interbankenmarkt gehandelt werden. Sie finden entsprechend der taggenauen Restlaufzeit des Wechsels Verwendung.<br><br>Zugeschlagen wird eine **Marge**, die sich nach der Kreditwürdigkeit und der Marktmacht des Unternehmens bemisst, das den Wechsel beim diskontierenden Kreditinstitut einreicht. Inzwischen gab auch wieder die Bundesbank Sätze für bundesbankfähige Wechsel bis unter 50.000 € bekannt. |
| **Diskontspesen** | Sie sind relativ gering und fallen vor allem für das **Wechselinkasso** und das Einholen von **Auskünften** an. |

Der effektive Zinssatz für den Diskontkredit lässt sich nach der folgenden praxisüblichen **Faustformel*** berechnen:

$$r = \frac{DB + DS}{KB} \cdot \frac{360}{WL}$$

r = Jahreszins
DB = Diskont(betrag)
DS = Diskontspesen
KB = Effektiv verfügbarer Kreditbetrag (Wechselbetrag – DB – DS)
WL = Wechsellaufzeit

**Beispiel:** Wechselbetrag 80.000 € Diskontsatz 6 %
Wechsellaufzeit 90 Tage Diskontspesen 5 €

$$r = \frac{80.000 \cdot 0{,}06 \cdot \frac{90}{360} + 5}{80.000 - (80.000 \cdot 0{,}06 \cdot \frac{90}{360} + 5)} \cdot \frac{360}{90} = 0{,}0612 = \mathbf{6{,}12\ \%}$$

Die Anwendung der **verbesserten Effektivzins-Formel** hätte folgendes Ergebnis:

$$r = \frac{1.200 + 5}{78.795} = 0{,}0152928$$

$$r_{eff} = (1 + 0{,}0152928)^{\frac{365}{90}} - 1 = 0{,}06349 = \mathbf{6{,}35\ \%}$$

* Bei dieser Berechnung bleibt unberücksichtigt, dass die Verzinsung unterjährig und vorschüssig ist. In Anlehnung an *Däumler* (Betriebliche Finanzwirtschaft, S. 252) kann als genauere, der Vereinfachung halber aber auch nachschüssige Berechnung dienen:

Verbesserung der **Faust**formel: $r = \frac{DB + DS}{KB}$

r ist einzusetzen in die Formel zur Ermittlung des **effektiven Zinssatzes** $r_{eff}$ unter Berücksichtigung der Unterjährigkeit:

$$r_{eff} = (1 + r)^{\frac{365}{WL}} - 1$$

Da diese Abweichung erheblich ist, empfiehlt sich für eine genaue Kostenbetrachtung die Effektivzins-Formel.

Die **Kostengünstigkeit** eines Diskontkredites hängt insbesondere von der Höhe der aufgeschlagenen Marge ab. Diese kann bei bester Bonität unter einem halben Prozent liegen, andererseits bei mittlerer Bonität 5 bis 7 Prozent betragen.

**Nachteilig** wirken sich die strengen wechselrechtlichen Vorschriften und die eingeschränkte Anpassungsfähigkeit aus.

61 Seite 487

### 3.2.1.3 LOMBARDKREDIT

Der Lombardkredit ist ein Kredit, den ein Kreditinstitut einem Kreditnehmer gegen die **Verpfändung** von

- Wertpapieren
- Waren
- Wechseln
- Forderungen
- Edelmetallen

gewährt, wobei die verpfändeten Güter nicht in der vollen Höhe ihres Wertes beliehen werden.

Vom Kontokorrentkredit unterscheidet sich der Lombardkredit vor allem dadurch, dass er zu einem festen Termin in voller Höhe bereitgestellt bzw. zurückgezahlt wird. Er weist damit nicht die Flexibilität des Kontokorrentkredites auf, wird aber kurzfristig dann in Anspruch genommen, wenn die Kreditlinie beim Kontokorrentkredit erschöpft ist.

Das Kreditinstitut knüpft bei der Gewährung des Lombardkredites an die zu verpfändenden Güter besondere **Erwartungen**:

- Wertbeständigkeit
- Schnelle Liquidierbarkeit
- Einfache Bewertbarkeit.

Als verpfändbare Güter kommen in Betracht:

- **Wertpapiere**, die hier im Vordergrund stehen, zumal diese vielfach bereits vom Kreditinstitut verwahrt werden, sodass sich eine Übergabe erübrigt.

  Da sie überwiegend börsenmäßig gehandelt werden, ist ihr Wert leicht feststellbar. Außerdem sind sie für die Leistungserstellung des Unternehmens nicht erforderlich, wodurch die Verpfändung nicht zu einer Störung betrieblicher Prozesse führt.

  Die Beleihung von Wertpapieren erfolgt zwischen 50 % und 80 %. Beispielsweise liegt die Beleihungsgrenze von erstklassigen Aktien bei 70 %, von festverzinslichen Wertpapieren bei 80 %.

- **Waren** sind schwieriger zu verpfänden als Wertpapiere. Sie müssen haltbar und marktfähig sein. Die Ermittlung ihres Wertes kann sich schwierig gestalten, gegebenenfalls ist ein Sachverständiger hinzuzuziehen.

  Die Waren werden dem Kreditinstitut normalerweise nicht unmittelbar übergeben, sondern auf den Namen des Kreditinstitutes in einem Lagerhaus eingelagert, wobei der Lagerschein, der das Eigentum an der Ware verkörpert, dem Kreditinstitut übergeben wird. Die **Beleihungsgrenze** für Waren liegt um 50 %, kaum jedoch über 65 %.

  Die Verpfändung von Waren kann nur dann vorgenommen werden, wenn ihre Verfügbarkeit im Unternehmen entbehrlich ist, damit die betrieblichen Prozesse nicht gestört werden. So wird es nicht möglich sein, benötigte Rohstoffe zu verpfänden, um eine für die Fertigung erforderliche Maschine zu beschaffen.

Aus dieser Situation heraus bedient man sich in der betrieblichen Praxis vielfach anstelle des Lombardkredites der **Sicherungsübereignung** der Waren, wobei Eigentum an den als Sicherheit dienenden Gütern zwar auf den Kreditgeber übergeht, der Kreditnehmer aber durch Vereinbarung eines Besitzkonstitutes unmittelbarer Besitzer der Güter bleibt und diese Güter weiter nutzen kann.

Die **Verpfändung von Wechseln, Forderungen und Edelmetallen** hat im Geschäftsverkehr zwischen Unternehmen und Kreditinstituten ebenfalls keine große Bedeutung mehr.

Der Lombardsatz wurde bis 1998 neben dem Diskontsatz als zweiter Leitzinssatz von der Deutschen Bundesbank festgelegt. Ab 1999 löste ihn der Zinssatz für **Spitzenrefinanzierungsfazilitäten** bei den nationalen Notenbanken ab. Diesen Zinssatz legt die Europäische Zentralbank fest. Er stellt im Allgemeinen eine Obergrenze für äußerst kurzfristige Kreditgeschäfte (Tagesgelder) dar.

Die Spitzenrefinanzierungsfazilitäten können auch als kurzfristige Pfandkredite durchgeführt werden und entsprechen daher in ihrem Wesen dem Lombardkredit.

Als Wertpapiere, die zur Besicherung des Kredites hinterlegt werden, sind **»Kategorie-1-Sicherheiten«** bzw. **»Kategorie-2-Sicherheiten«** geeignet, deren Anforderungen von der Europäischen Zentralbank definiert und die von der Europäischen Zentralbank oder den nationalen Zentralbanken auf einer Liste aufgeführt werden.

Die **Kapitalkosten** für den Lombardkredit liegen meist zwischen den Kosten eines Wechseldiskontkredits und den Kosten eines Kontokorrentkredites. Sie umfassen:

| **Kapitalkosten des Lombardkredites** | |
|---|---|
| **Zinsen** | Sie orientieren sich am **Zinssatz** für Spitzenrefinanzierungsfazilitäten der Europäischen Zentralbank. Hinzugeschlagen werden können kundenindividuelle **Margen**, die sich durch das jeweilige Risiko des Kreditnehmers bestimmen. |
| **Sonstige Kosten** | Weitere Kosten können im Rahmen der **Bewertung** (z. B. Sachverständigenkosten), der **Verwahrung** und **Verwaltung** (z. B. Depot- oder Lagerkosten, Versicherungskosten) entstehen. |

Der Lombardkredit ermöglicht es, ohne die Veräußerung von Gütern finanzielle Mittel zu beschaffen und kann besonders dann **vorteilhaft** sein, wenn die Mittel nur für kurze Zeit benötigt werden.

62 Seite 487

## 3.2.2 Bankkredite als Kreditleihen

Im Gegensatz zu den Bankkrediten als Geldkrediten, bei denen das Kreditinstitut dem Unternehmen Geld zur Verfügung stellt, gibt das Kreditinstitut bei Kreditleihen lediglich seine Kreditwürdigkeit. Bankkredite als Kreditleihen sind:

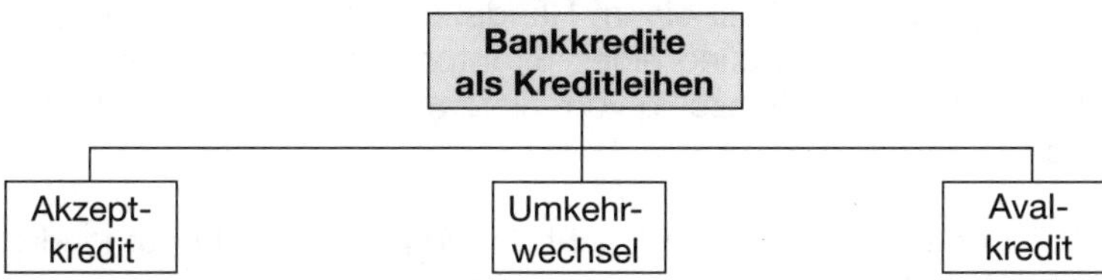


### 3.2.2.1 Akzeptkredit

Der Akzeptkredit ist ein **Wechselkredit***. Er kommt zu Stande, indem der Kunde eines Kreditinstitutes einen Wechsel auf das Kreditinstitut zieht, das den Wechsel akzeptiert.

Der Kunde hat den Wechselbetrag vor dem Zeitpunkt der Fälligkeit des Wechsels beim Kreditinstitut bereitzustellen, üblicherweise als Guthaben auf seinem Kontokorrentkonto. Das Kreditinstitut löst den vom Wechselinhaber vorgelegten Wechsel bei Fälligkeit zu Lasten des Kunden ein.

Das Kreditinstitut stellt also keine Geldmittel bereit, sondern gibt seinen guten Namen her. Damit wird der Wechsel besonders marktfähig. Das Kreditinstitut wird jedoch nur bereit sein, Akzeptkredite an Kunden erster Bonität zu gewähren, denn es wird wechselrechtlich durch sein Akzept zum **Hauptschuldner**.

Für die **Verwertung** des akzeptierten Wechsels gibt es drei Möglichkeiten:

- Er kann einem Lieferanten zahlungshalber weitergegeben werden.
- Er kann einem anderen Kreditinstitut zur Diskontierung vorgelegt werden.
- Er kann vom akzeptierenden Kreditinstitut selbst diskontiert werden.

Der Akzeptkredit hat besondere **Bedeutung** im Außenhandel erlangt.

Die **Sicherung** des Akzeptkredites liegt besonders in den wechselrechtlichen Vorschriften. Seine Kapitalkosten liegen relativ günstig:

---

* Der Wechsel ist ausführlich auf Seite 155 ff. beschrieben.

| Kapitalkosten des Akzeptkredites | |
|---|---|
| **Akzeptprovision** | Sie liegt zwischen 1,2 und 2,5 % p. a. des Nominalbetrages des Wechsels. |
| **Bearbeitungsgebühren** | Sie liegen üblicherweise bie 0,5 % p. a. |

**Zinsen** fallen nicht an, weil Geldmittel nicht zur Verfügung gestellt werden. Im Falle der Diskontierung des akzeptierten Wechsels entstehen **zusätzliche Kapitalkosten**, wie sie beim Diskontkredit beschrieben wurden.

### 3.2.2.2 UMKEHRWECHSEL

Die Finanzierung mithilfe von Umkehrwechseln, die vielfach auch **Scheck-Wechsel-Tauschverfahren** genannt wird, ist ein im Handel genutztes Verfahren. Dabei zahlt der Käufer einer Ware unter Ausnutzung eines Skontos mit einem Scheck – er kann aber auch bar zahlen – und lässt gleichzeitig vom Lieferanten einen Wechsel auf sich ziehen, den er akzeptiert.

Den Wechsel reicht nun der Käufer und nicht der Verkäufer – daher umgedrehter Wechsel oder Umkehrwechsel – üblicherweise zur Refinanzierung der Scheckzahlung seinem Kreditinstitut zum Diskont ein.

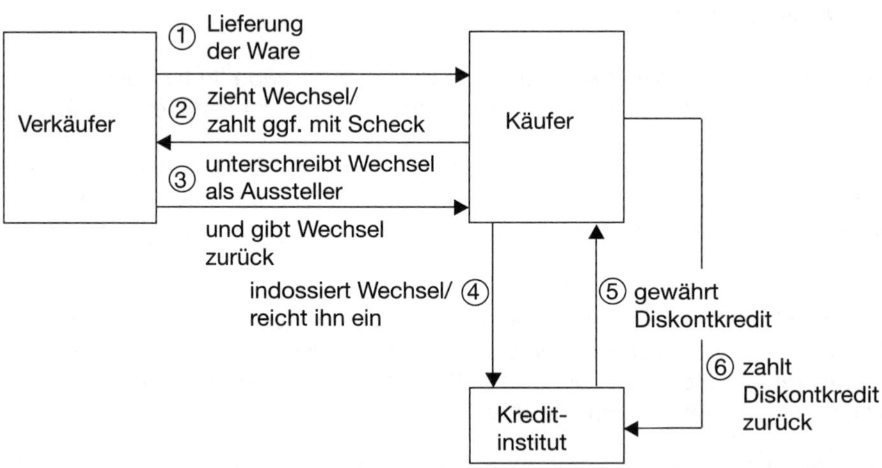


Der **Vorteil** des Umkehrwechsel-Verfahrens ist darin zu sehen, dass der Käufer den Skontoabzug nutzen und zur Finanzierung einen Diskontkredit in Anspruch nehmen kann, soweit dieser günstiger als beispielsweise ein Kontokorrentkredit ist, der den Scheck finanziert.

Für den Lieferanten ist allerdings ein **Risiko** verbunden, da er als Wechselaussteller haftet und damit seine Bonität auf den Wechseleinreicher mit überträgt.

### 3.2.2.3 Avalkredit

Bei einem Avalkredit (§§ 765 - 778 BGB i. V. mit §§ 349 - 351 HGB) übernimmt ein Kreditinstitut die Haftung für die Verbindlichkeiten eines Kunden gegenüber einem Dritten in der Form einer **Bürgschaft** oder einer **Garantie**.

Wie der Akzeptkredit ist der Avalkredit kein Kredit im herkömmlichen Sinne, da das Kreditinstitut keine Geldmittel bereitstellt, sondern seinen guten Namen hergibt. Damit ist der Kreis möglicher Kreditnehmer auf Kunden erster Bonität beschränkt.

Für das Kreditinstitut entsteht mit der Bereitstellung eines Avalkredites eine **Eventualverbindlichkeit**, die nur dann zu einer Verbindlichkeit wird, wenn der Kreditnehmer seine Leistungen gegenüber dem Dritten nicht erbringt und daher unterhalb des »Bilanzstrichs« ausgewiesen wird.

Der Avalkredit findet dort praktische **Anwendung**, wo eine Sicherheit zu stellen ist, ohne dass der Dritte darauf angewiesen sein will, selbst eingehende Kreditwürdigkeitsprüfungen vorzunehmen. Zu unterscheiden sind vor allem:

| | |
|---|---|
| **Zollbürgschaft** | Die Stundung von Zöllen setzt nach der Abgabenordnung die Stellung einer Sicherheit voraus. |
| **Frachtstundungsbürgschaft** | Die Stundung von Frachten wird einem Unternehmen mit hohem Frachtaufkommen von der Bundesbahn eingeräumt, wenn ein Kreditinstitut der ehemaligen Deutschen Verkehrs-Kredit-Bank, die seit 2002 als DVB Bank AG firmiert, als Abrechnungsstelle der Deutschen Bahn AG bürgt. |
| **Bietungsgarantie** | Bei Ausschreibungen, insbesondere öffentlicher Auftraggeber, wird mitunter eine Bietungsgarantie in Höhe von 1 % bis 5 % des Angebotswertes gefordert, wodurch der Auftraggeber das Unternehmen an sein Angebot binden will, das den Zuschlag erhält. |
| **Anzahlungsgarantie** | Damit wird – vor allem im Außenhandel – sichergestellt, dass der Auftraggeber eine geleistete Anzahlung zurückerstattet bekommt, wenn die vereinbarte Leistung nicht erbracht wird. Das die Anzahlung erhaltende Unternehmen stellt über ein Kreditinstitut ein Aval. |
| **Leistungsgarantie** | Sie soll im Falle einer nicht ordnungsgemäß erbrachten Leistung die Zahlung einer Konventionalstrafe sicherstellen und beträgt im Allgemeinen 5 % bis 10 % des Auftragswertes. |
| **Gewährleistungsgarantie** | Die Übernahme einer Gewährleistungsgarantie für die von einem Lieferanten erbrachte Leistung kann durch die Gewährleistungsgarantie eines Kreditinstitutes abgesichert werden. Der Garantiebetrag erstreckt sich üblicherweise auf 5 % bis 10 % des Objektwertes. |

Die **Kapitalkosten**, die durch die Inanspruchnahme des Avalkredites entstehen, fallen in Form der Avalprovision an. Sie ist an das Kreditinstitut – meist quartalweise im Voraus – zu entrichten und beträgt zwischen 1 % und 2,5 % p.a.

### 3.2.3 Internationale Bankkredite

Im internationalen Bankgeschäft und im Außenhandel werden die bereits beschriebenen traditionellen kurzfristigen Bankkredite genutzt, insbesondere:

- Kontokorrentkredit
- Diskontkredit
- Akzeptkredit.

Daneben gibt es spezielle Arten kurzfristiger Außenhandelsfinanzierung – siehe ausführlich *Jahrmann*. Diese sind:

- **Rembourskredite** als Wechselkredite.

- **Negoziationskredite** als Wechselkredite.

- **Zessionskredite**, bei denen ein Lieferant seine Forderung aus einem Exportgeschäft sicherungshalber an ein Kreditinstitut abtritt, das ihm 70 % bis 80 % des Nominalbetrages bzw. Fakturenwertes zu kontokorrentähnlichen Konditionen bevorschusst.

Neben diesen Außenhandelsfinanzierungen ist auch die Nutzung internationaler Finanzmärkte für die Unternehmen von Interesse. Hier sind insbesondere **Euromarktkredite** anzuführen, die Finanztransaktionen auf internationalen Finanzmärkten darstellen. Sie nutzen diese grenzüberschreitend zur Geldaufnahme wie auch zur Geldanlage. Näher betrachtet werden sollen:

#### 3.2.3.1 Rembourskredit

Der Rembourskredit ist ein kurzfristiger Außenhandelskredit, der eine **Sonderform des Akzeptkredites** darstellt, die inzwischen jedoch kaum noch verwendet und immer stärker durch die im Auslandszahlungsverkehr üblichen Instrumente (siehe Seite 172 ff.) ersetzt wird.

Sein Wesen besteht darin, dass der Exporteur auf seine Bank – die Remboursbank – eine Zieltratte zieht, die den Wechsel im Auftrag und für Rechnung der Importbank gegen Einreichung der Dokumente akzeptiert und diskontiert.

Im Einzelnen kann die **Abwicklung** des Rembourskredites – nach *Compter/Grill/Perczynski* – in der folgenden Weise geschehen:

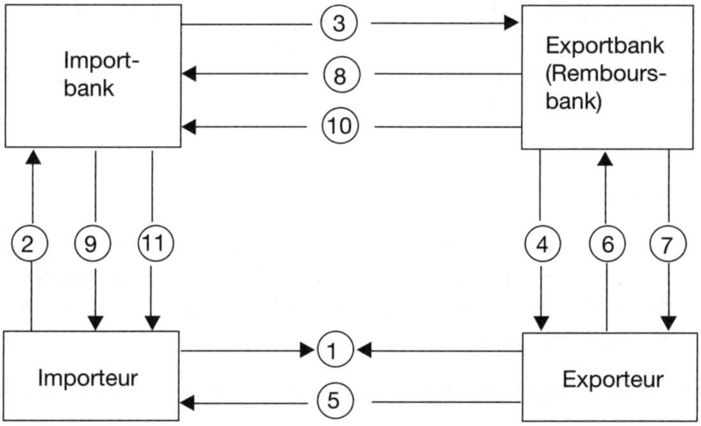


① Ein Kaufvertrag wird abgeschlossen.

② Der Importeur gibt seiner Bank den Auftrag, einen 90-Tage-Rembourskredit zu Gunsten des Exporteurs zu eröffnen.

③ Die Bank des Importeurs eröffnet ein Dokumentenakkreditiv über eine deutsche Korrespondenzbank und bittet diese, den auf sie gezogenen Wechsel des Exporteurs zu akzeptieren.

Ein Dokumentenakkreditiv ist die Zusicherung, dass von einer Bank bei Vorlage bestimmter Dokumente eine vereinbarte Summe an den Begünstigten gezahlt wird.

④ Die Akkreditiv-Eröffnungsanzeige der Bank des Exporteurs geht an den Exporteur.

⑤ Die Ware wird versandt.

⑥ Der Exporteur zieht auf die Remboursbank eine Drei-Monats-Sichttratte und reicht diese zusammen mit den Dokumenten zur Akzeptierung ein.

⑦ Die Remboursbank akzeptiert den Wechsel und diskontiert ihn zu Gunsten des Exporteurs.

⑧ Die Remboursbank schickt die Dokumente – Konnossement, Versicherungsschein, Rechnung – an die Bank des Importeurs und teilt ihr mit, dass sie auftragsgemäß unter Akzept getreten ist.

⑨ Die Bank des Importeurs gibt die Dokumente an den Importeur weiter, der damit über die Ware verfügen kann.

⑩ Bei Fälligkeit des Akzeptes belastet die Remboursbank die Bank des Importeurs für den Gegenwert.

⑪ Die Bank des Importeurs belastet den Importeur.

Der **Vorteil** des Rembourskredites ist darin zu sehen, dass die Forderung des Exporteurs unmittelbar nach Verladung der Ware durch die Diskontierung des Bankakzeptes befriedigt wird, während die Verpflichtung des Importeurs zur Bezahlung der gelieferten Ware bis zur Fälligkeit des Bankakzeptes hinausgeschoben wird.

### 3.2.3.2 Negoziationskredit

Der Negoziationskredit ist ein kurzfristiger Außenhandelskredit, der mit dem Rembourskredit eng verwandt ist und eine **Sonderform des Diskontkredites** darstellt. Beim ihm kauft die Bank des Exporteurs eine auf den Importeur gezogene und von den zugehörigen Dokumenten begleitete Tratte an.

International haben sich besonders zwei **Formen** des Negoziationskredites entwickelt:

- Bei der **»authority to purchase«** erklärt sich die Bank des Importeurs bereit, gegen Übergabe der Dokumente die vom Exporteur auf den Importeur gezogene Tratte anzukaufen bzw. zu bevorschussen.

  Die Importbank gibt diese Zusage an die Bank des Exporteurs mit der Bitte, bei Vorlage entsprechender Dokumente seitens des Exporteurs die Tratte in voller Höhe oder zum Teil zu bevorschussen und die Dokumente an die Importbank zu übersenden.

- Bei der **»order to negotiate«** wird eine Tratte vom Exporteur auf eine von der Importbank bezeichnete Korrespondenzbank im Lande des Exporteurs gezogen. Gegen Vorlage der Dokumente wird die Tratte dann von der Korrespondenzbank entweder sofort diskontiert oder zunächst nur akzeptiert.

Der Negoziationskredit hat gegenüber dem Rembourskredit den **Vorteil**, dass die Zahlung eine Beschleunigung erfährt.

### 3.2.3.3 Euromarktkredite

Grenzüberschreitende Finanztransaktionen kennzeichnen internationale Finanzmärkte, die zur Unternehmensfinanzierung aus verschiedenen Gründen genutzt werden, z. B. wegen:

- Günstigerer Zinskonditionen
- Höherer Kreditvolumen
- Fehlen nationaler Restriktionen
- Geringerer Steuerhemmnisse.

In Europa werden diese Märkte **Euromarkt**, **Euro-Dollar-Markt** oder **Xeno-Markt** genannt. Deren Entstehungsgeschichte gründet auf dem Anwachsen von US-Dollar-Beständen auf Bankkonten außerhalb der Vereinigten Staaten. **Ursachen** hierfür waren:

- Ostblockstaaten hielten Devisenreserven in US-Dollar bei westeuropäischen und nicht bei amerikanischen Kreditinstituten.

- Ein ansteigendes Zahlungsbilanzdefizit der USA bewirkte anwachsende Dollarbestände in europäischen Staaten.

- Dollaranlagen wurden nicht mehr nur national, sondern oftmals aufgrund des damaligen sehr niedrigen Zinsniveaus in Amerika auch zu europäischen Kreditinstituten transferiert und angelegt.

Am heutigen Euromarkt treten als **Teilnehmer** auf Banken, Versicherungen, Zentralnotenbanken, Regierungen und Großunternehmen. Ihnen ist gemeinsam, dass sie beste Bonität genießen und in der Lage sind, größere Volumina bei Anlage und Aufnahme von internationalen Geldern zu realisieren.

Für internationale Finanzierungsmittel bestehen **Märkte**, die sich nach ihrer zeitpunktbezogenen Funktion für den Wertpapierhandel unterscheiden in:

- Den **Primärmarkt**, bei dem es sich um einen Emissionsmarkt für die unterschiedlichsten Arten von Wertpapieren handelt. Eine Geldaufnahme oder eine Geldanlage erfolgt direkt über die Emission von Wertpapieren.

- Den **Sekundärmarkt**, auf dem die aus dem Primärmarkt stammenden Wertpapiere zirkulieren. Sie werden je nach Art und Marktlage immer wieder gekauft und verkauft. Der Sekundärmarkt sichert die Liquidierbarkeit der Wertpapiere.

Nach der **Fristigkeit** als Laufzeit der Finanzierungsmittel sind insbesondere der Eurogeldmarkt und der Eurokreditmarkt bedeutsam:

- Auf dem **Eurogeldmarkt** werden Finanzmittel mit sehr kurzen Laufzeiten gehandelt. Das können z. B. Devisenguthaben sein in Form der oben beschriebenen Eurodollar, die durch Abtretung unter Kreditinstituten gehandelt werden.

  Nehmen nur Kreditinstitute am Handel teil, wird dies als Eurogeldmarkt im **engeren Sinne** verstanden. Sind auch multinationale Großunternehmen in die Finanztransaktionen involviert, handelt es sich um den Eurogeldmarkt im **weiteren Sinne**.

  **Instrumente** des Geldmarktes sind:

| | |
|---|---|
| **Reiner Geldhandel** | Kreditinstitute bieten hier Anlage- bzw. Kreditaufnahmemöglichkeiten für zum Teil sehr kurze Laufzeiten an. Es sind zu unterscheiden:<br>▶ **Termingelder**, wie z. B. das Tagesgeld (Overnight Money), terminiertes Tagesgeld (bis zu 30 Tagen) oder Termingelder mit einer Laufzeit von einem bis zu 12 Monaten.<br>▶ **Kündigungsgelder**, wie z. B. täglich fälliges Geld, das mit einer Kündigungszeit von einem Tag zurückgefordert werden kann. Dabei wird von Call Money gesprochen. |
| **Handel mit Geldmarktpapieren** | Beispiele dafür sind:<br>▶ Das **Certificate of Deposit** (CD), das eine handelbare, marktfähige Quittung einer Termineinlage bei einem Kreditinstitut (Depositenzertifikat) darstellt und kurzfristigen Charakter aufweist.<br>▶ Das **Commercial Paper**, das in Form eines Rahmenvertrages revolvierend aufgelegt wird. Zu Grunde liegen von bedeutenden Unternehmen emittierte Inhaberschuldverschreibungen, die auch Promissory Notes genannt und in Stückelungen von 500.000 USD oder in entsprechenden Gegenwerten auf den Markt gebracht werden. |

Für diese Instrumente und vor allem auch für die unter Kreditinstituten am Markt gehandelten Kredite und Anlagen erfolgt eine Zinsstellung zumeist anhand eines **Referenzzinssatzes**, der an unterschiedlichen Bankenplätzen ermittelt wird und verschiedene Ausprägungsformen hat. Als Beispiele sollen genannt werden:

| | |
|---|---|
| **LIBOR** | Das ist der Aufnahmesatz am Londoner Bankengeldmarkt (**L**ondon **I**nterbank **O**ffered **R**ate). Es werden Zinssätze nach unterschiedlichen Fristen (1-, 3-, 6- oder 12-Monate) notiert. |
| **LIBID** | Als Gegenstück zum LIBOR werden hier Sätze für die Geldanlage bekannt gegeben (**L**ondon **I**nterbank **B**id **R**ate). |
| **LIMEAN** | Dieser stellt den Mittelkurs zwischen Anlage und Aufnahme von kurzfristigen Geldern dar (**L**ondon **I**nterbank **Mean**). |

Innerhalb der Europäischen Währungsunion gilt seit 1999 der **EURIBOR** (**E**uropean **I**nterbank **O**ffered **R**ate) als neuer Referenzzinssatz. Er löste die nationalen, an den jeweiligen Bankenplätze gehandelten Zinssätze (z. B. FIBOR in Frankfurt oder LUXIBOR in Luxemburg) ab und wird durch die Kursstellung von zurzeit 57 europäischen Instituten – darunter 12 deutschen Kreditinstituten ermittelt.

- Der **Eurokreditmarkt** ist ein Markt, auf dem kurz- bis mittelfristig Gelder angelegt bzw. aufgenommen werden. Charakteristisch ist, dass Kreditinstitute und andere Finanzmakler die Mittlerfunktion übernehmen.

  So werden **Eurokredite** angeboten, die vor allem von Großunternehmen, nationalen und internationalen Institutionen nachgefragt werden. Diese Kredittranchen haben typischerweise sehr hohe Volumina und können als Kredit von einem einzelnen Kreditinstitut oder von einem Kreditkonsortium als Zusammenschluss mehrerer Institute begeben werden. Zu unterscheiden sind:

| | |
|---|---|
| **Festzinssatzkredite** | Bei ihnen wird über die gesamte Laufzeit des jeweiligen Kredites ein nicht veränderbarer Zinssatz festgelegt. |
| **Roll-over-Kredite** | Diese Kredite zeichnen sich durch einen nach einer bestimmten Frist veränderlichen Zinssatz aus. Es werden **variable Zinssätze** anhand eines gewählten Referenzzinssatzes (z. B. 3-Monats-EURIBOR) vereinbart, die sich nach einer bestimmten Zeit (in diesem Falle nach drei Monaten) an das aktuelle Marktzinsniveau anpassen.<br>Als Roll-over-Kredit werden eingesetzt:<br>▶ Das **Roll-over-Eurodarlehen**, das in einem Festbetrag ausgegeben wird und unterschiedlich getilgt werden kann. Tilgungsmöglichkeiten sind die endfällige Zahlung am Laufzeitenende oder die Tilgung in Teilbeträgen nach der Einräumung tilgungsfreier Zeiträume.<br>▶ Der **Revolvierende Roll-over-Eurokredit**, der einem flexibel in Anspruch zu nehmenden und ebenso flexibel zu tilgenden Kontokorrentkredit entspricht.<br>▶ Der **Stand-by-Roll-over-Eurokredit**, der im Falle von Liquiditätsengpässen angewandt wird. Er dient als Sicherheitspolster, das fallweise in Anspruch genommen wird. |

- Ergänzend soll noch der **Eurokapitalmarkt** genannt werden, der den freien und nicht reglementierten Markt für längerfristige Anlagen und Kreditaufnahmen darstellt. Hier konzentrieren sich Angebot und Nachfrage hinsichtlich **internationaler Anleihen**, die typischerweise als Euroanleihen auf Währungen ausgestellt sind, die nicht mit der Währung des Emissionslandes übereinstimmen müssen.

  Internationale Anleihen werden durch ein internationales Emissionskonsortium gleichzeitig in mehreren Ländern platziert.

63 Seite 487

# 4. Langfristige Fremdfinanzierung

Als langfristige Fremdfinanzierung soll die Zuführung von Fremdkapital mit einer Laufzeit von mehr als fünf Jahren verstanden werden. Für das Unternehmen sind vor allem folgende **Formen** der Fremdfinanzierung von Bedeutung:

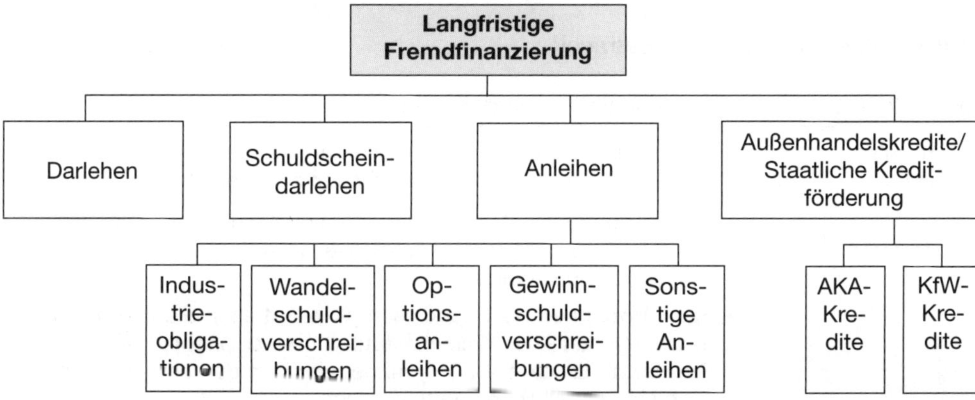


Wie bei der kurzfristigen Fremdfinanzierung bereits dargelegt wurde, kann auch sie langfristige Wirkung haben, indem kurzfristige Krediteinräumungen oder Prolongationen immer wieder erfolgen.

In der betrieblichen Praxis kommt dies häufiger vor, gerade bei kleinen und mittleren Unternehmen, die auf eine Kredit- bzw. Darlehensfinanzierung angewiesen sind, die von deren Kreditinstituten vielfach nicht langfristig gewährt wird.

Zu den Formen der langfristigen Fremdfinanzierung werden vielfach auch **Asset-Backed Securities** und das **Leasing** gerechnet. Da die Asset-Backed Securities zwar eher, aber nicht ausschließlich langfristigen Charakter haben, sollen sie als Kreditsubstitute mit den eher, aber nicht ausschließlich kurzfristigen Formen der Fremdfinanzierung, wie sie das Factoring und die Forfaitierung darstellen, gemeinsam unter dem Aspekt des Ersatzes von Bankkrediten behandelt werden.

| | | |
|---|---|---|
| **Asset-Backed Securities**<br>**Leasing** | eher/häufig langfristig | **Kreditsubstitute**<br>⇨ Kapitel E. 5<br>(S. 350 ff.) |
| **Factoring**<br>**Forfaitierung** | eher/häufig kurzfristig | |

Als ein weiteres Kreditsubstitut wird mitunter das Franchising* angesehen. Es soll jedoch nicht näher als Kreditsubstitut dargestellt werden, da es sich vorrangig um ein **Marketingkonzept** handelt. Letztlich stellt das Franchising weniger ein Finanzierungskonzept dar, wenngleich es auch finanzwirtschaftliche Elemente aufweist.

## 4.1 Darlehen

Das Darlehen ist Fremdkapital mit einer Laufzeit von mehr als fünf Jahren. Seine rechtliche Regelung findet es in den §§ 607-610 BGB.

Als **Kapitalgeber** kommen in Betracht:

- **Kreditinstitute**, wobei unterschieden werden können:

| | |
|---|---|
| **Universal-banken** | Sie bieten sämtliche Bankleistungen an, wobei nach unterschiedlichen Geschäftszielen und Trägerschaften zu unterscheiden sind:<br>▶ **Kreditbanken** als Großbanken, Regionalbanken, Privatbanken, die in Form privatwirtschaftlicher Kreditinstitute die Gewinnerzielung vorrangig verfolgen.<br>▶ **Spargirobanken** als Sparkassen, Girozentralen, die in Form gemeinwirtschaftlicher Kreditinstitute von einer öffentlichen Institution (Stadt, Landkreis, Land) mitgetragen werden und als Zielsetzung einen öffentlichen Auftrag haben.<br>▶ **Genossenschaftsbanken** als Volks- und Raiffeisenbank, mit der DZ Bank als heutigem Zentralinstitut, die zumeist als eingetragene Genossenschaften firmieren und einen Förderungsauftrag der Mitglieder verfolgen. |

* Franchising ist eine Form der **Kooperation**, bei welcher der Franchise-Geber aufgrund einer langfristigen vertraglichen Bindung rechtlich selbstständig bleibenden Franchise-Nehmern gegen Entgelt das Recht einräumt, bestimmte Waren oder Dienstleistungen unter Verwendung von Namen, Warenzeichen, Ausstattung oder sonstigen Schutzrechten sowie der technischen und gewerblichen Erfahrungen des Franchise-Gebers und unter Beachtung des von ihm entwickelten Absatz- und Organisationssystems anzubieten.

Das Franchising kann für ein Unternehmen **interessant** sein, wenn seine finanziellen Mittel knapp sind, seine personelle Kapazität begrenzt bleiben soll, seine Expansion rasch ermöglicht werden soll, und sein Risiko abgewälzt werden soll.

Die finanziellen Leistungen des **Franchise-Nehmers** umfassen meist einmalig eine Gebühr sowie laufend zwischen 1 % und 3 % des Umsatzes an den Franchise-Geber. Die Investitionskosten sind ganz oder teilweise zu tragen, der **Franchise-Geber** gewährt eine finanzielle Hilfe an den Franchise-Nehmer, indem er ständig ein Auslieferungslager beim Franchise-Nehmer unterhält.

| | |
|---|---|
| **Spezialbanken** | Sie konzentrieren sich auf einzelne Bankleistungen und können eingeteilt werden in:<br>▶ **Realkreditinstitute** als private oder öffentlich-rechtliche Hypothekenbanken, die langfristige Darlehen, insbesondere in der Baufinanzierung gewähren und sich durch die Ausgabe von Pfandbriefen bzw. Kommunalobligationen refinanzieren.<br>▶ **Kreditinstitute mit Sonderaufgaben**, beispielsweise die IKB Deutsche Industriebank, Düsseldorf, die an die gewerbliche Wirtschaft mittel- und langfristige Kredite gewährt. |

- **Bausparkassen**, die als Zweckspargemeinschaften das Sparkapital ihrer Kunden ansammeln und daraus vor allem Darlehen für den Wohnungsbau gewähren.

- **Versicherungen**, die als Kapitalsammelstellen erhaltene Prämieneinzahlungen aus verschiedenen Versicherungsbereichen nicht nur in Aktien, Anleihen oder Immobilien anlegen, sondern auch Baufinanzierungen oder Darlehen in Form von **Schuldscheindarlehen** vergeben.

- **Private Personen**, die unter anderem **Gesellschafterdarlehen** gewähren, sofern das Kapital durch die Gesellschafter des Unternehmens zur Verfügung gestellt wird und nicht als Eigenkapital dem Unternehmen zufließt.

  Dabei muss die Angemessenheit der Zinszahlungen für die steuerliche Anerkennung als Betriebsausgaben gegeben sein, was über die Einhaltung bestimmter Kapitalrelationen (§ 8a KStG) abgeprüft wird.

  Im Insolvenzfall kann der Gesellschafter das Darlehen dann nur als nachrangiger Insolvenzgläubiger geltend machen, wenn er es in einem Zeitpunkt zugeführt hat, in dem »ordentliche Kaufleute Eigenkapital zugeführt hätten« (§ 32 a GmbHG).

Wegen der langen Laufzeit der Darlehen nehmen die Kreditinstitute eine besonders eingehende **Kreditwürdigkeitsprüfung** vor. Als **Sicherheiten** für die als langfristiges Darlehen typische Immobilienfinanzierung dienen Grundpfandrechte, wobei aus den auf Seite 301 f. angeführten Gründen von den Kreditinstituten die Eintragung von Grundschulden bevorzugt wird.

Die **Beleihungsgrenze** liegt für Realkreditinstitute z. B. bei 60 % des Verkehrswertes, Bausparkassen beleihen bis zu 80 % des Verkehrswertes von Immobilien. Die Belastung der Grundstücke erfolgt üblicherweise erstrangig. Bausparkassen geben sich mit einer zweitrangigen Sicherung zufrieden.

Die Kreditinstitute praktizieren unterschiedliche Verfahren, um den **Verkehrswert einer Immobilie** zu berechnen. Sie ermitteln:

- Den **Sachwert**, der von den Herstellungskosten ausgeht und das Objekt nach seiner Größe und Beschaffenheit bewertet.

- Den **Vergleichswert**, der für ein zu bewertendes Objekt die Wertermittlung an den Preisen direkt vergleichbarer Objekte vornimmt. Als Vergleichskriterium für den Kaufpreis können herangezogen werden:

▶ Kaufzeitpunkt
▶ Lage
▶ Nutzfläche
▶ Bauzustand
▶ Technische Qualität
▶ Funktionelle Qualität
▶ Architektonische Qualität

- Den **Ertragswert**, der sich durch eine Barwertbetrachtung der zukünftigen Einnahmemöglichkeiten einer Immobilie mittels des Rentenbarwertfaktors ergibt, wobei als Kriterien zur Berechnung anzulegen sind:

▶ Höhe der Mieteinnahmen
▶ Höhe der Bewirtschaftungskosten
▶ Liegenschaftszins
▶ Bauzustand
▶ Quadratmeterpreis für Grund und Boden
▶ Restnutzungsdauer der Immobilie

Die **Kapitalkosten** für das Darlehen umfassen vor allem:

| **Kapitalkosten des Darlehens** | |
|---|---|
| **Zinsen** | Sie werden als Nominalzinssatz angegeben. |
| **Damnum** | Es ist jener Teil der Darlehenssumme, der dem Kapitalnehmer nicht ausgezahlt wird und diesem steuerliche Vorteile bringen kann. |
| **Schätz-/ Bewertungskosten** | Sie können vom Kapitalgeber oder einem Sachverständigen für die Schätzung des Beleihungswertes berechnet werden. |
| **Beurkundungs-gebühren** | Sie fallen bei der Bestellung der Sicherheiten für den Notar an. |
| **Eintragungs-/ Löschungs-gebühren** | Sie werden vom Grundbuchamt erhoben. |

Das Darlehen zeichnet sich durch zwei **Merkmale** aus:

- **Tilgung**
- **Zinsen**.

### 4.1.1 Tilgung

Die Tilgung des Darlehens kann auf verschiedene Weisen erfolgen. Grundsätzlich ist festzustellen, dass die Kosten des Kredits, insbesondere die Zinshöhe, steigen, je variabler die eingeräumten Tilgungsmöglichkeiten sind. Entsprechend der möglichen Tilgungsvereinbarungen lassen sich drei **Arten** von Darlehen unterscheiden:

- Das **Annuitätendarlehen**, bei dem der Kapitalnehmer regelmäßig Annuitäten in gleicher Höhe zahlt. Das bedeutet, dass die Tilgungsanteile im Zeitablauf zunehmen, die Zinsanteile der Annuitäten im Zeitablauf geringer werden.

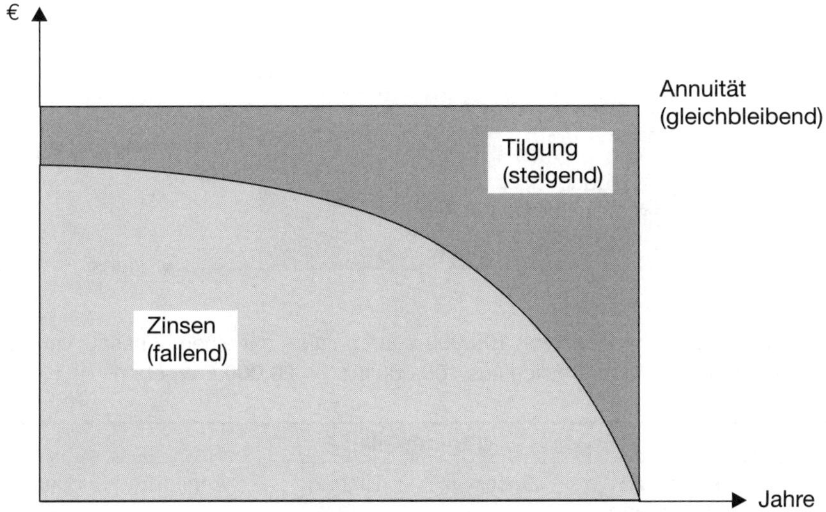


Die Annuitäten werden ermittelt, indem der Barwert des Darlehens, dies ist der Ausgabebetrag des Darlehens, mit dem Kapitalwiedergewinnungsfaktor multipliziert wird:

$$\text{Annuität} = \text{Barwert} \cdot \text{Kapitalwiedergewinnungsfaktor}$$

**Beispiel:** Es wird ein Darlehen in Höhe von 100.000 € auf 5 Jahre mit einem Zinssatz von 10 % gewährt. Die Annuität beträgt 100.000 € · 0,263797 = **26.379,70 €**

**Tilgungsplan €**

| Jahr | Restschuld Jahresanfang | Zinsen | Tilgung | Annuität | Restschuld Jahresende |
|---|---|---|---|---|---|
| 1 | 100.000,00 | 10.000,00 | 16.379,70 | 26.379,70 | 83.620,30 |
| 2 | 83.620,30 | 8.362,03 | 18.017,67 | 26.379,70 | 65.602,63 |
| 3 | 65.602,63 | 6.560,26 | 19.819,44 | 26.379,70 | 45.783,19 |
| 4 | 45.783,19 | 4.578,32 | 21.801,38 | 26.379,70 | 23.981,81 |
| 5 | 23.981,81 | 2.398,18 | 23.981,52 | 26.379,70 | 0,29 |
| | | 31.898,79 | 99.999,71 | 131.898,50 | |

Die Restschuld von 0,29 € am Ende des Darlehens ergibt sich aus Rundungsdifferenzen. Mathematisch genauer errechnet, führt die Annuität ein Darlehen zum Ende der Laufzeit bis auf Null zurück.

- Das **Abzahlungsdarlehen**, bei dem die jährlichen Rückzahlungsbeträge im Zeitablauf geringer werden, weil die regelmäßig gezahlten Tilgungsbeträge gleich bleiben, die Zinsanteile aber sinken.

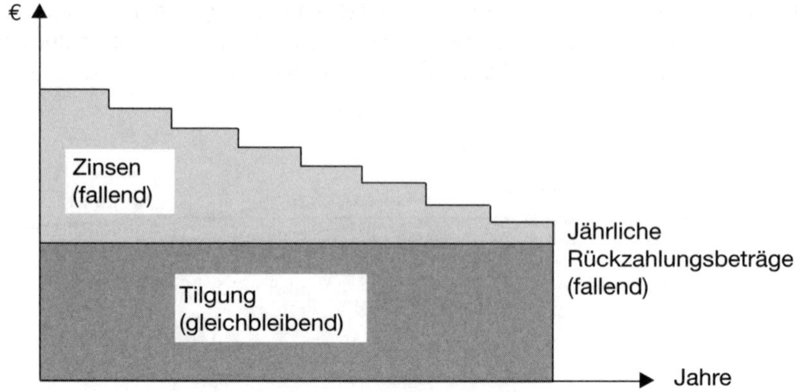


**Beispiel:** Das Darlehen in Höhe von 100.000 € auf 5 Jahre mit einem Zinssatz von 10 % wird in gleichen Beträgen getilgt, die sich aus 100.000 € : 5 = **20.000 €** ergeben.

| **Tilgungsplan €** | | | | | |
|---|---|---|---|---|---|
| Jahr | Restschuld Jahresanfang | Zinsen | Tilgung | Annuität | Restschuld Jahresende |
| 1 | 100.000 | 10.000 | 20.000 | 30.000 | 80.000 |
| 2 | 80.000 | 8.000 | 20.000 | 28.000 | 60.000 |
| 3 | 60.000 | 6.000 | 20.000 | 26.000 | 40.000 |
| 4 | 40.000 | 4.000 | 20.000 | 24.000 | 20.000 |
| 5 | 20.000 | 2.000 | 20.000 | 22.000 | 0 |
| | | 30.000 | 100.000 | 130.000 | |

- Das **Festdarlehen**, das sich dadurch auszeichnet, dass während der Laufzeit des Darlehens lediglich Zinsen gezahlt werden, die Tilgung jedoch erst mit Ende der Laufzeit erfolgt.

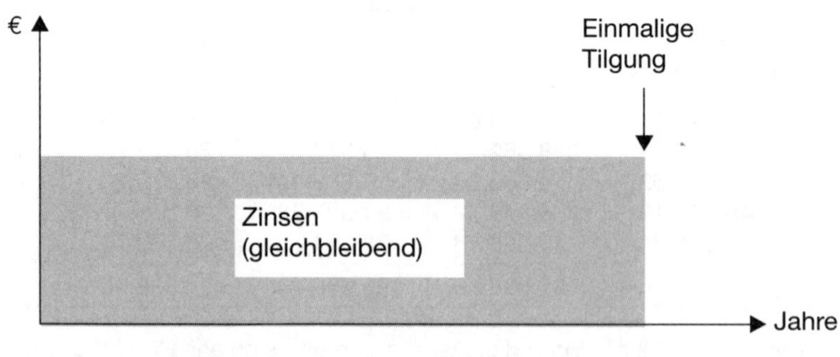


**Beispiel:** Das Darlehen in Höhe von 100.000 € auf 5 Jahre mit einem Zinssatz von 10 % wird mit Ende der Laufzeit zurückgezahlt. Somit betragen die jährlichen Zinsen:

100.000 € · 0,10 = **10.000 €**

| Tilgungsplan € | | | | |
|---|---|---|---|---|
| Jahr | Restschuld Jahresanfang | Zinsen | Tilgung | Restschuld Jahresende |
| 1 | 100.000 | 10.000 | 0 | 100.000 |
| 2 | 100.000 | 10.000 | 0 | 100.000 |
| 3 | 100.000 | 10.000 | 0 | 100.000 |
| 4 | 100.000 | 10.000 | 0 | 100.000 |
| 5 | 100.000 | 10.000 | 100.000 | 0 |
| | | 50.000 | 100.000 | |

## 4.1.2 Zinsen

Die Zinsen können beim Darlehen sehr unterschiedlich vereinbart sein. So können die Zinskonditionen bestehen in:

- Der **Festschreibung eines bestimmten Zinses**, der oft aber nur für einen Teil der Laufzeit vereinbart wird. So ist es bei Baufinanzierungen üblich, feste Zinssätze über einen begrenzten Zeitraum – beispielsweise 5, 10 oder 15 Jahre – zu vereinbaren, die nach Ablauf dieses Zeitraumes an das Zinsniveau angepasst werden.

  In 2007 nahmen die Zinsen und Bestandsvolumina für Wohnungsbaukredite an private Haushalte folgenden Verlauf:

| | **Laufzeit über 1 bis 5 Jahre** | | **Laufzeit über 5 Jahre** | |
|---|---|---|---|---|
| | **Durchschnittlicher Zinssatz** | **Bestandsvolumina in Mrd. €** | **Durschschnittlicher Zinssatz** | **Bestandsvolumina in Mrd. €** |
| 01/2007 | 4,60 | 71,9 | 4,60 | 3.184 |
| 04/2007 | 4,73 | 72,6 | 4,75 | 3.247 |
| 07/2007 | 4,93 | 73,4 | 5,02 | 3.302 |
| 10/2007 | 5,05 | 73,6 | 5,08 | 3.317 |

  Allerdings werden solche **Festzinskredite** für die gesamte Laufzeit eines Kredites immer seltener vergeben.

- Einer **variablen Verzinsung**, die in der Praxis eher Verwendung findet. Sie sind an einen **Referenzzinssatz** gebunden, der z. B. basieren kann auf dem:

| | |
|---|---|
| **Basiszinssatz** | Er löste 1999 bis 2001 den Diskontsatz ab, der als Leitzins Referenzzins in Kreditverträgen war. Jetzt entspricht der Basiszinssatz dem des BGB (§ 247 BGB) und wird jährlich im Januar und im Juli dem Zinsniveau der Hauptrefinanzierungsoperation der EZB angepasst. |
| **Spareckzins** | Er stellt die Verzinsung der Spareinlagen mit dreimonatiger, »gesetzlicher« Kündigungsfrist dar. |
| **EURIBOR/ LIBOR** | Sie sind Zinssätze für kurzfristige Kredite zwischen Banken an bestimmten Bankplätzen:<br>▶ EURIBOR = **Eur**opean **I**nter**b**ank **O**ffered **R**ate<br>▶ LIBOR = **L**ondon **I**nter**b**ank **O**ffered **R**ate. |

Der Übergang zu Krediten, die Zinsschwankungen aufweisen, führt zu der Notwendigkeit, dass sich Kreditnehmer gegen das Risiko solcher Zinsänderungen schützen. Dies kann mithilfe des **derivativen Instrumentariums** geschehen, dass im nachfolgenden Kapitel im Rahmen der Sonderformen der Fremdfinanzierung dargestellt wird.

Durch ein mögliches **Damnum**, das vom Kapitalgeber einbehalten wird, vom Kapitalnehmer aber dennoch zurückzuzahlen ist, kommt es zu einer Abweichung zwischen den nominellen, vertraglich vereinbarten Zinsen und den **effektiven Zinsen**, die dem Kapitalnehmer letztlich entstehen.

Das Damnum hat die Bedeutung verloren, da seine steuerliche Absetzbarkeit z. B. in der Finanzierung selbstgenutzten Wohneigentums nicht mehr gegeben ist. Allerdings kann es im Rahmen der Werbungskosten bei fremdvermieteten oder bei im eigenen Unternehmen genutzten Immobilien angesetzt werden. Festgelegt wird hier auch, was ein marktübliches Disagio (z. B. 5 % bei 5 Jahren Laufzeit) ist.

**Beispiel:** Es wird ein Darlehen von 100.000 € zu einem Zinssatz von 10 % bei einer Auszahlung von 95 % auf 5 Jahre gewährt, das zu Ende des 5. Jahres zurückgezahlt wird.

| | |
|---|---:|
| Nominalwert | 100.000 € |
| – 5 % Damnum | 5.000 € |
| **Auszahlungsbetrag** | 95.000 € |

⇩

*aber*

⇩

**Rückzahlungsbetrag** 100.000 €

Die Effektivverzinsung kann mithilfe der folgenden praxisüblichen **Faustformel*** berechnet werden, wenn das Darlehen **zu Ende seiner Laufzeit getilgt** wird:

* Eine genauere Ermittlung des Effektivzinssatzes lässt sich - in Anlehnung an *Däumler* (Betriebliche Finanzwirtschaft, S. 168 ff.) - mit nachstehender Formel errechnen, wobei der durch die Faustformel ermittelte Zinssatz auf einen Wert gerundet werden kann, der in der finanzmathematischen Tabelle enthalten ist, um den Restwertverteilungsfaktor festzustellen:

$$r = \frac{Z + D \cdot \frac{q-1}{q^n - 1}}{K} \cdot 100 \qquad \text{wobei: } \frac{q-1}{q^n-1} = \text{Restwertverteilungsfaktor}$$

Es kann aber auch eine Berechnung über die Interne Zinsfuß-Methode erfolgen.

$$r = \frac{Z + \frac{D}{n}}{K} \cdot 100$$

r = Effektivzinssatz
Z = Nominalzinssatz
D = Damnum
K = Auszahlungskurs
n = Laufzeit

**Beispiel:** Für die im obigen Beispiel genannten Daten ergibt sich als Effektivzinssatz:

$$r = \frac{10 + \frac{5}{5}}{95} \cdot 100 = \mathbf{11{,}58\ \%}$$

In der betrieblichen Praxis ist nicht davon auszugehen, dass das Darlehen üblicherweise erst mit Ende seiner Laufzeit zurückgezahlt wird. Vielmehr sind folgende die **Tilgung** betreffende Vereinbarungen möglich:

- Die **Tilgung** erfolgt **jährlich in gleichen Raten**.

  Um den effektiven Zinssatz zu errechnen, ist für n in der Grundformel die mittlere Laufzeit $t_m$ anzusetzen:

$$t_m = \frac{t + 1}{2}$$

$t_m$ = mittlere Laufzeit
t = gesamte Laufzeit

**Beispiel:** Bei einer jährlich in gleichen Raten erfolgenden Tilgung ergibt sich – unter Verwendung der sonstigen Daten aus dem obigen Beispiel – als Effektivverzinsung:

$$r = \frac{10 + \frac{5}{\frac{5+1}{2}}}{95} \cdot 100 = \mathbf{12{,}28\ \%}$$

- Die **Tilgung** erfolgt **nach einer tilgungsfreien Zeit jährlich in gleichen Raten**.

  Um den effektiven Zinssatz zu errechnen, ist für n in der Grundformel die mittlere Laufzeit $t_m$ unter Berücksichtigung der tilgungsfreien Laufzeit $t_f$ anzusetzen:

$$t_m = t_f + \frac{(t - t_f) + 1}{2}$$

**Beispiel:** Bei zunächst 2 tilgungsfreien Jahren und einer danach in jährlich gleichen Raten erfolgenden Tilgung ergibt sich – unter Verwendung der sonstigen Daten aus dem obigen Beispiel – als Effektivverzinsung:

$$r = \frac{10 + \frac{5}{2 + \frac{(5-2)+1}{2}}}{95} \cdot 100 = \mathbf{11{,}84\ \%}$$

64 Seite 488

65 Seite 488

## 4.2 SCHULDSCHEINDARLEHEN

Das Schuldscheindarlehen ist ein langfristiges, anleiheähnliches Fremdkapital größeren Umfanges, das von Kapitalsammelstellen unter bestimmten Voraussetzungen bereitgestellt wird. **Kapitalsammelstellen** sind Unternehmen, bei denen sich durch freiwilliges oder zwangsweises Sparen große Kapitalsummen ansammeln.

**Beispiele** für Kapitalsammelstellen sind insbesondere Versicherungsgesellschaften aber auch Sozialversicherungsträger.

Grundlage des Schuldscheindarlehens kann ein **Schuldschein** sein, in dem Einzelheiten der Darlehensgewährung festgelegt sind, vor allem:

- Der für die Dauer der Kapitalbereitstellung feste oder variable Zinssatz.
- Die Höhe der Auszahlung, die nicht zwangsweise zu 100 % erfolgen muss.
- Die meist zwischen 4 und 15 Jahren liegende Laufzeit.
- Die Sicherheiten, die vom Kapitalnehmer zu stellen sind.
- Die planmäßig zu erfolgende Tilgung, wobei dies sehr individuell zu regeln ist und gegebenenfalls zusätzliche außerplanmäßige Rückzahlungen möglich sind.

Der Schuldschein verbrieft **keine Rechte**, mit seiner Übergabe erfolgt kein Übergang der Forderungen. Das kann nur durch eine Forderungsabtretung geschehen. Entsprechend führt der Verlust des Schuldscheines nicht zum Untergang der Forderungen. Der Schuldschein ist **kein Wertpapier**, aber ein **beweiserleichterndes Dokument**. Damit wird die Beweislast der Schuld und insbesondere deren Tilgung vom Gläubiger auf den Schuldner übertragen.

Heute wird das Schuldscheindarlehen vielfach ohne Schuldschein vereinbart. Stattdessen wird ein **Darlehensvertrag** geschlossen, der die gleichen Regelungen enthält, wie sie für den Schuldschein beispielhaft genannt wurden.

**Kapitalgeber** von Schuldscheindarlehen sind besonders Lebensversicherungsgesellschaften, denn das durch ihre Prämieneinnahmen gesammelte Kapital wird nur zu einem geringen Teil zur Risikoabdeckung in Anspruch genommen, der größere Teil kann der langfristigen Vermögensanlage zugeführt werden, die zu Teilen - als Sondervermögen - in dem Deckungsstock zu halten ist (§ 54a VAG).

Zur **Deckungsstockfähigkeit** des Schuldscheindarlehens werden aus Sicherungsgründen hohe Anforderungen gestellt. So können Besicherungen erstrangige Grundschulden sein, die auch mit Zwangsvollstreckungsklauseln versehen sein können.

Daneben bestehen weitere Sicherheiten in Form von Bürgschaften, Wertpapierverpfändungen und Negativklauseln.

Da die Höhe des Schuldscheindarlehens beträchtlich ist, seltener in kleinen Größen wie z. B. einer halben Million, häufiger in Tranchen von 10, 50 bis 100 Millionen €, kann es gegebenenfalls nicht von einer Kapitalsammelstelle allein aufgebracht werden. Man unterscheidet deshalb:

- Das **Konsortialdarlehen**, das von mehreren Kapitalsammelstellen gemeinsam bereitgestellt wird, wie das in der Mehrzahl der Fälle erfolgt.

- Das **Einzeldarlehen**, das von einer einzelnen Kapitalsammelstelle gewährt wird.

**Kapitalnehmer** eines Schuldscheindarlehens sind vornehmlich große Unternehmen erster Bonität, Kreditinstitute mit Sonderaufgaben und Körperschaften des öffentlichen Rechtes:

- Für **nicht emissionsfähige Unternehmen** kann sich mit dem Schuldscheindarlehen mitunter die einzige Möglichkeit bieten, langfristiges Fremdkapital größeren Umfanges zu beschaffen.

- **Emissionsfähige Unternehmen** haben mit dem Schuldscheindarlehen eine Möglichkeit, Fremdkapital kostengünstig ohne Publizitätspflicht aufzunehmen.

Als **Kapitalkosten** können bei einem Schuldscheindarlehen anfallen:

| **Kapitalkosten des Schuldscheindarlehens** | |
|---|---|
| **Zinsen** | Sie liegen etwa 0,25 bis 0,5 % über dem Satz für Industrieobligationen. |
| **Treuhandgebühr** | Sie wird für die treuhänderische Verwaltung der Sicherheiten erhoben und beträgt etwa 1 bis 2 %. |
| **Beurkundungsgebühren** | Sie fallen für die Bereitstellung der Sicherheiten in Höhe von ca. 0,5 % an und umfassen die Beurkundung sowie die Eintragungen und Löschungen im Grundbuch. |
| **Vermittlungsprovision** | Sie fällt für ein vermittelndes Kreditinstitut oder einen Makler an und beträgt etwa 0,5 % bis 1,5 % des Nennbetrages. |

Das Schuldscheindarlehen kann an einen schwankenden Kapitalbedarf angepasst werden. Es unterliegt keinen Publizitätspflichten.

Zwei **Arten** des Schuldscheindarlehens lassen sich unterscheiden:

- **Fristkongruentes Schuldscheindarlehen**
- **Revolvierendes Schuldscheindarlehen**.

## 4.2.1 FRISTKONGRUENTES SCHULDSCHEINDARLEHEN

Das fristkongruente Schuldscheindarlehen ist ein Darlehen, bei dem die Dauer der Kapitalbereitstellung durch die Kapitalsammelstelle(n) der Dauer der Kapitalnutzung durch den Kapitalnehmer entspricht.

Der Kapitalgeber geht dabei ein **Fristenrisiko** ein. Das **Zinsrisiko** kann beim Kapitalgeber liegen, wenn die Zinsen mit einem über die Laufzeit festen Satz vereinbart sind. Es ist aber auch auf den Kapitalnehmer abwälzbar, indem ein variabler Zinssatz festgelegt wird.

**Arten** des fristkongruenten Schuldscheindarlehens sind:

- Das **direkte fristkongruente Schuldscheindarlehen**, das von den Kapitalsammelstellen direkt – ohne Einschaltung eines Kreditinstitutes oder Maklers – gewährt wird, was weniger häufig geschieht.

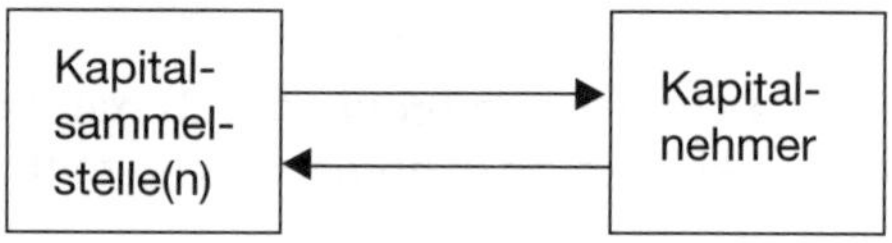


  Bei diesem weniger gebräuchlichen Schuldscheindarlehen mindern sich die **Kapitalkosten** um die Vermittlungsprovision, da eine Vermittlung nicht erfolgt.

- Das **indirekte fristkongruente Schuldscheindarlehen**, das die übliche Form des fristkongruenten Schuldscheindarlehens darstellt. Zwischen dem Kapitalnehmer und der Kapitalsammelstelle(n) ist ein Kreditinstitut oder ein Makler als Vermittler geschaltet.

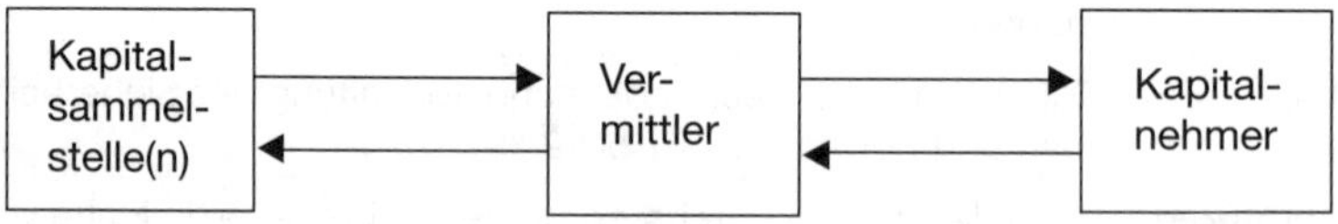


  Eine wichtige Aufgabe des Vermittlers ist unter anderem die Überprüfung der Eignung und Bonität des Kapitalnehmers.

  Nach der **Stellung des Vermittlers** können unterschieden werden:

| | |
|---|---|
| **Darlehen *ohne* Festübernahme** | Es wird vom Vermittler lediglich vermittelt, ohne dass dieser rechtlich zum Kapitalgeber wird und das Platzierungsrisiko trägt. |
| **Darlehen *mit* Festübernahme** | Bei ihm wird der Vermittler rechtlich zunächst selbst zum Kapitalgeber und trägt das Platzierungsrisiko, bis die Kapitalbereitstellung abgewickelt ist. Danach tritt er seine Forderungen an die Kapitalsammelstelle(n) ab. |
| **Refinanzierungsdarlehen** | Bei diesem Darlehen ist der Vermittler über die gesamte Laufzeit rechtlich als Kapitalgeber zu betrachten. |

## 4.2.2 Revolvierendes Schuldscheindarlehen

Das revolvierende Schuldscheindarlehen ist ein Darlehen, bei dem die Dauer der Kapitalbereitstellung durch die Kapitalsammelstelle(n) der Dauer der Kapitalnutzung durch den Kapitalnehmer **nicht** entspricht.

Praktisch bedeutet dies, dass es notwendig ist, zur langfristigen Finanzierung bei einem Kapitalnehmer mehrere zeitlich kürzer befristete Darlehen von Kapitalsammelstellen unmittelbar aneinander zu reihen:

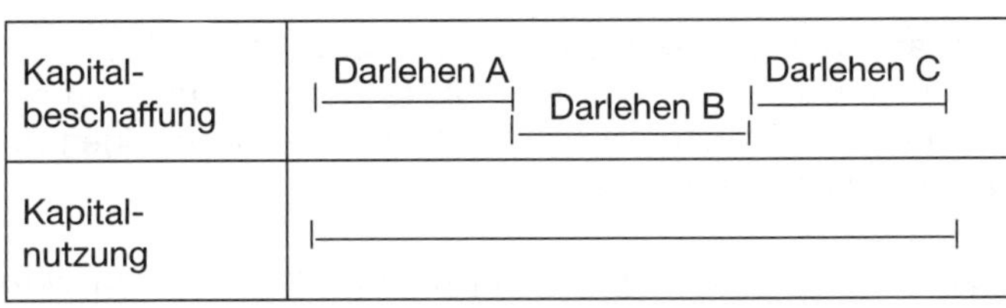


Der **Kapitalnehmer** trägt beim revolvierenden Schuldscheindarlehen grundsätzlich das Zinsrisiko. Nach dem Risiko des rechtzeitigen Kapitalanschlusses sind folgende **Arten** des revolvierenden Schuldscheindarlehens zu unterscheiden:

- Das **direkte revolvierende Schuldscheindarlehen**, das zu Stande kommt, indem der Kapitalnehmer mit Kapitalsammelstellen über einen Makler mehrere Darlehensverträge abschließt.

  Hier versucht der Makler, zumeist ein Kreditinstitut, mit der Sorgfalt eines »ordentlichen Kaufmanns« eine Anschlussfinanzierung zu gewährleisten. Das Risiko der Erlangung einer solchen weiteren Unterbringung des Schuldscheines verbleibt allerdings beim Kreditnehmer.

- Das **indirekte revolvierende Schuldscheindarlehen**, bei dem vom Makler zusätzlich ein spezielles Kreditinstitut eingeschaltet wird, das dem Kapitalnehmer die finanziellen Mittel zur Verfügung stellt, die es selbst finanziert und juristisch als Kreditgeber fungiert. Gelingt keine Anschlussfinanzierung, muss das Kreditinstitut entsprechende Mittel zur Verfügung stellen.

## 4.3 Anleihen

Anleihen sind langfristige Darlehen, die den Unternehmen durch die Ausgabe von **Teilschuldverschreibungen** an ein breites Publikum gewährt werden. Sie werden auch bezeichnet als:

- Schuldverschreibungen
- Obligationen
- Festverzinsliche Wertpapiere
- Rentenpapiere

Als Anleihen sollen betrachtet werden:

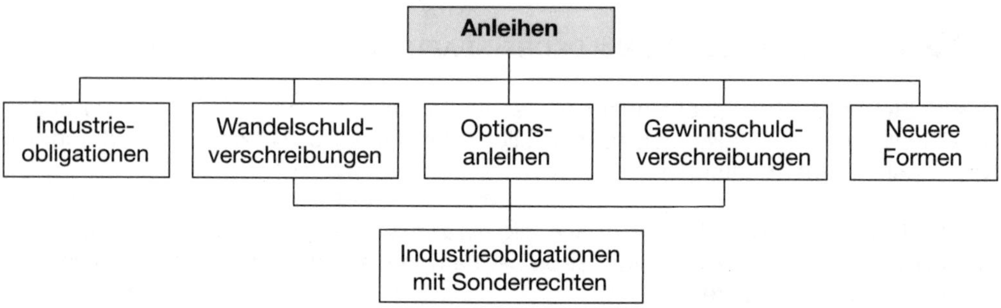


Die oben angeführten Anleiheformen dienen der **direkten** langfristigen Kreditfinanzierung von Unternehmen. Da zu ihrer Emission beste Bonität und ein enorm hohes Emissionsvolumen notwendig ist, können sie in der Praxis nur von wenigen Unternehmen als Finanzierungsinstrument genutzt werden.

Wesentlich häufiger geschieht die langfristige Kreditfinanzierung von Unternehmen **indirekt**. Darunter ist die Refinanzierung anderer Emittenten (z. B. der Staat bzw. staatliche oder private Kreditinstitute) durch die Emission von Anleihen zu verstehen. Die so erhaltene Liquidität wird in Form von langfristigen Krediten nicht emissionsfähigen Unternehmen zur Verfügung gestellt.

**Institutionen** der indirekten Unternehmensfinanzierung mittels Anleihen sind:

| | |
|---|---|
| **Öffentliche Hand** | Das können sein:<br>▶ Staats- bzw. Bundesanleihen oder Länderanleihen<br>▶ Anleihen der Kommunen oder anderer Körperschaften des öffentlichen Rechts.<br>Sie werden zur Finanzierung öffentlicher Haushalte begeben und sind durch das gegenwärtige und zukünftige Vermögen und Steueraufkommen des Ausstellers besichert. **Staatsanleihen** genießen eine hohe Bonität und sind daher mündelsicher, deckungsstock- und lombardierfähig. |

| | |
|---|---|
| **Kreditinstitute** | Als Emissionen der Banken sind diese Anleihen für die langfristige Finanzierung von Unternehmen nur indirekt wirksam. Sie können sein:<br>▶ **Pfandbriefe** und **Kommunalobligationen**, deren Ausgabe sich auf Hypothekenbanken und öffentlich-rechtliche Kreditinstitute beschränkt. Für die Ausgabe sind besondere Gesetze zu beachten, die bezüglich des Gläubigerschutzes strenge Auflagen machen.<br>▶ **Bankobligationen** bzw. **Bankschuldverschreibungen**, die eine Refinanzierungsquelle der Kreditinstitute am Kapitalmarkt darstellen. |

## 4.3.1 Industrieobligationen

Industrieobligationen sind Anleihen, die von der gewerblichen Wirtschaft – nicht nur von der Industrie, sondern auch von Handels- und sonstigen Dienstleistungsunternehmen – ausgegeben werden. Mit ihnen ist es möglich, einen **hohen Kapitalbedarf** bei einem Unternehmen langfristig – meist über 10 bis 25 Jahre – zu decken, weil eine Vielzahl von Kapitalgebern die Geldmittel in kleinen Beträgen zur Verfügung stellt.

Diese Bereitschaft der Kapitalgeber ist darin begründet, dass Industrieobligationen an der Börse gehandelt werden, was einen jederzeitigen Kauf, aber auch Verkauf der Teilschuldverschreibungen erlaubt und die Obligationen einen höheren Zins als z. B. Spareinlagen bieten.

Die Kapitalgeber erwerben die **Teilschuldverschreibungen**, in welche die Industrieobligation gestückelt ist, die meist auf Beträge von 100 €, 500 €, 1.000 €, 5.000 € oder 10.000 € lauten. Das sind Urkunden, die – anders als die Schuldscheine – Forderungsrechte verbriefen, bei denen die Forderung also an das Papier gebunden ist. Sie bestehen aus:

| Mantel | Bogen | |
|---|---|---|
| Eigentliche Schuldurkunde | Coupons | Erneuerungsschein |

Mit der Teilschuldverschreibung verpflichtet sich der Kapitalnehmer insbesondere zur Zahlung der – halbjährlich oder jährlich fälligen – Zinsen und zur Rückzahlung des gewährten Kapitals.

Industrieobligationen können von jedem börsenfähigen Unternehmen ausgegeben werden. Wegen der hohen Kapitalkosten ist das aber grundsätzlich erst ab einem Volumen von etwa 5 Millionen € lohnend. Wesentlich höhere Ausgabevolumina sind allerdings in der Praxis die Regel.

Werden **Sicherheiten** gestellt, können den Kapitalgebern, die als Obligationäre bezeichnet werden, allgemein zur Besicherung dienen:

- **Grundpfandrechte** ersten Ranges bis zu 40 % des Beleihungswertes.

- **Negativklauseln** als vertragliche Verpflichtung, künftig keine Belastungen von Vermögensteilen zu Gunsten anderer Gläubiger vorzunehmen. Sie werden auch **Negativerklärung** oder **Negativrevers** genannt. In diesem Zusammenhang sind auch die so genannten **Covenants** zu nennen, die z. B. die Einhaltung bestimmter Bilanzrelationen der emittierenden Gesellschaft zum Inhalt haben können.

- **Bürgschaften**, die besonders auch von der öffentlichen Hand übernommen werden.

Das emittierende Unternehmen behält sich vielfach ein **Kündigungsrecht** vor, das es nach Ablauf einer bestimmten Anzahl von Jahren wahrnehmen kann. Die Kapitalgeber haben kein Kündigungsrecht.

Die **Kapitalkosten** für die Finanzierung mithilfe der Industrieobligation können sich zusammensetzen aus:

| **Kapitalkosten der Industrieobligationen** | |
|---|---|
| **Kosten der Vorbereitung und Auflegung** | Dazu zählen Provisionen an das Bankenkonsortium, Veröffentlichungs- und Druckkosten, Kontroll- und Prüfungskosten. Sie betragen 3 bis 4 % des Nennwertes. |
| **Besicherungskosten** | Sie fallen etwa in Höhe von 0,4 bis 0,5 % des Nennwertes der Industrieobligationen an. |
| **Kosten der Börseneinführung** | Sie betragen etwa 0,6 bis 0,7 % des Nennwertes der Industrieobligationen. |
| **Zinsen** | Sie orientieren sich am Kapitalmarktniveau. |
| **Sonstige laufende Kosten** | Sie entstehen vor allem für treuhänderische Tätigkeit, Zahlstellen- und Bogenausgabedienst sowie Kurspflege und betragen etwa 2 % des Nennwertes. |

Im Folgenden sollen für die Industrieobligation betrachtet werden:

- **Emission**
- **Tilgung**
- **Zinsen**.

### 4.3.1.1 EMISSION

Die Emission der Industrieobligation kann vom Unternehmen selbst vorgenommen werden, indem es unmittelbar an den Kapitalmarkt geht und versucht, die Teilschuldverschreibungen unterzubringen, oder durch ein Bankenkonsortium. Dementsprechend sind zu unterscheiden:

- Die **Selbstemission**, die zwar den Vorteil hat, dass die Kapitalkosten sich um etwa 2,5 % vermindern, da ein Bankenkonsortium nicht in Anspruch genommen wird. Der

Nachteil für das Unternehmen ist aber, dass es ein spezielles Vertriebssystem unterhalten oder schaffen und sich ständig und eingehend mit der Entwicklung der Situation am Kapitalmarkt befassen müsste.

- Die **Fremdemission**, die deshalb üblicherweise bei der Ausgabe von Industrieobligationen erfolgt. Dabei bedient das Unternehmen sich eines Bankenkonsortiums, das unter der Leitung einer Bank – der Konsortialführerin – steht, meist der Hausbank des Emittenten. Das Bankenkonsortium kann sein:

| | |
|---|---|
| **Platzierungs-konsortium** | Es übernimmt die Teilschuldverschreibungen als Kommissionär im **eigenen Namen** und für **Rechnung des Emittenten**, d. h. die Risiken der Unterbringung der Anleihe werden vom Emittenten getragen. |
| **Übernahme-konsortium** | Die Teilschuldverschreibungen werden hier - wie verbreitet - im **eigenen Namen** und **auf eigene Rechnung** vom Konsortium übernommen. Somit trägt es auch die Risiken. |

Der **Nennwert** der Teilschuldverschreibung muss weder mit dem Ausgabebetrag noch mit dem Rückzahlungsbetrag der Teilschuldverschreibung übereinstimmen, wobei jedoch der Rückzahlungsbetrag zumeist 100 beträgt:

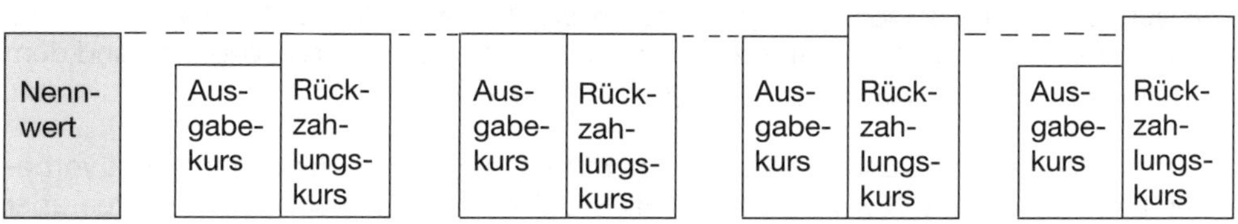


Mit einer Ausgabe unter bzw. Rückzahlung über dem Nennwert soll ein Anreiz zum Kauf der Teilschuldverschreibung gegeben werden, denn dadurch wird die Effektivverzinsung für den Kapitalgeber über den nominellen Zinssatz hinaus erhöht und dem aktuellen Marktzinsniveau angepasst. Dem Unternehmen fließt aufgrund der Kosten und des eventuellen Disagios ein geringerer Kapitalbetrag zu als die Industrieobligation nominell ausweist.

## 4.3.1.2 TILGUNG

Die Tilgungsbedingungen bei der Industrieobligation können verschieden sein. Es ist möglich, die Tilgung zu einem **einheitlichen Termin** vorzunehmen, was allerdings in der Praxis nicht häufig vorkommt. Üblich ist bei Industrieobligationen eine **Tilgung in Raten** nach einer tilgungsfreien Zeit, die z. B. fünf Jahre betragen kann. Sie lassen sich unterschiedlich gestalten:

- Bei **gleichbleibenden Tilgungsraten** fällt die Belastung des Unternehmens im Zeitablauf, weil die jährlichen Zinszahlungen sich vermindern.

- Bei **steigenden Tilgungsraten** ergibt sich eine gleichbleibende Belastung des Unternehmens, wenn die Zinsen jährlich entsprechend geringer werden.

Zur Tilgung der Industrieobligation können zwei **Methoden** angewandt werden:

- Die **Auslosung**, bei der die Industrieobligationen in so viele Serien aufgeteilt werden, wie Tilgungstermine vorgesehen sind. Die zur Tilgung anstehenden Serien werden notariell ausgelost.

- Der **Rückkauf** über die Börse, der besonders dann erfolgt, wenn der Börsenkurs der Industrieobligationen unter den Rückzahlungskurs gesunken ist.

### 4.3.1.3 Zinsen

Die Industrieobligation ist festverzinslich. Ihr **Nominalzinssatz** ist auf dem Mantel einer jeden Teilschuldverschreibung aufgedruckt.

Die Zinsen werden halbjährlich oder jährlich nachschüssig gezahlt. Wird eine Teilschuldverschreibung zwischen den Zinsterminen veräußert, dann stehen dem Verkäufer die Zinsen zu, die zwischen dem letzten Zinstermin und dem Tag der Veräußerung angefallen sind. Sie sind dem Börsenkurs hinzuzurechnen.

Trotz des festen Nominalzinssatzes der Industrieobligation kann es sich als notwendig erweisen, eine Anpassung des Zinssatzes an die Zinsentwicklung des Kapitalmarktes vorzunehmen, wenn es zwischen dem Nominalzinssatz der Industrieobligation und dem Kapitalmarktzins zu einer merklichen Abweichung gekommen ist.

Die erforderliche Anpassung kann – wenn der Emittent sich ein Kündigungsrecht vorbehalten hat – durch eine **Konversion** bewirkt werden, wobei ein solches Verhalten aber am Markt sehr selten zu beobachten ist. Das Unternehmen kündigt die Industrieobligation und bietet den Obligationären eine neue Industrieobligation zu aktualisierten Konditionen an. Die Obligationäre können sich entscheiden, ob sie von dem Angebot Gebrauch machen oder ihr Kapital ausgezahlt erhalten wollen.

Die Konversion kann erfolgen als:

- **Herunterkonversion**, die erfolgt, wenn der Kapitalmarktzins stark unter den Nominalzinssatz der Industrieobligation gesunken ist.

- **Heraufkonversion**, die sich anbietet, wenn der Kapitalmarktzins erheblich über dem Nominalzinssatz der Industrieobligation liegt.

Neben dem Nominalzinssatz der Industrieobligation ist der **Effektivzinssatz** des Papiers von Bedeutung. Die Abweichung beider Zinssätze voneinander ergibt sich dann, wenn der Ausgabekurs und/oder Rückzahlungskurs der Industrieobligation nicht 100 % beträgt. Sie ist umso größer, je höher die Kursdifferenz und je kürzer die Laufzeit ist.

Als praxisübliche **Faustformel*** für die Berechnung der Effektivverzinsung beim Kapitalgeber gilt, sofern die Tilgung mit Ende der Laufzeit erfolgt:

$$r = \frac{Z + \frac{R - K}{n}}{K} \cdot 100$$

r = Effektivzinssatz
Z = Zinsen (D/Jahr)
R = Rückzahlungskurs
K = Ausgabekurs
n = Laufzeit

**Beispiel:** Eine Industrieobligation wird mit 96 % ausgegeben und mit 100 % zurückgenommen. Die Nominalverzinsung beträgt 8 % bei einer Laufzeit von 12 Jahren, mit deren Ablauf die Tilgung erfolgt. Der Effektivzinssatz beträgt:

$$r = \frac{8 + \frac{100 - 96}{12}}{96} \cdot 100 = \mathbf{8{,}68\ \%}$$

Die Tilgung der Industrieobligation muss aber nicht erst mit Ende der Laufzeit erfolgen. Vielfach gelten folgende Regelungen, die Einfluss auf die Höhe des Effektivzinssatzes haben:

- Die **Tilgung** erfolgt in **jährlich gleichen Raten**.

  Anstelle von n in der Grundformel wird $t_m$ verwendet:

$$t_m = \frac{t + 1}{2}$$

$t_m$ = mittlere Laufzeit
t = gesamte Laufzeit

**Beispiel:** Bei einer Tilgung in gleichen Raten wäre der Effektivzinssatz unter Zugrundelegung der Zahlen aus dem obigen Beispiel:

$$r = \frac{8 + \frac{4}{6{,}5}}{96} \cdot 100 = \mathbf{8{,}97\ \%}$$

---

* Eine genauere Ermittlung des Effektivzinssatzes lässt sich - in Anlehnung an *Däumler* (Betriebliche Finanzwirtschaft, S. 167 ff.) – mit nachstehender Formel erreichen, wobei der durch die Faustformel ermittelte Zinssatz auf einen Wert gerundet werden kann, der in der finanzmathematischen Tabelle enthalten ist, um den Restwertverteilungsfaktor festzustellen:

$$r = \frac{Z + (R - K) \cdot \frac{q - 1}{q^n - 1}}{K} \cdot 100 \qquad \text{wobei: } \frac{q - 1}{q^n - 1} = \text{Restwertverteilungsfaktor}$$

Als Ergebnis des obigen Beispiels würden 8,55 % ausgewiesen, was auch eine Errechnung der Effektivverzinsung nach der Methode des Internen Zinsfußes ergibt.

- Die **Tilgung erfolgt nach tilgungsfreien Jahren** in **jährlich gleichen Raten**.

Anstelle von n in der Grundformel wird $t_m$ verwendet:

$$t_m = t_f + \frac{(t - t_f) + 1}{2}$$

$t_f$ = tilgungsfreie Laufzeit

**Beispiel:** Bei einer Zeit von 4 tilgungsfreien Jahren und anschließender Tilgung in gleichen Raten wäre der Effektivzinssatz unter Zugrundelegung der Zahlen aus dem obigen Beispiel:

$$r = \frac{8 + \frac{4}{4 + 4{,}5}}{96} \cdot 100 = \mathbf{8{,}82\ \%}$$

66 Seite 489

67 Seite 490

## 4.3.2 Wandelschuldverschreibungen

Die Wandelschuldverschreibung – auch **Wandelanleihe** genannt – ist eine besondere Art der Industrieobligation, in der neben den Rechten aus der Teilschuldverschreibung ein Umtauschrecht auf Aktien (§ 221 Abs. 1 Satz 1 AktG) verbrieft wird, das nach einer bestimmten Sperrfrist wahrgenommen werden kann. Aufgrund des Wandels der Kapitalart nennt man solche Formen auch **Mischfinanzierungen**.

Für eine AG, die ihre Kapitalbasis erweitern will, bietet sich die Ausgabe einer Wandelschuldverschreibung gegebenenfalls an, wenn Aktien oder eine Industrieobligation nicht ohne Weiteres platziert werden können, weil:

- Das Zinsniveau bei Anleihen hoch ist
- Das Niveau der Aktienkurse niedrig ist
- Die Erfolgsaussichten des Unternehmens gedämpft sind
- Zusätzliches Kapital trotz schlechter Börsensituation benötigt wird.

Mit der Wandelschuldverschreibung können Kapitalgeber von einer Kurssteigerung der Aktien profitieren, ohne zugleich das volle Risiko des Aktienerwerbes zu tragen. Dafür nehmen sie eine niedrigere Verzinsung als bei der Industrieobligation in Kauf. Als **Sicherheit** für die Wandelschuldverschreibung dient üblicherweise die Negativklausel.

Es sollen näher betrachtet werden:

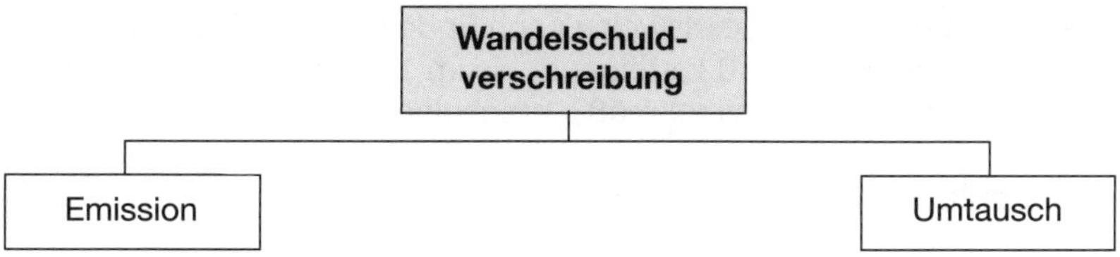


### 4.3.2.1 Emission

Bei der Emission der Wandelschuldverschreibung gilt es, ihrem Charakter gerecht zu werden als:

- Industrieobligation
- Aktie.

Aktienrechtlich ist eine **bedingte Kapitalerhöhung** (§§ 192-201 AktG) vorzunehmen, die mit einer Drei-Viertel-Mehrheit der Hauptversammlung beschlossen werden muss. Altaktionären ist ein Bezugsrecht einzuräumen, die Börsenzulassung ist zu beantragen. Es lässt sich als **Bezugsverhältnis** ermitteln:

$$\text{Bezugsverhältnis} = \frac{\text{Gekennzeichnetes Kapital}}{\text{Nennwert der Wandelschuldverschreibung}}$$

**Beispiel:** Das gezeichnete Kapital beträgt 80 Millionen €, der Nennwert der Wandelschuldverschreibung 20 Millionen €. Jeder Aktionär kann eine Wandelschuldverschreibung mit 100 € Nennwert erwerben, wenn er über Aktien im Nennwert von 400 € verfügt.

$$\text{Bezugsverhältnis} = \frac{80 \text{ Mio.}}{20 \text{ Mio.}} = \frac{4}{1}$$

Das Bezugsrecht für Wandelschuldverschreibungen wird an der Börse gehandelt, so dass der Aktionär weitere Wandelschuldverschreibungen erhalten kann, ohne dass er zusätzlich Aktien erwirbt. Der **Ausgabekurs** der Wandelschuldverschreibung liegt über 100 %. Daraus resultiert auch die niedrigere Effektivverzinsung für den Kapitalgeber.

### 4.3.2.2 Umtausch

Der Umtausch der Wandelschuldverschreibungen in Aktien kann nach Ablauf der Sperrfrist vorgenommen werden. Dabei muss nicht jede Wandelschuldverschreibung in eine Aktie umgewandelt werden können. Es ist z. B. auch möglich, dass ein **Umtauschverhältnis** von 3 : 1 festgelegt ist, d. h. drei Wandelschuldverschreibungen sind erforderlich, um eine Aktie zu bekommen.

Der Zeitpunkt des Umtausches kann durch **Zuzahlungen** beim Umtausch der Wandelschuldverschreibung beeinflusst werden:

- **Steigende Zuzahlungen**, beispielsweise nach Ende der Sperrfrist ab dem 5. Jahr, beginnend mit 50 €, jährlich um 10 € steigend, bis im 15. Jahr 150 € erreicht sind, lassen einen frühzeitigen Umtausch zweckmäßig erscheinen.

- **Fallende Zuzahlungen** fördern dagegen einen späten Umtausch.

Die Zuzahlungen können auch konstant sein.

### 4.3.3 Optionsanleihen

Optionsanleihen sind – wie Wandelschuldverschreibungen – eine besondere Art der Industrieobligation. Sie haben mit den Wandelschuldverschreibungen gemein, dass sie neben den Rechten aus der Teilschuldverschreibung ein Bezugsrecht auf Aktien verbriefen.

Im Gegensatz zu der Wandelschuldverschreibung erfolgt bei der Optionsanleihe aber **kein Umtausch** des Papiers in Aktien, sondern die Anleihe bleibt bis zu ihrer Tilgung neben den Aktien bestehen, die aufgrund des in ihr enthaltenen Bezugsrechtes ausgegeben wurden.

Mit der Optionsanleihe verbleibt das Fremdkapital bis zum Ende der Laufzeit der Obligation im Unternehmen, daneben wird Eigenkapital durch die Ausgabe neuer Aktien geschaffen.

Für die Ausgabe einer Optionsanleihe gelten die gleichen aktienrechtlichen Vorschriften wie bei der Wandelschuldverschreibung, d. h. der Emissionsbeschluss erfordert eine Drei-Viertel-Mehrheit der Hauptversammlung und die Aktionäre haben ein **Bezugsrecht**.

Das während einer bestimmten Optionsfrist geltende Bezugsverhältnis drückt die erforderliche Anzahl von Optionsscheinen für den Bezug einer Aktie aus. Der Geldbetrag, der für den Kauf einer solchen Aktie zu entrichten ist, heißt Options- oder Bezugspreis.

Optionsanleihen werden an der Börse in unterschiedlichen Notierungsformen gehandelt:

- Optionsanleihe mit (»cum«) Optionsschein
- Optionsanleihe ohne (»ex«) Optionsschein
- Nur der Optionsschein.

Nach der Emission der Anleihe werden die Optionsscheine i. d. R. separat an der Börse gehandelt. Sie weisen in ihrer Kursentwicklung den für eine Option typischen Hebeleffekt auf. Dem Anleger bieten sich hierdurch starke Kurschancen. Optionsscheine bergen aber auch das Risiko des Totalverlustes des eingesetzten Kapitals.

**Beispiel:** Ein Bezugsverhältnis beträgt 2:1, d. h. zwei Optionsscheine berechtigen zum Bezug einer Aktie im Nennwert von 5 €. Der Bezugskurs liegt bei 24 €, d. h. bei Einreichung von 2 Optionsscheinen werden 24 € für den Erwerb einer Aktie zum Nennwert von 5 € fällig. Die Hebelwirkung des Optionsscheines soll anhand des folgenden Kursszenarios erklärt werden:

| Bezugspreis | Börsenpreis | Steigerungsrate des Börsenkurses | Differenz Börsenkurs bezugspreis | Rechnerischer Wert des Optionsscheines | Steigerungsrate des Optionsscheines |
|---|---|---|---|---|---|
| 24 | 20 | 0 % | – 4 | 0 | 0 % |
| 24 | 24 | 20 % | 0 | 0 | 0 % |
| 24 | 28 | 16,66 % | 4 | 2 | 200 % |
| 24 | 32 | 14,29 % | 8 | 4 | 100 % |
| 24 | 36 | 12,5 % | 12 | 6 | 50 % |
| 24 | 40 | 11,1 % | 16 | 8 | 33,33 % |

Bei einer Entwicklung des Börsenkurses von 28 auf 32 € kommt es zu einer Steigerungsrate von 14,29 %. Der rechnerische Wert des Optionspreises entwickelt sich von 2 € auf 4 €. Dies entspricht einer Steigerung von 100 %.

68 Seite 490

## 4.3.4 GEWINNSCHULDVERSCHREIBUNGEN

Die Gewinnschuldverschreibung stellt ebenfalls eine besondere Art der Industrieobligation dar. Ihr Sonderrecht besteht darin, dass der Kapitalgeber am Gewinn des Unternehmens beteiligt wird. Die **Gewinnbeteiligung** kann grundsätzlich in folgender Weise geregelt sein:

- Wie bei der Teilschuldverschreibung erfolgt zunächst eine **Festverzinsung**, die als Mindestverzinsung zu verstehen ist. Daneben ist eine **Zusatzverzinsung** vereinbart, bei der es beispielsweise für jedes Prozent der Aktiendividende ein halbes Prozent Zusatzzins gibt.

- Es wird keine Festverzinsung gewährt, sondern nur eine **gewinnabhängige Verzinsung**, die üblicherweise nach oben begrenzt ist.

Aktienrechtlich ist für die Ausgabe einer Gewinnschuldverschreibung eine Drei-Viertel-Mehrheit in der Hauptversammlung erforderlich. Den Aktionären steht ein Bezugsrecht zu. In Deutschland ist die Gewinnschuldverschreibung eine Finanzierungsalternative, die nur in seltenen Einzelfällen genutzt wird. Häufiger werden dagegen Genussscheine mit entsprechender Ausstattung (Fremdkapitalzins, Gewinnabhängigkeit) emittiert.

## 4.3.5 SONSTIGE ANLEIHEN

In den letzten Jahren haben sich neben den bereits geschilderten traditionellen Formen neuere Anleihearten entwickelt, die im Folgenden kurz dargestellt werden sollen. Sie können nach Art der unterschiedlichen Verzinsung und der unterschiedlichen Tilgung unterschieden werden und stehen beispielhaft für den sich ständig durch Innovationen ändernden Anleihemarkt:

- **Anleiheformen mit spezieller Verzinsungsweise**

| | |
|---|---|
| **Nullkupon-anleihen** | Sie werden auch **Zero Bonds** genannt, weil während ihrer Laufzeit keine Zinszahlungen erfolgen. Zero Bonds werden zumeist mit einem hohen Disagio ausgegeben und zum Nennwert getilgt. |
| **Niedrig-verzinsliche Anleihen** | So genannte **Discount Bonds** weisen eine weit unter dem Marktniveau liegende Verzinsung auf und ähnlich dem Zero Bond einen hohen Abschlag bei der Emission, um das Marktzinsniveau zu erreichen. |
| **Hochzins-anleihen** | Diese **High Yield Bonds** werden von Emittenten begeben, deren mindere Bonität eine deutlich über dem Marktzinsniveau liegende Verzinsung der Anleihe als Risikoausgleich erfordert. |
| **Anleihen mit variablen Zinssätzen** | Im Gegensatz zu den traditionellen Anleihen erfolgen bei solchen **Floating Rate Notes** alle 3 oder 6 Monate Zinsanpassungen über einen Referenzzinssatz, dem Zinssätze des Interbanken-Geldmarktes (EURIBOR, LIBOR) zu Grunde liegen. |
| **Stufenzins-anleihen** | Sie weisen als **Step-up Bonds** eine vorher vereinbarte Erhöhung des Nominalzinssatzes während der Laufzeit der Anleihe auf. Die Erhöhungen werden gewöhnlicher Weise jährlich durchgeführt. |
| **Index-anleihen** | Diese **Indexed Bonds** sind mit ihrer Verzinsung an allgemein gültige Indexgrößen, wie z. B. einem Aktien- oder dem Lebenshaltungskostenindex gekoppelt. Die Koppelung kann sich aber auch auf die Rückzahlungshöhe beziehen und wäre dann eine Sonderform der Tilgung. |

- **Anleiheformen mit spezieller Tilgungsweise**

| | |
|---|---|
| **Umtausch-anleihen** | Sie ähneln der bereits beschriebenen Wandelanleihe. Diese **Exchangeable Bonds** sehen ebenso neben einer Zinszahlung einen Tausch in Aktien vor. Allerdings werden Aktien eines anderen Unternehmens eingetauscht, die damit nicht Aktien vom Emittenten der Anleihe sind. |
| **Annuitäten-anleihen** | Die besondere Form in gleich hohen Annuitäten die Tilgung vorzunehmen, hat dieser Anleihe den Namen **Annuity Bond** gegeben. |
| **Ewige Anleihen** | Solche **Perpetual Bonds** sehen ab Laufzeitbeginn keine Tilgung und damit kein festgelegtes Rückzahlungsdatum vor. Ihr Nominalzinssatz wird in größeren Abständen (z. B. 10 Jahre) dem Marktzinssatz angepasst. Sie können vom Schuldner allerdings aufgekündigt und dann zurückgezahlt werden. |

| | |
|---|---|
| **Aktien-anleihen** | Mit einer weit über den Marktzinssatz liegenden Nominalverzinsung ausgestattet, verbriefen diese **Equity-Linked Bonds** für den Emittenten der Anleihe ein Wahlrecht, zum Laufzeitende der Anleihe eine bestimmte Anzahl von vorher festgelegten Aktien zu liefern oder die Rückzahlung zum Nennwert der Anleihe durchzuführen. |
| **Katastrophen-anleihen** | Sie heißen auch **Catastrophe Bonds** und werden von Versicherungsgesellschaften begeben. Ihre Rückzahlung, wie aber auch ihre Zinszahlungen, ist vom zukünftigen Schadensverlauf der emittierenden Gesellschaft abhängig. |

## 4.4 Aussenhandelskredite/Staatliche Kreditförderung

Hauptträger der mittel- und langfristigen Refinanzierung von Exportkrediten sind in Deutschland die Ausfuhrkredit-Gesellschaft mbH (AKA) und auch die Kreditanstalt für Wiederaufbau (KfW).

Während sich die Geschäftstätigkeit der AKA ausschließlich auf die Kreditgewährung bei Exportgeschäften beschränkt, erfüllt die KfW neben der Bereitstellung von langfristigen Außenhandelskrediten und der Mitfinanzierung von Direktinvestitionen im Ausland umfangreiche **inländische Finanzierungsaufgaben**, die insbesondere nach der Wiedervereinigung an Bedeutung zugenommen haben.

Beide Institute unterscheiden bei Exportgeschäften Bestellerkredite und Lieferantenkredite:

- Beim **Bestellerkredit** erfolgt die Kreditabwicklung nach einwandfreier Lieferung zwischen Importeur und Spezialkreditinstitut, wobei der Exporteur lediglich eine gewisse Mithaftung weiterträgt. Sie nehmen heute z. B. bei der AKA eine dominante Stellung im Exportgeschäft ein.

- Beim **Lieferantenkredit** ist der Exporteur Kreditnehmer der Refinanzierungsstelle, sodass der Lieferantenkredit im engeren Sinne zwischen Exporteur und Importeur weiterhin unmittelbar eingeräumt und abgewickelt wird. Die Kreditbedingungen für die Refinanzierung gehen jedoch in der Regel in die Vereinbarungen über die Lieferantenkreditgewährung (im engeren Sinne) ein. Sie haben bei der AKA kaum noch Bedeutung.

Für das bestmögliche Kreditangebot an den Importeur ist besonders bei langen Laufzeiten eine Mischfinanzierung anzustreben. Hierbei werden verschiedene Kreditarten von AKA, KfW und anderen Kapitalquellen miteinander kombiniert. In den letzten Jahren hat sich als weitere Finanzierungsquelle der **Euro-Finanzmarkt** herausgebildet, der bereits für kurzfristige Kredite geschildert wurde.

Als Außenhandelskredite und als Kreditförderung der öffentlichen Hand sollen im Überblick **AKA-Kredite** und **KfW-Kredite** dargestellt werden.

### 4.4.1 AKA-Kredite

Die *Ausfuhrkredit-Gesellschaft mbH* als Zusammenschluss von über 50 am Export interessierten Banken unter Führung der Deutschen Bank AG bietet **verschiedene Kreditlinien** zur Finanzierung von Exportgeschäften.

Der Plafond A dient dem Exporteur und damit der Herstellerfinanzierung in Form eines Lieferantenkredites. Die Plafonds C, D und E werden dem Importeur gewährt, dienen also der Bestellerfinanzierung. Es gilt:

| | **Plafond A: Lieferantenkredit** | **Plafonds C, D und E: Bestellerkredit** |
|---|---|---|
| **Laufzeiten** | Die Kreditlaufzeit beginnt mit der ersten Inanspruchnahme. Sie soll mindestens 12 Monate betragen. | Die Kreditlaufzeit darf den von der Bundesdeckung gezogenen zeitlichen Rahmen nicht überschreiten. |
| **Kredithöhe** | Kredite können bis zur Höhe der Ausfuhrförderung eingeräumt werden, die durch eine Ausfuhrbürgschaft oder Ausfuhrgarantie von HERMES, in vertretbaren Fällen durch eine andere Kreditversicherung nach Abzug der Selbstbeteiligung versichert ist. | Der Höchstbetrag eines Bestellerkredites entspricht der abzulösenden Exportforderung. Dies sind so genannte gebundene Finanzkredite an ausländische Besteller. |
| **Selbstfinanzierungsquote** | Die Selbstfinanzierungsquote ist in der Regel identisch mit der höchsten Risikoselbstbeteiligung der Ausfuhrdeckung, d. h. im Allgemeinen 10 bis 15 %. Bei Geschäften mit ausländischen Regierungen und Körperschaften des öffentlichen Rechts in der Regel 10 %. | Entspricht dem Plafond A und liegt bei Krediten an private Importeure risikomäßig bei ca. 15 % für den Exporteur.<br><br>Im Plafond E tritt an die Stelle der Konsortialquote eine reduzierte AKA-Quote. |
| **Kreditzuweisung** | Die Kredite werden dem Exporteur im Einvernehmen mit den dem Konsortium angehörenden Banken von der AKA direkt zur Verfügung gestellt. | Kredite werden von der AKA dem ausländischen Käufer eingeräumt (z. B. Plafond C in €; Plafond D in € oder Fremdwährung). |
| **Verzinsung** | Variabler Zinssatz auf Basis des EURIBOR. Auf Antrag sind auch Festzinssätze möglich. | Variabler Zinssatz auf Basis des EURIBOR. Auf Antrag sind auch Festzinssätze möglich. |
| **Provision** | Zusageprovision auf den reservierten Betrag für die Zeit ab Genehmigung durch den Kreditausschuss bis zur Inanspruchnahme der Kreditmittel. | Zusageprovision für die Zeit von der Genehmigung des Kredites durch den Kreditausschuss bis zur Auszahlung der Kreditmittel. |

Im Rahmen der Bestellerkredite sind die mit besonderen Konditionsbedingungen versehenen **AKA-CIRR-Kredite** (CIRR = Commercial Interest Reference Rate) anzuführen, für die eine Hermes-Deckung vorliegt. Ihre Zinshöhen sind subventioniert, wobei der CIRR ein Referenzzinssatz der OECD ist und sich am Mindestzinssatz staatlich geförderter, mittel- bis langfristiger Exportfinanzierung von Investitionsgütern der Mitgliedstaaten in Entwicklungsländer orientiert.

Der CIRR-Satz liegt 100 Basispunkte über dem jeweiligen Satz erster inländischer Adressen. In der EU gilt ein einheitlicher CIRR-Satz, allerdings sind die Förderungsrichtlinien unterschiedlich. So werden z. B. Exporte in Deutschland nur in bestimmte Entwicklungsländer gefördert.

### 4.4.2 KfW-Kredite

Die *Kreditanstalt für Wiederaufbau*, die vom Bund (zu 80 Prozent) und den Ländern (zu 20 Prozent) getragen wird, hatte ab 1948 zwei **Aufgaben**:

- Förderung des Wiederaufbaus der deutschen Wirtschaft im Rahmen der Marshallplanhilfe, inzwischen insbesondere auch im Rahmen der deutschen Wiedervereinigung.
- Gewährung von Investitionskrediten als langfristige Finanzierungsmöglichkeit für die deutsche Exportwirtschaft.

Im Jahr 2003 erfolgte eine Neuordnung der Kreditangebote durch die Fusion der Kreditanstalt für Wiederaufbau (KfW) und der Deutschen Ausgleichsbank (DtA).

- Die KfW Bankengruppe bietet **national** an:

| | |
|---|---|
| **Kredite der KfW Mittelstandsbank** | Zielgruppe sind Existenzgründer, junge und Wachstumsunternehmen sowie etablierte Unternehmen.<br>Staatliche oder internationale Kredithilfen (European Recovery Program = ERP) mit mittel- bis langfristigen Laufzeiten werden über Hausbanken durchgereicht. |
| **Kredite der KfW Förderbank** | Sie fördern die Infrastruktur (kommunales sowie privates Bauen, Wohnen), Soziales, die Bildung wie auch die Umwelt (z. B. durch ein CO2-Gebäudesanierungsprogramm). |

- Im **internationalen Bereich** entstanden 2003 ebenfalls neue Strukturen. Zum Teil rechtlich selbstständige Töchter der KfW Bankengruppe sind:

| | |
|---|---|
| **KfW IPEX-Bank** | Von ihr werden in der Außenhandelsfinanzierung angeboten:<br>▶ Exportfinanzierungen<br>▶ Projektfinanzierung im Ausland |
| **KfW Entwicklungsbank** | Sie vergibt im wirtschafts- sowie entwicklungspolitischen Interesse:<br>▶ Bundeskredite im Ausland<br>▶ Zuschüsse und Finanzierungen von Projekten und Programmen in Entwicklungsländern |
| **DEG (Deutsche Investitions- und Entwicklungsgesellschaft)** | Als Unternehmen der KfW Bankengruppe finanziert die DEG private Investitionen in Entwicklungs- und Schwellenländer. Dabei versteht sich die DEG als Partner der investierenden Unternehmen, der auch mit umfangreichen Beratungsleistungen hilft. |

# 5. Kreditsubstitute

Die Kreditsubstitute ersetzen bzw. ergänzen die traditionelle, in den beiden vorangegangenen Kapiteln beschriebenen Formen der Fremdfinanzierung, die von den Kreditinstituten getragen werden. Zu unterscheiden sind:

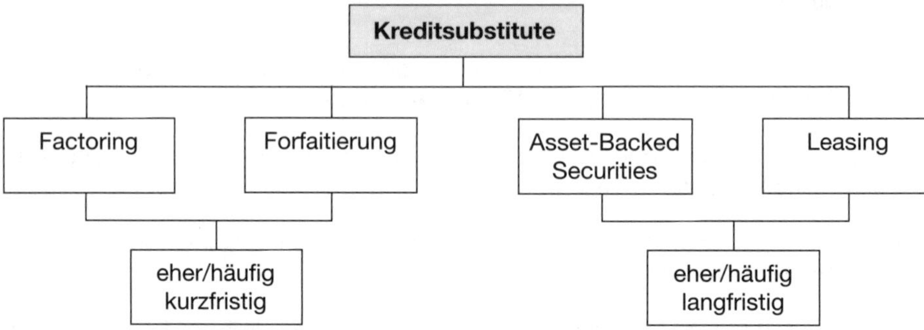


Wie zu erkennen ist, können sie nicht eindeutig in kurz- bzw. langfristige Finanzierungsformen unterteilt werden, wenngleich sie tendenziell jeweils besondere Bedeutung im kurzfristigen bzw. langfristigen Bereich aufweisen.

Als Kreditsubstitut wird mitunter auch das **Franchising** angesehen. Es ist jedoch eher ein Marketingkonzept als eine Finanzierungsmaßnahme – siehe S. 324.

## 5.1 Factoring

Das Factoring beruht auf einem Vertrag, der zwischen einem Unternehmen als Klient und einem Finanzierungsinstitut als Factor geschlossen wird. Factoring-Institute sind häufig Tochtergesellschaften von Kreditinstituten oder Gesellschaften, die weitere Finanzgeschäfte betreiben. Sie verpflichten sich, für den Klienten verschiedene Funktionen zu übernehmen:

| | |
|---|---|
| **Dienstleistungsfunktion** | Sie umfasst unter anderem die Debitorenbuchhaltung, das Mahnwesen und das Rechnungsinkasso. |
| **Delkrederefunktion** | Mit ihr wird das Risiko einer möglichen Zahlungsunfähigkeit des Abnehmers der Waren oder Dienstleistungen übernommen. |
| **Finanzierungsfunktion** | Hier erfolgt die Bevorschussung der vom Factor angekauften Forderungen. |

Der Klient erklärt sich bereit, dem Factor Gesamtheiten von Forderungen zum Kauf anzubieten, z. B. alle Forderungen oder Forderungen der Kundenbuchstaben A bis M. Der **Ablauf** des Factoring erfolgt somit grundsätzlich:

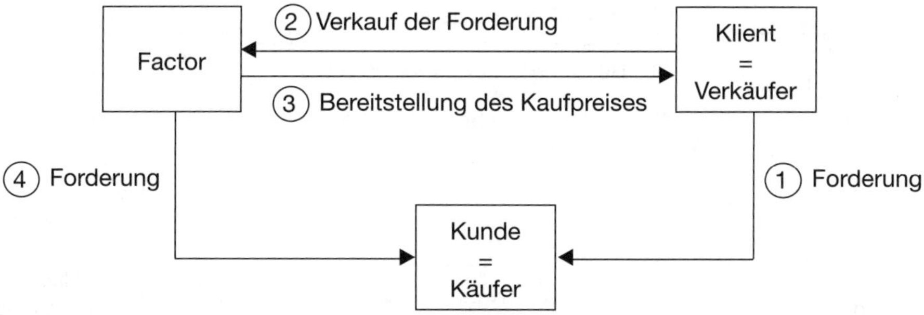


Ein Factoring, bei dem der Factor alle drei oben genannten Funktionen erfüllt, wird **echtes Factoring** genannt und ist die in Deutschland vor allem praktizierte Form. Im Gegensatz hierzu steht das **unechte Factoring**, bei dem die Delkrederefunktion vom Factor nicht wahrgenommen wird:

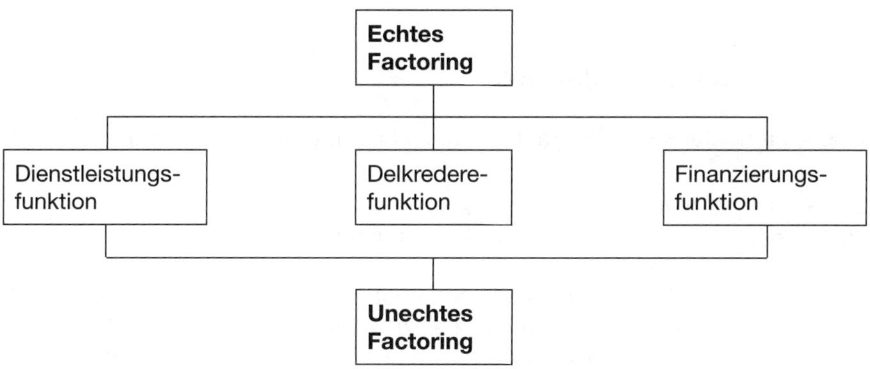


Das Factoring kann in drei **Formen** durchgeführt werden:

- Beim **offenen Factoring**, das auch als notifiziertes Factoring bekannt ist, weist der Klient den Abnehmer der Ware oder Dienstleistung in der Rechnung darauf hin, dass die Forderung an den Factor abgetreten wird, an den auch mit der von der Schuld befreienden Wirkung die Zahlung zu leisten ist.

- Beim **halboffenen Factoring** informiert der Klient den Abnehmer der Ware oder Dienstleistung in der Rechnung über die Zusammenarbeit mit dem Factor, ohne aber eine Abtretung zu erklären, wodurch der Abnehmer die Wahl hat, seine Zahlung an den Factor oder seinen Klienten zu leisten.

- Beim **stillen Factoring**, das man auch als **nichtnotifiziertes Factoring** bezeichnet, wird dem Abnehmer der Ware oder Dienstleistung die Forderungsabtretung an den Factor nicht bekannt gemacht, sodass der Abnehmer die Zahlung an den Klienten des Factors leistet, der sie an diesen weiterzuleiten hat.

Der **Ablauf** beim offenen und stillen Factoring lässt sich schematisch darstellen:

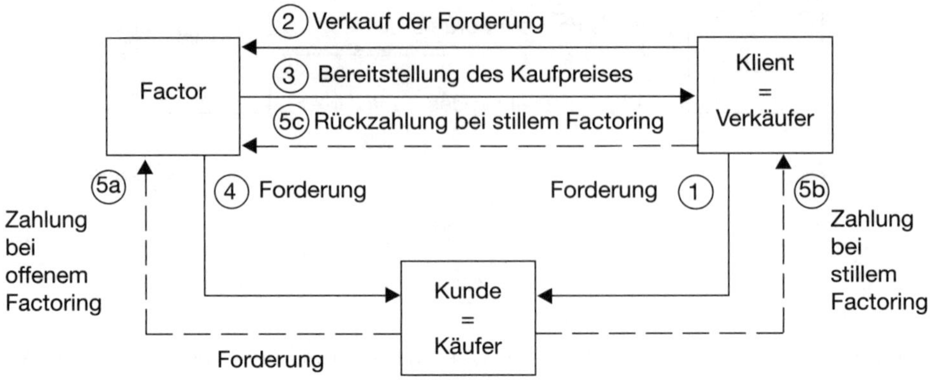


Das echte Factoring wird üblicherweise in Form des offenen Factoring durchgeführt, seine vertragliche **Mindestlaufzeit** liegt meist bei zwei bis vier Jahren.

## 5.1.1 Dienstleistungsfunktion

Die Dienstleistungsfunktion des Factors kann als **Leistungen** umfassen:

- Debitorenbuchhaltung
- Mahnwesen
- Inkassowesen
- Beratungswesen

Dem Factor ist es möglich, diese Tätigkeiten kostengünstig auszuführen, da er **EDV-Anlagen** mit speziellen Programmen rationell einzusetzen vermag. Zudem ist es vorteilhaft, dass die Tätigkeiten von **Spezialisten** mit hoher Sachkenntnis ausgeübt werden. Der Klient wird von diesen Tätigkeiten entlastet, wodurch sich die bei ihm anfallenden Kosten vermindern.

Gerade für mittlere Unternehmen kann die Kostenentlastung bedeutsam sein. Aus Kostengründen können Abteilungen teilweise oder ganz ersetzt werden, wie z. B. eine vollständige Auslagerung der Debitorenbuchhaltung (Outsourcing). Diese Fremdvergabe kann sich vorteilhaft in Form der Absenkung des Fixkostenblocks auswirken.

Der Factor stellt dem Klienten alle Informationen zur Verfügung, die er für den Geschäftsbetrieb benötigt.

**Beispiele** für tägliche Informationen:

- Soll-Journal
- Haben-Journal
- Kontenauszüge der bewegten Debitorenkonten
  (Saldo-Vortrag, Soll- und Habenumsätze, Skonto und sonstige Abzüge, neuer Saldo, Umsatzfortschreibung, Treuhand-Buchungen, Treuhand-Salden)

**Beispiele** für monatliche Informationen:

- Monats-Kontoauszug
- Umsatzsteuer-Ermittlung

- Vertreterprovisions-Abrechnung
- Offene Posten-Liste, gegliedert nach Debitoren
  (Rechnungsdatum, Betrag noch offener Soll-Posten, Fälligkeit noch offener Soll-Posten, Haben-Posten – soweit damit nicht Rechnungen ausgeglichen werden, Durchschnittsrechnungslaufzeiten, Anzahl der Buchungsposten, Saldo)

Der Factor hat mit der Übernahme der Dienstleistungsfunktion die Möglichkeit, einen umfassenden **Einblick** in die Marktsituation, insbesondere das Zahlungsverhalten einer Vielzahl von Marktpartnern, gewinnen zu können, was sich bei der Übernahme der Delkrederefunktion als nützlich erweist. Außerdem ist er in der Lage, markt- und branchenspezifische Daten aufzubereiten, deren Kenntnis den ihm angeschlossenen Klienten von Vorteil ist.

Die Übernahme der Dienstleistungsfunktion durch den Factor hat für den Klienten indes nicht nur Vorteile. Er begibt sich auch in eine gewisse **Abhängigkeit** zum Factor, zumal er sich personell und materiell darauf einstellt, die vom Factor bereitgestellten Leistungen selbst nicht mehr zu erbringen.

Die **Gebühren**, die vom Factor für die Dienstleistungsfunktionen berechnet werden, liegen zwischen 0,5 und 2,5 % vom Umsatz. Ihre konkrete Höhe hängt von mehreren Faktoren ab:

- Durchschnittsbetrag und Anzahl der Rechnungen
- Durchschnittliche Laufzeit der Forderungen
- Zahl der Kunden
- Fluktuation der Kunden
- Ausmaß der Rücksendungen, Mängelrügen usw.
- Anzahl der versandten Rechnungen
- Produkteigenschaften
- Zahl der jeweils bewegten Kundenkonten
- Art und Umfang von zusätzlichen Arbeiten.

Für den Klienten ist es wichtig, den Gebühren des Factors die eigenen kostenmäßigen **Entlastungen** gegenüberzustellen, um zu einem Gesamturteil zu gelangen.

## 5.1.2 Delkrederefunktion

Die Delkrederefunktion des Factors besteht darin, dass er die vom Klienten zum Kauf angebotenen Forderungen übernimmt und damit das **Risiko des Forderungsausfalles** trägt.

Der Übernahme der Forderungen geht eine bonitätsmäßige Überprüfung voraus, deren positive Beurteilung die Voraussetzung für die Wahrnehmung der Delkrederefunktion ist. Bei negativer Einschätzung der Bonität des Abnehmers der Waren oder Dienstleistungen hat der Factor das Recht, die Delkrederefunktion nicht zu übernehmen.

Der Factor erwartet vom Klienten, dass er alle Forderungen oder zumindest geschlossene Forderungsgesamtheiten zum Kauf anbietet, nicht dagegen einzelne, ausgewählte Forderungen. Damit will der Factor sein Risiko streuen.

Die **Gebühren**, die der Factor für die Delkrederefunktion berechnet, betragen zwischen 0,2 % und 1,2 % vom Umsatz, wobei insbesondere die Risikostruktur der Forderungen die Kostenhöhe beeinflussen kann.

## 5.1.3 Finanzierungsfunktion

Die Finanzierungsfunktion kann vom Factor in zwei **Formen** betrieben werden:

- Der Ankauf der Forderungen ist **zum durchschnittlichen Fälligkeitstag** möglich (**Maturity Factoring**). Der Factor errechnet für die bündelweise angekauften Forderungen den durchschnittlichen Fälligkeitstag und stellt dem Klienten zu diesem Termin 80 % bis 90 % der Rechnungsbeträge zur Verfügung.

  Die restlichen 10 % bis 20 % der Rechnungsbeträge werden einem Sperrkonto des Klienten gutgeschrieben, womit der Factor sich gegen Mängelrügen und Warenrückgaben absichert.

- Der Ankauf der Forderungen kann **vor dem durchschnittlichen Fälligkeitstag** erfolgen (**Standard Factoring**). Das Verfahren unterscheidet sich vom oben dargestellten dadurch, dass der Factor dem Klienten die Rechnungsbeträge (abzüglich 10 % bis 20 % für Mängelrügen und Warenrückgaben) unmittelbar nach der Erstellung der Rechnungen bereitstellt, also bis zum durchschnittlichen Fälligkeitstag bevorschusst, was die eigentliche Finanzierungsfunktion des Factors ausmacht.

**Kapitalkosten** des Factoring fallen für die Bevorschussung der Forderungen an. Sie liegen etwa in Höhe der Zinsen für einen Kontokorrentkredit.

**Beispiel:** Die Werkzeug GmbH hat einen Umsatz von 800.000 € pro Monat. Das durchschnittliche Zahlungsziel beträgt 30 Tage.

Ein Factor unterbreitet folgendes Angebot:

| | |
|---|---|
| Dienstleistungsgebühr | 1,5 % des Umsatzes |
| Delkrederegebühr | 0,8 % des Umsatzes |
| Zinsen | 10,8 % p.a. |

Die Kosten des Factoring betragen pro Monat:

| | | |
|---|---|---|
| Dienstleistungsgebühr | $800.000 \cdot 0{,}015 =$ | 12.000 € |
| Delkrederegebühr | $800.000 \cdot 0{,}008 =$ | 6.400 € |
| Kapitalkosten | $800.000 \cdot \frac{0{,}108}{12} =$ | 7.200 € |
| Kosten des Factoring pro Monat | | **25.600 €** |

69 Seite 490

## 5.2 Forfaitierung

Die Forfaitierung ist der Ankauf von Forderungen, die meist aus dem **Export von Investitionsgütern** entstehen, wobei der Forfaitist das Ausfallrisiko übernimmt. Damit weist die Forfaitierung eine Ähnlichkeit zum Factoring auf. Wie der Factor nimmt der Forfaitist ebenfalls die

- Delkrederefunktion
- Finanzierungsfunktion

wahr, die sich allerdings nicht auf sämtliche Forderungen oder eine Gesamtheit von Forderungen des Klienten beziehen, sondern einzeln veräußert werden. Aus diesem Grund kommt der Dienstleistungsfunktion hier keine Bedeutung zu. Ein weiterer Unterschied ist, dass die Forfaitierung mittelfristiger, mitunter sogar langfristiger Natur sein kann.

Spezielle Forfaitierungs-Institute gibt es in Deutschland nicht, deutsche Kreditinstitute nehmen oft nur eine Maklerfunktion wahr. Forfaitierung wird aktuell stark im Bereich der Finanzierungen von Public Private Partnerships, also auch in Geschäften öffentlich-privater Partnerschaften eingesetzt.

Der Forfaitist ist bestrebt, sein Risiko so gering wie möglich zu halten, weshalb er **Absicherungen** verlangt, die sein können:

- Die Forderung besteht in Wechselform
- Die Forderung beruht auf einem Akkreditiv
- Die Forderung ist durch Bankgarantie gesichert
- Die Forderung ist durch eine Ausfuhrgarantie oder Ausfuhrbürgschaft des Bundes gedeckt.

Die **Gebühren** für die Forfaitierung sind nach Land und Laufzeit sehr unterschiedlich. Allgemein kann festgestellt werden, dass sie recht hoch sind. Andererseits ist der Klient dafür in der Lage, die Vorteile eines Barverkaufs zu nutzen.

## 5.3 Asset-Backed-Securities

Mit dem Zusammenwachsen der internationalen Finanzmärkte werden klassische Finanzierungsformen wie der Bankkredit teilweise durch die Verbriefung von Rechten und Zahlungsansprüchen verdrängt. Diese Finanzierung über neu kreierte Wertpapiere wird **Securitization** genannt. Typisch hierfür sind die bereits angeführten Termineinlagen bei Banken (Certificate of Deposit), die zertifiziert werden und damit handelbar sind.

Eine weitere Form stellt die **Verbriefung von Forderungsansprüchen** dar. Es werden hierdurch Wertpapiere (Securities) geschaffen, deren Besicherung (Backed) über Finanzaktiva in Form von Forderungsansprüchen (Assets) aus Lieferung und Leistung erfolgt.

Im Gegensatz zum Factoring nutzt diese Methode den gesamten Kapitalmarkt zur Refinanzierung der Forderungshergabe. Dies geschieht durch die Weitergabe der Ansprüche durch den Forderungsverkäufer (**Originator**) an einen Forderungspool (**Special Purpose Vehicle**), der Wertpapiere zur Refinanzierung der die Forderungen einreichenden Unternehmen emittiert (**True Sale**).

Neben den True Sale-Verbriefungen gibt es auch eine so genannte **synthetische Verbriefung**, die nur das Ausfallrisiko einer bestimmten Forderung, nicht aber die Forderung selbst auf einen Investor überträgt. Zum Einsatz kommen hier derivate Instrumente wie der Credit Default Swap oder die Credit Limited Note, die ausschließlich das Ausfallrisiko von Forderungen darstellen.

Für den Forderungsverkäufer wird eine günstigere Finanzierung als beim Factoring möglich, da durch die Streuung der Wertpapiere auf dem Kapitalmarkt das Risiko als geringer geachtet wird als bei einem Ankauf durch ein einziges Factoringinstitut. Das **Risiko** der Wertpapiere selbst hängt von der Bonität der Forderung ab, die von höchster Güte sein sollte.

Als **Verbriefungsformen** der Forderungen bestehen zwei Konzepte:

| | |
|---|---|
| **Konzept der Fondszertifikate** | Investoren kaufen bei diesem Konzept Anteile am Vermögen des Forderungspools (Fondszertifikate). Zins- und Tilgungszahlungen werden unverändert an den Investor weitergeleitet.<br>Damit ist die Laufzeit des Investments nicht planbar, wodurch dem Investor ein Risiko der vorzeitigen Tilgung (Prepayment Risk) entsteht. |
| **Anleihekonzept** | Dieses Problem wird im Anleihekonzept gelöst. Durch die Emission von Schuldverschreibungen werden feste Zins- und Tilgungszahlungen garantiert.<br>Das geschieht durch die Zwischenschaltung von Finanzinstitutionen, die dieses Auszahlungsmanagement übernehmen. Hierdurch erhöhen sich allerdings die Kosten dieser Finanzierungsalternative. |

## 5.4 LEASING

Unter Leasing wird ein für einen bestimmten Zeitraum abgeschlossenes miet- oder pachtähnliches Verhältnis zwischen einem Leasing-Geber und einem Leasing-Nehmer verstanden. Es lassen sich verschiedene **Arten** des Leasing unterscheiden:

- Nach der Person des **Leasing-Gebers**

| | |
|---|---|
| **Direktes Leasing** | Bei dieser Art des Leasing tritt der Hersteller des Leasing-Gutes als Leasing-Geber auf. |

| | |
|---|---|
| **Indirektes Leasing** | Zwischen dem Hersteller und dem Leasing-Nehmer ist eine **Leasing-Gesellschaft** als Leasing-Geber geschaltet, die das Leasing-Gut erwirbt, um es dem Leasing-Nehmer zur Verfügung zu stellen. Sie refinanziert sich über ein Kreditinstitut: |

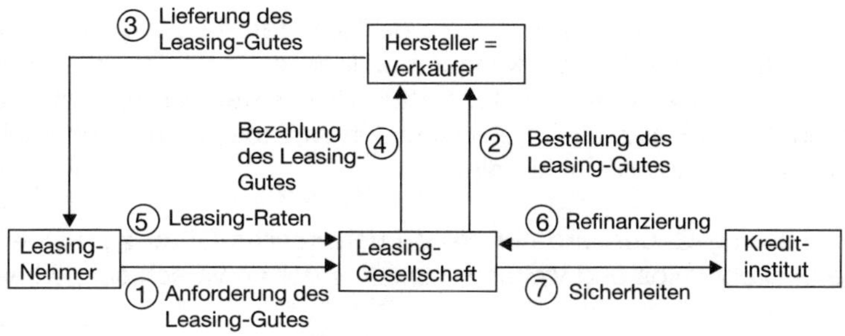


- Nach der **Anzahl der Leasing-Objekte**

| | |
|---|---|
| **Equipment-Leasing** | Dem Leasing-Vertrag liegt ein einzelnes **bewegliches Wirtschaftsgut** zu Grunde. |
| **Plant-Leasing** | Der Leasing-Vertrag bezieht sich auf eine Gesamtheit **ortsfester Wirtschaftsgüter**, die auch bewegliche Wirtschaftsgüter einschließt, wenn sie sachlich zu der Gesamtheit gehören. |

- Nach der **Art der Leasing-Objekte**

| | |
|---|---|
| **Konsumgüter-Leasing** | Es erfolgt bei Konsumgütern mit verhältnismäßig langer Lebensdauer, z. B. Farbfernsehgeräten, wobei häufig Service-Leistungen des Leasing-Gebers – Wartung, Reparatur – eingeschlossen sind. |
| **Investitionsgüterleasing** | Es bezieht sich auf bewegliche Güter und unbewegliche Güter des Anlagevermögens. |

Nach dem **Verpflichtungscharakter des Leasing-Vertrages** lassen sich das Operate-Leasing und das Finance-Leasing unterscheiden, auf die näher einzugehen ist:

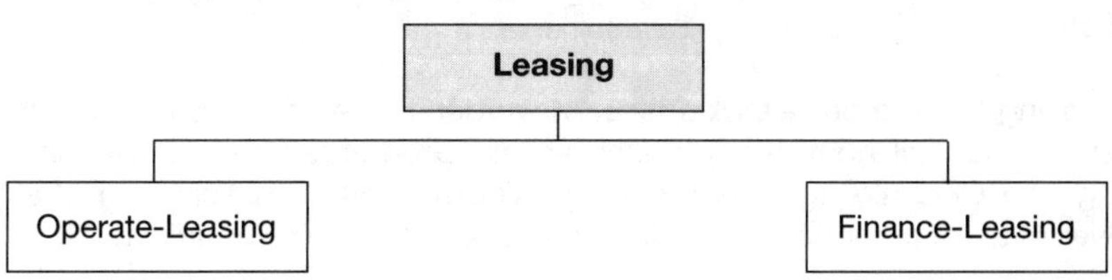

## 5.4.1 Operate-Leasing

Das Operate-Leasing ist durch die **Kurzfristigkeit** seiner Laufzeit gekennzeichnet. Es entspricht damit einem Mietvertrag.

Für das Unternehmen besteht mit dem Operate-Leasing die Möglichkeit, seine Kapazität an kurzzeitige Schwankungen anzupassen, beispielsweise durch Vergrößerung des Maschinenparks oder der Ausstattung eines Textverarbeitungssekretariates für einige Monate. Das Risiko einer Fehlinvestition ist dabei gering, denn der Leasing-Vertrag lässt sich binnen kurzer Frist kündigen.

Der Leasing-Geber wird nur solche universellen Güter zum Operate-Leasing anbieten, die er problemlos und vielfach nacheinander an verschiedene Leasing-Nehmer vermieten kann.

Die **Bilanzierung** des Leasing-Gutes erfolgt beim Leasing-Geber, der es auch abschreibt und die Eigentumsrisiken trägt. Beim Leasing-Nehmer werden die Leasing-Raten als Aufwand verrechnet. Sie sind als Betriebsausgaben steuerlich abzugsfähig.

## 5.4.2 Finance-Leasing

Das Finance-Leasing hat überwiegend langfristigen Charakter. Es unterscheidet sich besonders dadurch vom Operate-Leasing, dass der Leasing-Vertrag innerhalb einer Grundmietzeit nicht kündbar ist und typische Eigentümerrisiken auf den Leasing-Nehmer übergehen.

Die **Grundmietzeit** liegt bei 50 % bis 75 % der betriebsgewöhnlichen Nutzungsdauer des Leasing-Gutes. Mit den Leasing-Raten, die vom Leasing-Nehmer innerhalb der Grundmietzeit zu entrichten sind, deckt der Leasing-Geber:

- ▶ Anschaffungs-/Herstellungskosten
- ▶ Nebenkosten
- ▶ Kapitalkosten
- ▶ Gewinn

Nach Ablauf der Grundmietzeit kann eine weitere Nutzung des Leasing-Gutes vereinbart sein, die im Rahmen eines Kaufes oder einer weiteren Anmietung des Leasing-Gutes möglich ist. Entsprechend lassen sich drei **Grundtypen von Leasing-Verträgen** unterscheiden:

- Beim Leasing-Vertrag **ohne Optionsrecht** werden keine Vereinbarungen oder Nebenabreden für die Zeit getroffen, die sich an die Grundmietzeit anschließen. Weil sich Leistung und Gegenleistung während der Vertragszeit – ähnlich dem Mietvertrag – gleichwertig gegenüberstehen, ist dieser Vertragstyp unproblematisch.

  Die **Bilanzierung** des Leasing-Gutes erfolgt beim:

| Leasing-Geber | Leasing-Nehmer |
|---|---|
| Grundmietzeit beträgt mindestens 40 % und höchstens 90 % der betriebsgewöhnlichen Nutzungsdauer des Leasing-Gutes. | Grundmietzeit beträgt weniger als 40 % oder mehr als 90 % der betriebsgewöhnlichen Nutzungsdauer des Leasing-Gutes. |

- Beim Leasing-Vertrag mit **Kaufoptionsrecht** hat der Leasing-Nehmer nach Ablauf der Grundmietzeit die Möglichkeit, das Leasing-Gut vom Leasing-Geber zu erwerben. Die **Bilanzierung** des Leasing-Gutes erfolgt beim:

| Leasing-Geber | Leasing-Nehmer |
|---|---|
| Grundmietzeit beträgt mindestens 40 % und höchstens 90 % der betriebsgewöhnlichen Nutzungsdauer des Leasing-Gutes und der Kaufpreis bei Ausübung der Option entspricht mindestens dem mittels linearer Abschreibung ermittelten Buchwert oder dem niedrigeren gemeinen Wert des Leasing-Gutes. | Grundmietzeit beträgt weniger als 40 % oder mehr als 90 % der betriebsgewöhnlichen Nutzungsdauer des Leasing-Gutes oder bei einer Grundmietzeit innerhalb dieser Grenzen ist der Kaufpreis bei Optionsausübung niedriger als der mittels linearer Abschreibung ermittelte Buchwert oder der niedrigere gemeine Wert des Leasing-Gutes. |

- Beim Leasing-Vertrag **mit Mietverlängerungsoption** hat der Leasing-Nehmer nach Ablauf der Grundmietzeit die Möglichkeit, den Vertrag über die Grundmietzeit zu verlängern, wobei die Folgemiete nur noch 5 % bis 10 % der bisherigen Miete beträgt. Die **Bilanzierung** des Leasing-Gutes erfolgt beim:

| Leasing-Geber | Leasing-Nehmer |
|---|---|
| Grundmietzeit beträgt mindestens 40 % und höchstens 90 % der betriebsgewöhnlichen Nutzungsdauer des Leasing-Gutes und die Anschlussmiete deckt den Wertverzehr des Leasing-Gutes, der sich auf der Basis des mittels linearer Abschreibung ermittelten Buchwertes oder des niedrigeren gemeinen Wertes ergibt. | Grundmietzeit beträgt weniger als 40 % oder mehr als 90 % der betriebsgewöhnlichen Nutzungsdauer des Leasing-Gutes oder bei einer Grundmietzeit innerhalb dieser Grenzen deckt die Anschlussmiete den Werteverzehr des Leasing-Gegenstandes nicht, der sich auf der Basis des mittels linearer Abschreibung ermittelten Buchwertes oder des niedrigeren gemeinen Wertes und der Restnutzungsdauer des Leasing-Gegenstandes ergibt. |

**Spezial-Leasing-Verträge** werden dem Leasing-Nehmer bilanziell immer zugerechnet, weil davon auszugehen ist, dass die Leasing-Güter ausschließlich auf ihn ausgerichtet sind. Entscheidend für die **bilanzielle Zurechnung** von Leasing-Gütern ist die Frage,

- ob es sich um wirtschaftliches Eigentum des Leasing-Nehmers
- oder um ein miet- oder pachtähnliches Verhältnis handelt.

Die Finanzverwaltung hat mit dem **Leasing-Erlass** von 1972 versucht, eine Zuordenbarkeit des Leasing-Gutes u. a. durch Festlegung von Prozentsätzen – wie oben dargestellt – zu schaffen. Dabei wurde davon ausgegangen, dass:

- Bei einer Grundmietzeit von über 90 % der betriebsgewöhnlichen Nutzungsdauer des Leasing-Gutes wirtschaftliches Eigentum vorliegt.

- Bei einer Grundmietzeit von weniger als 40 % der betriebsgewöhnlichen Nutzungsdauer des Leasing-Gutes eine Weiternutzung wirtschaftlich angezeigt ist.

Die **Leasing-Raten** sind beim Leasing-Nehmer in voller Höhe als Betriebsausgaben steuerlich abzugsfähig, wenn die Bilanzierung des Leasing-Gutes beim Leasing-Geber erfolgt. Bilanziert der Leasing-Nehmer das Leasing-Gut, beschränkt sich die steuerliche Abzugsfähigkeit auf den Zins- und Kostenanteil der Leasing-Raten, hinzu kommt das Recht auf Abschreibung.

### 5.4.3 Eignung

Das Finance-Leasing fand im Verlaufe der letzten Jahre zunehmende Beachtung. Indes kann es nicht so uneingeschränkt positiv beurteilt werden, wie man dies aus dem Werbematerial der Leasing-Gesellschaften schließen mag. Die wichtigsten **Gesichtspunkte** für eine Beurteilung sind:

- Leasing bietet kleinen und mittleren Unternehmen zweifellos die Möglichkeit, eine **Finanzierung** von Anlagegütern vorzunehmen, die durch sonstigen Einsatz von Eigenkapital oder Fremdkapital nicht oder nur schwer realisierbar wäre, beispielsweise wegen Erreichen der Verschuldungsgrenze bzw. wegen fehlender Sicherheiten.

  Wenn aber gesagt wird, durch das Leasing würde der Finanzierungsspielraum vergrößert, dann ist dies nicht ohne Weiteres zutreffend, weil die Kreditinstitute vor ihrer Kapitalvergabe eingehende Kreditwürdigkeitsprüfungen durchführen, die Verpflichtungen aus Leasing-Verträgen offenlegen und bei der Kapitalgewährung berücksichtigt werden.

- Leasing kann die **Liquidität** beeinflussen, weil die Auszahlungen nicht auf einmal, sondern über den Zeitraum von mehreren Jahren anfallen. Dabei muss beachtet werden, dass die Auszahlungen sich auf 50 % bis 75 % der betriebsgewöhnlichen Nutzungsdauer verteilen, was zu einer Finanzierungslücke führen kann, wenn die Einzahlungen die Auszahlungen nicht decken.

  Eine merkliche Liquiditätsentlastung ist nur dann feststellbar, wenn ein Vergleich zum Barkauf, gegebenenfalls auch zum Zielkauf vorgenommen wird. Erfolgt realistischerweise der Vergleich mit einem durch Raten getilgten Kredit, ist eine günstigere Liquiditätslage beim Leasing nicht festzustellen.

  Handelt es sich gar um einen anfangs tilgungsfreien Kredit, unterliegt das Leasing beim Liquiditätsvergleich.

- Leasing eröffnet die Möglichkeit, sich dem **technischen Fortschritt** flexibel anzupassen. Das ist aber nur dann optimal sicherzustellen, wenn die Grundmietzeiten kurz sind. Damit gehen normalerweise hohe Leasing-Raten einher.

- Die Übernahme der **Instandhaltung** durch den Leasing-Geber kann zu organisatorischen und personellen Erleichterungen beim Leasing-Nehmer führen.

- Leasing verursacht hohe **Kosten**, da der Leasing-Geber außer den Zinsen, die normalerweise über den Sätzen der Kreditinstitute liegen, auch

  ▶ Verwaltungskosten
  ▶ Kalkulatorische Wagnisse
  ▶ Kalkulatorische Gewinne

  ansetzt, sodass allgemein davon ausgegangen werden kann, dass andere Formen der Fremdfinanzierung kostengünstiger sind.

  Die Konditionen der Leasing-Gesellschaften weichen – Untersuchungen zufolge – nicht wesentlich voneinander ab. Sie bewegen sich in folgendem Rahmen:

| | |
|---|---|
| Abschlussgebühr | 0 % – 10,0 % des Anschaffungswertes |
| Monatliche Leasing-Rate bei 3-jähriger Grundmietzeit | 3,2 % – 3,7 % des Anschaffungswertes |
| Monatliche Leasing-Rate bei 4-jähriger Grundmietzeit | 2,6 % – 3,9 % des Anschaffungswertes |
| Monatliche Leasing-Rate bei 5-jähriger Grundmietzeit | 2,2 % – 2,6 % des Anschaffungswertes |
| Verlängerungsmiete | 5,0 % – 10,0 % der Grundmiete |

  Wird eine Abschlussgebühr nicht erhoben, erhöhen sich die monatlichen Leasing-Raten entsprechend.

  Auch nach Entrichtung der hohen Kosten während der Grundmietzeit – man geht von 125 % bis 155 % der Anschaffungskosten des Leasing-Gutes aus – ist der Leasing-Nehmer rechtlich kein Eigentümer des Leasing-Gutes, muss also für die Weiternutzung oder den Erwerb zusätzliche Kosten in Ansatz bringen.

- Leasing verursacht eine Reihe von **Nebenkosten**, die durch vertragliche Bestimmungen bedingt werden, beispielsweise hat der Leasing-Nehmer:

  ▶ Die Kosten für Fracht, Überführung, Montage sowie das Risiko der Überführung zu tragen.

  ▶ Die Gefahr bei zufälligem Untergang, Verlust, Diebstahl, Beschädigung, Vernichtung, vorzeitigem Verschleiß zu tragen.

  ▶ Das Leasing-Gut gegen alle versicherbaren Risiken zu versichern, was er selbst oder über den Leasing-Geber vornimmt.

  ▶ Alle Wartungs- und Unterhaltungskosten voll zu tragen, wobei die Ersatz- und Zubehörteile sofort in das Eigentum des Leasing-Gebers übergehen.

  ▶ Alle die Demontage und Rückführung des Leasing-Gutes betreffenden Kosten sowie die dabei möglicherweise aufkommenden Gefahren zu übernehmen.

**Beispiel:** Ein Vergleich zwischen Kreditkauf, Barkauf und Leasing soll nachfolgend gezeigt werden, wobei steuerliche Aspekte unberücksichtigt bleiben:

| | |
|---|---|
| Anschaffungskosten einer Maschine | 600.000 € |
| Nutzungsdauer der Maschine | 6 Jahre |
| Kreditsumme | 600.000 € |
| Kreditlaufzeit | 6 Jahre |
| Kreditzinsen | 8 % |
| Kredittilgung | 6 gleiche Raten |
| Grundmietzeit | 4 Jahre |
| Abschlussgebühr | 10 % |
| Leasing-Raten pro Monat | 3 % |
| Anschlussmiete pro Jahr | 15.000 € |
| Einzahlungen aus Maschinen-Nutzung pro Jahr | 180.000 € |

| **Jahr** | **Auszahlungen** | | | **Einzahlungen** | **Liquiditätsbelastung (kumuliert)** | | |
|---|---|---|---|---|---|---|---|
| | Kreditkauf | Barkauf | Leasing | | Kreditkauf | Barkauf | Leasing |
| 1 | 148.000 | 600.000 | 276.000 | 180.000 | – 32.000 | 420.000 | 96.000 |
| 2 | 140.000 | | 216.000 | 180.000 | – 72.000 | 240.000 | 132.000 |
| 3 | 132.000 | | 216.000 | 180.000 | – 120.000 | 60.000 | 168.000 |
| 4 | 124.000 | | 216.000 | 180.000 | – 176.000 | – 120.000 | 204.000 |
| 5 | 116.000 | | 15.000 | 180.000 | – 240.000 | – 300.000 | 39.000 |
| 6 | 108.000 | | 15.000 | 180.000 | – 312.000 | – 480.000 | – 126.000 |
| | 768.000 | 600.000 | 954.000 | | | | |

70 Seite 491

# 6. DERIVATIVES INSTRUMENTARIUM

Die zunehmende Globalisierung von Handel und Wirtschaft hat für die Unternehmen den Zugang zu internationalen Geld- und Kapitalmärkten sehr erleichtert. Bisher bestehende, abgeschottete Märkte mit konstanten Zinsgefügen wurden aufgehoben. Diese Internationalisierung des Finanzmarktes führte zu zunehmenden Zinsschwankungen im kurzfristigen wie auch im langfristigen Bereich der Kreditvergabe.

Gemessen werden solche Schwankungen anhand der **Volatilität**. Sie gilt als Messzahl der Schwankungsbreite der Zinsen. Je größer die Volatilität der Zinsen ist, desto stärker streuen sie um ihren Mittelwert und damit sind die zu erwartenden Zinsschwankungen in der Zeit umso höher ausgeprägt.

Für die Unternehmen ergeben sich durch Geldaufnahmen und Geldanlagen mit unterschiedlichen Zinsbindungsfristen und unterschiedlichen Laufzeiten ständige Zinsänderungsrisiken. Dies kann sowohl die Passiv-Seite wie auch die Aktiv-Seite der Bilanz betreffen und Risiken bei Geschäftsabschlüssen mit sich bringen, die in der Vergangenheit abgeschlossen wurden und/oder heute abgeschlossen werden sowie in der Zukunft getätigt werden sollen.

Zudem ersetzen variabel verzinste Kredite immer stärker die Festzinssatzkredite.

Zwei grundsätzliche Entscheidungen zur **Begrenzung des Zinsrisikos** können getroffen werden:

- **Zins-Sicherungsentscheidungen** als **Hedging***, mit dem das Ziel verfolgt wird, eine Risikoposition durch ein Gegengeschäft zu neutralisieren.

- **Zins-Risikoentscheidungen** als **Positionierung**, bei der zuerst sorgfältige Analysen der Risikosituation erfolgen, wobei die Erwartungshaltung zur Zinsentwicklung bestimmt werden soll und damit eine Positionierung geschieht. Diese ist auch dann gegeben, wenn ein Unternehmen sich gegenüber Zinsänderungen passiv verhält.

Es bestehen unterschiedliche Marktformen für derivative Instrumente, die einer Risikobegrenzung dienen sollen:

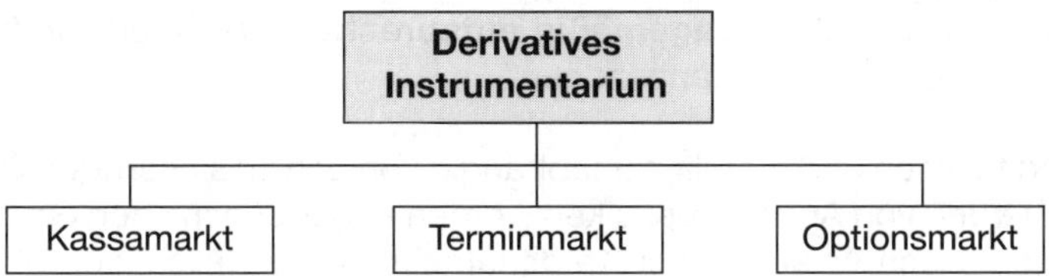


## 6.1 Kassamarkt

Im Kassamarkt fallen Geschäftsabschluss und Geschäftserfüllung in einer Transaktion zusammen. Dementsprechend besteht eine sofortige Erfüllungspflicht der Transaktion, die per Kasse getätigt wird. Der Handel in Kassamarkt umfasst vor allem **nicht börsengehandelte, derivative Zinsinstrumente**, z. B. als:

- **Zinsswaps**
- **Zins-/Währungsswaps**.

### 6.1.1 Zinsswaps

Bei den Zinsswaps vereinbaren zwei Partner einen Austausch (Swap = Tausch) von **unterschiedlich gestalteten Zinszahlungen**. Es werden feste gegen variable oder variable gegen feste Zinssätze sowie variable Zinssätze mit unterschiedlichen Laufzeiten getauscht:

- **Feste Zinssätze** stellen die jeweiligen Marktzinssätze dar und werden über die gesamte Laufzeit eines Kredites fest vereinbart.

- **Variable Zinssätze** sind an einen Referenzzinssatz mit entsprechender Laufzeit – Zinsbindungsdauer z. B. 1-, 3- oder 6-Monate – gekoppelt, der für alle Beteiligten nachvollziehbar ist (LIBOR, EURIBOR).

* to hedge (engl.) = etwas umzäunen, mit einer Hecke einfassen.

Weitere **Merkmale** der Zinsswaps sind:

- Die **Laufzeit**, die einen bestimmten Zeitraum erfasst, der von einem Jahr bis zu zehn Jahren reichen kann.
- Die **Berechnung des Zinssatzes**, die zum Teil beim Festzinssatz 30/360 Tage beträgt und beim variablen Zinssatz taggenau abgerechnet wird.
- Die **Zahlungstermine**, die beim Festzinssatz halbjährig oder jährlich nachschüssig erfolgen. Beim variablen Zinssatz fallen sie je nach Zinsbindungsdauer, z. B. viertel- oder halbjährig, an.
- Die **Zinsanpassung**, die dementsprechend beim variablen Zinssatz z. B. alle drei oder sechs Monate erfolgt.
- Die zu Grunde liegenden **Kapitalbeträge** werden unter den Handelspartnern nicht ausgetauscht, da sie sich **betragsmäßig entsprechen**. Die Kapitalgröße wird nur für die Berechnung der Zinsen herangezogen.

Zinsswaps sind faktisch und rechtlich unabhängig von den zu sichernden Grundgeschäften. Zur Absicherung von Änderungsrisiken werden sie jedoch mit den Grundgeschäften, welche die eigentlichen Anlagen oder Kreditaufnahmen darstellen, kombiniert. Dementsprechend lassen sich unterscheiden:

- **Anlageswaps** in Verbindung mit Anlagegeschäften
- **Finanzierungsswaps** in Verbindung mit Finanzierungsgeschäften.

### 6.1.2 Zins-/Währungsswaps

Zins-/Währungsswaps stellen eine Kombination aus einem Währungsswap und einem Zinsswap dar. Während bei Währungsswaps die Handelspartner tatsächliche Kapitalbeträge in verschiedenen Währungen tauschen, erfolgen aus Zinsswaps nur Zahlungen, die sich aus den Währungsbeträgen entstehenden Zinszahlungen ergeben.

**Ziel** sowohl der Zinsswaps als auch der Währungsswaps ist die gleichzeitige Sicherung von Währungsrisiken und Zinsrisiken.

## 6.2 Terminmarkt

Im Terminmarkt fallen Geschäftsabschluss und Geschäftserfüllung einer Transaktion zeitlich auseinander und sind für beide Handelsparteien verbindlich. Es lassen sich unterscheiden:

- **Börsengehandelte Instrumente**
- **Maßgeschneiderte Instrumente**.

## 6.2.1 Börsengehandelte Instrumente

Börsengehandelte Instrumente sind im Gegensatz zu den nicht börsengehandelten Instrumenten standardisiert. An der Börse wird in einem **»Fixing«** ein täglicher Abrechnungspreis festgestellt. Für die Erfüllung der Geschäfte garantiert eine **Clearing-Stelle** und befreit damit beide Kontraktparteien vom Bonitätsrisiko des jeweils anderen Geschäftspartners.

Die **Standardisierung** erbringt Vorteile hinsichtlich der stärkeren Liquidisierung des Marktes, wodurch der Handel an Flexibilität und Schnelligkeit gewinnt.

Börsengehandelte Instrumente im Terminmarkt sind:

- Futures auf Bundesanleihen und auf Bundesobligationen
- Futures auf den 3-Monats-Euro-Zinssatz.

**Beispiel:** Der **Bund-Future** spiegelt die Kursentwicklung langfristiger Bundesanleihen wider. Er stellt einen Kontrakt dar über die Lieferung oder Abnahme von Bundesanleihen im Nominalbetrag von 100.000,- € oder einem Mehrfachen davon. Die Restlaufzeit dieser Anleihen beträgt 8,5 bis 10 Jahren. Die Lieferung oder die Abnahme erfolgen zu einem vereinbarten Preis (= Kurs des Futures) und zu einem vereinbarten Datum (= Fälligkeitsdatum des Futures).

Der Bund-Future basiert auf einer synthetischen Bundesanleihe mit einer Normalverzinsung von 6 %, wobei folgende Handelsusancen gelten:

| | |
|---|---|
| **Liefermonate** | März, Juni, September, Dezember |
| **Laufzeit** | maximal 9 Monate |
| **Liefertag** | 10. Kalendertag des Liefermonats |
| **Letzter Handelstag** | 2 Börsentage vor dem Liefertag |
| **Handelsort** | EUREX (Zusammenschluss der deutschen und schweizerischen Terminbörsen) und London International Financial Futures Exchange (LIFFE). |

Mit diesen **Zins-Futures** werden bestehende und zukünftige Risikopositionen der Aktiv- und Passiv-Seite abgesichert. Die Funktionsweise der Futures besteht darin, dass ein bestehender oder noch zu erwartender Wertpapierbestand durch eine entgegengesetzte Future-Position neutralisiert wird. Hierdurch immunisiert sich der Wertpapierbestand gegen Zinsschwankungen.

Tritt die erwartete **Zinsschwankung** ein, gleichen sich die Kassa-Position des Wertpapiers und die Future-Position aus. So steigt der Wert des Futures in dem Maße, in dem die Kassa-Position an Wert verliert. Entwickeln sich die Zinsen nicht gemäß der Erwartung, verliert der Future an Wert und die Kassa-Position steigt dann in gleichem Maße. Auf diese Weise kompensieren die Gewinne der einen Seite die Verluste der anderen Seite. Letztlich hat man durch die Absicherung das jeweils geltende Zinsniveau für die Zukunft festgeschrieben.

### 6.2.2 Maßgeschneiderte Instrumente

Maßgeschneiderte Instrumente werden nicht an der Börse gehandelt. Die Geschäftspartner schließen untereinander direkt einen Vertrag ab, wobei zum größten Teil Kreditinstitute als Mittler dieser Geschäfte auftreten. Diese **OTC-Produkte** (»over the counter«) sind in der Praxis sehr beliebt, da sie die vielfältigen, unterschiedlich auftretenden Probleme sehr individuell lösen.

Nicht börsengehandelte Zinsinstrumente beinhalten eine Vereinbarung zwischen zwei Vertragspartnern über die Festlegung eines für beide Parteien verbindlichen Zinssatzes für die Zukunft.

Auf dem Terminmarkt werden gehandelt:

- Der **Forward Swap**, der einem **Zinsswap** entspricht, dessen Beginn durch festzulegende Vorlaufzeiten (1 bis 24 Monate) in die Zukunft verschoben wird.
- Das **Forward rate agreement**, das zwischen zwei Vertragspartnern, dem Käufer und dem Verkäufer eines Forward rate agreement, den Festzinssatz (FRA-Satz) für eine bestimmte Periode unter Zugrundelegung eines Referenzzinssatzes festlegt.

  Steigt nun der Referenzzinssatz über den Festzinssatz, erhält der Käufer vom Verkäufer des Forward rate agreements eine **Ausgleichszahlung**. Basis für ihre Berechnung ist ein vereinbarter nomineller Kapitalbetrag, der zwischen den beiden Vertragspartnern **nicht ausgetauscht** wird, sondern nur die rechnerische Grundlage für die Zinszahlungen darstellt.

  Hierdurch erfolgt z. B. eine Absicherung eines bestehenden Kreditengagements bei zu erwartenden Zinssteigerungen. Entsprechend seiner individuellen Zinseinschätzung fängt der Kreditnehmer das Risiko steigender Zinsen eines variabel verzinslichen Kreditengagements durch den Kauf eines Forward rate agreements ab.

## 6.3 Optionsmarkt

Geschäftsabschluss und Geschäftserfüllung einer Transaktion fallen im Optionsmarkt zeitlich auseinander. Außerdem besteht für den Käufer einer Option ein Wahlrecht der Ausübung. Für die Option hat der Käufer eine Optionsprämie zu zahlen. Auch auf dem Optionsmarkt gibt es:

- **Börsengehandelte Instrumente**
- **Maßgeschneiderte Instrumente**.

### 6.3.1 Börsengehandelte Instrumente

Börsengehandelte sind **standardisierte Instrumente**. Dazu zählen:

- 3-Monats-Euro-Futures als Optionsgeschäft
- Futures auf Bundesobligationen als Optionsgeschäft
- Futures auf Bundesanleihen als Optionsgeschäft.

Hier erwirbt der Käufer einer Option das Recht, zukünftig eine der oben genannten Future-Positionen einzugehen. Diese Future-Positionen werden, wie bereits gezeigt, in Bezug auf Kontraktgröße, Basiswert und Basispreis sowie nach ihrer Terminierung standardisiert an der Börse gehandelt.

## 6.3.2 MASSGESCHNEIDERTE INSTRUMENTE

Maßgeschneiderte Instrumente als OTC-Produkte sind weiter verbreitet als die zuvor angeführten standardisierten Instrumente. Sie werden nicht an der Börse gehandelt. Als maßgeschneiderte Instrumente sollen beschrieben werden:

- **Caps**, die eine vertragliche Vereinbarung zwischen einem Cap-Käufer und einem Cap-Verkäufer enthalten. Der Cap-Käufer hat eine Cap-Prämie zu zahlen und bekommt dadurch eine Garantie für eine Zinsobergrenze innerhalb eines bestimmten Zeitraumes auf einen bestimmten Nominalbetrag. Er ist der Optionskäufer.

  Für bereits bestehende oder zukünftige Verbindlichkeiten, die variabel verzinst werden, folgt hieraus, dass der Käufer eines Caps eine **»Zinsversicherung«** gegen steigende Zinsen abgeschlossen hat.

  Belastungen, die sich aus einem variabel verzinslichen Kredit ergeben, werden vom Cap-Verkäufer erstattet, soweit sich der Referenzzinssatz über den im Cap-Vertrag als Obergrenze festgelegten Maximalzins bewegt.

  Der Cap-Verkäufer hat dann die Differenz zwischen dem Referenzzinssatz und der vereinbarten Obergrenze zu zahlen. Er ist sozusagen ein Versicherungsgeber, der die Mehrbelastungen des Versicherungsnehmers ausgleicht und nimmt die Stillhalter-Position in diesem Optionsgeschäft ein.

- **Floors**, bei denen im Gegensatz zu Caps eine Zinsuntergrenze bestimmt wird. Der Floor versichert damit variable Finanzanlagen gegen ein Absinken des Zinsniveaus. Der Käufer des Floor erwirbt das Recht, bei Unterschreiten des Referenzzinssatzes während der Laufzeit vom Verkäufer des Floors eine Ausgleichszahlung, die sich wiederum auf einen zu Grunde liegenden Nominalbetrag bezieht, zu verlangen.

  Auch hierfür zahlt der Käufer des Floors an den Verkäufer eine Prämie.

- **Collars** stellen eine Koppelung eines Cap-Kaufes und eines Floor-Verkaufes bzw. eines Floor-Kaufes und eines Cap-Verkaufes dar. Sie dienen zur Reduzierung der zu zahlenden Prämie und legen damit einen Zinsbereich fest, in dem der Referenzzinssatz schwanken kann.

- **Swaptionen** sind eine Kombination aus einem Swap und einem Optionsgeschäft. Der Käufer einer Swaption hat das Recht, nicht aber die Pflicht in einen vorher ausgehandelten Swap einzutreten.

71 > **Seite 491**

| | **KONTROLLFRAGEN** | bear-beitet | Lösungs-hinweise | Lö-sung + | - |
|---|---|---|---|---|---|
| 01 | Was versteht man unter Fremdfinanzierung? | | 277 | | |
| 02 | Welche Bedeutung kommt der Fremdfinanzierung zu? | | 277 | | |
| 03 | Auf welchen Märkten kann Fremdkapital beschafft werden? | | 277 | | |
| 04 | Wodurch wird die Höhe des Fremdkapitals beeinflusst? | | 277 f. | | |
| 05 | Nennen Sie Merkmale der Fremdfinanzierung! | | 278 | | |
| 06 | Was sind die Kapitalkosten steuerrechtlich? | | 279 | | |
| 07 | Wie läuft die Fremdfinanzierung mit Kreditinstituten ab? | | 279 | | |
| 08 | Wozu dient der Kreditantrag? | | 280 | | |
| 09 | Worauf erstreckt sich die Kreditwürdigkeitsprüfung? | | 280 f. | | |
| 10 | Welche Quellen sind ihr nützlich? | | 282 f. | | |
| 11 | Was versteht man unter dem Begriff „Baseler Akkord"? | | 283 | | |
| 12 | Wie funktioniert Rating? | | 284 f. | | |
| 13 | Wie erfolgt die Kreditzusage? | | 286 | | |
| 14 | Weshalb wird eine Kreditkontrolle durchgeführt? | | 286 | | |
| 15 | Wie können Fremdkapital-Geber sich absichern? | | 287 | | |
| 16 | Wie kann das Risiko beschränkt werden? | | 287 | | |
| 17 | Wie kann das Risiko honoriert werden? | | 287 | | |
| 18 | Wie kann das Risiko gesichert werden? | | 288 | | |
| 19 | Welche Personalsicherheiten lassen sich unterscheiden? | | 288 | | |
| 20 | Beschreiben Sie die Bürgschaft! | | 288 f. | | |
| 21 | Welche Arten der Bürgschaft gibt es? | | 289 f. | | |
| 22 | Was versteht man unter Garantie? | | 290 | | |
| 23 | Welche Garantien sind in der Praxis gebräuchlich? | | 291 | | |
| 24 | Was ist ein Kreditauftrag? | | 291 | | |
| 25 | Was versteht man unter einer Patronatserklärung? | | 291 | | |
| 26 | Erläutern Sie, was ein Schuldbeitritt ist! | | 292 | | |
| 27 | Welche Realsicherheiten lassen sich unterscheiden? | | 292 | | |
| 28 | Was versteht man unter Eigentumsvorbehalt? | | 292 | | |
| 29 | Erläutern Sie die Arten des Eigentumsvorbehaltes! | | 292 f. | | |
| 30 | An welche Voraussetzungen ist das Pfandrecht gebunden? | | 293 f. | | |
| 31 | In welchen Fällen ist die Verpfändung zweckmäßig? | | 294 | | |
| 32 | Wann darf ein Pfand verwertet werden? | | 294 | | |
| 33 | Was versteht man unter einer Sicherungsübereignung? | | 295 | | |
| 34 | Welche Probleme können sich dabei ergeben? | | 295 | | |
| 35 | Erläutern Sie die Arten der Sicherungsübereignung! | | 295 | | |

| | KONTROLLFRAGEN | bearbeitet | Lösungshinweise | Lösung + | Lösung - |
|---|---|---|---|---|---|
| 36 | Was ist eine Sicherungsabtretung? | | 296 | | |
| 37 | Welche Forderungen sind nicht abtretbar? | | 296 | | |
| 38 | Worin liegen Gefahren der stillen Zession? | | 297 | | |
| 39 | Was versteht man unter Mantel- und Globalzession? | | 297 | | |
| 40 | Was versteht man unter einem Grundpfandrecht? | | 298 | | |
| 41 | Wie entsteht ein Grundpfandrecht? | | 298 | | |
| 42 | Welche Grundpfandrechte lassen sich unterscheiden? | | 299 | | |
| 43 | Was ist eine Hypothek? | | 299 | | |
| 44 | Wie kommt sie zu Stande? | | 299 | | |
| 45 | Welche Arten der Hypothek gibt es? | | 299 f. | | |
| 46 | Was versteht man unter einer Verkehrshypothek? | | 299 f. | | |
| 47 | Wozu ist die Höchstbetragshypothek geeignet? | | 300 | | |
| 48 | Welche Arten der Zwangsvollstreckung gibt es? | | 300 | | |
| 49 | Was versteht man unter einer Grundschuld? | | 300 | | |
| 50 | Was ist eine Eigentümergrundschuld? | | 301 | | |
| 51 | Weshalb wird die Grundschuld der Hypothek vorgezogen? | | 301 | | |
| 52 | Nennen Sie die Formen kurzfristiger Fremdfinanzierung! | | 302 | | |
| 53 | Was sind Handelskredite? | | 302 | | |
| 54 | Erläutern Sie, was ein Lieferantenkredit ist! | | 303 | | |
| 55 | Wie wird der Lieferantenkredit gesichert? | | 304 | | |
| 56 | Wie ist der Lieferantenkredit zu beurteilen? | | 304 | | |
| 57 | Was versteht man unter einem Kundenkredit? | | 305 | | |
| 58 | Welchen Zwecken dient der Kundenkredit? | | 306 | | |
| 59 | Wovon können seine Modalitäten abhängen? | | 306 | | |
| 60 | Inwieweit werden Zinsen verrechnet? | | 306 | | |
| 61 | Was sind Bankkredite als Geldkredite? | | 307 | | |
| 62 | Was versteht man unter einem Kontokorrentkredit? | | 307 f. | | |
| 63 | Wie kann er gesichert werden? | | 308 | | |
| 64 | In welchen Formen wird er gewährt? | | 308 | | |
| 65 | Welche Kapitalkosten fallen an? | | 309 | | |
| 66 | Was ist ein Diskontkredit? | | 310 f. | | |
| 67 | Wer ist an einem Diskontkredit beteiligt? | | 310 f. | | |
| 68 | Wie ist der Diskontkredit gesichert? | | 311 | | |
| 69 | Welche Kapitalkosten verursacht der Diskontkredit? | | 312 | | |
| 70 | Wovon hängt die Höhe des Diskont(betrag)es ab? | | 312 | | |

| | **KONTROLLFRAGEN** | bearbeitet | Lösungshinweise | Lösung + | Lösung - |
|---|---|---|---|---|---|
| 71 | Was versteht man unter einem Lombardkredit? | | 313 | | |
| 72 | Welche Güter bieten sich dafür an, welche weniger? | | 313 | | |
| 73 | Wie sind die Beleihungsgrenzen? | | 313 f. | | |
| 74 | Welche Kapitalkosten verursacht der Lombardkredit? | | 314 | | |
| 75 | Nennen Sie Bankkredite, die Kreditleihen sind! | | 315 | | |
| 76 | Was ist ein Akzeptkredit? | | 315 | | |
| 77 | Wie ist der Akzeptkredit gesichert? | | 315 f. | | |
| 78 | Wie kann ein akzeptierter Wechsel verwertet werden? | | 315 | | |
| 79 | Welche Kapitalkosten verursacht er? | | 316 | | |
| 80 | Was ist das Scheck-Wechsel-Verfahren? | | 316 | | |
| 81 | Worin ist sein Vorteil zu sehen? | | 316 | | |
| 82 | Was versteht man unter einem Avalkredit? | | 317 | | |
| 83 | Für welche Fälle ist er nutzbar? | | 317 | | |
| 84 | Nennen Sie kurzfristige internationale Kredite! | | 318 | | |
| 85 | Wie wird ein Rembourskredit abgewickelt? | | 318 f. | | |
| 86 | Erläutern Sie die Formen des Negoziationskredits! | | 320 | | |
| 87 | Wie unterscheiden sich Primär- und Sekundärmarkt? | | 321 | | |
| 88 | Was sind die Instrumente des Eurogeldmarktes? | | 321 | | |
| 89 | Was sind Termin- und Kündigungsgelder? | | 321 | | |
| 90 | Was ist ein Certificate of Deposit? | | 321 | | |
| 91 | Erläutern Sie, was unter einem Commercial Paper zu verstehen ist! | | 321 | | |
| 92 | Geben Sie Beispiele für Referenzzinssätze! | | 322 | | |
| 93 | Welche Kredite lassen sich auf dem Eurokreditmarkt unterscheiden? | | 322 | | |
| 94 | Nennen Sie die Arten der Roll-over-Kredite! | | 322 | | |
| 95 | Wozu dient der Eurokapitalmarkt? | | 323 | | |
| 96 | Wann spricht man von langfristiger Fremdfinanzierung? | | 323 | | |
| 97 | In welchen Formen ist sie möglich? | | 323 | | |
| 98 | Was versteht man unter Franchising? | | 324 | | |
| 99 | Nennen Sie Kapitalgeber für Darlehen! | | 324 f. | | |
| 100 | Wie hoch liegt die Beleihungsgrenze bei Darlehen? | | 325 | | |
| 101 | Welche Verfahren gibt es um den Wert einer Immobilie zu berechnen? | | 325 f. | | |
| 102 | Wie werden Darlehen gesichert? | | 325 | | |
| 103 | Welche Kapitalkosten fallen bei Darlehen an? | | 326 | | |
| 104 | Was ist ein Annuitätendarlehen? | | 327 | | |
| 105 | Was versteht man unter einem Abzahlungsdarlehen? | | 327 f. | | |

| | KONTROLLFRAGEN | bear-beitet | Lösungs-hinweise | Lö-sung + | - |
|---|---|---|---|---|---|
| 106 | Wann spricht man von einem Festdarlehen? | | 328 f. | | |
| 107 | Welche Zinskonditionen können beim Darlehen vereinbart werden? | | 329 | | |
| 108 | Weshalb unterscheiden sich nominelle und effektive Zinsen? | | 330 | | |
| 109 | Was ist ein Schuldscheindarlehen? | | 332 | | |
| 110 | Was sind Kapitalsammelstellen? | | 332 | | |
| 111 | Welche Festlegungen sollte der Schuldschein enthalten? | | 332 | | |
| 112 | Welche Bedeutung hat der Schuldschein heute? | | 333 | | |
| 113 | Welche Kapitalkosten verursacht das Schuldscheindarlehen? | | 333 | | |
| 114 | Beschreiben Sie das fristkongruente Schuldscheindarlehen! | | 334 f. | | |
| 115 | Wann spricht man von einem revolvierenden Schuldscheindarlehen? | | 335 | | |
| 116 | Was sind Anleihen? | | 336 | | |
| 117 | Welche Anleihen lassen sich unterscheiden? | | 336 | | |
| 118 | Welche Unternehmen geben Industrieobligationen aus? | | 337 | | |
| 119 | Was versteht man unter Teilschuldverschreibungen? | | 337 | | |
| 120 | Woraus bestehen Teilschuldverschreibungen? | | 337 | | |
| 121 | Wie können Industrieobligationen gesichert werden? | | 338 | | |
| 122 | Welche Kapitalkosten entstehen bei Industrieobligationen? | | 338 | | |
| 123 | Wie kann ihre Emission erfolgen? | | 338 f. | | |
| 124 | Zu welchem Kurs können sie ausgegeben bzw. zurückgezahlt werden? | | 339 | | |
| 125 | Wie kann ihre Tilgung erfolgen? | | 339 f. | | |
| 126 | Welche Methoden können zur Tilgung angewandt werden? | | 340 | | |
| 127 | Was versteht man unter Konversion? | | 340 | | |
| 128 | Wie kann sie erfolgen? | | 340 | | |
| 129 | Warum entsprechen nominaler und effektiver Zinssatz sich nicht? | | 340 | | |
| 130 | Was sind Wandelschuldverschreibungen? | | 342 | | |
| 131 | Wann bietet sich ihre Ausgabe an? | | 342 | | |
| 132 | Wie erfolgt ihre Emission? | | 343 | | |
| 133 | Wie hoch ist ihr Ausgabekurs? | | 343 | | |
| 134 | Wie kann der Zeitpunkt des Umtausches beeinflusst werden? | | 343 f. | | |
| 135 | Was sind Optionsanleihen? | | 344 | | |
| 136 | Wie können Optionsanleihen an der Börse notiert werden? | | 344 | | |
| 137 | Erläutern Sie, was man unter Gewinnschuldverschreibungen versteht! | | 345 | | |
| 138 | Wie kann die Gewinnbeteiligung bei Gewinnschuldverschreibungen erfolgen? | | 345 | | |
| 139 | Welche sonstigen Anleihen lassen sich unterscheiden? | | 345 f. | | |

| | **KONTROLLFRAGEN** | bearbeitet | Lösungshinweise | Lösung + | Lösung - |
|---|---|---|---|---|---|
| 140 | Was sind Nullkupon-Anleihen? | | 346 | | |
| 141 | Was versteht man unter Indexanleihen? | | 346 | | |
| 142 | Erläutern Sie, was unter den Anleihen mit variablen Zinssätzen zu verstehen ist! | | 346 | | |
| 143 | Was sind Aktienanleihen? | | 347 | | |
| 144 | Welche Institute befassen sich insbesondere mit Außenhandelskrediten? | | 347 | | |
| 145 | Was sind Besteller- bzw. Lieferantenkredite im Außenhandel? | | 347 | | |
| 146 | Wie werden AKA-Kredite gewährt? | | 348 | | |
| 147 | Was versteht man unter den Plafonds A, C, D und E? | | 348 | | |
| 148 | Welche Ziele verfolgt die KfW-Bankengruppe? | | 349 | | |
| 149 | Welche Leistungen bietet die KfW-Bankengruppe national und international an? | | 349 | | |
| 150 | Welche Kreditsubstitute lassen sich unterscheiden? | | 350 | | |
| 151 | Was versteht man unter Factoring? | | 350 f. | | |
| 152 | Was ist ein echtes bzw. unechtes Factoring? | | 351 | | |
| 153 | Welche Formen des Factoring sind zu unterscheiden? | | 351 | | |
| 154 | Beschreiben Sie die Dienstleistungsfunktion des Factors! | | 352 f. | | |
| 155 | Was beinhaltet die Delkrederefunktion? | | 353 | | |
| 156 | Wie kann die Finanzierungsfunktion betrieben werden? | | 354 | | |
| 157 | Was versteht man unter der Forfaitierung? | | 355 | | |
| 158 | Welche Absicherungen können bei der Forfaitierung verlangt werden? | | 355 | | |
| 159 | Was sind Asset-Backed Securities? | | 355 | | |
| 160 | Geben Sie Beispiele für Asset-Backed Securities! | | 356 | | |
| 161 | Worin unterscheiden sich das Konzept der Fondszertifikate und das Anleihekonzept? | | 356 | | |
| 162 | Was versteht man unter Leasing? | | 356 f. | | |
| 163 | Worin unterscheiden sich das direkte und das indirekte Leasing? | | 356 f. | | |
| 164 | Welche Leasing-Arten lassen sich nach der Anzahl der Leasing-Objekte unterscheiden? | | 357 | | |
| 165 | Was ist Operate-Leasing? | | 358 | | |
| 166 | Wie erfolgt die Bilanzierung beim Operate-Leasing? | | 358 | | |
| 167 | Was wird unter Finance-Leasing verstanden? | | 358 | | |
| 168 | Welche Bedeutung hat die Grundmietzeit? | | 358 | | |
| 169 | Welche Typen von Leasing-Verträgen gibt es? | | 358 f. | | |

| | KONTROLLFRAGEN | bearbeitet | Lösungshinweise | Lösung + | Lösung - |
|---|---|---|---|---|---|
| 170 | Erläutern Sie, was unter einem Leasing-Vertrag ohne Optionsrecht zu verstehen ist! | | 358 f. | | |
| 171 | Worauf können sich beim Leasing-Vertrag die Optionsrechte beziehen? | | 358 f. | | |
| 172 | Wo erfolgt bei den verschiedenen Leasing-Verträgen die Bilanzierung des Leasing-Gutes? | | 359 | | |
| 173 | Inwieweit sind Leasing-Raten als Betriebsausgaben steuerlich abzugsfähig? | | 360 | | |
| 174 | Wie ist die Eignung des Leasing als Finanzierungsinstrument zu beurteilen? | | 360 | | |
| 175 | Wie beeinflusst Leasing die Liquidität des Leasing-Nehmers? | | 360 | | |
| 176 | Wie sind die Kosten, die beim Leasing anfallen, zu beurteilen? | | 361 | | |
| 177 | Welche Nebenkosten können sich beim Leasing ergeben? | | 361 | | |
| 178 | Wozu dient das derivative Instrumentarium? | | 362 | | |
| 179 | In welchen Marktformen kann das derivative Instrumentarium eingesetzt werden? | | 363 | | |
| 180 | Was sind börsengehandelte und maßgeschneiderte derivative Instrumente? | | 364 f. | | |

# F. Innenfinanzierung

Die Innenfinanzierung ist eine Finanzierung, die das Unternehmen aus eigener Kraft vornimmt. Sie erfolgt durch betriebliche **Desinvestitionen**.

Im Gegensatz zu der Außenfinanzierung, bei der das Unternehmen Eigenkapital oder Fremdkapital zum Zwecke der Finanzierung ausschließlich von außen beschafft, fließt ihm bei der Innenfinanzierung Kapital zu, das **Umsatzerlöse** oder **sonstige Erlöse** darstellt und für Finanzierungsmaßnahmen verwendet werden kann, soweit den Erlösen kein auszahlungswirksamer Aufwand gegenübersteht.

**Formen** der Innenfinanzierung sind:

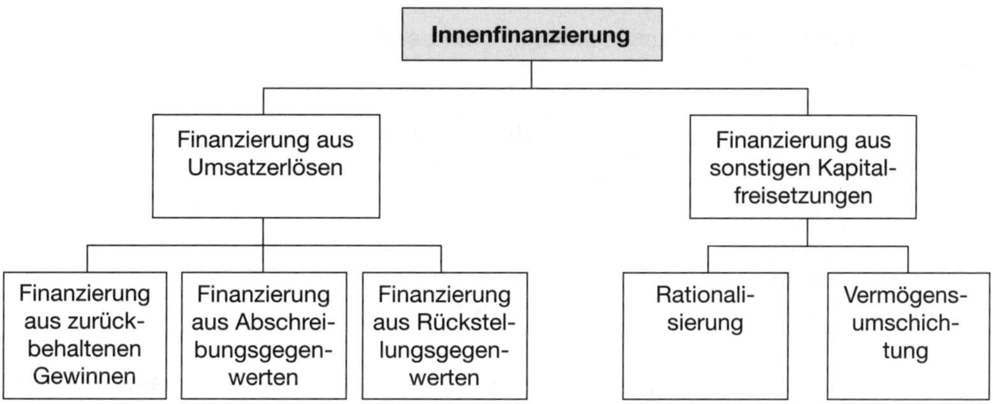


Die **Finanzierung aus Umsatzerlösen** wird auch bezeichnet als:

- Überschussfinanzierung
- Cashflow-Finanzierung.

Vielfach werden die Finanzierung aus zurückbehaltenen Gewinnen, aus Abschreibungsgegenwerten, durch Rationalisierung und durch Vermögensumschichtung unter dem Begriff der **Eigenfinanzierung** zusammengefasst. Das ist **aber nicht immer richtig** bzw. **möglich**. *Wöhe/Bilstein* weisen in diesem Zusammenhang auf folgenden Sachverhalt hin:

- Die **Finanzierung aus Abschreibungsgegenwerten** ist nur insoweit eine Eigenfinanzierung, als sie über den tatsächlichen Wertminderungsverlauf hinausgeht und damit letztlich eine Selbstfinanzierung darstellt.

  Die den tatsächlichen Wertminderungen entsprechende Finanzierung aus Abschreibungsgegenwerten kann eindeutig weder der Eigenfinanzierung noch der Fremdfinanzierung zugerechnet werden.

- Auch die **Finanzierung aus Vermögensumschichtung** lässt sich nicht ohne Weiteres der Eigen- oder Fremdfinanzierung zurechnen.

Im Folgenden werden dargestellt:

| | |
|---|---|
| **Innenfinanzierung** | Finanzierung aus Umsatzerlösen |
| | Finanzierung aus sonstigen Kapitalfreisetzungen |

# 1. Finanzierung aus Umsatzerlösen

Die Finanzierung aus Umsatzerlösen kann - wie bereits gezeigt - in drei Formen erfolgen:

**Finanzierung aus Umsatzerlösen**

- Finanzierung aus zurückbehaltenen Gewinnen
- Finanzierung aus Abschreibungsgegenwerten
- Finanzierung aus Rückstellungsgegenwerten

Finanzierung aus Umsatzerlösen bedeutet, dass die zurückbehaltbaren **Gewinne** bzw. die **Abschreibungen** und Rückstellungen:

- In den **Verkaufspreisen enthalten**, d. h. kalkuliert sein müssen.

| | |
|---|---|
| Materialkosten | |
| + Lohnkosten | |
| + **Abschreibungen** | als Gegenwerte zur Finanzierung verwendbar |
| + **Rückstellungen** | als Gegenwerte zur Finanzierung verwendbar |
| + Sonstige Kosten | |
| + Gewinn | als Gegenwerte zur Finanzierung verwendbar |
| = **Angebotspreis** | |

- Die Verkaufspreise **realisiert** werden müssen, d. h. die Produkte zu diesen Preisen verkauft werden.

- Der Verkauf der Produkte zu entsprechenden **Einzahlungen führen** muss.

## 1.1 FINANZIERUNG AUS ZURÜCKBEHALTENEN GEWINNEN

Die Finanzierung aus zurückbehaltenen Gewinnen wird meistens als **Selbstfinanzierung** bezeichnet, wobei zu unterscheiden sind:

- **Offene Selbstfinanzierung**
- **Stille Selbstfinanzierung**.

Das Zurückbehalten von Gewinnen – die **Gewinnthesaurierung** – bedingt, dass zunächst Gewinne erzielt wurden, die dann zur Bildung von Rücklagen Verwendung finden und auf diese Weise die Höhe des Eigenkapitals vergrößern. Die Rücklagen können offen ausgewiesen werden oder stille Reserven darstellen, die für den Außenstehenden nicht ohne Weiteres erkennbar sind.

### 1.1.1 OFFENE SELBSTFINANZIERUNG

Bei der offenen Selbstfinanzierung wird der vom Unternehmen erwirtschaftete Gewinn in der Bilanz ausgewiesen und versteuert, jedoch teilweise oder insgesamt nicht an die Gesellschafter **ausgeschüttet**. Der Gegenwert des nicht ausgeschütteten Gewinnes befindet sich in Positionen der Aktiv-Seite der Bilanz, z. B.:

- Als **Guthaben**, wenn die finanziellen Mittel noch keine Verwendung gefunden haben,
- Als **Anlagevermögen** oder **Vorräte**, wenn mit den finanziellen Mitteln bereits Investitionen vorgenommen worden sind.

Die Entscheidung über die Gewinnverwendung und die damit verbundenen Probleme, die sich auch aus den unterschiedlichen Interessenlagen der Gesellschafter ergeben, sind bei den einzelnen Rechtsformen der Unternehmen anders gelagert. Hierauf wurde bei der Beteiligungsfinanzierung bereits eingegangen. Es sollen betrachtet werden:

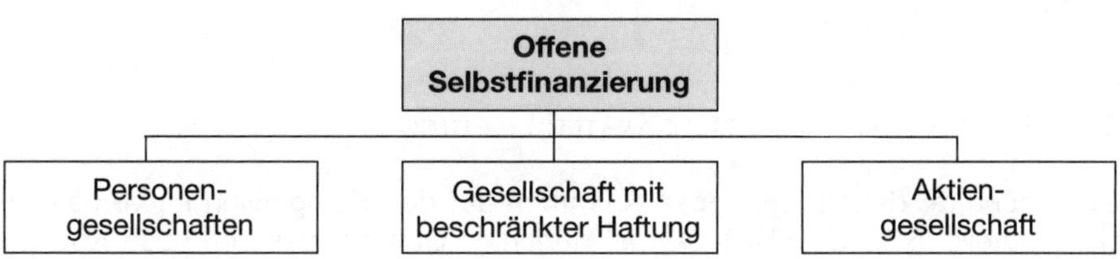


#### 1.1.1.1 PERSONENGESELLSCHAFTEN

Die Gewinnverteilung bei den Personengesellschaften beruht auf der Grundlage des HGB oder BGB bzw. des jeweiligen Gesellschaftsvertrages:

- Bei der **OHG** erfolgt die Verzinsung der Kapitalanteile, sofern im Gesellschaftsvertrag nichts anderes vereinbart ist, zunächst in Höhe von 4 % der bei Beginn des Geschäftsjahres vorhandenen Kapitalanteile. Der Rest des Gewinnes wird – mangels einer anderen Vereinbarung im Gesellschaftsvertrag – nach Köpfen verteilt. Privatentnahmen und Einlagen der Gesellschafter während des Geschäftsjahres sind mit entsprechenden Zinsrechnungen auf die Gewinngrößen zu berücksichtigen.

Die Gewinnanteile werden den Kapitalkonten der einzelnen Gesellschafter gutgeschrieben. Eine Auszahlung erfolgt nur auf Verlangen der Gesellschafter. Damit haben die Gesellschafter die Möglichkeit, die Höhe ihres Teiles der Selbstfinanzierung zu bestimmen.

- Bei der **KG** gelten für die Komplementäre die gleichen Regelungen wie für die Gesellschafter der OHG. Die Kommanditisten erhalten eine 4 %ige Verzinsung ihrer Kapitalanteile als Gewinnausschüttung. Der Gewinnrest wird in angemessenem Verhältnis verteilt.

  Während die Komplementäre die Möglichkeit haben, Selbstfinanzierung zu betreiben, d. h. ihre Gewinne im Unternehmen zu belassen, ist dies den Kommanditisten nicht möglich. Ihre Gewinnanteile werden, sofern ihre Kapitaleinlagen nicht aufzufüllen sind, als Verbindlichkeiten der Gesellschaft, nicht aber als gewinnberechtigtes Kommanditkapital ausgewiesen, wenn sie nicht entnommen werden.

- Bei der **Stillen Gesellschaft** hat der stille Gesellschafter üblicherweise keine Möglichkeit, über eine Selbstfinanzierung zu entscheiden, da ihm sein Gewinnanteil auszuzahlen ist. Der Geschäftsinhaber, der den stillen Gesellschafter aufnimmt, hat die Möglichkeit, über den Umfang der Selbstfinanzierung zu entscheiden. Eine abweichende Regelung kann im Gesellschaftsvertrag vereinbart werden.

- Bei der **GdbR** wird der Gewinn bei Auflösung der Gesellschaft verteilt, sofern vertraglich nichts anderes vereinbart ist. Eine Entnahme des Gewinnes nach Abschluss eines jeden Geschäftsjahres ist möglich, wenn die Gesellschaft von längerer Dauer ist.

72 Seite 492

### 1.1.1.2 Gesellschaft mit beschränkter Haftung

Die Gesellschafter der GmbH haben Anspruch auf den Reingewinn im Verhältnis ihrer Geschäftsanteile (§ 29 GmbHG). Das ist derjenige Gewinn, der sich nach Abzug eines möglichen Verlustvortrages und der zugelassenen Rücklagenbildung ergibt.

Den Gesellschaftern steht demnach kein Anspruch auf den gesamten erzielten Gewinn des Unternehmens zu, sondern nur auf einen Teil. Wie hoch dieser Teil ist, hängt von der Feststellung der Bilanz ab, die vorgenommen werden kann:

- Durch die Gesellschafterversammlung nach dem Mehrheitsprinzip
- Durch den/die Geschäftsführer, wenn dies durch die Satzung bestimmt ist
- Durch den Aufsichtsrat, wenn dieser vorhanden ist.

Die Zweckmäßigkeit der offenen Selbstfinanzierung beruhte bis 2001 bei der GmbH insbesondere auf steuerlichen Überlegungen, da der Körperschaftsteuersatz für nicht ausgeschüttete Gewinne 40 % betrug, für ausgeschüttete Gewinne 30 %.

Dann fiel die Körperschaftsteuer unabhängig davon, ob eine Ausschüttung oder Thesaurierung der Gewinne erfolgte, in Höhe von 25 % an. Mit dem Inkrafttreten des Unternehmenssteuerreformgesetzes in 2008 ist der Körperschaftsteuersatz auf 15% gesunken.

Zudem wurden bei der Gesellschafter-Fremdfinanzierung (§ 8a KStG, Änderungen im Jahr 2004) Kredite, die von Gesellschaftern ihrem eigenen Unternehmen zur Verfügung gestellt haben, steuerlich neu definiert. Anfallende Zinsen dieser Gesellschafterdarlehen können nicht mehr als Betriebsausgaben abgezogen werden, sondern sie werden in Form einer verdeckten Gewinnausschüttung steuerlich erfasst.

Es bestehen aber Freigrenzen (Überschreitung der Zinsen auf alle Gesellschafterdarlehen von 250.000 €) und weitere Kriterien der Erfassung (Darlehen ist höher als das eineinhalbfache der Einlage des Gesellschafters und wäre nicht am Kapitalmarkt zu vergleichbar günstigen Bedingungen zu erhalten gewesen).

Weiterhin ist bedeutsam, dass bei Erträgen aus Beteiligungen an Kapitalgesellschaften, die im Betriebsvermögen eines Einzelunternehmers oder von einer Personengesellschaft vereinnahmt werden, das bislang geltende Halbeinkünfteverfahren ab 2009 durch ein Teileinkünfteverfahren ersetzt wird, bei dem 60 % steuerpflichtig sind. Gleiches gilt für Gewinne aus der Veräußerung von Anteilen an Kapitalgesellschaften im Sinne des § 17 EStG (Beteiligung $\geq$ 1 %).

### 1.1.1.3 Aktiengesellschaft

Bei der AG kann die offene Selbstfinanzierung durch die **Bildung von Rücklagen** erfolgen. Sie ist die unmittelbare Form der offenen Selbstfinanzierung. Bis 2000 wurde darüber hinaus das **Schütt-aus-hol-zurück-Verfahren** zur Selbstfinanzierung genutzt. Dabei handelte es sich mittelbar um eine offene Selbstfinanzierung, die aus steuerlichen Erwägungen zum Zwecke der Minimierung der Kapitalkosten betrieben wurde.

Möglich wurde dies, weil auf einbehaltene Gewinne ein 40%iger (bis 1999 45%iger)Kör perschaftsteuersatz erhoben wurde, während für ausgeschüttete Gewinne ein ermäßigter Körperschaftsteuersatz von 30 % galt. Es wurde:

- Der von der AG erzielte Gewinn hierbei an die Aktionäre **ausgeschüttet**, weshalb der verminderte Körperschaftsteuersatz von 30 % zum Ansatz kommen konnte.

- Nach der Ausschüttung der den Aktionären verbleibende Netto-Gewinn in Form einer Kapitalerhöhung **wieder** in die AG **eingebracht**.

Seit 2001 ist diese einfache Form der Schütt-aus-hol-zurück-Politik nicht mehr möglich, da der Körperschaftsteuersatz – unabhängig von der Einbehaltung oder Ausschüttung der Gewinne – identisch ist.

Die ursprünglichen Übergangsregelungen zur Auflösung früher gebildeter Rücklagen sind durch das Steuervergünstigungsabbaugesetz (StVergAbG) in 2003 verschärft und bis 2005 komplett ausgesetzt worden. Übergangsfristen gelten bis 2019.

Daneben wird mitunter die **Kapitalerhöhung aus Gesellschaftsmitteln** ebenfalls als offene Selbstfinanzierung angesehen. Sie wurde bereits bei der Beteiligungsfinanzierung dargestellt – siehe Seite 249 ff.

Die Aktiengesellschaft versteuerte ihren Gewinn bis 2007 einheitlich mit 25 %, und dies unabhängig davon, ob er ausgeschüttet oder einbehalten wird. Seit 2008 ist der Satz auf 15 % gesunken.

Die Bemessungsgrundlage für die Körperschaftsteuer ist der um die Gewerbeertragsteuer verminderte Gewinn. Die **Gewerbeertragsteuer** lässt sich – unter bestimmten Annahmen – ermitteln:

$$G_E = \frac{m \cdot h}{1 + m \cdot h} \cdot E$$

$G_E$ = Gewerbeertragsteuer
$E$ = Gewerbeertrag vor Abzug der Gewerbesteuer
$m$ = Steuermesszahl
$h$ = Hebesatz

**Beispiel:** Bei einer Steuermesszahl von 5 % und einem Hebesatz von 300 % ergibt sich als Gewerbeertragsteuer:

$$G_E = \frac{0{,}05 \cdot 3{,}00}{1 + 0{,}05 \cdot 3{,}00} \cdot E$$

$$G_E = \mathbf{0{,}1304\ E}$$

Der **Nettobetrag**, der bei einem Gewinn vor Steuern in Höhe von 100 € **zur Selbstfinanzierung** zur Verfügung steht, beträgt:

| | | |
|---|---|---|
| | Gewinn vor Steuern | 100,00 € |
| – | Gewerbeertragsteuer (13,04 %) | 13,04 € |
| = | Körperschaftsteuerpflichtiger Gewinn | 86,96 € |
| – | Körperschaftsteuer (25 % bis 2007; ab 2008 15 %) | 21,74 € |
| = | Nettobetrag der Selbstfinanzierung | **65,22 €** |

Die **Rücklagen** der AG lassen sich unterteilen in:

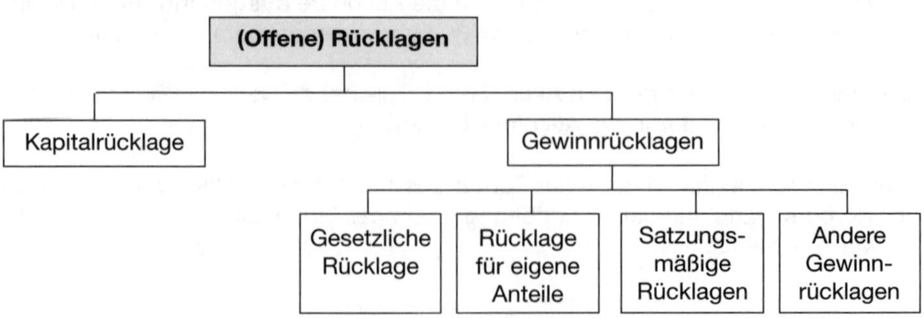

### 1.1.1.3.1 Kapitalrücklage

In die Kapitalrücklage sind nach § 272 Abs. 2 HGB folgende Beträge einzustellen – siehe ausführlich *Ditges/Arendt*:

- Beträge, die bei der Ausgabe von Anteilen einschließlich von Bezugsanteilen – als **Aufgeld** oder **Agio** – über den Nennbetrag oder den rechnerischen Wert, falls kein Nennbetrag besteht, hinaus erzielt werden.

- Beträge, die bei der Ausgabe von Schuldverschreibungen für **Wandlungsrechte** und **Optionsrechte** zum Erwerb von Anteilen erzielt werden. Das betrifft vor allem die Wandelschuldverschreibung. Sie gewährt ihren Inhabern neben den Gläubigeransprüchen auf Zinsen und Rückzahlung des Nennbetrages ein zusätzliches Umtausch- oder Bezugsrecht auf Anteile.

- Beträge von **Zuzahlungen**, die Gesellschafter gegen Gewährung eines Vorzugs für ihre Anteile leisten. Bei der AG ist insbesondere die Ausgabe von Vorzugsaktien nach § 11 AktG zu erfassen.

- Beträge von **anderen Zuzahlungen**, die Gesellschafter in das Eigenkapital leisten.

Bei der Kapitalrücklage handelt es sich im Wesentlichen um **Mehrbeträge**, die dem Unternehmen bei Ausgabe von Anteilen, Wandelschuldverschreibungen und Vorzugsaktien **von außen zugeführt** werden.

### 1.1.1.3.2 Gewinnrücklagen

Im Gegensatz zu der Kapitalrücklage werden die Gewinnrücklagen nicht von außen zufließenden Beträgen, sondern **aus dem Jahresüberschuss** gebildet. § 266 Abs. 3 HGB sieht folgende Gewinnrücklagen vor – siehe ausführlich *Ditges/Arendt*:

- Die **gesetzliche Rücklage**, die nur bei der AG oder KGaA auftreten kann, da lediglich das AktG gem. § 150 Abs. 1 die Bildung einer solchen Rücklage vorsieht. Darin sind 5 % des um einen Verlustvortrag aus dem Vorjahr geminderten Jahresüberschusses einzustellen, bis die gesetzliche Rücklage und die Kapitalrücklage zusammen 10 % oder den in der Satzung bestimmten höheren Teil des Grundkapitals erreichen.

  Die gesetzliche Rücklage darf, wenn sie nicht den zehnten oder den in der Satzung vorgeschriebenen höheren Teil des Grundkapitals übersteigt, nur **Verwendung** finden (§ 150 Abs. 3 AktG):

  - Zum **Ausgleich eines Jahresfehlbetrages**, soweit er nicht durch einen Gewinnvortrag aus dem Vorjahr gedeckt ist und nicht durch Auflösung anderer Gewinnrücklagen ausgeglichen werden kann.
  - Zum **Ausgleich eines Verlustvortrages** aus dem Vorjahr, soweit er nicht durch einen Jahresüberschuss gedeckt und nicht durch Auflösung anderer Gewinnrücklagen ausgeglichen werden kann.

Der über 10 % oder über dem in der Satzung festgelegten höheren Teil des Grundkapitals liegende Betrag darf verwendet werden (§ 150 Abs. 4 AktG):

- Zum **Ausgleich eines Jahresfehlbetrages**, soweit er nicht durch einen Gewinnvortrag aus dem Vorjahr gedeckt ist.
- Zum **Ausgleich eines Verlustvortrages** aus dem Vorjahr, soweit er nicht durch einen Jahresüberschuss gedeckt ist.
- Zur **Kapitalerhöhung** aus Gesellschaftsmitteln.

- Die **Rücklage für eigene Anteile**, die für die AG – aber auch für die GmbH – in § 272 Abs. 4 HGB geregelt ist. Ihr Zweck ist eine Ausschüttungssperre.

  Mit ihr soll sichergestellt werden, dass der Erwerb eigener Anteile nicht zur Rückzahlung von Grund- oder Stammkapital oder solcher offener Rücklagen führt, für die satzungsmäßige Bindungen gelten. Aus diesem Grunde darf die Rücklage nur aufgelöst werden, soweit die eigenen Anteile ausgegeben, veräußert oder eingezogen werden.

  Die Rücklage, die bereits bei der Aufstellung der Bilanz vorzunehmen ist, **darf aus vorhandenen Gewinnrücklagen** gebildet werden, soweit diese frei verfügbar sind. Die Bildung ist – als Wahlrecht – ferner zu Lasten des Jahresüberschusses und des Gewinnvortrages möglich.

  Die **Höhe** der Rücklage bestimmt sich ausschließlich nach der Bewertung der eigenen Anteile auf der Aktiv-Seite der Bilanz, beispielsweise den Anschaffungskosten. Erfolgte der Zugang der eigenen Anteile unentgeltlich, entfällt die Rücklagenbildung.

  Nach § 272 Abs. 4 Satz 4 HGB ist die Rücklage auch für **Anteile eines herrschenden** oder eines mit Mehrheit **beteiligten Unternehmens** zu bilden, und zwar bei der AG oder GmbH als Tochtergesellschaft.

- **Satzungsmäßige Rücklagen**, die jene Gewinnrücklagen umfassen, zu deren Bildung eine Gesellschaft aufgrund ihres Gesellschaftsvertrages, ihrer Satzung oder ihres Statuts verpflichtet ist.

  Sofern sich die Satzungsbestimmungen jedoch auf die gesetzliche Rücklage nach § 150 AktG beziehen, sind auch die Beträge, die 10 % des gezeichneten Kapitals übersteigen, Bestandteil der gesetzlichen Rücklage und zählen damit nicht zu den satzungsmäßigen Rücklagen.

  Satzungsmäßige Rücklagen können **zweckgebunden** sein, wenn die Dotierung der Rücklagen aufgrund einer Zweckbestimmung vorgenommen wird. Ihre Bildung kann aber auch zweckfrei erfolgen, wenn ein bestimmter Betrag ohne Auflagen den satzungsmäßigen Rücklagen zugeführt wird.

  **Beispiel** für zweckgebundene Rücklagen: Rücklagen »für die Erhaltung, Erneuerung von Anlagen, Rationalisierung oder Werbefeldzüge«.

- Die **anderen Gewinnrücklagen**, die als **Restgröße** all jene Gewinnrücklagen beinhalten, die nicht gesondert in anderen Rücklagekomponenten zu erfassen sind. Sie resultieren aus dem Recht der entsprechenden Gewinnverwendungsorgane, zumindest Teile des Jahresüberschusses nach freiem Ermessen den Rücklagen zuzuführen. So können eingestellt werden:

  - Der Eigenkapitalanteil einer nur bei der steuerlichen Gewinnermittlung gebildeten **Rücklage**, die sich handelsbilanzmäßig nicht als Sonderposten mit Rücklageanteil darstellt.
  - Der Eigenkapitalanteil von **Wertaufholungen** bei Vermögensgegenständen des Anlage- und Umlaufvermögens.

### 1.1.2 Stille Selbstfinanzierung

Die stille Selbstfinanzierung wird durch die Bildung **stiller**, nicht aus der Bilanz ersehbarer **Reserven** erreicht, sofern diese durch Gewinne gedeckt sind. Darunter sollen Kapitalreserven verstanden werden, die ihre Entstehung einer positiven Wertdifferenz zwischen dem Tagesbeschaffungswert und dem Buchwert verdanken, wobei für nicht aktivierte Güter der Buchwert mit Null angenommen wird.

Stille Selbstfinanzierung erfolgt durch:

- Bewusste Bilanzierungsakte
- Bewusste Bewertungsakte.

Dabei werden liquide Mittel im Unternehmen gebunden, ohne zuvor als Gewinn zu erscheinen. Für das Unternehmen ist es wichtig zu wissen, **wie lange** die durch die stille Selbstfinanzierung im Unternehmen gebundenen Mittel für Finanzierungszwecke eingesetzt werden können.

Nach ihrer **Fristigkeit** lassen sich unterscheiden:

| | |
|---|---|
| **Dauerhafte stille Reserven** | Sie können bei Anlagegütern gegeben sein, die keiner Abnutzung unterliegen, z. B. Grundstücken, Beteiligungen. |
| **Langfristige stille Reserven** | Sie entstehen z. B. bei langlebigen Anlagegütern bzw. langfristigen Rückstellungen. |
| **Mittelfristige stille Reserven** | Sie sind insbesondere bei mittelfristigen Rückstellungen möglich. |
| **Kurzfristige stille Reserven** | Sie können bei kurzfristigen Rückstellungen und Verbrauchsgütern gegeben sein. |

Das Unternehmen muss bei der Bildung stiller Reserven die **gegenwärtigen Vorteile** mit den **zukünftigen Nachteilen** abwägen. Denn durch die erhöhte Verrechnung des Aufwandes werden liquide Mittel, die während des letzten Wirtschaftsjahres zur Finanzierung von Vermögensteilen verwendet wurden, zunächst rechentechnisch im Unternehmen gebunden, wodurch der Gewinn des Unternehmens sich verringert.

Da sich die stillen Reserven aber nach einer gewissen Zeit wieder auflösen, wird der Gewinn einer späteren Wirtschaftsperiode über den betrieblichen Umsatzprozess erhöht. **Gewinnauszahlungen** werden also nicht vermieden, sondern nur auf spätere Perioden **verschoben**.

Durch die Auflösung stiller Reserven kann das Unternehmen seine Ertragslage günstiger darstellen, als es der Realität entspricht. So kann auch ein möglicher Bilanzverlust verschleiert werden.

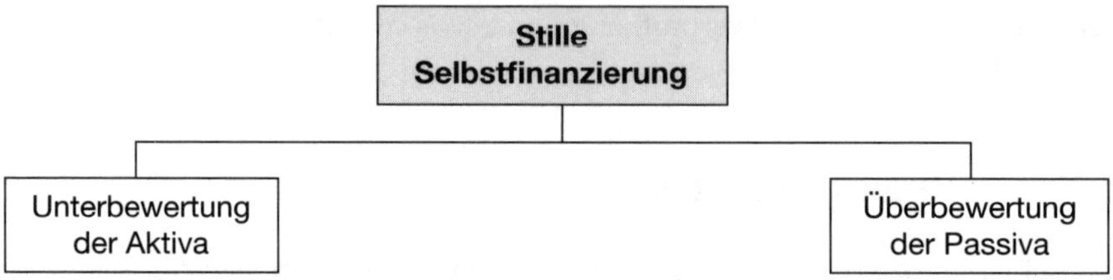


### 1.1.2.1 Unterbewertung der Aktiva

Der Gesetzgeber versucht eine möglichst realistische und den Interessen der Gläubiger sowie der Öffentlichkeit dienende Bewertung der im Unternehmen befindlichen Wirtschaftsgüter zu erreichen, indem er für das **Anlagevermögen** das gemilderte Niederstwertprinzip und für das **Umlaufvermögen** das strenge Niederstwertprinzip vorschreibt - siehe ausführlich *Ditges/Arendt, Grefe*.

Die Unterbewertung von Aktivposten der Bilanz kann erfolgen durch:

- Überhöhte direkte Abschreibungen
- Nichtaktivierung von aktivierungsfähigen Aufwendungen
- Zu niedrige Wertansätze des Umlaufvermögens.

Stille Reserven können auch durch **Wertsteigerungen** im Anlagevermögen entstehen, wenn der Wert der Anlagegüter aufgrund von Preissteigerungen den Anschaffungspreis übersteigt. Diese stillen Reserven sind für die Selbstfinanzierung jedoch nicht von Bedeutung, da es sich um nicht realisierte Gewinne handelt.

Für die Selbstfinanzierung sind nur stille Reserven dienlich, die **realisierte Gewinne** im Unternehmen binden.

Stille Reserven aufgrund überhöhter Abschreibungen im Anlagevermögen sind meist von mittelfristiger oder langfristiger Dauer. Kurzfristigen Charakter haben dagegen die Unterbewertungen im Umlaufvermögen sowie Nichtaktivierungen von Vermögensgegenständen.

### 1.1.2.2 Überbewertung der Passiva

Die Überbewertung von Passivposten der Bilanz erfolgt durch Bildung von:

- Zu hohen Rückstellungen
- Zu hohen Rechnungsabgrenzungsposten.

Überhöhte **Rückstellungen** dienen – je nach dem Rückstellungsgrund – als kurzfristige bis langfristige Finanzierungsquellen. **Rechnungsabgrenzungsposten** enthalten meist kurzfristige stille Reserven.

Das Problem der automatischen **Auflösung** nach einer bestimmten Zeit haben die stillen Reserven der Passiv-Seite der Bilanz mit denen der Aktiv-Seite gemeinsam. Sollen sie weiterhin als Finanzierungsquellen dienen, müssen sie immer wieder von Neuem gebildet werden.

## 1.1.3 Beurteilung

Einzelunternehmen und Personengesellschaften haben keinen Zugang zum organisierten Kapitalmarkt. Aus diesem Grunde sind sie in erheblichem Maße auf die Selbstfinanzierung angewiesen.

Steuerliche Gesichtspunkte lassen die Selbstfinanzierung für alle Rechtsformen der Unternehmen interessant erscheinen. **Voraussetzung** für ihre Durchführung ist allerdings die Erzielung eines Gewinnes, d. h. die Erträge müssen größer sein als die Aufwendungen.

Da der Gewinn über die gesamte Rechnungsperiode hinweg entsteht und nicht erst am Ende der Periode bei Rechnungslegung, kann die Selbstfinanzierung ständig erfolgen. Für die Beurteilung der Vorteilhaftigkeit der Selbstfinanzierung gilt:

| Vorteile | Nachteile |
|---|---|
| ▶ Beschaffung der finanziellen Mittel ist kostengünstig.<br>▶ Verwendung der finanziellen Mittel ist kostengünstig.<br>▶ Rückzahlungsverpflichtungen müssen nicht erfüllt werden.<br>▶ Sicherheiten müssen nicht gestellt werden.<br>▶ Vorschriften für den Einsatz der finanziellen Mittel sind nicht zu beachten.<br>▶ Kreditfähigkeit des Unternehmens wird erhöht.<br>▶ Eigenkapitalbildung des Unternehmens kann progressiv erfolgen.<br>▶ Zinsgewinne sind durch Steuerverschiebungen möglich.<br>▶ Herrschaftsverhältnisse verändern sich nicht notwendigerweise. | ▶ Fehlinvestitionen als Folge der Unabhängigkeiten, wie sie als Vorteile beschrieben wurden, sind möglich, da Entscheidungen subjektiv oder zu wenig fundiert getroffen werden können.<br>▶ Gewinnmanipulationen können im Rahmen der stillen Selbstfinanzierung vorgenommen werden, wodurch eine Täuschung von Kapitalgebern und Öffentlichkeit erfolgen kann.<br>▶ Rentabilitätsverschleierung, da das ausgewiesene Eigenkapital Berechnungsgrundlage ist, tatsächlich aber zu einem bestimmten Erfolg wesentlich mehr Eigenmittel benötigt wurden.<br>▶ Kursveränderungen können sich als Folge von Selbstfinanzierungsmaßnahmen ergeben, wodurch die Lage des Unternehmens falsch beurteilt werden kann. |

73 Seite 492

## 1.2 FINANZIERUNG AUS ABSCHREIBUNGSGEGENWERTEN

Das Unternehmen kalkuliert Abschreibungen in den Angebotspreis der Absatzgüter ein – siehe Seite 376. Sofern diese Abschreibungen als Gegenwerte über den Verkauf der Absatzgüter wieder in das Unternehmen zurückfließen, können sie für Finanzierungszwecke verwendet werden.

Die Finanzierung aus Abschreibungsgegenwerten soll unter drei Gesichtspunkten betrachtet werden:

- **Abschreibungen**
- **Kapitalfreisetzungseffekt**
- **Kapazitätserweiterungseffekt**.

### 1.2.1 ABSCHREIBUNGEN

Abschreibungen sind Aufwand, der einer Abrechnungsperiode für die Wertminderungen materieller und immaterieller Gegenstände des Anlagevermögens zugerechnet wird.

**Ursachen** der Abschreibungen können sein:

- Technischer Verschleiß
- Natürlicher Verschleiß
- Ruhender Verschleiß
- Katastrophenverschleiß
- Entwertung durch technischen Fortschritt
- Entwertung durch Bedarfsverschiebungen
- Entwertung durch Fristablauf
- Entwertung durch Preisänderungen.

Als Abschreibungen sollen betrachtet werden:

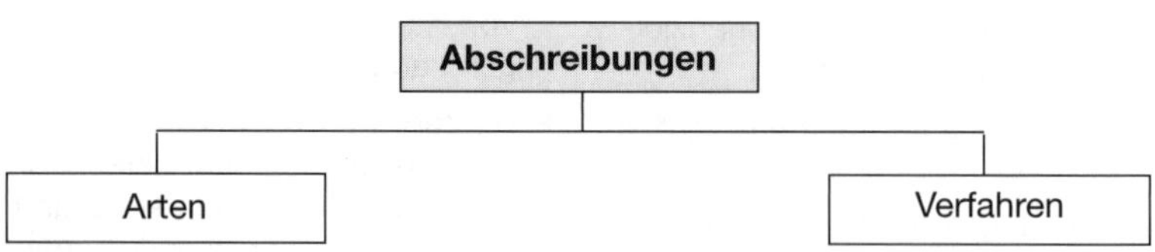


#### 1.2.1.1 ARTEN

Im Hinblick auf die Art ihrer **Verrechnung** lassen sich unterscheiden:

- **Direkte Abschreibungen**, bei denen die Abschreibungsbeträge unmittelbar auf die entsprechenden Anlagekonten verbucht werden.

- **Indirekte Abschreibungen**, die unter Verwendung eines Wertberichtigungskontos vorgenommen werden, auf das die Abschreibungsbeträge gebucht werden.

Nach ihrer unterschiedlichen **Zielsetzung** können genannt werden:

- **Bilanzielle Abschreibungen**, die auf der Basis der gesetzlichen Vorschriften, insbesondere des HGB und EStG, vorzunehmen sind. Sie dürfen nur von den Anschaffungs- und Herstellkosten als Basisgröße ausgehen.

- **Kalkulatorische Abschreibungen**, die keine externen Zwecke verfolgen, sondern der Kostenrechnung dienen, um den verursachungsgerechten Wertverzehr zu ermitteln. Dementsprechend können sie in beliebiger Höhe angesetzt werden, müssen also nicht Anschaffungs- oder Herstellkosten als Basisgröße haben.

### 1.2.1.2 Verfahren

Der Wertanteil, der einer Periode oder Leistungseinheit zugerechnet werden soll, ergibt sich durch das Abschreibungsverfahren – siehe ausführlich *Olfert*:

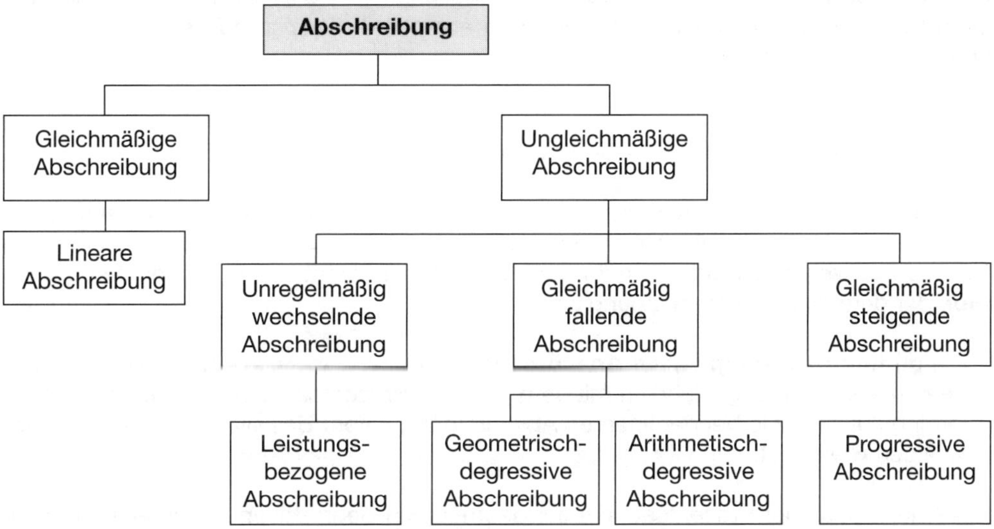


#### 1.2.1.2.1 Lineare Abschreibung

Bei der linearen Abschreibung wird der Basiswert eines Anlagegutes gleichmäßig auf die einzelnen Perioden verteilt, in denen es voraussichtlich genutzt wird:

$$a = \frac{B}{n}$$

a = Jährlicher Abschreibungsbetrag (€/Jahr)
B = Basiswert (€)
n = Geschätzte Nutzungsdauer in Jahren (Jahre)

Wird erwartet, dass für das Anlagegut nach Ablauf der Nutzungsdauer noch ein Verkaufserlös erzielt wird, beispielsweise in Höhe des Schrottwertes, gilt:

$$a = \frac{B - V}{n}$$ V = Verkaufserlös (€)

**Beispiel:** Eine Maschine wird für 12.000 € erworben. Ihre Nutzungsdauer wird auf 5 Jahre geschätzt. Die Abschreibung erfolgt unter der Annahme, dass nach 5 Jahren

kein Verkaufserlös für die Maschine erzielt werden kann:

$$a = \frac{B}{n} = \frac{12.000}{5} = \mathbf{2.400\ €}$$

ein Verkaufserlös von 2.000 € für die Maschine erzielt wird:

$$a = \frac{B - V}{n} = \frac{12.000 - 2.000}{5} = \mathbf{2.000\ €}$$

Das Verfahren der linearen Abschreibung soll zu einer gleichmäßigen Aufwandsverteilung führen, was aber nur erreicht werden kann, wenn keine oder gleichmäßig hohe jährliche Reparaturen anfallen.

**Handelsrechtlich** ist die lineare Abschreibung nach § 253 HGB erlaubt, da sie den Grundsätzen ordnungsmäßiger Buchführung entspricht. Ebenso darf sie **steuerrechtlich** verwendet werden (§ 7 Abs. 1 EStG).

### 1.2.1.2.2 DEGRESSIVE ABSCHREIBUNG

Bei der degressiven Abschreibung wird der Basiswert eines Anlagegutes ungleichmäßig über die einzelnen Wirtschaftsperioden verteilt. Die ersten Jahre der voraussichtlichen Nutzungsdauer werden stärker mit Abschreibungen belastet als die letzten Jahre. **Formen** der degressiven Abschreibung sind:

- Die **geometrisch-degressive Abschreibung**, bei der das Anlagegut – wie bei der linearen Abschreibung – jährlich mit dem gleichen Prozentsatz abgeschrieben wird, allerdings nicht – wie bei der linearen Abschreibung – vom Basiswert, sondern vom jeweiligen **Restwert**.

  Deshalb muss der Prozentsatz bei der geometrisch-degressiven Abschreibung höher sein als bei der linearen Abschreibung, wenn in beiden Fällen eine gleich lange Nutzungsdauer angenommen wird. Der prozentuale **Abschreibungssatz** wird ermittelt:

  **Beispiel:** Eine Maschine wird für 22.000 € erworben. Sie wird schätzungsweise 5 Jahre nutzbar sein und einen Restwert von 2.000 € haben. Der Abschreibungssatz für die Maschine beträgt:

$a_1 = R_0 \cdot p = 22.000{,}00 \cdot 38{,}1\ \% = 8.382{,}00$
$a_2 = R_1 \cdot p = 13.618{,}00 \cdot 38{,}1\ \% = 5.188{,}46$
$a_3 = R_2 \cdot p = 8.429{,}54 \cdot 38{,}1\ \% = 3.211{,}66$
$a_4 = R_3 \cdot p = 5.217{,}88 \cdot 38{,}1\ \% = 1.988{,}01$
$a_5 = R_4 \cdot p = 3.229{,}87 \cdot 38{,}1\ \% = 1.230{,}57$

$a_n$ = Abschreibungsbeträge im Jahre n
$R_n$ = Restwert im Jahre n
p = Abschreibungssatz %

$R_1 = 22.000{,}00 - 8.382{,}00 = 13.618{,}00$
$R_2 = 13.618{,}00 - 5.188{,}46 = 8.429{,}54$
$R_3 = 8.429{,}54 - 3.211{,}66 = 5.217{,}88$
$R_4 = 5.217{,}88 - 1.988{,}01 = 3.229{,}87$
$R_5 = 3.229{,}87 - 1.230{,}57 = 1.999{,}30$*

* Entspricht ungefähr dem geplanten Restwert von 2.000 €

**Handelsrechtlich** ist die geometrisch-degressive Abschreibung nach § 253 HGB erlaubt, da sie den Grundsätzen ordnungsmäßiger Buchführung entspricht. Steuerrechtlich war die geometrisch-degressive Abschreibung nach § 7 Abs. 2 EStG nur erlaubt:

- Bei beweglichen Wirtschaftsgütern des Anlagevermögens.
- Maximal mit dem zweifachen Satz der linearen Abschreibung, höchstens jedoch 20 %.

  Durch das Unternehmensteuerreformgesetz entfällt die Möglichkeit der degressiven Abschreibung nach § 7 Abs. 2 EStG für alle nach dem 31.12.2007 angeschafften Güter.

- Bei der **arithmetisch-degressiven Abschreibung** fallen die jährlichen Abschreibungsbeträge stets um den gleichen Betrag. Zunächst wird dazu der **Degressionsbetrag** ermittelt:

$$D = \frac{B}{N}$$

D = Degressionsbetrag (€)
N = Summe der arithmetischen Reihe von 1 + 2 ... + n Nutzungsjahren
B = Basiswert (€)

Die jährlichen Abschreibungsbeträge ergeben sich dann aus:

$$a_t = D \cdot R$$

R = Restnutzungsdauer zum Jahresbeginn
$a_t$ = Abschreibungsbetrag zum Jahresende (€/Jahre)

Beispiel: Ein Personalcomputer wird für 12.000 € erworben. Es wird mit einer Nutzung von 4 Jahren gerechnet.

Die Abschreibungsbeträge sehen wie folgt aus:

$a_1 = D \cdot n = 1.200 \cdot 4 =$ 4.800 € (1. Jahr)
$a_2 = D \cdot (n-1) = 1.200 \cdot 3 =$ 3.600 € (2. Jahr)
$a_3 = D \cdot (n-2) = 1.200 \cdot 2 =$ 2.400 € (3. Jahr)
$a_4 = D \cdot (n-3) = 1.200 \cdot 1 =$ 1.200 € (4. Jahr)

**12.000 €**

**Handelsrechtlich** ist die arithmetisch-degressive Abschreibung nach § 253 HGB erlaubt, da sie den Grundsätzen ordnungsmäßiger Buchführung entspricht. **Steuerrechtlich** ist die arithmetisch-degressive Abschreibung nicht zugelassen.

### 1.2.1.2.3 Leistungsbezogene Abschreibung

Bei der leistungsbezogenen Abschreibung gibt es keinen einheitlichen Trend der jährlichen Abschreibungsbeträge. Sie ergeben sich aus dem Umfang der Beanspruchung, der das Anlagegut ausgesetzt ist. Der jährliche Abschreibungsbetrag wird rechnerisch ermittelt:

$$a_t = \frac{B}{L} \cdot L_{Pt}$$

$a_t$ = Abschreibungsbetrag für Periode t (D/Periode)
B = Basiswert (D)
L = Voraussichtliche Gesamtleistung des Anlagegutes
$L_{Pt}$ = Periodenleistung des Anlagegutes

**Beispiel:** Ein PKW wird mit einer Gesamtleistung von 100.000 km veranschlagt. Der Anschaffungspreis beträgt 20.000 €. In der Abrechnungsperiode beträgt die Kilometerleistung 25.000 km.

$$a_t = \frac{B}{L} \cdot L_{Pt} = \frac{20.000}{100.000} \cdot 25.000 = \mathbf{5.000\ €}$$

**Handelsrechtlich** ist die leistungsbezogene Abschreibung nach § 253 HGB erlaubt, da sie den Grundsätzen ordnungsmäßiger Buchführung entspricht. **Steuerrechtlich** ist sie bei beweglichen Anlagegegenständen zulässig (§ 7 Abs. 1 Satz 4 EStG), wenn sie wirtschaftlich begründet ist.

74 > Seite 492

## 1.2.2 Kapitalfreisetzungseffekt

Der Ansatz bilanzieller Abschreibungen als Aufwand hat eine Verringerung des ausweisbaren Periodengewinnes zur Folge, wodurch diese Gewinnanteile weder ausgeschüttet noch besteuert werden.

Unterstellt man, dass dem Unternehmen die aufwandgleichen bilanziellen Abschreibungen durch die Verkaufserlöse wieder voll zufließen und dass die aufwandgleichen Selbstkosten der abgesetzten Leistungen im Preis voll ersetzt werden, kommt es zu einem Zufluss liquider Mittel in Höhe des Abschreibungsaufwandes, welche zu Finanzierungszwecken verwendet werden können.

Hieraus ergibt sich der finanzwirtschaftliche Effekt der Abschreibungen. Er sollte durch das Erstellen eines **Abschreibungsplanes** vorbereitet werden, dem folgende Überlegungen zu Grunde liegen müssen:

- Schätzung der Nutzungsdauer des Anlagegutes
- Wahl des Abschreibungsverfahrens (und damit der Höhe des Abschreibungsprozentsatzes).

Die **Höhe** der zu Finanzierungszwecken verwendbaren **Abschreibungsgegenwerte** ist von zwei Faktoren abhängig:

- Von der **Wahl des Abschreibungsverfahrens**, das ausschlaggebend für die unterschiedliche wertmäßige Verteilung des Abschreibungsaufwandes auf die einzelnen Perioden ist.
- Von dem **Wert der Anlagegüter**, die vorhanden und abschreibungsfähig sind, denn ein abgeschriebenes Gut verringert den Wert der Gesamtanlagen und somit auch die Höhe der Abschreibungen. In diesem Falle müsste das Unternehmen reinvestieren, um seine Abschreibungen auf gleichem Niveau zu halten.

  Hierfür kann es die durch die Verrechnung der Abschreibungen zufließenden finanziellen Mittel verwenden und damit die Substanz erhalten, die Abschreibungen hätten einen Kapitalfreisetzungseffekt.

## 1.2.3 Kapazitätserweiterungseffekt

Unter dem Kapazitätserweiterungseffekt, der auch als **Lohmann-Ruchti-Effekt** und **Marx-Engels-Effekt** bekannt ist, versteht man die Wirkung, die sich daraus ergibt, dass die freigesetzten Abschreibungsgegenwerte sofort zu Neuinvestitionen für gleichwertige Anlagen verwendet werden, wobei sich abhängig von der Nutzungszeit theoretisch eine Kapazitätserweiterung ergeben kann.

Nach *Kosiol* lässt sich ein Kapazitätsmultiplikator bestimmen, der abhängig ist von der Nutzungszeit des Investitionsobjektes:

$$\text{Kapazitätsmultiplikator} = \frac{2}{1 + \frac{1}{t}}$$

t = Nutzungszeit des Investitionsobjektes

**Beispiel:** Es werden 10 Maschinen gekauft, die eine Nutzungszeit von 5 Jahren haben. Hieraus ergibt sich:

$$\text{Kapazitätsmultiplikator} = \frac{2}{1 + \frac{1}{5}} = \mathbf{1{,}6667}$$

Wird der Kapazitätsmultiplikator mit der Grundausstattung von 10 Maschinen multipliziert, ergibt sich, dass eine Kapazitätserweiterung von 10 auf 16 Maschinen zu erwarten ist, sofern freigesetzte Abschreibungsgegenwerte sofortige Neuinvestitionen bewirken.

Die Kapazität, die als Leistungsvermögen pro Zeiteinheit verstanden wird, kann sein:

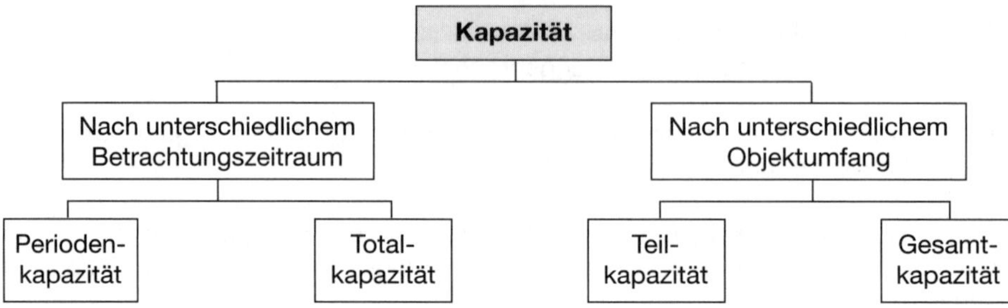


Die **Periodenkapazität** ist die Summe aller Nutzungsleistungen

- einer einzelnen Maschine oder Teilanlage (**Teil-Perioden-Kapazität**)

  *oder*

- der gesamten Anlagen des Unternehmens (**Gesamt-Perioden-Kapazität**)

in einer Periode. Sie kann konstanter, sinkender oder schwankender Natur sein.

Die Totalkapazität ist die Summe aller Nutzleistungen

- einer einzelnen Maschine oder Teilanlage (**Teil-Total-Kapazität**)

  *oder*

- der gesamten Anlagen des Unternehmens (**Gesamt-Total-Kapazität**)

im Verlaufe der gesamten Nutzungsdauer.

Die Totalkapazität einer Anlage vermindert sich im Laufe der Zeit bis zum Wert Null, wohingegen die Totalkapazität aller Anlagen bei ständiger Reinvestition der Abschreibungsgegenwerte konstant bleibt, wenn der Anlagenbestand auf gleicher Höhe gehalten wird.

### 1.2.3.1 Darstellung

Der Kapazitätserweiterungseffekt wurde bereits mithilfe des Kapazitätsmultiplikators beschrieben, er soll nun auch anhand eines **Beispiels** dargestellt werden. Darin wird davon ausgegangen, das Unternehmen erhalte eine Erstausstattung von 100 Maschinen zum Preis von je 1.000 €, deren Lebensdauer 10 Jahre beträgt und die linear abgeschrieben werden.

| 1 | 2 | 3 | 4 | 5 | 6 | 7 | 8 |
|---|---|---|---|---|---|---|---|
| **Jahr** | **Zahl der Maschinen (jeweils am Jahresanfang)** | **Anschaffungswert** | **Buchwert** | **Abschreibung** | **Zusätzliche Maschinen** | **Maschinenabgang** | **Stufe** |
| 1 | 100 | 100.000 | 100.000 | 10.000 | 10 | – | 1 |
| 2 | 110 | 110.000 | 100.000 | 11.000 | 11 | – | |
| 3 | 121 | 121.000 | 100.000 | 12.100 | 12 | – | |
| 4 | 133 | 133.000 | 100.000 | 13.300 | 13 | – | |
| 5 | 146 | 146.000 | 100.000 | 14.600 | 15 | – | 2 |
| 6 | 161 | 161.000 | 100.000 | 16.100 | 16 | – | |
| 7 | 177 | 177.000 | 100.000 | 17.700 | 17 | – | |
| 8 | 194 | 194.000 | 100.000 | 19.400 | 20 | – | |
| 9 | 214 | 214.000 | 100.000 | 21.400 | 21 | – | |
| 10 | 235 | 235.000 | 100.000 | 23.500 | 24 | 100 | |
| 11 | 159 | 159.000 | 100.000 | 15.900 | 16 | 10 | |
| 12 | 165 | 165.000 | 100.000 | 16.500 | 16 | 11 | |
| 13 | 170 | 170.000 | 100.000 | 17.000 | 17 | 12 | |
| 14 | 175 | 175.000 | 100.000 | 17.500 | 18 | 13 | |
| 15 | 180 | 180.000 | 100.000 | 18.000 | 18 | 15 | |
| 16 | 183 | 183.000 | 100.000 | 18.300 | 18 | 16 | 3 |
| 17 | 185 | 185.000 | 100.000 | 18.500 | 18 | 17 | |
| 18 | 186 | 186.000 | 100.000 | 18.600 | 19 | 20 | |
| 19 | 185 | 185.000 | 100.000 | 18.500 | 18 | 21 | |
| 20 | 182 | 182.000 | 100.000 | 18.200 | 19 | 24 | |
| 21 | 177 | 177.000 | 100.000 | 17.700 | 17 | 16 | |
| 22 | 178 | 178.000 | 100.000 | 17.800 | 18 | 16 | |
| 23 | 180 | 180.000 | 100.000 | 18.000 | 18 | 17 | |
| 24 | 181 | 181.000 | 100.000 | 18.100 | 18 | 18 | |
| 25 | 181 | 181.000 | 100.000 | 18.100 | 18 | 18 | |
| 26 | 181 | 181.000 | 100.000 | 18.100 | 18 | 18 | |
| 27 | 181 | 181.000 | 100.000 | 18.100 | 19 | 18 | 4 |
| 28 | 182 | 182.000 | 100.000 | 18.200 | 18 | 19 | |
| 29 | 181 | 181.000 | 100.000 | 18.100 | 18 | 18 | |

Als Kapazitätsmultiplikator ergibt sich hier:

$$\text{Kapazitätsmultiplikator} = \frac{2}{1 + \frac{1}{10}} = \mathbf{1{,}8181}$$

Die Kapazität erweitert sich, wie auch aus der Tabelle ersichtlich ist, auf 181 Maschinen. Dabei ist ein vierstufiger **Prozess** zu erkennen:

| | |
|---|---|
| 1 | **Einleitung** des Prozesses durch Beschaffung und produktiven Einsatz der Erstausstattung. |
| 2 | **Periode des Wachstums**, die mit dem produktiven Einsatz der Erstausstattung beginnt und mit dem Ausscheiden der Erstausstattung nach Beendigung ihrer Nutzungsdauer abgeschlossen ist. |
| 3 | **Periode des Einspielens**, in der die Periodenkapazität mehrfach sinkt und wieder ansteigt und sich schließlich einem Gleichgewichtszustand nähert. |
| 4 | **Periode des Gleichgewichts**, die dadurch gekennzeichnet ist, dass sich der Bestand altersmäßig gleichmäßig auf alle möglichen Altersstufen verteilt und sich Zugang und Abgang ausgleichen. |

Die Kapazität nimmt dabei folgende Entwicklung:

- Die **Gesamt-Total-Kapazität** weist Konstanz auf, was sich in der gleichbleibenden Höhe des Buchwertes der Anlagegüter zeigt und daraus erklären lässt, dass der jährliche Leistungsverzehr sofort wieder durch Reinvestition der Abschreibungsgegenwerte ausgeglichen wird.

- Die **Gesamt-Perioden-Kapazität** hingegen wird im Zeitablauf erheblich vergrößert, was auf eine erhöhte Anzahl von Maschinen zurückzuführen ist. Das Maximum liegt am Ende der zweiten Stufe, da dort noch keine Maschinen der Erstausstattung ausgeschieden sind. Mit dem Ausscheiden der Erstausstattung zu Beginn der dritten Stufe erfolgt eine wesentliche Verminderung der Gesamt-Perioden-Kapazität.

  Danach folgt eine altersmäßige Umschichtung des Anlagenbestandes, bis dieser sich auf alle Altersstufen gleichmäßig verteilt hat. Die Folge ist eine Stabilisierung im Anlagenbestand und damit in der Gesamt-Perioden-Kapazität, die das Ende des Kapazitätserweiterungs-Prozesses darstellt.

**Theoretisch** müsste sich die Anzahl der Maschinen **verdoppelt** haben. Wenn sie im vorliegenden Falle nur um 81 % gestiegen ist, liegt es daran, dass die Wiederbeschaffungen jeweils erst zu Periodenende und nicht kontinuierlich im Verlaufe der Perioden erfolgt sind.

Der Kapazitätserweiterungseffekt ist nicht nur bei linearer Abschreibung erzielbar, sondern auch bei Zugrundelegung anderer Abschreibungsverfahren.

### 1.2.3.2 Beurteilung

Der Kapazitätserweiterungseffekt ist idealtypisch dargestellt worden. In der betrieblichen Praxis wird er nicht in dieser »reinen« Form vorkommen können, wofür es mehrere Gründe gibt, die sich beziehen auf:

| | |
|---|---|
| **Erstausstattung** | Sie kann mit Eigenkapital oder Fremdkapital erfolgen. Umfang und Fristigkeit des Kapitals können den Kapazitätserweiterungseffekt mindern. |
| **Umlaufvermögen** | Mit einer Erweiterung der Kapazität wächst der Kapitalbedarf für das Umlaufvermögen an. Kann er durch sonstige Mittel gedeckt werden, erfährt der Kapazitätserweiterungseffekt keine Beeinträchtigung. Ist dies nicht der Fall, wird der Kapazitätserweiterungseffekt gemindert. |
| **Abnutzung** | Es wird angenommen, dass die Abschreibung der tatsächlichen Abnutzung der Anlagegüter entspricht, was unrealistisch ist. Das kann durch das einzelne Anlagegut bedingt sein, das trotz Gleichartigkeit zu den anderen Anlagegütern einen abweichenden Abnutzungsverlauf aufweisen kann. Außerdem führt das lineare Abschreibungsverfahren nicht zu abnutzungskonformer Abschreibung. |
| **Homogenität** | Es wird Homogenität der Anlagegüter im Unternehmen angenommen. Praktisch aber ist eine Gleichartigkeit kaum gegeben, da das Unternehmen vielfach eine Fertigung in mehreren Stufen vornimmt. |
| **Teilbarkeit** | Es wird eine weitgehende Teilbarkeit der Gesamtheit der Anlagegüter angenommen, was insbesondere bei einem mehrstufigen, kapazitiv vernetzten Fertigungsprozess nicht gegeben sein kann, weil eine Kapazitätserweiterung die gleichzeitige Investition in allen Fertigungsstufen erfordert. |
| **Technischer Fortschritt** | Es wird angenommen, ein technischer Fortschritt sei nicht gegeben. Das entspricht nicht der Realität. Wahrscheinlich ist es, dass Fertigungsanlagen weiterentwickelt werden, wobei häufig eine größere Leistung pro Preiseinheit geboten wird, oder dass neue Erzeugnisse entwickelt werden, welche die vom Unternehmen derzeit gefertigten Erzeugnisse verdrängen. |
| **Beschaffungsmarkt** | Es werden konstante Preise für die Beschaffung der Anlagegüter angenommen, wovon realistischerweise nicht ausgegangen werden kann. Auch sich verändernde Preise der Umlaufgüter können Auswirkungen auf die Höhe des Kapazitätserweiterungseffektes haben. |
| **Absatzmarkt** | Es wird angenommen, dass die Abschreibungen verdient werden, was bedeutet, das Unternehmen muss zumindest kostendeckend arbeiten. Hierfür ist eine bestimmte Marktsituation erforderlich. Vermindert sich die Nachfrage, sind die Abschreibungen nicht mehr durch den Preis gedeckt. Ebenfalls von der Lage am Absatzmarkt hängt es ab, ob überhaupt ein Bedürfnis nach Ausweitung der Kapazität besteht. |

Die Annahmen zum Kapazitätserweiterungseffekt sind in der betrieblichen **Praxis** im Wesentlichen nicht oder nicht voll gegeben. Vielmehr gibt es eine Fülle hemmender wie auch fördernder Faktoren, die den Erweiterungseffekt beeinflussen. Dennoch kann nicht bestritten werden, dass eine Kapazitätserweiterung möglich ist, wenn kontinuierlich mithilfe von Abschreibungsgegenwerten finanziert wird.

Vor allem bei Großunternehmen ist ein Kapazitätserweiterungseffekt nicht auszuschließen, da man dort den Voraussetzungen mitunter eher gerecht werden kann als in anderen Unternehmen.

Wichtig erscheint es jedoch darauf hinzuweisen, dass die Unternehmen dennoch Kapazitätserweiterungen nicht lediglich unter dem dargelegten Finanzierungsaspekt, sondern auch auf der Basis der Absatzplanung angehen, welche sich an den Marktverhältnissen auszurichten hat.

75 Seite 493

## 1.3 Finanzierung aus Rückstellungsgegenwerten

Rückstellungen sind Fremdkapital, das dem Grunde und/oder der Höhe und der Fälligkeit nach ungewiss ist und dessen wirtschaftliche Verursachung in der abgelaufenen Rechnungsperiode liegt. Ihre Bildung ist in § 249 HGB festgelegt. Danach sind **Rückstellungen für ungewisse Verbindlichkeiten** zu bilden, ferner für:

- im Geschäftsjahr unterlassene Aufwendungen für Instandhaltung, die im folgenden Geschäftsjahr innerhalb von drei Monaten, oder für Abraumbeseitigung, die im folgenden Geschäftsjahr nachgeholt werden,

- Gewährleistungen, die ohne rechtliche Verpflichtung erbracht werden.

Rückstellungen für drohende Verluste aus schwebenden Geschäften sind seit 1997 steuerrechtlich nicht mehr möglich (§ 5 Abs. 4a EStG).

Die gebildeten Rückstellungen sind **unter näherer Bezeichnung ihres Zweckes** gesondert auszuweisen. Für andere als die genannten Zwecke dürfen keine Rückstellungen gebildet werden. Unter dem Posten »Pensionsrückstellungen« sind die laufenden Rückstellungen für laufende Pensionen und die für Anwartschaften auf Pensionen auszuweisen.

Rückstellungen dürfen nur mit dem Betrag angesetzt werden, der nach vernünftiger kaufmännischer Beurteilung erforderlich ist. Liegt für sie keine Rechtfertigung mehr vor, müssen sie aufgelöst werden, was eine Erhöhung des Ertrages zur Folge hat. Die Ertragserhöhung kann allerdings durch Bildung neuer Rückstellungen aufgefangen werden.

Möglich ist die Finanzierung durch Rückstellungsgegenwerte dadurch, dass der Aufwand für die Rückstellungen sofort verrechnet wird, die Auszahlungen aber erst in späteren Perioden erfolgen.

Während des dazwischen liegenden Zeitraumes steht dem Unternehmen das Kapital, das für die Rückstellungen veranschlagt ist, zur Verfügung, sofern die Gegenwerte der Rückstellungen dem Unternehmen über den Umsatzprozess zugeflossen sind. Zudem entsteht durch die Bildung von Rückstellungen ein Steuerstundungseffekt.

Hieraus ergibt sich, dass die Rückstellungen unter Finanzierungsaspekten umso wertvoller sind, je länger sie dem Unternehmen zur Verfügung stehen.

Rückstellungen können sein:

- **Kurzfristige Rückstellungen**
- **Mittelfristige Rückstellungen**
- **Langfristige Rückstellungen.**

## 1.3.1 Kurzfristige Rückstellungen

Zu den kurzfristigen Rückstellungen können gezählt werden:

- **Rückstellungen für Steuern**, die steuerlich gebildet werden dürfen, wenn die Höhe der Steuerschuld nur schätzbar ist und sie Betriebsausgaben darstellen.

- **Rückstellungen für Kosten der Jahresabschlussprüfung (einschl. Anhang und Lagebericht) der Hauptversammlung, des Geschäftsberichtes und für sonstige Kosten, soweit sie Dritten gegenüber Verbindlichkeiten begründen**, die steuerlich zulässig sind, wenn diese Kosten als Betriebsausgaben abzugsfähig sind. Ihre Höhe basiert auf Vergleichs- oder Schätzwerten.

- **Rückstellungen für Bürgschaftsverluste**, die nur gebildet werden dürfen, wenn mit großer Wahrscheinlichkeit eine Inanspruchnahme zu erwarten ist. Ist die Bürgschaftsübernahme notwendig betrieblich veranlasst, so ist die Geltendmachung der Bürgschaftsverluste im Rahmen der Rückstellungen steuerlich nicht zu beanstanden.

- **Rückstellungen für unterlassene Instandhaltung und Abraumbeseitigung**, die handelsrechtlich zulässig sind, wenn:

  - ▶ Definition der Eingabearten und Eingabemedien
  - ▶ Aufbau der für das System nötigen Eingabesätze
  - ▶ Formularentwürfe für Erfassungsbelege und Belegleseformulare

- **Rückstellungen für Provisionen, Gratifikationen und Gewinnbeteiligung**, die sowohl für rechtlich bereits zugesagte Verpflichtungen dieser Art als auch für solche zu bilden sind, die nach dem Ergebnis des letzten Geschäftsjahres bemessen, aber erst im folgenden Geschäftsjahr zugesagt und ausbezahlt werden. Sowohl handels- als auch steuerrechtlich sind sie zulässig.

- **Rückstellungen für Boni und Rabatte**, die handels- und steuerrechtlich nur für solche Boni und Rabatte zulässig sind, deren Höhe sich nach dem Umsatz des abgelaufenen Geschäftsjahres richtet.

- **Rückstellungen für nicht genommenen Urlaub und Urlaubsgelder**, die für eine Barabgeltung von Urlaubsgeldern oder für eine Nachgewährung von Urlaub gebildet werden.

Die kurzfristigen Rückstellungen erweisen sich nur als sehr **bedingt geeignet**, der Innenfinanzierung zu dienen, da sie sich sehr schnell wieder auflösen. Durch die jährlich wiederkehrende Einstellung von Rückstellungen kann sich allerdings ein Bodensatz bilden, der dann einen dauerhaften Finanzierungseffekt aufweist.

### 1.3.2 Mittelfristige Rückstellungen

Zu den mittelfristigen Rückstellungen zählen folgende Rückstellungen:

- **Rückstellungen für Prozessrisiken**, die für drohende oder bereits schwebende Prozesse gebildet werden. Steuerlich sind sie nur zulässig, soweit es sich um abzugsfähige Betriebsausgaben handelt.

- **Rückstellungen für Bergschäden**, die steuerlich erlaubt werden, soweit sich die Schäden auf fremde Grundstücke beziehen.

- **Rückstellungen für Garantieverpflichtungen**, die steuerrechtlich zulässig sind, insbesondere wenn eine Inanspruchnahme zu erwarten ist. Bei kontinuierlichen Umsätzen des Unternehmens können sie die Wirkung langfristiger Rückstellungen haben, weil sie ständig wieder neu gebildet werden.

Die mittelfristigen Rückstellungen sind im Hinblick auf die Verwendbarkeit für Maßnahmen der Innenfinanzierung zwar günstiger zu beurteilen als die kurzfristigen Rückstellungen. Aufgrund ihrer Fristigkeit kommt ihnen aber ebenfalls **keine große Bedeutung** bei der Finanzierung zu.

### 1.3.3 Langfristige Rückstellungen

Einige der bisher erwähnten Arten von Rückstellungen können, obwohl sie grundsätzlich kurz- oder mittelfristiger Natur sind, auch die **Wirkung langfristiger Rückstellungen** haben:

- **Rückstellungen für Steuern**, wenn die ausgewiesene Schuld Gegenstand eines langandauernden Rechtsbehelfsverfahrens ist.

- **Rückstellungen für Prozessrisiken**, wenn die Klärung von Rechtsfragen sich über mehrere Jahre hinweg erstreckt.

- **Rückstellungen für Garantieverpflichtungen**, wenn Auflösungen und Zuführungen sich im Wesentlichen auf die Dauer ausgleichen.

**Pensionsrückstellungen** sind die einzigen eigentlich langfristigen Rückstellungen. Sie stellen Fremdkapital dar, das aufgrund freiwillig oder vertraglich übernommener betrieblicher Ruhegeldverpflichtungen gegenüber Betriebsangehörigen aus Gewinnanteilen gebildet und einem Pensionsfonds zugeführt wird, um diese Verpflichtungen bei Fälligkeit erfüllen zu können.

Die Bildung von Pensionsrückstellungen ist eine von mehreren **Möglichkeiten** zur betrieblichen Altersversorgung:

**Betriebliche Altersversorgung**

- Pensionsrückstellungen
- Pensionskassen (mit Rechtsanspruch)
- Betriebliche Unterstützungskassen (ohne Rechtsanspruch)
- Gruppenversicherungsverträge mit privaten Versicherungsgesellschaften

Pensionen werden als Anspruch betrachtet, den sich Arbeitnehmer durch ihre Tätigkeit im Unternehmen neben dem gezahlten Arbeitsentgelt erwerben.

Sie sind wirtschaftlich als Lohn- und Gehaltsaufwendungen zu betrachten, die – solange die Arbeitnehmer im Unternehmen tätig sind – in einer bestimmten Höhe einbehalten und angesammelt werden, um ihnen nach ihrem Ausscheiden aus dem Unternehmen als Rente oder einmalige Kapitalleistung ausbezahlt zu werden.

Im Verhältnis zu den übrigen Rückstellungen nehmen die Pensionsrückstellungen immer mehr an Bedeutung zu. Bei größeren Unternehmen bilden sie heute regelmäßig den größten Rückstellungsposten. § 266 Abs. 3 HGB trägt dem Rechnung.

Lange Zeit war die Frage umstritten, ob und inwieweit Rückstellungen für Pensionszahlungen und Pensionsanwartschaften bilanziert werden müssen. Nach der Definition der Rückstellungen in § 249 Abs. 1 Satz 1 HGB ist davon auszugehen, dass auch die Pensionsrückstellungen für Anwartschaften und laufende Leistungen umfasst werden und dementsprechend Passivierungspflicht besteht.

Die handelsrechtliche Passivierungspflicht für **Pensionszusagen**, die nach 1986 erfolgten, zieht trotz der Formulierung »darf« in § 6 a EStG eine steuerliche Passivierungspflicht nach sich. Der Ausweis ungewisser Verbindlichkeiten entspricht dem Grundsatz der Wahrheit, der gem. § 5 Abs. 1 EStG auch für die Steuerbilanz gilt.

Abweichend von der Handelsbilanz können Pensionsrückstellungen in der Steuerbilanz nur unter folgenden **Voraussetzungen** gebildet werden (§ 6 a Abs. 1 EStG):

- Es muss eine **rechtsverbindliche Pensionsverpflichtung** vorliegen, die beispielsweise gegeben ist, wenn sie auf einem Einzelvertrag, einer Gesamtzusage (Pensionsordnung), einer Betriebsvereinbarung, einem Tarifvertrag oder einer Besoldungsordnung beruht.

- Die Pensionszusage darf **keine steuerschädlichen Vorbehalte** enthalten. Vorbehalte, die den Widerruf der Pensionszusage bei geänderten Verhältnissen nur nach billigem Ermessen (§ 315 BGB), d. h. unter verständiger Abwägung der berechtigten Interessen des Pensionsberechtigten einerseits und des Unternehmens andererseits gestatten, schließen die Rückstellungsbildung nicht aus.

- Für die Pensionszusage ist **Schriftform** vorgeschrieben. Hierfür kommt jede schriftliche Festlegung in Betracht, aus der sich der Pensionsanspruch nach Art und Höhe ergibt, beispielsweise als Einzelvertrag, Gesamtzusage (Pensionsordnung), Betriebsvereinbarung, Tarifvertrag, Gerichtsurteil.

Näheres siehe in R 41 Einkommensteuerrichtlinien.

Zu den im HGB neben den Pensionen genannten »ähnlichen Verpflichtungen« rechnen unmittelbaren und mittelbaren Zusagen vergleichbare Versorgungsverpflichtungen, die an einen Versorgungsfall anknüpfen, jedoch qualitativ und quantitativ anders als diese gestaltet sind.

Pensionsrückstellungen dürfen **erstmals gebildet** werden:

- **Vor Eintritt des Versorgungsfalles** für das Wirtschaftsjahr, in dem die Pensionszusage erteilt wird, frühestens jedoch für das Wirtschaftsjahr, bis zu dessen Mitte der Pensionsberechtigte das 30. Lebensjahr vollendet,

- **Nach Eintritt des Versorgungsfalles** für das Wirtschaftsjahr, in dem der Versorgungsfall eintritt.

Der **Finanzierungseffekt** der Pensionrückstellungen hängt davon ab, ob:

- Der **Gewinn** vom Unternehmen **in vollem Umfang einbehalten** wird.

  Werden Pensionsrückstellungen zugeführt, die im Unternehmen verbleiben, dann steht dem Unternehmen zusätzliches Kapital in Höhe der ersparten Ertragsteuern zur Verfügung.

**Beispiel:**

| | |
|---|---|
| Gewinn vor Körperschaftsteuer | 2.000.000 € |
| – Pensionsrückstellung | 0 € |
| = Körperschaftsteuerpflichtiger Gewinn | 2.000.000 € |
| Körperschaftsteuer (25 %) | 500.000 € |
| Gewinn vor Körperschaftsteuer | 2.000.000 € |
| – Pensionsrückstellung | 1.000.000 € |
| = Körperschaftsteuerpflichtiger Gewinn | 1.000.000 € |
| Körperschaftsteuer (25 %)*) | 250.000 € |
| Körperschaftsteuer ohne Pensionsrückstellung | 500.000 € |
| – Körperschaftsteuer mit Pensionsrückstellung | 250.000 € |
| = **Finanzierungseffekt** | **250.000 €** |

*) bis 2007, ab 2008 15 %

Werden Pensionsrückstellungen zugeführt, die aber nicht im Unternehmen verbleiben, sondern als Pensionszahlungen geleistet werden, ergibt sich eine Verminderung des Kapitals in Höhe der Pensionszahlungen abzüglich der ersparten Ertragssteuern.

**Beispiel:**

| | |
|---|---|
| Körperschaftsteuer vor Pensionsrückstellung | 1.000.000 € |
| – Körperschaftsteuer nach Pensionsrückstellung | 500.000 € |
| = Finanzierungseffekt ohne Pensionszahlung | 500.000 € |
| – Pensionsrückzahlung | 1.000.000 € |
| = **Finanzierungseffekt nach Pensionsrückzahlung** | **– 500.000 €** |

- Der **Gewinn** von Unternehmen **in vollem Umfang ausgeschüttet** wird.

  Werden Pensionsrückstellungen zugeführt, die im Unternehmen verbleiben, kann dies nur mit zusätzlichem Kapital erfolgen, das in vollem Umfang zur Finanzierung verwendet werden kann.

  Bei Zuführung von Pensionsrückstellungen, die aber nicht im Unternehmen verbleiben, sondern als Pensionszahlungen geleistet werden, steht dem Unternehmen kein zusätzliches Kapital zum Zwecke der Finanzierung zur Verfügung.

76 Seite 493

## 2. Finanzierung aus sonstigen Kapitalfreisetzungen

Die Finanzierung aus sonstigen Kapitalfreisetzungen kann auf zweifache Weise erfolgen. Zu unterscheiden sind:

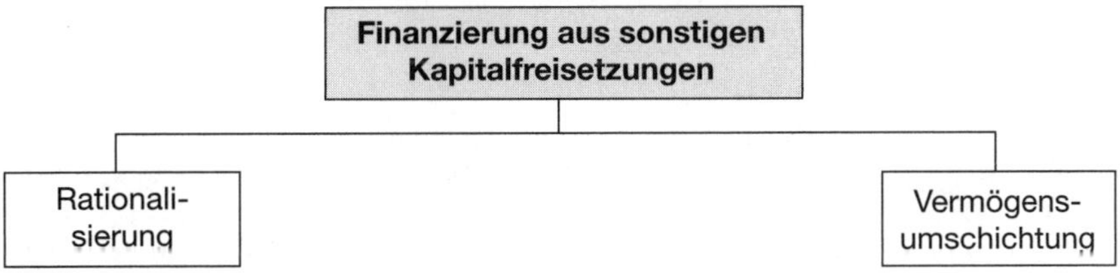


### 2.1 Rationalisierung

Durch eine Verringerung des Kapitaleinsatzes bei gleichem Produktions- und Umsatzvolumen wird eine Freisetzung finanzieller Mittel erreicht.

So kann z. B. durch verbesserte Materialdisposition versucht werden, mit geringeren Lagerbeständen auszukommen. Aufgrund von Erfahrungen und einer geeigneten Lagerstatistik, unter Berücksichtigung des Bedarfs für einen bestimmten Zeitraum sowie der Beschaffungsfristen lässt sich ein Optimalbestand in erforderlicher Sortierung festlegen und dadurch möglicherweise Kapital einsparen, das für andere Zwecke verwendet werden kann.

Auch die Liquidierung von Materialien, die aufgrund von Umstellungen in der Fertigung nicht mehr verarbeitet werden und dadurch unproduktives Kapital darstellen, ist gegebenenfalls möglich.

Ebenso kann durch die Beschleunigung des Umsatzprozesses von Forderungen Kapital eingespart werden. Dazu ist eine Verkürzung bzw. bessere Überwachung der Zahlungsziele notwendig. Auf diese Arten kann der bisherige Umsatz in der gleichen Höhe, aber mit geringerem Kapitaleinsatz sichergestellt werden.

## 2.2 Vermögensumschichtung

Umschichtungen im Vermögensbereich finden statt, wenn materielle und/oder immaterielle Vermögenswerte in liquide Form überführt werden. Man spricht in diesem Zusammenhang auch von **Substitutionsfinanzierung**. Diese Umschichtung erfolgt hauptsächlich durch den Umsatzprozess.

Als interne Liquiditätsreserven sind Wertpapiere des Umlaufvermögens am besten geeignet. Die Höhe der Liquiditätsreserven sollte sich nach den sonstigen Möglichkeiten der Liquiditätssicherung richten. Die Auswahl der Wertpapiere sollte primär nach der Liquidierbarkeit, sekundär nach der Verzinsung erfolgen.

Beteiligungen können Liquiditätsreserven darstellen, je nachdem, ob die Möglichkeit des Abstoßens bzw. der Beleihung gegeben ist, wie schnell und unter welchen möglichen Verlusten dies geschehen kann.

Die Veräußerung anderer Gegenstände des Anlage- und Umlaufvermögens erweist sich häufig als problematisch. So sollte das Abstoßen von Vorräten zu Zwecken der Innenfinanzierung nur als Notmaßnahme gelten. Anlageverkäufe können gegebenenfalls zu Verlusten und zur Gefährdung der Betriebsbereitschaft führen.

| | **KONTROLLFRAGEN** | bearbeitet | Lösungshinweise | Lösung + | Lösung - |
|---|---|---|---|---|---|
| 01 | Worin unterscheidet sich die Innenfinanzierung von der Außenfinanzierung? | | 375 | | |
| 02 | Inwieweit können Erlöse des Unternehmens für Maßnahmen der Innenfinanzierung Verwendung finden? | | 375 | | |
| 03 | Geben Sie einen Überblick über die Formen der Innenfinanzierung! | | 375 | | |
| 04 | Wie kann die Finanzierung aus Umsatzerlösen auch noch genannt werden? | | 375 | | |
| 05 | Inwiefern ist es problematisch, die Finanzierung aus zurückbehaltenen Gewinnen, Abschreibungsgegenwerten, Rationalisierung und Vermögensumschichtung der Eigenfinanzierung zuzurechnen? | | 375 f. | | |
| 06 | Wie nennt man die Finanzierung aus zurückbehaltenen Gewinnen üblicherweise? | | 377 | | |
| 07 | Welche Formen lassen sich unterscheiden? | | 377 | | |
| 08 | Was versteht man unter Gewinnthesaurierung? | | 377 | | |
| 09 | Welche Möglichkeiten bestehen handelsrechtlich für die Gesellschafter der OHG, offene Selbstfinanzierung zu betreiben? | | 377 f. | | |
| 10 | Wie sind die Gesellschafter der KG handelsrechtlich gestellt, offene Selbstfinanzierung vorzunehmen? | | 378 | | |
| 11 | Inwieweit sind Gesellschafter der Stillen Gesellschaft üblicherweise in der Lage, Gewinne zu thesaurieren? | | 378 | | |
| 12 | Wie sind die Möglichkeiten der offenen Selbstfinanzierung für die Gesellschafter der GmbH gesetzlich geregelt? | | 378 f. | | |
| 13 | Worauf beruht die Zweckmäßigkeit der offenen Selbstfinanzierung, insbesondere bei Kapitalgesellschaften, und weshalb? | | 378 f. | | |
| 14 | Beschreiben Sie, wie der Nettobetrag der Selbstfinanzierung bei Kapitalgesellschaften ermittelt werden kann! | | 380 | | |
| 15 | Welche Arten offener Rücklagen sind bei der AG zu unterscheiden? | | 380 | | |
| 16 | Welche Beträge müssen in die Kapitalrücklage eingestellt werden? | | 381 | | |
| 17 | Nennen Sie die möglichen Gewinnrücklagen! | | 381 | | |
| 18 | Welche Vorschriften enthält das AktG im Hinblick auf die Einstellung in die gesetzliche Rücklage? | | 381 f. | | |
| 19 | Wofür darf die gesetzliche Rücklage von der AG verwendet werden? | | 382 | | |
| 20 | Wozu dient die Rücklage für eigene Anteile? | | 382 | | |
| 21 | Beschreiben Sie die satzungsmäßigen Rücklagen! | | 382 | | |
| 22 | Was sind andere Gewinnrücklagen? | | 383 | | |
| 23 | Was versteht man unter der stillen Selbstfinanzierung und wie wird sie vorgenommen? | | 383 | | |
| 24 | Welche Bedeutung hat die Fristigkeit der Reserven für die stille Selbstfinanzierung? | | 383 | | |

| | **Kontrollfragen** | bearbeitet | Lösungshinweise | Lösung + | Lösung - |
|---|---|---|---|---|---|
| 25 | Nennen Sie die Möglichkeiten stiller Selbstfinanzierung durch Unterbewertung der Aktiva! | | 384 | | |
| 26 | Inwieweit können Wertsteigerungen bei Anlagegütern der stillen Selbstfinanzierung zugerechnet werden? | | 384 | | |
| 27 | Welche Möglichkeiten gibt es, stille Selbstfinanzierung durch Überbewertung der Passiva zu betreiben? | | 384 f. | | |
| 28 | Wie ist die Selbstfinanzierung eines Unternehmens zu beurteilen? | | 385 | | |
| 29 | Was versteht man unter Abschreibungen? | | 386 | | |
| 30 | Welche Ursachen gibt es, die Abschreibungen rechtfertigen? | | 386 | | |
| 31 | Nennen und erläutern Sie, welche Arten der Abschreibung nach ihrer Verrechnung unterschieden werden können! | | 386 f. | | |
| 32 | Welche Abschreibungen können entsprechend ihrer unterschiedlichen Zielsetzung unterschieden werden? | | 387 | | |
| 33 | Welchen Grund gibt es, den Abschreibungen einen Basiswert zu Grunde zu legen? | | 387 | | |
| 34 | Welche Verfahren der Abschreibung können unterschieden werden? | | 387 | | |
| 35 | Beschreiben Sie, wie die lineare Abschreibung vorgenommen wird! | | 387 f. | | |
| 36 | Beurteilen Sie ihre Zweckmäßigkeit! | | 388 | | |
| 37 | Was versteht man unter der degressiven Abschreibung? | | 388 f. | | |
| 38 | In welchen Formen findet sie Anwendung? | | 388 f. | | |
| 39 | Wie ist die Vorgehensweise bei der geometrisch-degressiven Abschreibung? | | 388 f. | | |
| 40 | Weshalb muss der Abschreibungssatz bei der geometrisch-degressiven Abschreibung höher sein als bei der linearen Abschreibung, wenn die Nutzungsdauer des Anlagegutes gleich ist? | | 389 | | |
| 41 | Beschreiben Sie, wie die arithmetisch-degressive Abschreibung vorgenommen wird! | | 389 | | |
| 42 | Worin sind die typischen Merkmale der leistungsbezogenen Abschreibung zu sehen? | | 390 | | |
| 43 | Was versteht man unter dem Kapitalfreisetzungseffekt? | | 390 | | |
| 44 | Von welchen Faktoren hängt die Höhe der zu Finanzierungszwecken verwendbaren Abschreibungswerte ab? | | 391 | | |
| 45 | Was ist unter der Kapazität zu verstehen? | | 392 | | |
| 46 | Wie lässt sie sich systematisch differenzieren? | | 392 | | |
| 47 | Was ist unter der Teil-Perioden-Kapazität zu verstehen? | | 392 | | |
| 48 | Was ist die Gesamt-Total-Kapazität? | | 392 | | |
| 49 | Erläutern Sie, was der Kapazitätserweiterungseffekt ist! | | 392 f. | | |
| 50 | In welchen Phasen verläuft der Kapazitätserweiterungseffekt? | | 394 | | |

| | **KONTROLLFRAGEN** | bearbeitet | Lösungshinweise | Lösung + | Lösung - |
|---|---|---|---|---|---|
| 51 | Welche Entwicklung nimmt die Gesamt-Total-Kapazität beim Kapazitätserweiterungseffekt? | | 394 | | |
| 52 | Wie entwickelt sich die Gesamt-Perioden-Kapazität beim Kapzitätserweiterungseffekt? | | 394 | | |
| 53 | Aus welchen Gründen ermöglicht der Kapazitätserweiterungseffekt keine Verdoppelung der Kapazität? | | 394 | | |
| 54 | Welche Annahmen liegen dem Modell des Kapazitätserweiterungseffektes zu Grunde? | | 395 | | |
| 55 | Setzen Sie sich kritisch mit der Praxiskonformität dieser Annahmen auseinander! | | 395 f. | | |
| 56 | Was versteht man unter Rückstellungen? | | 396 | | |
| 57 | Wie ist die Bildung von Rückstellungen aktienrechtlich geregelt? | | 396 | | |
| 58 | In welcher Höhe dürfen Rückstellungen nach dem AktG in der Bilanz angesetzt werden? | | 396 | | |
| 59 | Was hat mit Rückstellungen zu geschehen, für die keine Rechtfertigung mehr vorliegt, und welche Folgen hat dies für das Unternehmen? | | 396 | | |
| 60 | Auf welche Weise können diese Folgen vom Unternehmen gegebenenfalls aufgefangen werden? | | 396 | | |
| 61 | Erläutern Sie kurzfristige Rückstellungen! | | 397 | | |
| 62 | Stellen Sie dar, welche mittelfristigen Rückstellungen unterschieden werden können! | | 398 | | |
| 63 | Welche langfristigen Rückstellungen lassen sich unterscheiden? | | 398 f. | | |
| 64 | Was versteht man unter Pensionsrückstellungen und wozu dienen sie? | | 398 f. | | |
| 65 | Welche Möglichkeiten gibt es neben den Pensionsrückstellungen, Maßnahmen zur betrieblichen Altersversorgung zu ergreifen? | | 399 | | |
| 66 | Wie hat das Handelsrecht den bilanziellen Ausweis von Pensionsrückstellungen geregelt? | | 399 | | |
| 67 | Welche Vorschriften gibt es steuerrechtlich? | | 399 | | |
| 68 | An welche Voraussetzungen ist die Bildung von Pensionsrückstellungen steuerrechtlich gebunden? | | 399 f. | | |
| 69 | Wann darf eine Pensionsrückstellung erstmals gebildet werden? | | 400 | | |
| 70 | Erläutern Sie, welche Finanzierungseffekte sich für das Unternehmen ergeben können, wenn eine Gewinnausschüttung nicht erfolgt und eine Zuführung einbehaltener Gewinnteile zu den Pensionsrückstellungen vorgenommen wird! | | 400 | | |
| 71 | Inwieweit können Finanzierungseffekte gegeben sein, wenn das Unternehmen den gesamten Gewinn ausschüttet, andererseits aber eine Zuführung zu den Pensionsrückstellungen vornimmt? | | 400 | | |
| 72 | Wie können die Finanzierungseffekte bei den Rückstellungen beurteilt werden? | | 400 f. | | |

| | **KONTROLLFRAGEN** | bear-beitet | Lösungs-hinweise | Lö-sung + | - |
|---|---|---|---|---|---|
| 73 | In welchen Formen kann die Finanzierung aus sonstigen Kapitalfreisetzungen betrieben werden? | | 401 f. | | |
| 74 | Wie lässt sich eine Verringerung des Kapitaleinsatzes bei gleichem Leistungsvolumen bewerkstelligen? | | 401 f. | | |
| 75 | Welche Möglichkeiten gibt es, durch eine Umschichtung des Vermögens Kapital freizusetzen? | | 402 | | |

# G. Finanzwirtschaftliche Analyse

Die finanzwirtschaftliche Analyse hat vorrangig die Aufgabe, das finanzwirtschaftliche Gebaren eines Unternehmens zu untersuchen. Vielfach kann der externe Analytiker mehrere **Möglichkeiten** nutzen, um sich Informationen über ein zu analysierendes Unternehmen zu beschaffen. Das können sein:

| | | |
|---|---|---|
| ▶ Bilanzen | ▶ Firmenmitteilungen | ▶ Wirtschaftspresse |
| ▶ Geschäftsberichte | ▶ Firmenzeitschriften | ▶ Statistiken |

Den **Bilanzen** einschließlich der eine Jahresabschlussbilanz ergänzenden Teile – GuV-Rechnung, Anhang und gegebenenfalls Lagebericht – kommt bei der finanzwirtschaftlichen Analyse die zentrale Bedeutung zu. Sie kann beruhen auf:

- Einem **Objekt- bzw. Branchenvergleich**, indem das untersuchte Unternehmen mit einem ähnlich strukturierten Unternehmen verglichen wird.
- Einem **Zeitvergleich**, indem das einzelne Unternehmen über mehrere Perioden hinweg analysiert wird.

Mithilfe der finanzwirtschaftlichen Analyse können mehrere **Ziele** verfolgt werden:

| | |
|---|---|
| **Informations-verdichtung** | Tatsachen und Zusammenhänge, die der Jahresabschluss nicht unmittelbar aufzeigt, sollen sichtbar gemacht werden. Hierzu dienen hauptsächlich die **Kennzahlen**. |
| **Wahrheits-findung** | Der Jahresabschluss wird entsprechend der handels- und steuerrechtlichen Vorschriften erstellt. Er ist richtig, wenn er diesen Vorschriften entspricht. Damit ist er im Sinne der betrieblichen Wirklichkeit aber keineswegs wahr. Im Rahmen der finanzwirtschaftlichen Analyse kann versucht werden, realitätsbezogene Daten zu ermitteln, z. B.:<br>▶ Das **wahre Periodenergebnis**, indem Scheingewinne vom ausgewiesenen Periodenergebnis abgezogen werden.<br>▶ Die **tatsächlich vorhandenen Vermögenswerte**, indem zu den ausgewiesenen Vermögenswerten stille Reserven hinzugerechnet werden. |
| **Urteils-findung** | Der Jahresabschluss als monetäres Ergebnis der während eines Abrechnungszeitraumes getroffenen unternehmerischen Entscheidungen kann dazu dienen, diese **Entscheidungen wertend zu beurteilen**. Dabei ist es möglich, die Qualität<br>▶ der Entscheidungsträger<br>▶ einzelner Entscheidungen<br>▶ einzelner Entscheidungsfelder<br>▶ des ganzen Unternehmens<br>einer Analyse zu unterziehen. |

| | |
|---|---|
| | Im Vordergrund stehen die Beurteilungen finanzwirtschaftlicher und rentabilitätsbezogener Art, beispielsweise im Rahmen einer Kreditwürdigkeitsprüfung. |
| **Konflikt-minderung** | Die Erkenntnisse aus der finanzwirtschaftlichen Analyse können dazu verwendet werden, **künftige Entscheidungsprozesse zu lenken bzw. zu beeinflussen**. Dies ist durch den Einsatz der EDV gut möglich, mittels derer Bilanzen und ihre zielgerichteten Auswertungen sowie Prognoserechnungen kurzfristig verfügbar sind.<br>Die Entscheidungsfindung betrifft:<br>▶ Die **Entscheidungsträger**, denen die Ergebnisse aus der finanzwirtschaftlichen Analyse hinsichtlich des Anspruchsniveaus, der Alternativenbildung und Alternativenbewertung sowie Entscheidungsdurchsetzung nützlich sind.<br>▶ Den **Entscheidungsprozess**, der durch die Ergebnisse aus der finanzwirtschaftlichen Analyse positiv unterstützt werden kann.<br>▶ Die **Entscheidungsfelder**, deren Gestaltung aufgrund der Ergebnisse der finanzwirtschaftlichen Analyse möglich ist, sich aber auch daran orientieren kann, wie die Entscheidungen sich auf den Jahresabschluss auswirken werden. Diese Überlegung ist besonders dann anzustellen, wenn die Bilanzadressaten bestimmte Vorstellungen bzw. Erwartungen haben. |

# 1. Arten

Die finanzwirtschaftliche Analyse kann sein:

- Eine **interne Analyse**, wenn sie innerhalb des Unternehmens erfolgt und damit auf das gesamte im Unternehmen verfügbare Zahlenmaterial zurückgreifen kann.

- Eine **externe Analyse**, wenn sie außerhalb des Unternehmens durchgeführt wird und im Wesentlichen veröffentlichte Jahresabschlüsse zur Grundlage hat.

- Eine **formelle Analyse**, die dazu dienen soll, die formelle Übereinstimmung des Jahresabschlusses mit den gesetzlichen Vorschriften festzustellen.

- Eine **materielle Analyse**, die den Jahresabschluss inhaltlich analysiert. Sie kann vorgenommen werden als:

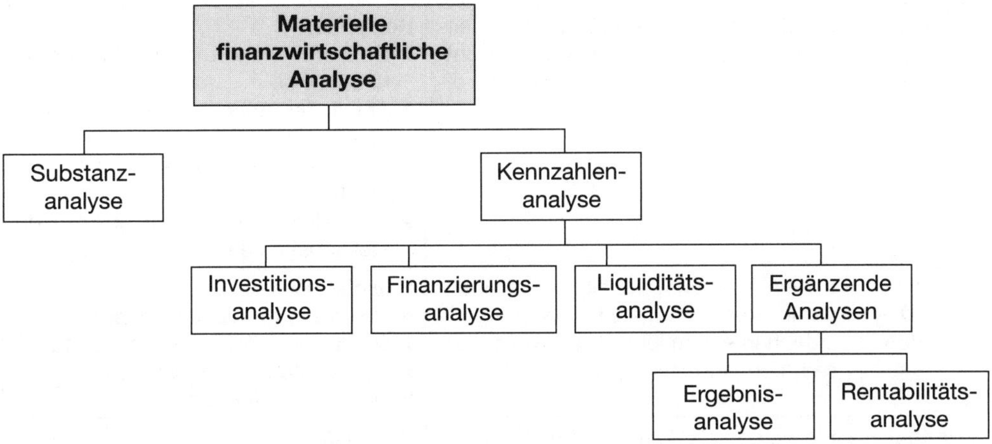


## 1.1 Substanzanalyse

Substanzanalysen dienen dazu, die Posten des Jahresabschlusses auf

- ihr Zustandekommen
- ihre Zusammensetzung
- ihre Entwicklung

hin zu überprüfen. Daraus lassen sich wertvolle Hinweise auf die wirtschaftliche Entwicklung eines Unternehmens ziehen. Siehe dazu ausführlich *Ditges/Arendt*.

## 1.2 Kennzahlenanalyse

Kennzahlen sind Zahlen, die sich auf wichtige Tatbestände beziehen und diese in konzentrierter Form darstellen. Die Investitionsanalyse ist im Wesentlichen eine **Kennzahlenrechnung**, die durch andere zusätzliche Informationen ergänzt und abgerundet wird. Zu unterscheiden sind:

- **Absolute Kennzahlen** oder **Grundzahlen**, die eine begrenzte Aussagekraft besitzen, weil sie nur absolute Veränderungen berücksichtigen, also Einzelzahlen, Summen, Differenzen.

  **Beispiele:** Anzahl der Mitarbeiter am 01.01.2007, Betrag des Umlaufvermögens am 31.12.2007, Umsatz am 31.12.2007 in Mio. €.

- **Relative Kennzahlen** oder **Verhältniszahlen**, deren Aussagefähigkeit höher als die Aussagefähigkeit der absoluten Kennzahlen ist, weil eine Größe zu einer anderen in Beziehung gesetzt wird. Sie können sein:

| | | |
|---|---|---|
| **Gliederungszahlen** | Sie zeigen das Verhältnis eines Teils zum Ganzen und sind häufig Prozentzahlen, die strukturelle Verhältnisse offen legen. | **Beispiele:**<br>▶ Umlaufvermögen in Prozent zur Bilanzsumme<br>▶ Anteil der Angestellten an der Gesamtbelegschaft<br>▶ Anteil des Produktes A am Gesamtumsatz<br>▶ Anteil der Materialkosten an den Herstellungskosten |
| **Beziehungszahlen** | Sie sind wesensverschieden, zueinander in Beziehung gesetzte Größen, die jedoch in einem logisch sinnvollen Zusammenhang stehen. | **Beispiele:**<br>▶ Umsatz je qm Verkaufsfläche<br>▶ Umsatz je 1.000 € Gesamtkapital<br>▶ Lohnkosten je Produkteinheit<br>▶ Umsatz je Mitarbeiter |
| **Indexzahlen** | Sie werden als Verhältnis zweier gleichartiger Größen gebildet, die aber zu verschiedenen Zeitpunkten oder an verschiedenen Orten entstanden sind. Eine Größe erhält den Wert 100 und die andere wird an diesem Index gemessen. Indexzahlen verdeutlichen die Entwicklung bestimmter Merkmale. | **Beispiele:**<br>▶ Preisentwicklung bei Anlagen, Rohstoffen usw.<br>▶ Entwicklung der Löhne und Gehälter<br>▶ Entwicklung des Unternehmensgewinnes<br>▶ Lohnkosten anderer Länder im Vergleich zur Bundesrepublik |

Die Bildung relativer Kennzahlen ist beim Jahresabschluss grundsätzlich möglich:

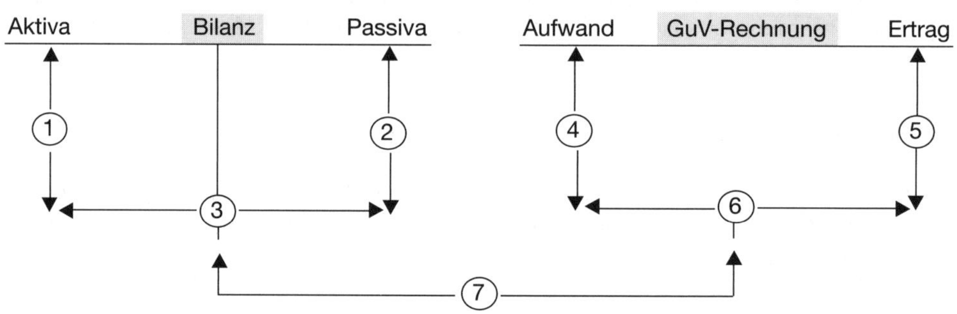


Es lassen sich auch **Kennzahlensysteme** bilden, die nicht nur einzelne, isoliert nebeneinander stehende Kennzahlen betrachten, sondern betriebswirtschaftliche Zusammenhänge in ihren Wechselwirkungen offen legen. Sie gehen von einer bestimmten Ausgangskennzahl, die das Untersuchungsziel bestimmt, aus und entwickeln sich baumförmig weiter, z. B. im:

- **DuPont-System**, das von der Kennzahl »Return on Investment/RoI« ausgeht – siehe S. 431 f. Es will offen legen, wie die geplanten Einsatz-, Ertrags- und Erfolgsgrößen in einen sinnvollen Zusammenhang gebracht werden können:

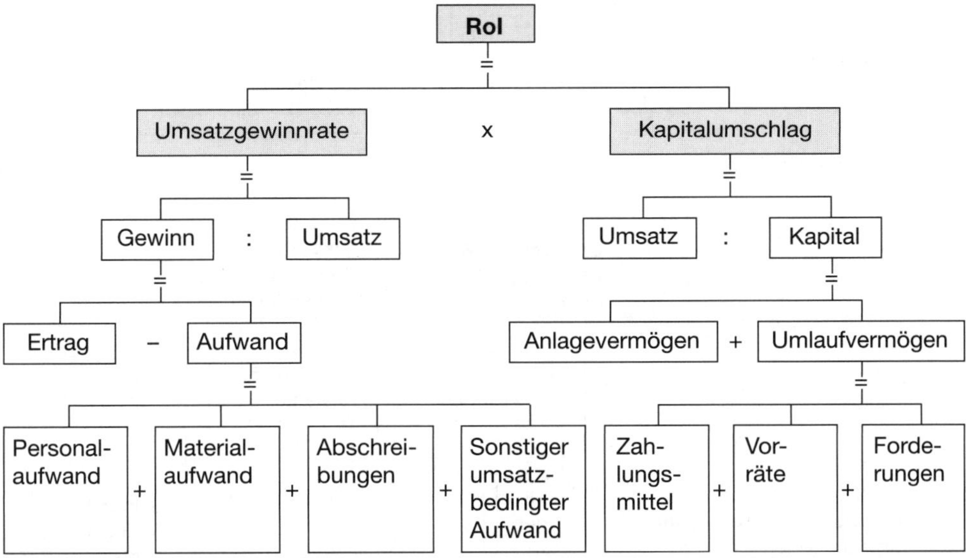


- Das **ZVEI-Kennzahlensystem**, das vom *Zentralverband der Elektrotechnischen Industrie e.V.* entwickelt wurde. Es sieht grundsätzlich den Kennzahlen-Vergleich und die Kennzahlen-Zerlegung vor und umfasst **zwei analytische Bereiche**:

| | |
|---|---|
| **Wachstums-analyse** | Sie gibt Auskunft über ausgewählte Wachstumsindikatoren. |
| **Struktur-analyse** | Sie untersucht die Unternehmenseffizienz in den Sektoren Rentabilität, Ergebnisbildung, Kapitalstruktur, Kapitalbindung. |

Das ZVEI-Kennzahlensystem sieht wie folgt aus:

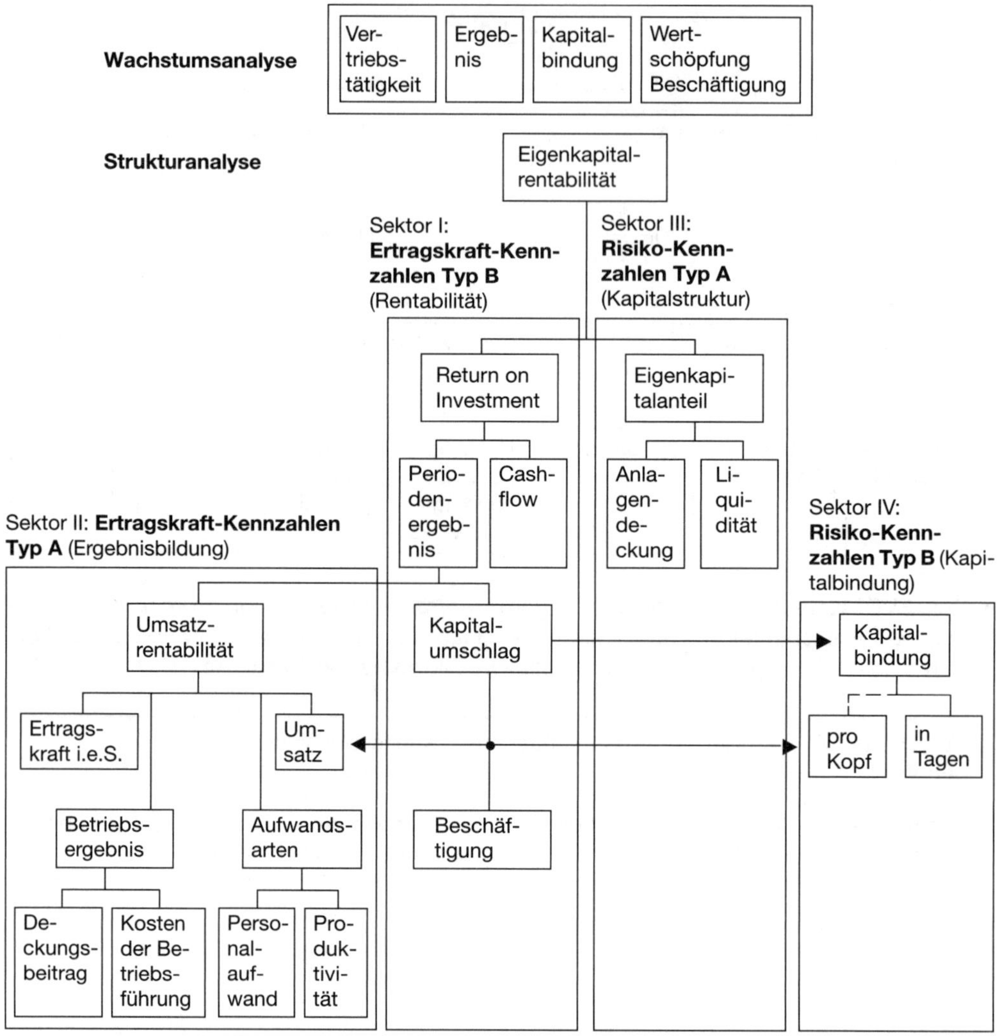


Für die **Kennzahlenanalyse** können die Jahresabschlüsse in der üblicherweise vorgelegten Form aber nicht verwendet werden, auch wenn sie nach den Vorschriften des HGB erstellt sind. **Wichtig** ist deshalb, die Bilanzen und GuV-Rechnungen einheitlich und nach betriebswirtschaftlichen Gesichtspunkten **umzugestalten**. Dadurch wird die Vergleichbarkeit der Jahresabschlüsse gewährleistet und die Auswertung ermöglicht.

Zwei Schritte müssen den Kennzahlenanalysen dabei vorangehen:

- Die **Bilanzbereinigung**, die folgende Umgestaltungen umfasst:

- **Wertberichtigungen** (bei Einzelunternehmen und Personengesellschaften) sind mit den entsprechenden Posten zu saldieren.
- **Aktive Rechnungsabgrenzungsposten** werden den kurzfristigen Forderungen zugerechnet.
- **Passive Rechnungsabgrenzungsposten** erhöhen die kurzfristigen Verbindlichkeiten.
- **Sonderposten mit Rücklagenanteil** sind grundsätzlich zu 50 % dem Eigenkapital zuzurechnen.
- **Rückstellungen** und **Verbindlichkeiten** müssen nach ihrer Restlaufzeit dem kurz-, mittel- oder langfristigen Fremdkapital zugeordnet werden.
- **Pensionsrückstellungen** können bei einigen Analysen wie Eigenkapital eingestuft werden.
- Der zur Ausschüttung vorgesehene **Gewinn** zählt zum kurzfristigen Fremdkapital, der Rest gehört zum Eigenkapital.
- Ein **Bilanzverlust** ist vom Eigenkapital abzusetzen.

• Die **Bilanzaufbereitung**, mit der die Bilanzpositionen in zweckmäßiger Weise zusammengefasst und gruppiert werden.

- Die **Vermögensseite** wird nach Liquiditätsgesichtspunkten geordnet.
- Die **Kapitalseite** wird nach Herkunft und Fristigkeit des Kapitals gruppiert.

**Beispiel:**

| Aktiva | **Bilanz** Passiva |
|---|---|
| Anlagevermögen | Eigenkapital |
| Umlaufvermögen | Fremdkapital |
| Mittel 1. Grades | kurzfristig |
| Mittel 2. Grades | mittelfristig |
| Mittel 3. Grades | langfristig |

77 Seite 493

Als **Beispiel** soll die Aufbereitung eines Jahresabschlusses gezeigt werden, wie sie von einem Kreditinstitut vorgenommen wird:

| **Niederlassung/Filiale:** | | **Bilanz** | | | | | |
|---|---|---|---|---|---|---|---|
| **Firma/Branche:** | | | | | | | |
| 1 | Kasse, Bank, Wechsel | | | | | | |
| 2 | börsengängige Wertpapiere | | | | | | |
| 3 | Warenforderungen | | | | | | |
| 4 | | | | | | | |
| 5 | flüssige Mittel | | | | | | |
| 6 | Vorräte: Roh-, Hilfs- u. Betriebsstoffe | | | | | | |
| 7 | unfertige Erzeugnisse | | | | | | |
| 8 | fertige Erzeugnisse | | | | | | |
| 9 | | | | | | | |
| 10 | liquides Umlaufvermögen | | | | | | |
| 11 | sonstige Forderungen | | | | | | |
| 12 | | | | | | | |
| 13 | | | | | | | |
| 14 | Beteiligungen | | | | | | |
| 15 | Grundstücke/Gebäude | | | | | | |
| 17 | im Bau befindliche Anlagen/Anzahlungen | | | | | | |
| 18 | | | | | | | |
| 19 | Ford. an Inh./Eigene Anteile/ausst. Einlagen | | | | | | |
| 20 | Verlust einschl. Vortrag | | | | | | |
| 21 | Bilanzsumme | | | | | | |
| 22 | Warenschulden | | | | | | |
| 23 | Akzepte | | | | | | |
| 24 | Bankschulden bei uns | | | | | | |
| 25 | Bankschulden bei anderen Instituten | | | | | | |
| 26 | Anzahlungen | | | | | | |
| 27 | sonstige Verbindlichkeiten | | | | | | |
| 28 | | | | | | | |
| 29 | | | | | | | |
| 30 | kurzfristige Rückstellungen | | | | | | |
| 31 | Wertber. z. liq. Umlaufvermögen | | | | | | |
| 32 | kurzfristige Verbindlichkeiten | | | | | | |
| 33 | mittel- und langfristige Darlehen, Hypotheken | | | | | | |
| 34 | | | | | | | |
| 35 | | | | | | | |
| 36 | | | | | | | |
| 37 | Unterstützungs./Pensionsrückst. | | | | | | |
| 38 | langfristige Verbindlichkeiten | | | | | | |
| 39 | (davon innerhalb von 5 Jahren fällig) | | | | | | |
| 40 | unversteuerte Rücklagen | | | | | | |
| 41 | gezeichnetes Kapital | | | | | | |
| 42 | | | | | | | |
| 43 | | | | | | | |
| 44 | Rücklagen | | | | | | |
| 45 | Jahresüberschuss einschl. Vortrag | | | | | | |
| 46 | Summe der eigenen Mittel (40 bis 45) – (19 + 20) | | | | | | |
| 47 | Liquidität I. Ordnung | | | | | | |
| 48 | Liquidität II. Ordnung | | | | | | |
| 49 | Nettoverschuldung (32 + 38) – (1 + 2 + 31 + 37) | | | | | | |
| 50 | Avale | | | | | | |
| 51 | Giroverbindlichkeiten | | | | | | |
| 52 | | | | | | | |
| 53 | Steuerschulden (soweit nicht passiviert) | | | | | | |
| 54 | Leasingverpflichtungen p.a. | | | | | | |
| 55 | haftendes Vermögen außerhalb der Bilanz | | | | | | |
| 56 | Entnahmen/Ausschüttungen | | | | | | |
| 57 | Sonstige Kapitalveränderungen (sep. erläutern) | | | | | | |
| 58 | Zugang im Sachanlagevermögen | | | | | | |
| 59 | | | | | | | |

| Niederlassung/Filiale: | | Erfolgsrechnung | | | | | |
|---|---|---|---|---|---|---|---|
| Firma/Branche: | | | | | | | |
| 1 | Geschäftsumsatz (ohne MwSt) * | | | | | | |
| 2 | Erlösschmälerungen | | | | | | |
| 3 | Bestandsveränd. der Erzeugnisse +/– | | | | | | |
| 4 | aktivierte Eigenleistungen | | | | | | |
| 5 | Gesamtleistung | | | | | | |
| 6 | Materialaufwand, Fremdleistungen | | | | | | |
| 7 | Materialaufwand in % der Gesamtleistung | | | | | | |
| 8 | Handelswareneinsatz | | | | | | |
| 9 | (darin berücksichtigt Lieferantenskonti) | | | | | | |
| 10 | Rohertrag | | | | | | |
| 11 | Rohertrag in % der Gesamtleistung | | | | | | |
| 12 | Erträge/Verluste aus Beteiligungen +/– | | | | | | |
| 13 | Erträge aus Zinsen | | | | | | |
| 14 | sonstige ordentliche Erträge | | | | | | |
| 15 | | | | | | | |
| 16 | | | | | | | |
| 17 | Summe der ordentlichen Erträge | | | | | | |
| 18 | Personalaufwendungen | | | | | | |
| 19 | Personalaufwendungen in % der Gesamtleistung | | | | | | |
| 20 | Steuern (ohne St. v. Einkommen und Ertrag) | | | | | | |
| 21 | sonstige ordentliche Aufwendungen | | | | | | |
| 22 | | | | | | | |
| 23 | | | | | | | |
| 24 | Summe der ordentlichen Aufwendungen | | | | | | |
| 25 | Betriebsergebnis | | | | | | |
| 26 | Zinsaufwendungen | | | | | | |
| 27 | Geschäftserg. vor Anlagenabschr. +/– | | | | | | |
| 28 | Geschäftserg. in % des Geschäftsumsatzes | | | | | | |
| 29 | planmäßige Abschreibung auf Anlagen | | | | | | |
| 30 | außerplanmäßige Abschreibung auf Anlagen | | | | | | |
| 31 | | | | | | | |
| 32 | a.o. Aufwand | | | | | | |
| 33 | Zuführung zur Pensionsrückstellung | | | | | | |
| 34 | | | | | | | |
| 35 | | | | | | | |
| 36 | a.o. Ertrag | | | | | | |
| 37 | | | | | | | |
| 38 | | | | | | | |
| 39 | unversteuertes Ergebnis +/– | | | | | | |
| 40 | Steuern v. Einkommen und Ertrag | | | | | | |
| 41 | Jahresüberschuss/Fehlbetrag | | | | | | |
| 42 | | | | | | | |
| 43 | Auflösung/Zuweisung zu Rückl. +/– | | | | | | |
| 44 | Jahresgewinn/-verlust (Auch ausfüllen, falls auf Organmutter übertragen) | | | | | | |
| 45 | Cashflow (27 - 40) | | | | | | |
| 46 | Nettoverschuldung: Cashflow | | | | | | |
| 47 | Nettoverschuldung: Cashflow (ohne Anzahlung) | | | | | | |
| 48 | Geschäftsumsatz: Vorräte | | | | | | |
| 49 | Geschäftsumsatz: Warenforderungen | | | | | | |
| 50 | | | | | | | |
| 51 | Beschäftigtenzahl | | | | | | |
| 52 | Auftragsbestand | | | | | | |
| 53 | | | | | | | |
| 54 | | | | | | | |
| 55 | | | | | | | |
| 56 | * davon Exportanteil (in %) | | | | | | |
| 57 | | | | | | | |

Kennzahlenanalysen können ausgeweitet werden zu Managementmethoden, wie dies zum Beispiel mit der **Balanced Scorecard** (*Ehrmann, Kaplan/Norton*) versucht wird. Sie überträgt Strategieausrichtungen eines Unternehmens in Kennzahlen und Zielsetzungen und fungiert als Bindeglied, um aus Strategiesetzungen messbare Steuerungs- und Zielgrößen für das operative Geschäft abzuleiten.

Die Balanced Scorecard schafft einen unternehmensübergreifenden Rahmen, der **Strategiesetzungen** mittels Kennzahlen den Mitarbeitern vermitteln soll. Dies geschieht z. B. durch die Information der Mitarbeiter über gegenwärtige und zukünftige Erfolgsfaktoren, die als messbare Steuerungsgrößen mögliche Perspektiven abwägen, die strategisch erwünscht sind.

Dabei soll eine **Balance** hergestellt werden zwischen:

- **Tätigkeitsergebnissen** aus der Vergangenheit und Kennzahlen, die zukünftige Entwicklungen vorgeben.

- **Externen Anforderungen**, die sich in Messzahlen der Eigentümer (z. B. Shareholder Value) oder der Kunden (z. B. Kundenzufriedenheit) niederschlagen, und Messgrößen interner Prozessentwicklungen.

  Diese Balance soll innerhalb von vier **Perspektiven** stattfinden:

| | |
|---|---|
| **Finanzwirtschaftliche Perspektiven** | Auf der Basis traditioneller Kennzahlen des Rechnungswesens, wie z. B. RoI oder Kapitalrenditen, sind strategierelevante Kennzahlen zu ermitteln und zusammenzufassen. |
| **Kundenperspektiven** | Hier stehen Kennzahlen im Mittelpunkt, welche die Sicht der Kunden widerspiegeln. Solche Kennzahlen können sein z. B. Marktanteil, Kundenzufriedenheit, Kundentreue, Kundenrentabilität. |
| **Interne Prozessperspektive** | Erfolgsbestimmende Prozesse innerhalb eines Unternehmens sind festzustellen und hinsichtlich ihres Einflusses auf die Zielerreichung zu werten. Kennzahlen für diese Perspektive können z. B. aus der Prozesskostenrechnung stammen und Durchlaufzeiten bzw. Produktivitätszahlen zum Inhalt haben. |
| **Lern- und Entwicklungsperspektive** | Hier sind Kernkompetenzen auszumachen und deren Verstärkung sowie Weiterentwicklung zu verfolgen. Kennzahlen für diese Innovations- und Lernperspektive können beispielsweise Zahlen zur Motivation der Mitarbeiter oder zu deren Qualifikation sein. |

Die Ausgewogenheit dieser angeführten Perspektiven, die Einbeziehung materieller wie auch immaterieller Größen sowie unternehmensinterner wie auch unternehmensexterner Kennzahlen soll ein **ganzheitliches Managementsystem** schaffen, das die obigen Perspektiven miteinander verknüpft.

# 2. INVESTITIONSANALYSE

Die Investitionsanalyse ist die **Analyse der Vermögensseite** der Bilanz. Sie umfasst vor allem folgende Aufgabenstellungen:

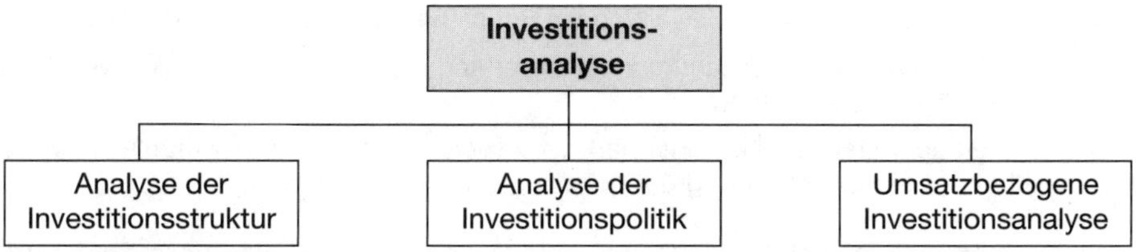


Eine Aussagekraft wird insbesondere dann erreicht, wenn Entwicklungen über Jahresvergleiche aufgezeigt bzw. Vergleiche mit Konkurrenz- oder Branchendurchschnittswerten angestellt werden.

## 2.1 ANALYSE DER INVESTITIONSSTRUKTUR

Die Kennzahlen der Investitionsstruktur sollen die **Flexibilität** und damit die Stabilität eines Unternehmens sowie den **Umfang der Kapazitätsnutzung** anzeigen. Beide Gesichtspunkte sind grundsätzlich umso positiver zu beurteilen, je geringer der Anteil des Anlagevermögens ist. Kennzahlen sind:

- Die **Vermögenskonstitution**, welche die Art der Beziehung zwischen dem Anlagevermögen und Umlaufvermögen ausdrückt.

$$\text{Vermögenskonstitution} = \frac{\text{Anlagevermögen}}{\text{Umlaufvermögen}} \cdot 100$$

  Die Verwendung dieser Kennzahl hat beim **Vergleich der Entwicklung über mehrere Perioden** in einem bestimmten Unternehmen einen Sinn. Zwischenbetriebliche Vergleiche sind, falls sie sich nicht auf eine bestimmte Branche beziehen, wegen unterschiedlicher Größe und Strukturierung der Unternehmen von geringer Aussagekraft.

- Die **Anlageintensität**, die über den Grad der Beweglichkeit des Unternehmens Auskunft gibt.

$$\text{Anlageintensität} = \frac{\text{Anlagevermögen}}{\text{Gesamtvermögen}} \cdot 100$$

  Ein **umfangreiches Anlagevermögen** birgt eine gewisse Starrheit in sich, da bei rückläufigen Unternehmensentwicklungen die erforderliche Verringerung des Anlagevermögens nur schwer vorgenommen werden kann.

Außerdem können hohe Fixkosten bei nicht voll ausgenutzten Kapazitäten finanzielle Belastungen mit sich bringen.

Eine **große Anlageintensität** kann:

- Branchenbedingt sein, beispielsweise beim Schiffsbau und bei Transportunternehmen
- Durch Rationalisierungsmaßnahmen hervorgerufen worden sein, beispielsweise beim Einsatz von Automatenstraßen
- Durch einen überalterten Maschinenpark verursacht worden sein, der möglicherweise in mangelhaftem Management begründet ist

- Die **Umlaufintensität**, welche die Beziehung zwischen dem Umlaufvermögen und Gesamtvermögen angibt.

$$\text{Umlaufintensität} = \frac{\text{Umlaufvermögen}}{\text{Gesamtvermögen}} \cdot 100$$

Ein überdurchschnittlich hoher Grad der Umlaufintensität lässt bei materialintensiven Unternehmen auf einen hohen Lagerbestand von Material und Umsatzgütern schließen und damit auf erhebliche Lagerhaltungskosten. Er kann aber auch auf einem hohen Forderungsbestand beruhen.

## 2.2 Analyse der Investitionspolitik

Von großer Wichtigkeit im Rahmen der Investitionsanalyse ist auch, das **Verhalten** eines Unternehmens als **Investor** zu beurteilen. Kennzahlen sind:

- Die **Investitionsquote**, die Aufschluss darüber geben soll, welche **Investitionsneigung** in einem Unternehmen besteht.

$$\text{Investitionsquote} = \frac{\text{Nettoinvestition bei Sachanlagen}}{\text{Anfangsbestand der Sachanlagen}} \cdot 100$$

Der Vergleich der Investitionsquote eines Unternehmens im Zeitablauf gibt Hinweise darauf, inwieweit sich seine Investitionstätigkeit verändert hat.

- Die **Investitionsdeckung**, mit der offen gelegt wird, inwieweit ein wirkliches Wachstum eines Unternehmens gegeben ist. Sie zeigt, ob und in welchem Umfang Anlagenzugänge aus Abschreibungen finanziert werden.

$$\text{Investitionsdeckung} = \frac{\text{Abschreibungen auf Sachanlagen}}{\text{Zugänge an Sachanlagen}} \cdot 100$$

Liegt die Investitionsdeckung über 100 %, wurden die Abschreibungen nicht voll reinvestiert. Bei einem Wert von unter 100 % liegt die Quote der Reinvestition über den Abschreibungen.

- Die **Abschreibungsquote**, die bei Betrachtung mehrerer aufeinander folgender Perioden transparent macht, ob – bei steigender Quote – stille Reserven zu Lasten des Gewinnes gebildet oder – bei sinkender Quote – zu Gunsten des Gewinnes aufgelöst werden.

$$\text{Abschreibungsquote} = \frac{\text{Abschreibung auf Sachanlagen}}{\text{Endbestand der Sachanlagen}} \cdot 100$$

## 2.3 UMSATZBEZOGENE INVESTITIONSANALYSE

Bei der umsatzbezogenen Investitionsanalyse wird untersucht, welche Beziehung zwischen den Vermögensteilen eines Unternehmens und den Umsatzerlösen besteht. Damit lassen sich Informationen über die geschäftliche Entwicklung gewinnen. Als Kennzahlen bieten sich an:

- Die **Anlagennutzung**, mit der offen gelegt werden soll, inwieweit eine Ausnutzung der Sachanlagen gegeben ist.

$$\text{Anlagennutzung} = \frac{\text{Umsatz}}{\text{Sachanlagen}} \cdot 100$$

  Ein Ansteigen der Kennzahl lässt den Schluss zu, dass die Sachanlagen eine verbesserte Ausnutzung erfahren, d. h. die Beschäftigung sich erhöhte.

- Die **Vorratshaltung**, die anzeigt, in welchem Verhältnis die Vorräte zum Umsatz eines Unternehmens stehen.

$$\text{Vorratshaltung} = \frac{\text{Vorräte}}{\text{Umsatz}} \cdot 100$$

  Ein Sinken der Vorratshaltung deutet auf wirtschaftliche Vorratshaltung hin. Sie wird erreicht, indem die Vorräte bei steigenden Umsätzen nicht (ebenso stark) erhöht werden, bei gleichbleibenden Umsätzen vermindert werden oder bei sinkenden Umsätzen stärker abnehmen als die Umsätze.

- Die **Umschlagshäufigkeit**, die angibt, wie oft ein Vermögensposten in einer Periode umgeschlagen wurde. Sie kann ermittelt werden als:

$$\begin{array}{l}\text{Umschlagshäufigkeit} \\ \text{des Anlagevermögens}\end{array} = \frac{\text{Abschreibungen des Anlagevermögens} + \text{Abgänge}}{\text{ø Bestand des Anlagevermögens}}$$

$$\begin{array}{l}\text{Umschlagshäufigkeit} \\ \text{des Umlaufvermögens}\end{array} = \frac{\text{Umsatz}}{\text{ø Bestand des Umlaufvermögens}}$$

$$\text{Umschlaghäufigkeit des Gesamtvermögens} = \frac{\text{Umsatz}}{\text{ø Bestand des Gesamtvermögens}}$$

Der durchschnittliche Bestand ergibt sich dabei aus:

$$\text{Durchschnittlicher Bestand} = \frac{\text{Anfangsbestand} + \text{Endbestand}}{\text{Umsatz}} \cdot 100$$

Die Umschlagshäufigkeit zeigt die Bindungsdauer des Vermögens bzw. von Vermögensteilen und gibt Hinweise auf die Höhe des Kapitalbedarfes. Sie ist umso positiver zu beurteilen, je höher sie ist.

- Die **Laufzeit der Forderungen**, mit der sich Rückschlüsse auf das Zahlungsverhalten der Kunden ziehen lassen. Es lässt sich feststellen, wie lange es dauert, bis die Umsatzerlöse liquiditätswirksam werden.

$$\text{Laufzeit der Forderungen} = \frac{\text{ø Bestand an Warenforderung}}{\text{Umsatz}} \cdot 360$$

Eine lange Laufzeit lässt meist auf schlechte Zahlungsmoral der Kunden schließen. Andererseits bedeutet dies, dass sich ein Unternehmen bei einem Liquiditätsengpass durch entsprechende Gestaltung der Zahlungsbedingungen finanzielle Mittel beschaffen kann.

## 3. Finanzierungsanalyse

Die Finanzierungsanalyse ist die **Analyse der Kapitalseite** mit dem Ziel, Informationen über die Quellen sowie die Zusammensetzung des Kapitals nach Art, Sicherheit und Fristigkeit zu gewinnen. Sie bezieht sich auf:

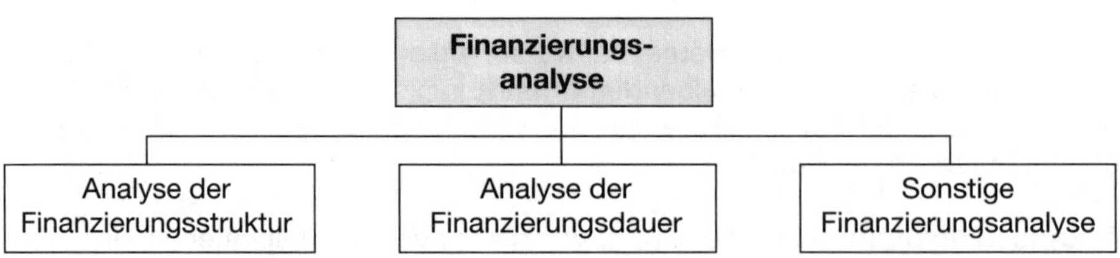


### 3.1 Analyse der Finanzierungsstruktur

Die Finanzierungsstruktur eines Unternehmens kann mithilfe der folgenden Kennzahlen analysiert werden:

- Dem **Eigenkapitalanteil**, der die Beziehung zwischen Eigenkapital und Gesamtkapital ausdrückt und auch **Eigenkapitalquote** genannt wird.

$$\text{Eigenkapitalanteil} = \frac{\text{Eigenkapital}}{\text{Gesamtkapital}} \cdot 100$$

Die Kennzahl kann nicht immer präzise Aussagen liefern, da das Eigenkapital sich z. B. aus dem gezeichneten Kapital und den Rücklagen sowie den stillen Reserven zusammensetzt. Schließlich ist ungewiss, inwieweit Bewertungsschwankungen auf der Vermögensseite die Größe des Eigenkapitals beeinflusst haben.

- Dem **Anpassungskoeffizienten**, der auch **Kapitalanspannung** genannt wird und den relativen Anteil des Fremdkapitals am gesamten Kapital angibt.

$$\text{Anspannungskoeffizient} = \frac{\text{Fremdkapital}}{\text{Gesamtkapital}} \cdot 100$$

Wie hoch der Anteil der Schulden am Gesamtkapital sein darf, ist nicht generell festlegbar, sondern von Branche, Unternehmen und Situation her unterschiedlich zu beurteilen.

- Dem **Verschuldungskoeffizienten**, der aus der Beziehung zwischen Fremdkapital und Eigenkapital ermittelt wird.

$$\text{Verschuldungskoeffizient} = \frac{\text{Fremdkapital}}{\text{Eigenkapital}} \cdot 100$$

Der Verschuldungskoeffizient ist eine besonders wichtige Kennzahl. Er gibt an, inwieweit das Unternehmen von außenstehenden Dritten finanziert wurde im Verhältnis zu dem Anteil der Unternehmenseigentümer. Wie hoch der Verschuldungskoeffizient sein darf, wird in vertikalen **Finanzierungsregeln** als »Qualitätsnormen« dargestellt:

| | | | Sie gelten bei Kreditinstituten als ... |
|---|---|---|---|
| **Vertikale Finanzierungsregeln** | 1 : 1-Regel | $\frac{\text{Fremdkapital}}{\text{Eigenkapital}} \leq 1$ | »erstrebenswert« |
| | 2 : 1-Regel | $\frac{\text{Fremdkapital}}{\text{Eigenkapital}} \leq 2$ | »gesund« |
| | 3 : 1-Regel | $\frac{\text{Fremdkapital}}{\text{Eigenkapital}} \leq 3$ | »noch zulässig« |

Sie sind sowohl finanz- als auch erfolgswirtschaftlich gesehen nicht geeignet, bei Einhaltung den Bestand des Unternehmens zu sichern. Dennoch können sie eine gewisse Bedeutung erlangen, wenn Fremdkapitalgeber das Unternehmen hinsichtlich seiner Kreditwürdigkeit anhand dieser Finanzierungsregeln beurteilen.

Ebenso kommt die **Cashflow-Ziffer** zur Bewertung der Verschuldung eines Unternehmens durch Kreditinstitute zur Anwendung:

$$\text{Cashflow-Ziffer} = \frac{\text{Fremdkapital}}{\text{Cashflow}}$$

Sie trifft als **dynamischer Verschuldungsgrad** eine Aussage, wie viele jährliche finanzwirtschaftliche Überschüsse notwendig sind, um das Fremdkapital zu tilgen. Zurzeit bewerten Kreditinstitute Unternehmen mit einer Cashflow-Ziffer von 3 bis 5 als noch im Rahmen liegend verschuldet.

Eine ausreichende Beurteilung des Verhältnisses der verschiedenen Kapitalarten zueinander ist erst gegeben, wenn bekannt ist, wie lange die fremden Mittel in dem Unternehmen verbleiben, ob sie kurz-, mittel- oder langfristig fällig sind, d. h. um die Aussagefähigkeit der Kapitalkennzahlen zu erhöhen, sind weitere Relationen zu bilden:

$$\frac{\text{Langfristiges Fremdkapital}}{\text{Gesamtkapital}}$$

$$\frac{\text{Mittel- und kurzfristiges Fremdkapital}}{\text{Gesamtkapital}}$$

Für die Gestaltung des Fremdkapital-Eigenkapital-Verhältnisses sind besonders die **Rentabilitätswirkungen** des Fremdkapitals von Bedeutung – siehe Seite 102 f.

## 3.2 Analyse der Finanzierungsdauer

Die Analyse der Laufzeit kurzfristiger Finanzierungsmittel, die von einem Unternehmen in Anspruch genommen wurden, ermöglicht es, Informationen über die Finanzlage dieses Unternehmens zu erlangen. Kennzahlen sind:

- Die **Lieferantenkreditdauer**, bei welcher der durchschnittliche Bestand an Kreditoren und der Wareneingang gegenübergestellt werden:

$$\text{Lieferantenkreditdauer} = \frac{\text{ø Kreditorenbestand}}{\text{Wareneingang}} \cdot 360$$

Eine hohe Lieferantenkreditdauer lässt vermuten, dass Skonti nicht ausgenutzt wurden, was sich rentabilitätsmindernd auswirkt. Ein Grund dafür könnten Liquiditätsengpässe beim betrachteten Unternehmen sein.

- Die **Wechselkreditdauer**, die ermittelt wird:

$$\text{Wechselkreditdauer} = \frac{\text{ø Schuldwechselbestand}}{\text{Wareneingang}} \cdot 360$$

Eine hohe Wechselkreditdauer kann auf kurzfristige Überbrückungen zwischen Beschaffung und Absatz hindeuten. Es ist aber auch möglich, dass die Wechselfinanzierung nur noch die einzige Finanzierungsmöglichkeit für das Unternehmen darstellt.

- Die **Bankkreditdauer**, die errechnet werden kann:

$$\text{Bankkreditdauer} = \frac{\text{ø Geschäftskontenbestand}}{\text{Wareneingang}} \cdot 360$$

Eine genaue Wertung einer bestimmten Bankkreditdauer ist nur dann möglich, wenn die Einflussgrößen auf die Kontenbestände im Einzelnen bekannt sind.

## 3.3 Sonstige Finanzierungsanalyse

Die Finanzierungsanalyse ist schließlich noch mithilfe von zwei aufschlussreichen Kennzahlen möglich:

- Dem **Bilanzkurs**, der die einer Aktie innewohnende Substanz aufzeigt – siehe Seite 214 f.:

$$\text{Bilanzkurs} = \frac{\text{Eigenkapital}}{\text{Gezeichnetes Kapital}} \cdot 100$$

Im Vergleich mit dem Börsenkurs der Aktie kann offen gelegt werden, inwieweit Faktoren den Wert eines Unternehmens verändern, die nicht aus der Bilanz ersichtlich sind, beispielsweise die stillen Reserven und der Goodwill.

- Der **Kreditanspannung**, mit deren Hilfe die Möglichkeiten der Finanzierung durch Lieferantenkredite angedeutet werden können:

$$\text{Kreditanspannung} = \frac{\text{Kurzfristige (Wechsel-)Verbindlichkeiten}}{\text{Warenschulden}} \cdot 100$$

Steigende Kreditanspannung lässt vermuten, dass Lieferantenkredite weitgehend ausgeschöpft sein könnten, was – bedingt durch die Nichtausnutzung von Skonti – zu einer Verminderung der Rentabilität führen würde.

# 4. Liquiditätsanalyse

Bei der Liquiditätsanalyse werden sowohl Positionen der **Vermögensseite** als auch der **Kapitalseite** der Bilanz untersucht. Zu unterscheiden sind:

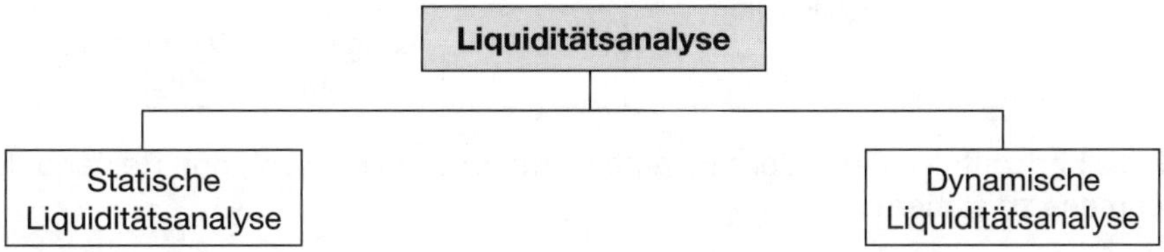

## 4.1 STATISCHE LIQUIDITÄTSANALYSE

Die statische Liquiditätsanalyse bezieht sich auf einen **bestimmten Zeitpunkt** im Unternehmensleben. Sie kann sein:

- Eine **langfristige Liquiditätsanalyse**, bei der unterschieden werden:

  - Der **Deckungsgrad A**, der besagt, in welchem Umfang die langfristig investierten Vermögensteile durch Eigenkapital gedeckt sind.

$$\text{Deckungsgrad A} = \frac{\text{Eigenkapital}}{\text{Anlagevermögen}} \cdot 100$$

  - Der **Deckungsgrad B**, der berücksichtigt, dass für langfristige Investitionen neben dem Eigenkapital auch langfristiges Fremdkapital Einsatz finden kann.

$$\text{Deckungsgrad B} = \frac{\text{Eigenkapital + langfristiges Fremdkapital}}{\text{Anlagevermögen}} \cdot 100$$

  - Der **Deckungsgrad C** berücksichtigt, dass mit Eigenkapital und langfristigem Fremdkapital nicht nur Anlagevermögen, sondern auch langfristig gebundenes Umlaufvermögen finanziert werden kann.

$$\text{Deckungsgrad C} = \frac{\text{Eigenkapital + langfristiges Fremdkapital}}{\text{Anlagevermögen + langfristiges gebundenes Umlaufvermögen}} \cdot 100$$

Wie bei der Finanzierungsanalyse gibt es auch bei den Deckungsgraden Überlegungen, welches Verhältnis zwischen den einzelnen Werten als günstig anzusehen wäre. Sie finden in den **horizontalen Finanzierungsregeln** als »Qualitätsnormen« ihren Niederschlag, die sein können:

| | | | |
|---|---|---|---|
| **Horizontale Finanzierungsregeln** | Goldene Bilanzregeln | im engeren Sinne | $\frac{\text{Anlagevermögen}}{\text{Eigenkapital}} \leq 1$ |
| | | im weiteren Sinne | $\frac{\text{Anlagevermögen}}{\text{Eigenkapital + langfristiges Fremdkapital}} \leq 1$ |
| | Goldene Finanzierungsregeln | $\frac{\text{Kurzfristiges Vermögen}}{\text{Kurzfristiges Kapital}} \geq 1$ <br> $\frac{\text{Langfristiges Vermögen}}{\text{Langfristiges Kapital}} \leq 1$ | |

Auch die horizontalen Finanzierungsregeln ermöglichen es nicht, den Bestand des Unternehmens zu sichern.

- Eine **kurzfristige Liquiditätsanalyse**, bei der zu unterscheiden sind:

| | |
|---|---|
| **Barliquidität** | Liquidität 1. Grades = $\frac{\text{Zahlungsmittel*}}{\text{Kurzfristige Verbindlichkeiten**}}$ |

| | |
|---|---|
| **Liquidität auf kurze Sicht** | Liquidität 2. Grades = $\frac{\text{Zahlungsmittel} + \text{kurzfristige Forderungen***}}{\text{Kurzfristige Verbindlichkeiten}}$ |

| | |
|---|---|
| **Liquidität auf mittlere Sicht** | Liquidität 3. Grades = $\frac{\text{Zahlungsmittel} + \text{kurzfristige Forderungen} + \text{Vorräte}}{\text{Kurzfristige Verbindlichkeiten}}$ |

Die genannten Liquiditätsgrade sind zu eng mit der Bilanz verknüpft. Ob ein Unternehmen liquide ist, wird aus einzelnen aktiven und passiven Bilanzpositionen nicht ohne Weiteres zu entnehmen sein – siehe Seite 49. Dennoch legen Kreditinstitute in der Praxis Prozentwerte fest. So sollte der zweite Grad um 100 Prozent liegen und der dritte Grad 100 Prozent übertreffen bzw. nach der »Bankers rule« 200 % erreichen.

Der dritte Grad wird auch Working Capital-Ratio genannt und kann auch als absolute Zahl in Form des **Working Capital** dargestellt werden:

| | |
|---|---|
| | Umlaufvermögen (kurzfristige, innerhalb eines Jahres liquidierbare Vermögensteile) |
| – | Kurzfristige Verbindlichkeiten |
| = | **Working Capital** |

Als Überschuss des kurzfristigen Umlaufvermögens über die kurzfristigen Verbindlichkeiten trifft es Aussagen in Bezug auf Liquiditätsveränderungen und künftige interne Finanzierungspotenziale. Es wird auch **Reinumlaufvermögen** genannt.

78 Seite 495

* **Zahlungsmittel** sind Kasse, Bundesbank, Bankguthaben, Guthaben bei Kreditinstituten, Wechsel, Schecks

** **Kurzfristige Verbindlichkeiten** sind Verbindlichkeiten aus Warenlieferungen und Leistungen, Schuldwechsel, Schulden bei Kreditinstituten, erhaltene Anzahlungen, Dividenden, wenn diese Positionen innerhalb von 3 Monaten fällig werden.

*** Sofern die Forderungen innerhalb von 3 Monaten fällig werden.

## 4.2 DYNAMISCHE LIQUIDITÄTSANALYSE

Die dynamische Liquiditätsanalyse ist zeitraumbezogen. Es lassen sich unterscheiden:

- Der **Cashflow im engeren Sinne**, der das Ausmaß der Unternehmensfinanzierung aus den Umsatzerlösen als »Kassenüberschuss« zeigt, der über die reine Aufwandsdeckung hinausreicht und dem Unternehmen zur Verfügung steht:

  - ▶ Zur (Innen-)Finanzierung von Investitionen
  - ▶ Zur Rückzahlung von Verbindlichkeiten
  - ▶ Zur Ausschüttung von Gewinn

  Neben der Ertragslage dokumentiert der Cashflow den **Selbstfinanzierungsspielraum** eines Unternehmens.

| | |
|---|---|
| | Nichtentnommener Gewinn |
| + | Neu gebildete Rücklagen |
| + | Abschreibungen |
| + | Pauschalwertberichtigungen |
| = | **Cashflow im engeren Sinne** |

- Der **Cashflow im weiteren Sinne**, der nicht nur die aus der Selbstfinanzierung stammenden Mittel erfasst, sondern auch fremdfinanzierte Mittel, die bis zum Zeitpunkt ihrer Inanspruchnahme im Unternehmen verbleiben. Leitgedanke ist, sämtliche Liquiditätszuflüsse einzubeziehen.

| | |
|---|---|
| | Jahresgewinn bzw. -verlust |
| – | Gewinnvortrag |
| + | Verlustvortrag |
| + | Erhöhung der Rücklagen zu Lasten des Ergebnisses |
| – | Auflösung der Rücklagen zu Gunsten des Ergebnisses |
| + | Erhöhung der langfristigen Rückstellungen |
| – | Auflösung langfristiger Rückstellungen zu Gunsten des Ergebnisses |
| + | Abschreibungen und Wertberichtigungen auf Sachanlagen und Beteiligungen |
| + | außerordentliche, betriebs- und periodenfremde Aufwendungen |
| – | außerordentliche, betriebs- und periodenfremde Erträge |
| = | **Cashflow im weiteren Sinne** |

Der Cashflow ist ein **Indikator für die Finanzkraft** des Unternehmens insofern, als der Spielraum zur Innenfinanzierung, Schuldentilgung und Dividendenzahlung zum Ausdruck gebracht wird. Aus ihm wird geschlossen, inwieweit das Unternehmen dauernd fähig ist, die erforderlichen Finanzmittel aus eigener Kraft für Ersatz- und Erweiterungsinvestitionen zur Verfügung zu stellen.

Zudem geben die im Cashflow enthaltenen Posten an, in welchem Maße das Unternehmen fähig ist, Schulden zu tilgen und Zinsverbindlichkeiten zu erfüllen, sodass im Rahmen der Analyse nicht nur die **Kreditfähigkeit** aus unternehmensinterner Sicht, sondern darüber hinaus auch die **Kreditwürdigkeit** extern beurteilt werden kann, z. B. anhand der bereits gezeigten Cashflow-Ziffer, siehe Seite 421 f.

- Die **Bewegungsbilanz**, in der Mittelverwendung und Mittelherkunft gegenübergestellt werden. Sie stellt im Gegensatz zur Beständebilanz keine Zeitpunktrechnung dar, sondern eine Zeitraumrechnung, in der die Veränderungen der Bilanzpositionen während einer Rechnungsperiode aufgezeigt werden.

  Die Bewegungsbilanz weist aus den Bestandsveränderungen der Aktiv-Seite und der Passiv-Seite die Mittelverwendung und die Mittelherkunft aus:

| Mittelverwendung | **Bewegungsbilanz** | Mittelherkunft |
|---|---|---|
| Aktivmehrungen<br>Passivminderung | | Aktivminderungen<br>Passivmehrung |

  Da die Bewegungsbilanz die Bestandsveränderungen erfasst, ist sie primär als Mittel zu sehen, finanzwirtschaftliche Vorgänge aufzuzeigen und zudem als Nebenprodukt den Erfolg der Unternehmenstätigkeit zu offenbaren.

- Die **Kapitalflussrechnung**, die dadurch ermöglicht wird, dass die Bilanzen und die GuV-Rechnungen zu Beginn und Ende einer Rechnungsperiode gegenübergestellt werden. Sie kann nach folgendem **Schema** erfolgen:

**Mittelherkunft**
Einstellung in die Rücklage
▶ gesetzliche Rücklage
▶ Rücklage für eigene Anteile
▶ satzungsmäßige Rücklagen
▶ andere Gewinnrücklagen
– Entnahmen aus der Rücklage
\+ Abschreibungen auf Sachanlagen (einschließlich Abgänge)
\+ Abschreibungen auf Beteiligungen
\+ Erhöhung des Grundkapitals
\+ Zunahme der langfristigen Verbindlichkeiten
\+ Zunahme der mittelfristigen Verbindlichkeiten
\+ Erhöhung der Rückstellungen
\+ Verringerte Vorratshaltung
= Gesamtbetrag der verfügbaren Mittel (1)

**Mittelverwendung**
Investitionen in
▶ Sachanlagen
▶ Beteiligungen
\+ Erhöhung der Vorräte
\+ Zunahme der Forderungen aus langfristigen Geschäften
\+ Zunahme der Forderungen aus mittelfristigen Geschäften
\+ Verminderung der kurzfristigen Verbindlichkeiten
= Gesamtbetrag der eingesetzten Mittel (2)

Die Differenz zwischen (1) und (2) ergibt die Zu- oder Abnahme der flüssigen Mittel.

Die Kapitalflussrechnung verdeutlicht die durch die Bilanz und die GuV-Rechnung nicht zum Ausdruck gebrachten Vorgänge im Bereich der Finanzierung und der Investition. Sie ist damit eine **ergänzende Informationsquelle** zum Jahresabschluss und enthält insbesondere Aussagen über:

- Die Höhe der Betriebseinnahmen aus Umsatzerlösen
- Die betrieblichen Ausgaben für Material, Personal, Fremdleistungen, Abgaben
- Den Überschuss der betrieblichen Einzahlungen über die betrieblichen Auszahlungen
- Die Auszahlungen für Investitionen, Entwicklung, Markterschließung
- Den Finanzbedarf, wenn die Ausgaben für Investitionen den Überschuss der Betriebseinnahmen über die Betriebsausgaben übersteigen
- Die Außenfinanzierung aus Eigen- und Fremdkapital
- Die Veränderung der liquiden Mittel

79 Seite 495

## 5. Ergebnisanalyse

Die Ergebnisanalyse kann durchgeführt werden, indem Relationen von Positionen der Aufwandseite und Ertragseite* gebildet werden. Sie beziehen sich dabei auf:

- Die **Struktur des Aufwandes**, bei der als Kennzahlen zu unterscheiden sind:

  - Die **Personalintensität**, die ein Maßstab für die Wirtschaftlichkeit der Arbeit ist.

$$\text{Personalintensität} = \frac{\text{Personalaufwand}}{\text{Gesamtaufwand}} \cdot 100$$

Der Personalaufwand umfasst die Löhne und Gehälter, die sozialen Abgaben und die Aufwendungen für Altersversorgung und Unterstützung.

Mithilfe der Personalintensität kann die Entwicklung der **Wirtschaftlichkeit des Personaleinsatzes** im Zeitablauf überprüft werden. Eine Verschlechterung muss nicht vom Management zu vertreten sein, sondern kann darauf beruhen, dass Lohn- und Gehaltserhöhungen stärker gestiegen sind als der Gesamtaufwand.

Im zwischenbetrieblichen Vergleich ist diese Kennzahl für die Beurteilung des Mechanisierungs- und Automationsniveaus der Unternehmen nützlich.

---

* Damit erfolgt eine **Strukturanalyse**. Die Ergebnisanalyse kann sich aber auch auf die **Analyse der Erfolgsquellen** beziehen – siehe ausführlich *Ditges/Arendt*.

- Die **Materialintensität**, die den Anteil des Materialaufwandes am Gesamtaufwand offen legt.

$$\text{Materialintensität} = \frac{\text{Materialaufwand}}{\text{Gesamtaufwand}} \cdot 100$$

  Als Materialaufwand dient der Aufwand für Roh-, Hilfs- und Betriebsstoffe sowie bezogene Waren.

  Grundsätzlich ist mit der Materialintensität die **Wirtschaftlichkeit des Materialeinsatzes** festzustellen. Auch hier ist aber zu beachten, dass Veränderungen in den Beschaffungspreisen diese Wirtschaftlichkeit ebenfalls beeinflussen.

- Die **Abschreibungsintensität**, die ein Maßstab für die Wirtschaftlichkeit des eingesetzten Sachanlagevermögens ist.

$$\text{Abschreibungsintensität} = \frac{\text{Abschreibungsaufwand}}{\text{Gesamtaufwand}} \cdot 100$$

  Diese Kennzahl ist insofern schwierig zu ermitteln, als der Abschreibungsaufwand durch bilanzpolitische Maßnahmen stark beeinflusst ist.

- Die **Struktur des Ertrages**, bei der als informative Kennzahl die Umsatzdominanz gilt.

$$\text{Umsatzdominanz} = \frac{\text{Umsatz}}{\text{Gesamtbetrag}} \cdot 100$$

  Sie zeigt den Anteil der Umsatzerlöse am Gesamtertrag.

# 6. Rentabilitätsanalyse

Die Rentabilitätsanalyse soll Aufschluss über den **Erfolg** eines Unternehmens geben. Ihre **Problematik** liegt in der richtigen Ermittlung des Gewinnes.

Die handelsrechtliche Erfolgsrechnung zeigt beispielsweise nur den verteilungsfähigen Reingewinn, also den Gewinn nach Abzug von Steuern, die aus dem Gewinn zu zahlen sind, und nach Abzug von Gewinnanteilen, die auf Rücklagen überführt worden sind.

Der ausgewiesene Gewinn kann außerdem durch Bildung stiller Reserven verfälscht sein. Er ist ferner nicht nur durch den Umsatzprozess der Betriebsleistungen, sondern auch durch außerordentliche Erträge entstanden.

Inzwischen werden bei der Berichterstattung und Analyse auch Unternehmenskennzahlen verwendet, die aus dem angelsächsischen Sprachraum stammen und oftmals wesentlich höhere Volumina als die bilanziellen Größen aufweisen. Damit wird ihre Aussagekraft deutlich geschmälert. Anzuführen sind:

| | |
|---|---|
| **EBIT** | Als »Earning before interest and tax« zeigt diese Kennzahl den »freien Erfolg« eines Unternehmens ohne Abschreibung und vor Steuern. |
| **EBDIT*** | Dies ist der Gewinn vor Abschreibungen, Zinsen und Steuern (Earning before depreciation, interest and tax). Als operative Größe – bereinigt von außerordentlichen Einflüssen – kann sie einem Brutto Cashflow nahekommen. |

Bei der Rentabilitätsanalyse lassen sich unterscheiden:

- **Gewinnorientierte Rentabilitätsanalyse**

  - Die **Eigenkapitalrentabilität** ergibt sich:

$$\text{Eigenkapitalrentabilität} = \frac{\text{Gewinn}}{\text{Eigenkapital}} \cdot 100$$

Als **Gewinn** wird hier der Jahresüberschuss der Handelsbilanz verstanden, der um die Steuern vom Einkommen, Ertrag und Vermögen vermindert wird. Das **Eigenkapital** besteht aus dem gezeichneten Kapital, den Rücklagen und dem nicht ausgeschütteten Teil des Jahresgewinnes. Allerdings kann die Aussagekraft durch den Leverage Effekt abgeschwächt und damit verzerrt werden.

Der Leverage Effekt lässt die Eigenkapitalrentabilität durch eine vermehrte Aufnahme von Fremdkapital steigen unter der Voraussetzung, dass der Fremdkapitalzins niedriger ist als die Verzinsung des gesamt eingesetzten Kapitals.

  - Die **Gesamtkapitalrentabilität** wird ermittelt:

$$\text{Gesamtkapitalrentabilität} = \frac{\text{Gewinn} + \text{Fremdkapitalzinsen}}{\text{Gesamtkapital}} \cdot 100$$

Die Gesamtkapitalrentabilität stellt die Verzinsung des in einem Unternehmen insgesamt eingesetzten Kapitals dar.

  - Die **Umsatzrentabilität** lässt sich errechnen:

$$\text{Umsatzrentabilität} = \frac{\text{Gewinn}}{\text{Umsatz}} \cdot 100$$

* Im amerikanischen Raum auch als EBITDA (Earning before interest, tax, depreciation and amortization) bekannt, da man hier die Abschreibung auf materielle Vermögensgegenstände (depreciation) und auf immaterielle Vermögensgegenstände (amortization) unterscheidet.

Zweckmäßigerweise kann anstelle des Gewinnes das ordentliche Betriebsergebnis verwendet werden, weil damit betriebsfremde oder außerordentliche Aktivitäten des Unternehmens unberücksichtigt bleiben.

$$\text{Umsatzrentabilität} = \frac{\text{Ordentliches Betriebsergebnis}}{\text{Umsatz}} \cdot 100$$

- **Cashflow-orientierte Rentabilitätsanalyse**

Sie hat den **Vorteil**, dass sie über den Gewinn hinaus auch andere Einflussgrößen berücksichtigt und somit ein umfassenderes Bild ermöglicht, insbesondere unter finanzwirtschaftlichen Aspekten.

- Die **Eigenkapitalrentabilität** ergibt sich:

$$\text{Eigenkapitalrentabilität} = \frac{\text{Cashflow}}{\text{Eigenkapital}} \cdot 100$$

Die so errechnete Eigenkapitalrentabilität gibt Auskunft darüber, wie viel Prozent des Eigenkapitals der Cash Flow ausmacht. Dadurch kann die Finanzierungs- und Ertragskraft eines Unternehmens fundierter analysiert werden als bei der gewinnorientierten Betrachtung.

- Die **Gesamtkapitalrentabilität** wird ermittelt:

$$\text{Gesamtkapitalrentabilität} = \frac{\text{Cashflow}}{\text{Gesamtkapital}} \cdot 100$$

- Die **Umsatzrentabilität** lässt sich errechnen:

$$\text{Umsatzrentabilität} = \frac{\text{Cashflow}}{\text{Umsatz}} \cdot 100$$

- **Return on Investment**

Beim RoI handelt es sich um eine erweiterte Form der Gesamtkapitalrentabilität. Durch Einbeziehung der Umschlagshäufigkeit des investierten Kapitals werden die Beziehungen zwischen Gewinn, Umsatz und eingesetztem Kapital dargestellt. Die Umsatzrendite wird somit nicht isoliert, sondern im Zusammenhang mit dem investierten Kapital gesehen.

Die Kennziffer ist auch unter dem Namen **»DuPont-Formel«** bekannt.

Die ursprüngliche Kennziffer des RoI knüpft an die **Gesamtkapitalrentabilität** an:

$$\text{RoI} = \frac{\text{Gewinn}}{\text{Investiertes Kapital}} \cdot 100$$

Sie wird durch die **Einbeziehung des Umsatzes** erweitert:

$$RoI = \frac{\text{Gewinn} \cdot \text{Umsatz}}{\text{Investiertes Kapital} \cdot \text{Umsatz}} \cdot 100$$

Anschließend erfolgt eine **Zerlegung der Formel** in die Teile:

- Umsatzrentabilität
- Kapitalumschlag

$$RoI = \text{Umsatzrentabilität} \cdot \text{Umschlagshäufigkeit des investierten Kapitals}$$

Die Kennziffer kann daher auch definiert werden:

$$RoI = \frac{\text{Gewinn}}{\text{Umsatz}} \cdot 100 \cdot \frac{\text{Umsatz}}{\text{Investiertes Kapitals}}$$

Der RoI erteilt Auskunft darüber, ob eine Veränderung der Gesamtkapitalrentabilität auf einer Veränderung der Umsatzrentabilität oder des Kapitalumschlags beruht. Er kann beeinflusst werden durch:

- Umsatzsteigerungen
  (Preiserhöhung)

- Verringerung des betriebsnotwendigen Kapitals
  (Erhöhung der Umschlagsgeschwindigkeit)

- Kostensenkungen.

80 Seite 496

| | KONTROLLFRAGEN | bearbeitet | Lösungshinweise | Lösung + | Lösung - |
|---|---|---|---|---|---|
| 01 | Welche Aufgabe hat die finanzwirtschaftliche Analyse? | | 407 | | |
| 02 | Welche Möglichkeiten der Information hat ein externer Analytiker? | | 407 | | |
| 03 | Was versteht man unter einem Objekt- und Zeitvergleich? | | 407 | | |
| 04 | Welche Ziele können mit der finanzwirtschaftlichen Analyse verfolgt werden? | | 407 f. | | |
| 05 | Womit wird eine Informationsverdichtung erreicht? | | 407 | | |
| 06 | Erläutern Sie, worauf sich die Urteilsbildung bezieht! | | 407 | | |
| 07 | Was sind die Subjekte bzw. Objekte der Entscheidungsfindung? | | 407 | | |
| 08 | Welche Arten von finanzwirtschaftlichen Analysen lassen sich unterscheiden? | | 408 f. | | |
| 09 | Wozu dienen Substanzanalysen? | | 408 | | |
| 10 | Was sind Kennzahlen? | | 409 | | |
| 11 | Welche Arten von Kennzahlen können unterschieden werden? | | 409 | | |
| 12 | Geben Sie Beispiele für relative Kennzahlen! | | 409 f. | | |
| 13 | Zeigen Sie, welche Relationen bei der Bilanz und GuV-Rechnung grundsätzlich gebildet werden können! | | 410 | | |
| 14 | Wie können Kennzahlen systematisiert werden? | | 410 | | |
| 15 | Inwieweit ist der handelsrechtliche Jahresabschluss zur Kennzahlenanalyse geeignet? | | 412 f. | | |
| 16 | Was geschieht bei der Bereinigung der Bilanz? | | 412 f. | | |
| 17 | Wie wird die Bilanz aufbereitet? | | 413 f. | | |
| 18 | Was versteht man unter einer „Balanced Scorecard"? | | 416 | | |
| 19 | Auf welche Fragestellungen bezieht sich die Investitionsanalyse? | | 417 | | |
| 20 | Wozu dienen die Kennzahlen zur Investitionsstruktur? | | 417 f. | | |
| 21 | Erläutern Sie die Kennzahlen zur Investitionsstruktur! | | 417 f. | | |
| 22 | Beschreiben Sie die Kennzahlen, welche die Investitionspolitik beurteilen sollen! | | 418 f. | | |
| 23 | Welche umsatzbezogenen Kennzahlen lassen sich unterscheiden? | | 419 f. | | |
| 24 | Worauf bezieht sich die Finanzierungsanalyse? | | 420 | | |
| 25 | Welche Kennzahlen dienen der Analyse der Finanzierungsstruktur? | | 420 f. | | |
| 26 | Was sind vertikale Finanzierungsregeln? | | 421 | | |
| 27 | Wie ist ihre Eignung zu beurteilen? | | 421 | | |
| 28 | Was ist ein dynamischer Verschuldungsgrad? | | 421 f. | | |
| 29 | Erläutern Sie die Kennzahlen zur Finanzierungsdauer! | | 422 | | |
| 30 | Wie ermittelt man den Bilanzkurs? | | 423 | | |
| 31 | Was sagt die Kreditanspannung aus? | | 423 | | |

| | KONTROLLFRAGEN | bearbeitet | Lösungshinweise | Lösung + | Lösung - |
|---|---|---|---|---|---|
| 32 | Wie kann die Liquiditätsanalyse durchgeführt werden? | | 423 f. | | |
| 33 | Welcher Kennzahlen bedient man sich bei der langfristigen statischen Liquiditätsanalyse? | | 424 | | |
| 34 | Beschreiben Sie die horizontalen Finanzierungsregeln! | | 424 | | |
| 35 | Inwieweit können horizontale Finanzierungsregeln helfen, den Bestand eines Unternehmens zu sichern? | | 424 | | |
| 36 | Nennen Sie die kurzfristigen statischen Liquiditätskennzahlen! | | 425 | | |
| 37 | Wie sind sie zu beurteilen? | | 425 | | |
| 38 | Welche Möglichkeiten der dynamischen Liquiditätsanalyse lassen sich unterscheiden? | | 426 | | |
| 39 | Was ist der Cashflow im engeren Sinne? | | 426 | | |
| 40 | Welche Arten des Cashflow gibt es? | | 426 | | |
| 41 | Beschreiben Sie den Cashflow im weiteren Sinne! | | 426 | | |
| 42 | Was versteht man unter einer Bewegungsbilanz? | | 427 | | |
| 43 | Was ist eine Kapitalflussrechnung? | | 427 | | |
| 44 | Wie kann eine Kapitalflussrechnung aussehen? | | 427 f. | | |
| 45 | Welchen Aussagen enthält die Kapitalflussrechnung? | | 428 | | |
| 46 | Wozu dient die Ergebnisanalyse? | | 428 | | |
| 47 | Mithilfe welcher Kennzahlen kann die Aufwandsstruktur analysiert werden? | | 428 f. | | |
| 48 | Welche Kennzahl gibt über die Ertragstruktur Auskunft? | | 429 | | |
| 49 | Welchen Zweck verfolgt die Rentabilitätsanalyse? | | 429 f. | | |
| 50 | Worin liegt die Problematik bei der Rentabilitätsanalyse? | | 429 | | |
| 51 | Welche Kennzahlen dienen der Gewinn- und Cashflow-orientierten Rentabilitätsanalyse? | | 431 | | |
| 52 | Was ist der Return on Investment, welche Aussagen sind mit seiner Hilfe möglich? | | 431 f. | | |

# Anhang

## Finanzmathematische Faktoren

## Finanzmathematische Tabellen

## Gliederung der Bilanz (§ 266 HGB)

## Gliederung der Gewinn- und Verlustrechnung (§ 275 HGB)

| | | |
|---|---|---|
| $q^n$ | $(1+i)^n$ | Aufzinsungsfaktor |
| $\frac{1}{q^n}$ | $\frac{1}{(1+i)^n}$ | Abzinsungsfaktor |
| $\frac{q-1}{q^n-1}$ | $\frac{i}{(1+i)^n-1}$ | Restwert-verteilungsfaktor |
| $\frac{q^n(q-1)}{q^n-1}$ | $\frac{i(1+i)^n}{(1+i)^n-1}$ | Kapitalwieder-gewinnungsfaktor |
| $\frac{q^n-1}{q-1}$ | $\frac{(1+i)^n-1}{i}$ | Endwertfaktor |
| $\frac{q^n-1}{q^n(q-1)}$ | $\frac{(1+i)^n-1}{i(1+i)^n}$ | Barwertfaktor |

Eine ausführliche Darstellung finanzmathematischer Tabellen findet sich bei *Däumler*, Finanzmathematisches Tabellenwerk.

| 5,0 % n | $q^n$ | $\frac{1}{q^n}$ | $\frac{q-1}{q^n-1}$ | $\frac{q^n(q-1)}{q^n-1}$ | $\frac{q^n-1}{q-1}$ | $\frac{q^n-1}{q^n(q-1)}$ |
|---|---|---|---|---|---|---|
| 1 | 1,050000 | 0,952381 | 1,000000 | 1,050000 | 1,000000 | 0,952381 |
| 2 | 1,102500 | 0,907029 | 0,487805 | 0,537805 | 2,050000 | 1,859410 |
| 3 | 1,157625 | 0,863838 | 0,317209 | 0,367209 | 3,152500 | 2,723248 |
| 4 | 1,215506 | 0,822702 | 0,232012 | 0,282012 | 4,310125 | 3,545951 |
| 5 | 1,276282 | 0,783526 | 0,180975 | 0,230975 | 5,525631 | 4,329477 |
| 6 | 1,340096 | 0,746215 | 0,147018 | 0,197017 | 6,801913 | 5,075692 |
| 7 | 1,407100 | 0,710681 | 0,122820 | 0,172820 | 8,142008 | 5,786373 |
| 8 | 1,477455 | 0,676839 | 0,104722 | 0,154722 | 9,549109 | 6,463213 |
| 9 | 1,551328 | 0,644609 | 0,090690 | 0,140690 | 11,026564 | 7,107822 |
| 10 | 1,628895 | 0,613913 | 0,079505 | 0,129505 | 12,577893 | 7,721735 |
| 11 | 1,710339 | 0,584679 | 0,070389 | 0,120389 | 14,206787 | 8,306414 |
| 12 | 1,795856 | 0,556837 | 0,062825 | 0,112825 | 15,917127 | 8,863252 |
| 13 | 1,885649 | 0,530321 | 0,056456 | 0,106456 | 17,712983 | 9,393573 |
| 14 | 1,979932 | 0,505068 | 0,051024 | 0,101024 | 19,598632 | 9,898641 |
| 15 | 2,078928 | 0,481017 | 0,046342 | 0,096342 | 21,578564 | 10,379658 |
| 16 | 2,182875 | 0,458112 | 0,042270 | 0,092270 | 23,657492 | 10,837770 |
| 17 | 2,292018 | 0,436297 | 0,038699 | 0,088699 | 25,840366 | 11,274066 |
| 18 | 2,406619 | 0,415521 | 0,035546 | 0,085546 | 28,132385 | 11,689587 |
| 19 | 2,526950 | 0,395734 | 0,032745 | 0,082745 | 30,539004 | 12,085321 |
| 20 | 2,653298 | 0,376889 | 0,030243 | 0,080243 | 33,065954 | 12,462210 |

| 6,0 % n | $q^n$ | $\frac{1}{q^n}$ | $\frac{q-1}{q^n-1}$ | $\frac{q^n(q-1)}{q^n-1}$ | $\frac{q^n-1}{q-1}$ | $\frac{q^n-1}{q^n(q-1)}$ |
|---|---|---|---|---|---|---|
| 1 | 1,060000 | 0,943396 | 1,000000 | 1,060000 | 1,000000 | 0,943396 |
| 2 | 1,123600 | 0,889996 | 0,485437 | 0,545437 | 2,060000 | 1,833393 |
| 3 | 1,191016 | 0,839619 | 0,314110 | 0,374110 | 3,183600 | 2,673012 |
| 4 | 1,262477 | 0,792094 | 0,228592 | 0,288591 | 4,374616 | 3,465106 |
| 5 | 1,338226 | 0,747258 | 0,177396 | 0,237396 | 5,637093 | 4,212364 |
| 6 | 1,418519 | 0,704961 | 0,143363 | 0,203363 | 6,975319 | 4,917324 |
| 7 | 1,503630 | 0,665057 | 0,119135 | 0,179135 | 8,393838 | 5,582381 |
| 8 | 1,593848 | 0,627412 | 0,101036 | 0,161036 | 9,897468 | 6,209794 |
| 9 | 1,689479 | 0,591898 | 0,087022 | 0,147022 | 11,491316 | 6,801692 |
| 10 | 1,790848 | 0,558395 | 0,075868 | 0,135868 | 13,180795 | 7,360087 |
| 11 | 1,898299 | 0,526788 | 0,066793 | 0,126793 | 14,971643 | 7,886875 |
| 12 | 2,012196 | 0,496969 | 0,059277 | 0,119277 | 16,869941 | 8,383844 |
| 13 | 2,132928 | 0,468839 | 0,052960 | 0,112960 | 18,882138 | 8,852683 |
| 14 | 2,260904 | 0,442301 | 0,047585 | 0,107585 | 21,015666 | 9,294984 |
| 15 | 2,396558 | 0,417265 | 0,042963 | 0,102963 | 23,275970 | 9,712249 |
| 16 | 2,540352 | 0,393646 | 0,038952 | 0,098952 | 25,672528 | 10,105895 |
| 17 | 2,692773 | 0,371364 | 0,035445 | 0,095445 | 28,212880 | 10,477260 |
| 18 | 2,854339 | 0,350344 | 0,032357 | 0,092357 | 30,905653 | 10,827603 |
| 19 | 3,025600 | 0,330513 | 0,029621 | 0,089621 | 33,759992 | 11,158116 |
| 20 | 3,207135 | 0,311805 | 0,027185 | 0,087185 | 36,785591 | 11,469921 |

| 7,0 % n | $q^n$ | $\frac{1}{q^n}$ | $\frac{q-1}{q^n-1}$ | $\frac{q^n(q-1)}{q^n-1}$ | $\frac{q^n-1}{q-1}$ | $\frac{q^n-1}{q^n(q-1)}$ |
|---|---|---|---|---|---|---|
| 1 | 1,070000 | 0,934579 | 1,000000 | 1,070000 | 1,000000 | 0,934579 |
| 2 | 1,144900 | 0,873439 | 0,483092 | 0,553092 | 2,070000 | 1,808018 |
| 3 | 1,225043 | 0,816298 | 0,311052 | 0,381052 | 3,214900 | 2,624316 |
| 4 | 1,310796 | 0,762895 | 0,225228 | 0,295228 | 4,439943 | 3,387211 |
| 5 | 1,402552 | 0,712986 | 0,173891 | 0,243891 | 5,750739 | 4,100197 |
| 6 | 1,500730 | 0,666342 | 0,139796 | 0,209796 | 7,153291 | 4,766540 |
| 7 | 1,605781 | 0,622750 | 0,115553 | 0,185553 | 8,654021 | 5,389289 |
| 8 | 1,718186 | 0,582009 | 0,097468 | 0,167468 | 10,259803 | 5,971299 |
| 9 | 1,838459 | 0,543934 | 0,083487 | 0,153486 | 11,977989 | 6,515232 |
| 10 | 1,967151 | 0,508349 | 0,072378 | 0,142378 | 13,816448 | 7,023582 |
| 11 | 2,104852 | 0,475093 | 0,063357 | 0,133357 | 15,783599 | 7,498674 |
| 12 | 2,252192 | 0,444012 | 0,055902 | 0,125902 | 17,888451 | 7,942686 |
| 13 | 2,409845 | 0,414964 | 0,049651 | 0,119651 | 20,140643 | 8,357651 |
| 14 | 2,578534 | 0,387817 | 0,044345 | 0,114345 | 22,550488 | 8,745468 |
| 15 | 2,759032 | 0,362446 | 0,039795 | 0,109795 | 25,129022 | 9,107914 |
| 16 | 2,952164 | 0,338735 | 0,035858 | 0,105858 | 27,888054 | 9,446649 |
| 17 | 3,158815 | 0,316574 | 0,032425 | 0,102425 | 30,840217 | 9,763223 |
| 18 | 3,379932 | 0,295864 | 0,029413 | 0,099413 | 33,999033 | 10,059087 |
| 19 | 3,616528 | 0,276508 | 0,026753 | 0,096753 | 37,378965 | 10,335595 |
| 20 | 3,869684 | 0,258419 | 0,024393 | 0,094393 | 40,995492 | 10,594014 |

| 8,0 % n | $q^n$ | $\frac{1}{q^n}$ | $\frac{q-1}{q^n-1}$ | $\frac{q^n(q-1)}{q^n-1}$ | $\frac{q^n-1}{q-1}$ | $\frac{q^n-1}{q^n(q-1)}$ |
|---|---|---|---|---|---|---|
| 1 | 1,080000 | 0,925926 | 1,000000 | 1,080000 | 1,000000 | 0,925926 |
| 2 | 1,166400 | 0,857339 | 0,480769 | 0,560769 | 2,080000 | 1,783265 |
| 3 | 1,259712 | 0,793832 | 0,308034 | 0,388034 | 3,246400 | 2,577097 |
| 4 | 1,360489 | 0,735030 | 0,221921 | 0,301921 | 4,506112 | 3,312127 |
| 5 | 1,469328 | 0,680583 | 0,170457 | 0,250456 | 5,866601 | 3,992710 |
| 6 | 1,586874 | 0,630170 | 0,136315 | 0,216315 | 7,335929 | 4,622880 |
| 7 | 1,713824 | 0,583490 | 0,112072 | 0,192072 | 8,922803 | 5,206370 |
| 8 | 1,850930 | 0,540269 | 0,094015 | 0,174015 | 10,636628 | 5,746639 |
| 9 | 1,999005 | 0,500249 | 0,080080 | 0,160080 | 12,487558 | 6,246888 |
| 10 | 2,158925 | 0,463193 | 0,069030 | 0,149029 | 14,486562 | 6,710081 |
| 11 | 2,331639 | 0,428883 | 0,060076 | 0,140076 | 16,645487 | 7,138964 |
| 12 | 2,518170 | 0,397114 | 0,052695 | 0,132695 | 18,977126 | 7,536078 |
| 13 | 2,719624 | 0,367698 | 0,046522 | 0,126522 | 21,495297 | 7,903776 |
| 14 | 2,937194 | 0,340461 | 0,041297 | 0,121297 | 24,214920 | 8,244237 |
| 15 | 3,172169 | 0,315242 | 0,036830 | 0,116830 | 27,152114 | 8,559479 |
| 16 | 3,425943 | 0,291890 | 0,032977 | 0,112977 | 30,324283 | 8,851369 |
| 17 | 3,700018 | 0,270269 | 0,029629 | 0,109629 | 33,750226 | 9,121638 |
| 18 | 3,996019 | 0,250249 | 0,026702 | 0,106702 | 37,450244 | 9,371887 |
| 19 | 4,315701 | 0,231712 | 0,024128 | 0,104128 | 41,446263 | 9,603599 |
| 20 | 4,660957 | 0,214548 | 0,021852 | 0,101852 | 45,761964 | 9,818147 |

| 9,0 % n | $q^n$ | $\frac{1}{q^n}$ | $\frac{q-1}{q^n-1}$ | $\frac{q^n(q-1)}{q^n-1}$ | $\frac{q^n-1}{q-1}$ | $\frac{q^n-1}{q^n(q-1)}$ |
|---|---|---|---|---|---|---|
| 1 | 1,090000 | 0,917431 | 1,000000 | 1,090000 | 1,000000 | 0,917431 |
| 2 | 1,188100 | 0,841680 | 0,478469 | 0,568469 | 2,090000 | 1,759111 |
| 3 | 1,295029 | 0,772183 | 0,305055 | 0,395055 | 3,278100 | 2,531295 |
| 4 | 1,411582 | 0,708425 | 0,218669 | 0,308669 | 4,573129 | 3,239720 |
| 5 | 1,538624 | 0,649931 | 0,167093 | 0,257092 | 5,984711 | 3,889651 |
| 6 | 1,677100 | 0,596267 | 0,132920 | 0,222920 | 7,523335 | 4,485919 |
| 7 | 1,828039 | 0,547034 | 0,108691 | 0,198691 | 9,200435 | 5,032953 |
| 8 | 1,992563 | 0,501866 | 0,090674 | 0,180674 | 11,028474 | 5,534819 |
| 9 | 2,171893 | 0,460428 | 0,076799 | 0,166799 | 13,021036 | 5,995247 |
| 10 | 2,367364 | 0,422411 | 0,065820 | 0,155820 | 15,192930 | 6,417658 |
| 11 | 2,580426 | 0,387533 | 0,056947 | 0,146947 | 17,560293 | 6,805191 |
| 12 | 2,812665 | 0,355535 | 0,049651 | 0,139651 | 20,140720 | 7,160725 |
| 13 | 3,065805 | 0,326179 | 0,043567 | 0,133567 | 22,953385 | 7,486904 |
| 14 | 3,341727 | 0,299246 | 0,038433 | 0,128433 | 26,019189 | 7,786150 |
| 15 | 3,642482 | 0,274538 | 0,034059 | 0,124059 | 29,360916 | 8,060688 |
| 16 | 3,970306 | 0,251870 | 0,030300 | 0,120300 | 33,003399 | 8,312558 |
| 17 | 4,327633 | 0,231073 | 0,027046 | 0,117046 | 36,973705 | 8,543631 |
| 18 | 4,717120 | 0,211994 | 0,024212 | 0,114212 | 41,301338 | 8,755625 |
| 19 | 5,141661 | 0,194490 | 0,021730 | 0,111730 | 46,018458 | 8,950115 |
| 20 | 5,604411 | 0,178431 | 0,019546 | 0,109546 | 51,160120 | 9,128546 |

| 10,0 % n | $q^n$ | $\frac{1}{q^n}$ | $\frac{q-1}{q^n-1}$ | $\frac{q^n(q-1)}{q^n-1}$ | $\frac{q^n-1}{q-1}$ | $\frac{q^n-1}{q^n(q-1)}$ |
|---|---|---|---|---|---|---|
| 1 | 1,100000 | 0,909091 | 1,000000 | 1,100000 | 1,000000 | 0,909091 |
| 2 | 1,210000 | 0,826446 | 0,476191 | 0,576190 | 2,100000 | 1,735537 |
| 3 | 1,331000 | 0,751315 | 0,302115 | 0,402115 | 3,310000 | 2,486852 |
| 4 | 1,464100 | 0,683013 | 0,215471 | 0,315471 | 4,641000 | 3,169865 |
| 5 | 1,610510 | 0,620921 | 0,163798 | 0,263797 | 6,105100 | 3,790787 |
| 6 | 1,771561 | 0,564474 | 0,129607 | 0,229607 | 7,715610 | 4,355261 |
| 7 | 1,948717 | 0,513158 | 0,105406 | 0,205405 | 9,487171 | 4,868419 |
| 8 | 2,143589 | 0,466507 | 0,087444 | 0,187444 | 11,435888 | 5,334926 |
| 9 | 2,357948 | 0,424098 | 0,073641 | 0,173641 | 13,579477 | 5,759024 |
| 10 | 2,593742 | 0,385543 | 0,062745 | 0,162745 | 15,937425 | 6,144567 |
| 11 | 2,853117 | 0,350494 | 0,053963 | 0,153963 | 18,531167 | 6,495061 |
| 12 | 3,138428 | 0,318631 | 0,046763 | 0,146763 | 21,384284 | 6,813692 |
| 13 | 3,452271 | 0,289664 | 0,040779 | 0,140779 | 24,522712 | 7,103356 |
| 14 | 3,797498 | 0,263331 | 0,035746 | 0,135746 | 27,974983 | 7,366687 |
| 15 | 4,177248 | 0,239392 | 0,031474 | 0,131474 | 31,772482 | 7,606080 |
| 16 | 4,594973 | 0,217629 | 0,027817 | 0,127817 | 35,949730 | 7,823709 |
| 17 | 5,054470 | 0,197845 | 0,024664 | 0,124664 | 40,544703 | 8,021553 |
| 18 | 5,559917 | 0,179859 | 0,021930 | 0,121930 | 45,599173 | 8,201412 |
| 19 | 6,115909 | 0,163508 | 0,019547 | 0,119547 | 51,159090 | 8,364920 |
| 20 | 6,727500 | 0,148644 | 0,017460 | 0,117460 | 57,274999 | 8,513564 |

| 11,0 % n | $q^n$ | $\frac{1}{q^n}$ | $\frac{q-1}{q^n-1}$ | $\frac{q^n(q-1)}{q^n-1}$ | $\frac{q^n-1}{q-1}$ | $\frac{q^n-1}{q^n(q-1)}$ |
|---|---|---|---|---|---|---|
| 1 | 1,110000 | 0,900901 | 1,000000 | 1,110000 | 1,000000 | 0,900901 |
| 2 | 1,232100 | 0,811622 | 0,473934 | 0,583934 | 2,110000 | 1,712523 |
| 3 | 1,367631 | 0,731191 | 0,299213 | 0,409213 | 3,342100 | 2,443715 |
| 4 | 1,518070 | 0,658731 | 0,212326 | 0,322326 | 4,709731 | 3,102446 |
| 5 | 1,685058 | 0,593451 | 0,160570 | 0,270570 | 6,227801 | 3,695897 |
| 6 | 1,870415 | 0,534641 | 0,126377 | 0,236377 | 7,912860 | 4,230538 |
| 7 | 2,076160 | 0,481658 | 0,102215 | 0,212215 | 9,783274 | 4,712196 |
| 8 | 2,304538 | 0,433926 | 0,084321 | 0,194321 | 11,859434 | 5,146123 |
| 9 | 2,558037 | 0,390925 | 0,070602 | 0,180602 | 14,163972 | 5,537048 |
| 10 | 2,839421 | 0,352184 | 0,059801 | 0,169801 | 16,722009 | 5,889232 |
| 11 | 3,151757 | 0,317283 | 0,051121 | 0,161121 | 19,561430 | 6,206515 |
| 12 | 3,498451 | 0,285841 | 0,044027 | 0,154027 | 22,713187 | 6,492356 |
| 13 | 3,883280 | 0,257514 | 0,038151 | 0,148151 | 26,211638 | 6,749870 |
| 14 | 4,310441 | 0,231995 | 0,033228 | 0,143228 | 30,094918 | 6,981865 |
| 15 | 4,784589 | 0,209004 | 0,029065 | 0,139065 | 34,405359 | 7,190870 |
| 16 | 5,310894 | 0,188292 | 0,025517 | 0,135517 | 39,189948 | 7,379162 |
| 17 | 5,895093 | 0,169633 | 0,022471 | 0,132471 | 44,500843 | 7,548794 |
| 18 | 6,543553 | 0,152822 | 0,019843 | 0,129843 | 50,395936 | 7,701617 |
| 19 | 7,263344 | 0,137678 | 0,017563 | 0,127563 | 56,939488 | 7,839294 |
| 20 | 8,062312 | 0,124034 | 0,015576 | 0,125576 | 64,202832 | 7,963328 |

| 12,0 % n | $q^n$ | $\frac{1}{q^n}$ | $\frac{q-1}{q^n-1}$ | $\frac{q^n(q-1)}{q^n-1}$ | $\frac{q^n-1}{q-1}$ | $\frac{q^n-1}{q^n(q-1)}$ |
|---|---|---|---|---|---|---|
| 1 | 1,120000 | 0,892857 | 1,000000 | 1,120000 | 1,000000 | 0,892857 |
| 2 | 1,254400 | 0,797194 | 0,471698 | 0,591698 | 2,120000 | 1,690051 |
| 3 | 1,404928 | 0,711780 | 0,296349 | 0,416349 | 3,374400 | 2,401831 |
| 4 | 1,573519 | 0,635518 | 0,209234 | 0,329234 | 4,779328 | 3,037349 |
| 5 | 1,762342 | 0,567427 | 0,157410 | 0,277410 | 6,352847 | 3,604776 |
| 6 | 1,973823 | 0,506631 | 0,123226 | 0,243226 | 8,115189 | 4,111407 |
| 7 | 2,210681 | 0,452349 | 0,099118 | 0,219118 | 10,089012 | 4,563757 |
| 8 | 2,475963 | 0,403883 | 0,081303 | 0,201303 | 12,299693 | 4,967640 |
| 9 | 2,773079 | 0,360610 | 0,067679 | 0,187679 | 14,775656 | 5,328250 |
| 10 | 3,105848 | 0,321973 | 0,056984 | 0,176984 | 17,548735 | 5,650223 |
| 11 | 3,478550 | 0,287476 | 0,048415 | 0,168415 | 20,654583 | 5,937699 |
| 12 | 3,895976 | 0,256655 | 0,041437 | 0,161437 | 24,133133 | 6,194374 |
| 13 | 4,363493 | 0,229144 | 0,035677 | 0,155677 | 28,029109 | 6,423548 |
| 14 | 4,887112 | 0,204620 | 0,030871 | 0,150871 | 32,392602 | 6,628168 |
| 15 | 5,473566 | 0,182696 | 0,026824 | 0,146824 | 37,279715 | 6,810864 |
| 16 | 6,130394 | 0,163122 | 0,023390 | 0,143390 | 42,753280 | 6,973986 |
| 17 | 6,866041 | 0,145644 | 0,020457 | 0,140457 | 48,883674 | 7,119630 |
| 18 | 7,689966 | 0,130040 | 0,017937 | 0,137937 | 55,749715 | 7,249670 |
| 19 | 8,612762 | 0,116107 | 0,015763 | 0,135763 | 63,439681 | 7,365777 |
| 20 | 9,646293 | 0,103667 | 0,013879 | 0,133879 | 72,052442 | 7,469444 |

| 13,0 % n | $q^n$ | $\frac{1}{q^n}$ | $\frac{q-1}{q^n-1}$ | $\frac{q^n(q-1)}{q^n-1}$ | $\frac{q^n-1}{q-1}$ | $\frac{q^n-1}{q^n(q-1)}$ |
|---|---|---|---|---|---|---|
| 1 | 1,130000 | 0,884956 | 1,000000 | 1,130000 | 1,000000 | 0,884956 |
| 2 | 1,276900 | 0,783147 | 0,469484 | 0,599484 | 2,130000 | 1,668102 |
| 3 | 1,442897 | 0,693050 | 0,293522 | 0,423522 | 3,406900 | 2,361153 |
| 4 | 1,630474 | 0,613319 | 0,206194 | 0,336194 | 4,849797 | 2,974471 |
| 5 | 1,842435 | 0,542760 | 0,154315 | 0,284315 | 6,480271 | 3,517231 |
| 6 | 2,081952 | 0,480319 | 0,120153 | 0,250153 | 8,322706 | 3,997550 |
| 7 | 2,352605 | 0,425061 | 0,096111 | 0,226111 | 10,404658 | 4,422610 |
| 8 | 2,658444 | 0,376160 | 0,078387 | 0,208387 | 12,757263 | 4,798770 |
| 9 | 3,004042 | 0,332885 | 0,064869 | 0,194869 | 15,415707 | 5,131655 |
| 10 | 3,394567 | 0,294588 | 0,054290 | 0,184290 | 18,419749 | 5,426243 |
| 11 | 3,835861 | 0,260698 | 0,045842 | 0,175841 | 21,814317 | 5,686941 |
| 12 | 4,334523 | 0,230706 | 0,038986 | 0,168986 | 25,650178 | 5,917647 |
| 13 | 4,898011 | 0,204165 | 0,033350 | 0,163350 | 29,984701 | 6,121812 |
| 14 | 5,534753 | 0,180677 | 0,028668 | 0,158667 | 34,882712 | 6,302488 |
| 15 | 6,254270 | 0,159891 | 0,024742 | 0,154742 | 40,417464 | 6,462379 |
| 16 | 7,067326 | 0,141496 | 0,021426 | 0,151426 | 46,671735 | 6,603875 |
| 17 | 7,986078 | 0,125218 | 0,018608 | 0,148608 | 53,739060 | 6,729093 |
| 18 | 9,024268 | 0,110812 | 0,016201 | 0,146201 | 61,725138 | 6,839905 |
| 19 | 10,197423 | 0,098064 | 0,014134 | 0,144134 | 70,749406 | 6,937969 |
| 20 | 11,523088 | 0,086782 | 0,012354 | 0,142354 | 80,946829 | 7,024752 |

| 14,0 % n | $q^n$ | $\frac{1}{q^n}$ | $\frac{q-1}{q^n-1}$ | $\frac{q^n(q-1)}{q^n-1}$ | $\frac{q^n-1}{q-1}$ | $\frac{q^n-1}{q^n(q-1)}$ |
|---|---|---|---|---|---|---|
| 1 | 1,140000 | 0,877193 | 1,000000 | 1,140000 | 1,000000 | 0,877193 |
| 2 | 1,299600 | 0,769468 | 0,467290 | 0,607290 | 2,140000 | 1,646661 |
| 3 | 1,481544 | 0,674972 | 0,290732 | 0,430731 | 3,439600 | 2,321632 |
| 4 | 1,688960 | 0,592080 | 0,203205 | 0,343205 | 4,921144 | 2,913712 |
| 5 | 1,925415 | 0,519369 | 0,151284 | 0,291284 | 6,610104 | 3,433081 |
| 6 | 2,194973 | 0,455587 | 0,117158 | 0,257157 | 8,535519 | 3,888668 |
| 7 | 2,502269 | 0,399637 | 0,093192 | 0,233192 | 10,730491 | 4,288305 |
| 8 | 2,852586 | 0,350559 | 0,075570 | 0,215570 | 13,232760 | 4,638864 |
| 9 | 3,251949 | 0,307508 | 0,062168 | 0,202168 | 16,085347 | 4,946372 |
| 10 | 3,707221 | 0,269744 | 0,051714 | 0,191714 | 19,337295 | 5,216116 |
| 11 | 4,226232 | 0,236617 | 0,043394 | 0,183394 | 23,044516 | 5,452733 |
| 12 | 4,817905 | 0,207559 | 0,036669 | 0,176669 | 27,270749 | 5,660292 |
| 13 | 5,492411 | 0,182069 | 0,031164 | 0,171164 | 32,088654 | 5,842362 |
| 14 | 6,261349 | 0,159710 | 0,026609 | 0,166609 | 37,581065 | 6,002072 |
| 15 | 7,137938 | 0,140096 | 0,022809 | 0,162809 | 43,842414 | 6,142168 |
| 16 | 8,137249 | 0,122892 | 0,019615 | 0,159615 | 50,980352 | 6,265060 |
| 17 | 9,276464 | 0,107800 | 0,016915 | 0,156915 | 59,117601 | 6,372859 |
| 18 | 10,575169 | 0,094561 | 0,014621 | 0,154621 | 68,394066 | 6,467420 |
| 19 | 12,055693 | 0,082948 | 0,012663 | 0,152663 | 79,969235 | 6,550369 |
| 20 | 13,743490 | 0,072762 | 0,010986 | 0,150986 | 91,024928 | 6,623131 |

| 15,0 % n | $q^n$ | $\frac{1}{q^n}$ | $\frac{q-1}{q^n-1}$ | $\frac{q^n(q-1)}{q^n-1}$ | $\frac{q^n-1}{q-1}$ | $\frac{q^n-1}{q^n(q-1)}$ |
|---|---|---|---|---|---|---|
| 1 | 1,150000 | 0,869565 | 1,0500000 | 1,150000 | 1,000000 | 0,869565 |
| 2 | 1,322500 | 0,756144 | 0,4651163 | 0,615116 | 2,150000 | 1,625709 |
| 3 | 1,520875 | 0,657516 | 0,2879770 | 0,437977 | 3,472500 | 2,283225 |
| 4 | 1,749006 | 0,571753 | 0,2002654 | 0,350265 | 4,993375 | 2,854978 |
| 5 | 2,011357 | 0,497177 | 0,1483156 | 0,298316 | 6,742381 | 3,352155 |
| 6 | 2,081952 | 0,432328 | 0,1142369 | 0,264237 | 8,753738 | 3,784483 |
| 7 | 2,660020 | 0,375937 | 0,0903604 | 0,240360 | 11,066799 | 4,487322 |
| 8 | 3,059023 | 0,326902 | 0,0728501 | 0,222850 | 13,726819 | 4,487322 |
| 9 | 3,517876 | 0,284262 | 0,0595740 | 0,209574 | 16,785842 | 4,771584 |
| 10 | 4,045558 | 0,247185 | 0,0492521 | 0,199252 | 20,303718 | 5,018769 |
| 11 | 4,652391 | 0,214943 | 0,0410690 | 0,199252 | 20,303718 | 5,018769 |
| 12 | 5,350250 | 0,186907 | 0,0344808 | 0,184481 | 29,001667 | 5,420619 |
| 13 | 6,152788 | 0,162528 | 0,0291105 | 0,179110 | 34,351917 | 5,583147 |
| 14 | 7,075706 | 0,141329 | 0,0246885 | 0,174688 | 40,504705 | 5,724476 |
| 15 | 8,137062 | 0,122894 | 0,0210171 | 0,171017 | 47,580411 | 5,847370 |
| 16 | 9,357621 | 0,106865 | 0,0179477 | 0,167948 | 55,717472 | 5,954235 |
| 17 | 10,761264 | 0,982826 | 0,0153669 | 0,165367 | 65,075093 | 6,047161 |
| 18 | 12,375454 | 0,080805 | 0,0131763 | 0,163186 | 75,836357 | 6,127966 |
| 19 | 14,231772 | 0,070265 | 0,0113364 | 0,161336 | 88,211811 | 6,198231 |
| 20 | 16,366537 | 0,061100 | 0,0097615 | 0,159761 | 102,443583 | 6,259331 |

| 16,0 % n | $q^n$ | $\frac{1}{q^n}$ | $\frac{q-1}{q^n-1}$ | $\frac{q^n(q-1)}{q^n-1}$ | $\frac{q^n-1}{q-1}$ | $\frac{q^n-1}{q^n(q-1)}$ |
|---|---|---|---|---|---|---|
| 1 | 1,160000 | 0,862069 | 1,0000000 | 1,160000 | 1,000000 | 0,862069 |
| 2 | 1,345600 | 0,743163 | 0,4629630 | 0,622963 | 2,160000 | 1,605232 |
| 3 | 1,560896 | 0,640658 | 0,2852579 | 0,445258 | 3,505600 | 2,245890 |
| 4 | 1,810639 | 0,552291 | 0,1073751 | 0,357375 | 5,066496 | 2,798181 |
| 5 | 2,100342 | 0,476113 | 0,1454094 | 0,305409 | 6,877135 | 3,274294 |
| 6 | 2,436396 | 0,410442 | 0,1113899 | 0,271390 | 8,977477 | 3,684736 |
| 7 | 2,826220 | 0,353830 | 0,0876127 | 0,247613 | 11,413873 | 4,038565 |
| 8 | 3,278415 | 0,305025 | 0,0702243 | 0,230224 | 14,240093 | 4,343591 |
| 9 | 3,802961 | 0,262953 | 0,0570825 | 0,217082 | 17,518508 | 4,606544 |
| 10 | 4,411435 | 0,226684 | 0,0469011 | 0,206901 | 21,321469 | 4,833227 |
| 11 | 5,116265 | 0,185417 | 0,0388608 | 0,198861 | 25,321469 | 5,028644 |
| 12 | 4,817905 | 0,195416 | 0,0388608 | 0,198861 | 25,732904 | 5,197107 |
| 13 | 6,885791 | 0,145227 | 0,0271841 | 0,187184 | 36,786196 | 5,342334 |
| 14 | 7,987518 | 0,125195 | 0,0228980 | 0,182898 | 43,671987 | 5,467529 |
| 15 | 9,265521 | 0,107927 | 0,0193575 | 0,179358 | 51,659505 | 5,575456 |
| 16 | 10,748004 | 0,093041 | 0,0164136 | 0,176414 | 60,925026 | 5,668497 |
| 17 | 12,467685 | 0,080207 | 0,0139522 | 0,173952 | 71,673030 | 5,748704 |
| 18 | 14,462514 | 0,069144 | 0,0118849 | 0,171885 | 84,140715 | 5,817848 |
| 19 | 16,776517 | 0,059607 | 0,0101417 | 0,170142 | 98,603230 | 5,877455 |
| 20 | 19,460759 | 0,051385 | 0,0086670 | 0,168667 | 115,379747 | 5,928841 |

# Gliederung der Bilanz (§ 266 HGB)

**Aktivseite**

**A. Anlagevermögen:**

I. Immaterielle Vermögensgegenstände:
1. Konzessionen, gewerbliche Schutzrechte und ähnliche Rechte und Werte sowie Lizenzen an solchen Rechten und Werten;
2. Geschäfts- oder Firmenwert;
3. geleistete Anzahlungen;

II. Sachanlagen:
1. Grundstücke, grundstücksgleiche Rechte und Bauten einschließlich der Bauten auf fremden Grundstücken;
2. technische Anlagen und Maschinen;
3. andere Anlagen, Betriebs- und Geschäftsausstattung;
4. geleistete Anzahlungen und Anlagen im Bau;

III. Finanzanlagen:
1. Anteile an verbundenen Unternehmen;
2. Ausleihungen an verbundene Unternehmen;
3. Beteiligungen;
4. Ausleihungen an Unternehmen, mit denen ein Beteiligungsverhältnis besteht;
5. Wertpapiere des Anlagevermögens;
6. sonstige Ausleihungen.

**B. Umlaufvermögen:**

I. Vorräte:
1. Roh-, Hilfs- und Betriebsstoffe;
2. unfertige Erzeugnisse, unfertige Leistungen;
3. fertige Erzeugnisse und Waren;
4. geleistete Anzahlungen;

II. Forderungen und sonstige Vermögensgegenstände:
1. Forderungen aus Lieferungen und Leistungen;
2. Forderungen gegen verbundene Unternehmen;
3. Forderungen gegen Unternehmen, mit denen ein Beteiligungsverhältnis besteht;
4. sonstige Vermögensgegenstände

III. Wertpapiere:
1. Anteile an verbundenen Unternehmen;
2. eigene Anteile;
3. sonstige Wertpapiere;

IV. Schecks, Kassenbestand, Bundesbankguthaben, Guthaben bei Kreditinstituten.

**C. Rechnungsabgrenzungsposten**

**Passivseite**

**A. Eigenkapital:**

I. Gezeichnetes Kapital;

II. Kapitalrücklage;

III. Gewinnrücklagen:
1. gesetzliche Rücklage;
2. Rücklage für eigene Anteile;
3. satzungsmäßige Rücklagen;
4. andere Gewinnrücklagen;

IV. Gewinnvortrag/Verlustvortrag;

V. Jahresüberschuss/Jahresfehlbetrag.

**B. Rückstellungen:**

1. Rückstellungen für Pensionen und ähnliche Verpflichtungen;
2. Steuerrückstellungen;
3. sonstige Rückstellungen.

**C. Verbindlichkeiten:**

1. Anleihen, davon konvertibel;
2. Verbindlichkeiten gegenüber Kreditinstituten;
3. erhaltene Anzahlungen auf Bestellungen;
4. Verbindlichkeiten aus Lieferungen und Leistungen;
5. Verbindlichkeiten aus der Annahme gezogener Wechsel und der Ausstellung eigener Wechsel;
6. Verbindlichkeiten gegenüber verbundenen Unternehmen;
7. Verbindlichkeiten gegenüber Unternehmen, mit denen ein Beteiligungsverhältnis besteht;
8. sonstige Verbindlichkeiten,
   davon aus Steuern,
   davon im Rahmen der sozialen Sicherheit.

**D. Rechnungsabgrenzungsposten**

# Gliederung der Gewinn- und Verlustrechnung (§ 275 HGB)

## • Gliederungsschema nach dem Gesamtkostenverfahren (GKV)

1. Umsatzerlöse
2. Erhöhung oder Verminderung des Bestands an fertigen und unfertigen Erzeugnissen
3. andere aktivierte Eigenleistungen
4. sonstige betriebliche Erträge
5. Materialaufwand: a) Aufwendungen für Roh-, Hilfs- und Betriebsstoffe und für bezogene Waren;
   b) Aufwendungen für bezogene Leistungen
6. Personalaufwand: a) Löhne und Gehälter; b) soziale Abgaben und Aufwendungen für Altersversorgung und für Unterstützung, davon für Altersversorgung
7. Abschreibungen: a) auf immaterielle Vermögensgegenstände des Anlagevermögens und Sachanlagen sowie auf aktivierte Aufwendungen für die Ingangsetzung und Erweiterung des Geschäftsbetriebs
   b) auf Vermögensgegenstände des Umlaufvermögens, soweit diese die in der Kapitalgesellschaft üblichen Abschreibungen überschreiten
8. sonstige betriebliche Aufwendungen
9. Erträge aus Beteiligungen, davon aus verbundenen Unternehmen
10. Erträge aus anderen Wertpapieren und Ausleihungen des Finanzanlagevermögens, davon aus verbundenen Unternehmen
11. sonstige Zinsen und ähnliche Erträge, davon aus verbundenen Unternehmen
12. Abschreibungen auf Finanzanlagen und auf Wertpapiere des Umlaufvermögens
13. Zinsen und ähnliche Aufwendungen, davon an verbundene Unternehmen
14. Ergebnis der gewöhnlichen Geschäftstätigkeit
15. außerordentliche Erträge
16. außerordentliche Aufwendungen
17. außerordentliches Ergebnis
18. Steuern vom Einkommen und vom Ertrag
19. sonstige Steuern
20. Jahresüberschuss/Jahresfehlbetrag.

## • Gliederungsschema nach dem Umsatzkostenverfahren (UKV)

1. Umsatzerlöse
2. Herstellungskosten der zur Erzielung der Umsatzerlöse erbrachten Leistungen
3. Bruttoergebnis vom Umsatz
4. Vertriebskosten
5. allgemeine Verwaltungskosten
6. sonstige betriebliche Erträge
7. sonstige betriebliche Aufwendungen
8. Erträge aus Beteiligungen, davon aus verbundenen Unternehmen
9. Erträge aus anderen Wertpapieren und Ausleihungen des Finanzanlagevermögens, davon aus verbundenen Unternehmen
10. sonstige Zinsen und ähnliche Erträge, davon aus verbundenen Unternehmen
11. Abschreibungen auf Finanzanlagen und auf Wertpapiere des Umlaufvermögens
12. Zinsen und ähnliche Aufwendungen, davon an verbundene Unternehmen
13. Ergebnis der gewöhnlichen Geschäftstätigkeit
14. außerordentliche Erträge
15. außerordentliche Aufwendungen
16. außerordentliches Ergebnis
17. Steuern vom Einkommen und vom Ertrag
18. sonstige Steuern
19. Jahresüberschuss/Jahresfehlbetrag.

# Gesamtliteraturverzeichnis

# Gesamtliteraturverzeichnis

## A. Grundlagen


***Bestmann, U. (Hrsg.),*** Kompendium der Betriebswirtschaftslehre, 10. Auflage, München/Wien 2001
***Bestmann, U.,*** Finanz- und Börsenlexikon, 5. Aufl., München 2007
***Beyer/Bestmann,*** Finanzlexikon, 2. Auflage, München 1989
***Blazek/Deyhle/Eiselmayer,*** Finanzcontrolling, 7. Auflage, Offenburg 2002
***Boemle, M.,*** Unternehmensfinanzierung, 11. Auflage, Zürich 1995
***Büschgen, H.E.,*** Bankbetriebslehre, Bankgeschäfte und Bankmanagement, 5. Auflage, Wiesbaden 1998
***Büschgen, H.E.,*** Grundlagen betrieblicher Finanzwirtschaft, 3. Auflage, Wiesbaden 1991
***Christians, F.W. (Hrsg.),*** Finanzierungs-Handbuch, 2. Auflage, Wiesbaden 1988
***Däumler, K.-D.,*** Betriebliche Finanzwirtschaft, 8. Auflage, Herne/Berlin 2002
***Ditges/Arendt,*** Bilanzen, 12. Auflage, Ludwigshafen (Rhein) 2007
***Drukarczyk, J.,*** Finanzierung, 10. Auflage, Stuttgart 2008
***Eilenberger, G.,*** Betriebliche Finanzwirtschaft, 7. Auflage, München/Wien 2003
***Gerke/Steiner (Hrsg.),*** Handwörterbuch des Bank- und Finanzwesens, 3. Auflage, Stuttgart 2001
***Größl, L.,*** Betriebliche Finanzwirtschaft, 4. Auflage, Grafenau/Stuttgart 1999
***Hahn, O.,*** Allgemeine Betriebswirtschaftslehre, 3. Auflage, München/Wien 1997
***Hahn, O.,*** Finanzwirtschaft, 2. Auflage, Landsberg 1986
***Hopfenbeck, W.,*** Allgemeine Betriebswirtschafts- und Managementlehre, 14. Auflage, Landsberg 2002
***Mann, R.,*** Praxisstrategisches Controlling, 5. Auflage, Landsberg 1989
***Nitsch/Niebel,*** Praxis des Cash Management, Wiesbaden 1997
***Olfert/Reichel,*** Investition, 10. Auflage, Ludwigshafen (Rhein) 2006
***Olfert/Reichel,*** Kompakt-Training Finanzierung, 5. Auflage, Ludwigshafen (Rhein) 2005
***Olfert/Reichel,*** Kompakt-Training Investition, 4. Auflage, Ludwigshafen (Rhein) 2006
***Perridon/Steiner,*** Finanzwirtschaft der Unternehmung, 14. Auflage, München 2007
***Rahn, H.J.,*** Unternehmensführung, 7. Auflage, Ludwigshafen (Rhein) 2008
***Reichmann, T.,*** Controlling mit Kennzahlen und Management-Tools, 7. Auflage, München 2006
***Schierenbeck, H.,*** Grundzüge der Betriebswirtschaftslehre, 16. Auflage, München/Wien 2003
***Schneider, D.,*** Investition, Finanzierung und Besteuerung, 7. Auflage, Wiesbaden 1992
***Süchting, J.,*** Finanzmanagement, 6. Auflage, Wiesbaden 1995
***Vormbaum, H.,*** Finanzierung der Betriebe, 9. Auflage, Wiesbaden 1996
***Walz/Gramlich,*** Investitions- und Finanzplanung, 6. Auflage, Heidelberg 2004
***Witte/Klein,*** Finanzplanung der Unternehmung, 3. Auflage, Reinbek 1983
***Wöhe/Bilstein,*** Grundzüge der Unternehmensfinanzierung, 9. Auflage, München 2002
***Zantow, R.,*** Finanzierung, Die Grundlagen modernen Finanzmanagements, München 2004
***Ziegenbein, K.,*** Controlling, 9. Auflage, Ludwigshafen (Rhein) 2007


## B. Finanzplanung


***Bestmann, U. (Hrsg.),*** Kompendium der Betriebswirtschaftslehre, 10. Auflage, München/Wien 2001
***Beyer/Bestmann,*** Börsen- und Finanzlexikon, 5. Auflage, München 2007
***Blazek/Deyhle/Eiselmayer,*** Finanzcontrolling, 7. Auflage, Offenburg 2002
***Blohm/Lüder/Schäfer,*** Investition, 9. Auflage, München 2006
***Boemle, M.,*** Unternehmensfinanzierung, 11. Auflage, Zürich 1995
***Büschgen, H.E.,*** Grundlagen betrieblicher Finanzwirtschaft, 3. Auflage, Wiesbaden 1991
***Christians, F.W. (Hrsg.),*** Finanzierungs-Handbuch, 2. Auflage, Wiesbaden 1988
***Däumler, K.-D.,*** Betriebliche Finanzwirtschaft, 8. Auflage, Herne/Berlin 2002
***Däumler, K.-D.,*** Grundlagen der Investitions- und Wirtschaftlichkeitsrechnung, 11. Auflage, Herne/Berlin 2007
***Ehrmann, H.,*** Unternehmensplanung, 5. Auflage, Ludwigshafen (Rhein) 2007
***Eilenberger, G.,*** Betriebliche Finanzwirtschaft, 7. Auflage, München/Wien 2003
***Gerke/Steiner (Hrsg.),*** Handwörterbuch des Bank- und Finanzwesens, 3. Auflage, Stuttgart 2001
***Gutenberg, E.,*** Grundlagen der Betriebswirtschaftslehre, Bd. 3 Die Finanzen, 8. Auflage, Berlin/Heidelberg/New York 1987

**Hahn, O.,** Finanzwirtschaft, 2. Auflage, Landsberg 1986
**Hauschildt/Sachs/Witte,** Finanzplanung und Finanzkontrolle, München 1981
**Hielscher/Laubscher,** Finanzierungskosten, 2. Auflage, Frankfurt/Main 2001
**Hopfenbeck, W.,** Allgemeine Betriebswirtschafts- und Managementlehre, 14. Auflage, Landsberg 2002
**Jahrmann, U.,** Finanzierung, 5. Auflage, Herne/Berlin 2003
**Mann, R.,** Praxisstrategisches Controlling, 5. Auflage, Landsberg 1989
**Modigliani/Miller,** The Cost of Capital, Corporation Finance and the Theory of Investment, in: Archer/Ambrosio (Hrsg.), The Theory Business Finance, 6. Auflage, New York/London 1971
**Oeldorf/Olfert,** Materialwirtschaft, 12. Auflage, Ludwighafen (Rhein) 2008
**Olfert, K.,** Kostenrechnung, 15. Auflage, Ludwigshafen (Rhein) 2008
**Olfert/Pischulti,** Kompakt-Training Unternehmensführung, 4. Auflage, Ludwigshafen (Rhein) 2007
**Olfert/Reichel,** Investition, 10. Auflage, Ludwigshafen (Rhein) 2006
**Olfert/Reichel,** Kompakt-Training Finanzierung, 5. Auflage, Ludwigshafen (Rhein) 2005
**Olfert/Reichel,** Kompakt-Training Investition, 4. Auflage, Ludwigshafen (Rhein) 2006
**Perridon/Steiner,** Finanzwirtschaft der Unternehmung, 14. Auflage, München 2007
**Rahn, H.-J.,** Unternehmensführung, 7. Auflage, Ludwigshafen (Rhein) 2008
**Schierenbeck, H.,** Grundzüge der Betriebswirtschaftslehre, 16. Auflage, München/Wien 2003
**Schneider, D.,** Investition, Finanzierung und Besteuerung, 7. Auflage, Wiesbaden 1992
**Süchting, J.,** Finanzmanagement, 6. Auflage, Wiesbaden 1995
**Vormbaum, H.,** Finanzierung der Betriebe, 9. Auflage, Wiesbaden 1996
**Walz/Gramlich,** Investitions- und Finanzplanung, 6. Auflage, Heidelberg 2004
**Witte, E.,** Finanzplanung der Unternehmung, 3. Auflage, Opladen 1983
**Witte/Klein,** Finanzplanung der Unternehmung, 3. Auflage, Wiesbaden 1983
**Wöhe/Bilstein,** Grundzüge der Unternehmensfinanzierung, 9. Auflage, München 2002
**Ziegenbein, K.,** Controlling, 9. Auflage, Ludwigshafen (Rhein) 2007

## C. ZAHLUNGSVERKEHR

**Baumbach/Hefermehl,** Wechselgesetz und Scheckgesetz, 23. Auflage, München 2007
**Bühler, T.,** Sicherungsmittel im Zahlungsverkehr, Zürich 1997
**Büschgen, H.E.,** Bankbetriebslehre, Bankgeschäfte und Bankmanagement, 5. Auflage, Wiesbaden 1998
**Compter, W.,** Bankbetriebslehre, 4. Auflage, Darmstadt 1991
**Dickertmann/Feucht,** Der Kreditkartenmarkt in Deutschland: Eine ökonomische Analyse, in: Braatz/Brinker (Hrsg.): Fachbuchreihe des Informationsdienstes SOURCE, Neuwied 1996
**Diepen/Sauter,** Wirtschaftslehre für Bankkaufleute, 3. Auflage, Wiesbaden 1991
**Eilenberger, G.,** Bankbetriebswirtschaftslehre, 7. Auflage, München/Wien 1997
**Eilenberger, G.,** Betriebliche Finanzwirtschaft, 7. Auflage, München/Wien 2003
**Eilenberger/Burr,** Zur Virtualisierung von Banken: Konsequenzen des Electronic Banking für Bankorganisation und Bankwettbewerb, in: Hörter/Wagner (Hrsg.): Visionen im Bankmanagement: zukünftige Anforderungen an die Führung von Banken, Festschrift für L. Schuster, München 1997, S. 183-215
**Gerke/Steiner (Hrsg.),** Handwörterbuch des Bank- und Finanzwesens, 3. Auflage, Stuttgart 2001
**Grefe, C.,** Unternehmenssteuern, 11. Auflage, Ludwigshafen (Rhein) 2008
**Grill/Perczynski,** Wirtschaftslehre des Kreditwesens, 41. Auflage, Bad Homburg 2007
**Häberle, S.G.,** Handbuch der Außenhandelsfinanzierung, 3. Auflage, München/Wien 2002
**Lippe/Esemann/Tänzer,** Das Wissen für Bankkaufleute, 9. Auflage, Wiesbaden 2001
**Morath, R.,** Chipkarten als elektronische Zahlungsinstrumente, Köln 1996
**Obst/Hintner,** Geld-, Bank- und Börsenwesen, 40. Auflage, Stuttgart 2000
**Olfert/Reichel,** Kompakt-Training Finanzierung, 5. Auflage, Ludwigshafen (Rhein) 2005
**Sauter, W.,** Grundlagen des Bankgeschäfts, 8. Auflage, Frankfurt a. M. 2006
**Schöchle, S.,** Kartengebundene Zahlungssysteme in Deutschland, 4. Auflage, Hamburg 1994
**Sietmann, R.,** Electronic Cash: der Zahlungsverkehr im Internet, Stuttgart 1997

## D. BETEILIGUNGSFINANZIERUNG

**Bestmann, U. (Hrsg.),** Kompendium der Betriebswirtschaftslehre, 10. Auflage, München/Wien 2001
**Beyer/Bestmann,** Finanzlexikon, 2. Auflage, München 1989

***Boemle, M.,*** Unternehmensfinanzierung, 11. Auflage, Zürich 1995
***Büschgen, H.E.,*** Grundlagen betrieblicher Finanzwirtschaft, 3. Auflage, Wiesbaden 1991
***Busse,*** Grundlagen der betrieblichen Finanzwirtschaft, 5. Auflage, München/Wien 2003
***Christians, F.W. (Hrsg.),*** Finanzierungs-Handbuch, 2. Auflage, Wiesbaden 1988
***Compter, W.,*** Bankbetriebslehre, 4. Auflage, Darmstadt 1991
***Däumler, K.-D.,*** Betriebliche Finanzwirtschaft, 8. Auflage, Herne/Berlin 2002
***Deutsche Börse,*** Ihr Börsengang; Leitfaden für Unternehmen zum Going und Being Public, Frankfurt / M. 2003
***Deutsche Börse,*** Europe´s Premier Listing Platform: Standards, Transparenz, Liquidität, Frankfurt/M. 2003
***Diepen/Sauter,*** Betriebswirtschaftslehre für Bankkaufleute, 3. Auflage, Wiesbaden 1991
***Eilenberger, G.,*** Bankbetriebswirtschaftslehre, 7. Auflage, München/Wien 1997
***Eilenberger, G.,*** Betriebliche Finanzwirtschaft, 7. Auflage, München/Wien 2003
***Gerke/Steiner (Hrsg.),*** Handwörterbuch des Bank- und Finanzwesens, 3. Auflage, Stuttgart 2001
***Golland, F./Gehlhaar, L./Grossmann, K./Eickhoff-Kley, X./Jänisch, C.,*** Mezzanine-Kapital, in: Betriebs-berater 4/2005, Special S. 1 - 32
***Grefe, C.,*** Unternehmenssteuern, 11. Auflage, Ludwigshafen (Rhein) 2008
***Grill/Perczynski,*** Wirtschaftslehre des Kreditwesens, 41. Auflage, Bad Homburg 2007
***Häger, M./Elkemann-Reusch, M.,*** Mezzanine Finanzierungsinstrumente, 2. Auflage, Berlin 2007
***Hilscher/Laubscher,*** Finanzierungskosten, 2. Auflage, Frankfurt/Main 2001
***Jahrmann, U.,*** Finanzierung, 5. Auflage, Herne/Berlin 2003
***Leopold, G./Frommann, H./Kühr, T.,*** Private Equity – Venture Capital: Eigenkapital für innovative Unternehmer, 2. Aufl., München 2003
***Lippe/Esemann/Tänzer,*** Das Wissen für Bankkaufleute, 9. Auflage, Wiesbaden 2001
***Obst/Hintner,*** Geld-, Bank- und Börsenwesen, 40. Auflage, Stuttgart 2000
***Olfert/Reichel,*** Kompakt-Training Finanzierung, 5. Auflage, Ludwigshafen (Rhein) 2005
***Perridon/Steiner,*** Finanzwirtschaft der Unternehmung, 14. Auflage, München 2007
***Prätsch, J./Schikorra, U./Ludwig, E.,*** Finanz-Management, 2. Auflage, München/Wien 2003
***Rudolph, B.,*** Analyse hybrider Finanzinstrumente: Mezzanine-Kapital, in: Zeitschrift für das gesamte Kreditwesen 1/2004, S. 14 - 18
***Sauter, W.,*** Grundlagen des Bankgeschäfts, 8. Auflage, Frankfurt a. M. 2006
***Schäfer, H.,*** Unternehmensfinanzen, Grundzüge in Theorie und Management, 2. Auflage, Heidelberg 2002
***Schierenbeck, H.,*** Grundzüge der Betriebswirtschaftslehre, 16. Auflage, München/Wien 2003
***Schneck, O.,*** Handbuch Alternative Finanzierungsformen, Weinheim 2006
***Schwenkedel, S.,*** Management Buyout, Ein neues Geschäftsfeld für Banken, Wiesbaden 1991
***Süchting, J.,*** Finanzmanagement, 6. Auflage, Wiesbaden 1995
***Vormbaum, H.,*** Finanzierung der Betriebe, 9. Auflage, Wiesbaden 1996
***Werner, H. S.,*** Mezzanine Kapital, Mit Mezzanine-Finanzierung die Eigenkapitalquote erhöhen, 2. Auflage, Köln 2007
***Wöhe/Bilstein,*** Grundzüge der Unternehmensfinanzierung, 9. Auflage, München 2002
***Zantow, R.,*** Finanzierung, Die Grundlagen modernen Finanzmanagements, München 2004

## E. FREMDFINANZIERUNG

***Ausfuhrkreditgesellschaft mbH,*** Kreditrichtlinien, Frankfurt/Main 1974
***Baumbach/Hefermehl,*** Wechselgesetz und Scheckgesetz, 23. Auflage, München 2007
***Becker/Peppmeier,*** Bankbetriebslehre, 7. Auflage, Ludwigshafen (Rhein) 2008
***Bestmann, U. (Hrsg.),*** Kompendium der Betriebswirtschaftslehre, 10. Auflage, München/Wien 2001
***Beyer/Bestmann,*** Börsen- und Finanzlexikon, 5. Auflage, München 2007
***Büschgen, H.E.,*** Bankbetriebslehre, Bankgeschäfte und Bankmanagement, 5. Auflage, Wiesbaden 1998
***Büschgen, H.E.,*** Grundlagen betrieblicher Finanzwirtschaft, 3. Auflage, Frankfurt/Main 1991
***Christians, F.W. (Hrsg.),*** Finanzierungs-Handbuch, 2. Auflage, Wiesbaden 1988
***Compter, W.,*** Bankbetriebslehre, 4. Auflage, Darmstadt 1991
***Däumler, K.-D.,*** Betriebliche Finanzwirtschaft, 8. Auflage, Herne/Berlin 2002
***Däumler, K.-D.,*** Grundlagen der Investitions- und Wirtschaftlichkeitsrechnung, 12. Auflage, Herne/Berlin 2007

***Däumler, K.-D.,*** Finanzmathematisches Tabellenwerk für Praktiker und Studierende, 4. Auflage, Herne/Berlin 1998
***Deutsche Bundesbank (Hrsg.),*** Monatsberichte der Deutschen Bundesbank, Frankfurt/Main 1995 ff.
***Diepen/Sauter,*** Wirtschaftslehre für Bankkaufleute, 3. Auflage, Wiesbaden 1991
***Eilenberger, G.,*** Bankbetriebswirtschaftslehre, 7. Auflage, München/Wien 1997
***Eilenberger, G.,*** Betriebliche Finanzwirtschaft, 7. Auflage, München/Wien 2003
***Gerke/Steiner (Hrsg.),*** Handwörterbuch des Bank- und Finanzwesens, 3. Auflage, Stuttgart 2001
***Grefe, C.,*** Unternehmenssteuern, 11. Auflage, Ludwigshafen (Rhein) 2008
***Grill/Perczynski,*** Wirtschaftslehre des Kreditwesens, 41. Auflage, Bad Homburg 2007
***Hagenmüller, K.F. (Hrsg.),*** Factoring-Handbuch, 3. Auflage, Frankfurt/Main 1997
***Hagenmüller/Eckstein,*** Leasing-Handbuch für die betriebliches Praxis, 6. Auflage, Frankfurt/Main 1992
***Hilscher/Laubscher,*** Finanzierungskosten, 2. Auflage, Frankfurt/Main 2001
***Jahrmann, F. U.,*** Außenhandel, 12. Auflage, Ludwigshafen (Rhein) 2007
***Lippe/Esemann/Tänzer,*** Das Wissen für Bankkaufleute, 9. Auflage, Wiesbaden 2001
***Lwowski, H.-J.,*** Das Recht der Kreditsicherung, 8. Auflage, Berlin 2000
***Obst/Hintner,*** Geld-, Bank- und Börsenwesen, 40. Auflage, Stuttgart 2000
***Olfert/Reichel,*** Kompakt-Training Finanzierung, 5. Auflage, Ludwigshafen (Rhein) 2005
***Perridon/Steiner,*** Finanzwirtschaft der Unternehmung, 14. Auflage, München 2007
***Pottschmidt/Rohr,*** Kreditsicherungsrecht, 4. Auflage, München 1992
***Sauter, W.,*** Grundlagen des Bankgeschäfts, 8. Auflage, Frankfurt/M. 2006
***Schierenbeck, H.,*** Grundzüge der Betriebswirtschaftslehre, 16. Auflage, München/Wien 2003
***Steckler, B.,*** Kompendium Wirtschaftsrecht, 7. Auflage, Ludwigshafen (Rhein) 2008
***Süchting, J.,*** Finanzmanagement, 6. Auflage, Wiesbaden 1995
***Vormbaum, H.,*** Finanzierung der Betriebe, 9. Auflage, Wiesbaden 1996
***Wöhe/Bilstein,*** Grundzüge der Unternehmensfinanzierung, 9. Auflage, München 2002

## F. Innenfinanzierung

***Adler/Düring/Schmaltz,*** Rechnungslegung und Prüfung der Unternehmen, 8 Bde., 6. Auflage, Stuttgart 1995 ff.
***Bestmann, U. (Hrsg.),*** Kompendium der Betriebswirtschaftslehre, 10. Auflage, München/Wien 2001
***Beyer/Bestmann,*** Börsen- und Finanzlexikon, 5. Auflage, München 2007
***Boemle, M.,*** Unternehmensfinanzierung, 11. Auflage, Zürich 1995
***Büschgen, H.E.,*** Grundlagen betrieblicher Finanzwirtschaft, 3. Auflage, Wiesbaden 1991
***Bussiek/Ehrmann,*** Buchführung, 8. Auflage, Ludwigshafen (Rhein) 2004
***Christians, F. W. (Hrsg.),*** Finanzierungs-Handbuch, 2. Auflage, Wiesbaden 1988
***Däumler, K.-D.,*** Betriebliche Finanzwirtschaft, 9. Auflage, Herne/Berlin 2007
***Ditges/Arendt,*** Bilanzen, 12. Auflage, Ludwigshafen (Rhein) 2007
***Drukarczyk, J.,*** Finanzierung, 10. Auflage, Stuttgart 2008
***Eilenberger, G.,*** Betriebliche Finanzwirtschaft, 7. Auflage, München/Wien 2003
***Gerke/Steiner (Hrsg.),*** Handwörterbuch des Bank- und Finanzwesens, 3. Auflage, Stuttgart 2001
***Gutenberg, E.,*** Grundlagen der Betriebswirtschaftslehre, Bd. 3, Die Finanzen, 8. Auflage, Berlin/Heidelberg/New York 1987
***Jahrmann, U.,*** Finanzierung, 5. Auflage, Herne/Berlin 2003
***Oeldorf/Olfert,*** Materialwirtschaft, 12. Auflage, Ludwigshafen (Rhein) 2008
***Olfert, K.,*** Kostenrechnung, 15. Auflage, Ludwigshafen (Rhein) 2008
***Olfert/Reichel,*** Kompakt-Training Finanzierung, 5. Auflage, Ludwigshafen (Rhein) 2005
***Perridon/Steiner,*** Finanzwirtschaft der Unternehmung, 14. Auflage, München 2007
***Schierenbeck, H.,*** Grundzüge der Betriebswirtschaftslehre, 16. Auflage, München/Wien 2003
***Schneider, D.,*** Investition, Finanzierung und Besteuerung, 7. Auflage, Wiesbaden 1992
***Süchting, J.,*** Finanzmanagement, 6. Auflage, Wiesbaden 1995
***Vormbaum, H.,*** Finanzierung der Betriebe, 9. Auflage, Wiesbaden 1996
***Wöhe, G.,*** Bilanzierung und Bilanzpolitik, 9. Auflage, München 1997
***Wöhe, G.,*** Die Steuern des Unternehmens, 6. Auflage, München 1991
***Wöhe/Bieg,*** Grundzüge der betriebswirtschaftlichen Steuerlehre, 4. Auflage, München 1995
***Wöhe/Bilstein,*** Grundzüge der Unternehmensfinanzierung, 9. Auflage, München 2002

## G. FINANZWIRTSCHAFTLICHE ANALYSE

***Blazek/Deyhle/Eiselmayer,*** Finanzcontrolling, 7. Auflage, Offenburg 2002
***Buchner, R.,*** Finanzwirtschaftliche Statistik und Kennzahlenrechnung, München 1996
***Buchner, R.,*** Grundzüge der Finanzanalyse, München 1996
***Coenenberg, A.,*** Jahresabschluss und Jahresabschlussanalyse, 20. Auflage, München 2005
***Ditges/Arendt,*** Bilanzen, 12. Auflage, Ludwigshafen (Rhein) 2007
***Ehrmann, H.,*** Balanced Scorecard, 4. Auflage, Ludwigshafen 2007
***Gerke/Steiner (Hrsg.),*** Handwörterbuch des Bank- und Finanzwesens, 3. Auflage, Stuttgart 2001
***Gräfer, H.,*** Bilanzanalyse, 9. Auflage, Herne/Berlin 2005
***Hesse/Frailing/Frailing,*** Wie beurteilt man eine Bilanz, 20. Auflage, Wiesbaden 2000
***Hopfenbeck, W.,*** Allgemeine Betriebswirtschafts- und Managementlehre, 14. Auflage, Landsberg 2002
***Küting/Weber,*** Die Bilanzanalyse, 8. Auflage, Stuttgart 2006
***Langenbeck, J.,*** Kompakt-Training Bilanzanalyse, 3. Auflage, Ludwigshafen (Rhein) 2007
***Meyer, C.,*** Bilanzierung nach Handels- und Steuerrecht, 19. Auflage, Herne/Berlin 2008
***Moxter, A.,*** Bilanzlehre, in 2 Bänden, 3. Auflage, Wiesbaden 1984
***Olfert/Reichel,*** Kompakt-Training Finanzierung, 5. Auflage, Ludwigshafen (Rhein) 2005
***Reichmann, T.,*** Controlling mit Kennzahlen und Managementtools, 7. Auflage, München 2006
***Schierenbeck, H.,*** Grundzüge der Betriebswirtschaftslehre, 16. Auflage, München/Wien 2003
***Wöhe, G.,*** Bilanzierung und Bilanzpolitik, 9. Auflage, München 1997
***Ziegenbein, K.,*** Controlling, 9. Auflage, Ludwigshafen (Rhein) 2007

# Übungsteil

# Aufgaben/Fälle

# 1: Eigen-/Fremdkapital/Anlage-/Umlaufvermögen

(1) Ordnen Sie die folgenden Positionen dem bilanziellen Eigenkapital, Fremdkapital, Anlagevermögen oder Umlaufvermögen zu:

| | | Eigenkapital | Fremdkapital | Anlagevermögen | Umlaufvermögen |
|---|---|---|---|---|---|
| a | Kapitalrücklagen | | | | |
| b | Steuerrückstellungen | | | | |
| c | Beteiligungen | | | | |
| d | Emittierte Anleihen | | | | |
| e | Wertpapiere im Bestand | | | | |
| f | Rechte aus schwebenden Geschäften | | | | |
| g | Verbindlichkeiten gegenüber Kreditinstituten | | | | |
| h | Unfertige Erzeugnisse | | | | |
| i | Schecks | | | | |
| j | Rücklagen für eigene Anteile | | | | |
| k | Erhaltene Anzahlungen auf Bestellungen | | | | |
| l | Geleistete Anzahlungen | | | | |
| m | Patente | | | | |
| n | Gewinnvortrag | | | | |
| o | Forderungen auf Lieferungen und Leistungen | | | | |
| p | Gesetzliche Rücklage | | | | |

(2) Wie sieht die Grobgliederung der Bilanz nach § 266 Abs. 2 und 3 HGB aus?

| Aktiva | Bilanz | Passiva |
|---|---|---|
| A. | | A. |
| I. | | I. |
| | | II. |
| II. | | III. |
| III. | | IV. |
| B. | | |
| I. | | V. |
| II. | | |
| | | B. |
| III. | | C. |
| IV. | | D. |
| | | |
| C. | | |

## 2: Finanzierungsmatrix

Im Unternehmen sind die unterschiedlichsten Finanzierungsvorgänge festzustellen. Ordnen Sie der folgenden Finanzierungsmatrix geeignete Finanzierungsbeispiele zu.

| | **Außenfinanzierung** | **Innenfinanzierung** |
|---|---|---|
| **Finanzierung mit Eigenkapital** | | |
| **Finanzierung mit Fremdkapital** | | |

## 3: Arten der Finanzierung

(1) Um welche Arten von Finanzierung handelt es sich bei folgenden Vorgängen:

| | | **Finanzierung mit Eigenkapital** | **Finanzierung mit Fremdkapital** | **Außenfinanzierung** | **Innenfinanzierung** | **Beteiligungsfinanzierung** | **Umfinanzierung** |
|---|---|---|---|---|---|---|---|
| a | Es wird ein neuer Gesellschafter im Unternehmen aufgenommen. | | | | | | |
| b | Das Unternehmen bildet Pensionsrückstellungen zur Altersversorgung der Mitarbeiter. | | | | | | |
| c | Ein kurzfristiger Kredit wird in einen langfristigen Kredit umgewandelt. | | | | | | |
| d | Erzielte Gewinne werden im Unternehmen einbehalten und für Investitionszwecke verwendet. | | | | | | |
| e | Das Unternehmen nimmt einen Kredit auf. | | | | | | |
| f | Das Unternehmen kauft für die zurücklaufenden Abschreibungsbeträge eine Maschine. | | | | | | |
| g | Dem Unternehmen wird eine Maschine geliefert, die erst 6 Wochen später zu bezahlen ist. | | | | | | |
| h | Das Unternehmen verkauft eine nicht mehr benötigte Maschine um Rohstoffe zu beschaffen. | | | | | | |
| i | Das Unternehmen least einen Personenkraftwagen. | | | | | | |
| j | Eine Aktiengesellschaft erhöht ihr gezeichnetes Kapital. | | | | | | |

(2) Wie können folgende Arten der Finanzierung noch genannt werden?

| | |
|---|---|
| **Beteiigungsfinanzierung** | |
| **Fremdfinanzierung** | |
| **Finanzierung aus Umsatzerlösen** | |

## 4: Arten der Investiton

(1) Ordnen Sie die folgenden Vorgänge den entsprechenden Arten der Investition zu:

| | | **Sach-investition** | **Finanz-investition** | **Immaterielle Investition** | **Netto-investition** | **Rein-vestition** |
|---|---|---|---|---|---|---|
| a | Das Unternehmen beschafft Maschinen, um die Leistungsmenge zu vergrößern. | | | | | |
| b | Eine Maschine wird durch eine technisch verbesserte neue Maschine ersetzt. | | | | | |
| c | Das Unternehmen erwirbt eine Konzession. | | | | | |
| d | Das Unternehmen gründet eine Vertriebs-GmbH. | | | | | |
| e | Das Unternehmen kauft Rohstoffe für die laufende Produktion. | | | | | |
| f | Das Unternehmen nimmt Umweltschutzmaßnahmen vor. | | | | | |

(2) Wie können folgende Arten der Investition noch genannt werden?

| | |
|---|---|
| **Sachinvestitionen** | |
| **Finanzinvestitionen** | |
| **Gründungsinvestitionen** | |

## 5: Zahlungsverkehr

(1) Die Metallbau GmbH hat einem Zulieferer gegenüber eine Rechnung in Höhe von 10.050 € zu begleichen. Inwieweit hat die Metallbau GmbH ihre Verpflichtung erfüllt, wenn der Betrag

(a) bar bezahlt wird,
(b) durch Scheck bezahlt wird,
(c) durch Banküberweisung bezahlt wird?

(2) Ergänzen Sie das Schaubild um die Arten des Zahlungsverkehrs!

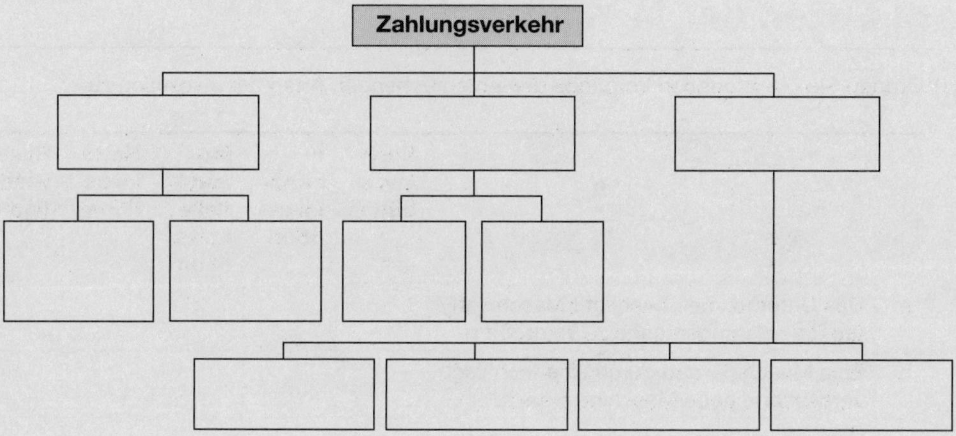


## 6: Beeinflussung der Zahlungsströme

Dem Unternehmen droht ein Liquiditätsengpass.

Zeigen Sie geeignete Maßnahmen auf, welche die Einzahlungsströme beschleunigen bzw. die Auszahlungsströme verzögern oder diese erhöhen bzw. absenken.

## 7: Liquidität/Strukturelle Liquidität

(1) Ein Unternehmen hat innerhalb von 10 Tagen folgende Zahlungsverpflichtungen zu erfüllen:

| | | |
|---|---|---|
| 31.03. | Lohnzahlungen | 41.000 € |
| 01.04. | Lieferantenrechnung | 33.000 € |
| 03.04. | Reparaturrechnung | 7.500 € |
| 06.04. | Lieferantenrechnung | 36.000 € |
| 09.04. | Umsatzsteuervorauszahlung | 17.000 € |

Als Einzahlungen werden erwartet:

| | | |
|---|---|---|
| 02.04. | Kundenrechnung | 36.000 € |
| 05.04. | Kundenrechnung | 10.000 € |
| 08.04. | Kundenrechnung | 39.000 € |

Das Bankguthaben am 30.03. betrug 40.000 €.

(a) Wie ist die (dynamische) Liquidität des Unternehmens zu beurteilen?

(b) Muss das Unternehmen ein Insolvenzverfahren eröffnen lassen?

(2) Folgende Daten gelten für ein Unternehmen:

| Aktiva | Bilanz | | Passiva |
|---|---|---|---|
| Anlagevermögen | 110.000 | Eigenkapital | 80.000 |
| Umlaufvermögen | 100.000 | Kurzfristiges Fremdkapital | 60.000 |
| | | Langfristiges Fremdkapital | 70.000 |
| | 210.000 | | 210.000 |

(a) Prüfen Sie, ob die vertikalen Finanzierungsregeln eingehalten sind!

(b) Inwieweit sind die horizontalen Finanzierungsregeln eingehalten, wenn das Anlagevermögen als langfristiges Vermögen und das Umlaufvermögen als kurzfristiges Vermögen angesehen wird?

# 8: Rentabilität

Ein Unternehmen weist folgende Daten auf:

| Aktiva | Bilanz | | Passiva |
|---|---|---|---|
| Vermögen | 10.400.000 | Gezeichnetes Kapital | 2.000.000 |
| | | Rücklagen | 3.000.000 |
| | | Fremdkapital | 5.000.000 |
| | | Gewinn | 400.000 |
| | 10.400.000 | | 10.400.000 |

| Aufwendungen | Erfolgsrechnung | | Erträge |
|---|---|---|---|
| Verschiedene Aufwendungen | 29.300.000 | Erträge | 30.000.000 |
| Zinsaufwendungen | 300.000 | | |
| Gewinn | 400.000 | | |
| | 30.000.000 | | 30.000.000 |

Ermitteln Sie:

(1) die Gesamtkapitalrentabilität

(2) die Eigenkapitalrentabilität

(3) die Umsatzrentabilität.

## 9: Zielkonflikt

Finanzwirtschaftliche Entscheidungen unterliegen zumeist einem Zielkonflikt.

Zeigen Sie anhand eines Beispieles das Spannungsverhältnis zwischen den finanzwirtschaftlichen Zielsetzungen Rentabilität und Sicherheit auf!

Legen Sie dies auch grafisch dar!

## 10: Kapitalbedarf (1)

Gegeben sind folgende Einzahlungen und Auszahlungen:

| Monat | Auszahlungen (Tsd. €) | Einzahlungen (Tsd. €) |
|---|---|---|
| Januar | 100 | 0 |
| Februar | 80 | 20 |
| März | 50 | 70 |
| April | 100 | 100 |
| Mai | 100 | 70 |
| Juni | 60 | 100 |
| Juli | 60 | 110 |
| August | 60 | 240 |
| September | 80 | 90 |
| Oktober | 100 | 40 |
| November | 110 | 0 |
| Dezember | 80 | 20 |

(1) Ermitteln Sie den Kapitalbedarf jeden Monats rechnerisch!

(2) Stellen Sie den Kapitalbedarf für die einzelnen Monate grafisch dar!

## 11: Kapitalbedarf (2)

(1) Wie kann der Kapitalbedarf vermindert werden, ohne dass sich die Werte der Auszahlungen und Einzahlungen verändern?

(2) Nennen Sie hierzu Vorgänge aus der Praxis, welche dieses Ziel anstreben!

## 12: Kapitalbedarf (3)

Als Mitarbeiter der Finanzabteilung eines Unternehmens sind sie mit der Finanzdisposition beschäftigt.

Welche Form des Produktionsprozesses würden Sie aus Sicht der Finanzabteilung bevorzugen? Ist eine zeitlich gestaffelte Prozessanordnung oder ein zeitlich nebeneinander angeordneter Prozess vorteilhafter?

## 13: Kapitalbedarf (4)

Die Firma Schmittke KG fertigt gleichartige Maschinen. Dabei können die folgenden Zahlungsströme für jede Maschine als typisch angesehen werden:

| | | |
|---|---|---|
| 1. Dekade | 7.500 € | Auszahlungen für Fertigungsstufe 1 |
| 2. Dekade | 10.500 € | Auszahlungen für Fertigungsstufe 2 |
| 3. Dekade | 2.500 € | Auszahlungen für Fertigungsstufe 3 |
| 4. Dekade | 0 € | Lagerung der gefertigten Maschine |
| 5. Dekade | 0 € | Verkauf auf Ziel |
| 6. Dekade | 20.500 € | Einzahlungen aus dem Verkauf |

(1) Wie entwickelt sich der Kapitalbedarf des Unternehmens, wenn mit Abschluss der Fertigung einer Maschine die Fertigung der nächsten Maschine jeweils begonnen wird?

Stellen Sie die Entwicklung tabellarisch und grafisch für 15 Dekaden dar!

(2) Wie entwickelt sich der Kapitalbedarf des Unternehmens, wenn durch Rationalisierungsmaßnahmen erreicht wird, dass die Lagerzeit der gefertigten Maschinen sowie die Zahlungsziele eine Verminderung um 50 % erfahren?

Stellen Sie dies tabellarisch und grafisch für 15 Dekaden dar!

(3) Stellen Sie tabellarisch und grafisch dar, inwieweit sich der Kapitalbedarf durch die Rationalisierungsmaßnahmen vermindert!

## 14: Kapitalbedarf (5)

Eine Firma, die Küchengeräte herstellt, soll errichtet werden. Bei der Planung der Auszahlungen ist zu berücksichtigen, dass

- ein Fabrikgebäude im Werte von 750.000 € gekauft wird,
- Maschinen im Werte von 550.000 € benötigt werden,
- Betriebs- und Geschäftsausstattung im Werte von 350.000 € erforderlich ist,
- Auszahlungen für Roh-, Hilfs- und Betriebsstoffe von täglich 4.000 € anfallen,
- Auszahlungen für Löhne und Gehälter von täglich 7.000 € entstehen,
- sonstige Auszahlungen von täglich 1.000 € anfallen.

Die Roh-, Hilfs- und Betriebsstoffe lagern 20 Tage, die Fertigerzeugnisse 10 Tage.

Der Fertigungsprozess umfasst 6 Tage.

Die Gründung und Ingangsetzung des Geschäftsbetriebes verursacht Ausgaben von 10.000 €.

Als weitere Daten sind zu berücksichtigen, dass für die Roh-, Hilfs- und Betriebsstoffe von den Lieferanten ein Ziel von 15 Tagen eingeräumt wird und die Fertigerzeugnisse binnen fünf Tagen bezahlt werden.

(1) Ermitteln Sie den Kapitalbedarf mithilfe der kumulativen Methode!

(2) Errechnen Sie den Kapitalbedarf danach auch unter Verwendung der elektiven Methode!

## 15: Kapitalbedarf (6)

(1) Wie verändert sich der Kapitalbedarf nach der elektiven Methode der Firma aus Übung 14, wenn die Roh-, Hilfs- und Betriebsstoffe binnen 5 Tagen zu bezahlen sind, den Kunden aber aus Wettbewerbsgründen ein Zahlungsziel von 30 Tagen eingeräumt werden muss?

(2) In welcher Weise verändert sich der Kapitalbedarf nach der elektiven Methode der Firma aus (1), wenn es sich als möglich erweist, die Lagerdauer der Roh-, Hilfs- und Betriebsstoffe sowie der Fertigerzeugnisse zu halbieren?

## 16: Kosten- und Gewinnvergleichsrechnung

Die Stahlbau GmbH benötigt zur Herstellung von Zulieferteilen eine Maschine. Drei Angebote stehen zur Auswahl:

| | Maschine I | Maschine II | Maschine III |
|---|---|---|---|
| Anschaffungskosten (€) | 120.000 | 100.000 | 80.000 |
| Nutzungsdauer (Jahre) | 10 | 10 | 10 |
| Leistung (Stück/Jahr) | 20.000 | 20.000 | 20.000 |
| Kalkulationszinsfuß (%) | 10 | 10 | 10 |
| Gehälter (€/Jahr) | 15.000 | 15.000 | 15.000 |
| Löhne (€/Jahr) | 82.000 | 88.000 | 105.000 |
| Material (€/Jahr) | 140.000 | 140.000 | 140.000 |

(1) Ermitteln Sie, welche Maschine bei einer jährlichen Auslastung von 20.000 Stück am günstigsten zu beurteilen ist!

(2) Wie sieht die Vorteilhaftigkeit der angebotenen Maschinen aus, wenn ihre Auslastung lediglich bei 8.000 Stück pro Jahr liegt?

(3) Die Erlöse, die für die Zulieferteile am Markt erzielt werden können, betragen:

- 14,50 €/Stück bei den auf Maschine I und III gefertigten Erzeugnissen.

- 15,20 €/Stück bei den auf der Maschine II gefertigten Erzeugnissen, da hier eine größere Präzision gewährleistet ist.

Welche Maschine erweist sich unter Einbeziehung der Erlöse als die vorteilhafteste, wenn jährlich 20.000 Stück gefertigt und abgesetzt werden?

## 17: Rentabilitätsvergleichsrechnung

Führen Sie einen Rentabilitätsvergleich für folgende Investitionsalternativen durch:

| | Maschine I | Maschine II |
|---|---|---|
| Anschaffungskosten (€) | 100.000 | 100.000 |
| Nutzungsdauer (Jahre) | 8 | 8 |
| Variable Kosten (€) | 140.000 | 145.000 |
| Fixe Kosten (€) (ohne kalkulatorische Abschreibungen und Zinsen) | 7.000 | 5.000 |

Auf beiden Maschinen werden voraussichtlich 6.000 Stück/Jahr eines Erzeugnisses gefertigt. Das Stück wird für 30 €/Stück verkauft.

(1) Ermitteln Sie, welche Maschine aufgrund der vorliegenden Daten die vorteilhaftere ist!

(2) Beziehen Sie das Umlaufvermögen, das für beide Maschinen 35.000 € beträgt, in den Rentabilitätsvergleich ein und zeigen Sie, wie sich die Rentabilitäten dadurch verändern!

## 18: Amortisationsvergleichsrechnung

Zwei Maschinen stehen für eine Erweiterungsinvestition zur Auswahl.

Maschine I verursacht Anschaffungskosten von 80.000 €, hat eine Nutzungsdauer von 8 Jahren und erwirtschaftet einen durchschnittlichen jährlichen Gewinn von 20.000 €.

Maschine II verursacht Anschaffungskosten von 120.000 €, hat ebenfalls eine Nutzungsdauer von 8 Jahren und bringt einen durchschnittlichen jährlichen Gewinn von 34.000 € ein.

(1) Welche Maschine ist unter Zugrundelegung der genannten Daten bei der Anwendung der Amortisationsvergleichsrechnung die vorteilhaftere?

(2) Inwieweit kann gesagt werden, dass die Amortisationsvergleichsrechnung allgemein die Gefahr berge, Fehlentscheidungen zu fördern?

# 19: Barwert

(1) Welchen Barwert weist eine Zahlung auf, die am Ende des 8. Jahres in Höhe von 124.500 € geleistet wird? Der Kalkulationszinssatz beträgt 8 %.

(2) Ermitteln Sie den Barwert von drei zu leistenden Zahlungen, wenn der Kalkulationszinssatz 10 % beträgt:

| | |
|---|---|
| Ende des 3. Jahres | 70.000 € |
| Ende des 5. Jahres | 150.000 € |
| Ende des 7. Jahres | 150.000 € |

(3) Es wird über 10 Jahre hinweg eine Rente von 6.800 € gezahlt. Die Zahlungen erfolgen jeweils am Jahresende, der Kalkulationszinssatz beträgt 9 %. Ermitteln Sie den Barwert der Rente!

(4) Herr Müller schuldet Herrn Meier einen bestimmten Geldbetrag. Herr Müller bietet an, Herrn Meier 5 jährliche Raten von 12.000 € zu zahlen. Die Zahlungen sollen jeweils am Jahresende erfolgen.

Herr Meier ist grundsätzlich bereit, auf den Vorschlag einzugehen, macht aber doch einen Gegenvorschlag: Herr Müller könne ihm das Geld in 15 Jahresraten in Höhe von 6.000 € zurückzahlen. Er geht ebenfalls davon aus, dass die Zahlungen am Jahresende erfolgen.

Welche der beiden Alternativen würden Sie Herrn Müller empfehlen, wenn der Kalkulationszinssatz 10 % beträgt?

(5) Zu welchem Barwert führen die folgenden Zahlungen bei einem Zinssatz von 12 %:

| | | | |
|---|---|---|---|
| 1. Jahr: | 5.000 € | 3. Jahr: | 15.000 € |
| 2. Jahr: | 10.000 € | 4. Jahr: | 20.000 € |

Wie hoch ist der Barwert bei gleichem Zinssatz und folgendem Verlauf der Zahlungen:

| | | | |
|---|---|---|---|
| 1. Jahr: | 20.000 € | 3. Jahr: | 10.000 € |
| 2. Jahr: | 15.000 € | 4. Jahr: | 5.000 € |

Weshalb sind die Barwerte unterschiedlich hoch, obgleich die Beträge in ihrer Summe gleich sind?

# 20: Endwert

(1) Welcher Betrag ergibt sich, wenn 5.000 € über 10 Jahre hinweg mit 8 % verzinst werden, am Ende des 10. Jahres?

(2) Ermitteln Sie den Wert, der sich nach 5 Jahren ergibt, wenn jährlich 2.500 € auf ein Sparbuch eingezahlt werden. Der Zinssatz beträgt 6 %.

(3) Ist es bei einem Zinssatz von 10 % vorteilhafter, jetzt 10.000 € oder über 6 Jahre hinweg eine jährliche Rate von 2.300 € oder zum Ende des 6. Jahres 18.000 € zu zahlen?

(4) Wie sieht der Vorteilsvergleich von (3) aus, wenn der Zinssatz 6 % bzw. 14 % beträgt?

## 21: Jahreswert

(1) Ein jetzt fälliger Betrag von 50.000 € soll in 5 gleich hohen Jahresraten ausgezahlt werden. Wie hoch sind die Jahresraten bei einem Kalkulationszinssatz von 10 %?

(2) Eine Zahlung ist nach 10 Jahren fällig. Sie beträgt 100.000 €. Die Vertragspartner kommen überein, den Betrag nicht einmalig nach 10 Jahren, sondern in gleich hohen Jahresbeträgen über die 10 Jahre hinweg zu zahlen. Wie hoch ist der Jahresbetrag, wenn von einem Kalkulationszinssatz von 8 % ausgegangen wird?

(3) Eine Zahlung von 10.000 € ist jetzt fällig. Es wird angeboten, anstelle der einmaligen Zahlung in fünf jährlichen Raten von 2.600 € zu zahlen. Der Kalkulationszinssatz beträgt 10 %. Ist das Angebot für den Schuldner vorteilhaft?

## 22: Kapitalwertmethode

Die Speditions GmbH beabsichtigt, einen Lastkraftwagen zu kaufen. Er kostet 80.000 € und ist 6 Jahre nutzbar. Der Kalkulationszinsfuß beträgt 10 %, der Liquidationserlös wird auf 8.000 € geschätzt.

(1) Ist diese Investition vorteilhaft, wenn der Lastkraftwagen voraussichtlich folgende Rückflüsse erwirtschaftet:

| | | | |
|---|---|---|---|
| 1. Jahr | 15.000 € | 4. Jahr | 25.000 € |
| 2. Jahr | 20.000 € | 5. Jahr | 20.000 € |
| 3. Jahr | 25.000 € | 6. Jahr | 20.000 € |

(2) Wie verändert sich die Vorteilhaftigkeit der Investition, wenn mit einem Kalkulationszinsfuß von 14 % gerechnet wird und ein Liquidationserlös nicht anfällt?

## 23: Interne Zinsfuß-Methode

Eine Investition mit einem Anschaffungswert von 40.000 € führt über 10 Jahre hinweg zu Rückzahlungen von jährlich 6.000 €. Ein Liquidationserlös fällt nicht an.

(1) Ermitteln Sie rechnerisch, ob die Investition vorteilhaft ist, wenn ein Kalkulationszinsfuß von 8 % zu Grunde gelegt wird!

(2) Ist die Investition auch bei einem Kalkulationszinsfuß von 9 % vorteilhaft?

(3) Stellen Sie die Ergebnisse aus (1) und (2) grafisch dar!

## 24: Annuitätenmethode

Ermitteln Sie mithilfe der Annuitätenmethode, welche der beiden Investitionsalternativen bei einem Kalkulationszinsfuß von 8 % die vorteilhaftere ist:

Maschine I kostet 100.000 € und ist 5 Jahre nutzbar. Die jährlichen Rückflüsse betragen:

| | | | |
|---|---|---|---|
| 1. Jahr | 28.000 € | 4. Jahr | 32.000 € |
| 2. Jahr | 36.000 € | 5. Jahr | 30.000 € |
| 3. Jahr | 35.000 € | | |

Der Liquidationserlös wird mit 5.000 € veranschlagt.

Maschine II kostet 80.000 € und ist ebenfalls 5 Jahre nutzbar, die jährlichen Rückflüsse betragen:

| | | | |
|---|---|---|---|
| 1. Jahr | 22.000 € | 4. Jahr | 28.000 € |
| 2. Jahr | 30.000 € | 5. Jahr | 20.000 € |
| 3. Jahr | 28.000 € | | |

Ein Liquidationserlös fällt nicht an.

## 25: Kapitalstruktur (1)

Nehmen Sie Stellung zu folgenden Gegebenheiten:

(1) Die Metallbau GmbH plant die Erweiterung ihrer Produktionskapazitäten. Dazu müssen für 1.200.000 € eine neue Halle gebaut und Maschinen für 4.130.000 € beschafft werden. Die Geschäftsführung plant eine Finanzierung mit kurzfristigem Kapital.

(2) Ein Kreditgeber bietet der Metallbau GmbH einen variablen Zinssatz von 7,9 % an. Als Sicherheit fordert er die Eintragung einer Grundschuld. Die Geschäftsführung rechnet in ihrem mittelfristigen Finanzplan, der 4 Jahre umfasst, mit diesem Zinssatz.

(3) Weiter fordert der Kreditgeber ein Mitspracherecht bezüglich dieses Erweiterungsprojektes. Er setzt seine Zustimmung zu allen Planungen und Auszahlungen voraus, die in Zusammenhang mit diesem Projekt stehen. Die Geschäftsführung weist diese Forderung zurück. Nach ihrer Auffassung haben die Fremdkapitalgeber keine Mitspracherechte im Unternehmen.

## 26: Kapitalstruktur (2)

Eine OHG hat die folgende vereinfachte Bilanz:

| Aktiva | Bilanz zum 31.12.2007 | | Passiva |
|---|---|---|---|
| Anlagevermögen | 40.000 | Eigenkapital | 80.000 |
| Umlaufvermögen | 60.000 | Fremdkapital | 20.000 |
| | 100.000 | | 100.000 |

Die Gesamtkapitalrentabilität beträgt 10 %.

(1) Ermitteln Sie, wie hoch die Eigenkapitalrentabilität bei dem oben genannten Eigenkapital-Fremdkapital-Verhältnis ist, wenn die Fremdkapitalzinsen 8 % betragen!

(2) Die Gesellschafter planen die Erweiterung der Kapitalbasis um 100.000 €. Sie beabsichtigen, das Eigenkapital um 60.000 € und das Fremdkapital um 40.000 € zu steigern.

Wie verändert sich die Eigenkapitalrentabilität, wenn die Gesamtkapitalrentabilität und die Fremdkapitalzinsen voraussichtlich gleich bleiben?

(3) Ein Unternehmensberater empfiehlt den Gesellschaftern, die Kapitalerhöhung ausschließlich mit Fremdkapital vorzunehmen.

Wie ist diese Empfehlung – bei gleichbleibender Gesamtkapitalrentabilität und unveränderten Fremdkapitalzinsen – zu beurteilen?

(4) Eine Marktanalyse zeigt, dass die Gesamtkapitalrentabilität im kommenden Jahr um 2 % absinken wird. Es ist mit einem Ansteigen der Fremdkapitalzinsen um 1 % zu rechnen. Welche Bedeutung haben diese Informationen für die Gesellschafter, die sich noch nicht entschieden haben, ob sie bei der Kapitalerhöhung ihren Vorstellungen oder dem Vorschlag des Unternehmensberaters folgen sollen?

## 27: Mittelwert-Verfahren

Ein Zahlungsstrom wies in der Vergangenheit folgende Entwicklung auf:

| | | | |
|---|---|---|---|
| 1. Quartal 2007 | 4.000 € | 1. Quartal 2008 | 4.600 € |
| 2. Quartal 2007 | 4.200 € | 2. Quartal 2008 | 4.900 € |
| 3. Quartal 2007 | 4.500 € | 3. Quartal 2008 | 4.900 € |
| 4. Quartal 2007 | 4.500 € | | |

Das Unternehmen bedient sich zur Ermittlung des jeweiligen Prognosewertes stets der letzten vier Vergangenheitswerte.

(1) In welcher Höhe kann der Zahlungsstrom für das 4. Quartal 2008 angesetzt werden? Nehmen Sie an, der Zahlungsstrom wird 5.100 € im 4. Quartal 2008 betragen. Mit welchem Wert kann – unter Verwendung des gleitenden Mittelwertes – das 1. Quartal 2009 angesetzt werden?

(2) Welche Entwicklung kann der Zahlungsstrom im 4. Quartal 2008 nehmen, wenn die Vergangenheitswerte die folgende Gewichtung erhalten:

| | | | |
|---|---|---|---|
| Viertletztes Quartal | 10 % | Vorletztes Quartal | 30 % |
| Drittletztes Quartal | 20 % | Letztes Quartal | 40 % |

Begründen Sie, weshalb der ermittelte Prognosewert erheblich von dem in (1) ermittelten Wert abweicht!

## 28: Exponentielle Glättung

Ein Zahlungsstrom wies in den letzten Jahren die folgende Entwicklung auf:

| | | | |
|---|---|---|---|
| 2003 | 300.000 € | 2006 | 350.000 € |
| 2004 | 240.000 € | 2007 | 320.000 € |
| 2005 | 270.000 € | | |

Ermitteln Sie mithilfe der exponentiellen Glättung erster Ordnung die Vorhersagewerte für die Jahre 2004, 2005, 2006 und 2007 rechnerisch und stellen Sie die Ergebnisse grafisch dar, wobei die a-Werte 0,1 / 0,4/ 0,8 zu Grunde gelegt werden sollen. Als Vorhersagewert für das Jahr 2002 gelten 280.000 €.

## 29: Trendrechnung

Ein Zahlungsstrom hatte in der Vergangenheit folgenden Verlauf:

| | | | |
|---|---|---|---|
| 2005 | 280.000 € | 2007 | 330.000 € |
| 2006 | 290.000 € | 2008 | 350.000 € |

Welcher Prognosewert ergibt sich für das Jahr 2009?

## 30: Finanzplan

Sie haben als Assistent der Finanzleitung die Aufgabe, einen ersten Entwurf eines Finanzplanes für 2009 zu erstellen, wofür Ihnen die notwendigen Unterlagen der Marktforschung, des Rechnungswesens usw. vorliegen. Der Finanzplan hat folgendes Aussehen:

| Beträge in Tsd. € | Jan. | Feb. | März | April | Mai | Juni | Juli | Aug. | Sep. | Okt. | Nov. | Dez. |
|---|---|---|---|---|---|---|---|---|---|---|---|---|
| A. Zahlungsmittel-Anfangsbestand | 30 | 50 | 120 | 165 | 140 | 55 | – 20 | – 60 | – 40 | 5 | 10 | 40 |
| . | . | . | . | . | . | . | . | . | . | . | . | . |
| . | . | . | . | . | . | . | . | . | . | . | . | . |
| . | . | . | . | . | . | . | . | . | . | . | . | . |
| . | . | . | . | . | . | . | . | . | . | . | . | . |
| . | . | . | . | . | . | . | . | . | . | . | . | . |
| . | . | . | . | . | . | . | . | . | . | . | . | . |
| B. Einzahlungen | 145 | 185 | 175 | 100 | 85 | 75 | 80 | 120 | 150 | 165 | 180 | 165 |
| . | . | . | . | . | . | . | . | . | . | . | . | . |
| . | . | . | . | . | . | . | . | . | . | . | . | . |
| . | . | . | . | . | . | . | . | . | . | . | . | . |
| . | . | . | . | . | . | . | . | . | . | . | . | . |
| . | . | . | . | . | . | . | . | . | . | . | . | . |
| . | . | . | . | . | . | . | . | . | . | . | . | . |
| C. Auszahlungen | 125 | 115 | 130 | 125 | 170 | 150 | 120 | 100 | 105 | 160 | 150 | 155 |
| D. Zahlungsmittel-Schlussbestand | 50 | 120 | 165 | 140 | 55 | – 20 | - 60 | – 40 | 5 | 10 | 40 | 50 |

(1) Interpretieren Sie das vorliegende Zahlenmaterial!

(2) Welche Möglichkeiten gibt es, die Liquidität des Unternehmens zu verbessern, ohne dass Kapital aufgenommen wird?

(3) Was ist dem Unternehmen zu raten, wenn es überliquide ist?

## 31: Bargeld / Buchgeld / Geldersatzmittel

Worin bestehen die Unterschiede zwischen Bargeld, Buchgeld und Geldersatzmitteln?

| | Arten | Erfüllung einer Zahlungsverpflichtung | Annahmepflicht des Gläubigers |
|---|---|---|---|
| Bargeld | •<br>• | | |
| Buchgeld | •<br>• | | |
| Geldersatzmittel | •<br>• | | |

## 32: Überweisungsverkehr

(1) Wie läuft der Überweisungsvorgang bei Kreditinstituten ab?

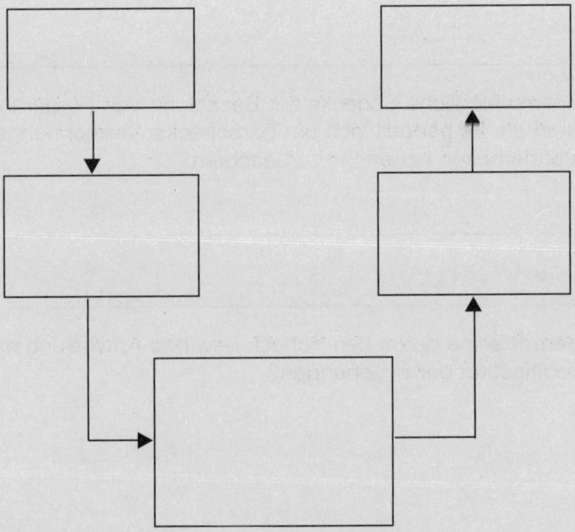

(2) In welchen Fällen bietet sich eine Dauerüberweisung an?

## 33: Lastschriftverkehr

(1) Worin unterscheiden sich die Einsatzgebiete der Dauerüberweisung und der Lastschrift?

| Dauerüberweisung | Lastschrift |
|---|---|
| | |
| | |
| | |
| | |

(2) Wie erfolgt der Ablauf des Lastschriftverkehrs bei der Einzugsermächtigung?

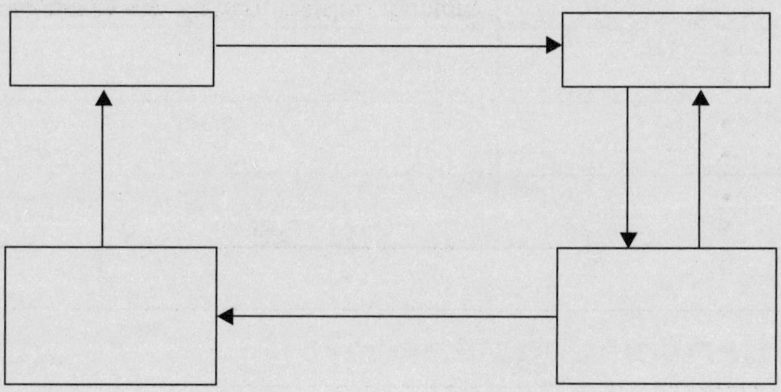

## 34: Scheckverkehr (1)

Sie haben mehrere unterschiedliche Schecks zur Bezahlung von Forderungen Ihres Unternehmens vorgelegt bekommen. Es handelt sich um Barschecks, Verrechnungsschecks und Orderschecks. Welche Besonderheiten haben Sie zu beachten?

## 35: Scheckverkehr (2)

(1) Ein Aussteller widerruft seine durch den Scheck bewirkte Anweisung nach vier Wochen. Inwieweit ist das Kreditinstitut daran gebunden?

(2) Vermerken Sie auf dem nachfolgenden Scheck die gesetzlichen Bestandteile!

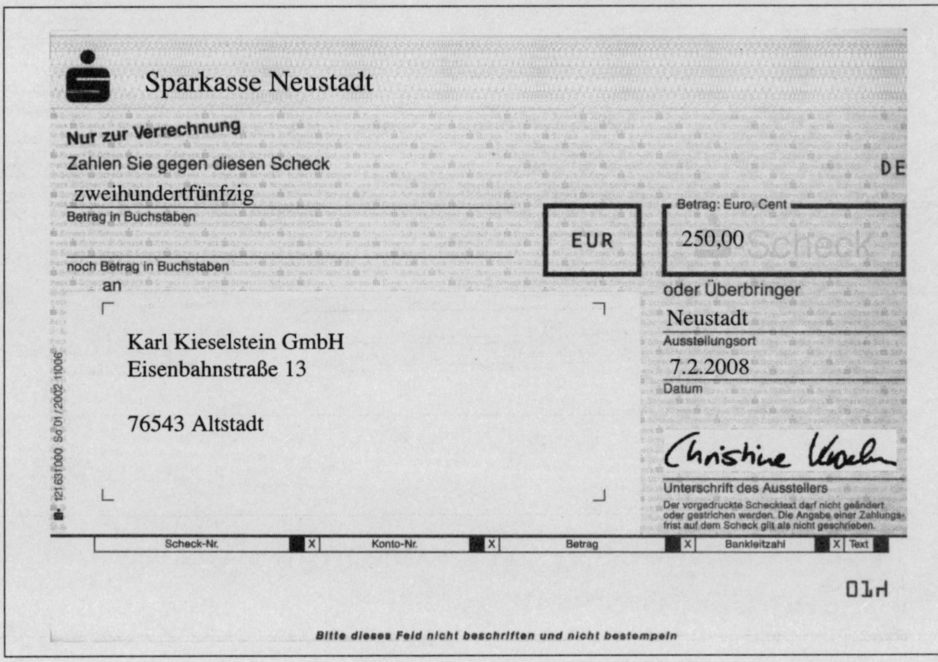
Sparkasse Neustadt

Nur zur Verrechnung

Zahlen Sie gegen diesen Scheck

zweihundertfünfzig

Betrag in Buchstaben

noch Betrag in Buchstaben

an

Karl Kieselstein GmbH
Eisenbahnstraße 13

76543 Altstadt

EUR

Betrag: Euro, Cent

250,00

oder Überbringer

Neustadt

Ausstellungsort

7.2.2008

Datum

Christine Koch

Unterschrift des Ausstellers

Der vorgedruckte Schecktext darf nicht geändert oder gestrichen werden. Die Angabe einer Zahlungsfrist auf dem Scheck gilt als nicht geschrieben.

| Scheck-Nr. | X | Konto-Nr. | X | Betrag | X | Bankleitzahl | X | Text |
|---|---|---|---|---|---|---|---|---|

Bitte dieses Feld nicht beschriften und nicht bestempeln

## 36: Wechselverkehr (1)

Sie schicken mit der Rechnung und der Warenlieferung eine Tratte an Ihren Kunden. Dieser akzeptiert und schickt den Wechsel an Sie zurück. Wie können Sie mit diesem Wechsel verfahren, welche Funktion erfüllt er?

## 37: Wechselverkehr (2)

(1) Der Student Peter Kamb zahlt beim Kauf eines gebrauchten Autos mit einem Wechsel. Nach einer Woche stellt sich heraus, dass das Auto einen versteckten Mangel hat, der arglistig verschwiegen wurde. Er gibt das Auto zurück. Nach 4 Monaten will der Verkäufer (fristgerecht) den Wechsel einlösen. Peter Kamb lehnt ab, da das Auto zurückgegeben wurde. Mit Recht?

(2) Vermerken Sie auf dem nachfolgenden Wechsel die gesetzlichen Bestandteile:

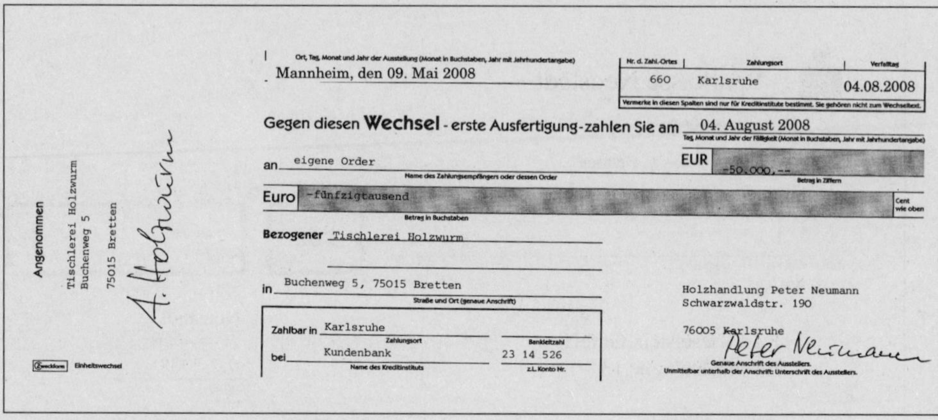

Angenommen
Tischlerei Holzwurm
Buchenweg 5
75015 Bretten
A. Holzwurm

Ort, Tag, Monat und Jahr der Ausstellung (Monat in Buchstaben, Jahr mit Jahrhundertangabe)
Mannheim, den 09. Mai 2008

| Nr. d. Zahl.-Ortes | Zahlungsort | Verfalltag |
| --- | --- | --- |
| 660 | Karlsruhe | 04.08.2008 |

Vermerke in diesen Spalten sind nur für Kreditinstitute bestimmt. Sie gehören nicht zum Wechseltext.

Gegen diesen **Wechsel** - erste Ausfertigung - zahlen Sie am 04. August 2008
Tag, Monat und Jahr der Fälligkeit (Monat in Buchstaben, Jahr mit Jahrhundertangabe)

an eigene Order
Name des Zahlungsempfängers oder dessen Order
EUR -50.000,--
Betrag in Ziffern

Euro -fünfzigtausend
Betrag in Buchstaben
Cent wie oben

Bezogener Tischlerei Holzwurm

in Buchenweg 5, 75015 Bretten
Straße und Ort (genaue Anschrift)

Zahlbar in Karlsruhe
Zahlungsort
Bankleitzahl
bei Kundenbank 23 14 526
Name des Kreditinstituts
z.L. Konto Nr.

Holzhandlung Peter Neumann
Schwarzwaldstr. 190
76005 Karlsruhe
Peter Neumann
Genaue Anschrift des Ausstellers.
Unmittelbar unterhalb der Anschrift: Unterschrift des Ausstellers.

Einheitswechsel

## 38: Elektronischer und kartengestützter Zahlungsverkehr

Zeigen Sie die Unterschiede auf zwischen:

- Elektronic Banking und Internet Banking
- »Pay later«-, »Pay now«- und »Pay before«-Zahlungssystemen
- POS- und POZ-Systemen.

## 39: Auslandszahlungsverkehr

Zeigen Sie die Unterschiede auf zwischen:

- Loro- und Nostro-Konto
- Konnossement und Frachtbrief
- Dokumenteninkasso und Dokumentenakkreditiv.

# 40: OHG / KG

(1) Martin Lehmann, Herbert Schlüter und Peter Schmidt wollen eine OHG betreiben, die mit Büromöbeln handelt.

(a) Welche Möglichkeiten haben sie, die Firma zu benennen?

(b) Peter Schmidt sieht nach eingehenden Überlegungen nur die Möglichkeit, eine Haftung in Höhe seiner Einlage zu übernehmen. Man erwägt deshalb, anstelle der OHG eine KG zu gründen. Wie könnte die Firma der KG benannt werden?

(c) Worin liegen die Vor- und Nachteile für Peter Schmidt, wenn er Kommanditist in der KG wird, im Vergleich zur OHG?

(2) Martin Lehmann und Herbert Schlüter haben Peter Schmidt überzeugen können, dass die OHG für ihre Zwecke doch die geeignetere Rechtsform ist.

Dies war vor allem durch zwei Vereinbarungen möglich:

- Es wird eine Gewinnverteilung vereinbart, bei der jeder Gesellschafter einen gleich hohen Gewinnanteil erhält.
- Peter Schmidt haftet nur in Höhe seiner Einlage.

(a) Inwieweit erweist sich die vertraglich vereinbarte Gewinnverteilung im Vergleich zu der handelsrechtlich vorgesehenen Gewinnverteilung für Peter Schmidt von Vorteil, wenn die Geschäftsanteile zu Beginn des ersten Geschäftsjahres

- 30.000 € (Martin Lehmann)
- 28.000 € (Herbert Schlüter)
- 24.000 € (Peter Schmidt)

betragen und ein Gewinn von 18.000 € im ersten Geschäftsjahr erzielt wurde.

(b) Innerhalb des ersten Geschäftsjahres geht ein Gläubiger, der Forderungen in Höhe von 35.000 € hat, gegen Peter Schmidt vor. Peter Schmidt verweist auf seine, im Gesellschaftsvertrag auf den Geschäftsanteil beschränkte Haftung, und fordert ihn auf, den über seinen Geschäftsanteil von 24.000 € liegenden Betrag unmittelbar von seinen Mitgesellschaftern einzutreiben. Der Gläubiger lehnt ab, mit Recht?

(3) Das Ergebnis dieses Rechtsstreits hat Peter Schmidt entmutigt, und er will mit Ende des zweiten Geschäftsjahres (31. Dezember) aus der OHG ausscheiden, was er seinen Mitgesellschaftern auch am 05. September des Jahres schriftlich mitteilt. Seine Mitgesellschafter sind mit der Kündigung nicht einverstanden. Welchen Grund können sie vorbringen?

# 41: Stille Gesellschaft / GdbR / KG

(1) Inwieweit gibt es Unterschiede oder Ähnlichkeiten der Stillen Gesellschaft zu der GdbR und KG?

| Kriterium | Stille Gesellschaft | GdbR | KG |
|---|---|---|---|
| Firma | | | |
| Art der Gesellschaft | | | |
| Wirkung der Gesellschaft | | | |
| Vermögen der Gesellschaft | | | |
| Geschäftsführung der Gesellschaft | | | |
| Vertretung der Gesellschaft | | | |
| Haftung der Gesellschaft | | | |

(2) Der Einzelunternehmer Manfred Paule nimmt einen stillen Gesellschafter mit der Maßgabe auf, dass dieser an den während der Zeit seiner Kapitalbereitstellung entstehenden Reserven beteiligt wird.

(a) Widerspricht diese Vereinbarung nicht der grundlegenden Konstruktion der Stillen Gesellschaft?

(b) Welche Auswirkungen hat diese Vereinbarung steuerrechtlich für den stillen Gesellschafter?

(c) Wie weist der Einzelunternehmer das vom stillen Gesellschafter bereitgestellte Kapital aus?

(d) Für das dritte Geschäftsjahr der Stillen Gesellschaft steht dem stillen Gesellschafter ein Gewinnanteil in Höhe von 5.000 € zu. Der Einzelunternehmer teilt dem stillen Gesellschafter mit, er sehe sich gezwungen, dessen Gewinnanteil einzubehalten, da seine Liquiditätslage angespannt sei.

- Kann der Einzelunternehmer dies tun, wenn vertraglich keine besondere Regelung hierüber getroffen wurde?
- Ist der Einzelunternehmer berechtigt, lediglich 3.000 € an den stillen Gesellschafter auszuzahlen, wenn dessen Kapitalanteil im Vorjahr durch einen Verlust um 2.000 € gemindert wurde?

(3) Die Haftung der Gesellschafter der GdbR gegenüber ihren Gläubigern kann beschränkt werden. Kann dies im Gesellschaftsvertrag vorgenommen werden?

# 42: Vergleich von Personen- und Kapitalgesellschaften

| Kriterium | Personengesellschaft | Kapitalgesellschaft |
|---|---|---|
| Rechtspersönlichkeit | | |
| Vermögen der Gesellschaft | | |
| Befugnis zur Geschäftsführung und Vertretung | | |
| Haftung | | |

# 43: GmbH

Die Bilanz der Hobby GmbH wies zum Ende des Geschäftsjahres 2007 folgende Werte auf:

Bilanz per 31.12.2007

| Aktiva | | Passiva | |
|---|---|---|---|
| Noch ausstehendes Stammkapital | 20.000 | Gezeichnetes Kapital | 400.000 |
| Noch ausstehendes Nachschusskapital | 15.000 | Nachschusskapital | 40.000 |
| Vermögen | 660.000 | Rücklage | 5.000 |
| | | Verbindlichkeiten | 255.000 |
| | | Verlustvortrag | ./. 5.000 |
| | 695.000 | | 695.000 |

Die Gesellschafterversammlung beschloss 2006, Nachschusskapital in Höhe von 10 % des Stammkapitals zu bilden, das bis zum 31.03.2007 eingezahlt werden sollte. Die Gesellschafter Peters, Meier und Wagner sind Geschäftsführer.

Gesellschafter Peters hat das Nachschusskapital fristgerecht eingezahlt. Gesellschafter Meier steht mit seinem Nachschuss in Höhe von 10.000 € sowie mit Stammkapital in Höhe von 20.000 € noch aus. Gesellschafter Wagner hat am 31.10.2006 Nachschusskapital in Höhe von 3.000 € eingezahlt.

Der Gewinn der Hobby GmbH liegt für das Jahr 2007 in Höhe von 96.000 €.

Der Gesellschaftervertrag enthält u. a. folgende Vereinbarungen.

.
.
.

§ 5 Das Stammkapital der Gesellschaft beträgt 400.000 €. Davon übernimmt Gesellschafter Peters 220.000 €, Gesellschafter Meier 100.000 €, Gesellschafter Wagner 80.000 €.

§ 8 Nachschusspflicht wird bis zur Höhe von 50 % des Stammkapitals vereinbart. Ein Nachschuss ist zulässig, wenn mindestens 90 % des Stammkapitals eingezahlt sind.

§ 9 Für noch ausstehende Stammeinlagen und noch ausstehende bzw. verspätet geleistete Nachschüsse werden Verzugszinsen in Höhe von 7 % berechnet.

§ 10 Bis zur vollständigen Aufbringung der Stammeinlage bzw. des Nachschusses einschließlich der Verzugszinsen erfolgt eine Aufrechnung mit den Gewinnanteilen der betreffenden Gesellschafter.

.
.
.

§ 14 Aus dem Jahresgewinn abzüglich eines eventuell vorhandenen Verlustvortrages sind 5 % als Rücklage einzubehalten, bis 10 % des Stammkapitals erreicht sind.

§ 15 Die geschäftsführenden Gesellschafter erhalten 30 % des Jahresüberschusses vor Verlustverrechnung zu gleichen Teilen als Tantieme.

Ermitteln Sie, wie hoch der auszuzahlende Gewinnanteil eines jeden Gesellschafters ist, wenn eine Dividende von 10 % auf das Stammkapital und 5 % auf das Nachschusskapital ausgezahlt wird, unabhängig davon, ob die Einlagen voll einbezahlt sind.

Berücksichtigen Sie die Kapitalertragsteuer (20 %), die Körperschaftsteuer (25 %) und den Solidaritätszuschlag (5,5 %).

## 44: Aktiengesellschaft

(1) Die Elektronic AG wird gegründet. Ihr Grundkapital beträgt 3.000.000 €, der Emissionskurs beträgt 110 %. Gründungskosten fallen in Höhe von 150.000 € an. Wie sieht die Gründungsbilanz aus, wenn

(a) der volle Nennbetrag der Aktien einbezahlt wird,

(b) lediglich 25 % des Nennbetrages der Aktien einbezahlt werden?

(c) Unter welcher Voraussetzung ist es möglich, lediglich 25 % des Nennwertes der Aktien einzuzahlen?

(2) Folgende Daten der Maschinen AG liegen vor:

| | |
|---|---:|
| Gezeichnetes Kapital | 500.000 € |
| Gewinnrücklagen | 22.500 € |
| Gewinnvortrag | 2.500 € |
| Vorläufiger Jahresüberschuss | 80.000 € |
| Vorstandstantieme (nach Beschluss des Aufsichtsrates) | 10.000 € |
| Aufsichtsratstantieme (gemäß Satzung) | 6.000 € |

Es werden 20 % des Jahresüberschusses nach Einstellung in die gesetzliche Rücklage der freien Rücklage zugeführt. Die höchstmögliche, auf einen vollen Prozentsatz lautende Dividende, ist auszuschütten.

Ermitteln und verteilen Sie den Bilanzgewinn!

## 45: Bilanz-/ Ertragswertkurs / Rendite

Die Kosmetik AG weist folgende, vereinfachte Bilanz auf:

| Aktiva | Bilanz per 01.01.2008 | | Passiva |
|---|---|---|---|
| Anlagevermögen | 750.000 | Gezeichnetes Kapital | 600.000 |
| Umlaufvermögen | 390.000 | Gewinnrücklagen | 30.000 |
| | | Freie Rücklage | 65.000 |
| | | Verbindlichkeiten | 440.000 |
| | | Gewinnvortrag | 5.000 |
| | 1.140.000 | | 1.140.000 |

Jahresgewinn: 115.000 € Kalkulationszinsfuß: 10 %

Ein Konkurrenzunternehmen, die Beauty AG, hat folgende vereinfachte Bilanz:

| Aktiva | Bilanz per 01.01.2008 | | Passiva |
|---|---|---|---|
| Anlagevermögen | 340.000 | Gezeichnetes Kapital | 300.000 |
| Umlaufvermögen | 246.000 | Gewinnrücklagen | 15.000 |
| | | Freie Rücklage | 130.000 |
| | | Verbindlichkeiten | 140.000 |
| | | Gewinnvortrag | 1.000 |
| | 586.000 | | 586.000 |

Jahresgewinn: 62.000 € Kalkulationszinsfuß: 10 %

(1) Ermitteln Sie den Bilanzkurs und Ertragswertkurs für beide Unternehmen und interpretieren Sie die Ergebnisse!

(2) Der Kaufmann Peter Merseburger hat eine 50 €-Aktie der Beauty AG zum Kurs von 180 € gekauft. Als Dividende erhält er 10,30 €. Hat sich seine Investition gelohnt, wenn der effektive Zinssatz am Kapitalmarkt bei 7,5 % liegt?

# 46: Kursfindung / Kurszusätze

(1) Folgende Kaufaufträge und Verkaufaufträge liegen an der Wertpapierbörse vor:

| Kaufaufträge | Verkaufsaufträge |
|---|---|
| 100 billigst | 150 billigst |
| 150 Stück zu 190,00 € | 100 Stück zu 184,00 € |
| 200 Stück zu 188,00 € | 130 Stück zu 186,00 € |
| 175 Stück zu 186,00 € | 190 Stück zu 188,00 € |
| 150 Stück zu 184,00 € | 240 Stück zu 190,00 € |

Wie hoch ist der Kurs nach dem Meistausführungsprinzip an diesem Tag?

(2) Was heißt:

(a) bG

(b) -G

(c) exD

(d) B

(e) *

# 47: Vergleich Genussschein/Aktie

| | Genussschein | Aktie |
|---|---|---|
| Rechtsstellung des Inhabers | | |
| Mitbestimmung | | |
| Gewinnanspruch | | |
| Fristigkeit | | |

## 48: Gründung

(1) Welche rechtlichen Regelungen haben für die folgenden Unternehmensformen Gültigkeit?

| | OHG | KG | SG* | GdbR | GmbH | AG |
|---|---|---|---|---|---|---|
| Anzahl der Gründer | | | | | | |
| Notwendigkeit der notariellen Beurkundung | | | | | | |
| Notwendigkeit des Handelsregister-Eintrages | | | | | | |
| Haftung der Gründer *vor* Handelsregister-Eintrag | | | | | | |
| Haftung der Gründer *nach* Handelsregistereintrag | | | | | | |
| Mindestkapitalhöhe | | | | | | |

(2) Worin kann die Begründung liegen, dass die Kommanditisten zwar namentlich und mit der Höhe ihrer Einlage beim Handelsregister anzumelden sind, aber bei der Bekanntmachung der Eintragung lediglich die Zahl der Kommanditisten angegeben wird?

(3) Welchen Zweck verfolgen die Bestimmungen über die Nachgründung im AktG?

## 49: Kapitalerhöhung bei der OHG

(1) Die Wulf OHG weist folgende, vereinfachte Bilanz auf:

| Aktiva | | Bilanz | Passiva |
|---|---|---|---|
| Anlagevermögen | 80.000 | Geschäftsanteil Wulf | 60.000 |
| Umlaufvermögen | 65.000 | Geschäftsanteil Meister | 30.000 |
| | | Geschäftsanteil Pilz | 15.000 |
| | | Verbindlichkeiten | 40.000 |
| | 145.000 | | 145.000 |

Die stillen Reserven werden auf 28.000 € geschätzt. Die Geschäftsanteile der OHG-Gesellschafter werden anteilig um insgesamt 31.500 € erhöht. Wie sieht die Bilanz nach der Kapi-

* SG = Stille Gesellschaft

talerhöhung aus und welche Auswirkungen hat die Kapitalerhöhung für den Anteil der einzelnen Gesellschafter an den stillen Reserven?

(2) Nehmen Sie an, die Kapitalerhöhung würde nicht anteilig vorgenommen, sondern jeder Gesellschafter würde seinen Geschäftsanteil um 10.500 € erhöhen. Wie sehen die Auswirkungen auf die Anteile der einzelnen Gesellschafter an den stillen Reserven aus?

(3) Die Kapitalerhöhung erfolgt nicht wie zuvor beschrieben sondern derart, dass ein neuer Gesellschafter aufgenommen wird, dessen Geschäftsanteil 31.500 € beträgt. In welcher Weise verändern sich die Anteile der OHG-Gesellschafter an den stillen Reserven?

## 50: Kapitalerhöhung bei der AG (1)

Die Chemie AG mit einem gezeichneten Kapital von 20.000.000 € beabsichtigt, eine Kapitalerhöhung in Höhe von 5.000.000 € durch Ausgabe neuer Aktien vorzunehmen. Als Ausgabekurs der neuen Aktien werden 90 € pro 50 €-Aktie festgelegt. Der Kurs der alten Aktien liegt bei 130 €.

(1) Welches Bezugsverhältnis liegt bei dieser Kapitalerhöhung vor?

(2) Welchen Wert hat das Bezugsrecht rechnerisch, wenn die Ausgabe der neuen Aktien zum Zeitpunkt der Dividendenauszahlung erfolgt?

(3) Welchen Wert hat das Bezugsrecht rechnerisch, wenn die Ausgabe der neuen Aktien 3 Monate vor Dividendenauszahlung erfolgt und mit einer Dividende von 15 € gerechnet wird?

## 51: Kapitalerhöhung bei der AG (2)

(1) Der tatsächliche Wert eines Bezugsrechtes liegt bei einer ordentlichen Kapitalerhöhung um 4 € höher als der rechnerisch ermittelte Wert des Bezugsrechts. Weshalb ist das möglich?

(2) Welche Auswirkungen kann ein relativ hoher Bezugskurs bei einer ordentlichen Kapitalerhöhung für das Unternehmen und die alten Aktionäre haben?

(3) Inwieweit dürfen nicht im Grundkapital enthaltene Eigenkapitalanteile für eine Kapitalerhöhung aus Gesellschaftsmitteln verwendet werden?

(4) Wie kann man die Kapitalerhöhung aus Gesellschaftsmitteln als Finanzierungsart nennen?

## 52: Sanierung

Die Werkzeugmaschinen AG weist folgende, vereinfachte Bilanz auf:

| Aktiva | | Bilanz | Passiva |
|---|---|---|---|
| Anlagevermögen | 3.000.000 | Gezeichnetes Kapital | 2.000.000 |
| Umlaufvermögen | 1.000.000 | Verbindlichkeiten | 2.400.000 |
| | | Verlustvortrag | ./. 400.000 |
| | 4.000.000 | | 4.000.000 |

Die 50 €-Aktie wird an der Börse mit 40 € gehandelt.

Die Hauptversammlung beschließt die Herabsetzung des Grundkapitals durch eine Zusammenlegung von Aktien im Verhältnis 4 : 3, um den Verlustvortrag auszugleichen und die anschließende Erhöhung des Grundkapitals im Verhältnis 3 : 1, wobei die neuen 50 €-Aktien pari ausgegeben werden.

(1) Welches Aussehen hat die Bilanz der Werkzeugmaschinen AG nach der Kapitalherabsetzung?

(2) Wie sieht die Bilanz der Werkzeugmaschinen AG nach der Kapitalerhöhung aus, die sich an die Kapitalherabsetzung angeschlossen hat?

## 53: Kreditwürdigkeitsprüfung

Eine Bank prüft die Kreditwürdigkeit eines Unternehmens, das eine Million € Kredit aufnehmen will.

(1) Ist die Bank hierzu verpflichtet?

(2) Welche Kriterien werden überprüft?

## 54: Bürgschaft

(1) Der Kaufmann Willi Schmidt ist in finanziellen Schwierigkeiten. Die Rechnung des Lieferanten Peters war fällig, Peters hat den ausstehenden Betrag von 4.500 € bereits angemahnt. Schmidt bittet einen Freund, den Pensionär Wuttke, für ihn zu bürgen. Der Freund ruft den Lieferanten Peters an und bittet ihn um Stundung des Rechnungsbetrages bis zum Monatsende. Er versichert, er würde in Höhe dieses Betrages bürgen.

   (a) Schmidt kann auch am Monatsende nicht zahlen, weshalb Peters den Wuttke auffordert, die Zahlung zu leisten. Wuttke lehnt ab, mit Recht?

   (b) Nehmen Sie an, Wuttke zahlt. Sein Rechtsanwalt weist ihn später darauf hin, dass er keine Verpflichtung gehabt hatte, die Zahlung zu leisten. Daraufhin fordert Wuttke den Betrag von Peters zurück, mit Erfolg?

(2) Der Kaufmann Werner Meier hat für seinen Kegelbruder, den Installateur Karl Dall, eine Ausfallbürgschaft übernommen, die sich auf eine noch zu bezahlende Lieferung des Fabrikanten Müßig an Dall in Höhe von 10.000 € bezieht. Dall zahlt nicht, weshalb sich Müßig unmittelbar an Meier wendet und ihn auffordert, die Zahlung zu leisten. Meier ist dazu nicht bereit, mit Recht?

(3) Stehen dem Bürgen, der eine selbstschuldnerische Bürgschaft eingeht, überhaupt keine Einspruchsrechte zu?

## 55: Eigentumsvorbehalt (1)

Die Metall Handels GmbH liefert der Mertens KG Rohstoffe für deren Fertigung, die erst in vier Wochen zu bezahlen sind. Außerdem teilt sie der Mertens KG mit, die Ware bliebe bis zur vollständigen Bezahlung im Eigentum des Lieferanten. Die Mertens KG zahlt die Rohstoffe zum vereinbarten Termin nicht. Die Metall Handels GmbH macht daraufhin ihre Eigentumsvorbehalte geltend. Wie ist die Rechtslage, wenn

(1) die Rohstoffe bei der Mertens KG noch auf Lager liegen,

(2) die Mertens KG die Rohstoffe an die Werkzeugmaschinen GmbH weiter veräußert hat,

(3) die Mertens KG die Rohstoffe verarbeitet hat,

(4) die Rohstoffe untergegangen sind?

## 56: Eigentumsvorbehalt (2)

(1) Anstelle des in Übung 55 dargestellten Eigentumsvorbehalts wird vereinbart:

Die Metall Handels GmbH liefert an die Mertens KG folgende Rohstoffe:

| Bestell-Nr. | Preis pro Einheit | Einheiten | Gesamtpreis |
|---|---|---|---|
| 178061 | 1.100,00 | 4 | 4.400,00 |
| 191612 | 450,00 | 2 | 900,00 |
| 121641 | 1.500,00 | 1 | 1.500,00 |
| 171721 | 1.000,00 | 2 | 2.000,00 |
| Summe | | | 8.800,00 |
| + 19 % Umsatzsteuer | | | 1.672,00 |
| Rechnungsbetrag | | | 10.472,00 |

Der Kaufpreis ist zahlbar nach Ablauf von vier Wochen, vom Tag der Lieferung an gerechnet. Die Metall Handels GmbH behält sich das Eigentum an den gelieferten Rohstoffen bis zur restlosen Zahlung des Kaufpreises vor. Die Mertens KG überträgt der Metall Handels GmbH das Eigentum an den aus den gelieferten Rohstoffen gefertigten Erzeugnissen und tritt ebenso die Kaufpreisforderung aus der Veräußerung dieser Erzeugnisse an die Metall Handels GmbH ab für den Fall, dass sie die aus diesem Vertrag geschuldeten Zahlungen nicht erbringt.

(a) Um welchen Eigentumsvorbehalt handelt es sich hier?
(b) Worin liegt der Vorteil dieses Eigentumsvorbehaltes im Vergleich zu Übung 55?
(c) In welchem Falle kommt dieser Eigentumsvorbehalt nicht zum Tragen?

(2) Anstelle des in Übung 55 dargestellten Eigentumsvorbehaltes wird vereinbart, dass die Eigentumsübertragung unter der aufschiebenden Bedingung der Bezahlung nicht nur dieser Lieferung, sondern auch der früheren Lieferungen erfolgt.

(a) Welcher Eigentumsvorbehalt liegt vor?
(b) Worin liegt der Vorteil dieses Eigentumsvorbehaltes im Vergleich zu Übung 55?

## 57: Pfandrecht / Sicherungsübereignung / Sicherungsabtretung

(1) Der Handelsvertreter Oskar Scholz ist in Schwierigkeiten. Anlässlich eines Kundenbesuches ist er bei Glatteis mit seinem Pkw von der Straße abgekommen und hat sich überschlagen. Der Pkw hat Totalschaden.

Scholz verfügt über 20.000 €, für den Kauf eines berufsbedingt notwendigen neuen Pkw benötigt er noch 5.000 €. Er bittet seinen Freund Edgar Kunz um den fehlenden Betrag und sagt ihm zu, Sicherheit zu leisten.

Kunz ist bereit, die fehlenden 5.000 € bereitzustellen und fordert Pfandrecht an dem Pkw. Scholz hält diese Form der Sicherung für ungeeignet und schlägt eine andere Form der Sicherung vor, die sich nach seinen Worten dafür geradezu anbiete.

Was könnte Scholz dazu bewogen haben, das Pfandrecht abzulehnen und welche Form der Sicherung könnte er vorgeschlagen haben?

(2) Der kaufmännische Angestellte Peter Schreiner schuldet dem Radiohändler Fröhlich 12.500 €. Er ist bereit, seine Gehaltsansprüche an Fröhlich abzutreten. Kann Fröhlich damit über die 1.650 € pro Monat verfügen, die Schreiner netto verdient?

## 58: Grundpfandrecht

(1) Ein Grundstück weist folgende Belastungen auf:

1. Grundschuld: 50.000 €
2. Grundschuld: 30.000 €
3. Grundschuld: 40.000 €

Ein Notverkauf des Grundstückes erbringt 90.000 €. Welche Bedeutung hat dies für die Gläubiger der Grundschuld?

(2) Der Fabrikant Lehmann will eine sein Grundstück belastende Verkehrshypothek abtreten. Wie kann das geschehen?

(3) Worin unterscheiden sich Hypothek und Grundschuld grundlegend, und wie ist ihre Eignung zur Sicherung von laufenden Krediten zu beurteilen?

(4) Die Verkehrshypothek, mit der das Grundstück des Fabrikanten Lehmann belastet ist, beträgt 100.000 €.

- Welche Bedeutung kommt einer Eigentümergrundschuld zu?
- Das Darlehen, für das die Verkehrshypothek im Grundbuch eingetragen wurde, ist nicht zur Auszahlung gelangt. Was bedeutet das für Lehmann?
- Wie hoch ist die Eigentümergrundschuld, wenn das Darlehen gewährt wurde und zwischenzeitlich zu 70 % bzw. zu 100 % von Lehmann zurückgezahlt worden ist?

## 59: Lieferantenkredit

Die Pharma GmbH bezieht chemische Rohstoffe von der Chemie AG. Die Rechnungsstellung erfolgt monatlich, wobei der Rechnungswert durchschnittlich 18.000 € beträgt und die Zahlung innerhalb von 10 Tagen abzüglich 2 % bzw. innerhalb von 30 Tagen netto Kasse zu erfolgen hat.

(1) Ermitteln Sie den effektiven Zinssatz für den Fall, dass die Pharma GmbH das Zahlungsziel ausnutzt, mithilfe der praxisüblichen Faustformel!

(2) In welcher Weise kann der effektive Zinssatz aus (1) genauer ermittelt werden und um wie viel Prozent weicht er von dem mithilfe der Faustformel ermittelten effektiven Zinssatz ab?

(3) Bei der Pharma GmbH hat man festgestellt, dass die Chemie AG erst nach 46 Tagen reagiert, wenn die Rechnung nicht beglichen wurde. Deshalb werden die Rechnungen der Chemie AG erst 46 Tage nach Rechnungstellung bezahlt. Inwieweit erweist sich diese Maßnahme als vorteilhaft?

## 60: Kundenkredit

Die Chemie AG benötigt eine Produktionsanlage. Sie holt mehrere Angebote ein. Das günstigste Angebot wird von der Metallbau GmbH abgegeben:

| | | |
|---|---|---|
| Preis | 2.500.000 € | |
| Anzahlung | 500.000 € | bei Vertragsschluss |
| Restzahlung | 2.000.000 € | nach Fertigstellung |
| Lieferzeit | 48 | Monate |

Der Kalkulationszinsfuß beträgt 10 %.

(1) Die Chemie AG schlägt vor, eine Anzahlung von 500.000 € bei Vertragsschluss zu leisten, der sich vier, jeweils zum Jahresende zu zahlende Raten von 420.000 € anschließen sollen. Wie ist dieser Vorschlag zu beurteilen?

(2) Die Metallbau GmbH unterbreitet der Chemie AG ein verändertes Angebot. Hiernach entfällt die Anzahlung bei Vertragsschluss, dafür werden vier gleiche Raten, jeweils zum Jahresende zahlbar, in Höhe von 585.000 € geleistet. Beurteilen Sie dieses Angebot!

(3) Es erfolgt eine Einigung zwischen der Chemie AG und der Metallbau GmbH. Die Chemie AG zahlt bei Vertragsabschluss einmalig 1.865.000 €. Wie ist diese Vereinbarung zu beurteilen?

## 61: Kontokorrentkredit / Diskontkredit

Die Firma Schmittke KG befindet sich in einem finanziellen Engpass. Herr Schmittke nimmt deshalb mit seiner Hausbank Gespräche auf, um die aufgetretenen Schwierigkeiten zu bewältigen. Für den Zeitraum von drei Monaten werden 100.000 € benötigt.

Die Bank erklärt sich bereit, der Schmittke KG entweder die Kreditlinie für Kontokorrentkredite um 100.000 € zu erhöhen oder einen Diskontkredit zu gewähren. Der effektive Zinssatz für Kontokorrentkredite beträgt 12 % p.a. Der Zinssatz für die Diskontierung von Wechseln liegt bei 4 %, die Marge bei 5 %, Diskontspesen fallen in Höhe von 10 € an.

Vergleichen Sie die Kapitalkosten beider Finanzierungsalternativen

(1) nach der Faustformel

(2) nach der genauen Formel

und schlagen Sie Herrn Schmittke vor, was er tun soll!

## 62: Lomardkredit

Im Umlaufvermögen eines Unternehmens befinden sich Wertpapiere und Waren in folgender Größenordnung:

| | |
|---|---|
| Aktien von bester Bonität | 100.000 € |
| Bundesanleihen | 250.000 € |
| Waren | 400.000 € |

Welches kurzfristige Liquiditätsvolumen könnte sich über eine Lombardierung ergeben?

## 63: Außenhandelskredit und internationale Finanzmärkte

Ein Unternehmer beabsichtigt erstmals internationale Projekte in Angriff zu nehmen.

(1) Welche Möglichkeit besitzt das Unternehmen, seine Zahlungsfähigkeit auch am internationalen Markt zu beweisen?

(2) Welche Finanzierungsmöglichkeiten bietet ein Roll-over-Kredit am Eurokreditmarkt für das Unternehmen?

## 64: Darlehen (1)

Die Stahlbau GmbH benötigt ein langfristiges Darlehen in Höhe von 200.000 € für die Laufzeit von 6 Jahren.

(1) Die Stadtsparkasse unterbreitet der Stahlbau GmbH den Vorschlag:

Zinssatz 8 %, Auszahlung 98 %
Tilgung jährlich in gleichen Raten

Wie hoch ist die Effektivverzinsung?

(2) Die Handelsbank AG bietet als Konditionen:

Zinssatz 7 %, Auszahlung 95 %
Tilgung nach 2 tilgungsfreien Jahren in jährlich gleichen Raten.

(a) Wie ist der effektive Zinssatz dieses Angebotes zu beurteilen?

(b) Inwieweit haben die tilgungsfreien Jahre Einfluss auf die Effektivverzinsung?

(3) Wie hoch würde der effektive Zinssatz sein, wenn die Darlehen erst mit Ende der Laufzeit getilgt würden?

## 65: Darlehen (2)

Die Handelsbank AG ist bereit, einem Unternehmen ein Darlehen zu gewähren:

| | |
|---|---|
| Darlehensbetrag | 120.000 € |
| Zinssatz | 10 % |
| Laufzeit | 6 Jahre |

Erstellen Sie Tilgungspläne jeweils für die folgenden Fälle:

(1) Das Darlehen wird in gleichen jährlichen Raten getilgt.

(2) Das Darlehen ist für 2 Jahre tilgungsfrei, danach wird es in gleichen jährlichen Raten getilgt.

(3) Das Darlehen wird in gleichen jährlichen Annuitäten getilgt.

(4) Das Darlehen ist für 2 Jahre tilgungsfrei, danach wird es in gleichen jährlichen Annuitäten getilgt.

(5) Das Darlehen wird mit Ende der Laufzeit getilgt.

## 66: Schuldscheindarlehen/Industrieobligation

Geben Sie einen Vergleich von Schuldscheindarlehen und Obligationen anhand des nachstehenden Kriterienkataloges!

| Kriterium | Schuldscheindarlehen | Industrieobligation |
|---|---|---|
| Voraussetzungen | | |
| Schuldner | | |
| Gläubiger | | |
| Ausgestaltung der Gläubigerrechte | | |
| Publizität | | |
| Ergiebigkeit des jeweiligen Teilmarktes | | |
| Zeitpunkt der Kapitalaufnahme | | |
| Mindestsumme | | |
| Höchstsumme | | |
| Eignung | | |
| Verwertbarkeit | | |
| Laufzeit | | |
| Tilgungsfreie Zeit | | |
| Planmäßige Tilgung | | |
| Außerplanmäßige Tilgung | | |
| Kosten | | |

## 67: Industrieobligationen

Eine Industrieobligation wird zu folgenden Konditionen ausgegeben:

- Auszahlungskurs 96 %
- Rückzahlungskurs 100 %
- Nominalzinssatz 7 %
- Laufzeit 10 Jahre

(1) Ermitteln Sie die effektive Verzinsung der Industrieobligation, wenn sie jährlich in gleichen Raten getilgt wird!

(2) Worauf beläuft sich der effektive Zinssatz, wenn 4 Jahre tilgungsfrei sind und danach in gleichen jährlichen Raten getilgt wird?

(3) Wie hoch würde die effektive Verzinsung sein, wenn die Konditionen aus (2) gelten, der Rückzahlungskurs aber 104 % betragen würde?

## 68: Optionsanleihe/Wandelschuldverschreibung

Vergleichen Sie die Optionsanleihe und die Wandelschuldverschreibung anhand der folgenden Kriterien:

| | Optionsanleihe | Wandelschuldverschreibung |
|---|---|---|
| Rechtsstellung des Inhabers | | |
| Laufzeit | | |
| Verzinsung | | |
| Sicherheit | | |

## 69: Factoring

Die Chemie AG hat einen Jahresumsatz von 10.000.000 €. Das Zahlungsziel beträgt 30 Tage.

Ein Factor unterbreitet der Chemie AG folgendes Angebot:

| | |
|---|---|
| Dienstleistungsgebühr | 1,6 % des Umsatzes |
| Delkrederegebühr | 0,9 % des Umsatzes |
| Zinsen | 8,0 % p.a. |

Es werden 10 % des Umsatzes als Sperrbetrag einbehalten.

(1) Ermitteln Sie die jährlichen Factor-Kosten!

(2) Beachten Sie, dass bei Inanspruchnahme des Factors zwei Mitarbeiter der Chemie AG eingespart werden können, für die Personalkosten von 85.000 € anfallen und sonstige Kosteneinsparungen von jährlich 20.000 € möglich sind. Was bedeutet das für die Chemie AG?

## 70: Leasing

Vergleichen Sie das Leasing mit einem Kreditkauf unter Verwendung der folgenden Daten:

| | |
|---|---|
| Anschaffungskosten einer Anlage | 900.000 € |
| Nutzungsdauer der Anlage | 6 Jahre |
| Kreditsumme | 900.000 € |
| Kreditlaufzeit | 6 Jahre |
| Kreditzinsen | 9 % |
| Kredittilgung | 6 Raten |
| Grundmietzeit | 4 Jahre |
| Abschlussgebühr | 10 % |
| Leasing-Raten pro Monat | 3 % |
| Anschlussmiete pro Jahr | 18.000 € |
| Einzahlungen aus der Anlagen-Nutzung pro Jahr | 220.000 € |

| Jahr | Auszahlungen | | Einzahlungen | Liquiditätsbelastung (kumuliert) | |
|---|---|---|---|---|---|
| | Kreditkauf | Leasing | | Kreditkauf | Leasing |
| 1 | | | | | |
| 2 | | | | | |
| 3 | | | | | |
| 4 | | | | | |
| 5 | | | | | |
| 6 | | | | | |
| | | | | | |

## 71: Derivatives Instrumentarium

(1) Zeigen Sie die Unterschiede zwischen Kassa-, Termin- und Optionsmarkt auf.

(2) Ein Unternehmen hat einen längerfristigen, aber variabel verzinslichen Kredit vereinbart. Das Unternehmen befürchtet zukünftige Zinssteigerungen. Ein Kreditinstitut bietet zur Absicherung gegen diese möglichen Zinssteigerungen einen Cap an und verlangt hierfür eine Prämienzahlung. Diese Prämie erscheint dem Unternehmen zu hoch. Was kann es zur Reduzierung der Prämienkosten tun?

## 72: Gewinnverteilung bei einer OHG

Eine OHG hat zwei Gesellschafter X und Y, deren Kapitalanteile zu Geschäftsjahresbeginn wie folgt lauten:

| | |
|---|---|
| X: 500.000 € | Y: 350.000 € |

Während des Geschäftsjahres leistet X eine Einlage am 30.06. über 30.000 € und Y entnimmt mit Zustimmung von X am 31.04. des Jahres 20.000 € und am 30.10. des Jahres 10.000 € von seinem Gesellschafterkonto. Der nach HGB zu verteilende Gewinn beträgt 110.000 €.

Wie entwickeln sich die Kapitalanteile von X und Y und welche Gewinnanteile errechnen sich für beide Gesellschafter?

## 73: Selbstfinanzierung

Ein Unternehmen will sein beabsichtigtes Wachstum aus eigener Kraft über Umsatzerlöse finanzieren.

(1) Welche Voraussetzungen müssen hierfür gegeben sein?

(2) Welche Formen der Selbstfinanzierung bestehen? Legen Sie diese anhand geeigneter Beispiele dar.

## 74: Abschreibungen

Eine Maschine kostet 200.000 €, sie ist voraussichtlich 10 Jahre nutzbar und wird einen Liquidationserlös von 21.475 € erbringen.

(1) Wie hoch sind die jährlichen Abschreibungsbeträge bei der linearen Abschreibung?

(2) Wie gestaltet sich der Abschreibungsverlauf bei der arithmetisch-degressiven Abschreibung?

(3) Wie hoch sind die jährlichen Abschreibungsbeträge bei der geometrisch-degressiven Abschreibung?

(4) Wie ist der Abschreibungsverlauf, wenn in den ersten 3 Jahren je 150.000, in den nächsten 3 Jahren je 120.000 und während der restlichen Nutzungszeit jährlich 100.000 Erzeugnisse gefertigt werden?

## 75: Kapazitätserweiterungseffekt

Ein Unternehmen beschafft 40 Maschinen zum Preis von je 10.000 € als Erstausstattung. Die Maschinen werden linear auf 10 Jahre abgeschrieben. Die Abschreibungsbeträge werden zur Anschaffung neuer, gleichartiger Maschinen verwendet.

Wie entwickelt sich die Gesamt-Perioden-Kapazität?

## 76: Pensionsrückstellungen

Ermitteln Sie, inwieweit die Chemie AG bei einem Gewinn vor Körperschaftsteuer von 2.500.000 € durch die Bildung einer Pensionsrückstellung von 1.000.000 € einen Finanzierungseffekt erzielen kann, wenn sie in vollem Umfang im Unternehmen bleibt!

## 77: Finanzwirtschaftliche Analyse (1)

Die nachstehende Bilanzen und Gewinn- und Verlustrechnungen liegen Ihnen zur Analyse des Jahresabschlusses vor. Die Darstellung wurde für interne Zwecke teilweise über die Gliederungsvorschriften der §§ 266 und 275 HGB hinaus aufgegliedert.

| **Bilanzen**<br>**Aktiva** | **Vorjahr**<br>Tsd. € | **Berichtsjahr**<br>Tsd. € |
|---|---|---|
| A. Anlagevermögen | | |
| I. Sachanlagen | | |
| 1. Grundstücke und Bauten | | |
| - bebaute Grundstücke | 80 | 95 |
| - unbebaute Grundstücke | 5 | 5 |
| 2. technische Anlagen und Maschinen | 17 | 20 |
| 3. andere Anlagen, Betriebs- und Geschäftsausstattung | 10 | 10 |
| II. Finanzanlagen | | |
| 1. Beteiligungen | 5 | 10 |
| 2. sonstige Ausleihungen | 1 | 1 |
| B. Umlaufvermögen | | |
| I. Vorräte | | |
| 1. Roh-, Hilfs- und Betriebsstoffe | 20 | 24 |
| 2. unfertige Erzeugnisse | 30 | 28 |
| 3. fertige Erzeugnisse | 25 | 20 |
| II. Forderungen und sonstige Vermögensgegenstände | | |
| 1. Forderungen aus Lieferungen und Leistungen | | |
| - Forderungen | 68 | 78 |
| - Wechsel | 1 | 2 |
| 2. sonstige Vermögensgegenstände | 6 | 10 |
| III. Schecks, Kassenbestand, Bundesbankguthaben, Guthaben bei Kreditinstituten | 26 | 30 |
| C. Rechnungsabgrenzungsposten | 4 | 5 |
| | 298 | 338 |

| **Passiva** | Tsd. € | | Tsd. € | |
|---|---|---|---|---|
| A. Eigenkapital | | | | |
| I. Gezeichnetes Kapital | | 70 | | 70 |
| II. Gewinnrücklagen | | | | |
| 1. gesetzliche Rücklage | | 7 | | 7 |
| 2. andere Gewinnrücklagen | | 25 | | 40 |
| III. Bilanzgewinn | | 40 | | 30 |
| B. Rückstellungen | | | | |
| 1. Rückstellungen für Pensionen | | 30 | | 36 |
| 2. sonstige Rückstellungen | | 20 | | 24 |
| C. Verbindlichkeiten | | | | |
| 1. Verbindlichkeiten gegenüber Kreditinstituten | | 81 | | 103 |
| - davon Restlaufzeit bis 1 Jahr | 24 | | 30 | |
| - davon Restlaufzeit mehr als 5 Jahre | 57 | | 73 | |
| 2. Verbindlichkeiten aus Lief. und Leistungen | | 12 | | 18 |
| 3. sonstige Verbindlichkeiten | | 12 | | 8 |
| D. Rechnungsabgrenzungsposten | | 1 | | 2 |
| | | 298 | | 338 |

| **Gewinn- und Verlustrechnung** | **Vorjahr** Tsd. € | Tsd. € | **Berichtsjahr** Tsd. € | Tsd. € |
|---|---|---|---|---|
| 1. Umsatzerlöse | 441 | | 510 | |
| 2. Erhöhung oder Verminderung des Bestands an ferigen und unfertigen Erzeugnissen | + 3 | 444 | – 7 | 503 |
| 3. Aufwendungen für Roh-, Hilfs- und Betriebsstoffe | | 95 | | 115 |
| **Rohergebnis** | | 349 | | 388 |
| 4. Personalaufwand | | | | |
| a) Löhne und Gehälter | 150 | | 160 | |
| b) soziale Abgaben | 20 | | 38 | |
| 5. Abschreibungen und Sachanlagen | 29 | | 40 | |
| 6. sonstige betriebliche Aufwendungen | 50 | | 45 | |
| 7. Zinsen und ähnliche Aufwendungen | 15 | 264 | 20 | 303 |
| 8. **Ergebnis aus der gewöhnlichen Geschäftstätigkeit** | | 85 | | 85 |
| 9. Steuern vom Einkommen und vom Ertrag | 30 | | 35 | |
| 10. sonstige Steuern | 5 | 35 | 5 | 40 |
| 11. **Jahresüberschuss** | | 50 | | 45 |
| 12. Einstellung in andere Gewinnrücklagen | | 10 | | 15 |
| 13. Bilanzgewinn | | 40 | | 30 |

**Zusatz-Informationen:**

(1) Das unbebaute Grundstück betrifft einen Zufahrtsweg mit einer Fläche von 100 qm. Der qm-Preis lag im Vorjahr bei 80 € und im Berichtsjahr bei 100 €.

(2) Die Position Technische Anlagen und Maschinen enthält stille Reserven von 2 Tsd. € im Vorjahr und 4 Tsd. € im Berichtsjahr.

(3) Bei den anderen Anlagen, Betriebs- und Geschäftsausstattung wurden bis einschließlich Vorjahr 10 Tsd. € stille Reserven gelegt. Im Berichtsjahr wurden hier Abschreibungen in Höhe des Zugangs von 15 Tsd. € vorgenommen. Bestimmen Sie die stillen Reserven näherungsweise.

(4) Entsprechend den Vorjahren ist mit einer Inanspruchnahme aus Pensionsverpflichtungen in Höhe von 2/3 der eingestellten Pensionsrückstellungen zu rechnen.

Bereiten Sie die Bilanzen der beiden Jahre für eine Bilanzanalyse auf!

## 78: Finanzwirtschaftliche Analyse (2)

Berechnen und erläutern sie folgende Relationen aus der in Übung 77 dargestellten Bilanz:

(1) Vermögensstruktur
(2) Kapitalstruktur
(3) Finanzstruktur
(4) Liquidität.

## 79: Finanzwirtschaftliche Analyse (3)

Folgende aufbereitete Bilanz ist gegeben:

| Aktiva | Abgelaufenes Jahr Tsd. € | Vorjahr Tsd. € | Passiva | Abgelaufenes Jahr Tsd. € | Vorjahr Tsd. € |
|---|---|---|---|---|---|
| Sachanlagen | 5.000 | 4.000 | Gezeichnetes Kapital | 3.500 | 3.000 |
| Finanzanlagen | 670 | 500 | Gewinnrücklagen | 870 | 300 |
| Vorräte | 3.000 | 4.000 | Bilanzgewinn | 300 | 100 |
| Forderungen | 1.600 | 800 | Rückstellungen | 200 | 100 |
| Flüssige Mittel | 600 | 200 | langfr. Verbindlichkeiten | 4.000 | 3.000 |
| | | | kurzfr. Verbindlichkeiten | 2.000 | 3.000 |
| | 10.870 | 9.500 | | 10.870 | 9.500 |

| Anlagevermögen | Zugänge | Abgänge | Abschreibungen |
|---|---|---|---|
| Sachanlagen | 2.000 | 300 | 700 |
| Finanzanlagen | 200 | – | 30 |

Erstellen Sie die Bewegungsbilanz und erläutern Sie die Finanzierungsvorgänge während des abgelaufenen Geschäftsjahres!

## 80: Return on Investment

Drei Unternehmen weisen folgende Daten auf:

| Unternehmen | X<br>Tsd. € | Y<br>Tsd. € | Z<br>Tsd. € |
|---|---|---|---|
| Jahresüberschuss | 40 | 50 | 36 |
| Bilanzsumme | 200 | 500 | 360 |
| Umsatz | 400 | 500 | 720 |
| Gesamtkapitalrendite | 20 % | 10 % | 10 % |

Beurteilen Sie die drei Unternehmen mithilfe des RoI!

# Lösungen

# 1: Eigen-/Fremdkapital/Anlage-/Umlaufvermögen

(1)

| | | Eigenkapital | Fremdkapital | Anlagevermögen | Umlaufvermögen |
|---|---|---|---|---|---|
| a | Kapitalrücklagen | • | | | |
| b | Steuerrückstellungen | | • | | |
| c | Beteiligungen | | | • | |
| d | Emittierte Anleihen | | • | | |
| e | Wertpapiere im Bestand | | | | • |
| f | Rechte aus schwebenden Geschäften | | | • | |
| g | Verbindlichkeiten gegenüber Kreditinstituten | | • | | |
| h | Unfertige Erzeugnisse | | | | • |
| i | Schecks | | | | • |
| j | Rücklagen für eigene Anteile | • | | | |
| k | Erhaltene Anzahlungen auf Bestellungen | | • | | |
| l | Geleistete Anzahlungen | | | • | |
| m | Patente | | | • | |
| n | Gewinnvortrag | • | | | |
| o | Forderungen auf Lieferungen und Leistungen | | | | • |
| p | Gesetzliche Rücklage | • | | | |

(2)

| Aktiva | Bilanz | Passiva |
|---|---|---|
| A. Anlagevermögen<br>I. Immaterielle Vermögensgegenstände<br>II. Sachanlagen<br>III. Finanzanlagen<br>B. Umlaufvermögen<br>I. Vorräte<br>II. Forderungen und sonstige Vermögensgegenstände<br>III. Wertpapiere<br>IV. Schecks, Kassenbestand, Bundesbankguthaben,<br>Guthaben bei Kreditinstituten<br>C. Rechnungsabgrenzungsposten | | A. Eigenkapital<br>I. Gezeichnetes Kapital<br>II. Kapitalrücklage<br>III. Gewinnrücklagen<br>IV. Gewinnvortrag/Verlustvortrag<br>V. Jahresüberschuss/Jahresfehlbetrag<br>B. Rückstellungen<br>C. Verbindlichkeiten<br>D. Rechnungsabgrenzungsposten |

## 2: Finanzierungsmatrix

| | **Außenfinanzierung** | **Innenfinanzierung** |
|---|---|---|
| **Finanzierung mit Eigenkapital** | Beteiligungsfinanzierung | Gewinnthesaurierung |
| **Finanzierung mit Fremdkapital** | Kreditfinanzierung | Pensionsrückstellungen |

## 3: Arten der Finanzierung

| | | **Finanzierung mit Eigenkapital** | **Finanzierung mit Fremdkapital** | **Außenfinanzierung** | **Innenfinanzierung** | **Beteiligungsfinanzierung** | **Umfinanzierung** |
|---|---|---|---|---|---|---|---|
| a | Es wird ein neuer Gesellschafter im Unternehmen aufgenommen. | • | | | | • | |
| b | Das Unternehmen bildet Pensionsrückstellungen zur Altersversorgung der Mitarbeiter. | | • | | • | | |
| c | Ein kurzfristiger Kredit wird in einen langfristigen Kredit umgewandelt. | | • | • | | | • |
| d | Erzielte Gewinne werden im Unternehmen einbehalten und für Investitionszwecke verwendet. | • | | | • | | |
| e | Das Unternehmen nimmt einen Kredit auf. | | • | • | | | |
| f | Das Unternehmen kauft für die zurücklaufenden Abschreibungsbeträge eine Maschine. | • | | | • | | |
| g | Dem Unternehmen wird eine Maschine geliefert, die erst 6 Wochen später zu bezahlen ist. | | • | • | | | |
| h | Das Unternehmen verkauft eine nicht mehr benötigte Maschine um Rohstoffe zu beschaffen. | * | | | • | | |
| i | Das Unternehmen least einen Personenkraftwagen. | | • | • | | | |
| j | Eine Aktiengesellschaft erhöht ihr gezeichnetes Kapital. | • | | • | | • | |

* Dieser Vorgang wird vielfach als Finanzierung mit Eigenkapital angesehen. Eine solche Zuordnung ist aber in der Praxis nicht ohne Weiteres möglich.

(2)

| | |
|---|---|
| **Beteiligungsfinanzierung** | Einlagenfinanzierung |
| **Fremdfinanzierung** | Kreditfinanzierung |
| **Finanzierung aus Umsatzerlösen** | Überschussfinanzierung |
| | Cashflow-Finanzierung |

# 4: Arten der Investition

(1)

| | | Sach-investition | Finanz-investition | Immaterielle Investition | Netto-investition | Rein-vestition |
|---|---|---|---|---|---|---|
| a | Das Unternehmen beschafft Maschinen, um die Leistungsmenge zu vergrößern. | • | | | • | |
| b | Eine Maschine wird durch eine technisch verbesserte neue Maschine ersetzt. | • | | | | • |
| c | Das Unternehmen erwirbt eine Konzession. | | | • | • | |
| d | Das Unternehmen gründet eine Vertriebs-GmbH. | | • | | • | |
| e | Das Unternehmen kauft Rohstoffe für die laufende Produktion. | • | | | | • |
| f | Das Unternehmen nimmt Umweltschutzmaßnahmen vor. | • | | | | • |

(2)

| | |
|---|---|
| **Sachinvestitionen** | Leistungswirtschaftliche Investitionen<br>Produktionswirtschaftliche Investitionen<br>Realinvestitionen |
| **Finanzinvestitionen** | Finanzwirtschaftliche Investitionen<br>Nominalinvestitionen |
| **Gründungsinvestitionen** | Anfangsinvestitionen<br>Erstinvestitionen<br>Errichtungsinvestitionen<br>Neuinvestitionen |

# 5: Zahlungsverkehr

(1) Die Verpflichtung der Metallbau GmbH ist

(a) bei Barzahlung mit der Zahlung erfüllt (Zahlung an Erfüllungs Statt),

(b) bei Zahlung durch Scheck erst dann erfüllt, wenn der Scheck eingelöst wurde (Zahlung erfüllungshalber),

(c) bei Zahlung durch Überweisung mit der Überweisung erfüllt (Zahlung an Erfüllungs Statt).

(2)

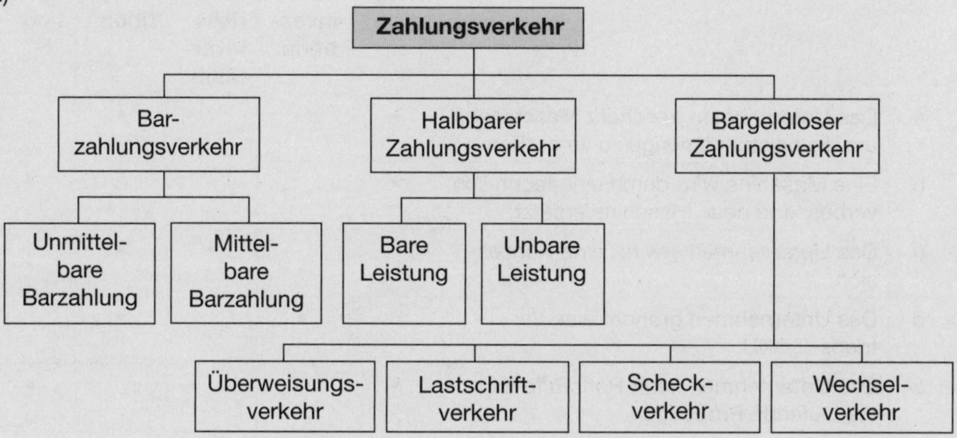


# 6: Beeinflussung der Zahlungsströme

| Beschleunigen bzw. erhöhen der Einzahlungen | Verzögern bzw. absenken der Auszahlungen |
|---|---|
| ▶ Überprüfung der betrieblichen Notwendigkeit von Anlage- und Umlaufvermögen; Verkauf dieser Güter (Desinvestition)<br>▶ Aufnahme von zusätzlichem Eigenkapital oder Fremdkapital; letzteres z. B. durch die Erhöhung bestehender Kontokorrentkreditlinien.<br>▶ Streichung oder Kürzung eingeräumter Zahlungsziele<br>▶ Verkauf von Forderungen (Factoring)<br>▶ Verbesserung der Mahn- und Inkassoverfahren | ▶ Durchführung von Kosteneinsparungsprogrammen (z. B. Energie, Miete)<br>▶ Rückstellung geplanter Erweiterungsinvestitionen<br>▶ Verzicht auf Ersatzinvestitionen<br>▶ Verzicht auf Anzahlungen<br>▶ Ausnutzung der eingeräumten Zahlungsziele bzw. Verlängerung dieser Zeiträume<br>▶ Stundungsverhandlungen mit Gläubigern (z B. Kreditinstituten)<br>▶ Anpassungen im Personalbereich/Kurzarbeit |

# 7: Liquidität/Strukturelle Liquidität

(1) (a)

| | Auszahlungen/Einzahlungen | | Unter-/Überdeckung |
|---|---|---|---|
| 30.03. | Bestand | 40.000 | |
| 31.03. | Lohnzahlungen | 41.000 | – 1.000 |
| 01.04. | Lieferantenrechnung | 33.000 | – 34.000 |
| 02.04. | Kundenrechnung | 36.000 | + 2.000 |
| 03.04. | Reparaturrechnung | 7.500 | – 5.500 |
| 05.04. | Kundenrechnung | 10.000 | + 4.500 |
| 06.04. | Lieferantenrechnung | 36.000 | – 31.500 |
| 08.04. | Kundenrechnung | 39.000 | + 7.500 |
| 09.04. | Umsatzsteuervorauszahlung | 17.000 | – 9.500 |

Die Liquidität ist – sofern nicht weitere finanzielle Mittel (z. B. eine Bankkreditlinie) zur Verfügung stehen – rechnerisch gefährdet, da mehrfach Unterdeckungen festzustellen sind.

(b) Es muss nicht zwingend davon ausgegangen werden, dass das Unternehmen die Eröffnung eines Insolvenzverfahrens beantragen muss.

Die dynamische Liquidität wurde als Fähigkeit beschrieben, die »...**zwingend fälligen** Zahlungsverpflichtungen ...« zu erfüllen. Deshalb wäre zu prüfen, welche Zahlungsverpflichtungen zu den angegebenen Terminen tatsächlich zwingend fällig sind. Das sind auf alle Fälle die Lohnzahlungen und die Umsatzsteuervorauszahlung.

Bei den übrigen Forderungen wären alle Möglichkeiten auszuschöpfen, die Zahlungstermine um einige Tage zu verschieben. Ist das möglich, sind sie erst zu den späteren Terminen »zwingend fällig« und die Liquidität gesichert.

Auch kann versucht werden, Kundenzahlungen früher als erwartet zu erlangen.

(2) (a) $\frac{\text{Fremdkapital}}{\text{Eigenkapital}} = \frac{130.000}{80.000} = \mathbf{1{,}625}$

Die 1 : 1-Regel ist nicht eingehalten, dagegen ist die 2 : 1-Regel beachtet.

(b) $\frac{\text{Anlagevermögen}}{\text{Eigenkapital}} = \frac{110.000}{80.000} = \mathbf{1{,}375}$

Die goldene Bilanzregel im engeren Sinne ist nicht eingehalten.

$$\frac{\text{Anlagevermögen}}{\text{Eigenkapital + langfristiges Fremdkapital}} = \frac{110.000}{80.000 + 70.000} = \mathbf{0{,}733}$$

Dagegen ist die goldene Bilanzregel im weiteren Sinne beachtet.

$$\frac{\text{Kurzfristiges Vermögen}}{\text{Kurzfristiges Kapital}} = \frac{100.000}{60.000} = \mathbf{1{,}667}$$

$$\frac{\text{Langfristiges Vermögen}}{\text{Langfristiges Kapital}} = \frac{110.000}{80.000 + 70.000} = \mathbf{0{,}733}$$

Die goldene Finanzierungsregeln sind eingehalten.

# 8: Rentabilität

(1) Gesamtkapital-rentabilität $= \frac{400.000 + 300.000}{5.000.000 + 5.000.000} \cdot 100 = \mathbf{7{,}00\ \%}$

(2) Eigenkapital-rentabilität $= \frac{400.000}{2.000.000 + 3.000.000} \cdot 100 = \mathbf{8{,}00\ \%}$

(3) Umsatz-rentabilität $= \frac{400.000}{30.000.000} \cdot 100 = \mathbf{1{,}33\ \%}$

# 9: Zielkonflikt

Zielkonflikt zwischen Rentabilität und Sicherheit:

Die Anlage von Kapital kann in sichere, aber dafür nur niedrig verzinste Anleihen, z. B. Staatsanleihen, erfolgen oder in Wertpapieren, die zwar eine höhere Rentabilität in Aussicht stellen, deren Kauf aber mit ebenso ansteigendem Risiko verbunden ist, z. B. Aktien.

Grafisch lässt sich der Zielkonflikt wie folgt darstellen:

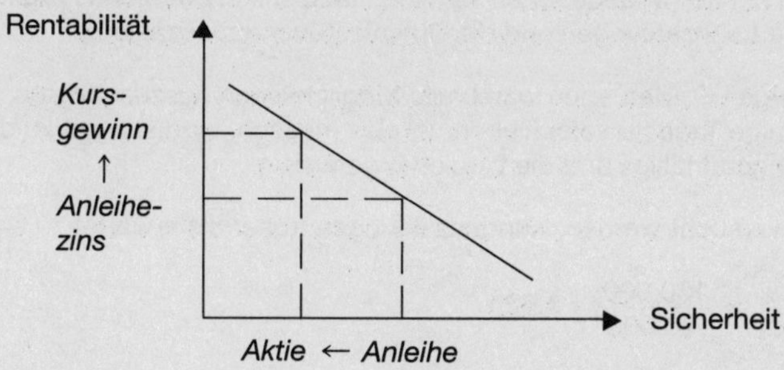

# 10: Kapitalbedarf (1)

(1)

| Monat | Auszahlungen Tsd. € | | Einzahlungen Tsd. € | | Kapitalbedarf Tsd. € |
|---|---|---|---|---|---|
| | monatlich | kumuliert | monatlich | kumuliert | |
| Januar | 100 | 100 | 0 | 0 | 100 |
| Februar | 80 | 180 | 20 | 20 | 160 |
| März | 50 | 230 | 70 | 90 | 140 |
| April | 100 | 330 | 100 | 190 | 140 |
| Mai | 100 | 430 | 70 | 260 | 170 |
| Juni | 60 | 490 | 100 | 360 | 130 |
| Juli | 60 | 550 | 110 | 470 | 80 |
| August | 60 | 610 | 240 | 710 | – 100 |
| September | 80 | 690 | 90 | 800 | – 110 |
| Oktober | 100 | 790 | 40 | 840 | – 50 |
| November | 110 | 900 | 0 | 840 | 60 |
| Dezember | 80 | 980 | 20 | 860 | 120 |

(2)

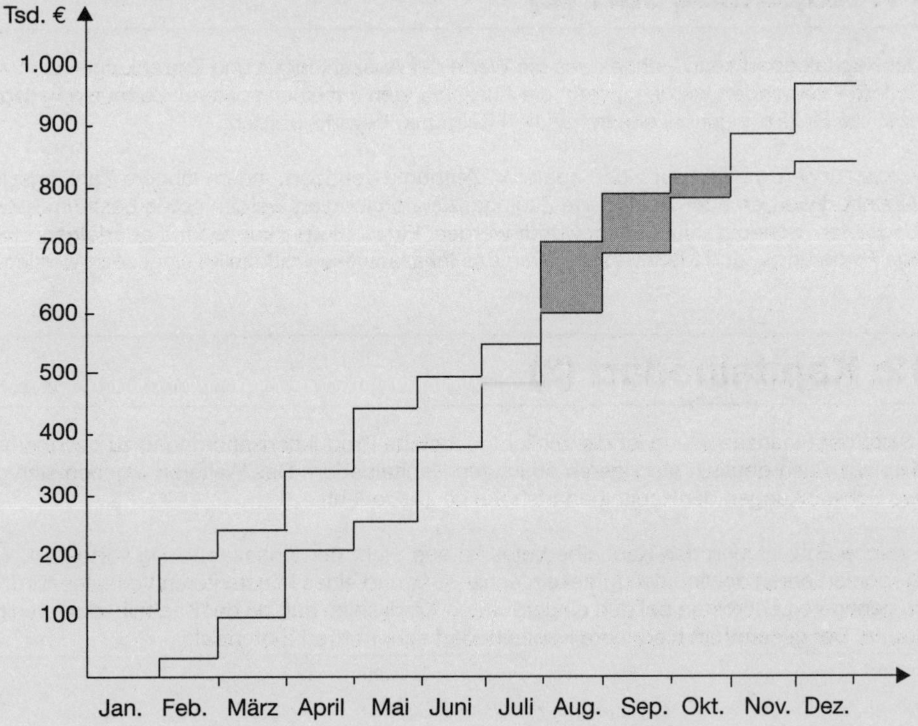

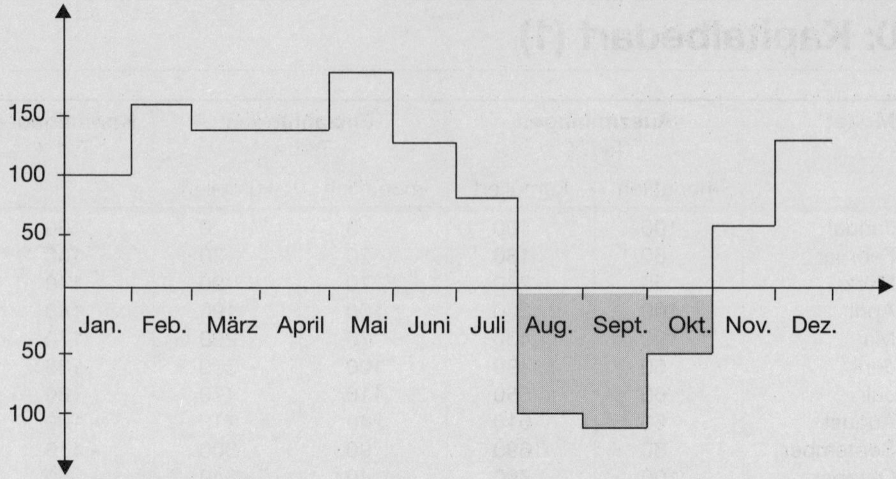


## 11: Kapitalbedarf (2)

(1) Der Kapitalbedarf kann – ohne dass die Werte der Auszahlungen und Einzahlungen sich verändern – vermindert werden, indem die Auszahlungen auf einen späteren Zeitpunkt verlagert bzw. die Einzahlungen zu einem früheren Zeitpunkt bewirkt werden.

(2) Auszahlungen werden auf einen späteren Zeitpunkt verlagert, indem längere Zahlungsziele vereinbart werden oder vereinbarte Zahlungsziele prolongiert werden sowie bestimmte Zahlungsarten (Scheckzahlung) angewandt werden. Einzahlungen können früher erfolgen, wenn das Forderungs- und Mahnwesen sowie das Inkassowesen rationeller eingesetzt werden.

## 12: Kapitalbedarf (3)

Aus Sicht der Finanzabteilung ist die zeitlich gestaffelte Produktionsanordnung zu bevorzugen. Sie erbringt einen deutlich niedrigeren absoluten Kapitalbedarf. Des Weiteren ergeben sich geringere Schwankungen der Kapitalbedarfshöhe im Zeitverlauf.

Eine solche Entwicklung des Kapitalbedarfes ist aus Sicht der Finanzabteilung vorteilhaft, weil die Disponierbarkeit der liquiden Mittel einfacher aufgrund eines konstanteren Verlaufes wird. Es treten geringere Leerkosten bei den eingeräumten Kreditlinien auf, da der Kapitalbedarf weniger schwankt. Der gesamthaft niedrigere Kapitalbedarf schont Kreditpotenziale.

# 13: Kapitalbedarf (4)

(1) Der Kapitalbedarf der Firma Schmittke KG entwickelt sich in folgender Weise:

| Dekade / Prozess | 1 | 2 | 3 | 4 | 5 | 6 | 7 | 8 | 9 | 10 | 11 | 12 | 13 | 14 | 15 |
|---|---|---|---|---|---|---|---|---|---|---|---|---|---|---|---|
| 1 | 7.500 | 10.500 | 2.500 | 0 | 0 | 20.500 | | | | | | | | | |
| 2 | | | | 7.500 | 10.500 | 2.500 | 0 | 0 | 20.500 | | | | | | |
| 3 | | | | | | | 7.500 | 10.500 | 2.500 | 0 | 0 | 20.500 | | | |
| 4 | | | | | | | | | | 7.500 | 10.500 | 2.500 | 0 | 0 | 20.500 |
| 5 | | | | | | | | | | | | | 7.500 | 10.500 | 2.500 |
| Kumulierte Auszahlungen | 7.500 | 18.000 | 20.500 | 28.000 | 38.500 | 41.000 | 48.500 | 59.000 | 61.500 | 69.000 | 79.500 | 82.000 | 89.500 | 100.000 | 102.500 |
| Kumulierte Einzahlungen | 0 | 0 | 0 | 0 | 0 | 20.500 | 20.500 | 20.500 | 41.000 | 41.000 | 41.000 | 61.500 | 61.500 | 61.500 | 82.000 |
| **Kapitalbedarf** | **7.500** | **18.000** | **20.500** | **28.000** | **38.500** | **20.500** | **28.000** | **38.500** | **20.500** | **28.000** | **38.500** | **20.500** | **28.000** | **38.500** | **20.500** |

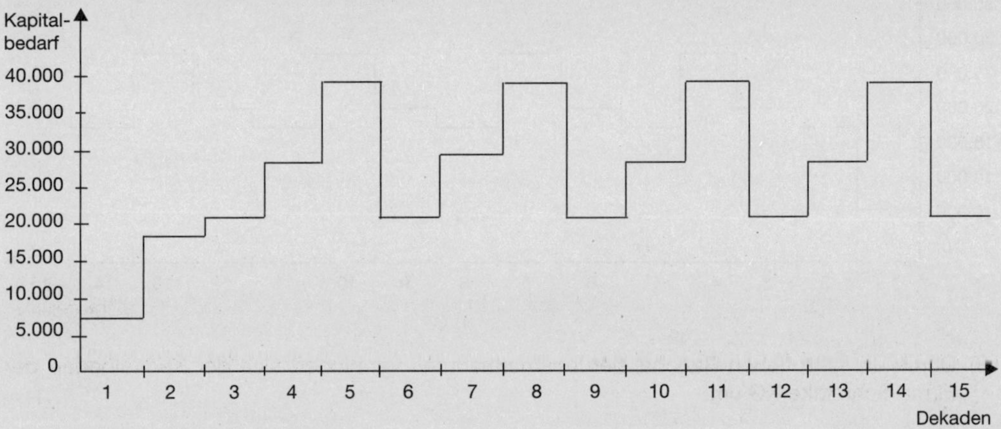

(2) Mit der Verminderung der Lagerzeiten und Zahlungsziele um 50 % ergibt sich, dass der Zahlungsmittelrückfluss bereits in der 5. Dekade erfolgt:

| Dekade / Prozess | 1 | 2 | 3 | 4 | 5 | 6 | 7 | 8 | 9 | 10 | 11 | 12 | 13 | 14 | 15 |
|---|---|---|---|---|---|---|---|---|---|---|---|---|---|---|---|
| 1 | 7.500 | 10.500 | 2.500 | 0 | 20.500 | | | | | | | | | | |
| 2 | | | | 7.500 | 10.500 | 2.500 | 0 | 20.500 | | | | | | | |
| 3 | | | | | | | 7.500 | 10.500 | 2.500 | 0 | 20.500 | | | | |
| 4 | | | | | | | | | | 7.500 | 10.500 | 2.500 | 0 | 20.500 | |
| 5 | | | | | | | | | | | | | 7.500 | 10.500 | 2.500 |
| Kumulierte Auszahlungen | 7.500 | 18.000 | 20.500 | 28.000 | 38.500 | 41.000 | 48.500 | 59.000 | 61.500 | 69.000 | 79.500 | 82.000 | 89.500 | 100.000 | 102.500 |
| Kumulierte Einzahlungen | 0 | 0 | 0 | 0 | 20.500 | 20.500 | 20.500 | 41.000 | 41.000 | 41.000 | 61.500 | 61.500 | 61.500 | 82.000 | 82.000 |
| **Kapitalbedarf** | **7.500** | **18.000** | **20.500** | **28.000** | **18.000** | **20.500** | **28.000** | **18.000** | **20.500** | **28.000** | **18.000** | **20.500** | **28.000** | **18.000** | **20.500** |

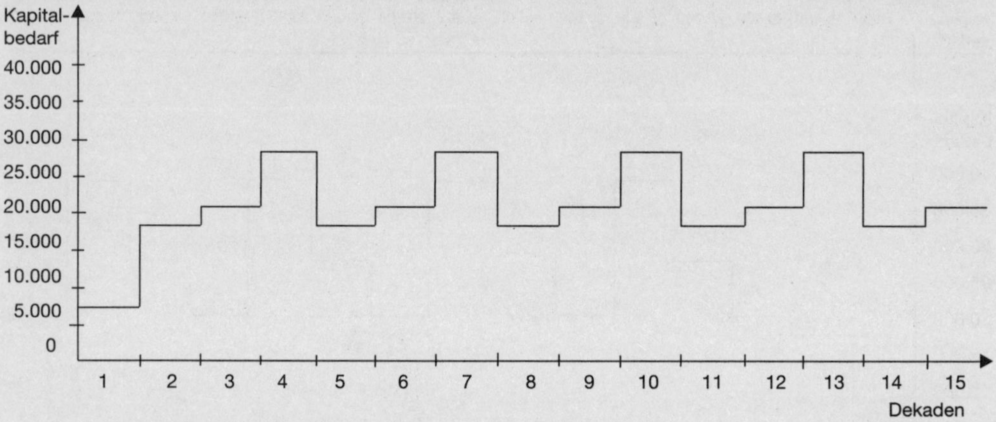


(3) Durch die getroffenen Rationalisierungsmaßnahmen vermindert sich der Kapitalbedarf der Firma Schmittke KG um:

| Dekade | 1 | 2 | 3 | 4 | 5 | 6 | 7 | 8 | 9 | 10 | 11 | 12 | 13 | 14 | 15 |
|---|---|---|---|---|---|---|---|---|---|---|---|---|---|---|---|
| Kapitalbedarf vor Ratonalisierung | 7.500 | 18.000 | 20.500 | 28.000 | 38.500 | 20.500 | 28.000 | 38.500 | 20.500 | 28.000 | 38.500 | 20.500 | 28.000 | 38.500 | 20.500 |
| Kapitalbedarf nach Ratonalisierung | 7.500 | 18.000 | 20.500 | 28.000 | 18.000 | 20.500 | 28.000 | 18.000 | 20.500 | 28.000 | 18.000 | 20.500 | 28.000 | 18.000 | 20.500 |
| **Verminderung des Kapitalbedarfes durch Rationalisierung** | **0** | **0** | **0** | **0** | **20.500** | **0** | **0** | **20.500** | **0** | **0** | **20.500** | **0** | **0** | **20.500** | **0** |

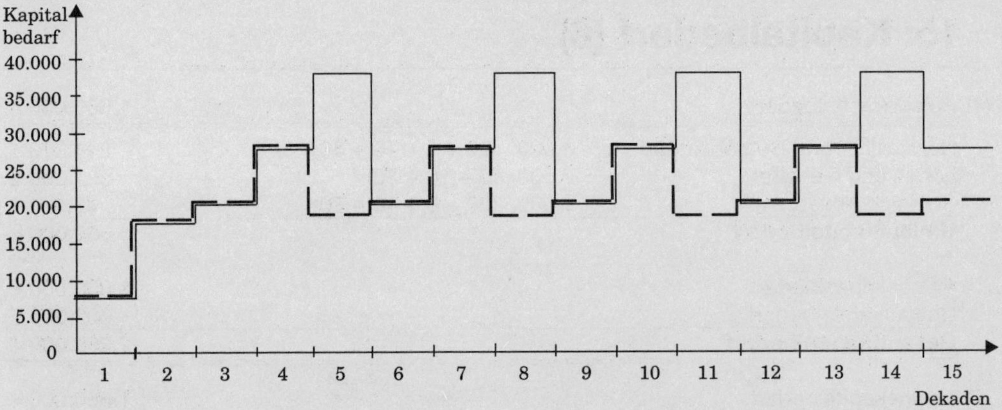


## 14: Kapitalbedarf (5)

Errechnung des Anlagekapitalbedarfes:

| | |
|---|---|
| Gebäude | 750.000 € |
| Maschinen | 550.000 € |
| Betriebs- und Geschäftsausstattung | 350.000 € |
| Gründungs- und Ingangsetzungskosten | 10.000 € |
| | 1.660.000 € |

(1) Errechnung des Umlaufkapitalbedarfes nach der kumulativen Methode:

| | |
|---|---|
| Täglicher Roh-, Hilfs- und Betriebsstoffeinsatz | 4.000 € |
| Täglicher Einsatz von Löhnen und Gehältern | 7.000 € |
| Sonstige, tägliche Ausgaben | 1.000 € |
| | 12.000 € |

| | |
|---|---|
| Lagerung der Roh-, Hilfs- und Betriebsstoffe | + 20 Tage |
| Lagerung der Fertigerzeugnisse | + 10 Tage |
| Dauer des Fertigungsprozesses | + 6 Tage |
| Lieferantenziel | – 15 Tage |
| Kundenziel | + 5 Tage |
| | 26 Tage |

12.000 · 26 = 312.000 €

| | |
|---|---|
| Anlagekapitalbedarf | 1.660.000 € |
| Umlaufkapitalbedarf | 312.000 € |
| **Gesamtkapitalbedarf** | **1.972.000 €** |

(2) Errechnung des Umlaufkapitalbedarfes nach der elektiven Methode:

| | | |
|---|---|---|
| Roh-, Hilfs- und Betriebsstoffe | 4.000 · (20 + 6 + 10 + 5 – 15) = | 104.000 € |
| Löhne und Gehälter | 7.000 · (6 + 10 + 5) = | 147.000 € |
| Sonstige Ausgaben | 1.000 · (20 + 6 + 10 + 5) = | 41.000 € |
| | | 292.000 € |

| | |
|---|---|
| Anlagekapitalbedarf | 1.660.000 € |
| Umlaufkapitalbedarf | 292.000 € |
| **Gesamtkapitalbedarf** | **1.952.000 €** |

# 15: Kapitalbedarf (6)

| | | |
|---|---|---|
| (1) Anlagekapitalbedarf | | 1.660.000 € |
| Roh-, Hilfs- und Betriebsstoffe | 4.000 · (20 + 6 + 10 + 30 – 5) | 244.000 € |
| Löhne und Gehälter | 7.000 · (6 + 10 + 30) | 322.000 € |
| Sonstige Ausgaben | 1.000 · (20 + 6 + 10 + 30) | 66.000 € |
| **Umlaufkapitalbedarf** | | **632.000 €** |
| Anlagekapitalbedarf | | 1.660.000 € |
| Umlaufkapitalbedarf | | 632.000 € |
| **Gesamtkapitalbedarf** | | **2.292.000 €** |

| | | |
|---|---|---|
| (2) Anlagekapitalbedarf | | 1.660.000 € |
| Roh-, Hilfs- und Betriebsstoffe | 4.000 · (10 + 6 + 5 + 30 – 5) | 184.000 € |
| Löhne und Gehälter | 7.000 · (6 + 5 + 30) | 287.000 € |
| Sonstige Ausgaben | 1.000 · (10 + 6 + 5 + 30) | 51.000 € |
| Umlaufkapitalbedarf | | 522.000 € |
| Anlagekapitalbedarf | | 1.660.000 € |
| Umlaufkapitalbedarf | | 522.000 € |
| **Gesamtkapitalbedarf** | | **2.182.000 €** |

# 16: Kosten- und Gewinnvergleichsrechnung

(1) Bei 20.000 Leistungseinheiten pro Jahr ergeben sich folgende Kosten:

| | Maschine I | Maschine II | Maschine III |
|---|---|---|---|
| Anschaffungskosten (€) | 120.000 | 100.000 | 80.000 |
| Nutzungsdauer (Jahre) | 10 | 10 | 10 |
| Leistungsmenge (Stück/Jahr) | 20.000 | 20.000 | 20.000 |
| Kalkulatorische Abschreibungen | 12.000 | 10.000 | 8.000 |
| Kalkulatorische Zinsen | 6.000 | 5.000 | 4.000 |
| Gehälter | 15.000 | 15.000 | 15.000 |
| Fixe Kosten | 33.000 | 30.000 | 27.000 |
| Löhne | 82.000 | 88.000 | 105.000 |
| Material | 140.000 | 140.000 | 140.000 |
| Variable Kosten | 222.000 | 228.000 | 245.000 |
| **Gesamtkosten** | **255.000** | **258.000** | **272.000** |
| Kostendifferenz | – 3.000 | – 14.000 | |

Bei 20.000 Leistungseinheiten ist die Maschine I die vorteilhafteste, weil sie gegenüber der Maschine II 3.000 € und gegenüber der Maschine III 17.000 € weniger Kosten verursacht.

(2) Bei Verminderung der Leistungsmengen der Maschinen auf 8.000 Stück ergibt sich:

| | Maschine I | Maschine II | Maschine III |
|---|---|---|---|
| Leistungsmenge (Stück/Jahr) | 8.000 | 8.000 | 8.000 |
| Fixe Kosten | 33.000 | 30.000 | 27.000 |
| Variable Kosten | | | |
| 222.000 : 20.000 · 8.000 | 88.800 | | |
| 228.000 : 20.000 · 8.000 | | 91.200 | |
| 245.000 : 20.000 · 8.000 | | | 98.000 |
| **Gesamtkosten** | **121.800** | **121.200** | **125.000** |
| Kostendifferenz | + 600 | – 3.800 | |

Die Veränderung der Leistungsmengen von 20.000 auf 8.000 Stück/Jahr lässt die Maschine I nicht mehr die vorteilhafteste Investitionsalternative sein, sondern Maschine II.

(3) Unter Einbeziehung der Erlöse ergibt sich bei 20.000 Leistungseinheiten pro Jahr:

| | Maschine I | Maschine II | Maschine III |
|---|---|---|---|
| Leistungsmenge (Stück/Jahr) | 20.000 | 20.000 | 20.000 |
| Gesamtkosten | 255.000 | 258.000 | 272.000 |
| Gesamterlöse | | | |
| 20.000 · 14,50 € | 290.000 | | |
| 20.000 · 15,20 € | | 304.000 | |
| 20.000 · 14,50 € | | | 290.000 |
| **Gesamtkosten** | **35.000** | **46.000** | **18.000** |

Maschine II erweist sich unter den gegebenen Daten als die vorteilhafteste, da sie den größten Gewinn erwirtschaftet.

# 17: Rentabilitätsvergleichsrechnung

(1)

| | Maschine I | Maschine II |
|---|---|---|
| Anschaffungskosten (€) | 100.000 | 100.000 |
| Nutzungsdauer (Jahre) | 8 | 8 |
| Leistungsmenge (Stück/Jahr) | 6.000 | 6.000 |
| Kalkulatorische Abschreibungen | 12.500 | 12.500 |
| Sonstige fixe Kosten (ohne kalkulatorische Zinsen) | 7.000 | 5.000 |
| Variable Kosten | 140.000 | 145.000 |
| Gesamte Kosten | 159.500 | 162.500 |
| Erlöse (6.000 · 30 €) | 180.000 | 180.000 |
| **Gewinn** (€/Jahr) | **20.500** | **17.500** |

$$R_I = \frac{20.500}{0{,}5 \cdot 100.000} \cdot 100 = \mathbf{41\ \%}$$

$$R_{II} = \frac{17.500}{0{,}5 \cdot 100.000} \cdot 100 = \mathbf{35\ \%}$$

Die Maschine I ist vorteilhafter, da sie eine um 6 % höhere Rentabilität erwirtschaftet.

(2) $$R_I = \frac{20.500}{0{,}5 \cdot 100.000 + 35.000} \cdot 100 = \mathbf{24{,}12\ \%}$$

$$R_{II} = \frac{17.500}{0{,}5 \cdot 100.000 + 35.000} \cdot 100 = \mathbf{20{,}59\ \%}$$

Unter Einbeziehung des Umlaufvermögens erweist sich die Maschine I ebenfalls als die vorteilhaftere, allerdings mit einer geringeren Rentabilitätsdifferenz von 3,53 % zu der Maschine II.

# 18: Amortisationsvergleichsrechnung

(1) Die beiden Maschinen weisen folgende Wiedergewinnungszeiten auf:

$$W_I = \frac{80.000}{20.000 + (80.000 : 8)} = \mathbf{2{,}67\ Jahre}$$

$$W_{II} = \frac{120.000}{34.000 + (120.000 : 8)} = \mathbf{2{,}45\ Jahre}$$

Maschine II ist vorteilhafter, da sie sich in kürzerer Zeit amortisiert als Maschine I.

(2) Es besteht die Gefahr von Fehlentscheidungen, wenn das Unternehmen für den Vergleich der Vorteilhaftigkeit von Investitionsalternativen ausschließlich die Amortisationsvergleichsrechnung heranzieht.

Gründe hierfür sind:

- Aussagen über die Rentabilität der Investitionsalternativen werden nicht gegeben.
- Erträge, die dem Unternehmen nach der Amortisationszeit zufließen, bleiben unberücksichtigt.
- Es entsteht tendenziell der Eindruck, dass längerfristige Investitionen unvorteilhafter sind als kürzerfristige Investitionen.

# 19: Barwert

(1) $$K_o = K_8 \cdot \frac{1}{q^8}$$

$$K_o = 124.500 \cdot 0{,}540269$$

$$K_o = \mathbf{67.263.49\ €}$$

(2) $K_o = K_3 \cdot \frac{1}{q^3} + K_5 \cdot \frac{1}{q^5} + K_7 \cdot \frac{1}{q^7}$

$K_o = 70.000 \cdot 0{,}751315 + 150.000 \cdot 0{,}620921 + 150.000 \cdot 0{,}513158$

$K_o$ = **222.703,90 €**

(3) $K_o = e \cdot \frac{q^{10} - 1}{q^{10}(q - 1)}$

$K_o = 6.800 \cdot 6{,}417658$

$K_o$ = **43.640,07 €**

(4) Angebot Müller:

$K_o = e \cdot \frac{q^5 - 1}{q^5(q - 1)}$

$K_o = 12.000 \cdot 3{,}790787$

$K_o$ = **45.489,44 €**

Angebot Meier:

$K_o = e \cdot \frac{q^{15} - 1}{q^{15}(q - 1)}$

$K_o = 6.000 \cdot 7{,}606080$

$K_o$ = **45.636,48 €**

Herr Müller würde 147,04 € einsparen, wenn er auf seinem Angebot bestehen würde.

(5)

| | Abzinsungs-faktor | Fall I | | Fall II | |
|---|---|---|---|---|---|
| | | Zahlung | Barwert | Zahlung | Barwert |
| 1. Jahr | 0,892857 | 5.000 | 4.464,29 | 20.000 | 17.857,14 |
| 2. Jahr | 0,797194 | 10.000 | 7.971,94 | 15.000 | 11.957,91 |
| 3. Jahr | 0,711780 | 15.000 | 10.676,70 | 10.000 | 7.117,80 |
| 4. Jahr | 0,635518 | 20.000 | 12.710,36 | 5.000 | 3.177,59 |
| Summe | | 50.000 | **35.823,29** | 50.000 | **40.110,44** |

Die Barwerte sind unterschiedlich hoch, weil die Entwicklung der Zahlungen gegensätzlich verläuft und ein umso höherer Barwert erreicht wird, je früher hohe Zahlungen geleistet werden.

## 20: Endwert

(1) $K_{10} = K_o \cdot q^{10}$

$K_{10} = 5.000 \cdot 2{,}158925$

$K_{10} =$ **10.794,63 €**

(2) $K_5 = e \cdot \frac{q^5 - 1}{q - 1}$

$K_5 = 2.500 \cdot 5{,}637093$

$K_5 =$ **14.092,73 €**

(3) $K_6 = K_o \cdot q^6$

$K_6 = 10.000 \cdot 1{,}771561$

$K_6 =$ **17.715,61 €**

$K_6 = e \cdot \frac{q^6 - 1}{q - 1}$

$K_6 = 2.300 \cdot 7{,}715610$

$K_6 =$ **17.745,90 €**

$K_6 =$ **18.000 €**

Es ist am vorteilhaftesten, jetzt 10.000 € zu zahlen, weil diese Zahlung den geringsten Endwert ergibt.

(4) **Zinssatz 6 %**

$K_6 = K_o \cdot q^6$

$K_6 = 10.000 \cdot 1{,}418519$

$K_6 =$ **14.185,19 €**

$K_6 = e \cdot \frac{q^6 - 1}{q - 1}$

$K_6 = 2.300 \cdot 6{,}975319$

$K_6 =$ **16.043,23 €**

$K_6 =$ **18.000 €**

Auch bei einem Zinssatz von 6 % ist es am vorteilhaftesten, jetzt 10.000 € zu zahlen.

**Zinssatz 14 %**

$K_6 = K_o \cdot q^6$

$K_6 = 10.000 \cdot 2{,}194973$

$K_6 = \mathbf{21.949{,}73\ €}$

$K_6 = e \cdot \frac{q^6 - 1}{q - 1}$

$K_6 = 2.300 \cdot 8{,}535519$

$K_6 = \mathbf{19.631{,}69\ €}$

$K_6 = \mathbf{18.000\ €}$

Der Zinssatz von 14 % lässt die jetzige Zahlung von 10.000 € nicht mehr vorteilhaft erscheinen. Am günstigsten ist es, zum Ende des 6. Jahres 18.000 € zu zahlen.

# 21: Jahreswert

(1) $e = K_o \cdot \frac{q^5 (q - 1)}{q^5 - 1}$

$e = 50.000 \cdot 0{,}263797$

$e = \mathbf{13.189{,}85\ €}$

(2) $e = K_{10} \cdot \frac{q - 1}{q^{10} - 1}$

$e = 100.000 \cdot 0{,}069030$

$e = \mathbf{6.903\ €}$

(3) $e = K_o \cdot \frac{q^5 \cdot (q - 1)}{q^5 - 1}$

$e = 10.000 \cdot 0{,}263797$

$e = \mathbf{2.637{,}97\ €}$

Das Angebot ist für den Schuldner vorteilhaft, da seine jährliche Rate mit 2.600 € geringer ist als die finanzmathematisch errechnete Rate.

# 22: Kapitalwertmethode

(1) Bei einem Kalkulationszinsfuß von 10 % ergibt sich:

| Jahr | Abzinsungsfaktor | Rückfluss | Barwert |
|---|---|---|---|
| 1 | 0,909091 | 15.000 | 13.636,37 |
| 2 | 0,826446 | 20.000 | 16.528,92 |
| 3 | 0,751315 | 25.000 | 18.782,88 |
| 4 | 0,683013 | 25.000 | 17.075,33 |
| 5 | 0,620921 | 20.000 | 12.418,42 |
| 6 | 0,564474 | 20.000 | 11.289,48 |
| Liquidationserlös | 0,564474 | 8.000 | 4.515,79 |
| Summe | | | 94.247,19 |
| – Anschaffungswert | | | 80.000,00 |
| = **Kapitalwert** | | | **14.247,19** |

Die Investition ist vorteilhaft.

(2) Ein Kalkulationszinsfuß von 14 % und ein nicht anfallender Liquidationserlös führen zu folgenden Werten:

| Jahr | Abzinsungsfaktor | Rückfluss | Barwert |
|---|---|---|---|
| 1 | 0,877193 | 15.000 | 13.157,90 |
| 2 | 0,769468 | 20.000 | 15.389,36 |
| 3 | 0,674972 | 25.000 | 16.874,30 |
| 4 | 0,592080 | 25.000 | 14.802,00 |
| 5 | 0,519369 | 20.000 | 10.387,38 |
| 6 | 0,455587 | 20.000 | 9.111,74 |
| + Liquidationserlös | 0,455587 | 0 | 0 |
| Summe | | | 79.722,68 |
| – Anschaffungswert | | | 80.000,00 |
| = **Kapitalwert** | | | **– 277,32** |

Der negative Kapitalwert zeigt, dass die Investition unter diesen Voraussetzungen die 14-prozentige Verzinsung nicht erreicht.

# 23: Interne Zinsfuß-Methode

(1) $K_o = e \cdot \dfrac{q^n - 1}{q^n (q - 1)}$

**Kapitalwert bei 6 % Versuchszinssatz:**

(6.000 · 7,360087) – 40.000 = 4.160,52 €

**Kapitalwert bei 10 % Versuchszinssatz:**

(6.000 · 6,144567) – 40.000 = – 3.132,60 €

*Hinweis:* Die Lösung kann auch mithilfe anderer als der verwendeten Versuchszinssätze erzielt werden.

$$r = 6 - 4.160{,}52 \cdot \frac{10 - 6}{-3.132{,}60 - 4.160{,}53}$$

r = **8,28 %**

Die Investition ist vorteilhaft, weil sie die geforderte Verzinsung von 8 % um rund 0,3 % übersteigt. Eine nochmalige Interpolation mit 8 % und 9 % würde das auf zwei Kommastellen genaue Ergebnis von 8,14 % erbringen.

(2) Bei einem Kalkulationszinsfuß von 9 % kann die Investition nicht als vorteilhaft angesehen werden.

(3) Grafisch lassen sich die Erkenntnisse aus (1) und (2) in folgender Weise darstellen:

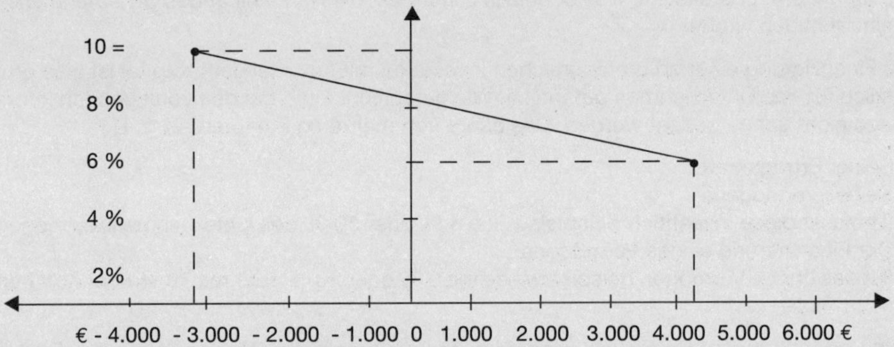


# 24: Annuitätenmethode

| | | Maschine I | | Maschine II | |
|---|---|---|---|---|---|
| **Jahr** | **Abzinsungs-faktor** | **Rückfluss** | **Barwert** | **Rückfluss** | **Barwert** |
| 1 | 0,925926 | 28.000 | 25.925,93 | 22.000 | 20.370,37 |
| 2 | 0,857339 | 36.000 | 30.864,20 | 30.000 | 25.720,17 |
| 3 | 0,793832 | 35.000 | 27.784,12 | 28.000 | 22.227,30 |
| 4 | 0,735030 | 32.000 | 23.520,96 | 28.000 | 20.580,84 |
| 5 | 0,680583 | 30.000 | 20.417,49 | 20.000 | 13.611,66 |
| Liquiditätserlös | 0,680583 | 5.000 | 3.402,92 | 0 | 0 |
| Summe | | | 131.915,62 | | 102.510,34 |
| – Anschaffungswert | | | 100.000,00 | | 80.000,00 |
| = **Kapitalwert** | | | **31.915,62** | | **22.510,34** |

$a_I$ = 31.915,62 · 0,250456 = **7.993,46 €**
$a_{II}$ = 22.510,34 · 0,250456 = **5.637,85 €**

Maschine I ist die vorteilhaftere Alternative, da sie eine um 2.355,61 € höhere Annuität erzielt.

# 25: Kapitalstruktur (1)

(1) Eine solchermaßen umfangreiche Investition mit kurzfristigem Fremdkapital zu finanzieren, erscheint sehr risikoreich, da die Gefahr besteht, dass

- der Fremdkapitalgeber sein Kapital kurzfristig abzieht und keine Anschlussfinanzierung zu Stande kommt, was den Bestand des Unternehmens gefährden oder beenden kann,
- der Fremdkapitalgeber sein Kapital kurzfristig abzieht und eine Anschlussfinanzierung nur zu höheren Kosten möglich ist, was zumindest die Rentabilität des Unternehmens beeinträchtigen würde,
- der Fremdkapitalgeber sein Kapital nach Ende der kurzen Frist nur zu einem höheren Zinssatz weiterhin bereitstellt, was ebenfalls zumindest die Rentabilität des Unternehmens beeinträchtigen würde.

Die Finanzierung einer so umfangreichen Investition mit kurzfristigem Kapital ist also grundsätzlich für das Unternehmen gefährlich. Wie gefährlich, kann bei den vorliegenden Informationen nicht genau gesagt werden. Das hängt von mehreren Faktoren ab, z. B.:

- Seiner Ertragskraft
- Seines Vermögens
(Umfasst diese Investition beispielsweise 5 % oder 50 % des Unternehmensvermögens?)
- Der Finanzierung seines Vermögens
(Ist das übrige Vermögen beispielsweise mit 0 % oder 20 % oder mit 70 % ebenfalls fremdfinanziert?)

Keine oder geringere Bedenken gäbe es, wenn die kurzfristige Finanzierung nur eine Überbrückungsfinanzierung für eine danach gesicherte, längerfristige Finanzierung ist.

(2) Die Rechnung mit 7,9 % über die nächsten 4 Jahre hinweg ist falsch und gefährlich:

- Zum einen sind die letztlich tatsächlich zu zahlenden Zinsen – die Effektivzinsen – gewiss höher als dieser Prozentsatz. Das ergibt sich u. a. bereits daraus, dass die Stellung einer grundbuchmäßigen Sicherheit – wie auch deren spätere Rücknahme – Notariatskosten, Grundbuchkosten und gegebenenfalls Bewertungskosten für die als Sicherheit dienende Immobilie verursacht.
- Weiterhin wurde ein variabler Zinssatz vereinbart, der sich – in Anlehnung an beispielsweise einen Geldmarktsatz – im Zeitablauf merklich verändern kann.

(3) Die Auffassung der Geschäftsführung, Fremdkapitalgebern stünden keine Mitspracherechte im Unternehmen zu, hat zwar theoretisch eine gewisse Begründung. Praktisch ist das aber eine Frage des Marktes. Dort wird entschieden, welche Forderungen Fremdkapitalgeber stellen und welche Leistungen Fremdkapitalnehmer bieten müssen.

Gerade wenn die Investition als eher risikoreich eingeschätzt wird, ist die Forderung nach der zusätzlichen Sicherheit »Mitsprache« verständlich und nicht praxisfremd.

# 26: Kapitalstruktur (2)

| | | | |
|---|---|---|---|
| (1) | Eigenkapital | | 80.000 € |
| + | Fremdkapital | | 20.000 € |
| = | Gesamtkapital | | 100.000 € |
| | Gewinn vor Fremdkapitalzinsen | (100.000 · 0,10) | 10.000 € |
| – | Zinsen für Fremdkapital | (20.000 · 0,08) | 1.600 € |
| = | Reingewinn | | 8.400 € |
| | **Eigenkapitalrentabilität** | (8.400 : 80.000) · 100 | **10,50 %** |
| (2) | Eigenkapital | | 140.000 € |
| + | Fremdkapital | | 60.000 € |
| = | Gesamtkapital | | 200.000 € |
| | Gewinn vor Fremdkapitalzinsen | (200.000 · 0,10) | 20.000 € |
| – | Zinsen für Fremdkapital | (60.000 · 0,08) | 4.800 € |
| = | Reingewinn | | 15.200 € |
| | **Eigenkapitalrentabilität** | (15.200 : 140.000) · 100 | **10,86 %** |
| (3) | Eigenkapital | | 80.000 € |
| | Fremdkapital | | 120.000 € |
| = | Gesamtkapital | | 200.000 € |
| | Gewinn vor Fremdkapitalzinsen | (200.000 · 0,10) | 20.000 € |
| – | Zinsen für Fremdkapital | (120.000 · 0,08) | 9.600 € |
| = | Reingewinn | | 10.400 € |
| | **Eigenkapitalrentabilität** | (10.400 : 80.000) · 100 | **13,00 %** |

Der Vorschlag des Unternehmensberaters scheint sich als vorteilhaft zu erweisen, da bei der vorgeschlagenen Kapitalstruktur eine um 2,14 % höhere Eigenkapitalrentabilität erzielt werden kann.

| | | | |
|---|---|---|---|
| (4) | Eigenkapital | | 140.000 € |
| + | Fremdkapital | | 60.000 € |
| = | Gesamtkapital | | 200.000 € |
| | Gewinn vor Fremdkapitalzinsen | (200.000 · 0,08) | 16.000 € |
| – | Zinsen für Fremdkapital | (60.000 · 0,09) | 5.400 € |
| = | Reingewinn | | 10.600 € |
| | **Eigenkapitalrentabilität** | (10.600 : 140.000) · 100 | **7,57 %** |

| | | | |
|---|---|---|---|
| | Eigenkapital | | 80.000 € |
| + | Fremdkapital | | 120.000 € |
| = | Gesamtkapital | | 200.000 € |
| | Gewinn vor Fremdkapitalzinsen | (200.000 · 0,08) | 16.000 € |
| – | Zinsen für Fremdkapital | (120.000 · 0,09) | 10.800 € |
| = | Reingewinn | | 5.200 € |
| **Eigenkapitalrentabilität** | | (5.200 : 80.000) · 100 | **6,50 %** |

Die prognostizierte Verschlechterung bei der Gesamtkapitalrentabilität und den Fremdkapitalzinsen lässt den Vorschlag des Unternehmensberaters als nicht vorteilhaft erscheinen, da die Eigenkapitalrentabilität sich beträchtlich vermindert.

## 27: Mittelwert-Verfahren

(1) $V = \frac{4.500 + 4.600 + 4.900 + 4.900}{4} = \mathbf{4.725\ €}$

Der Zahlungsstrom wird im 4. Quartal 2008 voraussichtlich 4.725 € betragen.

Um den Prognosewert für das 1. Quartal 2009 zu erhalten, ist der Wert des 4. Quartals 2008 in die Berechnung einzubeziehen, der Wert des 4. Quartals 2007 entfällt.

$V = \frac{4.600 + 4.900 + 4.900 + 5.100}{4} = \mathbf{4.875\ €}$

(2) $V = \frac{4.500 \cdot 10 + 4.600 \cdot 20 + 4.900 \cdot 30 + 4.900 \cdot 40}{10 + 20 + 30 + 40} = 4.800\ €$

Mithilfe des gewogenen, gleitenden Mittelwertes können die letzten Quartale stärker berücksichtigt werden als frühere Quartale. Darin ist auch der Grund zu sehen, dass der hier errechnete Mittelwert von dem in (1) errechneten Mittelwert beträchtlich abweicht.

## 28: Exponentielle Glättung

| | α = 0,1 | α = 0,4 | α = 0,8 |
|---|---|---|---|
| 2004 | 280.000 + 0,1 · (300.000 – 280.000) = **282.000** | 280.000 + 0,4 · (300.000 – 280.000) = **288.000** | 280.000 + 0,8 · (300.000 – 280.000) = **296.000** |
| 2005 | 282.000 + 0,1 · (240.000 – 282.000) = **277.800** | 288.000 + 0,4 · (240.000 – 288.000) = **268.800** | 296.000 + 0,8 · (240.000 – 296.000) = **251.200** |
| 2006 | 277.800 + 0,1 · (270.000 – 277.800) = **277.020** | 268.800 + 0,4 · (270.000 – 268.800) = **269.280** | 251.200 + 0,8 · (270.000 – 251.200) = **266.240** |
| 2007 | 277.020 + 0,1 · (350.000 – 277.020) = **284.318** | 269.288 + 0,4 · (350.000 – 269.280) = **301.576** | 266.240 + 0,8 · (350.000 – 266.240) = **333.248** |

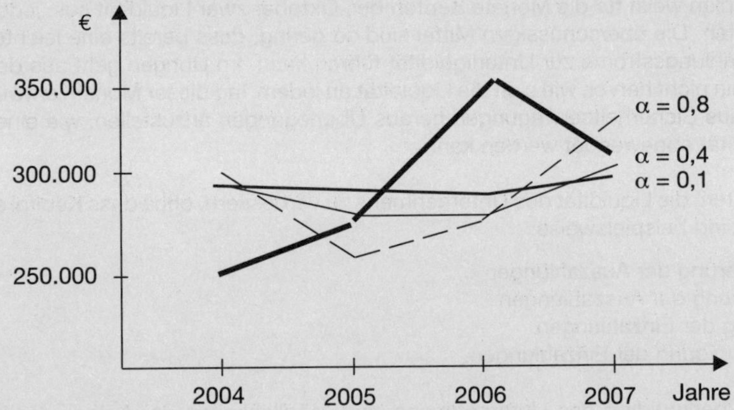


Wie zu sehen ist, erfährt die α = 0,1-Kurve die größte Glättung. Die a = 0,8-Kurve weist starke Zufallsschwankungen auf.

## 29: Trendrechnung

$a = \frac{1}{4} \cdot (280.000 + 290.000 + 330.000 + 350.000) = \mathbf{312.500\ €}$

$b = \frac{12}{4\,(16-1)}\ [y_1\,(1-\frac{5}{2}) + y_2\,(2-\frac{5}{2}) + y_3\,(3-\frac{5}{2}) + y_4\,(4-\frac{5}{2})] = \mathbf{25.000\ €}$

$t = i - \frac{4+1}{2} = \mathbf{i - 2,5}$

$y = 312.500 + 25.000\,(i - 2,5) = \mathbf{250.000 + 25.000\ i}$

Für 2009 ergibt sicht als prognostizierter Zahlungsstrom:

$y_5 = 250.000 + 25.000 \cdot 5 = \mathbf{375.000\ €}$

## 30: Finanzplan

(1) Aus dem Finanzplan lässt sich für die Monate Januar, Mai, Dezember eine leichte Überliquidität, für die Monate Februar, März, April eine beträchtliche Überliquidität feststellen.

Bereits im Anschluss an diesen ersten Entwurf eines Finanzplanes sollten Möglichkeiten der Anlage der überschüssigen Mittel festgestellt und vorgeschlagen werden bzw. die Rückführung von aufgenommenen Krediten in Betracht gezogen werden.

Dem Finanzplan ist zu entnehmen, dass sich in den Monaten Juni, Juli, August voraussichtlich eine finanzielle Unterdeckung ergeben wird. Diese Feststellung sollte bewirken, dass sogleich Überlegungen angestellt werden, wie Einzahlungen oder Auszahlungen beeinflusst bzw. gestaltet werden könnten, um die Liquidität sicherzustellen.

Der Finanzplan weist für die Monate September, Oktober zwar Liquidität aus, jedoch ist Vorsicht geboten. Die überschüssigen Mittel sind so gering, dass bereits eine leichte Veränderung der Zahlungsströme zur Unterliquidität führen kann. Im Übrigen geht aus dem Finanzplan ohnehin nicht hervor, wie sich die Liquidität an jedem Tag dieser Monate entwickelt. Deshalb sind aus Sicherheitserwägungen heraus Überlegungen anzustellen, wie eine mögliche Unterliquidität abgewendet werden kann.

(2) Möglichkeiten, die Liquidität des Unternehmens zu verbessern, ohne dass Kapital aufgenommen wird, sind beispielsweise:

- Verminderung der Auszahlungen
- Verzögerung der Auszahlungen
- Erhöhung der Einzahlungen
- Beschleunigung der Einzahlungen.

(3) Bei einer Überliquidität des Unternehmens sind Möglichkeiten der Anlage der finanziellen Mittel zu überprüfen. Dies können beispielsweise sein:

- Durchführung erst später vorgesehener Investitionen
- Erwerb von Beteiligungen
- Erwerb von Wertpapieren
- Bereitstellung von Krediten.

Des Weiteren können kurzfristige Kredite zurückgeführt werden oder Sondertilgungen bei langfristigen Krediten mit Kreditinstituten ausgehandelt werden, wobei hier eine Vorfälligkeitsentschädigung anfallen kann.

# 31: Bargeld / Buchgeld / Geldersatzmittel

| | Arten | Erfüllung einer Zahlungsverpflichtung | Annahmepflicht des Gläubigers |
|---|---|---|---|
| **Bargeld** | • Banknoten<br>• Münzen | Hingabe von Bargeld erfolgt als Erfüllung | Ja, aber bei Münzen begrenzt |
| **Buchgeld** | • Sichteinlage<br>• Bankkredite | Hingabe erfolgt an Erfüllung statt | Nein |
| **Geldersatzmittel** | • Schecks<br>• Wechsel | Hingabe erfolgt nur erfüllungshalber | Nein |

## 32: Überweisungsverkehr

(1)

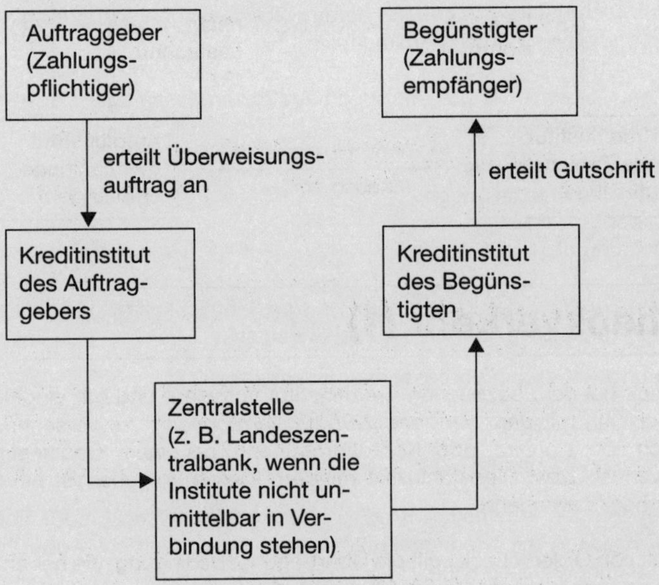


(2) Da ein einmaliger Dauerauftrag erteilt wird, müssen alle Daten unverändert bleiben. D. h. nicht nur der Empfänger und sein Konto bleiben gleich, sondern auch die Beträge und Zahlungstermine (monatlich, viertel-, halb-, jährlich). Beispiele für solche Zahlungen sind Mieten oder Beiträge.

## 33: Lastschriftverkehr

(1)

| Dauerüberweisung | Lastschrift |
|---|---|
| stets gleicher Empfänger | stets gleicher Empfänger |
| stets gleiches Konto | stets gleiches Konto |
| stets gleicher Betrag | gleicher oder sich ändernder Betrag |
| regelmäßig wiederkehrende Termine | regelmäßige oder sich ändernde Termine |

(2)

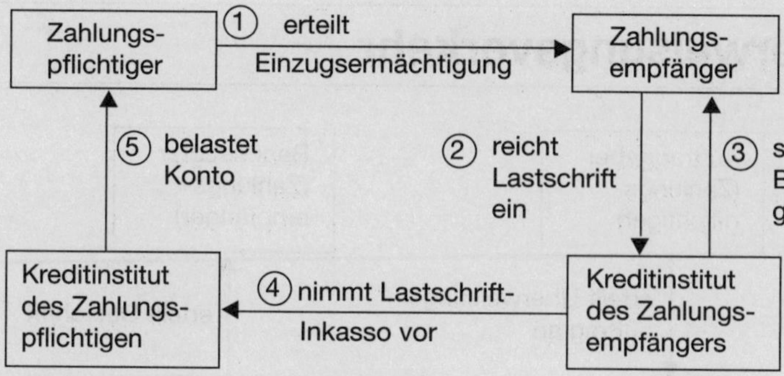


## 34: Scheckverkehr (1)

Da der Barscheck bei dem bezogenen Kreditinstitut vorgelegt und bar eingelöst werden kann, empfiehlt es sich, ihn mit dem Vermerk *„Nur zur Verrechnung"* zu versehen. Damit kann der Scheck nur noch über ein Giro- oder Kontokorrentkonto bei einem Kreditinstitut eingelöst werden, was das Verlust- bzw. Diebstahlrisiko mindert. Dieses Vorgehen ist bei den vorliegenden Verrechnungsschecks zwingend.

Als Besonderheit von Orderschecks gilt die Übertragungsbedingung, die neben der Einigung und Übergabe auch ein Indossament auf der Rückseite des Schecks vorsieht. Hier ist die Angabe der Person, die ein Orderscheck erhalten soll, notwendig, wodurch die Sicherheit erhöht und die Legitimation des Scheckvorlegers nachprüfbar wird.

## 35: Scheckverkehr (2)

(1) Das Kreditinstitut hat unabhängig davon, ob der Widerruf oder die Schecksperre innerhalb oder nach den Vorlegungsfristen erfolgt, den Widerruf zu beachten.

(2) ① Bezeichnung als Scheck

② Unbedingte Anweisung, eine bestimmte Geldsumme zu zahlen

③ Name des Bezogenen

④ Angabe des Zahlungsortes

⑤ Angabe des Tages und Ortes der Ausstellung

⑥ Unterschrift des Ausstellers als Verfügungsberechtigtem

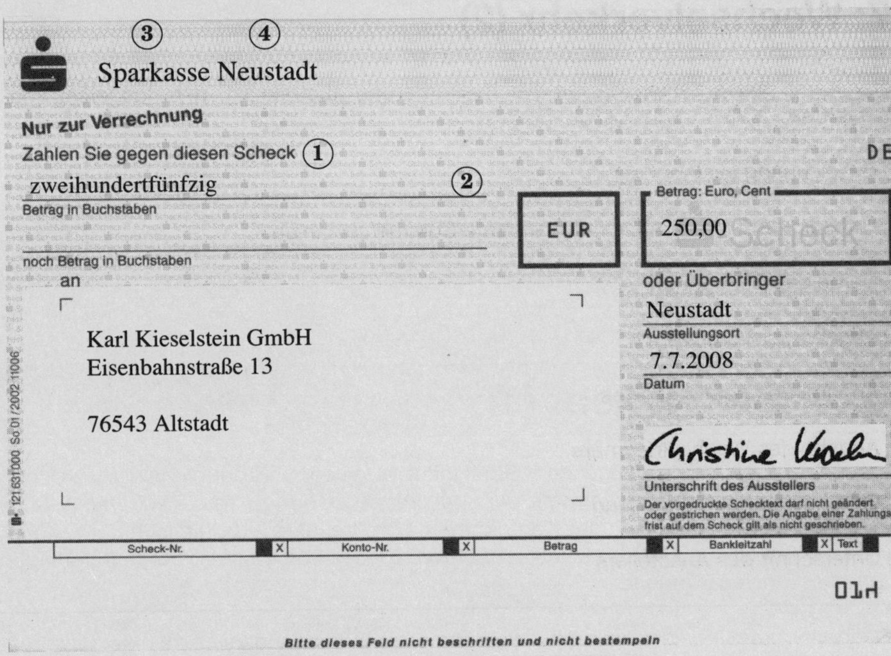

③ ④

Sparkasse Neustadt

Nur zur Verrechnung

Zahlen Sie gegen diesen Scheck ①

zweihundertfünfzig ②

Betrag in Buchstaben

noch Betrag in Buchstaben

EUR

Betrag: Euro, Cent

250,00

DE

an

Karl Kieselstein GmbH
Eisenbahnstraße 13

76543 Altstadt

oder Überbringer

Neustadt ⑤

Ausstellungsort

7.7.2008

Datum

Christine Koch ⑥

Unterschrift des Ausstellers

Der vorgedruckte Schecktext darf nicht geändert oder gestrichen werden. Die Angabe einer Zahlungsfrist auf dem Scheck gilt als nicht geschrieben.

121 631 000 Sd 01/2002 11006

| Scheck-Nr. | X | Konto-Nr. | X | Betrag | X | Bankleitzahl | X | Text |
|---|---|---|---|---|---|---|---|---|

01H

Bitte dieses Feld nicht beschriften und nicht bestempeln

# 36: Wechselverkehr (1)

(1) Der Wechsel kann im eigenen Portefeuille aufbewahrt oder auch einem Kreditinstitut übergeben werden. Nach Ablauf des Wechsels erfolgt ein Inkasso. Hier übernimmt der Wechsel vor allem eine Sicherungsfunktion der Zielzahlung Ihres Kunden – dies insbesondere aufgrund der Wechselstrenge.

(2) Der Wechsel kann zur Zahlung einer Ihrer Verbindlichkeiten an einen Lieferanten weitergegeben werden, wodurch er eine Zahlungsmittelfunktion erhält.

(3) Durch die Ausstellung des Wechsels und die Einräumung eines Zahlungsziels kreditieren Sie Ihren Kunden - siehe auch (1). Allerdings besteht auch die Möglichkeit, den Wechsel vor Fälligkeit zur Diskontierung bei einem Kreditinstitut einzureichen. Hierdurch erhält Ihr Unternehmen einen Kredit. Auch hier hätte der Wechsel eine Kreditmittelfunktion.

(4) Der Wechsel könnte bei einem Lombardkredit als Pfand verwendet werden. Er dient damit dem Wechselinhaber als Besicherungsmöglichkeit für einen aufzunehmenden Kredit.

# 37: Wechselverkehr (2)

(1) Peter Kamb muss zahlen, da die Wechselforderung abstrakt ist, d. h. losgelöst von dem Kaufvertrag.

(2) ① Bezeichnung als Wechsel

② Unbedingte Anweisung, eine bestimmte Summe zu zahlen

③ Name des Bezogenen

④ Angabe der Verfallzeit

⑤ Angabe des Zahlungsortes

⑥ Angabe des Wechselnehmers

⑦ Ort und Tag der Ausstellung

⑧ Unterschrift des Ausstellers

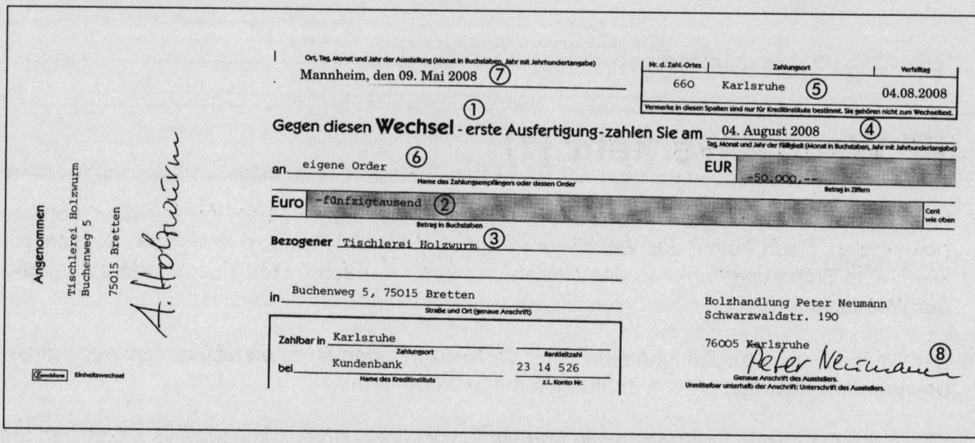

Ort, Tag, Monat und Jahr der Ausstellung (Monat in Buchstaben, Jahr mit Jahrhundertangabe)
Mannheim, den 09. Mai 2008 ⑦

Nr. d. Zahl.-Ortes | Zahlungsort | Verfalltag
660 | Karlsruhe ⑤ | 04.08.2008

Vermerke in diesen Spalten sind nur für Kreditinstitute bestimmt. Sie gehören nicht zum Wechseltext.

①
Gegen diesen **Wechsel** - erste Ausfertigung - zahlen Sie am 04. August 2008 ④
Tag, Monat und Jahr der Fälligkeit (Monat in Buchstaben, Jahr mit Jahrhundertangabe)

an eigene Order ⑥
Name des Zahlungsempfängers oder dessen Order

EUR -50.000,--
Betrag in Ziffern

Euro -fünfzigtausend ②
Betrag in Buchstaben
Cent wie oben

Bezogener Tischlerei Holzwurm ③

in Buchstaben 5, 75015 Bretten
Straße und Ort (genaue Anschrift)

Zahlbar in Karlsruhe
Zahlungsort
bei Kundenbank
Name des Kreditinstituts
Bankleitzahl 23 14 526
z.L. Konto Nr.

Holzhandlung Peter Neumann
Schwarzwaldstr. 190
76005 Karlsruhe
Peter Neumann ⑧
Genaue Anschrift des Ausstellers.
Unmittelbar unterhalb der Anschrift: Unterschrift des Ausstellers.

Angenommen
Tischlerei Holzwurm
Buchenweg 5
75015 Bretten
A. Holzwurm

Einheitswechsel

# 38: Elektronischer und kartengestützter Zahlungsverkehr

- **Electronic Banking** erlaubt über den Computer direkte Geschäfte mit einem Kreditinstitut. Hierzu benötigt man wie beim Internet Banking auch einen Computer, ein Modem und einen Telefonanschluss. Allerdings werden diese technischen Vorkehrungen ausschließlich zum Informationstransport, z. B. in Form der Beauftragung des Kreditinstituts zur Ausführung eines Überweisungsauftrages genutzt.

Im **Internet Banking** hingegen kann es zum Transfer von virtuellem Geld kommen. Hier tauschen z. B. beim E-Cash Handelspartner Geld aus.

- ***»Pay later«*-Zahlungssysteme** sind typisch für Kreditkarten, welche die Bezahlung zeitlich verzögern und dementsprechend eine Kreditfunktion erfüllen.

  ***»Pay now«*-Zahlungssysteme** belasten bei Bezahlungen das Konto in kürzester Zeit. Verwandte Karten sind hier Debitkarten, die online die Ordnungsmäßigkeit und die Deckung des Kontos überprüfen kann.

  ***»Pay before«*-Zahlungssysteme** zeichnen sich dadurch aus, dass liquide Mittel auf einen Chip »getankt« werden müssen, bevor Zahlungen vom Chip erfolgen können.

- **POS-Systeme** ermöglichen eine online-Prüfung der durch Magnetstreifen eingelesenen Karten. Kreditinstitute haften für Ausführung der vorgenommenen Zahlungen. Diese Systeme sind i. d. R. für den Händler hinsichtlich der laufenden Kosten teurer als POZ-Systeme, die eine billigere off line-Lösung darstellen.

  **POZ-Systeme** werden nicht mit Zahlungsgarantien vonseiten der Kreditinstitute versehen. Sie initiieren einen Lastschrifteinzug und führen nur für höhere Beträge eine Online-Abfrage durch.

## 39: Auslandszahlungsverkehr

- **Lorokonto**

  Ein inländisches Kreditinstitut führt für ein ausländisches Kreditinstitut ein Konto, das auf inländische Währung lautet.

- **Nostrokonto**

  Ein inländisches Kreditinstitut unterhält bei einem ausländischen Kreditinstitut ein Konto, das auf ausländische Währung lautet.

- **Konnossement**

  Dies ist ein Orderpapier für den internationalen Seefrachtverkehr. Es dokumentiert den Empfang der Ware durch den Seefrachtführer, dessen Verpflichtung zur Beförderung und zur Aushändigung der Ware bei Dokumentenvorlage.

- **Frachtbrief**

  Er verkörpert ein Dispositionsrecht im Eisenbahngüter-, Straßengüter- und Luftfrachtverkehr.

- **Dokumenteninkasso**

  Es sichert dem Exporteur die »Zahlung gegen Dokumente« zu.

- **Dokumentenakkreditiv**

  Hier werden zusätzlich Garantien durch Kreditinstitute gegeben, die gegen das Risiko der Nichtleistung gerichtet sind.

# 40: OHG / KG

(1) (a) Die Firma der OHG könnte beispielsweise folgende Namen tragen:

- Lehmann, Schlüter & Schmidt OHG
- Schlüter, Schmidt & Lehmann OHG
- Schmidt, Lehmann & Schlüter OHG
- LSS Büromöbel OHG
- Lehmann OHG
- Lehmann & Co. OHG
- Lehmann & Schlüter OHG
- Lehmann, Schlüter & Co. OHG

(b) Die Firma der KG könnte beispielsweise folgende Namen tragen:

- Lehmann & Schlüter KG
- Schlüter & Lehmann KG
- LS Büromöbel KG
- Lehmann KG
- Schlüter KG

(c) Peter Schmidt würde sich als Kommanditist im Hinblick auf die Haftung besser stellen als bei der OHG.

Dafür hätte er, sofern vertraglich keine besonderen Vereinbarungen getroffen sind, mehrere Nachteile:

- Er ist von der Geschäftsführung ausgeschlossen.
- Er ist von der Vertretung ausgeschlossen.
- Er erhält lediglich einen Gewinn, der in einem den Umständen nach angemessenen Verhältnis steht.
- Er kann seinen Geschäftsanteil nicht erhöhen, indem er auf Entnahmen verzichtet.

2) (a) Die **vertraglich** vereinbarte Gewinnverteilung führt zu folgenden Werten:

18.000 € : 3 = **6.000 €**

Jeder Gesellschafter erhält danach einen Gewinnanteil von 6.000 €.

Die **handelsrechtlich** vorgesehene Gewinnverteilung führt zu folgenden Werten:

| | | | | |
|---|---|---|---|---|
| Lehmann | 30.000 · 0,04 = | 1.200 € | + | 4.906 € = **6.106 €** |
| Schlüter | 28.000 · 0,04 = | 1.120 € | + | 4.906 € = **6.026 €** |
| Schmidt | 24.000 · 0,04 = | 960 € | + | 4.906 € = **5.866 €** |
| | | 3.280 € | | ↑ |
| Gewinnrest, nach Köpfen zu verteilen (volle €) | | ↓ 14.720 € | : 3 = | 4.906 € |

Wie zu sehen ist, liegt der vertragsmäßige Gewinnanteil des Peter Schmidt um 134 € höher.

(b) Die Vereinbarung, dass Peter Schmidt nur in Höhe seiner Einlage haftet, hat ausschließlich für das Innenverhältnis Bedeutung. Im Außenverhältnis – und damit auch gegenüber dem erwähnten Gläubiger – haftet Peter Schmidt in jedem Falle unmittelbar, unbeschränkt und solidarisch.

Somit muss er den Gläubiger befriedigen, auch wenn die Forderung über seinen Geschäftsanteil hinausgeht. Er hat im Innenverhältnis aber die Möglichkeit, den Teil der Forderungen von seinen Mitgesellschaftern zurückzuverlangen, der die vereinbarte Haftsumme übersteigt.

(3) Peter Schmidt kann nicht zum Ende des zweiten Geschäftsjahres kündigen, weil dies nur mit einer Frist von sechs Monaten möglich ist, die er nicht eingehalten hat.

# 41: Stille Gesellschaft / GdbR / KG

(1)

| Kriterium | Stille Gesellschaft | GdbR | KG |
|---|---|---|---|
| Firma | keine gemeinsame Firma | keine eigene Firma | Personenfirma |
| Art der Gesellschaft | keine Handelsgesellschaft | keine Handelsgesellschaft | Handelsgesellschaft |
| Wirkung der Gesellschaft | nach innen (Innengesellschaft) | nach außen (Außengesellschaft) | nach außen (Außengesellschaft) |
| Vermögen der Gesellschaft | kein Gesellschaftsvermögen | Gesamthandsvermögen der Gesellschafter | Gesamthandsvermögen der Gesellschafter |
| Geschäftsführung der Gesellschaft | liegt beim Geschäftsinhaber, nicht beim stillen Gesellschafter | sie steht grundsätzlich allen Gewerkschaftern gemeinsam zu | sie steht grundsätzlich nur den Komplementären zu |
| Vertretung der Gesellschaft | liegt beim Geschäftsinhaber, nicht beim stillen Gesellschafter | sie steht grundsätzlich allen Gesellschaftern gemeinsam zu | sie steht grundsätzlich nur den Komplementären zu |
| Haftung der Gesellschaft | Geschäftsinhaber haftet entsprechend seiner Rechtsform, stiller Gesellschafter haftet Gläubigern gegenüber möglicherweise nicht | Gesellschafter haften grundsätzlich als Gesamtschuldner, Haftungsbeschränkung durch Vertrag mit Gläubigern möglich | Komplementäre haften gesamtschuldnerisch, Kommanditisten haften nur bis in Höhe ihrer Einlage |

(2) (a) Die Vereinbarung, den stillen Gesellschafter an den während der Zeit seiner Kapitalbereitstellung entstehenden Reserven zu beteiligen, ist zulässig, wenngleich die grundlegende rechtliche Konstruktion der Stillen Gesellschaft dies nicht vorsieht.

(b) Deshalb spricht man bei Vorliegen einer derartigen Vereinbarung von der atypischen stillen Gesellschaft. Bei ihr wird der stille Gesellschafter – im Gegensatz zur typischen stillen Gesellschaft – steuerrechtlich als Mitunternehmer angesehen, seine Einkünfte aus der Stillen Gesellschaft sind Einkünfte aus Gewerbebetrieb.

(c) Der Einzelunternehmer weist den Kapitalanteil des stillen Gesellschafters nicht gesondert aus, es besteht weiterhin ein Kapitalkonto.

(d) Der Einzelunternehmer ist nicht berechtigt, den Kapitalanteil einzubehalten, sofern der Kapitalanteil des stillen Gesellschafters nicht durch Verlust gemindert ist.

Liegt keine Minderung des Kapitalanteiles vor, ist der Einzelunternehmer verpflichtet, die 5.000 € auszuzahlen. Bei einer Minderung des Kapitalanteils des stillen Gesellschafters um 2.000 € im Vorjahr, ist er andererseits berechtigt, den Kapitalanteil um 5.000 € aufzufüllen und nur 3.000 € an den stillen Gesellschafter auszuzahlen.

(3) Die Beschränkung der Haftung der Gesellschafter der GdbR gegenüber ihren Gläubigern muss vertraglich mit diesen vereinbart werden, nicht im Gesellschaftsvertrag.

Es empfiehlt sich, die Haftungsbeschränkung in die Geschäftsbedingungen der GdbR aufzunehmen, die als Grundlage des Geschäftsverkehrs dienen und üblicherweise auf der Rückseite von Angebotsschreiben, Bestellschreiben u. Ä. abgedruckt sind. Mit ihrer Anerkennung wird dann auch die Haftungsbeschränkung vom Vertragspartner akzeptiert.

# 42: Vergleich von Personen- und Kapitalgesellschaften

| Kriterium | Personengesellschaft | Kapitalgesellschaft |
|---|---|---|
| Rechtspersönlichkeit | Die Gesellschaft stellt keine juristische Person dar. | Hier liegt eine juristische Person vor. |
| Vermögen der Gesellschaft | Es besteht ein Gesamthandsvermögen der Gesellschafter. | Die Gesellschaft als juristische Person weist ein eigenes Vermögen aus. |
| Befugnis zur Geschäftsführung und Vertretung | In der Regel sind alle Gesellschafter – mit Ausnahme der Kommanditisten der KG – zur Geschäftsführung und Vertretung befugt, soweit der Gesellschaftsvertrag nichts anderes besagt. | Kapitalgesellschaften haben für die Geschäftsführung bestimmte Organe (z. B. Geschäftsführender Gesellschafter, Vorstand). |
| Haftung | Gesellschafter sind mit Ausnahme des Kommanditisten der KG Vollhafter, die auch mit ihrem Privatvermögen haften können. | Die Haftung ist auf das Gesellschaftsvermögen beschränkt und für die einzelnen Gesellschafter auf ihren Anteil. |

# 43: GmbH

Ermittlung der Verzugszinsen (volle €):

| | | | |
|---|---|---|---|
| • Gesellschafter Peters | | 0 € | |
| • Gesellschafter Meier | | | |
| Ausstehendes Nachschusskapital | 10.000 · 0,07 · (9 : 12) = | 525 € | |
| Ausstehendes Stammkapital | 20.000 · 0,07 = | 1.400 € | 1.925 € |
| • Gesellschafter Wagner | | | |
| Ausstehendes Nachschusskapital | | | |
| 01.04. - 31.10. | 8.000 · 0,07 · (7 : 12) = | 327 € | |
| 01.11. - 31.12. | 5.000 · 0,07 · (2 : 12) = | 58 € | 385 € |
| | | | 2.310 € |

Gewinnverteilung (volle €):

| | | |
|---|---|---|
| | Vorläufiger Gewinn | 96.000 € |
| + | Verzugszinsen | 2.310 € |
| = | Jahresüberschuss | 98.310 € |
| – | Tantieme geschäftsführ. Gesellschafter (30 %) | 29.493 € |
| – | Verlustvortrag | 5.000 € |
| = | Zwischensumme/Körperschaftsteuerlich relevantes Einkommen | 63.817 € |
| – | Einstellung in die Rücklage | 3.191 € |
| = | Bilanzgewinn | 60.626 € |
| – | Körperschaftsteuer aus Zwischensumme (25 % v. 63.817) | 15.954 € |
| – | Solidaritätszuschlag (5,5 % auf Körperschaftsteuer) | 877 € |
| = | Ausschüttungsfähige Gewinnanteile | 43.795 € |
| – | Dividende auf Stammkapital (10 %) | 40.000 € |
| – | Dividende auf Nachschusskapital (5 %) | 2.000 € |
| = | **Gewinnvortrag** | **1.795 €** |

| Gesellschafter | Stammkapital | Nachschusskapital | Verzugszinsen Stammkapital | Verzugszinsen Nachschusskapital | Tantieme | Dividende Stammkapital | Dividende Nachschusskapital | Gewinnanteile | | |
|---|---|---|---|---|---|---|---|---|---|---|
| | | | | | | | | ausschüttungsfähig | Kapitalertragsteuer (20 %) Solidaritätszuschlag (5,5 %) | ausgezahlt |
| Peters | 220.000 | 22.000 | 0 | 0 | 9.831 | 22.000 | 1.100 | 23.100 | 4.620 + 254 = 4.874 | 18.226 |
| Meier | 100.000 | 10.000 | 1.400 | 525 | 9.831 | 10.000 | 500 | 0 | 0 | 0 |
| Wagner | 80.000 | 8.000 | 0 | 385 | 9.831 | 8.000 | 400 | 3.400 | 680 + 37 = 717 | 2.683 |

# 44: Aktiengesellschaft

(1) Gründungsbilanz bei voller Einzahlung des Nennbetrages der Aktien:

(a) Gründungsbilanz

| Aktiva | | Passiva | |
|---|---|---|---|
| Vermögen | 3.150.000 | Gezeichnetes Kapital | 3.000.000 |
| | | Kapitalrücklage | 300.000 |
| | | Verlustvortrag | ./. 150.000 |
| | 3.150.000 | | 3.150.000 |

(b) Gründungsbilanz bei einer Einzahlung von 25 % des Nennbetrages der Aktien:

Gründungsbilanz

| Aktiva | | Passiva | |
|---|---|---|---|
| Ausstehende Einlagen | 2.250.000 | Gezeichnetes Kapital | 3.000.000 |
| Vermögen | 900.000 | Kapitalrücklage | 300.000 |
| | | Verlustvortrag | ./. 150.000 |
| | 3.150.000 | | 3.150.000 |

Wie aus der Bilanz zu erkennen ist, muss das Agio in voller Höhe geleistet werden, auch wenn der Nennbetrag der Aktien nicht voll eingezahlt wird.

(c) Bei einer Einzahlung, die unter dem Nennwert der Aktien liegt, dürfen nur Namensaktien ausgegeben werden. Ist vorgesehen, Inhaberaktien auszugeben, sind Interims- oder Zwischenscheine auszustellen, solange der Nennwert der Aktien nicht in voller Höhe eingezahlt ist.

(2)

| | | |
|---|---|---|
| | Vorläufiger Jahresüberschuss | 80.000 € |
| – | Vorstandstantieme | 10.000 € |
| – | Aufsichtsratstantieme | 6.000 € |
| = | Jahresüberschuss | 64.000 € |
| + | Gewinnvortrag | 2.500 € |
| = | Zwischensumme | 66.500 € |
| – | Einstellung in Gewinnrücklagen (gesetzliche Rücklage) (5 % von 64.000 €) | 3.200 € |
| – | Einstellung in Gewinnrücklagen (freie Rücklage) (20 % von 64.000 € – 3.200 €) | 12.160 € |
| = | Bilanzgewinn | 51.140 € |
| – | Dividende (10 % von 500.000 €) | 50.000 € |
| = | **Gewinnvortrag** | **1.140 €** |

## 45: Bilanz-/Ertragswertkurs/Rendite

(1) Bilanzkurs der Kosmetik AG $= \frac{600.000 + 30.000 + 65.000 + 5.000}{600.000} \cdot 100 = \mathbf{116{,}67\ \%}$

Bilanzkurs der Beauty AG $= \frac{300.000 + 15.000 + 130.000 + 1.000}{300.000} \cdot 100 = \mathbf{148{,}67\ \%}$

Der Bilanzkurs gibt Aufschluss über den inneren Wert der Aktien. Dieser ist bei der Beauty AG erheblich positiver zu beurteilen als bei der Kosmetik AG. Stille Reserven bleiben dabei unbeachtet. Ihre Aufdeckung kann zu einer Veränderung der ermittelten Werte führen.

Ertragswert der Kosmetik AG $= \frac{115.000}{1{,}1 - 1} = \mathbf{1.150.000\ €}$

Ertragswertkurs der Kosmetik AG $= \frac{1.150.000}{600.000} \cdot 100 = \mathbf{191{,}67\ \%}$

Ertragswert der Beauty AG $= \frac{62.000}{1{,}1 - 1} = \mathbf{620.000\ €}$

Ertragswertkurs der Beauty AG $= \frac{620.000}{300.000} \cdot 100 = \mathbf{206{,}67\ \%}$

Auch der Ertragswertkurs der Beauty AG ist günstiger zu beurteilen als der Ertragswertkurs der Kosmetik AG.

Weder der Bilanzkurs noch der Ertragswertkurs entsprechen dem Marktpreis, der – weil er an der Börse ermittelt wird – auch Börsenkurs genannt wird.

(2) Die effektive Verzinsung der von P. Merseburger erworbenen 50 €-Aktie der Beauty AG beträgt 5,72 %, da die Verzinsung sich auf den Kurswert, nicht auf den Nominalwert bezieht:

$$\frac{\text{Dividende}}{\text{Anschaffungskosten}} \cdot 100 = \frac{10{,}30}{180} \cdot 100 = \mathbf{5{,}72\ \%}$$

Beim Vergleich der effektiven Zinssätze erweist sich die Investition des Peter Merseburger nicht als vorteilhaft.

## 46: Kursfindung / Kurszusätze

(1)

| Ausführbar zum Kurs | Käufe | Verkäufe | Umsatz |
|---|---|---|---|
| 184 € | 775 | 250 | 250 |
| 186 € | 625 | 380 | 380 |
| *188 €* | *450* | *570* | *450* |
| 190 € | 250 | 810 | 250 |

Der Kurs nach dem Meistausführungsprinzip wird bei 188 € liegen, weil hier der größte Umsatz erfolgt. Da mehr Verkäufe möglich wären, wird ein Kurszusatz »bB« über das zu große Angebot informieren.

(2) Die Kurszusätze/Hinweise bedeuten:

(a) bezahlt Geld:
Die zum festgestellten Kurs limitierten Kaufaufträge müssen nicht vollständig ausgeführt sein. Es bestand weitere Nachfrage.

(b) gestrichen Geld:
Ein Kurs konnte nicht festgestellt werden, da überwiegend Nachfrage bestand.

(c) ohne Dividende:
Notierung am Tag des Abschlages der Dividende.

(d) Brief:
Zu diesem Preis bestand nur Angebot.

(e) *:
Kleine Beträge konnten nicht gehandelt werden.

# 47: Vergleich Genussschein/Aktie

| | Genussschein | Aktie |
|---|---|---|
| Rechtsstellung des Inhabers | Hier liegt eine Gläubigerposition vor, da steuerrechtlich Fremdkapital zugeführt wird. | Eingezahlte Beträge werden im gezeichneten Kapital ausgewiesen. Der Inhaber ist Miteigentümer der Gesellschaft. |
| Mitbestimmung | Der Genussscheininhaber hat kein Mitbestimmungs- und kein Kontrollrecht. | Liegen Stammaktien vor, hat der Inhaber alle Aktionärsrechte. Das Stimmrecht kann bei Vorzugsaktien entzogen werden. |
| Gewinnanspruch | Kann bei Eigenkapital ähnlichen Genussscheinen gegeben sein, wie aber auch alternativ hierzu eine Fremdkapital ähnliche Verzinsung. | Der Aktionär hat Anspruch auf Gewinn, der in Form der Dividende ausgezahlt wird. |
| Fristigkeit | Die Rückzahlung des Kapitals kann vorgesehen sein. Damit ist eine bestimmte Laufzeit des Genussscheines vorgegeben. | Die Laufzeit der Aktie ist unbefristet. |

# 48: Gründung

(1)

| | OHG | KG | SG*) | GdbR | GmbH | AG |
|---|---|---|---|---|---|---|
| Anzahl der Gründer | mindestens 2 | mindestens 1 Vollhafter und 1 Teilhafter | mindestens 2 | mindestens 2 | mindestens 1 | mindestens 1 |
| Notwendigkeit der notariellen Beurkundung | nein | nein | nein | nein | ja | ja |
| Notwendigkeit des Handelsregister-Eintrages | ja | ja | nein | nein | ja | ja |
| Haftung der Gründer *vor* Handelsregister-Eintrag | gesamtschuldnerisch | gesamtschuldnersich auch Teilhafter | – | – | unbeschränkt, solidarisch | unbeschränkt, persönlich |
| Haftung der Gründer *nach* Handelsregister-Eintrag | gesamtschuldnerisch | Vollhafter gesamtschuldnerisch, Teilhafter bis zur Höhe der Einlage | – | – | bis zur Höhe der Stammeinlage, Nachschusspflicht möglich | bis zur Höhe ihres in der Aktie begründeten Anteils |
| Mindestkapitalhöhe | keine | keine | keine | keine | 25.000 € | 50.000 € |

*) SG = Stille Gesellschaft

(2) Obwohl die Kommanditisten namentlich und mit der Höhe ihrer Einlage beim Handelsregister anzumelden sind, erfolgt keine Bekanntmachung dieser Daten, weil zu befürchten ist, dass eine Veröffentlichung potenzielle Kommanditisten davon abhalten könnte, sich an einer KG zu beteiligen.

Es könnte ein Ausweichen auf die Stille Gesellschaft erfolgen.

(3) Die Bestimmungen über die Nachgründung (§ 52 AktG) sollen den Gründern der AG die Durchführung einer Scheinbargründung erschweren, bei der eine externe Gründungsprüfung gegebenenfalls vermieden werden kann.

Insbesondere soll auch die Möglichkeit einer damit verbundenen Manipulation ausgeschlossen werden.

Das Namensaktiengesetz von 2001 beschränkt die Nachgründung auf Vertragsabschlüsse der Aktiengesellschaft mit ihren Gründern bzw. mit Aktionären, die mit mehr als 10 % beteiligt sind.

# 49: Kapitalerhöhung bei der OHG

(1) Bilanz nach Kapitalerhöhung

| Aktiva | | Passiva | |
|---|---|---|---|
| Anlagevermögen | 80.000 | Geschäftsanteil Wulf | 78.000 |
| Umlaufvermögen | 96.500 | Geschäftsanteil Meister | 39.000 |
| | | Geschäftsanteil Pilz | 19.500 |
| | | Verbindlichkeiten | 40.000 |
| | 176.500 | | 176.500 |

Durch die anteilige Erhöhung der Geschäftsanteile der OHG-Gesellschafter bleiben ihre Anteile an den stillen Reserven unverändert.

(2) **Vor** der Kapitalerhöhung waren die OHG-Gesellschafter im Verhältnis

60.000 € : 30.000 € : 15.000 €
= 0,57 : 0,29 : 0,14

an den stillen Reserven beteiligt. Das waren

16.000 € : 8.000 € : 4.000 €
= Wulf : Meister : Pilz

**Nach** der Kapitalerhöhung liegt die Beteiligung der OHG-Gesellschafter an den stillen Reserven bei:

70.500 € : 40.500 € : 25.500 €
= 0,52 : 0,29 : 0,19

| | | | | |
|---|---|---|---|---|
| 0,52 | · 28.000 € | = | **14.560 €** | (Gesellschafter Wulf) |
| 0,29 | · 28.000 € | = | **8.120 €** | (Gesellschafter Meister) |
| 0,19 | · 28.000 € | = | **5.320 €** | (Gesellschafter Pilz) |

Wie zu sehen ist, verschlechtert sich der Anteil an den stillen Reserven bei dem Gesellschafter, der den höchsten Geschäftsanteil vor der Kapitalerhöhung aufwies. Bei den anderen beiden Gesellschaftern erfolgt - durch die Nivellierung - eine Erhöhung ihrer Anteile an den stillen Reserven, die beim Gesellschafter Pilz besonders stark ist.

(3) Mit Aufnahme des neuen Gesellschafters stehen die Anteile an den stillen Reserven im Verhältnis:

60.000 € : 30.000 € : 15.000 € : 31.500 €
= 0,44 : 0,22 : 0,11 : 0,23

Das bedeutet, dass folgende Beteiligungen an den stillen Reserven folgende Werte annehmen:

| | | | | |
|---|---|---|---|---|
| 0,44 | · 28.000 € | = | **12.320 €** | (Gesellschafter Wulf) |
| 0,22 | · 28.000 € | = | **6.160 €** | (Gesellschafter Meister) |
| 0,11 | · 28.000 € | = | **3.080 €** | (Gesellschafter Pilz) |
| 0,23 | · 28.000 € | = | **6.440 €** | (neuer Gesellschafter) |

Im Vergleich zu den Anteilen an den stillen Reserven, die vor der Kapitalerhöhung gegeben waren, verschlechtert sich die Höhe dieser Anteile bei den Alt-Gesellschaftern zu Gunsten des Anteils, der dem Neu-Gesellschafter zuzurechnen wäre.

# 50: Kapitalerhöhung bei der AG (1)

(1) Das Bezugsverhältnis ergibt sich aus:

$$20.000.000 : 5.000.000 = \mathbf{4:1}$$

Für vier alte Aktien wird eine neue Aktie ausgegeben.

(2) Das Bezugsrecht hat rechnerisch den folgenden Wert, wenn die Ausgabe der neuen Aktien zum Zeitpunkt der Dividendenauszahlung vorgenommen wird:

$$B = \frac{K_a - K_n}{\frac{a}{n} + 1} = \frac{130 - 90}{\frac{20.000.000 : 50}{5.000.000 : 50} + 1} = \mathbf{8\ €}$$

(3) Erfolgt die Ausgabe der neuen Aktien 3 Monate vor der Dividendenauszahlung, liegt der Wert des Bezugsrechtes bei:

$$B = \frac{K_a - (K_n + d)}{\frac{a}{n} + 1} = \frac{130 - [90 + 15\,(1 - \frac{3}{12})]}{5} = \mathbf{5{,}75\ €}$$

# 51: Kapitalerhöhung bei der AG (2)

(1) Der tatsächliche Wert des Bezugsrechtes ergibt sich aus der Situation von Angebot und Nachfrage an der Börse, wo das Bezugsrecht gehandelt wird.

(2) Für das Unternehmen ergibt sich ein hoher Finanzierungseffekt.

Altaktionäre könnten dazu neigen, ihre Bezugsrechte zu verkaufen.

(3) Es dürfen verwendet werden:

- Die Kapitalrücklage und gesetzliche Rücklage, soweit sie zusammen größer sind als der zehnte Teil bzw. ein satzungsmäßig bestimmter höherer Teil des bisher gezeichneten Kapitals.
- Die Gewinnrücklage, soweit sie die »anderen Gewinnrücklagen« betrifft bzw. die satzungsmäßigen Rücklagen diesem Zweck entsprechen.

(4) Beteiligungsfinanzierung, genauer Umfinanzierung.

## 52: Sanierung

(1) Die Bilanz der Werkzeugmaschinen AG hat nach der Kapitalherabsetzung folgendes Aussehen:

| Aktiva | Bilanz nach Kapitalherabsetzung | | Passiva |
|---|---|---|---|
| Anlagevermögen | 3.000.000 | Gezeichnetes Kapital | 1.500.000 |
| Umlaufvermögen | 1.000.000 | Gesetzliche Rücklage | 100.000 |
| | | Verbindlichkeiten | 2.400.000 |
| | 4.000.000 | | 4.000.000 |

Die Kapitalherabsetzung im Verhältnis 4 : 3 führt zu einer Verminderung des gezeichneten Kapitals um 500.000 €. Da der Verlustvortrag aber nur 400.000 € ausmachte, verbleiben 100.000 €, die der gesetzlichen Rücklage zugeführt werden müssen.

(2) Die Bilanz der Werkzeugmaschinen AG hat nach der Kapitalerhöhung das folgende Aussehen:

| Aktiva | Bilanz nach Kapitalerhöhung | | Passiva |
|---|---|---|---|
| Anlagevermögen | 3.000.000 | Gezeichnetes Kapital | 2.000.000 |
| Umlaufvermögen | 1.500.000 | Gesetziche Rücklage | 100.000 |
| | | Verbindlichkeiten | 2.400.000 |
| | 4.500.000 | | 4.500.000 |

## 53: Kreditwürdigkeitsprüfung

(1) Die Bank ist nach § 18 KWG verpflichtet, sich ab einem Kredit von 750.000 € die wirtschaftlichen Verhältnisse eines Kreditnehmers offen legen zu lassen. Sie kann hierauf verzichten, wenn Sicherheiten wie Grundschulden oder Bürgschaften, gestellt werden.

(2) Es sind zu unterscheiden:

- Die persönliche Kreditwürdigkeitsprüfung, die anhand folgender Kriterien die Vertrauenswürdigkeit des Kreditnehmers beispielsweise überprüft:

  - Zahlungs-/Geschäftsmoral
  - Geschäftliche und berufliche Qualifikation
  - Zuverlässigkeit

- Die wirtschaftliche Kreditwürdigkeitsprüfung, die insbesondere untersucht:

  - Wirtschaftliche und finanzielle Verhältnisse
  - Vermögensverhältnisse
  - Unternehmenssituation.

  Hierzu werden Jahresabschlüsse, Geschäfts- und Planungsunterlagen und auch der Zweck der Kreditausreichung überprüft. Im Bedarfsfalle werden Auskünfte eingeholt.

## 54: Bürgschaft

(1) (a) Im vorliegenden Fall besteht eine Hauptschuld, für deren Erfüllung Wuttke sich verbürgt hat. Damit sind zwei Voraussetzungen für das Entstehen der Bürgschaft erfüllt. Die dritte Voraussetzung wird dagegen nicht erfüllt, die Schriftform der Bürgschaftsverpflichtung. Da Pensionär Wuttke kein Kaufmann ist, ist eine schriftliche Erklärung notwendig. Wuttke lehnt mit Recht ab, die Zahlung zu leisten, da die Bürgschaft nicht rechtswirksam geworden ist.

(b) Unter der Annahme, Wuttke habe bezahlt und danach erst erfahren, dass die Bürgschaft gar nicht zu Stande gekommen ist, gelten zwar die obigen Ausführungen. Durch die Erbringung der Leistung ist der Formmangel aber geheilt worden, sodass Wuttke den Betrag nicht zurückfordern kann.

(2) Müßig wird sich nicht mit Erfolg unmittelbar an Meier wenden können, da Meier sich die Einrede der Vorausklage vorbehalten hat. Meier kann die Befriedigung des Müßig verweigern, solange dieser nicht versucht hat, sich durch Zwangsvollstreckung gegen den Dall zu befriedigen und dabei erfolglos geblieben ist.

(3) Bei der selbstschuldnerischen Bürgschaft steht dem Bürgen keine Einrede der Vorausklage zu. Das unterscheidet sie von der gewöhnlichen Bürgschaft und der Ausfallbürgschaft. Bei jeder Bürgschaft stehen dem Bürgen aber diejenigen Einwendungen und Einreden zu, zu denen der Schuldner berechtigt ist, auch wenn dieser darauf verzichtet hat (§ 768 BGB). Das sind beispielsweise:

- Mangel an der Sache
- Stundung des Kaufpreises
- Zurückbehaltungsrecht des Schuldners
- Verjährung der Forderung.

## 55: Eigentumsvorbehalt (1)

(1) Solange sich die Rohstoffe unverarbeitet im Lager der Mertens KG befinden, ist der Eigentumsvorbehalt in der vereinbarten Form unproblematisch. Die Metall Handels GmbH kann die Herausgabe der Rohstoffe verlangen, wenn die Mertens KG nicht bezahlt.

(2) Hat die Mertens KG die Rohstoffe an die Werkzeugmaschinen GmbH weiterveräußert und war die Werkzeugmaschinen GmbH gutgläubig, ist das Eigentum auf sie übergegangen.

(3) Wenn die Mertens KG die Rohstoffe verarbeitet hat, ist das Eigentum auf sie übergegangen.

(4) Sind die Rohstoffe untergegangen, hat der Eigentumsvorbehalt der Metall Handels GmbH ebenfalls keinen Nutzen.

# 56: Eigentumsvorbehalt (2)

(1) (a) Bei dieser Vereinbarung handelt es sich um einen verlängerten Eigentumsvorbehalt.

(b) Sein Vorteil besteht darin, dass der Lieferant sich nicht nur das Eigentum an den gelieferten Rohstoffen, sondern auch an den aus den Rohstoffen hergestellten neuen Erzeugnissen vorbehält bzw. sich – bei deren Verkauf – die Kaufpreisforderung abtreten lässt.

(c) Ein absoluter Schutz des Lieferanten ist aber auch beim verlängerten Eigentumsvorbehalt nicht gegeben. Wenn ein Käufer die von der Mertens KG gefertigten Erzeugnisse gutgläubig erwirbt, nützt der Metall Handels GmbH der verlängerte Eigentumsvorbehalt insoweit, als dass die entstehenden Forderungen im Voraus als Sicherheiten abgetreten werden.

(2) (a) Hier liegt ein erweiterter Eigentumsvorbehalt in Form des Kontokorrentvorbehaltes vor.

(b) Mit ihm wird die Sicherheit des Lieferanten gegenüber der Mertens KG vergrößert, insbesondere wenn eine Geschäftsbeziehung über längere Zeit gegeben ist.

# 57: Pfandrecht / Sicherungsübereignung / -abtretung

(1) Die Entstehung des Pfandrechtes ist an drei Voraussetzungen geknüpft:

- Vorliegen einer Forderung, auf die sich das Pfandrecht bezieht.
- Einigung der Parteien, dass das Pfandrecht dem Gläubiger zustehen soll.
- Übergabe des Pfandes.

Die ersten beiden Voraussetzungen können im vorliegenden Falle problemlos erfüllt werden, die Übergabe des Pfandes hingegen widerspricht dem Zweck, der mit der Beschaffung des neuen Pkw erreicht werden soll. Scholz muss den Pkw berufsbedingt verfügbar haben, kann ihn also nicht verpfänden. Insofern ist seine Kritik an dem Angebot von Kunz berechtigt.

Es ist anzunehmen, dass Scholz eine Sicherungsübereignung vorgeschlagen hat. Sie stellt das Recht des Kunz an dem Pkw sicher, Scholz hat aber dennoch die Möglichkeit, den Pkw zu nutzen.

(2) Die Abtretung von Gehaltsansprüchen ist eine Möglichkeit der Sicherung, die besonders dann genutzt wird, wenn andere Sicherungen nicht verfügbar sind.

Wichtig ist aber, dass eine Gehaltsforderung nur zu einem bestimmten Teil der Pfändung unterworfen werden darf. Von den 1.650 € Nettogehalt pro Monat wäre demnach der »pfändungsfreie Betrag« abzusetzen, der dem Arbeitnehmer das Existenzminimum gewährleisten soll und entsprechenden Tabellen der ZPO entnommen werden kann.

# 58: Grundpfandrecht

(1) Die Bedeutung liegt darin, dass beim Notverkauf diejenigen Gläubiger umso eher befriedigt werden, die über einen besseren Rang verfügen.

Praktisch bedeutet dies, dass die Gläubiger der ersten und zweiten Grundschuld voll befriedigt werden, der Gläubiger der dritten Grundschuld lediglich mit 10.000 €.

| | |
|---|---|
| 1. Grundschuld 50.000 € | Erlös aus Notverkauf 90.000 € |
| 2. Grundschuld 30.000 € | |
| 3. Grundschuld 40.000 € | |

(2) Für die Form der Abtretung der Verkehrshypothek ist ausschlaggebend, ob es sich um eine Briefhypothek oder um eine Buchhypothek handelt.

Liegt eine Buchhypothek vor, ist zum Zwecke der Abtretung eine Umschreibung im Grundbuch erforderlich, die vom Gläubiger notariell bewilligt werden muss. Bei einer Briefhypothek reicht es aus, den Hypothekenbrief schriftlich abzutreten, auch ohne dass damit ein Grundbucheintrag notwendig wird.

(3) Der grundlegende Unterschied zwischen Hypothek und Grundschuld ist darin zu sehen, dass die Hypothek akzessorisch ist, d. h. sie kann nur in Verbindung mit einer Forderung entstehen. Die Grundschuld ist dagegen nicht an das Bestehen einer Forderung gebunden und wird daher vornehmlich von der Kreditwirtschaft zur Besicherung von Krediten verwandt.

(4) Die Eigentümergrundschuld entsteht für denjenigen Teil einer Hypothek, für den keine Forderung vorliegt.

Das bedeutet, dass die Eigentümergrundschuld 100.000 € beträgt, wenn das Darlehen nicht zur Auszahlung gekommen und damit eine Forderung nicht entstanden ist. Ist das Darlehen gewährt und zu 70 % zurückgezahlt worden, beträgt die Hypothek 30.000 € und die Eigentümergrundschuld 70.000 €. Bei einer völligen Rückzahlung des Darlehens umfasst die Eigentümergrundschuld 100.000 €.

# 59: Lieferantenkredit

(1) Der mithilfe der praxisüblichen Faustformel ermittelte effektive Zinssatz beträgt:

$$r = \frac{S}{z - s} \cdot 360 = \frac{2}{30 - 10} \cdot 360 = \mathbf{36\ \%}$$

(2) Genauer lässt sich der effektive Zinssatz in folgender Weise berechnen:

$$r = \frac{S}{1 - 0{,}01\,S} \cdot \frac{365}{z - s} = \frac{2}{1 - 0{,}01 \cdot 2} \cdot \frac{365}{30 - 10} = \mathbf{37{,}24\ \%}$$

$$r_{eff} = \left(1 + \frac{r}{\frac{365}{z - s}}\right)^{\frac{365}{z - s}} - 1 = \left(1 + \frac{0{,}3724}{18{,}25}\right)^{18{,}25} - 1 = \mathbf{44{,}58\ \%}$$

Wie zu sehen ist, weicht der genauer ermittelte effektive Zinssatz nicht unwesentlich von dem Zinssatz, der mithilfe der Faustformel ermittelt wurde, ab.

(3) Durch die einseitige Ausweitung des Zahlungszieles von 30 Tagen auf 46 Tage ergibt sich bei der Pharma GmbH eine merkliche Verminderung des Effektivzinses:

Faustformel: $r = \frac{2}{46 - 10} \cdot 365 = \mathbf{20{,}28\ \%}$

Genauere Formeln: $r = \frac{2}{1 - 0{,}01 \cdot 2} \cdot \frac{365}{46 - 10} = \mathbf{20{,}69\ \%}$

$$r_{eff} = \left(1 + \frac{0{,}2069}{\frac{365}{46 - 10}}\right)^{\frac{365}{46 - 10}} - 1 = 1{,}0204^{10{,}14} - 1 = \mathbf{22{,}73\ \%}$$

Unter Ansatz der Faustformel vermindert sich der Effektivzinssatz bei Ausweitung des Zahlungszieles um 15,72 %, bei Verwendung der genauen Formel um 21,85 %.

# 60: Kundenkredit

(1) Bei einer Anzahlung zu Vertragsabschluss von 500.000 € und vier, jeweils zum Jahresende zu zahlenden Raten von 420.000 € ergibt sich folgendes Bild:

$$420.000 \cdot \frac{q^n - 1}{q - 1} = 420.000 \cdot 4{,}641000 = \mathbf{1.949.220\ €}$$

Der Vorschlag der Chemie AG ist für die Metallbau GmbH nicht vorteilhaft, da er einer Restzahlung von lediglich 1.949.220 € anstelle der geforderten 2.000.000 € gleichkommt. Insgesamt wären von der Chemie AG zu zahlen gewesen:

$$500.000 \cdot 1{,}464100 + 1.949.200 = 2.681.250\ €$$

(2) Zunächst ist der Wert des ursprünglichen Angebotes zum Ende des vierten Jahres zu ermitteln:

$$500.000 \cdot q^n + 2.000.000 = 500.000 \cdot 1{,}464100 + 2.000.000 = \mathbf{2.732.050\ €}$$

Das veränderte Angebot der Metallbau GmbH führt zu folgendem Wert am Ende des vierten Jahres:

$$585.000 \cdot \frac{q^n - 1}{q - 1} = 585.000 \cdot 4{,}641000 = \mathbf{2.714.985\ €}$$

Das veränderte Angebot der Metallbau GmbH liegt nur wenig unter dem ersten Angebot (17.065 €), aber beträchtlich über dem Vorschlag der Chemie AG:

$$2.714.985 - 2.681.250 = 33.735\ €$$

(3) Die einmalige Zahlung von 1.865.000 € ergibt:

$$1.865.000 \cdot q^n = 1.865.000 \cdot 1{,}4641000 = \mathbf{2.730.546{,}50\ €}$$

Die getroffene Vereinbarung ist für die Metallbau GmbH vorteilhafter als die von ihr im Rahmen des veränderten Angebotes vorgeschlagene, von der Chemie AG abgelehnte Regelung. Sie kommt den ursprünglichen Forderungen der Metallbau GmbH sehr nahe.

# 61: Kontokorrentkredit / Diskontkredit

Die Kapitalkosten für den Kontokorrentkredit belaufen sich auf:

$$100.000 \cdot 0{,}12 \cdot \frac{3}{12} = \mathbf{3.000\ €}$$

Die Kapitalkosten für den Diskontkredit betragen:

(1) Nach Faustformel

$$r = \frac{DB + DS}{KB} \cdot \frac{360}{WL} = \frac{100.000 \cdot \frac{0{,}09}{4} + 10}{100.000 - (100.000 \cdot \frac{0{,}09}{4} + 10)} \cdot \frac{360}{90}$$

$$r = \frac{2.250 + 10}{100.000 - 2.260} \cdot \frac{360}{90} = \mathbf{9{,}25\ \%}$$

$$100.000 \cdot 0{,}0925 \cdot \frac{3}{12} = \mathbf{2.312{,}50\ €}$$

Die Kapitalkosten für den Diskontkredit liegen – nach der Faustformel – um 687,50 € niedriger als beim Kontokorrentkredit.

(2) Genaue Formel

$$r = \frac{DB + DS}{KB} = \frac{2.250 + 10}{97.740} = \mathbf{0{,}023}$$

$$r_{eff} = (1 + r)^{\frac{365}{WL}} - 1 = (1 + 0{,}023)^{4{,}06} - 1 = \mathbf{9{,}67\ \%}$$

$$100.000 \cdot 0{,}0967 \cdot \frac{3}{12} = \mathbf{2.417{,}50\ €}$$

Unter Berücksichtigung der Unterjährigkeit ergibt sich – bei Verwendung der genauen Formel – ein etwas höherer effektiver Zinssatz. Entsprechend liegen die Kapitalkosten geringfügig höher.

Der Diskontkredit ist hier eine wesentlich günstigere Finanzierungsalternative, wenn die Kapitalkosten für die Beurteilung herangezogen werden. Allerdings weist der Diskontkredit merklich geringere Flexibilität auf. Insbesondere unterliegt er den strengen Vorschriften des Wechselgesetzes.

## 62: Lombardkredit

Folgende Beleihungsgrenzen sind hinsichtlich des möglichen Kreditvolumens zu beachten:

| | | | |
|---|---|---|---|
| Aktien bester Bonität | 100.000 € · 70 % | = | 70.000 € |
| Bundesanleihen | 250.000 € · 80 % | = | 200.000 € |
| Waren | 400.000 € · 50 % | = | 200.000 € |
| | | | **470.000 €** |

Über die Verpfändung der Wertpapiere und Waren könnte kurzfristig ein zusätzliches Liquiditätsvolumen von 470.000 € geschaffen werden.

## 63: Außenhandelskredit und internationale Finanzmärkte

(1) Das Unternehmen kann mittels eines Akzeptkredits einen von einem Kreditinstitut akzeptierten Wechsel als Zahlungs- oder als Kreditierungsmittel im Ausland einsetzen.

Eine weitere Möglichkeit der Erlangung internationaler Zahlungsfähigkeit bzw. Kreditwürdigkeit ist die Vereinbarung eines Avalkredits. Durch Bürgschaften von Kreditinstituten werden internationale Handelsgeschäfte und Investitionen besichert.

(2) Internationale Kreditmärkte bieten Kredite mit variablen Zinsen an, die in kurzen Zeitabständen verlängert werden mit einem an das aktuelle Marktniveau angepassten Zins. Diese Kredite können sein:

- **Roll-over-Eurodarlehen**, das in einem Festbetrag ausgegeben wird und unterschiedliche Tilgungsvarianten aufzeigt.
- **Revolvierender Roll-over-Eurokredit**, der wie ein Kontokorrentkredit flexibel in der Aufnahme wie auch in der Tilgung ist.
- **Stand-by-Roll-over-Eurokredit**, der eine Kreditlinie darstellt, die in Ausnahmefällen in Anspruch genommen werden kann.

# 64: Darlehen (1)

(1) Bei **jährlicher Tilgung** in **gleichen Raten** ergibt sich:

$$r = \frac{Z + \frac{D}{t_m}}{K} \cdot 100 = \frac{8 + \frac{2}{3,5}}{98} \cdot 100 = \mathbf{8{,}75\ \%}$$

Genauer kann die effektive Verzinsung ermittelt werden, indem der obige Zinssatz (aufgerundet auf 9,0 %) in der folgenden Formel Verwendung findet:

$$r = \frac{Z + D \frac{q-1}{q^n - 1}}{K} \cdot 100 = \frac{8 + 2 \cdot (0{,}305055 + 0{,}218669) : 2}{98} \cdot 100 = \mathbf{8{,}70\ \%}$$

(2) (a) Bei **zwei tilgungsfreien** Jahren ergibt sich:

$$r = \frac{Z + \frac{D}{t_f + \frac{(t - t_f) + 1}{2}}}{K} \cdot 100 = \frac{7 + \frac{5}{2 + 2{,}5}}{95} \cdot 100 = \mathbf{8{,}54\ \%}$$

Auch hier kann die effektive Verzinsung genauer ermittelt werden, wobei der errechnete Zinssatz (aufgerundet auf 9,0 %) Verwendung findet:

$$r = \frac{Z + D \cdot \frac{q-1}{q^n - 1}}{K} \cdot 100 = \frac{7 + 5 \cdot (0{,}218669 + 0{,}167093) : 2}{95} \cdot 100 = \mathbf{8{,}38\ \%}$$

Das Angebot der Handelsbank AG ist für die Stahlbau GmbH vorteilhafter als das Angebot der Stadtsparkasse.

(b) **Ohne** die beiden **tilgungsfreien Jahre** würde sich die Effektivverzinsung ergeben:

$$r = \frac{Z + \frac{D}{t_m}}{K} \cdot 100 = \frac{7 + \frac{5}{3,5}}{95} \cdot 100 = \mathbf{8{,}87\ \%}$$

Auch hier kann die effektive Verzinsung genauer ermittelt werden, wobei der Zinssatz 8,87 % (aufgerundet auf 9,0 %) Verwendung findet:

$$r = \frac{Z + D \cdot \frac{q-1}{q^n - 1}}{K} \cdot 100 = \frac{7 + 5 \cdot (0{,}305055 + 0{,}218669) : 2}{95} \cdot 100 = \mathbf{8{,}75\ \%}$$

Wie zu sehen ist, steigt der effektive Zinssatz, wenn die Tilgung über die gesamte Laufzeit des Darlehens erfolgt.

(3) **Darlehen der Stadtsparkasse**

Bei Tilgung mit Ende der Laufzeit ergibt sich:

$$r = \frac{8 + \frac{2}{6}}{98} \cdot 100 = \mathbf{8{,}50\ \%}$$

Genauer kann die effektive Verzinsung ermittelt werden, indem der errechnete Zinssatz in der folgenden Formel verwendet wird:

$$r = \frac{Z + D \cdot \frac{q-1}{q^n - 1}}{K} \cdot 100 = \frac{8 + 2 \cdot 0{,}134607}{98} \cdot 100 = \mathbf{8{,}44\ \%}$$

**Darlehen der Handelsbank AG**

$$r = \frac{7 + \frac{5}{6}}{95} \cdot 100 = \mathbf{8{,}25\ \%}$$

Auch hier kann die effektive Verzinsung genauer ermittelt werden, wobei der Zinssatz von 8,25 % Verwendung findet:

$$r = \frac{Z + D \cdot \frac{q-1}{q^n - 1}}{K} \cdot 100 = \frac{7 + 5 \cdot 0{,}15459}{95} \cdot 100 = \mathbf{8{,}08\ \%}$$

# 65: Darlehen (2)

(1) Tilgungsplan bei **gleichen jährlichen Raten**

| Jahr | Restschuld Jahresanfang | Zinsen | Tilgung | Jährlicher Rückzahlungsbetrag | Restschuld Jahresende |
|---|---|---|---|---|---|
| 1 | 120.000 | 12.000 | 20.000 | 32.000 | 100.000 |
| 2 | 100.000 | 10.000 | 20.000 | 30.000 | 80.000 |
| 3 | 80.000 | 8.000 | 20.000 | 28.000 | 60.000 |
| 4 | 60.000 | 6.000 | 20.000 | 26.000 | 40.000 |
| 5 | 40.000 | 4.000 | 20.000 | 24.000 | 20.000 |
| 6 | 20.000 | 2.000 | 20.000 | 22.000 | 0 |
| | | 42.000 | 120.000 | 162.000 | |

Tilgungsrate = 120.000 : 6 = 20.000

(2) Tilgungsplan bei **gleichen jährlichen Raten nach zwei tilgungsfreien Jahren**

| Jahr | Restschuld Jahresanfang | Zinsen | Tilgung | Jährlicher Rückzahlungsbetrag | Restschuld Jahresende |
|---|---|---|---|---|---|
| 1 | 120.000 | 12.000 | 0 | 12.000 | 120.000 |
| 2 | 120.000 | 12.000 | 0 | 12.000 | 120.000 |
| 3 | 120.000 | 12.000 | 30.000 | 42.000 | 90.000 |
| 4 | 90.000 | 9.000 | 30.000 | 39.000 | 60.000 |
| 5 | 60.000 | 6.000 | 30.000 | 36.000 | 30.000 |
| 6 | 30.000 | 3.000 | 30.000 | 33.000 | 0 |
| | | 54.000 | 120.000 | 174.000 | |

Tilgungsrate = 120.000 : 4 = 30.000

(3) Tilgungsplan bei **gleichen jährlichen Annuitäten**

| Jahr | Restschuld Jahresanfang | Zinsen | Tilgung | Annuität | Restschuld Jahresende |
|---|---|---|---|---|---|
| 1 | 120.000,00 | 12.000,00 | 15.552,84 | 27.552,84 | 104.447,16 |
| 2 | 104.447,16 | 10.445,72 | 17.108,12 | 27.552,84 | 87.339,04 |
| 3 | 87.339,04 | 8.733,90 | 18.818,94 | 27.552,84 | 68.520,10 |
| 4 | 68.520,10 | 6.852,01 | 20.700,83 | 27.552,84 | 47.819,27 |
| 5 | 47.819,27 | 4.781,93 | 22.770,91 | 27.552,84 | 25.048,36 |
| 6 | 25.048,36 | 2.504,84 | 25.048,00 | 27.552,84 | 0,36 |
| | | 45.318,40 | 119.999,64 | 165.317,04 | 0,36 |

Annuität = 120.000 · 0,229607 = 27.552,84 €

0,229607 = Kapitalwiedergewinnungsfaktor für 6 Jahre (10 %)

(4) Tilgungsplan bei **gleichen jährlichen Annuitäten nach zwei tilgungsfreien Jahren**

| Jahr | Restschuld Jahresanfang | Zinsen | Tilgung | Annuität | Restschuld Jahresende |
|---|---|---|---|---|---|
| 1 | 120.000,00 | 12.000,00 | 0 | 12.000,00 | 120.000,00 |
| 2 | 120.000,00 | 12.000,00 | 0 | 12.000,00 | 120.000,00 |
| 3 | 120.000.00 | 12.000,00 | 25.856,52 | 37.856,52 | 94.143,48 |
| 4 | 94.143,48 | 9.414,35 | 28.442,17 | 37.856,52 | 65.701,31 |
| 5 | 65.701,31 | 6.570,13 | 31.286,39 | 37.856,52 | 34.414,92 |
| 6 | 34.414,92 | 3.441,50 | 34.415,02 | 37.856,52 | – 0,10 |
| | | 55.425,98 | 120.000,10 | 175.426,08 | – 0,10 |

Annuität = 120.000 · 0,315471 = 37.856,52 €

0,315471 = Kapitalwiedergewinnungsfaktor für 4 Jahre (10 %)

(5) Tilgungsplan bei **Tilgung mit Ende der Laufzeit**

| Jahr | Restschuld Jahresanfang | Zinsen | Tilgung | Jährlicher Rückzahlungsbetrag | Restschuld Jahresende |
|---|---|---|---|---|---|
| 1 | 120.000 | 12.000 | 0 | 12.000 | 120.000 |
| 2 | 120.000 | 12.000 | 0 | 12.000 | 120.000 |
| 3 | 120.000 | 12.000 | 0 | 12.000 | 120.000 |
| 4 | 120.000 | 12.000 | 0 | 12.000 | 120.000 |
| 5 | 120.000 | 12.000 | 0 | 12.000 | 120.000 |
| 6 | 120.000 | 12.000 | 120.000 | 132.000 | 0 |
| | | 72.000 | 120.000 | 192.000 | |

# 66: Schuldscheindarlehen/Industrieobligation

| Kriterium | Schuldscheindarlehen | Industrieobligationen |
|---|---|---|
| Voraussetzungen | Bank bzw. Vermittler nur beim indirekten Revolvingsystem; keine Kurspflege, da kein Börsenhandel erfolgt. | Bankenkonsortium, das die Emission und Kurspflege besorgt. |
| Schuldner | Neben Börsengesellschaften auch AG´s, deren Aktion nicht amtlich gehandelt werden, sowie GmbH´s und Personengesellschaften. Voraussetzung: Bedeutung in der jeweiligen Branche, überdurchschnittliche Bilanzverhältnisse, beste Bonität. | Nur Gesellschaften mit Emissionsrecht bzw. Börsenfähigkeit. Diese haben i. d. R. große Aktiengesellschaften. |
| Gläubiger | Nur Kapitalsammelstellen; insbesondere Versicherungen | Institutionelle und private Zeichner, auch in Kleinbeträgen |
| Ausgestaltung der Gläubigerrechte | Unverbriefte Forderungen, maßgeblich ist der Darlehensvertrag; bei Ausstellung von Schuldscheinen sind diese nur Beweisurkunden. Übertragung durch Forderungsabtretung möglich. | Verbrieft im Wertpapier (Teilschuldverschreibung). Als Inhaberpapier erfolgt die Übertragung durch Einigung und Übergabe. |
| Publizität | Anonyme Aufnahme und anonyme Hergabe. | Beim Schuldner publizitätspflichtig. |
| Ergiebigkeit des jeweiligen Teilmarktes | Beschränkt; wird aber durch das Revolvingsystem erhöht, da hierdurch kurzfristige Mittel langfristig nutzbar sind. | Groß wegen hoher Mobilität und Publizität. |
| Zeitpunkt der Kapitalaufnahme | Kapitalmarktverhältnisse im Ganzen sind maßgebend; Platzierung gelingt immer, da Vorgespräche üblich. | Börsenverhältnisse maßgebend; Platzierung ist unsicher; Emission kann missglücken. |

| | | |
|---|---|---|
| Mindestsumme | 50.000 € | 5.000.000 € |
| Höchstsumme | 50.000.000 € | Keine Höchstbegrenzung |
| Eignung | Auch für kleinere Unternehmen geeignet, ratenweise Aufnahme möglich. | Nur für große Unternehmen geeignet, ratenweise Aufnahme schwer. |
| Verwertbarkeit | Daueranlage; eng begrenzte Möglichkeit der Zession; Schuldner-Genehmigung erforderlich. | Fungibel, d. h. börsenmäßig verwertbar. |
| Laufzeit | Sie kann elastisch vereinbart werden; ca. 3 bis längstens 15 Jahre. | Relativ unelastische Regelung, etwa 15 Jahre; höchstens 20 Jahre |
| Tilgungsfreie Zeit | 2 bis 5 Freijahre; sie richtet sich, wie auch die Gesamtlaufzeit, nach dem Einzelfall. | Freijahre möglich; sie richten sich nach der Gesamtlaufzeit. |
| Planmäßige Tilgung | Sie richtet sich nach Gesamtlaufzeit und Anzahl der Freijahre. | Gleiche von der Laufzeit abhängige Jahresraten, gegebenenfalls verstärkte Tilgung. |
| Außerplanmäßige Tilgung | Verstärkung der Tilgung nach Ankündigung. | Im Belieben des Schuldners ganz oder teilweise durch Auslosung oder Rückkauf. |
| Kosten | Laufende Kosten etwas über Kapitalmarktsatz; einmalige Kosten gering (1 bis 2 %). | Laufende Kosten am Kapitalmarkt orientiert; einmalige Kosten relativ hoch; z. B. 4 bis 5 % bei einem Übernahmekonsortium. |

## 67: Industrieobligationen

(1) Effektive Verzinsung bei **Tilgung in gleichen jährlichen Raten**

$$r = \frac{Z + \frac{R - K}{t_m}}{K} \cdot 100 = \frac{7 + \frac{4}{(10 + 1) : 2}}{96} \cdot 100 = \mathbf{8{,}05\ \%}$$

Genauer kann die effektive Verzinsung ermittelt werden, indem der obige Zinssatz (abgerundet auf 8,0 %) in folgender Formel Verwendung findet:

$$r = \frac{Z + (R - K)\,\frac{q - 1}{q^n - 1}}{K} \cdot 100 = \frac{7 + 4 \cdot (0{,}170457 + 0{,}136315) : 2}{96} \cdot 100 = \mathbf{7{,}93\ \%}$$

(2) Effektive Verzinsung bei **4 tilgungsfreien Jahren** und anschließender **Tilgung in jährlichen gleichen Raten**

$$r = \frac{7 + \frac{4}{4 + 3{,}5}}{96} \cdot 100 = \mathbf{7{,}85\ \%}$$

Genauer kann die effektive Verzinsung ermittelt werden, indem der errechnete Zinssatz 7,85 (aufgerundet auf 8,0 %) in der folgenden Formel übernommen wird:

$$r = \frac{Z + (R - K)\frac{q - 1}{q^n - 1}}{K} \cdot 100 = \frac{7 + 4 \cdot (0{,}112072 + 0{,}094015) : 2}{96} \cdot 100 = \mathbf{7{,}72\ \%}$$

(3) Effektive Verzinsung bei **4 tilgungsfreien Jahren** und anschließender **Tilgung in gleichen jährlichen Raten bei einem Rückzahlungskurs von 104 %.**

$$r = \frac{7 + \frac{8}{4 + 3{,}5}}{96} \cdot 10 = \mathbf{8{,}40\ \%}$$

Genauer kann die effektive Verzinsung ermittelt werden, indem der obige Zinssatz (abgerundet auf 8,0 %) in der folgenden Formel Verwendung findet:

$$r = \frac{Z + (R - K)\frac{q - 1}{q^n - 1}}{K} \cdot 100 = \frac{7 + 8 \cdot (0{,}112072 + 0{,}094015) : 2}{96} \cdot 100 = \mathbf{8{,}15\ \%}$$

# 68: Optionsanleihe/Wandelschuldverschreibung

| | Optionsanleihe | Wandelschuldverschreibung |
|---|---|---|
| Rechtsstellung des Inhabers | Die Optionsanleihe bleibt während ihrer gesamten Laufzeit bestehen. Sie ist damit ein Gläubigerpapier, das dem Unternehmen Fremdkapital zuführt. Es besteht parallel hierzu ein Bezugsrecht auf Aktien. | Die Wandelschuldverschreibung ist vor dem Umtausch Fremdkapital und nach dem Umtausch Eigenkapital. Durch den Umtausch wird der Inhaber zum Aktionär. |
| Laufzeit | Bei der Ausgabe angegeben. | Abgängig vom Zeitpunkt des Umtausches. |
| Verzinsung | Niedriger verzinst als Normalanleihen, allerdings besteht ein Optionsrecht. | Vor dem Umtausch Normalverzinsung wie Anleihen, nach Umtausch Dividendenberechtigung. |
| Sicherheit | Die Optionsanleihe selbst entspricht in ihrem Risiko festverzinslichen Anleihen. Chancen und Risiken bestehen vor allem durch den Kauf der Optionsscheine, die auch gesondert von der Anleihe gehandelt werden können. | Vor dem Umtausch besteht ein den Anleihen typisches Risiko, während nach dem Umtausch die Wandelschuldverschreibung als Aktie Risikokapital mit allen damit verbundenen Problemen darstellt. |

# 69: Factoring

(1) Die Factorkosten betragen jährlich:

| | | | |
|---|---|---|---|
| • Dienstleistungsgebühr | 10.000.000 € | · 0,016 = | 160.000 € |
| • Delkrederegebühr | 10.000.000 € | · 0,009 = | 90.000 € |
| • Kapitalkosten | | | |
| Umsatz | 10.000.000 € | | |
| Sperrbetrag | – 1.000.000 € | | |
| Jährlich zu finanzierender Betrag | = 9.000.000 € | | |
| Durchschnittlich zu finanzierender Betrag = 9.000.000 : (360 : 30) = 750.000 | 750.000 € | · 0,08 = | 60.000 € |
| | | | **310.000 €** |

(2) Den Factor-Kosten stehen Einsparungen gegenüber, die zu folgender effektiven Belastung der Chemie AG führen:

| | | |
|---|---|---|
| | Factor-Kosten | 310.000 €/Jahr |
| – | Personalkosten | 85.000 €/Jahr |
| – | Sonstige Kosten | 20.000 €/Jahr |
| = | Effektive Belastung | **205.000 €/Jahr** |

Die Beurteilung, ob die Zusammenarbeit mit dem Factor vorteilhaft ist, darf also nicht nur die Factor-Kosten betreffen, sondern es sind auch die sich meist ergebenden Einsparungen zu berücksichtigen. Weiterhin müsste auch Beachtung finden, dass der Umsatz durch die Einräumung von Zahlungszielen ebenfalls Kapitalkosten verursacht. Dementsprechend könnte weiter gerechnet werden:

10.000.000 : 12 = 833.333 €
833.333 · 0,08 = 66.667 €

Dieser Betrag wäre dann noch abzuziehen. Nachdem der Factor mit der Delcrederegebühr auch das Ausfallrisiko übernommen hat, müsste letztlich die Gebühr auch mit den in der Vergangenheit ausgefallenen und damit wertberichtigten Forderungen verglichen werden.

Es muss beachtet werden, dass in die Beurteilung der Vorteilhaftigkeit auch Überlegungen einfließen sollten, die sich auf die Abhängigkeit der Chemie AG vom Factor beziehen.

# 70: Leasing

Der Vergleich von Leasing und Kreditkauf weist die folgenden Werte auf:

| Jahr | Auszahlungen | | Einzahlungen | Liquiditätsbelastung (kumuliert) | |
|---|---|---|---|---|---|
| | Kreditkauf | Leasing | | Kreditkauf | Leasing |
| 1 | 231.000 | 414.000 | 220.000 | 11.000 | 194.000 |
| 2 | 217.500 | 324.000 | 220.000 | 8.500 | 298.000 |
| 3 | 204.000 | 324.000 | 220.000 | – 7.500 | 402.000 |
| 4 | 190.500 | 324.000 | 220.000 | – 37.000 | 506.000 |
| 5 | 177.000 | 18.000 | 220.000 | – 80.000 | 304.000 |
| 6 | 163.500 | 18.000 | 220.000 | – 136.500 | 102.000 |
| | **1.183.800** | **1.422.000** | | | |

Es ist zu sehen, dass die Liquiditätsbelastung beim Leasing beträchtlich höher ist als beim Kreditkauf.

# 71: Derivatives Instrumentarium

(1) Im Kassamarkt fallen Geschäftsabschluss und Geschäftserfüllung zeitlich in einer Transaktion zusammen. Der Terminmarkt lässt den Geschäftsabschluss für den jetzigen Zeitpunkt zu und verschiebt die für beide Handelspartner verbindliche Geschäftserfüllung in die Zukunft. Der Optionsmarkt verschiebt ebenso die Geschäftserfüllung in die Zukunft. Allerdings besteht für den Käufer einer Option ein Wahlrecht auf die Ausübung der Option.

(2) Es bestehen zwei Möglichkeiten:

- Das Unternehmen kann für die Zinsobergrenze des Cap einen höheren Zins wählen. Da nun der Zins entfernter vom aktuellen Marktzins ist und für den Cap-Verkäufer das Risiko geringer ist, dass der Referenzzins die Obergrenze erreicht, wird eine geringere Prämie durch den Cap-Käufer zu zahlen sein.
- Der Cap-Käufer kann die zu zahlende Cap-Prämie verringern, indem er gleichzeitig zum Cap-Kauf einen Floor-Verkauf mit einem Kreditinstitut abschließt. Aus dem Floor-Verkauf erhält das Unternehmen eine Prämie. Allerdings besteht das Risiko, dass an Zinssenkungen das Kredit aufnehmende Unternehmen für die Laufzeit des Floor nur bis zur vereinbarten Floorgrenze teilnehmen kann. Diese Konstruktion nennt man Collar.

# 72: Gewinnverteilung bei einer OHG

(1) Berechnung der durch HGB festgelegten vierprozentigen Verzinsung der Gesellschaftsanteile.

| | | | | |
|---|---|---|---|---|
| Gesellschafter X: | | 4 % von 500.000 € | = | 20.000 € |
| | + | 4 % auf 30.000 € für 180 Tage | = | 600 € |
| | | Gesamtverzinsung | | 20.600 € |
| Gesellschafter Y: | | 4 % von 350.000 € | = | 14.000 € |
| | – | 4 % auf 20.000 € für 240 Tage | = | 533 € |
| | – | 4 % auf 10.000 € für 60 Tage | = | 67 € |
| | | Gesamtverzinsung | | 13.400 € |

Kopfanteil: [110.000 – (20.600 + 13.400)] : 2 = 38.000 €

| Gesell-schafter | Entwicklung des Kapitalanteils | Verzinsung des Gewinnes | Kopfanteil | Gesamtgewinn |
|---|---|---|---|---|
| X | 500.000 €<br>+ 30.000 €<br>530.000 € | 20.600 € | 38.000 € | 58.600 € |
| Y | 350.000 €<br>– 20.000 €<br>– 10.000 € | 13.400 € | 38.000 € | 51.400 € |
| Gesamt | 320.000 € | 34.000 € | 76.000 € | 110.000 € |

# 73: Selbstfinanzierung

(1) Voraussetzungen für die Finanzierung aus Umsatzerlösen sind:

- Die hierfür nötigen Größen (Gewinne, Abschreibungen oder Rückstellungen) werden in die Preise einkalkuliert.
- Die sich durch diese Kalkulation ergebenden Preise sind am Markt durchsetzbar.
- Der Verkauf von Gütern zieht Einzahlungen nach sich.

(2) Man unterscheidet die stille und die offene Selbstfinanzierung.

- Die stille Selbstfinanzierung erfolgt durch den Aufbau stiller Reserven, die eine positive Wertdifferenz zwischen dem Tagesbeschaffungswert und dem Buchwert darstellen und nicht aus der Bilanz ersichtlich sind.

  Stille Reserven entstehen

  – durch die Unterbewertung der Aktiva in Form von z. B. überhöhter Abschreibung oder Wertabschlägen auf das Umlaufvermögen

  – durch die Überbewertung der Passiva in Form von z. B. der Einstellung überhöhter Rückstellungen.

- Die offene Selbstfinanzierung bedingt das Vorliegen von Gewinnen, die in der Bilanz ausgewiesen und versteuert sind, aber nicht ausgeschüttet werden. Dieser Vorgang wird als Gewinnthesaurierung bezeichnet.

# 74: Abschreibungen

(1) **Lineare Abschreibung**

$$a = \frac{200.000 - 21.475}{10} = \mathbf{17.852,50\ €}$$

| Jahr | Jährliche Abschreibungsbeträge (€) |
|---|---|
| 1 | 17.852,50 |
| 2 | 17.852,50 |
| 3 | 17.852,50 |
| 4 | 17.852,50 |
| 5 | 17.852,50 |
| 6 | 17.852,50 |
| 7 | 17.852,50 |
| 8 | 17.852,50 |
| 9 | 17.852,50 |
| 10 | 17.852,50 |

(2) **Arithmetisch-degressive Abschreibung**

Zunächst ist der Degressionssatz zu ermitteln:

$$D = \frac{200.000 - 21.475}{1 + 2 + 3 + 4 + 5 + 6 + 7 + 8 + 9 + 10} = \mathbf{3.245,91\ €}$$

| Jahr | Jährliche Abschreibungsbeträge (€) |
|---|---|
| 1 | 32.459 |
| 2 | 29.213 |
| 3 | 25.967 |
| 4 | 22.721 |
| 5 | 19.476 |
| 6 | 16.230 |
| 7 | 12.984 |
| 8 | 9.738 |
| 9 | 6.491 |
| 10 | 3.246 |

(3) **Geometrisch-degressive Abschreibung**

Zunächst ist der Abschreibungsprozentsatz zu ermitteln:

$$p = 100 \cdot (1 - \sqrt[n]{\frac{R_n}{B}}) = 100 \cdot (1 - \sqrt[10]{\frac{21.475}{200.000}}) = \mathbf{20\ \%}$$

| Jahr | Jährliche Abschreibungsbeträge (€) |
|---|---|
| 1 | 40.000 |
| 2 | 32.000 |
| 3 | 25.600 |
| 4 | 20.480 |
| 5 | 16.384 |
| 6 | 13.107 |
| 7 | 10.486 |
| 8 | 8.389 |
| 9 | 6.711 |
| 10 | 5.936 |

(4) **Leistungsbezogene Abschreibung**

Gesamtkapazität = 3 · 150.000 + 3 · 120.000 + 4 · 100.000 = **1.210.000**

| Jahr | Jährliche Abschreibungsbeträge (€) |
|---|---|
| 1 | 22.131 |
| 2 | 22.131 |
| 3 | 22.131 |
| 4 | 17.705 |
| 5 | 17.705 |
| 6 | 17.705 |
| 7 | 14.754 |
| 8 | 14.754 |
| 9 | 14.754 |
| 10 | 14.754 |

## 75: Kapazitätserweiterungseffekt

Die Gesamt-Perioden-Kapazität entwickelt sich in folgender Weise:

| Jahr | Zahl der Maschinen zu Jahresanfang | Anschaffungswert | Buchwert | Abschreibung | Maschinen-zugang | Maschinen-abgang |
|---|---|---|---|---|---|---|
| 1 | 40 | 400.000 | 400.000 | 40.000 | 4 | 0 |
| 2 | 44 | 440.000 | 400.000 | 44.000 | 4 | 0 |
| 3 | 48 | 480.000 | 400.000 | 48.000 | 5 | 0 |
| 4 | 53 | 530.000 | 400.000 | 53.000 | 5 | 0 |
| 5 | 58 | 580.000 | 400.000 | 58.000 | 6 | 0 |
| 6 | 64 | 640.000 | 400.000 | 64.000 | 6 | 0 |
| 7 | 70 | 700.000 | 400.000 | 70.000 | 7 | 0 |
| 8 | 77 | 770.000 | 400.000 | 77.000 | 8 | 0 |
| 9 | 85 | 850.000 | 400.000 | 85.000 | 8 | 0 |
| 10 | 93 | 930.000 | 400.000 | 93.000 | 10 | 40 |
| 11 | 63 | 630.000 | 400.000 | 63.000 | 6 | 4 |
| 12 | 65 | 650.000 | 400.000 | 65.000 | 7 | 4 |
| 13 | 68 | 680.000 | 400.000 | 68.000 | 6 | 5 |
| 14 | 69 | 690.000 | 400.000 | 69.000 | 7 | 5 |
| 15 | 71 | 710.000 | 400.000 | 71.000 | 7 | 6 |
| 16 | 72 | 720.000 | 400.000 | 72.000 | 8 | 6 |
| 17 | 74 | 740.000 | 400.000 | 74.000 | 7 | 7 |
| 18 | 74 | 740.000 | 400.000 | 74.000 | 7 | 8 |
| 19 | 73 | 730.000 | 400.000 | 73.000 | 8 | 8 |
| 20 | 73 | 730.000 | 400.000 | 73.000 | 7 | 10 |

Wie zu sehen ist, stabilisiert sich die erweiterte Kapazität nach dem 15. Jahr zunehmend. Die Gesamt-Perioden-Kapazität ist im 20. Jahr auf das 1,8-fache der Erstausstattung angewachsen.

## 76: Pensionsrückstellungen

Durch die Bildung einer Pensionsrückstellung in Höhe von 1.000.000 € ergibt sich bei der Chemie AG folgender Finanzierungseffekt:

| | | |
|---|---|---|
| | Gewinn vor Körperschaftsteuer | 2.500.000 € |
| – | Pensionsrückstellung | 0 € |
| = | Körperschaftsteuerpflichtiger Gewinn | 2.500.000 € |
| | Körperschaftsteuer (25 %) | 625.000 € |
| | Gewinn vor Körperschaftsteuer | 2.500.000 € |
| – | Pensionsrückstellung | 1.000.000 € |
| = | Körperschaftsteuerpflichtiger Gewinn | 1.500.000 € |
| | Körperschaftsteuer (25 %) | 375.000 € |
| | Körperschaftsteuer ohne Pensionsrückstellung | 625.000 € |
| – | Körperschaftsteuer mit Pensionsrückstellung | 375.000 € |
| = | **Finanzierungseffekt** | **250.000 €** |

# 77: Finanzwirtschaftliche Analyse (1)

| Aktiva | Vorjahr Tsd. € | Berichtsjahr Tsd. € |
|---|---|---|
| I. Anlagevermögen | | |
| Bilanzansätze »Sachanlagen« | 112 | 130 |
| + stille Reserven: | | |
| a) Grundstück | 3 | 5 |
| b) Maschinen | 2 | 4 |
| c) Betriebs- und Geschäftsausstattungen | 10 | 20 |
| | 127 | 159 |
| Bilanzansätze »Finanzanlagen« | 6 | 11 |
| | 133 | 170 |
| II. Umlaufvermögen | | |
| 1. Mittel I. Grades | | |
| Schecks, Kassenbestand, Bundesbank- und Postbankguthaben, Guthaben bei Kreditinstituten | 26 | 30 |
| 2. Mittel II. Grades | | |
| Wechsel | 1 | 2 |
| Forderungen L. u. L. 50 % | 34 | 39 |
| sonstige Vermögensgegenstände 50 % | 3 | 5 |
| | 38 | 46 |
| 3. Mittel III. Grades | | |
| Forderungen L. u. L. 50 % | 34 | 39 |
| sonstige Vermögensgegenstände 50 % | 3 | 5 |
| Vorräte | 75 | 72 |
| Aktive Rechnungsabgrenzung | 4 | 5 |
| | 116 | 121 |
| **Summe Aktiva** | **313** | **367** |
| **Passiva** | | |
| I. Eigenkapital | | |
| Gezeichnetes Kapital | 70 | 70 |
| Rücklagen | 32 | 47 |
| Bilanzgewinn | 40 | 30 |
| Stille Reserven Aktiva | 15 | 29 |
| Stille Reserven Passiva | 10 | 12 |
| | 167 | 188 |
| II. Fremdkapital | | |
| 1. kurzfristig | | |
| Andere Rückstellungen | 20 | 24 |
| Verbindlichkeiten aus L. u. L. | 12 | 18 |
| Verbindlichkeiten gegenüber Kreditinstituten 50 % | 12 | 15 |
| Sonstige Verbindlichkeiten 50 % | 6 | 4 |
| Passive Rechnungsabgrenzung | 1 | 2 |
| | 51 | 63 |
| 2. mittelfristig | | |
| Verbindlichkeiten gegenüber Kreditinstituten 50 % | 12 | 15 |
| Sonstige Verbindlichkeiten 50 % | 6 | 4 |
| | 18 | 19 |
| 3. langfristig | | |
| Pensionsrückstellungen | 20 | 24 |
| Verbindlichkeiten gegenüber Kreditinstituten | 57 | 73 |
| | 77 | 97 |
| **Summe Passiva** | **313** | **367** |

**Erläuterungen zur Aufbereitung**

Die Einteilung des Umlaufvermögens in Mittel I., II. und III. Grades sowie des Fremdkapitals in kurz-, mittel- und langfristig kann keinen Anspruch auf volle Richtigkeit erheben. Auf jeden Fall wurde im Interesse des Gläubigerschutzprinzips die Aufbereitung vorsichtig vorgenommen, d. h. Mittel, bei denen es fraglich ist, welchem Grad sie zuzuordnen sind, wurden in den höheren Grad eingestellt.

Die stillen Reserven wurden zu den entsprechenden Aktivposten addiert, bei den Pensionsrückstellungen auf der Passivseite dagegen abgezogen. Zum Ausgleich erhöhte sich das Eigenkapital um den Betrag der gesamten stillen Reserven. Der Näherungswert im Berichtsjahr bei der Bilanzposition andere Anlagen, Betriebs- und Geschäftsausstattung errechnet sich wie folgt:

Die im Vergleich zum Buchwert hohen Abschreibungen deuten auf das Vorhandensein von geringwertigen Wirtschaftsgütern hin. Unterstellt man hier eine durchschnittliche Nutzungsdauer von vier Jahren, ergibt sich wirtschaftlich eine Abschreibung von einem Viertel der Zugänge. Bei einem durchschnittlichen Anschaffungszeitpunkt um die Jahresmitte sind demnach 12,5 % von 15 Tsd. €, etwa 2 Tsd. € gerechtfertigt.

Die Abschreibung auf den Restbuchwert per 1.1. kann ohne Anhaltspunkt ebenfalls nur geschätzt werden. Sie wird mit rund einem Drittel von 10 Tsd. €, und zwar mit 3 Tsd. € angenommen. Insgesamt belaufen sich somit die wirtschaftlich vertretbaren Abschreibungen auf 5 Tsd. € gegenüber einem Bilanzansatz von 15 Tsd. €, die im Berichtsjahr zusätzlich gelegten stillen Reserven betragen 10 Tsd. €.

# 78: Finanzwirtschaftliche Analyse (2)

**Bildung und Erläuterung der Relationen**

Überblick mit Prozentausweisen:

| | Vorjahr | | Berichtsjahr | |
|---|---|---|---|---|
| **Aktiva** | Tsd. € | % | Tsd. € | % |
| I. Anlagevermögen | 133 | 42,5 | 170 | 46,3 |
| II. Umlaufvermögen | | | | |
| Mittel I. Grades | 26 | 8,3 | 30 | 8,2 |
| Mittel II. Grades | 38 | 12,1 | 46 | 12,5 |
| Mittel III. Grades | 116 | 37,1 | 121 | 33,0 |
| | 180 | 57,5 | 197 | 53,7 |
| | 313 | 100,0 | 367 | 100,0 |
| **Passiva** | | | | |
| I. Eigenkapital | 167 | 53,4 | 188 | 51,2 |
| II. Fremdkapital | | | | |
| kurzfristig | 51 | 16,3 | 63 | 17,2 |
| mittelfristig | 18 | 5,7 | 19 | 5,2 |
| langfristig | 77 | 24,6 | 97 | 26,4 |
| | 146 | 46,6 | 179 | 48,8 |
| | 313 | 100,0 | 367 | 100,0 |

**(1) Vermögensstruktur**

Die Vermögensstruktur gibt darüber Auskunft, wie anlageintensiv ein Unternehmen ist:

| | Vorjahr | Berichtsjahr |
|---|---|---|
| Anlagevermögen | 42,5 % | 46,3 % |
| Umlaufvermögen | 57,5 % | 53,7 % |

Das Unternehmen ist nicht sehr anlageintensiv. Die Steigerung des Vorjahres gegenüber dem Berichtsjahr könnte auf Kapazitätserweiterung und/oder Rationalisierungsmaßnahmen schließen lassen.

Weiteren Aufschluss gibt eventuell ein Vergleich mit Branchendurchschnittszahlen, die im Einzelfall dem Statistischen Jahrbuch der Bundesrepublik Deutschland zu entnehmen sind.

**(2) Kapitalstruktur**

Die Kapitalstruktur drückt das Verhältnis Eigenkapital zu Fremdkapital aus:

| | Vorjahr | Berichtsjahr |
|---|---|---|
| Eigenkapital | 53,4 % | 51,2 % |
| Fremdkapital | 46,6 % | 48,8 % |

Ebenso wie bei der Vermögensstruktur kann man auch hier nicht ein bestimmtes Verhältnis als gut oder schlecht bezeichnen. Dementsprechend kann wiederum ein Vergleich mit dem Branchendurchschnitt aufschlussreich sein.

Allgemein besteht die Forderung, dass das Eigenkapital möglichst hoch sein soll, um seine investitionstechnische, kreditwirtschaftliche und betriebspolitische Funktion optimal erfüllen zu können.

Die Eigenkapitalstruktur hat sich im Vergleich vom Vorjahr zum Berichtsjahr leicht verschlechtert, da die Steigerung des Eigenkapitals durch den gleichzeitigen Anstieg des Fremdkapitals mehr als kompensiert wurde. Die Stärkung der Kapitaldecke dürfte wahrscheinlich ein unternehmenspolitisches Ziel der Zukunft sein.

**(3) Finanzstruktur**

| | Vorjahr | Berichtsjahr |
|---|---|---|
| Eigenkapital | 53,4 % | 51,2 % |
| Anlagevermögen | 42,5 % | 46,3 % |
| | + 10,9 % | + 4,9 % |
| Langfristiges Fremdkapital | 24,6 % | 26,4 % |
| | 35,5 % | 31,3 % |

Das Anlagevermögen wird in beiden Jahren voll durch Eigenkapital gedeckt. Diese Situation kann als zufriedenstellend bezeichnet werden, auch wenn mit dem Anstieg des Anlagevermögens eine Minderung der Eigenkapitaldecke verbunden ist. Es ist gelungen, die Zugänge im Anlagevermögen größtenteils durch Aufnahme zusätzlicher langfristiger Mittel zu finanzieren.

**(4) Liquidität**

Eine externe Liquiditätsbeurteilung anhand des Jahresabschlusses enthält aus verschiedenen Gründen Ungenauigkeiten (vgl. Textteil). Der Feststellung der einzelnen Liquiditätsgrade und der Ermittlung der Über-/Unterdeckung kommt deshalb nur Näherungscharakter zu.

| | Vorjahr | | Berichtsjahr | |
|---|---|---|---|---|
| | Tsd. € | % | Tsd. € | % |
| **Liquidität I. Grades** | | | | |
| Mittel I. Grades | 26 | 8,3 | 30 | 8,2 |
| Fremdkapital (kurzfristig) | 51 | 16,3 | 63 | 17,2 |
| Unterdeckung | 25 | 8,0 | 33 | 9,0 |
| **Liquidität II. Grades** | | | | |
| Mittel II. Grades | 38 | 12,1 | 46 | 12,5 |
| Fremdkapital (mittelfristig) | 18 | 5,7 | 19 | 5,2 |
| Überdeckung | 20 | 6,4 | 27 | 7,3 |
| – Unterdeckung I. Grades | 25 | 8,0 | 33 | 9,0 |
| Unterdeckung | 5 | 1,6 | 6 | 1,7 |
| **Liquidität III. Grades** | | | | |
| Mittel III. Grades | 116 | 37,1 | 121 | 33,0 |
| Fremdkapital (langfristig) | 77 | 24,6 | 97 | 26,4 |
| Überdeckung | 39 | 12,5 | 24 | 6,6 |
| - Unterdeckung II. Grades | 5 | 1,6 | 6 | 1,7 |
| Überdeckung | 34 | 10,9 | 18 | 4,9 |

Die Liquiditätslage des Unternehmens ist zufriedenstellend. Es ergibt sich zwar erst bei der Liquidität III. Grades eine Überdeckung, dem ist aber entgegenzuhalten, dass die Aufteilung der Mittel und des Fremdkapitals mit großer Vorsicht vorgenommen wurde. Zudem ist zu berücksichtigen, dass der Jahresabschluss nach dem Stichtagsprinzip erstellt wird, während die Liquidität eine zeitraumbezogene Rechnung ist.

# 79: Finanzwirtschaftliche Analyse (3)

**Bewegungsbilanz**

| Mittelverwendung | | | Mittelherkunft | | |
|---|---|---|---|---|---|
| I. Anlageinvestitionen | | | I. Finanzierung aus | | |
| Sachanlagen | 2.000 | | Anlagevermögen | 300 | |
| Finanzanlagen | 200 | 2.200 | Abschreibungen | 730 | 1.030 |
| II. Zugänge Umlaufvermögen | | | II. Eigenkapitalerhöhung | | 1.070 |
| Forderungen | 800 | | | | |
| Flüssige Mittel | 400 | 1.200 | III. Langfr. Fremdkapital | | |
| | | | kurzfr. Verbindl. | 1.000 | |
| III. Abbau von Fremdkapital | | | Rückstellungen | 50 | 1.050 |
| kurzfr. Verb. | 1.000 | | | | |
| Rückstellungen | – 50 | | IV. Abbau der Vorräte | | 1.000 |
| Bilanzgewinn | – 200 | 750 | | | |
| | | 4.150 | | | 4.150 |

Die Anlageninvestitionen (2.200) wurden aus eigenen Mitteln (1.030 + 1.070) finanziert. Kurzfristiges Fremdkapital wurde abgebaut (750) durch Umschuldung (1.050). Der Abbau der Vorräte (1.000) hat zu Zugängen im Umlaufvermögen (1.200) geführt.

## 80: Return on Investment

| Unternehmen | X | Y | Z |
|---|---|---|---|
| Gesamtkapitalrendite | 20 % | 10 % | 10 % |
| Umsatzrendite | 10 % | 10 % | 5 % |
| Kapitalumschlag | 2 | 1 | 2 |

Die Betrachtung der Gesamtkapitalrendite ergibt eine Reihenfolge der Unternehmen:

X vor Y und Z.

Die RoI-Bestandteile Umsatzrendite und Kapitalumschlag vertiefen diese Analyse:

- Die Umsatzrendite zeigt, dass hier das Unternehmen Z am schlechtesten abschneidet. Die Umsatzrendite von nur 5 % lässt vermuten, dass im leistungswirtschaftlichen Bereich die Kostenstrukturen unzureichend sind bzw. die Umsatzerlöse bei gegebenen Kosten unterdurchschnittlich sind. Hier müsste die Preisfestsetzung überprüft werden.

- Der Kapitalumschlag zeigt, dass Unternehmen Y nur halb so gut abschneidet wie X und Z. Dringend bei Unternehmen Y zu untersuchen wäre das betriebsnotwendige Vermögen. Maßnahmen die eine verringerte Kapitalbindung (geringe Läger, Leasing, Factoring) mit sich bringen, sind in die Überlegung einzubeziehen.

Die Anlageninvestitionen (2.200) wurden aus eigenen Mitteln (1.030 + 1.070) finanziert. Kurzfristiges Fremdkapital wurde abgebaut (750) durch Umschuldung (1.050). Der Abbau der Vorräte (1.000) hat zu Zugängen im Umlaufvermögen (1.200) geführt.

# 80: Return on Investment

| Unternehmen | X | Y | Z |
|---|---|---|---|
| Gesamtkapitalrendite | 20 % | 10 % | 10 % |
| Umsatzrendite | 10 % | 10 % | 5 % |
| Kapitalumschlag | 2 | 1 | 2 |

Die Betrachtung der Gesamtkapitalrendite ergibt eine Reihenfolge der Unternehmen

X vor Y und Z.

Die RoI-Bestandteile Umsatzrendite und Kapitalumschlag vertiefen diese Analyse:

- Die Umsatzrendite zeigt, dass hier das Unternehmen Z am schlechtesten abschneidet. Die Umsatzrendite von nur 5 % lässt vermuten, dass im leistungswirtschaftlichen Bereich die Kostenstrukturen unzureichend sind bzw. die Umsatzerlöse bei gegebenen Kosten unterdurchschnittlich sind. Hier müsste die Preisfestsetzung überdacht werden.
- Der Kapitalumschlag zeigt, dass Unternehmen Y nur halb so gut abschneidet wie X und Z. Dringend bei Unternehmen Y zu untersuchen wäre das betriebsnotwendige Vermögen. Maßnahmen die eine verminderte Kapitalbindung (geringe Lager, Leasing, Factoring) mit sich bringen, sind in die Überlegung einzubeziehen.

# Stichwortverzeichnis

# Stichwortverzeichnis